普通高等教育"十一五"国家级规划教材

绿色化学

（第二版）

主　编：张　龙　　贡长生　　代　斌
副主编：张恭孝　　杨建新　　李忠铭　　李再峰
参　编：徐　军　　刘晓庚　　杜光明　　刘　欣
　　　　尹学琼　　晋　梅　　马晓伟

U0363003

华中科技大学出版社
中国·武汉

内 容 提 要

　　绿色化学是 20 世纪 90 年代出现的具有重大社会需求和明确科学目标的新兴交叉学科，是当今国际化学化工科学研究的前沿和发展的重要领域。本书以绿色化学原理为主线，系统地介绍了具有先进性、实用性和前瞻性的绿色化学技术及其在现代化学工业中的应用，全面地论述了实践绿色化学原理、发展循环经济和构建生态工业园的若干重大关联问题，充分体现了绿色化学的内涵和外延，展示了绿色化学化工的辉煌前景。本书共分 14 章，内容包括绿色化学的兴起和发展、绿色化学原理、绿色无机合成、绿色有机合成、高分子材料的绿色合成技术、精细化工的绿色化、化学工艺过程的绿色化、能源工业的绿色化、化工过程强化技术、二氧化碳资源化利用与减排、生物质利用的绿色化学化工过程、海洋资源开发利用的绿色化学、绿色化学化工过程的评估，以及循环经济和生态工业园等。

　　本书可作为化学化工类专业及相关专业大学本科生教材，也可作为研究生选修教材。同时，还可以供从事科学研究与开发、化工生产和企业管理的科技人员参考。

图书在版编目(CIP)数据

绿色化学/张龙，贡长生，代斌主编. —2 版. —武汉：华中科技大学出版社，2014.7(2022.1 重印)
ISBN 978-7-5680-0230-1

Ⅰ.①绿⋯　Ⅱ.①张⋯　②贡⋯　③代⋯　Ⅲ.①化学工业-无污染技术-高等学校-教材　Ⅳ.①X78

中国版本图书馆 CIP 数据核字(2014)第 155187 号

绿色化学（第二版）　　　　　　　　　　　　　　　张　龙　贡长生　代　斌　主编

策划编辑：王连弟　王新华
责任编辑：王新华
封面设计：刘　卉
责任校对：刘　竣
责任监印：周治超
出版发行：华中科技大学出版社(中国·武汉)
　　　　　武昌喻家山　邮编：430074　　电话：(027)81321913
录　　排：华中科技大学惠友文印中心
印　　刷：武汉市籍缘印刷厂
开　　本：787mm×1092mm　1/16
印　　张：26.25
字　　数：686 千字
版　　次：2008 年 5 月第 1 版　2022 年 1 月第 2 版第 10 次印刷
定　　价：54.00 元

第二版前言

绿色化学是当今国际化学学科研究的前沿,它吸收了当代化学、化工、物理、生物、材料、环境和信息等学科的最新理论成果和技术,是具有重大社会需求和明确科学目标的新兴交叉学科。

《绿色化学》为普通高等教育"十一五"国家级规划教材,自2008年5月华中科技大学出版社出版发行以来,被全国许多高校广泛采用,获得一致好评。经多次印刷,仍不能满足广大读者的需求。随着全球绿色产业和绿色经济的快速发展,绿色化学化工理念为越来越多的人所接受,绿色技术和产业的发展为各国政府和企业所重视,新思维、新技术和新成果不断涌现,从而赋予了绿色化学新的时代内涵和更加丰富的内容。为此,本书编委会商定在《绿色化学》第一版的基础上进行充实修订,出版第二版,以反映绿色化学学科的最新进展和应用,特别是增加了二氧化碳的资源化利用与节能减排、生物质和海洋资源绿色化利用方面的最新研究成果及进展,力求做到与时俱进,跟踪时代,立足国情,注重发展。

《绿色化学》(第二版)共分14章。第1章简要叙述绿色化学产生和发展的时代背景及绿色化学的内涵和特点。第2章论述绿色化学的12条基本原则。第3章和第4章分别介绍在无机合成和有机合成中应用的具有先进性、实用性、前瞻性的绿色化学化工技术。第5章介绍高分子材料合成的绿色化技术。第6章重点介绍制药工业、农药工业和新型功能材料等的绿色合成化学。第7章以典型产品的绿色工艺为例,介绍化学工艺过程的绿色化和绿色工程概念。第8章介绍了二氧化碳的资源化利用与节能减排。第9章介绍了生物质资源利用的绿色化学与化工过程。第10章介绍了海洋资源利用的绿色化学。第11章论述洁净煤燃烧技术和生物质能源等的研究与开发利用,以及可再生能源与可持续发展的关系。第12章介绍循环经济和生态工业园。第13章叙述化工过程强化技术在绿色化学化工中的应用。第14章根据绿色化学评估的基本准则,重点论述化学化工过程"绿色化"的评价指标及其应用。总之,全书以绿色化学原理为主线,突出理论创新、知识创新和技术创新。除了保持第一版基本构架外,较大篇幅地增加了近年来绿色化学方面的新成果、新技术和新进展,尤其是二氧化碳的资源化利用与节能减排、生物质和海洋资源绿色化利用方面的最新研究成果等内容,充分展示绿色化学化工的广阔发展前景和重要应用。因此,本书具有较强的前瞻性、实用性和可读性。书中加 * 的内容为选讲内容。

本书由张龙、贡长生、代斌担任主编,由张恭孝、杨建新、李忠铭、李再峰任副主编。本书编写分工如下:第1章、第14章贡长生(武汉工程大学),第2章徐军(郑州大学),第3章、第4章张龙(长春工业大学),第5章李再峰(青岛科技大学),第6章杨建新(海南大学),第7章李忠铭(江汉大学)、晋梅(江汉大学),第8章刘晓庚(南京财经大学),第9章杜光明(新疆农业大学)、刘欣(长春工业大学),第10章尹学琼(海南大学),第11章、第12章代斌(石河子大学)、马晓伟(石河子大学),第13章张恭孝(泰山医学院)。全书由张龙、贡长生统一修改定稿。

在编写过程中,得到了长春工业大学、武汉工程大学、石河子大学、青岛科技大学、郑州大学、江汉大学、海南大学、泰山医学院、南京财经大学、新疆农业大学等单位的大力支持,特别是华中科技大学出版社的热情帮助,同时还得到了海南省中西部高校提升综合实力工作基金项目(hdjy1332)的支持,在此特致以诚挚的谢意! 同时,向书中所引用文献资料的中外作者表示衷心的感谢!

由于绿色化学是一个新兴、多学科交叉的研究领域,涉及的学科知识面广,加之编著者水平有限,书中不足之处在所难免,敬请广大读者批评指正。

编著者

2014 年 5 月

目　　录

第1章 绪 论

　　绿色化学是20世纪90年代出现的具有明确的社会需求和科学目标的新兴交叉学科,已成为当今国际化学科学研究的前沿,是21世纪化学化工发展的重要方向之一。

　　绿色化学的核心就是要利用化学原理和新化工技术,以"原子经济性"为基本原则,从源头上减少或消除污染,最大限度地从资源合理利用、生态平衡和环境保护等方面满足人类可持续发展的需求,实现人和自然的协调与和谐。因此,绿色化学及其应用技术已成为各国政府、学术界及企业界关注的热点。

1.1 绿色化学的兴起与发展

1.1.1 生态环境的危机呼唤绿色化学

　　随着世界人口的急剧增加、各国工业化进程的加快、资源和能源的大量消耗与日渐枯竭、工农业污染物和生活废弃物等的大量排放,人类生存的生态环境迅速恶化,主要表现为大气被污染、酸雨成灾、全球气候变暖、臭氧层被破坏、淡水资源紧张和被污染、海洋被污染、土地资源退化和沙漠化、森林锐减、生物多样性减少、固体废弃物造成污染等。

　　目前,人类赖以生存的自然环境遭到破坏,人与自然的矛盾激化。绿色象征着生命,象征着人与自然的和谐,绿色化学是人类生存和社会可持续发展的必然选择!

1.1.2 环境保护的宣传和法规推动绿色化学

　　人类只有一个地球。"保护我们的家园,加强污染治理,保护生态环境"已成为世界各国人民的共同心声和关注的大事,环保法规的颁布推动了绿色化学的兴起和发展。

　　1962年美国女科学家Carson R. 所著的《寂静的春天》(《Silent Spring》)出版,书中详细地叙述了DDT和其他杀虫剂对各种鸟类所产生的影响。DDT等杀虫剂通过食物链使秃头鹰的数量急剧减少,同时也危及其他鸟类,使原来叶绿花红、百鸟歌唱的春天变得"一片寂静"。此外,这些杀虫剂通过皮肤、消化道进入人体,使人中毒;同时,在地球大气循环的作用下,被带到世界各地,甚至在北极的海豹和南极的企鹅体内也发现了DDT。这强烈地唤醒了人类对生态环境保护的关注,这本书被誉为警世之作。

　　1972年,联合国召开了人类环境会议,发表了《人类环境宣言》。

　　1987年,联合国环境与发展委员会公布了《我们共同的未来》的长篇报告书。

　　1990年,美国国会通过《污染预防法》,提出从源头上防止污染的产生。

　　1991年,美国化学会(ACS)和美国环保署(EPA)启动了绿色化学计划,其目的是促进研究、开发对人类健康和生态环境危害较小的新的或改进的化学产品和工艺流程。

　　1992年6月,在巴西里约热内卢举行了举世瞩目的联合国环境与发展大会,102个国家的元首或政府首脑出席了会议,共同签署了《关于环境与发展的里约热内卢宣言》《21世纪议程》等5个文件。这是20世纪末人类对地球、对未来的美好而庄严的承诺!

1994 年,我国政府发表了《中国 21 世纪议程》白皮书,制定了"科教兴国"和"可持续发展"战略,郑重声明走经济与社会协调发展的道路,将推行清洁生产作为优先实施的重点领域。

由联合国环境署等机构参与,中国绿色发展高层论坛组委会承办的"第五届中国绿色发展高层论坛"于 2013 年 4 月 20—22 日在海南省五指山举办,会议主题为"生态文明,绿色崛起和绿色发展"。

1.1.3　化学工业的发展催发绿色化学

化学作为一门创造性的学科,从诞生至今已取得了辉煌的成就。化学工业给人类提供了极为丰富的化工产品,迄今为止人类合成了 600 多万种化合物,工业生产的化学品已经超过 5 万种,目前全世界化工产品年产值已超过 15000 亿美元。我国生产的化学品近 4 万种,2001 年石油和化工产品总产值达 10990 亿元,占全国工业总产值的 9.8%。这些化工产品为人类创造了巨大的物质财富,极大地丰富了人类的物质生活,促进了社会的文明与进步。因此,化学工业在国民经济中占有极为重要的地位,成为国民经济的基础工业和支柱产业。但是也应该看到,大量化学品的生产和使用造成了有害物质对生态环境的污染,当代全球生态环境问题的严峻挑战都直接或间接与化学物质污染有关。表1-1列举了 20 世纪 30 年代以来世界范围内的八大公害事件。

表 1-1　20 世纪世界八大公害事件

事　　件	污染物	发生时间、地点	致害原因和症状	公 害 成 因
马斯河谷烟雾	二氧化硫、烟尘	1930 年 12 月 比利时马斯河谷	$SO_2 \rightarrow SO_3 \rightarrow$ 胸疼、咳嗽、流泪、咽痛、呼吸困难等	工厂多,工业污染物积聚,加之遇雾天
多诺拉烟雾	二氧化硫、烟尘	1948 年 10 月 美国多诺拉	$SO_2 +$ 烟尘 $\rightarrow$ 硫酸 $\rightarrow$ 眼痛、咳嗽、胸闷、咽喉痛、呕吐	工厂多,工业污染物积聚,加之遇雾天
伦敦烟雾	二氧化硫、烟尘	1952 年 12 月 英国伦敦	$SO_2 +$ 烟尘 $\rightarrow$ 硫酸 $\rightarrow$ 眼痛、咳嗽、胸闷、咽喉痛、呕吐	工厂多,工业污染物积聚,加之遇雾天
洛杉矶光化学烟雾	光化学烟雾	1955 年 5—12 月 美国洛杉矶	石油工业、汽车尾气/紫外线作用 $\rightarrow$ 眼病和咽喉发炎	氮氧化物、碳氢化物排入大气
水俣病事件	甲基汞	1953—1979 年 日本九州	鱼吃甲基汞、人吃鱼 $\rightarrow$ 失常	化工厂生产汞催化剂
四日市哮喘病事件	SO_2、煤尘	1955—1972 年 日本四日市	重金属微粒、$SO_2 \rightarrow$ 眼痛、支气管哮喘	Co/Mn/Ti 粉尘,SO_2
米糠油事件	多氯联苯	1968 年 日本九州爱知县等 23 个府县	食用含多氯联苯的米糠油 $\rightarrow$ 全身起红疙瘩、呕吐、恶心、肌肉疼痛	生产中多氯联苯进入米糠油
富山骨痛病	镉	1955—1965 年 日本富山	食用含镉的米和水 $\rightarrow$ 肾脏障碍、全身骨痛、骨骼萎缩	炼锌厂含镉废水

还应该指出,西方国家工业化发展的经验、教训值得我们注意和吸取。那种"先污染,后治理"的粗放经营模式,不仅浪费了自然资源和能源,而且投资大、治标不治本,甚至有可能造成二次污染。因此,传统化学工业的发展,使得迫切需要寻求减少或消除化学工业对环境污染问题的措施和良策,而绿色化学及技术正是解决此问题行之有效的办法。从源头上防止污染,实施清洁生产技术,实现废物的"零排放"(zero emission),这是绿色化学的核心和目标。

1.1.4　可持续发展促进绿色化学

可持续发展是自 20 世纪 80 年代以来国际上形成的一种全新发展观念,是新的科学发展观。随着科学技术的发展和社会生产力的极大提高,人类创造了前所未有的物质财富,加速了社会文明发展进程。与此同时,生态环境恶化不仅严重地阻碍着国民经济的发展和人民生活质量的提高,而且已威胁到人类的基本生存。面对这种严峻形势的挑战,人类不得不重新审视自己的社会经济行为和工业化发展历程,认识到那种以消耗大量资源和能源追求经济数量增长的"高投入、高消耗、高污染"为特征的传统发展模式已不能适应当今和未来发展的要求,必须寻求一条"资源—经济—环境—社会"相互协调的、既能满足当代人的需求又不影响后代人发展的模式。正是在这样的历史背景下,可持续发展理论应运而生。

1987 年 4 月,联合国环境署在长篇报告《我们共同的未来》中提出以可持续发展为基本纲领,并将可持续发展定义为"既满足当代人的需求,又不危及后代人满足其需求的发展"。

1992 年 6 月,在巴西里约热内卢召开了举世瞩目的联合国环境与发展大会(UNCED)。102 位国家元首或政府首脑就合理利用资源,保护生态环境,实现社会经济的可持续发展达成共识,从而正式奠定了全球发展的最新战略——可持续发展战略。

可持续发展战略包含经济的可持续性、生态的可持续性和社会的可持续性。经济可持续发展应同时注重经济增长的数量和经济发展的质量,改变传统的生产模式和消费模式,从资源和能源的利用方式、产品设计与生产工艺到消费方式都必须符合可持续发展的原则,实行清洁生产和文明消费。生态可持续发展要求经济社会发展以自然资源为基础,与生态环境相协调,不能超越自然资源和生态环境的承载能力,只有在尊重自然界发展规律的前提下考虑人类自身的发展,维护人和自然的共同利益,经济社会才能得到真正的可持续发展。社会可持续发展认为各国的发展阶段和发展目标可以不同,但发展的本质应包括提高人类生活质量和健康水平,发展高新技术和优良教育,保障人们的平等权利和全球的协调发展,公正对待后代人,不对后代人的需求构成危害。总之,经济可持续发展是基础,生态可持续发展是条件,社会可持续发展才是目的。应该说,可持续发展战略是以全球意义为指导的、适应当代和平与发展的时代主题的发展观,是以人与自然和谐协调为前提的发展观,是以社会全面进步和经济协调发展为目标的发展观。而绿色化学是 21 世纪的中心科学,是能从源头上预防和消除污染,最大限度地从资源合理利用、环境保护和生态平衡等方面满足人类可持续发展的科学,是实现经济、生态和社会可持续发展的科技支撑,是可持续发展理论的重要组成部分。

2002 年 9 月,在南非约翰内斯堡召开的全球可持续发展高峰会议,进一步讨论和评价了绿色化学的进展情况,确立绿色化学与可持续发展的行动方案,强化参会国的承诺,大力推进可持续发展战略的实施。

1.1.5　绿色化学和技术成为各国政府和学术界关注的热点

近 10 年来,绿色化学和技术已成为世界各国政府关注的最重要问题之一,也是各国企业界和学术界极感兴趣的重要研究领域。1995 年 3 月 16 日美国前总统克林顿宣布设立"总统绿色化学挑战奖",这是唯一以政府名义颁发的奖项,奖励那些具有基础性和创新性,在化学产品的设计、制造和使用过程中体现绿色化学的基本原则,在源头上消除化学污染物,从根本上减少环境污染方面卓有成就的化学家、公司或企业。所设奖项包括变更合成路线奖、变更溶剂/反应条件奖、设计更安全化学品奖、小企业奖和学术奖。截至 2013 年,已颁奖 18 次。

从历届美国总统绿色化学挑战奖中可以清楚地看出绿色化学带来的社会、经济效益。据称,绿色化学使这些企业每年减少有机溶剂等排放量达 25×10^8 L,节省工业用水 1438×10^8 L,节省能源 90×10^{12} Btu(1 Btu＝1055.06 J),减少 CO_2 排放量 43×10^4 t;同时,使有害化学品在生物体内累积量减少 80×10^4 t。尽管这些数字比起整个化工行业所应减少和节省的只是沧海一粟,但是发展前景十分可观。

英国"绿色化学奖"由英国皇家化学会(RSC)、Salter 公司、Jerwood 慈善基金会、工商部、环境部联合赞助,于 2000 年开始颁发,旨在鼓励更多的人投身于绿色化学的研究工作,推广工业界的最新科研成果。

日本设立"绿色和可持续发展化学奖",由日本绿色与可持续化学网(GSCN)发起,该组织由日本化学及其相关行业的代表共同组成,每年评选一次,2002 年首次颁奖。

清洁发展机制(clean development mechanism,CDM)是《京都议定书》框架下三个灵活的机制之一。清洁发展机制的主要内容是指发达国家通过提供资金和技术的方式,与发展中国家开展项目级的合作,通过项目所实现的"经核证的减排量",用于发达国家缔约方完成在议定书第三条下关于减少本国温室气体排放的承诺。这类合作项目称为 CDM 项目。清洁发展机制被认为是一项"双赢"机制:一方面,发展中国家通过合作可以获得资金和技术,有助于实现自己的可持续发展;另一方面,通过这种合作,发达国家可以大幅度降低其在国内实现减排所需的高昂费用。

项目所产生的额外的、可核实的 CO_2 减排量称为核证减排量(certified emission reductions,CERs),由发展中国家的项目企业所拥有,并可出售。每个 CDM 项目都有一个项目实施周期,这个周期是由《联合国气候变化框架公约》(UNFCCC)官方机构——国际 CDM 执行理事会(CDM EB)设定的。其具体流程见图 1-1。其中,PIN 指项目识别文件,PDD 指项目设计文件,OE 指项目经营实体。

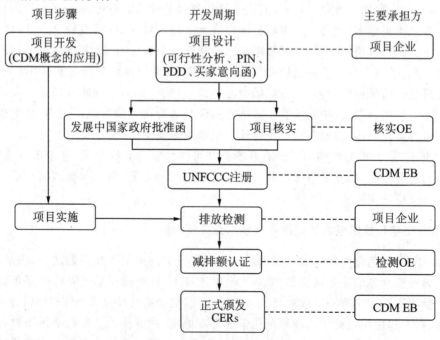

图 1-1　CDM 项目实施流程图

1.2　绿色化学的研究内容和特点

1.2.1　绿色化学的含义

绿色化学(green chemistry)又称环境友好化学(environmental friendly chemistry)或可持续发展化学(sustainable chemistry),是运用化学原理和新化工技术来减少或消除化学产品的设计、生产和应用中有害物质的使用与产生,使所研究开发的化学品和工艺过程更加安全和环境友好。

在绿色化学基础上发展的技术称为绿色技术或清洁生产技术。理想的绿色技术是采用具有一定转化率的高选择性化学反应来生产目标产物,不生成或很少生成副产物,实现或接近废物的"零排放";工艺过程使用无害的原料、溶剂和催化剂;生产环境友好的产品。

1.2.2　绿色化学的研究内容

绿色化学是研究和开发能减少或消除有害物质的使用与产生的环境友好化学品及其工艺过程,从源头防止污染。因此,绿色化学的研究内容主要包括以下几个方面:

(1) 清洁合成(clean synthesis)工艺和技术,减少废物排放,目标是"零排放";

(2) 改革现有工艺过程,实施清洁生产(clean production);

(3) 安全化学品和绿色新材料的设计和开发;

(4) 提高原材料和能源的利用率,大量使用可再生资源(renewable resource);

(5) 生物技术和生物质(biomass)的利用;

(6) 新的分离技术(novel separation technology);

(7) 绿色技术和工艺过程的评价;

(8) 绿色化学的教育,用绿色化学变革社会生活,促进社会经济和环境的协调发展。

绿色化学的核心是要利用化学原理和新化工技术,以"原子经济性"为基本原则,研究高效、高选择性的新反应系统(包括新的合成方法和工艺),寻求新的化学原料(包括生物质资源),探索新的反应条件(如环境无害的反应介质),设计和开发对社会安全、对环境友好、对人体健康有益的绿色产品。

1.2.3　绿色化学的特点

绿色化学与传统化学的不同之处在于前者更多地考虑社会的可持续发展,促进人和自然关系的协调,是人类用环境危机的巨大代价换来的新认识、新思维和新科学,是更高层次上的化学。

绿色化学与环境化学的不同之处在于前者是研究环境友好的化学反应和技术,特别是新的催化技术、生物工程技术、清洁合成技术等,而环境化学则是研究影响环境的化学问题。

绿色化学与环境治理的不同之处在于前者是从源头防止污染物的生成,即污染预防(pollution prevention),而环境治理则是对已被污染的环境进行治理,即末端治理。实践表明,这种末端治理的粗放经营模式,往往治标不治本,只注重污染物的净化和处理,不注重从源头和生产全过程中预防和杜绝废物的产生和排放,既浪费资源和能源,又增加了治理费用,综合效益差。

总之,从科学观点来看,绿色化学是化学和化工科学基础内容的创新,是基于环境友好条件下化学和化工的融合和拓展;从环境观点看,它是保护生态环境的新科学和新技术,从根本上解决生态环境日益恶化的问题;从经济观点看,它是合理利用资源和能源,降低生产成本,符合经济可持续发展的要求。正因为如此,科学家们认为,绿色化学是 21 世纪科学发展的最重要领域之一。

1.3　绿色化学在国内外的发展概况

绿色化学是 21 世纪化学化工发展的重要方向,是人类实现社会和经济可持续发展的必然选择。因此,国内外对绿色化学的研究极为重视,理论和技术创新硕果累累,不断推进绿色化学向纵深发展。

1.3.1　绿色化学在国外的发展概况

国外有关绿色化学的理论研究和技术开发十分活跃,人们创办绿色化学专业性期刊,出版绿色化学专著,举办各种绿色化学学术研讨会,进一步促进了国际绿色化学的交流和发展。

1. 主要组织和研究机构

在美国,美国环保署负责起草绿色化学纲要(green chemistry program),管理绿色化学项目,发布相关信息(如"总统绿色化学挑战奖"),以及开展与绿色化学有关的教育活动。

1997 年,美国在国家实验室、大学和企业之间成立绿色化学研究院(the green chemistry institute,GCI)。其主要目的是促进政府、企业与大学和国家实验室等的学术、教育和研究的协作,主要活动涉及绿色化学的研究、教育、资源、会议、出版及国际合作等。

英国皇家化学会创办了绿色化学网络(green chemistry network,GCN),其主要目的是在工业界、学术界、学校中普及和促进绿色化学的宣传、教育、训练与实践。

英国、意大利和澳大利亚等国家相继建立了绿色化学研究中心(或清洁技术研究中心)。例如,英国 York 大学成立了绿色化学研究中心,由 Clark J. 教授领导的研究组主要研究催化和清洁合成;由 Nottingham 大学的 Poliakoff M. 教授领导的研究组主要进行超临界流体的研究开发和教育;Carnegie Mellon 大学绿色设计研究所主要从事产品工艺和制造的绿色设计开发等。

日本在 2000 年创办了绿色与可持续化学网,其目的是促进环境友好、有利于人类健康和社会安全的绿色化学的研究工作,主要活动涉及绿色与可持续发展化学的研究与开发、教育、奖励、信息交流和国际合作等。

2. 美国"总统绿色化学挑战奖"

第一届"总统绿色化学挑战奖"于 1996 年 7 月在华盛顿国家科学院举行,共有 67 个项目被提名,其中 4 家公司和 1 位化学工程教授被授予"总统绿色化学挑战奖"。Monsanto 公司从无毒、无害的二乙醇胺原料出发,经过催化脱氢,研究出氨基二乙酸钠新工艺,改变了过去以氨、甲醛和氢氰酸为原料的两步合成路线,因而获得 1996 年度美国"总统绿色化学挑战奖"的变更合成路线奖。变更溶剂/反应条件奖授予了 Dow 化学公司,因其用 CO_2 替代对生态环境有害的氟氯烃做聚苯乙烯泡沫塑料的发泡剂。Rohm & Haas 公司由于成功开发一种环境友好的船舶生物防垢剂而获得美国"总统绿色化学挑战奖"的设计更安全化学品奖。小企业奖授予了 Donlar 公司,因其开发了热聚天冬氨酸(TPA),它是一种能替代聚丙烯酸并可生物降解的产品。Texas A&M 大学的 Holtzapple M. 教授由于成功开发了将废弃的生物质转化为动物饲料、工业化学品及燃料的技术而获得 1996 年度"总统绿色化学挑战奖"的学术奖。至 2013 年为止,美国"总统绿色化学挑战奖"已颁奖 18 次(参见表 1-2)。

表 1-2　美国"总统绿色化学挑战奖"获奖项目和获奖者

名称 / 年度	学术奖	小企业奖	变更合成路线奖	变更溶剂/反应条件奖	设计更安全化学品奖
1996	将废弃生物质转化为动物饲料、工业化学品和燃料。Holtzapple M.	替代聚丙烯酸的可降解性热聚天冬氨酸的生产和使用。Donlar 公司	由二乙醇胺催化脱氢取代氢氰酸路线合成氨基二乙酸钠。Monsanto 公司	用 100% CO_2 做聚苯乙烯发泡剂的开发和应用。Dow 化学公司	开发一种对环境安全的船舶生物防垢剂。Rohm & Haas 公司
1997	可使 CO_2 用作溶剂的表面活性剂的设计和应用。Desimone J. M.	Coldstrip™——除去有机物的清洁技术。Legacy 公司	布洛芬的生产新工艺。BHC 公司	不产生显影和定影废液的干法感光成像系统。Imation 公司	THPS——一种全新的低毒性、能快速降解的杀菌剂。Albright & Wilson 公司
1998	①"原子经济性"概念的提出。Trost B. M. ②微生物作为环境友好催化剂的应用。Draths K. M. 和 Frost J. W.	环境友好的灭火剂和冷却剂的开发和应用。Pyrocool 技术公司	合成 4-氨基二苯胺的新工艺。Flexsys 公司	以膜分离为基础的乳酸酯的新工艺:替代卤代和有毒溶剂的无毒工艺。Argonne 国立实验室	以 Confirm™ 为代表的新型系列化学杀虫剂的发明和商业化。Rohm & Haas 公司
1999	Taml™ 作为氧化剂的活化剂——绿色氧化技术中过氧化氢的活化。Collins T. J.	将纤维素生物质转化为乙酰丙酸及其衍生物。Biofine 公司	生物催化剂在制药工业中的实际应用。Lilly 实验室	Ultimer® 的开发和商业化——第一个新型水溶性聚合物分散系统。Nalco 化学公司	多杀霉素(spinosad)——一种新型杀虫剂产品。Dow 益农公司
2000	酶催化剂在有机合成中的应用。Wong C. H.	Envirogluv™——可用辐射固化并为环境接受的油墨装饰玻璃和水泥制品的技术。Revlon 公司	开发合成高活性抗病毒药物 Cytovene 的新方法。Roche Colorado 公司	利用水做载体的双组分水基聚氨酯涂料。Bayer 公司	开发 Sentricon™——消灭白蚁群的新系统和杀虫剂。Dow 益农公司

续表

名称 年度	学术奖	小企业奖	变更合成 路线奖	变更溶剂/ 反应条件奖	设计更安全 化学品奖
2001	设计一系列能在水和空气中,而不是在有机溶剂和惰性气体中进行的过渡金属催化的有机反应。 Li C. J.	Messenger®——一种激活作物防御病虫害的自我保护系统的技术开发。 Eden 公司	与环境友好并可生物降解的螯合剂——亚氨基双琥珀酸钠盐的合成。 Bayer 公司	biopreparation 技术的开发——以酶处理棉织物的工艺。 Novozymes 公司	在阳离子电涂工艺中以钇代替铅。 PPG 公司
2002	在 CO_2 中具有很高溶解能力的无氟材料的设计。 Beckman E. J.	超临界 CO_2 流体清洗保护层技术。 SC Fluids 公司	舍曲林(sertraline)工艺改革中的绿色化学。 Pfizer 公司	从可再生资源玉米谷物制备聚乳酸(PLA)工艺开发。 Cargill Dow 公司	开发碱性季铵铜盐(ACQ),代替有毒的铬酸化的砷酸铜(CCA)作为木材防腐剂。 Chemical Specialties 公司
2003	应用脂肪酶在温和条件下进行高选择性聚合反应。 Gross R. A.	Serenade®——一种环境友好的高效生物杀菌剂。 AgraQuest 公司	一种无废物排放的制备固体氧化物催化剂的工艺。 Siid-Chemie 公司	1,3-丙二醇(PDO)的微生物发酵制备方法。 DuPont 公司	EcoWorx™——开发以聚烯烃为主要组分的可再生使用的地毯片。 Shaw 地毯公司
2004	开发环境友好、性质可调的溶剂,实现反应分离一体化。 Eckert C. A. 和 Liotta C. L.	开发鼠李糖脂生物表面活性剂。 Jeneil Biosurfactant 公司	研究开发出紫杉醇抗癌药物。 Bristol-Myers Squibb 公司	开发出纸再生的酶技术。 Buckman 实验室	开发环境友好的Rightfit™偶氮颜料。 Engelhard 公司
2005	建立一种用离子液体溶解和处理纤维素制备新型材料的平台。 Rogers R. D.	利用生物技术合成聚羟基脂肪酸酯(PHA)天然塑料。 Metabolix 公司	①合成神经激肽-1 拮抗剂(aprepitant)新工艺。 Merck 公司 ②利用脂肪酶从植物油提取反式油脂制品。 ADM & Novozymes 公司	开发出紫外光可固化的单组分低挥发性汽车修补底漆。 BASF 公司	开发出一种非挥发性、具有反应活性的聚结剂,降低乳胶漆中挥发性的有机物用量。 ADM 公司

名称 年度	学术奖	小企业奖	变更合成路线奖	变更溶剂/反应条件奖	设计更安全化学品奖
2006	从天然丙三醇合成出生物基的丙二醇和多元醇的单体。Suppes G. J.	开发了苯胺印刷工业中对环境安全的溶剂和循环利用方法。Arkon 咨询公司和 NuPro 技术公司	开发了一条由 β-氨基酸制备 Januvia™ 的活性成分的新颖的绿色合成路线。Merck 公司	采用先进的基因技术开发了一种酶法过程。Codexis 公司	研发出 Greenlist™ 系统，该系统用来评估其产品中各成分对环境和人类健康的影响，并指导消费品配方的改进。S. C. Johnson & Son 公司
2007	开发了一种全新的催化氢转移反应，用于碳碳键的形成。Krische M. J.	发明了采用 CO_2 的灭菌新技术，利用超临界 CO_2 和一种过氧化物进行医疗灭菌的环境友好技术。NovaSterilis 公司	开发了用大豆粉为原料制备黏合剂的替代品。Li K. C. 教授与 Columbia 木业公司及 Hercules 集团公司	利用纳米技术开发了一种新型催化剂，实现了直接由氢气和氧气合成双氧水。Headwaters 技术公司	利用可再生的生物质资源为原料合成了己内酯多元醇，用以代替石油基多元醇。Cargill 公司
2008	一种制备硼酸酯的绿色催化工艺。Maleczka R. E. 和 Smith M. R.	开发出稳定碱金属的安全技术。SiGNa 化学公司	开发出一种用于激光打印的生物基墨粉。Battelle 研究所	开发出用于水冷系统监控的 3D TRASAR 技术。Nalco 公司	开发了第二代 spinetoram 新型杀虫剂。Dow 益农公司
2009	提出原子转移自由基聚合的新方法。Krzysztof Matyjaszewski	开发出 BioForming 催化转化工艺，使植物糖转化液体碳氢燃料。Virent 能源公司	开发出不使用溶剂的生物催化合成技术，用于化妆品的酯类物质的合成。Eastman 化学公司	发明一种安全、低温、快速、准确分析蛋白质的方法。培安(CEM)公司	在涂料和油漆配方中使用生物基的 Chempol 树脂和 Sefose 蔗糖酯，制备出高性能、低 VOC 的醇酸油漆和涂料。宝洁公司和库克复合材料与聚合物公司

名称 / 年度	学术奖	小企业奖	变更合成路线奖	变更溶剂/反应条件奖	设计更安全化学品奖
2010	研究出循环使用二氧化碳生物合成高碳醇的方法,从而使太阳能和二氧化碳直接生物转化成化工原料成为可能。廖俊智教授及其团队	使用微生物技术在石油基柴油基础上生产可再生石油燃料和化学品。LS9 Inc.	共同开发了环境友好的利用 H_2O_2 作为氧化剂制备环氧丙烷的新工艺。美国 Dow 化学公司和德国 BASF 公司	研制出新型酶催化剂,改进了 2 型糖尿病的治疗药物西他列汀(Sitagliptin)的合成工艺。美国默克集团公司(Merck & Co, Inc.)和 Codexis 公司	开发出 Natular 牌改性 spinosad 蚊子幼虫杀虫剂。其用量为传统杀虫剂的 $\frac{1}{10} \sim \frac{1}{2}$,而毒性为有机磷酸酯杀虫剂的 $\frac{1}{15}$ 以下。克拉克(Clarke)公司
2011	设计出了一种新颖的第二代表面活性剂(TPGS 750-M),在水中形成纳米胶囊,加快了有机合成反应,减少了对有机溶剂的依赖。Bruce H. Lipshutz	研发出利用大肠杆菌生物催化剂,通过新的净化工艺生产低成本、可再生的琥珀酸。BioAmber 公司	开发出从可再生原料制备 1,4-丁二醇的绿色合成工艺。Genomatica 公司	合成一系列无卤素的高渗透性的聚合物膜 NEX-AR,用于水的纯化和空气的净化等领域。Kraton Performance Polymers 有限公司	研究出用可再生原料生产水性醇酸丙烯酸涂料的技术。Sherwin-Williams 公司
2012	利用一氧化碳和二氧化碳合成可降解的聚合物。开发了一系列高效、环境友好的有机合成催化剂,用于生产可生物降解和生物相容性好的塑料。Robert M. W., James L. Hedrick 和 Geoffrey W. Coates	采用诺贝尔奖获奖技术——创新的复分解催化技术生产高性能绿色特种化学品,与石油化工技术相比,其能耗大大降低,温室气体排放量减少 50%。Elevance 公司	研发了高效生物催化剂 LovD 生产辛伐他汀(Simvastatin)用于降胆固醇的药物治疗。Codexis 公司和洛杉矶加州大学的唐教授	开发出 MAXHT 方钠石阻垢剂。Cytec 工业公司(Cytec Industries Inc.)	合成一种 Maximyze 酶用于纸浆的生产,改善纸张的韧性和质量。巴克曼国际公司(Buckman International, Inc.)

续表

年度＼名称	学术奖	小企业奖	变更合成路线奖	变更溶剂/反应条件奖	设计更安全化学品奖
2013	利用可再生的植物原料成功开发出高级材料,并实现商业化。理查德·伍尔(Richard P. Wool)	开发出三价铬化合物的电镀工艺。使电镀过程不产生任何含六价铬的废弃物。法拉第技术公司(Faraday Technology Inc.)	通过聚合酶链式反应,将脱氧核苷三磷酸的合成步骤简化为三步,大大减少了有机溶剂的使用量和有害物质的排放量。生命技术公司(Life Technologies Inc.)	开发出名为 EVOQUE 的高分子材料用于涂料中,大大减少了钛白粉的用量和原材料的消耗量。Dow 化学公司(Dow Chemical Company)	采用植物油为原料开发出新型变压器绝缘液体,以替代矿物油或多氯联苯,减少爆炸的风险。嘉基公司(Cargill Inc.)

3. 专业性刊物

《绿色化学》(《Green Chemistry》)于 1999 年由英国皇家化学会创办,是直接面向绿色化学领域的国际性专业刊物,内容涉及绿色化学的研究成果、综述、报道和其他信息。

《清洁产品和过程》(《Clean Products and Processes》)于 1998 年创刊,主题是与清洁技术相关的产品开发、工业设计、工艺过程、实验模型等,是又一种面向绿色化学领域的专业刊物。

《清洁生产杂志》(《Journal of Cleaner Production》)于 1996 年创刊,主要报道清洁生产工艺方面的研究论文和评论等。

此外,《Industrial and Engineering Chemistry Research》、《Pure and Applied Chemistry》、《Catalysis Today》、《Journal of Industrial Ecology》等杂志也设立了绿色化学专栏,定期或不定期刊登绿色化学方面的论文。

4. 绿色化学专著

自绿色化学出现以来,各国出版了大量介绍绿色化学的专著。

1998 年,Anastas P. T. 和 Warner J. C. 出版了《Green Chemistry：Theory and Practice》一书,比较详细地论述了绿色化学的定义、原则、评估方法和发展趋势,成为绿色化学的经典之作。

2000 年,Tunds P. 和 Anastas P. T. 出版了《Green Chemistry：Challenging Perspectives》一书,该书进一步阐明了绿色化学的产生、机遇和挑战,以及绿色化学发展的前景。

5. 各种国际学术会议

1994 年 8 月第 208 届美国化学会,举办了"为环境而设计：21 世纪的新范例"专题讨论会,集中讨论了环境无害化学、环境友好工艺和绿色技术等问题。

以绿色化学为主题的哥顿会议(Gordon Conference)自 1996 年以来在美国和欧洲轮流举行。1996 年哥顿会议以环境无害有机合成为主题,讨论了原子经济性、环境无害溶剂等问题,这是在世界高水平的学术论坛上首次讨论绿色化学专题。这次会议与美国"总统绿色化学挑战奖"一起被 Brealow 在"化学的绿色化"的评论中称为 1996 年"两个重要的第一次"。1997

年 7 月在英国牛津大学召开了哥顿会议,会议的主要议题包括:

　　(1) 催化(包括均相、多相和生物催化);

　　(2) 新的反应介质;

　　(3) 清洁合成和工艺;

　　(4) 新型反应器技术;

　　(5) 环境友好材料。

　　1997 年美国国家科学院举办了第一届绿色化学与工程会议,展示了有关绿色化学的重大研究成果,包括生物催化、超临界流体中的反应、流程和反应器设计及 2020 年技术展望等 64 篇论文。次年又召开了主题为"绿色化学:全球性展望"的第二届绿色化学与工程会议。

　　1998 年,意大利化学会召开了主题为"友好工艺——有机化学中的一个最新突破"的会议。同年,由欧洲议会资助,在意大利威尼斯举办了第一期暑期绿色化学研讨班。

　　2001 年 6 月,在美国 Boulder Colorado 由 IUPAC 召开了第 14 次 Chemrawn(适应世界需要的化学研究)会议,主题是"绿色化学——面向环境无害的工艺和产品",大会论文汇集在 2001 年《Pure and Applied Chemistry》第 73 卷第 8 期中发表。

　　2001 年 3 月 3—6 日,由英国皇家化学会召开的"绿色化学——可持续产品和过程"会议在 Swansea 大学举行。此次会议涵盖了化学和化学工程的前沿领域,包括绿色化学、清洁工艺和污染最小化等诸多内容。

　　2003 年 3 月,在日本东京举办了第一届绿色和可持续发展化学国际会议(简称 GSC,To-kyo—2003),强调创造发明的化学技术可以降低资源的消耗,并且能在整个产品的生产和使用过程中减少废物的排放,有利于保障人类健康和安全,保护生态环境。会议发表了《GSC 东京宣言》(GSC Tokyo Statements)。

　　2003 年 5 月,在美国佛罗里达州 Sandestin 召开的绿色化学工程技术会议上,确定了"绿色化学工程技术 9 条附加原则",提出了"绿色工程"发展理念,从而将绿色化学化工拓展到整个工程领域。

　　2013 年 6 月 30 日—7 月 5 日在德国南部城市林道召开世界最大规模的诺贝尔奖得主演讲大会,会议以"绿色化学"为主题,35 位获得诺贝尔奖的科学家与来自 78 个国家的 600 多名杰出青年科学家在一起,讨论生化过程和结构,以及更好地生产、转换和存储化学能量等问题。

1.3.2　我国十分重视绿色化学的研究工作

　　我国极为重视绿色化学的研究和开发,积极跟踪国际绿色化学的研究成果和发展趋势,倡导清洁工艺,实行可持续发展战略。

　　1995 年,中国科学院化学部确定了"绿色化学与技术——推进化工生产可持续发展的途径"的院士咨询课题。

　　1997 年,举行了以"可持续发展问题对科学的挑战——绿色化学"为主题的香山科学会议。中国科学技术大学朱清时院士作了题为"可持续发展战略对科学技术的挑战"的专题报告,中国石油化工总公司闵恩泽院士作了题为"基本有机化工原料生产中的绿色化学与技术"的专题报告,中国科学院化学冶金研究所陈家墉院士作了题为"绿色化学与技术:冶金和无机化工的挑战与机遇"的专题报告。香山科学会议有力地推进了我国绿色化学研究的开展。

　　1997 年国家自然科学基金委员会与中国石油化工总公司联合资助了"九五"重大基础研究项目"环境友好石油催化化学与化学反应工程"。1999 年国家自然科学基金委员会设立了

"用金属有机化学研究绿色化学中的基本问题"的重点项目,2000 年把绿色化学作为"十五"优先资助领域。

第 16 次"21 世纪核心科学问题论坛——绿色化学基本科学问题论坛"于 1999 年 12 月 21—23 日在北京九华山庄举行,来自化学、生命、材料等领域的近 40 名专家出席了会议,提出了下一步研究工作的重点:①绿色合成技术、方法学和过程的研究;②可再生资源的利用与转化中的基本科学问题;③绿色化学在矿物资源高效利用中的关键科学问题。

自 1998 年在中国科学技术大学举办第一届国际绿色化学高级研讨会以来,我国先后举办了多届国际绿色化学研讨会。例如,第 7 届国际绿色化学研讨会于 2005 年 5 月 24—26 日在广东珠海举行,主要内容为绿色化学反应(包括化学反应机理和流程研究),环境友好化学品的设计、加工和利用,生物质资源的有效利用,以及计算机辅助的绿色化学设计和模拟等。2007年 5 月 21—24 日,第 8 届国际绿色化学研讨会在北京九华山庄召开,会议的主要议题为绿色化学与可持续发展。其具体内容包括可持续发展材料的利用与开发,绿色合成路线的研究,绿色化工过程、技术及其集成,以及绿色化学的新机遇等。

我国于 2006 年 7 月 12 日正式成立了中国化学会绿色化学专业委员会,旨在促进绿色化学的研究与开发,加强绿色化学的学术交流与合作。

2013 年 11 月 30 日全国绿色化学化工科学与技术学科博士后论坛在杭州市浙江工业大学举行。论坛以"绿色化学化工领域的新理论与新技术"为主题,从绿色化学合成技术,可再生能源的开发与利用,节能降耗新工艺和新方法,保护生态和环境友好的新技术等方面开展学术交流与讨论。

1.4 绿色化学是我国化学工业可持续发展的必由之路

1.4.1 绿色化学所引发的产业革命

绿色化学及其引发的产业革命正在全世界迅速崛起,冲击着各行各业,不仅导致传统化学工业发生根本性的变化,也推动了生态材料工业、绿色制造工业、绿色能源工业和绿色生态农业等的建立和发展。

1. 石油化学工业的绿色化

随着现代工业的快速发展,对于石油化工产品的需求大幅度增长。石油化工原料的结构变化、保护生态环境的严峻挑战,使得 21 世纪的石油化工技术将突破第一代石油化工原料、工艺和设备等限制,应用绿色化学的原理和技术,逐步实现石油化学工业的绿色化,这是可持续发展的必然趋势。例如,用沸石催化剂替代三氯化铝生产乙苯、异丙苯;用离子交换树脂催化剂替代硫酸生产仲丁醇;不用光气生产聚碳酸酯(PC)、甲苯二异氰酸酯(TDI)和二苯基甲烷二异氰酸酯(MDI);甲醇低压羰基化合成乙酸;乙烯催化氧化制备乙酸;乙烷直接氧化生产乙酸;在磷酸硅铝分子筛催化作用下,甲烷两步转化生产乙烯;在 TS-1 和 H_2O_2 清洁催化氧化系统中,苯被直接氧化为苯酚,苯酚被氧化成对苯二酚和邻苯二酚等。这些新的石油化工技术,将在 21 世纪的绿色石油化工中发挥中坚作用。

2. 化学制药工业的绿色化

化学制药工业的特点是品种多、更新快、反应步骤多、原(辅)材料用量大、总产率比较低、"三废"排放量大、成分复杂、容易造成环境污染。因此,化学制药工业的绿色化,不仅具有重要的经济效益,而且具有长远的社会效益和环境效益。

例如,舍曲林(sertraline)是抗抑郁症药物左洛复(Zoloft)的活性组分,是一种高选择性的血清基再吸收抑制剂,用于大多数抑郁病症、精神创伤和心理压抑等疾病的治疗。自 1990 年美国批准应用以来,舍曲林已成为抗抑郁症的指定药物,2001 年全球市场销售额为 24 亿美元,2002 年为 27 亿美元。舍曲林的原有合成方法是在四氢呋喃或甲苯中,利用甲胺将二氯苯基四氢萘酮中的羰基转化为亚氨基,应用 $TiCl_4$ 作为脱水剂。分离出的亚胺类化合物,在 Pd/C 催化作用下进行氢化反应,转化为胺类异构体混合物(其中顺式与反式异构体的物质的量之比为 6∶1),分离出的顺式异构体与 D-扁桃酸反应得到所需要的(S,S)-顺式异构体,在乙酸乙酯溶剂中将舍曲林扁桃酸酯转化为相应的盐酸盐。该法合成工艺长,分离步骤多,产生大量的废弃物。

Pfizer 公司对舍曲林合成工艺进行了改进和创新。在舍曲林的合成过程中,只选用环境友好的乙醇做溶剂,省去了原来需要应用的四氢呋喃、甲苯等溶剂。由于亚胺类化合物在乙醇中的溶解度很小,很容易沉淀析出,不再需要应用 $TiCl_4$ 作为脱水剂,也无须分离中间体,而且顺式胺类异构体的选择性大为提高,顺式与反式的物质的量之比达到 18∶1。没有反应的甲胺可以通过蒸馏回收。这样使原来工艺中的反应操作大为简化,既节省了原材料,提高了整个反应的产率,同时又减少了废物的排放。按照 Pfizer 新工艺,每生产 1 t 舍曲林产品溶剂的需求量从 227.1 m^3 减少到 22.71 m^3,原料甲胺、二氯苯基四氢萘酮和 D-扁桃酸分别节省 60%、45% 和 20%。每年可减少排放二氧化钛-甲胺盐酸盐废物 440 t、35% HCl 废液 150 t 和 50% NaOH 废渣 100 t。

3. 农药工业的绿色化

化学农药的毒性及其对环境的影响一直是人们极为关注的问题,随着环境法规的日益完善和转基因(genetically modified,GM)作物的迅速推广,传统农药正受到严峻的挑战。逐步实现化学农药的绿色化,建立可持续发展的农药工业,是世界农药工业发展的新格局和新动向。

绿色农药是指那些对害虫和病菌高效,对人畜、害虫天敌和农作物安全,在环境中易于分解,在农作物中低残留或无残留的农药。

(1) 生物调节剂(bioregulator)。生物调节剂是采用不同的活性物质来调节、改变和抑制有害生物体在不同阶段的生长、发育及繁殖,达到防治病虫害的目的。例如,Rohm＆Haas 公司开发的 Confirm 系列杀虫剂(如 Tebufenozide、Halofenozide、Mythoxyfenozide)属于促蜕皮类杀虫剂,可促使害虫在不该蜕皮时提前蜕皮,使其脱水停止进食而快速死亡。

(2) 神经麻痹剂。Dow 益农公司开发的多杀霉素(spinosad)高选择性杀虫剂就属于这一类。多杀霉素对害虫的作用模式与已知的害虫控制产品不同,害虫对多杀霉素表现出神经综合征,如缺乏协调性、疲惫、颤抖和肌肉抽搐,从而瘫痪和死亡。

(3) 昆虫信息素。例如,Baker 公司合成的环氧十九烷就是一种昆虫性引诱素,可干扰其繁衍,有效地控制病虫害。

(4) 光活化农药。光活化农药的关键是光敏剂,在有光和氧存在的条件下光敏剂催化产生单重态氧($^1O_2$)杀灭害虫。

4. 绿色材料

绿色材料(green material)又称生态材料(ecomaterial material)、环境协调材料(environmental conscious material),是指那些具有良好使用性能或功能,对资源和能源消耗少,对生态环境污染小,有利于人类健康,可降解循环利用或再生利用率高,在制备、使用、废弃直至再生循环利用的整个过程中,都与环境协调友好的一大类材料。

近 10 年来,由难降解塑料制品造成的"白色污染"正殃及水体、土壤和城市环境,而且越来越严重,于是可降解高分子材料的开发和应用成为社会关注的热点。可降解高分子材料主要包括生物降解型高分子材料、光降解型高分子材料,以及光-生物双降解型高分子材料。

目前已研究开发出许多生物降解型高分子材料。例如,聚羟基丁酸酯(PHB)、透明质酸聚合物(PHA)、壳聚糖及其衍生物、聚乳酸、聚酸酐、聚对二氧六环酮、聚乙烯醇(PVA)、淀粉接枝共聚物、磷腈聚合物等,其中大部分可作为生物医学材料。

光降解型高分子材料是在高分子材料的合成制备中添加适量的光敏剂以赋予其光降解性。

5. 能源工业的绿色化

能源是人类社会生存和发展的重要物质基础。目前,人类所用的能源主要是石油、天然气和煤炭。本世纪以来,人类对矿物能源的消耗一直呈指数增长,导致矿物能源的储量日趋枯竭。第 13 届世界石油大会预测全球石油总储量约 3000×10^8 t,按目前的开采水平,只能开采 46 年,天然气也只能维持 66 年。全世界煤炭的保有储量虽达 10391×10^8 t,按目前的开采水平,也只能开采 232 年。同时,这些矿物能源的生产和消费也造成了大气污染、酸雨、温室效应和臭氧层破坏等严重的环境问题。因此,开发新能源、发展绿色能源,一直是世界各国政府和科技界极为关注的重要问题。

结合我国的国情,在发展绿色能源工业时应重点解决好三个方面的问题:①煤的清洁燃烧技术;②生物质能的转化技术;③太阳能、水力能、风力能、海洋能等清洁能源的开发。

1.4.2 绿色化学是我国化学工业可持续发展的优选模式

我国在可持续发展战略的指引下,清洁生产、环境保护受到各级政府部门的高度重视。1994 年,通过了《中国 21 世纪议程——中国 21 世纪人口、环境与发展白皮书》,在其第三部分"经济可持续发展"中明确提出,实施清洁生产技术是化工系统的重要任务,强调依靠科技进步,加强"三废"治理与废物综合利用,节约资源,保护环境。原化工部在"七五"期间投资 32.5 亿元,"八五"期间增加到 52.7 亿元,安排环保项目 16912 项,在防治污染方面做了大量的工作,取得了明显的成效。化学工业万元能耗由 1990 年的 7.41 t 标准煤下降到 1996 年的 4.80 t标准煤,下降 35%;化工废物综合利用产值由 1990 年的 12.57 亿元增至 1996 年的 49.77 亿元。同时每年可少排废水 13×10^8 t,废气近 3000×10^8 m³,废渣近 1000×10^4 t。但是,由于人口基数大,工业化进程加快,大量排放的工业污染物和生活废弃物使我国人民面临日益严重的资源短缺和生态环境问题。

在我国的环境污染中,来自工业的污染占 70% 以上。我国是以煤为主要能源的国家,每年由工厂废气排出的 SO_2 达 1.6×10^7 t,使我国酸雨面积不断扩大,遍及全国 22 个省市,受害耕地面积达 2.67×10^{10} m²,有由西南、华南蔓延至华东、华中和东北之势。我国每年废水排放量达 3.66×10^{10} t,其中工业废水 2.33×10^{10} t,86% 的城市河流水质超标,江河湖泊重金属污染和富营养化问题突出,七大水系污染殆尽。但是,我国是一个水资源严重缺乏的国家,水资源总储量虽为 2.8×10^{12} m³,但人均占有量约为 2200 m³,为世界人均占有量的 1/4,居世界第 88 位。全国有 300 多个城市缺水,其中 100 多个城市严重缺水,尤其是我国北方地区缺水严重,已成为社会经济发展的重要制约因素之一。

化学工业由于化工生产自身的特点(品种多、合成步骤多、工艺流程长),加之中小型化工企业占大多数,长期以来采用高消耗、低效益的粗放型生产模式,使我国的化学工业在不断发展的同时,也对环境造成了严重的污染,成为"三废"排放的大户。我国化工行业每年排放工业废水 $5×10^9$ t、工业废气 $8.5×10^{11}$ m³、工业废渣 $4.6×10^7$ t,分别占全国工业"三废"排放量的 22.5%、7.82%、5.93%。在工业部门中,化工排放的汞、铬、酚、砷、氟、氰、氨氮等污染物居第一位。例如,染料行业每年排放工业废水 $1.57×10^8$ t,染料废水 COD 值高,色度深,难以生物降解。又如铬盐行业每年排放铬渣约 $1.3×10^5$ t,全国历年堆存的铬渣已超过 $2×10^6$ t,流失到环境中的六价铬每年达 1000 t 以上,给地下水质和人体健康造成严重的危害。

总之,传统化学工业以大量消耗资源、粗放经营为特征,加之产业结构不尽合理,科学技术和管理水平较为落后,使得我国的生态环境和资源受到严重污染和破坏。因此,必须更新观念,确立"原料—工业生产—产品使用—废品回收—二次资源"的新模式,采用"源头预防及生产过程全控制"的清洁工艺代替"末端治理"的环保策略,依靠科技进步,大力发展绿色化学化工,走资源、环境、经济、社会协调发展的道路,这是我国化学工业乃至整个工业现代化发展的必由之路。

1.4.3　发展对策

1. 加强绿色化学的宣传和教育

近 10 年来,绿色化学及其应用技术在欧美地区发展很快。许多国家已将绿色化学作为一种政府行为,组织实施。瑞典、荷兰、意大利、德国、丹麦等积极推行清洁生产技术,实施废物最小评估办法,取得了很大的成功。我国各级政府部门应充分认识绿色化学及其产业革命对未来人类社会和经济发展所带来的影响,及时调整产业结构,大力发展绿色技术和绿色产业。绿色化学及其产业是既能适应我国当前的经济发展模式,又能适应我国民族特点的科学和产业。绿色化学产业以保护和节省资源为目的,促进人和自然的和谐与协调,追求可持续发展,几乎涉及所有的行业。

为了全面推动绿色化学及其产业的发展,应加强对绿色化学与技术的宣传,制定对绿色化学与技术的奖励和扶持政策,促进我国绿色化学及其产业的发展。

2. 选择重点领域研究开发绿色化学技术

绿色化学的研究目标是运用化学原理和新化工技术,研究和开发环境友好的新反应、新工艺和新产品,站在可持续发展的高度,实现资源、环境和社会经济发展的协调与和谐。

1) 防治污染的洁净煤技术

洁净煤技术包括煤燃烧前的净化技术、燃烧过程中的净化技术、燃烧后的净化技术,以及煤的转化技术。大力研究开发洁净煤技术,有利于节省能源,改善我国大气的质量,减少环境污染,是实现绿色产业革命战略的重中之重。

2) 绿色生物化工技术

将廉价的生物质资源转化为有用的化学品和燃料是发展我国绿色化学的战略目标。绿色生物化工技术包括基因工程技术、细胞工程技术、微生物发酵技术和酶工程技术。植物资源是地球上最丰富的可再生资源,每年以 $1.6×10^{11}$ t 的速度再生,相当于 $8×10^{10}$ t 石油所含的能量。我国每年农作物秸秆量超过 $1×10^9$ t,但是利用率不到 5%(主要用于造纸)。若利用绿色生物化工技术将其转化为有机化工原料,则至少可制取 $2×10^5$ t 乙醇、$8×10^7$ t 糠醛和 $3×10^5$ t 木质素,创造数百亿元的价值。

3）矿产资源高效利用的绿色技术

我国是一个人口众多而资源相对紧缺的国家，开发矿产资源高效利用的绿色技术和低品位矿产资源回收利用的绿色技术，是绿色化学研究的重要目标。目前，生物催化技术、微波化学技术、超声化学技术、膜分离技术等引起人们的极大关注，并且有的已投入工业应用，展示了广阔的发展前景。

4）精细化学品的绿色合成技术

精细化学品是高新技术发展的基础，关系到国计民生。探索和研究既具有高选择性，又具有高原子经济性的绿色合成技术，对于精细化学品的制备至关重要。例如，不对称催化合成技术大量用于精细化学品的制备，已成为绿色化学研究的热点。组合合成已成为绿色化学中实现分子多样性的有效捷径。

5）生态化工的绿色技术

生态化工是以生态系统和化工系统交叉耦合而形成的复合系统作为研究对象，以物质循环、能量流动、信息传递和价值增值为纽带的一种现代化工模式。生态化工技术是以工业生态学原理为指导，依据循环经济理念，通过绿色合成与转化，在生产人类需要的环境友好物质的同时，促进生态系统平衡和良好循环，确保全球社会经济的可持续发展。绿色化学与生态化工技术代表着现代化学工业的发展方向，受到世界各国政府、企业和学术界的高度关注，已成为21 世纪化学与化工的核心问题。

3. 大力实施清洁生产工艺

对现有企业的生产工艺用绿色化学的原理和技术进行评估，借鉴当今先进的科学技术，加强技术改造，实施清洁生产工艺，是绿色化学研究的又一重要课题。国内外的许多成功经验表明，清洁生产工艺既是切实可行的，又是一本万利的。

4. 加大科技创新的力度

创新是一个民族的灵魂，是科学技术不断进步的永不枯竭的动力。纵观美国"总统绿色化学挑战奖"，其获奖项目都体现了观念创新、品种创新和技术创新。要加快发展我国的绿色化学工业，既要跟踪时代，更要自主创新，要加强对新观念、新理论、新方法和新工艺的探索，突破关键技术，推进产、学、研的结合，加快科技成果的转化和应用。

创新的主体是人，要培养和造就一大批高水平的从事绿色合成技术研究开发和清洁生产管理的技术人员队伍，为实现我国化学工业的绿色化发挥骨干作用。

5. 加强国际学术交流和合作

绿色化学是 21 世纪的中心科学，绿色化学及其应用技术在欧美国家发展很快，我国应积极跟踪国际绿色化学研究及其产业发展动向，加强国际学术交流和合作，更多地吸收国外新工艺和新技术，促进我国化学工业的不断进步和健康快速发展。

复习思考题

1. 什么是绿色化学？简要论述绿色化学产生的时代背景。

2. 为什么说绿色化学是具有明确的社会需求和科学目标的新兴交叉学科？

3. 绿色化学的研究对象主要包括哪些内容？

4. 为什么说绿色化学是 21 世纪化学化工发展最重要的领域之一？

5. 绿色化学与环境治理的根本区别是什么？

6. 从美国"总统绿色化学挑战奖"的获奖项目中可得到哪些重要的启示？

7. 为什么说绿色化学是我国化学工业可持续发展的必由之路?

8. 如何加快我国绿色化学的发展与进步?

参 考 文 献

[1] Ritter S K. Green chemistry[J]. Chemical and Engineering News,2001,79 (29):27-34.

[2] Anastas P T,Bartlett L B,Kirchoff M M,et al. The role of catalysis in the design,development and implementation of green chemistry[J]. Catalysis Today,2000,55:11-22.

[3] Anastas P T,Warner J C. Green chemistry:theory and practice[M]. London:Oxford University Press,1998.

[4] Rouhi A M. Green chemistry for pharma[J]. Chemical and Engineering News,2002,80 (16):30-33.

[5] Matlack A. Some recent trends and problems in green chemistry[J]. Green Chemistry,2003,5 (1): G7-G12.

[6] Li C J. Developing metal-mediated and catalyzed reactions in air and water[J]. Green Chemistry, 2002,4(1):1-4.

[7] 闵恩泽,傅军. 绿色化学的进展[J]. 化学通报,1999,(1):10-15.

[8] 朱清时. 绿色化学与可持续发展[J]. 中国科学院院刊,1997,(6):415-420.

[9] 梁文平,唐晋. 当代化学的一个重要前沿——绿色化学[J]. 化学进展,2000,12(2):228-230.

[10] Hjeresen D L,Schuff D L,Boese J M. Green chemistry and education[J]. Journal of Chemical Education,2000,77(12):1543-1547.

[11] 闵恩泽,吴巍. 绿色化学与化工[M]. 北京:化学工业出版社,2000.

[12] 徐汉生. 绿色化学导论[M]. 武汉:武汉大学出版社,2002.

[13] 胡常伟,李贤均. 绿色化学原理和应用[M]. 北京:中国石化出版社,2002.

[14] 贡长生,张克立. 绿色化学化工实用技术[M]. 北京:化学工业出版社,2002.

[15] Tundo P,Anastas P T,Black D S,et al. Synthetic pathways and processes in green chemistry:introductory overview[J]. Pure and Applied Chemistry,2000,72 (7):1207-1228.

[16] Clark J H,Lancaster M. 绿色化学——化学工业走向可持续发展和具有竞争力的有效途径[J]. 自然杂志,2000,22(1):1-6.

[17] Graedel T E. Green chemistry as systems science[J]. Pure and Applied Chemistry,2001,73 (8): 1243-1246.

[18] 贡长生. 绿色化学——我国化学工业可持续发展的必由之路[J]. 现代化工,2002,22(1):8-14.

[19] Ritter S K. Green rewards[J]. Chemical and Engineering News,2003,81(26):30-35.

[20] Ritter S K. Green innovations[J]. Chemical and Engineering News,2004,82(28):25-30.

[21] Ritter S K. Green success[J]. Chemical and Engineering News,2005,83(26):40-43.

[22] 闵恩泽. 2003 年石油化工绿色化学与化学工程的进展[J]. 化工学报,2004,55(12):1933-1937.

[23] 王静康,鲍颖. 绿色化学科学与工程及生态工业园区建设进展[J]. 现代化工,2007,27(1):2-6.

[24] 肖文德. 绿色化学——21 世纪的科学[J]. 世界科学,2000,(3):27-28.

[25] 贡长生. 加快发展我国绿色精细化工[J]. 现代化工,2003,23(12):5-9.

[26] 张坤民,朱达,成亚威. 中国的环境保护与可持续发展[J]. 环境保护,1998,(1):3-6.

[27] Blaser H U. Heterogeneous catalysis for fine chemicals production[J]. Catalysis Today,2000,60: 161-165.

[28] Swindall W J. Environmental policy and clean technology in Europe[J]. Clean Technologies and Environmental Policy,2002,4:1-2.

第 2 章　绿色化学原理

绿色化学是用化学的原理、技术和方法从源头上消除对人类健康、社区安全、生态环境有害的原料、催化剂、溶剂、反应产物和副产物等的使用和产生。它的基本思想在于不使用有毒、有害物质,不产生废物,是一门从源头上阻止污染的绿色与可持续发展的化学。绿色化学是化学的新发展,根据绿色化学遵循的不断完善的基本原则,以保护人类健康和环境,实现环境、经济和社会的和谐发展。为了评价一个化工产品、一个单元操作或一个化工过程是否符合绿色化学目标,Anastas P. T. 和 Warner J. C. 首先于 1998 年提出了著名的绿色化学 12 条原则。

(1) 防止污染优于污染治理:防止废物的产生优于在其生成后再进行处理。

(2) 原子经济性:合成方法应具有"原子经济性",即尽量使参加反应的原子都进入最终产物。

(3) 绿色化学合成:在合成中尽量不使用和不产生对人类健康和环境有毒、有害的物质。

(4) 设计安全化学品:设计具有高使用功效和低环境毒性的化学品。

(5) 采用安全的溶剂和助剂:尽量不使用溶剂等辅助物质,必须使用时应选用无毒、无害的。

(6) 合理使用和节省能源:生产过程应该在温和的温度和压力下进行,而且能耗应最低。

(7) 利用可再生资源合成化学品:尽量采用可再生的原料,特别是用生物质代替矿物燃料。

(8) 减少不必要的衍生化步骤:尽量减少副产品。

(9) 采用高选择性的催化剂。

(10) 设计可降解化学品:化学品在使用完后应能够降解成无毒、无害的物质,并且能进入自然生态循环。

(11) 进行预防污染的现场实时分析:开发实时分析技术,以便监控有毒、有害物质的生成。

(12) 使用安全工艺:选择合适的参加化学过程的物质及生产工艺,尽量减少发生意外事故的风险。

绿色化学 12 条原则目前被国际化学界所公认,它不仅是近年来在绿色化学领域中所开展的多方面的研究工作的基础,同时也指明了未来发展绿色化学的方向。

针对工艺技术放大、应用和实施的潜在能力,Winterton N. 提出了绿色化学 12 条附加原则。

(1) 鉴定并量化副产品。

(2) 报告转化率、选择性和产率。

(3) 对工艺过程建立完全的物料平衡计算。

(4) 定量核算生产过程中催化剂和溶剂的损失。

(5) 充分研究基本的热化学,特别是放热规律,以保证安全。

(6) 预测热量和质量转移的极限。

(7) 与化学或化工工程人员协作。

（8）考虑整个工艺对化学品选择性的影响。

（9）协作开发和实施可持续措施。

（10）量化并尽量减少功效的使用。

（11）识别安全和废弃物最小化不兼容的地方。

（12）对试验或工艺过程向环境中排放的废物要监视、呈报，并尽可能地使之最小化。

这些附加原则既是对以上绿色化学12条原则的补充，又可指导研究人员进一步深入研究或完善实验室的研究结果，以便能更好地评价化学过程中废物减少的情况及其绿色的程度。

绿色化学的这些原则主要体现在要充分关注原料的可再生性及有效利用、环境的友好和安全、能源的节约、生产的安全性等问题，是在始端实现污染预防的科学手段。而传统化学则突出强调化合物的功能、化学反应的效率，较少关注与之有关的污染问题和副作用的影响。

2.1　防止污染优于污染治理

2.1.1　末端治理与污染防治

经济发展、科技进步和人类生活水平的提高都离不开种类繁多、性能多样的化学品。但是化学品的生产、加工、储存、运输、使用和废弃处理等各环节都可能产生有毒、有害物质，危害人类健康和生态环境。化学品(包括矿物燃料)的大量生产和广泛使用造成了全球环境问题。目前人类正面临着十大环境问题：大气污染、臭氧层破坏、全球变暖、海洋污染、淡水资源紧张和污染、生物多样性减少、环境公害、有毒化学品和危险废物、土地退化和沙漠化、森林锐减。其中前八项都直接与化工生产、化学物质污染有关，后两项也间接有关。造成这种后果和传统发展观只注重工业增长、忽视环境保护密切相关。

迄今为止，化学工业的绝大多数工艺是在20世纪前期开发的，当时的生产成本主要包括原材料、能耗和劳动力的费用。早期对环境污染采取的是末端治理方式。末端治理是指在工业污染物产生以后实施物理、化学、生物方法治理，其着眼点是在企业层次上对生成的污染物的治理。末端治理在一定程度上减缓了生产活动对环境的污染和生态破坏趋势。但是，随着工业的迅速发展，污染物排放量剧增，末端治理便表现出局限性。人类为环境污染所付出的代价也是巨大的，并且随着日益严格的环境法规的要求，用于污染物处理及排放的费用会越来越大。这种传统的末端治理环保战略，将环境保护与经济发展割裂开来，已被证明不能保障经济的可持续发展。因此，从环保、经济和社会的要求来看，化学工业不能再承担使用和产生有毒、有害物质的费用，需要大力研究与开发从源头上减少和消除污染的绿色化学生产过程及工艺。

2.1.2　污染防治的措施

绿色化学与环境治理是不同的概念。环境治理强调对已被污染的环境进行治理，使之恢复到被污染前的状况，而绿色化学则是强调从源头上阻止污染物生成的新策略，即污染预防，亦即没有污染物的使用、生成和排放，就没有环境被污染的问题。要从根本上治理环境污染，实现人类的可持续发展，就必须发展绿色化学技术，进行清洁生产，消费对环境友好的化学品，从源头上减少，甚至杜绝有害废弃物的产生。因此，防止污染优于污染治理。目前，发达国家对环境的治理，已开始从末端治理污染转向开发清洁工艺技术，减少污染源头，生产对环境友好的产品，从节约资源和预防污染的观点来重新审视和改革现有的生产工艺和流程，并研究可持续发展的科学技术。

　　绿色化学的目标是寻找充分利用原材料和能源,且在各个环节都洁净和无污染的反应途径和工艺。为实现这一目标,有两个方面必须重视:一是开发以"原子经济性"为基本原则的新化学反应过程;二是改进现有化学工业过程,减少和消除污染。近年来,绿色化学的研究主要是围绕着化学反应、原料、催化剂、溶剂和产品的绿色化来进行的。

2.2　原子经济性

2.2.1　原子经济性的概念

　　在传统的化学反应中,评价一个合成过程的效率高低一直以产率的大小为标准。而实际上一个产率为 100% 的反应过程,在生成目标产物的同时也可能产生大量的副产物,而这些副产物不能在产率中体现出来。为此,美国著名有机化学家 Trost 首次提出了"原子经济性"的概念,认为高效的有机合成应最大限度地利用原料分子的每一个原子,使之结合到目标分子中(如完全的加成反应:A+B ⟶ C),即不产生副产物或废弃物。

　　Trost 认为合成效率已成为当今合成化学的关键问题。合成效率包括两个方面:一是选择性(化学选择性、区域选择性、顺反选择性、非对映选择性和对映选择性);另一个就是原子经济性,即原料中究竟有多少原子转化成产物。一个有效的合成反应不仅要有高的选择性,同时应有较好的原子经济性。例如,对于一般的有机合成反应,传统工艺是以 A 和 B 为原料合成目标产物 C,同时有 D 生成。

$$A+B \longrightarrow C+D$$

其中 D 是副产物,可能对环境有害,即使无害,从原子利用的角度来看也是浪费。如果开发一个新工艺,以 E 和 F 为原料,也可以生成产物 C,但没有副产物 D 生成。

$$E+F \longrightarrow C$$

新工艺中反应分子的原子全部得到利用,则这是一个理想的原子经济性反应。

　　原子经济性可以用原子利用率来衡量。

$$原子利用率 = \frac{目标产物的相对分子质量}{化学反应计量式中反应物的相对分子质量总和} \times 100\%$$

这是一个在原子水平上评估原料转化程度的新思想,一个化学反应的原子经济性越高,原料中的物质进入产物的量就越多。理想的原子经济性反应是原料物质中的原子全部进入产物。因此,原子经济性的特点就是最大限度地利用原料。

2.2.2　反应的原子经济性

　　为了评价某一合成方法是否对环境友好,确定合成路线中每一个反应的类型是非常重要的。一个有效的化学工艺所包括的化学反应,不仅要有高的选择性,而且必须具有较好的原子经济性。下面比较有机合成中最常见的四类反应的原子经济性。

　　1. 重排反应

　　重排反应是指将分子的原子通过改变相互间的相对位置、键的形式等途径重整,产生一个新分子的反应。其原子利用率为 100%。这类反应包括 Beckmann 重排、Claisen 重排、Fries 重排、Wolff 重排等。其反应通式为

$$A \longrightarrow B$$

例如,生产尼龙-6时用到的 Beckmann 重排反应:

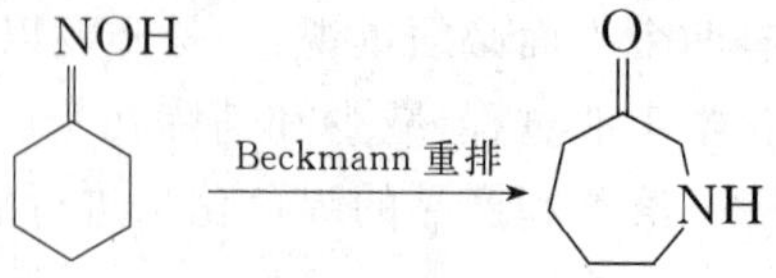

2. 加成反应

加成反应是不饱和分子与其他分子在反应中相互加合成新分子的反应。加成反应是将反应物的原子加到某一基质上,完全利用了原料中的原子,其原子利用率也为 100%,是理想的原子经济性反应。其反应通式为

$$A + B \longrightarrow C$$

例如,离子液体[bmim]BF_4(四氟硼酸-1-丁基-3-甲基咪唑)中 Ni(acac)$_2$(乙酰丙酮镍)催化的乙酰丙酮与甲基烯基酮的 Michael 加成反应:

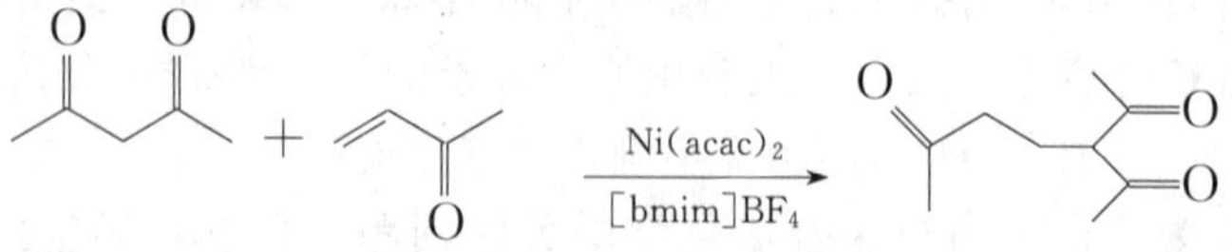

3. 取代反应

取代反应是有机化合物分子中的原子或基团被其他分子的原子或基团所取代的反应。烷基化、芳基化、酰基化反应等,均为取代反应。若一个分子中的某些原子或基团被另一个分子中的原子或基团替换,则离去基团成为该反应的一个副产物(或废弃物),因而降低了该转化过程的原子经济性。其反应通式为

$$A\text{-}B + C\text{-}D \longrightarrow A\text{-}C + B\text{-}D$$

例如,己醇与二氯亚砜的反应:

$$CH_3(CH_2)_4CH_2OH + SOCl_2 \longrightarrow CH_3(CH_2)_5Cl + SO_2 + HCl$$

相对分子质量　　　　102　　　　　　　119　　　　　　120.5　　　64　　36.5

$$原子利用率 = \frac{120.5}{102 + 119} \times 100\% = 54.5\%$$

由于生成了副产物 SO_2 和 HCl,原子利用率仅为 54.5%。

4. 消除反应

消除反应是从有机化合物分子中相近的两个碳原子上除去两个原子或基团,生成不饱和化合物的反应,包括脱氢、脱卤素、脱卤化氢、脱水、脱醇、脱氨反应,以及一些降解反应等。消除反应是通过消去基质的原子来产生最终产物,被消去的原子成为副产物。因此,消除反应不是原子经济性反应。

例如,氢氧化三甲基丙基铵热分解生成丙烯、三甲胺和水,如以丙烯为目标产物,其原子利用率仅为 35.30%。

$$CH_3CH_2CH_2N(CH_3)_3OH \xrightarrow{\triangle} CH_3CH=CH_2 + (CH_3)_3N + H_2O$$

原子经济性的计算基本都是按照化学反应计量式计算的。目前还不可能实现所有合成反应的原子利用率都达到 100%,所以有必要从原料、催化剂、反应路线等多方面来寻求改进途径,提高原子利用率。目前,在基本有机化工原料的生产中,有不少已采取了原子经济性反应,如乙烯直接氧化制备环氧乙烷、丁二烯和氢氰酸制备己二腈、丙烯氢甲酰化制备丁醛、甲醇羰

基化制备乙酸等都是原子经济性反应。

2.3　绿色化学合成

2.3.1　无毒、无害原料

在有机合成反应中,许多原料是有毒的,甚至是剧毒的,如光气、氰化物及硫酸二甲酯等。它们的化学性质活泼,以其为原料来合成一些重要的化学品的生产工艺已经相当成熟,工艺简单,条件温和,成本较低,故一直沿用至今。但在使用这些原料的同时不可避免出现危害人体健康和造成严重环境污染的问题。在传统化学中,在设计化学合成路线时并不考虑如何避免有毒、有害物质的使用和产生,只单纯地追求目标产物的产量及经济性。对于所使用和产生的有毒、有害物质只在工程上进行控制或者附加一些防护措施。这种模式一直蕴藏着极大的危险,一旦防范失败或者在操作过程中有任何一点差错就会酿成难以想象的灾难。

因此,绿色化学要求在设计化学合成路线时,应遵循不使用也不产生有毒、有害物质这一基本思想,并在这一基本思想指导下选择原料、反应途径和相应的目标产物,尽量在化学工艺路线的各个环节上不出现有毒、有害物质,如果必须使用或者在过程中不可避免地要出现有害物质,也应通过系统控制使之不与人和其他环境接触,并最终消除,将毒害风险降至最低。

2.3.2　改变合成路径

在化工生产中,原材料的选用是非常重要的,它决定了反应类型、加工工艺、原材料的储存和运输、合成效率,以及反应过程对环境、人类健康的影响。由此可见,寻求用安全无毒、无害的物质去取代有毒、有害的化工原料已刻不容缓。

1. 替代光气的绿色原料

光气的分子式为 $COCl_2$,它又称为碳酰氯,是一种重要的有机中间体和剧毒化工原料,主要用于生产异氰酸酯和聚碳酸酯。多年来一直在研究替代光气的低毒或无毒原料的新合成路线来生产异氰酸酯。

美国 Monsanto 公司开发了以伯胺、二氧化碳、有机碱为原料,先生成氨基甲酸酯阴离子,再用乙酸酐脱水得异氰酸酯和乙酸的技术。乙酸可再脱水而循环使用,整个过程基本上无废物排放。这种技术改变了原来用光气做原料的生产工艺,目前已顺利实现了工业化。

$$RNH_2 + CO_2 + B \Longrightarrow RNHCOO^- B^+$$

$$RNHCOO^- B^+ + \underset{\substack{\| \\ O}}{H_3CC} - O - \underset{\substack{\| \\ O}}{CCH_3} \longrightarrow RN{=}C{=}O + CH_3COOH + B$$

碳酸二甲酯(DMC)的结构式为 $CH_3OCOOCH_3$。由于其分子中含有甲氧基、羰基和羰甲基,具有很好的反应活性,可替代光气、硫酸二甲酯等剧毒原料,进行羰基化、甲酯化及酯交换等反应,被誉为有机合成的“新基块”。1992 年它在欧洲通过了非毒性化学品的注册登记,被称为绿色化学品。

异氰酸酯是聚氨酯的原料。其中甲苯二异氰酸酯(TDI)是工业上用途最大的异氰酸酯之一。目前世界各国工业生产 TDI 主要是采用光气法,但该法生产工艺较复杂、能耗高、有毒气(光气)泄露的危险,副产物氯化氢腐蚀设备且污染环境,设备投资及生产成本高,而且产品中残余氯难以去除,影响产品的应用。因此,开发合成 TDI 的绿色化工过程具有重要意义。

采用碳酸二甲酯代替光气合成 TDI 的工艺路线如下:

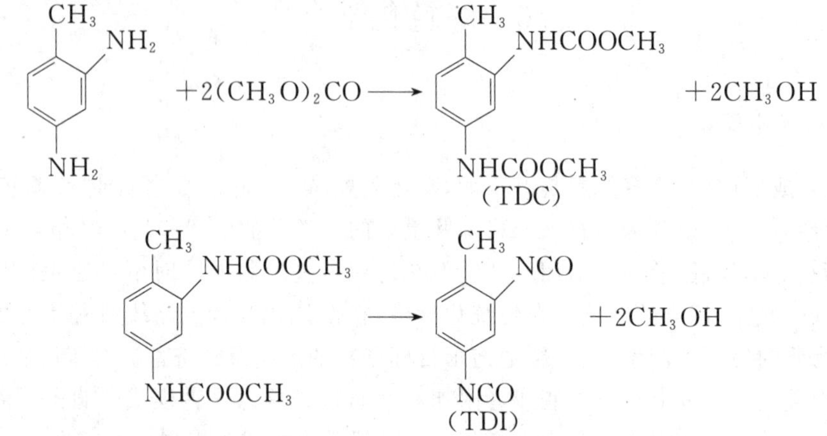

$$+2(CH_3O)_2CO \longrightarrow (TDC) \quad +2CH_3OH$$

$$\longrightarrow (TDI) \quad +2CH_3OH$$

第一步是甲苯二胺与碳酸二甲酯在催化剂的作用下反应,合成甲苯二氨基甲酸甲酯(TDC),第二步为 TDC 分解得到 TDI。副产物甲醇经氧化羰化又得到碳酸二甲酯:

$$2CH_3OH + CO + \frac{1}{2}O_2 \xrightarrow{PdCl_2\text{-}CuCl_2} (CH_3O)_2CO + H_2O$$

由此可见,以上两个过程可以构成一个理想的零排放绿色合成路线。

2. 替代氢氰酸的绿色原料

氢氰酸(HCN)由于可提供氢氰根(CN⁻)而被广泛用于生产丙烯腈、甲基丙烯酸系列产品及己二腈等产品。

传统的由氢氰酸制甲基丙烯酸甲酯的方法是丙酮-氰醇法,丙酮先与氢氰酸加成得到丙酮氰醇,然后水解、酯化得到甲基丙烯酸甲酯。该工艺除氢氰酸有剧毒之外,还有硫酸带来的腐蚀和污染问题,原子经济性(47%)也不高。

$$CH_3CCH_3 + HCN \longrightarrow H_3C-\underset{CN}{\overset{OH}{C}}-CH_3 \xrightarrow[H_2SO_4]{CH_3OH} H_2C=\underset{}{\overset{CH_3}{C}}-COOCH_3$$

日本旭化成公司成功开发了异丁烯直接氧化生产甲基丙烯酸酯的技术,取代了有毒原料氢氰酸,并大幅度降低了生产装置的建设费用。德国 BASF 公司则成功开发了以丙醛和甲醛为原料生产甲基丙烯酸的新工艺。美国 Monsanto 公司以无毒、无害的二乙醇胺为原料,代替剧毒原料氢氰酸,开发了经过催化脱氢生产氨基二乙酸钠的绿色工艺,改变了过去以氨、甲醛和氢氰酸为原料的两步合成路线。美国壳牌公司以丙炔为原料经羰基化、酯化生产甲基丙烯酸甲酯,原子利用率为 100%。其反应式如下:

$$CH_3C\equiv CH + CO + CH_3OH \xrightarrow{Pd} H_2C=\underset{}{\overset{CH_3}{C}}-COOCH_3$$

2.3.3 绿色化学合成

化工生产的原料大多来自石油、天然气、煤等不可再生资源,为实现化工生产中原材料的可持续发展战略,不仅需要在化工生产中使用无毒、无害的原材料,还要尽可能使用可再生资源。近年来,人们大力开发以生物质等可再生资源为原料合成化学品的新工艺。

乙酰丙酸是生产许多重要化工产品(如四氢呋喃、丁二酸和双酚酸等)的关键中间体。乙酰丙酸的传统合成方法是以乙醇、丙醇为原料经过多步合成而得。美国 Biofine 公司发展了一种将天然纤维素转化为乙酰丙酸的新技术,以天然纤维素(或造纸废物、废木材、农业残留物)为原料,在 200 ℃稀硫酸及催化剂的作用下,15 min 即可转化成乙酰丙酸。乙酰丙酸产率高达70%～90%,同时副产物为甲酸和糠醛。

己二酸是合成尼龙、聚氨基甲酸酯、润滑剂等的重要原料。传统合成方法是以苯为原料,先催化加氢合成环己烷,然后通过空气氧化合成环己酮或环己醇,最后用硝酸再氧化制成己二酸。该工艺原料苯来自石油,且是致癌物质,工艺过程长,反应条件苛刻,转化率低,副产物多,生产过程中使用和产生有毒、有害物质。为克服以上问题,美国 Michigan 大学的霍斯特和查斯开发出了以蔗糖为原料,通过生物转化生产己二酸的工艺。该工艺利用经 DNA 重组技术改进的微生物发酵酵母菌,将蔗糖变成葡萄糖,再变为己二烯二酸,然后在温和条件下加氢制取己二酸。这一方法中,蔗糖来源方便,且无毒、无害,工艺条件简单,安全可靠,实现了用生物质资源代替矿物质资源的绿色新工艺路线。

随着生物技术、生物催化及生物合成的进步,生物质原料可部分替代石油原料。生物质资源作为化工原材料,不但原料丰富并可以再生,生产过程无毒、无害,而且其产品也可能是对环境友好的。因此,以植物为主的生物质资源作为化工原材料是绿色化学合成研究的重点。

2.4　设计安全化学品

2.4.1　安全化学品的含义

传统化学工业中,设计并制备某一化学品时,更多的是关注该化学品的实际使用功能,而忽略了它的副作用、毒性或危害特性。比较典型的例子就是造成严重生态环境危害的农药 DDT 和严重破坏大气臭氧层的制冷剂氟利昂。

DDT 作为人类历史上第一类合成出来的高效有机氯杀虫剂,自 1942 年投放市场以来,其杀虫效果迅速得到认可,在消灭粮食、经济作物、果树、蔬菜等害虫方面具有显著功效。但在使用多年后,发现 DDT 无选择地将某些肉食昆虫和鸟类一起除掉,使得虫害比以前更加猖獗。同时,DDT 的性能稳定,在许多生物的脂肪组织或脂肪细胞中产生生物积累,对生物本身及人类都造成了难以消除的伤害,对农业生态系统和自然生态系统都造成了极大的不利影响。因此,自 1973 年起世界各国先后停止生产和使用这类杀虫剂。

氟利昂是一类由碳、氟、氯组成的氯氟烃(CFC),1928 年由美国 DuPont 公司开始商业性生产。氟利昂由于具有良好的化学稳定性、阻燃性、低毒性、热力学和电学性能,以及价格低廉等,作为制冷剂、发泡剂、电子元件的清洗剂等得到了广泛的应用。1985 年,英国科学家 Farmen 等人在多年观测基础上发现南极上空出现臭氧空洞。臭氧层的破坏将严重地影响人类的健康。造成臭氧层破坏的一个根本原因就是人为释放的氟利昂进入大气平流层,在平流层内,强烈的紫外线照射使氟利昂分子发生解离,释放出高活性原子态的氯等自由基,与臭氧发生作用,造成臭氧的大量减少。因此,为避免臭氧层进一步遭到破坏,自 1993 年起世界各国逐步开始停止使用氟利昂,而选用对臭氧层无破坏作用的新型无氟制冷剂。

在绿色化学中,设计生产化学品时不但要考虑化学品的使用功能,更要考虑化学品对人类健康和生态环境有无危害。什么是安全化学品呢？从化学品的全生命周期进行评价，首先该产品的起始原料应来自可再生的原料，然后产品本身必须不会引起人类健康和环境问题，最后当产品使用后，应能再循环利用或易于在环境中降解为无毒、无害的物质。

2.4.2　设计安全化学品的一般原则

对于任何化学品的设计，都应该把对人身健康和对环境无危害作为必须遵守的一个原则，发展和应用对人类健康和环境无毒、无危险性的化学原料、溶剂及其他实用化学品。由于一般化学品很难同时达到完全无毒且具有最强的功效，如电镀中使用的配位剂氰化物性能优异却毒性很强，当去掉毒性基团后，它的优异使用性能也基本丧失了。因此，设计安全化学品就是利用构效关系和分子改造的手段保持和发挥化学品的优异使用功能，同时又将它的毒性作用降到最低，在两者之间寻求最适当的平衡。以此为依据对新化合物进行结构设计的同时，也可对已存在的有毒的化学品进行结构修饰或重新设计。

一旦期望的功能和与之关联的分子结构被选定，化学家就必须努力地调整和修饰这个分子结构，以减轻任何潜在的危害。为达到这个目的，经常采用以下几种基本方法：①分析物质的作用机理；②分析物质的结构与活性的关系；③避免采用毒性官能团；④使生物利用率最小化；⑤使辅助物质的量最小化。

若对一种化学品有关毒性方面的细节了解越多，则在设计一种更安全的化学品时可利用的选择就越多，也就更容易达到在保证化学品功能的同时，将它们的危害作用降到最低限度。

目前已经对化学品的合成、结构、功能进行了广泛而深入的研究，对于合成操作与目标产物结构的关系、结构与某些使用功能的关系及其变化的内在规律都有了一定的了解。因此，设计更加安全的化学品是可能的。

2.4.3　设计安全化学品的方法

设计安全化学品首先要了解形成特定功能的分子结构是如何实现其功效的，以及对人类健康和环境可能造成危害的程度。在此基础上通过对分子结构进行调控，使得化学品的功能得到最大的发挥，而固有的危害被降到最低限度。这样就可实现安全化学品的设计。设计安全化学品有以下几种途径。

（1）如果从作用机制上了解到某个反应是毒性产生的必要条件，那么可以在确保该分子功能的前提下，通过改变分子结构使该反应不再发生，从而避免或降低该化学品的危害性。

（2）在毒性机理不明确的情况下，可以分析化学结构中某些官能团与毒性之间的关系，设计时尽量通过避免、降低或除去同毒性有关的官能团来降低毒性。

（3）降低有毒物质的生物利用率。如果一个物质是有毒的，只要其不能达到使毒性发生作用的目标器官时，其毒性作用也就无法发生。因此，化学家可以利用改变分子的物理化学性质（如水溶性和极性）来控制分子，使其难以或不能被生物膜和组织吸收，即通过降低吸收及生物利用率，在不影响该分子的功能与用途的前提下，使分子既"有效"又"无毒"。

为了解决化学品的污染问题，人们一直在努力开发对环境无害的工艺方法和产品。事实上，对于最早暴露出来的某些化学品的污染问题，通过努力已经找到了解决的方案。例如，为了对付塑料的"白色污染"，开发出了可降解的塑料；为了消除DDT等杀虫剂对生态环境的危害，合成出了保持原有功效、高选择性、不含氯、在生理条件下能快速分解为无毒、易代谢物质的新型杀虫剂。目前，人类既离不开化学品，又不愿意在使用化学品的同时对自身造成危害，那么人类只能选择使用对人类和环境无毒、无害的化学品。

2.5　采用安全的溶剂和助剂

2.5.1　常规有机溶剂的环境危害

在化学品的生产、加工、使用过程中,每一步都会用到辅助性物质。这些辅助性物质一般作为溶剂、萃取剂、分散剂、反应促进剂、清洗剂等。目前,使用量最大、最常见的溶剂主要有石油醚、芳香烃、醇、酮、卤代烃等。人类每年向大气排放的这些挥发性有机溶剂超过 2000×10^4 t。这些挥发性有机溶剂在阳光照射下,在地面附近形成光化学烟雾,导致并加剧肺气肿、支气管炎等症状,甚至诱发癌症病变。此外,这些溶剂还会污染水体、毒害水生动物及影响人类的健康。

随着保护环境的呼声日益高涨,各国纷纷制订各种限制或减少挥发性有机溶剂的排放的措施,以期减轻对环境的危害。化学家在设计化学品的制备和使用过程时必须考虑到尽可能不使用辅助性物质,如果必须使用也应是无害的。研究开发无毒、无害的溶剂去取代易挥发的、有毒、有害的溶剂,减少环境污染,也是绿色化学化工的一项重要内容。对于有毒、有害溶剂的替代品选择,通用指导性原则包括以下几点。①低危害性。由于溶剂用量很大,因此在研制溶剂时必须考虑安全性。选择溶剂时首先要考虑的是其爆炸性或可燃性,另外要考虑大量使用溶剂对人体健康和环境的影响。②对人体健康无害。挥发性溶剂很容易通过呼吸进入人体,一些卤代试剂可能有致癌的作用,而其他有些试剂则对神经系统有毒害作用。③环境友好。要考虑溶剂的使用可能引起的区域性和全球性的环境问题。目前,代替传统溶剂的途径包括使用水溶液、超临界流体、高分子或固定化溶剂、离子液体、无溶剂系统及毒性小的有机溶剂等。

2.5.2　水

水是地球上广泛存在的一种天然资源,价廉、无毒、无害,用水来代替有机溶剂是一条可行的途径。有些合成反应不仅可以在水相中进行,而且还具有很高的选择性。最典型的例子就是环戊二烯与甲基乙烯酮发生的 D-A 环加成反应,在水中进行的速率比在异辛烷中快 700 倍。另外,也有一些关于水中镧系化合物催化的有机合成的研究报道。利用水与大多数有机溶剂不互溶,可设计一些在液/液(水)两相中进行的相转移催化反应。另外,也可采用水溶性的过渡金属配合物在水相中起催化作用,其优点在于催化剂在水相中易于回收利用。

水处于临界点(374 ℃、22.1 MPa)以上的状态时被称为超临界水。在超临界条件下水的介电常数、离子积、黏度等性质与常压下有很大差别。对于那些在通常条件下无法进行的酸催化反应,由于在高温高压下氢离子浓度增加了,从而可加速这类化学反应(如消除反应、重排反应、水解反应等)。另外,利用超临界水氧化技术可以将有机废弃物完全转化成二氧化碳、氮气、水及盐类等无毒小分子化合物。

2.5.3　二氧化碳

二氧化碳的临界温度为 31 ℃,临界压力为 7.38 MPa。与超临界水相比,二氧化碳的临界温度接近室温,临界压力也比较适中,易于实际操作。另外,超临界二氧化碳可以很好地溶解常用的有机化合物及许多工业材料,如聚合物、油脂等。超临界二氧化碳是目前技术最成熟、使用最多的一种超临界流体。超临界二氧化碳作为溶剂主要有三种用途:一是作为抽提剂,用于食品、医药行业的香料和药用有效成分的提取;二是作为反应介质;三是作为化学品应用过程中的稀释剂。

目前已经有许多使用超临界二氧化碳作为反应溶剂的报道,二氧化碳在聚合反应、亲电反应、酶转化等反应中已被证明是很好的溶剂。此外,超临界二氧化碳在烃类的烷基化反应、异构化反应、氢化反应、氧化反应中都具有重要作用。在超临界流体中,由于溶解度增大,可减少多核芳香族化合物在催化剂表面的结焦,从而减缓催化剂的失活;又由于扩散能力的增强,反应物易到达催化剂活性中心,产物易从活性中心脱离,从而减少副反应,提高了反应的选择性。

2.5.4　离子液体

离子液体是由有机阳离子和无机阴离子组成的有机盐。因其离子具有高度不对称性而难以密堆积,阻碍其结晶,因此熔点较低,常温下为液体,故又称为室温离子液体(room temperature ionic liquids)。形成离子液体的有机阳离子母体主要为四类:咪唑盐类、吡啶盐类、季铵盐类、季鏻盐类。无机阴离子则主要有$[AlCl_4]^-$、$[BF_4]^-$、$[PF_6]^-$、$[CF_3SO_3]^-$等。离子液体的特性是其性质可以通过适当地选择阴离子、阳离子及其取代基而改变,即可以按需要设计离子液体。与其他溶剂相比,离子液体具有如下特点。

(1) 几乎没有可检测到的蒸气压,不挥发,更具有环保价值。

(2) 具有较大的稳定温度范围($-96\sim300$ ℃)、较好的化学稳定性及较宽的电化学稳定电势窗口。

(3) 通过阴、阳离子的设计可调节离子液体的极性、亲水性、黏度、密度、酸性及对其他物质的溶解性等性质。

(4) 许多离子液体本身还表现出 Brönsted、Lewis、Franklin 酸性及超强酸性质。这就表明了它们不但可以作为溶剂使用,而且可以作为某些反应的催化剂,避免使用额外的可能有毒的催化剂或产生大量废弃物。

离子液体的应用十分广泛。离子液体在分离工程中作为气体吸收剂和萃取剂;在电化学中作为电解质;在化学反应中作为反应介质,或同时作为催化剂。离子液体在环境友好烷基化、酰化、加氢还原、选择性氧化、异构化、D-A 加成、羰基化和酯化等反应中的应用都有报道。中国石油天然气股份有限公司采用基于三氯化铝的离子液体催化剂,先将丁烯二聚为异辛烯,再氢化为异辛烷,工业规模为年产 65000 t 异辛烷。巴斯夫公司利用纤维素溶解在 1-乙基-3-甲基咪唑鎓乙酸盐和其他离子液体中纺成纤维这种方法,成功制备了纤维素-聚合物的混合物。近期,通过引入不同的官能团可实现对离子液体特定功能化的设计,如含质子酸的离子液体、含手性中心的离子液体和具有配体性质的离子液体等。

2.5.5　固定化溶剂

挥发性有机溶剂对人类健康与环境的影响主要来自其挥发性。解决这一问题的方法之一就是寻找固定化溶剂,使物质的溶解性能保持不变,但不再具有挥发性,因而可以避免暴露于环境而给人类造成危害。常用的方法是将溶剂分子固定到固体载体上,或直接将溶剂分子连在聚合物的主链上。麻省理工学院的研究人员开发了一类聚合物溶剂,这类溶剂与常规用于化工过程的溶剂有类似的溶剂化性能。这类溶剂可用作反应或分离的介质。这种聚合物溶剂可通过机械分离方法(例如用超滤法)回收而不需要蒸馏过程。

2.5.6　无溶剂系统

　　传统的观点是化学物质要在液态下或溶液中才起反应,而由于溶剂会污染环境及产品,无溶剂系统才是最佳选择。目前许多生产日用化学品的工业过程是在气相中非均相催化剂作用下进行的。无溶剂系统常常可以简化反应操作,提高产率和选择性。但这些无溶剂反应的后处理都需使用溶剂。

　　无溶剂反应是减少溶剂和助剂使用的最佳方法。目前已经开发出几种途径来实现无溶剂反应。在无溶剂存在下进行的反应可分为三类:反应物同时起溶剂作用的反应;反应物在熔融态反应,以获得好的混合性及最佳的反应效果;固体表面反应。固态化学反应是在无溶剂条件下进行的反应,能在源头上阻止污染物,具有节省能源、无爆燃性等优点,且产率高、工艺过程简单,某些反应还具有立体选择性。特别是微波炉、超声波反应器出现之后,无溶剂反应更容易实现。

2.6　合理使用和节省能源

2.6.1　化学工业中的能源使用

　　能量是人类赖以生存的重要物质基础,能量的存储和使用与经济发展、社会状况及生态环境直接相关。化学反应或化学过程的每一步都涉及能量的转变和传递。化学原料的获取、化学反应的发生、反应速率的控制、反应产物的分离和纯化等各个环节均伴随着能量的产生和消耗。化学工业中所利用的能量主要有热能、电能和光能。热能是常见的能量形式;电能则是化学工业中利用的主要的能量形式,除物质传递、加热降温、反应控制等外,电化学过程也是一种清洁技术,电化学合成也是一种新型绿色化学合成方法;光能是潜力最大的一种能源,如何用清洁、廉价的光化学反应代替传统的化学过程,特别是那些有毒、有害的过程,是绿色化学研究的重要目标之一。

　　对于需要输入能量才能进行的反应,要让一个反应进行到其热力学允许的程度,通常是通过加热来完成的。使用的热量是为了提供完成反应所需的活化能。采用催化剂可以降低反应的活化能,因此,采用合适的催化剂可以降低能耗。相反,若一个反应是强放热的,则需要冷却以移走热量来控制反应。在化工生产中有时也需要利用冷却来降低反应速率以避免反应失控导致严重的生产事故。无论是加热还是冷却,均需花费一定经济成本和产生一定环境影响。

　　化学工业中最耗能源的过程之一是纯化和分离过程。纯化与分离通常可以通过精馏、萃取、重结晶、超滤来进行,都需要大量能量以保证产物与杂质的分离。通过优化设计尽可能减少这些过程,也可以减少能耗。

2.6.2　新的能源利用技术

　　除了使用以上三种传统的能量以外,还可以利用新形式的能量来促进化学反应的进行。

　　微波的使用是一种进行快速化学转化(常常是在固态下)的技术,而传统上这些反应是在液态下完成的。在许多情况下,微波技术的明显优点表现在,为进行某一反应不需要长时间的加热,同时,在固态下反应也避免了对所用辅助物质额外加热的需求,而在溶液中进行该反应时这种额外的加热是必需的。

超声波能对一些类型的转化反应(如环化加成、电环化加成)起催化作用。通过利用这种技术,使反应物分子周边的反应条件充分改变以促进化学转化。同其他任何形式的能源一样,需要对每一个反应进行评估,预测合成目标分子时采用超声波是否更有效。

2.6.3　优化反应条件

在开发一个新工艺来合成某种化学品时,化学家往往只考虑优化反应工艺条件,以提高转化率或产率,而忽略了能量的需要。绿色化学则要求综合考虑化学过程中物质和能量的产生、输送和消耗的各个环节,通过对化学系统的设计、调整和优化,改变化学过程对能量的需求,在生态环境和经济效益许可的条件下,使化学过程对能量的需求达到最小,从而达到合理利用能源的目的。因此,在可能情况下,化学家在设计反应过程和反应系统时,应考虑如何把能耗降到最低。

目前,除了从化学反应本身来消除环境污染、充分利用资源、减少能源消耗外,还可以通过化工过程强化,实现化工过程的高效、安全、环境友好及集约的生产。化工过程强化是指在生产和加工过程中运用新技术和新设备,最大限度地减小设备体积或者增大设备生产能力,显著地提高能量效率,大量地减少废物排放。化工过程强化能充分利用能量,生产效率高,能量消耗显著降低。

2.7　利用可再生资源合成化学品

2.7.1　可再生资源与不可再生资源

自然资源是人类赖以生存和发展的物质基础,是人类生产资料和生活资料的基本来源,是维护环境和生态平衡的核心。节约与合理利用自然资源是保护环境及实施可持续发展战略的重要环节。为了研究自然资源的可持续利用问题,根据能否再生,可将自然资源分为可再生资源和不可再生资源。可再生资源是能够通过自然力以某一增长率保持或增加蕴藏量的自然资源。例如,太阳能、风能、森林、各种野生动植物等,随着地球形成及其运动而存在,基本上是持续稳定产生的。不可再生资源是假定在任何对人类有意义的时间范围内,资源质量保持不变,资源蕴藏量不再增加的资源。石油、天然气、煤和金属矿产都属于这类资源,一旦用尽,无法再生。

2.7.2　利用可再生资源合成化学品

将生物质资源作为燃料和化工原料的方法有物理法、化学法、生物化学转化法等。化学法是通过热裂解、分馏、氧化还原降解、水解和酸解等方法将纤维素、木质素等大分子生物质降解成相对分子质量较小的碳氢化合物(可燃气体和液体),直接作为能源或经处理后作为化工原料。生物法是将生物质降解为葡萄糖,然后转化为各种化学品,在各种转化过程中酶起关键作用。找到合适的高效酶或含酶微生物,是生物质高效、清洁、经济地转化为有用化学品的关键。

随着石油资源的短缺,开发可再生生物质资源生产汽油替代燃料非常重要。目前,用乙醇部分替代汽油作为机动车燃料已得到极大的应用,并且可以取得长期和明显的环境效益。但传统的以谷物为原料的发酵工艺,原料成本高,能耗大,乙醇生产成本较高。而以廉价的纤维素为原料,采用纤维素酶直接水解发酵生产乙醇,可以明显地降低成本。Dow 化学公司在巴西建设一个以甘蔗为原料,并用乙醇来生产乙烯和聚乙烯的项目。

利用生物技术还可以将生物质转化成其他各种化学品,如将谷物中葡萄糖或甘油通过生物催化制备 1,3-丙二醇,它被用于制备聚对苯二甲酸丙二醇酯(PTT)。以农业废物(如小麦秆等)为原料合成乳酸,将稻草、甘蔗渣等农业废物处理后得到酸、醇、酮等化工产品。

用生物质作为可再生资源来生产化学品的研究受到人们的普遍重视,也是保护环境和实现可持续发展的要求。然而,以生物质资源作为原料和能源材料也有其局限性,如生物质原材料不能连续供应,价格不断升高。

2.8 减少不必要的衍生化步骤

随着化学合成,特别是有机合成的技术和科学变得更加复杂,其要解决的问题也越来越具有挑战性。有时为了使一个特别的反应发生,通常需要对反应分子进行修饰,使其衍生为其他物质。控制和选择系统中的衍生作用、简化反应历程,这是绿色化学设计的基本方法。

2.8.1 保护基团

利用保护基团是合成化学上常采用的技术之一。对含有多个官能团的反应物分子进行多步化学反应时,在设计化学反应过程中可以对某些欲保留的官能团实行保护,使指定参与反应的官能团反应,进而达到高选择性和高产率。这一方法在精细化学品、药物、杀虫剂、染料等的制备工艺中极为常见。现在已有许多基团的保护方法。一个典型的例子是用苄基保护醇的羟基。当要使某分子的某部分发生氧化反应时,该分子上的羟基也会同时被氧化。可以通过向反应物中加入苄基氯,使苄基氯和羟基作用生成苄基醚来保护醇羟基。此时再进行氧化反应,该分子的另一个部位被氧化而醚键不会被氧化。当氧化反应完成后,再使苄基醚键断裂而使羟基再生。

2.8.2 暂时改性

在反应过程中为便于加工处理,需要加入一种物质与系统混合,改变某些物质的宏观性质或功能,这些性质包括黏度、分散度、蒸气压、极性和水溶性等,以满足各种处理方法的要求。当功能完成时,如不再需要保护基团,其母体化合物可以很容易地再生分离。但为改性而加入的辅助材料,或改性过程中生成的盐类便成为废弃物。例如,在化学工艺中为完成某一操作过程,可利用沉淀、萃取、分离、相转移等技术使反应过程中的中间物种和产物形成盐,在完成这一操作后再把它转变成原来的物种,这一分离手段在化工生产过程中被普遍采用。在聚合物加工过程中,为了降低其黏度,增加流动性,需要将聚合物溶解于某种溶剂中,加工成型后再利用溶剂的可挥发性通过蒸发分离等方法去除所加入的溶剂,最后得到所需的聚合物材料。在该过程中,溶剂的使用只是为了加工成型的需要,它最终成为废弃物,既消耗了资源,又对人类健康和生活环境造成了危害。

2.8.3 加入官能团提高反应选择性

当某反应物分子内同时存在几个可以发生反应的部位时,除使用保护基团措施外,还可以设计适当方法以使反应发生在所需要的位置,即先在该位置引入一个易于同反应物反应的衍生基团,而该基团又易于离去。这样反应就可以优先发生在所要求的位置上。但这种方法需要消耗试剂来生产衍生物,而该试剂最终也成为废弃物。例如,在亲核取代反应过程中引入卤素衍生物,卤素的存在使得该目标反应位置带更多的正电荷,更易于发生亲核取代反应,反应后卤素原子又是易于离去的基团,不可避免地产生了含卤素的废弃物。

在复杂的合成化学中,为得到目标产物,对分子进行修饰、衍生是必要的。衍生步骤不仅消耗资源和能源,而且必然产生废弃物,有时所需的试剂或产生的废弃物本身还具有毒性。因此,在有机合成中应尽可能避免或减少不必要的衍生步骤,减少衍生物,以降低原料的消耗及对人类健康与环境的影响。

2.9　采用高选择性的催化剂

2.9.1　催化作用优于化学计量关系

只有很少几种化学反应,其所有反应物的原子均按化学计量式转化成产物,且不需要加入其他试剂。这类化学计量反应对环境是友好的,具有100%的原子经济性。然而,化学计量反应也存在以下几方面的问题。

(1)当有两种以上的反应物进行反应时,实际生产中不一定按化学计量关系的原料配比来进行投料,即使指定反应物的转化率达到100%,但由于另一种反应物过量,过量部分的反应原料需要进一步处理。

(2)原料中只有部分分子进入目标产物中,其余的部分则成为废弃物。

(3)为了促进反应,有时需要添加辅助试剂,当反应完成后这些试剂若不回收或无法回收,则变成废弃物。

基于以上原因,人们考虑在反应中加入催化剂。催化剂的作用是促进反应的进行,但本身在反应中不被消耗,也不出现在最终的产品中。据统计,目前化学工业生产中,90%以上的化学反应需要使用催化剂。

催化剂能提高反应速率,且其本身在使用中不被消耗。采用催化剂可以提高目标产物的选择性。选择性催化可实现反应程度、反应位置及立体结构方面的控制。同样的原料,采用不同的催化剂可以得到不同的反应产物。另外,选用合适的催化剂还可以简化反应步骤,提高反应的原子经济性。催化反应还可以通过采用合适催化剂来降低反应的活化能,提高反应速率,降低反应温度。在大规模生产中,这种效应无论是从环境影响方面还是从经济影响方面都是非常重要的。

因此,催化剂能够在工艺上为降低操作压力和温度、简化流程等提供有利的条件,从而达到提高生产效率、降低成本及节约能源的目的,使化工工艺更加绿色化。但在化学过程设计中对于所用催化剂也要进行适当的选择,有些催化剂本身就是对人体健康和生态环境有毒、有害的,而且反应完后催化剂本身也需要进行处理。

2.9.2　环境友好催化剂

正确选用催化剂,不仅可以加速反应的进程,显著地提高反应转化率和产物选择性,降低能耗,而且还能从根本上减少或消除副产物的产生,减少废物排放,最大限度地利用各种资源。目前,环境友好催化剂的研究非常活跃,涉及的领域也非常广泛。

　　1. 固体酸催化剂

　　酸催化反应和酸催化剂是包括烃类裂解、重整、异构化等石油炼制过程及烷基化、酯化、加成/消除、缩合等石油化工和精细化工在内的一系列反应的基础，是催化领域内研究得最广泛、最详细和最深入的一个领域。目前，有许多酸催化反应仍然使用氢氟酸、硫酸等液体酸催化剂，在工艺上难以实现连续生产，催化剂与原料和产物难以分离，存在腐蚀设备、造成人身危害和产生"三废"等问题。为克服以上问题，开发了无毒、无腐蚀、容易分离的固体酸催化剂，主要包括各种沸石催化剂、层状黏土、复合氧化物超强酸、酸性树脂及杂多酸等。

　　2. 钛硅分子筛

　　钛硅分子筛的开发使得过去在低温、常压或低压下不可能发生的烃类或酮类直接环氧化、羟基化、酮化、酯化、磺化和氧化等反应成为可能，有些反应已经成功实现了工业化。钛硅分子筛和 H_2O_2 组成环境友好的反应系统，与传统工艺相比，工艺简单，条件温和，选择性高，副产物很少，基本无"三废"处理问题，属环境友好的绿色清洁工艺。

　　3. 酶催化剂

　　酶和其他生物系统在温和的温度、压力和 pH 值条件下，在稀水溶液中能达到很好的生物催化活性。酶催化剂具有以下优点：催化效率高；选择性高，一种酶只能对一种或一类物质进行催化反应；反应条件温和，一般在常温、常压、酸度变化不大的条件下起反应；酶本身无毒，在反应过程中也不产生有毒物质，因此不造成环境污染，属典型的环境友好催化反应。近年来，除了生物化学反应外，酶在有机化工、精细化工领域都有着广泛的应用。利用酶催化反应来制备和生产化学品是化工清洁生产的重要发展方向。例如，以葡萄糖为原料，通过酶催化反应可制得己二酸等；利用酶技术可进行油品生物脱硫。

2.9.3　环境友好催化过程

　　催化剂在绿色化学中具有重要地位，旧工艺的改造需要新催化剂，新的反应原料、新的反应过程需要新催化剂。因此，如何设计和使用高效、无毒、无害催化剂，开发环境友好催化过程是绿色化学研究的重要内容之一。下列领域为环境友好的催化技术的研究重点。

　　(1) 采用无毒、无害的新型固体酸催化剂，代替对环境有害的液体酸催化剂，简化工艺过程，提高产物选择性，减少"三废"的排放量。

　　(2) 在精细化工生产中，采用不对称催化合成技术，得到光学纯手性产品，减少有害原料和有毒副产物。

　　(3) 采用茂金属催化剂合成具有不同物理特性的高分子烯烃聚合物。

　　(4) 用生物催化法除去石油馏分中的硫、氮和金属盐类。

　　(5) 水溶性均相配位催化剂和有机反应物组成的两相反应系统。

　　(6) 晶格氧催化剂选择氧化烃类，可以控制氧化深度，提高目标产物的选择性，节约资源和保护环境。

　　(7) 药物合成中采用超分子催化剂，并进行分子记忆和模式识别。

　　(8) 在有机合成化学中，采用具有环境相容性的电催化过程。

2.10　设计可降解化学品

2.10.1　化学品废弃物的危害性

　　在传统化学品设计生产中，一般只考虑产品的使用性能，极少考虑在产品的生命周期中产生的物质或者在产品完成功能后残留体的性质与作用,只有当它对环境造成了严重的危害时,才引起人们的关注。其中最重要的问题就是"持久性化学品"或"持久性生物积累物"。当化学品废弃后,这些化学品会在环境中保持原样或被各种动植物吸收,并在它们的体内积累,这种积累对相关的动植物有直接或间接的毒害作用。

2.10.2　化学品设计应考虑降解功能

化学品废弃物公害急剧增加已经成为全社会关注的问题。因此,从绿色化学的角度出发,无论设计什么样的化学品,既要考虑该产品的使用功能,又要考虑使用后的降解性,更要考虑降解产物自身的毒性和其他危害性。

可通过引入适当的特殊官能团和结构,使化学品在适当条件下能够发生水解、光解或生物降解,确定化学品在完成使用功能后不产生任何有毒、有害物质,或在环境中不能长期存在,降解过程及产物对人体健康、生态环境无危害。例如,聚乳酸纤维是一种性能较好的可生物降解的合成纤维,由天然材料制得,使用后的废弃物借助土壤和水体中的微生物作用,分解生成二氧化碳和水,不对环境造成污染。用聚乳酸材料制作的酸奶杯,在常温下性能稳定,但在温度高于55 ℃,或在富氧和微生物的条件下会自动分解。废弃的聚乳酸酸奶杯一般只需60天就能完全分解,且不对环境造成污染。

理想的农药应该只作用于一种有害物种,而对其他物种没有任何影响,但实际上这是难以实现的。设计农药时,寻找有害生物和其他生物代谢之间的差异,针对昆虫具有的、人体和其他哺乳动物没有的代谢途径进行攻击的杀虫剂,对人的毒性较小;针对植物生长过程中杂草具有的、动物体内没有的代谢途径进行攻击的除草剂,对动物的毒性较小。但这些区别不足以让人和动物免受毒害。为给农场主和社会消费者提供一个更安全、更有效的控制草地和各种农作物昆虫的技术,Rohm & Haas 公司开发了一种新型杀虫剂 Confirm™。Confirm™ 通过一个全新的更安全的作用模式来控制目标昆虫。Confirm™ 强烈地扰乱目标昆虫的蜕皮过程,使它们在暴露后短暂停食,并在此之后很快死亡。而它对于各种各样的非目标有机体比其他杀虫剂更安全,被美国环保署归类为危险性减小了的杀虫剂。

在工业冷却水循环系统、油田和其他一些过程中,用于控制细菌、藻类和真菌类生长的常规杀生物剂对人类和水生生物都十分有害,并在环境中持续存在,造成长期性危害。美国 Albright & Wilson 公司开发了一种新的相对环境友好的杀生物剂 THPS,它将优良的抗菌活性与一个相对环境友好的毒性学特征结合在一起,在工业水处理系统中得到应用。THPS 具有低毒、低推荐处理标准、在环境中快速分解及没有生物累积等优点,减小了对人体健康和环境的危害性。

船底污物是生长在船底表面上的有害动物和植物,这些物质的存在会增加行船中水的阻力,进而增加燃料消耗。原来用于控制船底污物的主要化合物是有机锡防污涂料,虽然该涂料能有效阻止船底污物形成,但也带来了剧毒性、生物累积性、增加水生有壳类动物的壳厚及引起生物变种等环境问题。基于对新的船底防污涂料的需要,Rohm & Haas 公司开发出一种新的船底防污涂料 Sea-Nine™。实验结果显示,它的降解速率很快,在海水中需要半天,而在沉积物中只需1 h,且没有长期毒性。

2.11　预防污染的现场实时分析

化学反应过程是动态的,反应条件的任何扰动都可能造成反应系统各物质量的变化,产生环境或安全隐患。要实现绿色化学过程的目标,就必须对它的整个生产过程进行实时控制,以绿色化学为目的的在线分析化学的发展也是基于"如果不能测定就不能控制"这一前提。化学家在设计化学过程时就要提前考虑如何科学利用检测和监控技术,实时、在线地了解化工生产的反应进程、各方面的生产状况,以及各种化学物质的存在、浓度和变化的可能性。利用这些技术可以对一个化学过程中有害副产品的产生和副反应进行跟踪。当微量的有毒物质被检测到时,可通过调节该过程的一些参数来及时减少或消除有毒物质的形成。如果将传感器和过程控制系统直接连接起来,可实现自动化,就可通过控制生产条件阻止这些物质的大量出现,避免有毒、有害物质或者废弃物的产生和意外事故的发生。

　　分析技术在生产过程中只有做到快速监测,才能准确判断生产过程中反应进行的程度,控制有害副产物的产生,抑制副反应。在许多情况下,化学过程需要不断地加入原料直到反应完成为止。如果通过一个即时在线的检测器测定反应的进度,就可避免加入更多的过量试剂,从而避免过量使用有可能造成的危害。例如,丁二烯氯化制二氯丁烯的反应式为

$$C_4H_6 + Cl_2 \longrightarrow C_4H_6Cl_2$$

丁二烯氯化反应是气相放热反应,常温下反应速率很快,反应中容易生成氯代副产物和多氯加成副产物,反应选择性受氯气加入量的影响。通过采用实时在线分析的方法测定反应的进度,控制氯气的加入量可提高目标产物二氯丁烯的收率。

　　实时在线分析技术是绿色化学工艺的重要组成部分,是绿色化学技术顺利实施的基本保障。

2.12　防止生产事故的安全工艺

　　在化学和化工过程中预防事故发生是极其重要的,化学意外事故的发生会严重影响人们的健康和生命,使当地的生态和生存环境恶化,造成巨大的经济损失。已经发生的几次大的化学事故,使公众认识到控制化学品的使用的极端必要性。例如,1984 年在印度的博帕尔市郊美国联合碳化物公司印度子公司的农药厂,一个放有 45 t 光气的储罐突然遭受高温,罐内压力升高,安全阀开裂,毒气泄漏,造成 4000 多人死亡、32 万人中毒。2000 年初罗马尼亚一家工厂氰化物泄漏到蒂萨河(多瑙河支流)中,造成鱼类大量死亡,河水不能饮用,严重破坏了多瑙河流域的生态环境。这是两个最为惨痛的有毒、有害原料对人体健康和环境造成极大危害的例子。因此,绿色化学不仅要防止污染和生态毒害,还要考虑爆炸、火灾及某些化学物质的排放等危害。

　　减少废物的产生是防止污染的有效办法,但该方法也存在着导致事故发生的隐患。例如,回收利用化工过程中使用的溶剂可以预防环境污染,但这同时增加了化学事故或火灾发生的可能性。因此,对一个化工过程必须进行权衡,以达到既防止污染又防止事故的目的。

　　由于不能完全避免意外事故,所以最理想的办法就是使用现有物质的最良性形式,如以固体或低蒸气压物质取代涉及许多化学事故的易挥发液体和气体;不直接使用卤素单质,而采用带卤原子的试剂。

　　另外,利用"即生即用"技术在一个封闭系统中对产生的有毒、有害物质进行快速处理,避免储存大量具有隐患的有害物质,从而将重大事故隐患消灭于萌芽状态。

复习思考题

1. 简要论述绿色化学 12 条原则及其重要意义。

2．末端治理与污染预防的根本区别是什么？为什么说"防止污染优于污染治理"？

3．什么是原子经济性？提高化学反应的原子经济性有什么意义？

4．生产环氧丙烷的传统方法是氯丙醇法。其反应式为

$$C_3H_6 + Cl_2 + Ca(OH)_2 \longrightarrow C_3H_6O + CaCl_2 + H_2O$$

近年来改为在钛硅分子筛催化剂作用下，以过氧化氢为氧化剂的方法。其反应式为

$$C_3H_6 + H_2O_2 \longrightarrow C_3H_6O + H_2O$$

假设以上两反应各步转化率、选择性都为100%，分别计算两种合成方法的原子利用率。分析并讨论两反应的原料和产物的毒害性及环境友好程度。

5．可再生资源生物质作为化学化工原料正受到人们的极大重视，举例说明如何将生物质转化为化学化工原料。生物质作为化学化工原料的利、弊各是什么？

6．设计安全化学品的一般原则及方法是什么？

7．下列反应分别是以不同原料生产己二酸，从绿色化学角度（原料、溶剂、原子经济性等）对这三个反应过程进行分析、讨论。

反应①：以苯为原料加氢制得环己烷，环己烷氧化得到环己酮或环己醇，再用硝酸氧化得到己二酸。

反应②：用环己烯与过氧化氢直接发生氧化反应，生成己二酸。

反应③：以葡萄糖为原料直接转化生成己二酸。

8．简要说明绿色合成包括哪些内容。

参 考 文 献

[1] Anastas P T,Warner J C. Green chemistry：theory and practice[M]. London：Oxford University Press,1998.

[2] Winterton N. Twelve more green chemistry principles[J]. Green Chemistry,2001,3(6)：G73-G75.

[3] 闵恩泽,傅军.绿色化学的进展[J].化学通报,1999,(1)：10-15.

[4] Trost B M. The atom economy——a search for synthetic efficiency[J]. Science,1991,254：1471-1477.

[5] Sheldon R A. Organic synthesis——past,present and future[J]. Chemistry Industry,1992,(7)：903-906.

[6] Clark J H. Green chemistry：challenges and opportunities[J]. Green Chemistry,1999,1：1-8.

[7] Curzons A D,Constable D J C,Mortimer D N,et al. So you think your process is green,how do you know？ ——Using principles of sustainability to determine what is green——a corporate perspective[J]. Green Chemistry,2001,3：1-6.

[8] 闵恩泽. 绿色化学技术[M]. 南昌：江西科学技术出版社,2001.

[9] Matlack A S. 绿色化学导论[M]. 汪志勇,王官武,王中夏,等译. 北京：中国石化出版社,2006.

[10] Allen D T,Shonnard D R. 绿色工程——环境友好的化工过程设计[M]. 李桦,译. 北京：化学工业出版社,2006.

[11] 李德华. 绿色化学化工导论[M]. 北京：科学出版社,2005.

[12] 沈玉龙,魏利滨,曹文华,等. 绿色化学[M]. 北京：中国环境科学出版社,2004.

[13] 单永奎. 绿色化学的评估准则[M]. 北京：中国石化出版社,2006.

第 3 章　无机合成反应的绿色化技术

3.1　水热合成法

3.1.1　概述

　　水热合成法是指在密闭系统中,以水为溶剂,在一定的温度和水的自生压力下,原始混合物进行反应合成无机材料的一种方法。所用设备通常为不锈钢反应釜或衬塑料的高压釜。

　　水热合成法属液相化学法的范畴,是 19 世纪中叶地质学家模拟自然界成矿作用而提出来的,随后科学家们建立了水热合成理论,以后又开始转向功能材料合成的应用研究。水热合成法按反应温度分为低温水热合成法(100 ℃以下)、中温水热合成法(100～300 ℃)和高温高压水热合成法(300 ℃以上)。它已成功地应用于沸石等多孔材料的制备中。

　　水热合成法的特点是制备的粒子纯度高、分散性好、晶形好且可控及生产成本低。用水热合成法制备的粉体一般无须烧结,可避免在烧结过程中带来的晶粒长大和杂质混入等问题。它的不足是要求使用高温高压设备,因此投资较大,操作不安全。除了用水做溶剂外,还可以用其他的溶剂进行合成,从而形成了溶剂热合成技术。

3.1.2　水热合成法的原理

　　水热合成法通常以金属盐、氧化物或氢氧化物的水溶液(或悬浮液)为先驱物,在高于 100 ℃和常压下使先驱物溶液在过饱和状态下成核、生长,形成所需的材料。它在分子设计方面的优势是可对先驱物材料结构中的次级结构单元(如金属-氧多面体)进行拆分、修饰并重新组装,可通过选择反应条件和加入适当的"模板剂"控制产物的结构。影响水热合成的因素有反应温度、升温速度、搅拌速度及反应时间等。水热合成法的整个工艺过程可用图 3-1 表示。

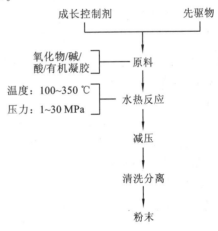

图 3-1　水热合成法工艺流程

3.1.3　水热合成法的应用实例

1. 人工合成金刚石

　　金刚石是自然界中存在的最珍贵宝石,也是迄今为止硬度最大的物质,其莫氏硬度达到 10,体弹模量为 460～542 GPa。这使得它在工业磨削、切割、地质钻探等方面具有无与伦比的优越性。但金刚石在自然界中的数量有限,因此用人工方法生产金刚石是必要的。人工合成金刚石的典型过程如下:在 800 ℃、1.4×10^8 Pa 的反应条件下,用 3% 的镍粉(颗粒直径为 3 μm,纯度为 99.7%)、95% 的玻璃碳(直径为 3 μm 的颗粒)和 2% 的直径为 0.25 μm 的金刚石籽晶，与相当于玻璃碳 50%～100% 质量的水混合，经过 50～100 h 的水热反应操作，在 0.25 μm 的籽晶上，生长出几微米大小的单晶金刚石，或大小为几十微米的金刚石单晶聚集体，其中使用金属镍（或铂、铁）做催化剂是关键。

2. 制备二氧化钛纳米晶体

纳米二氧化钛由于其良好的紫外线吸收能力和优良的光催化性能，在化工、环保、医药卫生、电子工业等领域得到了广泛应用。用水热合成法合成二氧化钛具有设备和工艺较简单、产品纯度高等优点。纳米二氧化钛的具体制备过程如下：在盛有表面活性剂十二胺的烧杯中加入重蒸水，在磁力搅拌下使之充分溶解，加入酸液（或碱液），调节 pH 值；然后迅速加入异丙醇钛（Ⅳ）溶液（使 Ti^{4+} 的浓度为 0.25 mol/L），搅拌 30 min 后生成胶状沉淀；将杯中沉淀物放入水热反应器（内衬聚四氟乙烯的不锈钢高压釜）内，置于烘箱中加热；取出水热反应器自然冷却至室温，取出生成物，分别用重蒸水和无水乙醇洗涤至中性，在 80 ℃ 下干燥，得到二氧化钛纳米晶体。

3. 合成分子筛

用水热法已合成各种结构的分子筛。

3.2　溶胶-凝胶法

3.2.1　概述

溶胶-凝胶法就是将烷氧金属或金属盐等先驱物在一定条件下水解缩合成溶胶（Sol），然后经溶剂挥发或加热等处理使溶液或溶胶转化为网状结构的氧化物凝胶（Gel）的过程。该方法包含从溶液过渡到固体材料的多个物理化学步骤，如水解、聚合、成胶、干燥脱水、烧结致密化等步骤。所使用的先驱物一般是易水解并能形成高聚物网络的金属有机化合物（如醇盐），已广泛用于制备玻璃、陶瓷及相关复合材料的薄膜、微粉和块体。

溶胶-凝胶法具有如下特点：①通过各种反应溶液的混合，很容易获得需要的均相多组分系统；②材料制备温度可大幅度降低，从而在较温和的条件下合成陶瓷、玻璃等功能材料；③溶胶或凝胶的流变性有利于通过某种技术（如喷射、浸涂等）制备各种膜、纤维或沉积材料。

溶胶-凝胶法也存在以下问题：①所使用的原料价格比较昂贵，有些原料有害；②整个溶胶-凝胶过程所需时间较长，需要几天或几周；③凝胶中存在大量微孔，在干燥过程中因逸出许多气体及有机物而产生收缩，造成材料尺寸的变化和材料的破裂。

3.2.2　溶胶-凝胶法的原理

溶胶-凝胶法的主要反应步骤是先驱物溶于溶剂中形成均匀的溶液，发生水解或醇解反应，反应生成物聚集成 1 nm 左右的粒子并组成溶胶，溶胶经蒸发干燥转变为凝胶。其最基本的反应如下。

(1) 溶剂化。能解离的先驱物（如金属盐）的金属阳离子 M^{z+} 吸引水分子形成溶剂单元 $M(H_2O)_n^{z+}$，为保持它的配位数而具有强烈的释放 H^+ 的趋势。

$$M(H_2O)_n^{z+} \Longrightarrow M(H_2O)_{n-l}(OH)^{(z-l)+} + lH^+$$

(2) 水解反应。非解离式分子先驱物，如金属醇盐 $M(OR)_n$（R 代表烷基）与水反应：

$$M(OR)_n + xH_2O \longrightarrow M(OH)_x(OR)_{n-x} + xROH$$

反应可连续进行,直至生成 M(OH)$_n$。

(3) 缩聚反应。缩聚反应包括失水缩聚和失醇缩聚。

失水缩聚　—M—OH+HO—M $\longrightarrow$ M—O—M—+H$_2$O

失醇缩聚　—M—OR+HO—M $\longrightarrow$ M—O—M—+ROH

3.2.3　溶胶-凝胶法的应用实例

传统制核裂变燃料 ThO$_2$ 微球常会造成放射性污染,溶胶-凝胶法则弥补了这一缺陷,图 3-2 是该法的工艺流程图。ThO$_2$ 溶胶通过以下水解反应制得:

$$Th(NO_3)_4 + 4NH_3 \cdot H_2O \longrightarrow ThO_2 + 4NH_4NO_3 + 2H_2O$$

分散法制备的溶胶中常加入硝酸溶液,每 1 mol Th 至少需吸附 0.1 mol 硝酸才能使溶胶稳定,采用渗析法除去其中的电解质。溶胶-凝胶法制 ThO$_2$ 溶胶的过程如下:在 70 ℃下,将适量氨水加入剧烈搅动的 Th(NO$_3$)$_4$ 溶液中,使之完全水解,最终所得溶胶的 pH 值为 3,黏度为 3 mPa·s,粒径为 3~4 nm,粒子表面带正电荷;继续加过量氨水,pH 值和黏度急速上升,粒子表面的正电荷减少,粒子凝聚化能垒减小而形成凝胶。

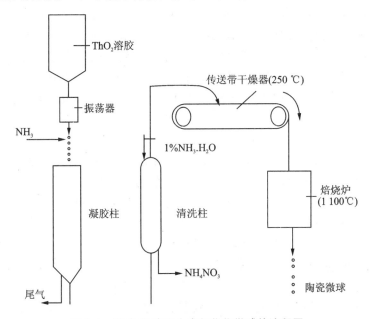

图 3-2　溶胶-凝胶法生产氧化物微球的流程图

将制得的稳定的溶胶通过喷嘴,制成微溶胶液滴,经氨气处理凝胶化后收集于凝胶柱中,洗去凝胶表面的 NH$_4$NO$_3$,并在空气中于 1100 ℃以上煅烧 1 min,可达到理论密度的 99%。而传统方法要在 1700 ℃煅烧几小时才能达到相应的密度。

3.3　局部化学反应法

局部化学反应法是通过局部化学反应或局部规整反应制备固体材料的方法。局部化学反应通过反应物的结构来控制反应性,反应前后主体结构大体上或基本上保持不变。它可以在相对温和的条件下发生,提供了低温进行固体合成的新途径。局部化学反应得到的产物在结构上与起始物质有着确定的关系,运用这些反应常常可以得到由其他方法所不能得到或难以得到的固体材料，并且这些材料具有独到的物理和化学性质，以及独特的结构。它包括脱水反应、嵌入反应、离子交换反应、同晶置换反应、分解反应和氧化还原反应。

3.3.1　脱水反应

脱水反应是通过反应物脱水而得到产物的过程，如具有奇异晶体结构的 $Mo_{1-x}W_xO_3$ 固溶体的制备。固体化学家偶然发现具有 ReO_3 结构的 WO_3 晶体可容纳于具有层状结构的 MoO_3 之中，形成一类特殊的共面结晶状态。利用水合物 $MoO_3 \cdot H_2O$ 和 $WO_3 \cdot H_2O$ 的同构性，先将 MoO_3 和 WO_3 溶于浓酸中，再使混合溶液在一定条件下结晶出 $Mo_{1-x}W_xO_3 \cdot H_2O$ 水合物固溶体晶体，该晶体在 500 K 下脱水形成具有调制结构的 $Mo_{1-x}W_xO_3$ 晶体。

3.3.2　嵌入反应

嵌入反应是指使一些外来离子或分子嵌入固体基质晶格中，且不产生晶体结构的重大改变的反应。嵌入反应通常发生在层状化合物中，有时还伴有氧化还原反应。这些层状化合物层间的相互作用很弱，而层内的化学键很强。因此，外来离子或分子较容易从层间嵌入而形成新的化合物。嵌入反应的逆过程叫做脱嵌入反应。嵌入反应已成为构造新型材料的一种有效手段，在超导体材料、电解质材料和膜催化材料制备等领域的应用已取得进展。

嵌入反应的主体一般以固体形式存在，外来离子以液体、气体形式存在。实现嵌入反应可采用如下方法：①溶液中同嵌入剂的直接反应；②采用阴极还原的电化学嵌入；③三元化合物 A_xMCh_2（A 为金属嵌入剂，M 为过渡金属，Ch 为硫族元素）的溶剂化反应；④阳离子和溶剂的交换反应。

1. 锂离子电池阴极材料的制备

锂离子电池由于具有电压高、体积小、质量小、无记忆效应等独特性能，近年来发展迅速。以低熔点的 $Li(OAc) \cdot 2H_2O$ 和 $Mn(NO_3)_2 \cdot 6H_2O$ 为起始原料，先加热到 100 ℃，得到均匀的熔融混合物，接着在 250 ℃的氧气流中得到 Li-Mn-O 先驱体，然后在一定温度下煅烧，使 Li 嵌入 Mn 的氧化物中得到 $Li_{1+x}Mn_{2-x}O_4$。其粒径大小为 0.1～2.0 μm，当 $x=0.125$ 时，电池 $Li/Li_{1+x}Mn_{2-x}O_4$ 在 4 V 区域的电化学性能较好；而 $Li_4Mn_5O_{12}$（$x=1/3$）的尖晶石显示更好的循环性能，在 3 V 区域的容量密度超过 100 mA · h/g。

2. 新型微孔材料的合成

黏土及某些磷酸氢盐（如磷酸氢锆）是层状化合物。这些物质可通过嵌入无机化合物（如 $[Al_{13}O_4(OH)_{24}(H_2O)_{12}]^{7+}$）、硅烷及胶体粒子（如 Cr_2O_3、ZrO_2 等）制得多孔性物质。这是无机物造孔合成的一种新途径，为新型催化材料的合成开辟了一条新路。基本的过程是把含有嵌入物质的溶液同层状的黏土或磷酸氢盐混合，让其在一定 pH 值和温度条件下发生嵌入反应，然后把嵌入的产物进行热处理，使嵌入的物质同层状的黏土或磷酸氢盐发生交联反应。由于嵌入物质的量受层上或层间等因素的影响，决定了嵌入物质的量是有限的，同时由于嵌入物质具有一定的尺寸，交联后就像一根根柱子一样把两层支撑起来，柱间的空间和层间的空间构成了新的孔道。选用不同大小的嵌入分子或原子团就可以制成不同孔径大小和分布的新型微孔材料。

3.3.3　离子交换反应

离子交换反应是指对具有可交换离子的物质进行交换改性的局部化学反应。这种方法提供了众多由其他方法无法合成的固体材料,如黏土材料、沸石分子筛材料,以及某些氧化物材料。

1. 新型氧化物材料的合成

$$LiNbO_3 + H^+ \longrightarrow HNbO_3 + Li^+$$

$$LiTaO_3 + H^+ \longrightarrow HTaO_3 + Li^+$$

$$LiNbWO_6(金红石结构) + H^+ \longrightarrow HNbWO_6(类\ ReO_3\ 结构) + Li^+$$

$$LiTaWO_6(金红石结构) + H^+ \longrightarrow HTaWO_6(类\ ReO_3\ 结构) + Li^+$$

同样通过 H^+ 交换还可以制备 $HTiNbO_5$、$H_2Ti_3O_7$、$H_2Ti_4O_9$ 和 $HCa_2Nb_3O_{10}$ 等类似的氧化物。这些氧化物具有足够的酸性,并可用来进行嵌入反应。

2. 新型分子筛催化材料的合成

利用分子筛的离子交换性能对其孔道大小、晶体内电场及表面酸碱性等进行精细调节,可增加分子筛的品种和扩大其应用范围。例如,含 Pd/HZSM-5 的分子筛对许多加氢反应具有良好的催化活性,利用固态离子交换法对这种双功能催化剂进行改性,通过引入 Ca^{2+} 改变其酸性,Pd 和 Ca 连续引入分子筛中比同时进行离子交换更为有效,因为连续将 $PdCl_2$ 与 $CaCl_2$ 引入分子筛中再用氢气还原时 Pd^0 可分散得更均匀。

3. 制备固体酸催化剂或载体

层状氢氧化物具有很好的离子交换性质,其交换过程如下:

$$LDH-A + X \rightleftharpoons LDH-X + A$$

近年来研究发现,层状氢氧化物的阴离子被交换后,可以成为一种相当有效的催化剂。将含过渡金属 Ni、Co 的钨磷杂多化合物引入 Zn/Al 氢氧化物中后,形成的化合物显示出特征性的强酸催化性能;另外,Zn_2Al-杂多酸类化合物具有比 HY 型分子筛更强的酸催化活性。

4. 制备固体电解质

固体电解质又称为快离子导体,用固体电解质做隔膜材料制得的微型低能量固态电池具有工作电压平稳、适用范围宽、绝不漏液及寿命长等特点。天然钙蒙脱石具有作为快离子导体的固-液二相性结构,它经纯化、离子交换及有机化后形成有机化锌蒙脱石,其电化学性能和力学性能可满足作为固态锌锰电池电解质的要求,用其作为固态电池的隔膜材料制得的圆筒形 R6 电池具有较为稳定的工作电压。

5. 制备锂离子电池阴极材料

尖晶石相锂锰氧化物具有价格便宜、性能优良和无毒等特点,已成为重要的锂离子电池阴极材料。离子交换法制备层状锰酸锂是以 Na_xMnO_2 为先驱体,通过溶液或熔融态的 Li^+ 与 Na_xMnO_2 中的 Na^+ 进行交换,最后得 $Li_xMn_2O_4$。

3.3.4　同晶置换反应

同晶置换反应是指在母体结构保持不变的前提下进行离子交换形成新化合物的反应。它在某种意义上与离子交换反应是相同的,不过又有别于离子交换反应,其区别主要在于离子交换反应涉及的主体物质具有可交换的阳离子,而同晶置换反应涉及的主体物质在离子交换反应的条件下往往是不具有离子交换性质的。换句话说,对多孔性具有可交换离子的物质,离子交换反应发生在外来离子与存在于孔腔中的可交换离子之间,而同晶置换反应发生在外来离子与骨架元素之间。

同晶置换反应一般可采用气-固或液-固反应的途径,对气-固反应一般需要较高的温度,要求外来离子以气体(蒸气)形式存在;液-固反应温度可以很低,要求外来离子能够制成溶液。这种方法在某些催化材料(如分子筛)的改性方面起着重要的作用,主要用于新型结构的分子筛催化材料的合成,为新型分子筛催化材料的开发提供了新的途径。

磷酸铝分子筛(APO)是一类新型的分子筛催化剂,它是由 Al^{3+} 和 P^{5+} 通过端氧连接而成的带有孔道的三维骨架,本身只有微弱的酸性。若在磷铝骨架中引入杂原子,则它的酸性得到改善。不同价态的杂原子的掺入方式、掺入量不同,磷酸铝分子筛的酸性的改变程度也不一样,这样就形成了硅磷酸铝分子筛(SAPO-25)、金属磷酸铝分子筛(MAPO-25)及金属磷酸硅铝分子筛(MSAPO-25)等。

杂原子分子筛的重要制备方法就是同晶置换,通过对分子筛骨架原子的同晶置换,产生了具有特殊氧化还原性和催化性能的新材料。

3.3.5　分解反应

分解反应是通过反应物分解而形成产物的方法。分解反应可以按照局部化学反应或非局部化学反应的方式发生。先驱物法中使用的先驱物通常是容易分解的碳酸盐、硝酸盐、金属有机配合物及氰化物等,所以许多固体材料的制备是通过分解反应来完成的。

1. 先驱物热分解制备金属氧化物纳米棒

先在一定的表面活性剂中制得金属草酸盐先驱物,然后通过在适当温度下焙烧草酸盐先驱物使其分解获得氧化物纳米棒。

2. 有机模板剂的热分解去除

在沸石分子筛合成过程中,包藏在分子筛中的有机模板剂分子通过加热分解去除后,才能形成分子筛的真正孔道。在热分解过程中,分子筛的骨架结构不被破坏。

3.3.6　氧化还原反应

氧化还原反应是通过过渡金属元素的氧化还原反应来进行固体材料合成的方法。它的实质是通过电子的得失改变过渡金属离子的配位单元,从而产生新颖的结构类型,形成不同的介稳相。这种方法是通过控制氧化和还原气氛实现的。介稳的金属氧化物(如 $La_2Ni_2O_5$ 和 $La_2Co_2O_5$ 等)不能通过制陶法由 La_2O_3 与 NiO 或 CoO 直接合成,但可通过氧化还原反应方便地制得。例如:

$$2LaNiO_3 + H_2 \xrightarrow{350\sim400\ ℃} La_2Ni_2O_5 + H_2O$$

$$2LaCoO_3 + H_2 \xrightarrow{350\sim400\ ℃} La_2Co_2O_5 + H_2O$$

3.4　低热固相反应

3.4.1　概述

固相反应是指有固体物质直接参与的反应,包括经典的固-固反应、固-气反应和固-液反应。低热固相反应就是固相物质在室温或近室温下进行的化学反应。按照参加反应的物种数,固相反应分为单组分固相反应和多组分固相反应。在工业应用中,固相反应的优点是生产周期短、无须使用溶剂、反应选择性高、产品的纯度高且易于分离提纯。

3.4.2　低热固相反应的反应机理及化学反应规律

1. 反应机理

与液相反应一样,固相反应的发生起始于两个反应物分子的扩散接触,接着发生化学作用,并生成产物分子。此时生成的产物分子分散在母体反应物中,只有当产物分子聚集到一定大小时,才能出现产物的晶核,从而完成成核过程。晶核长大到一定的大小后才出现产物的独立晶相。固相反应经历了扩散、反应、成核及生长四个阶段,但各阶段进行的速率在不同的反应系统或同一反应系统不同的反应条件下不尽相同,使得各个阶段的特征并非清晰可辨,总反应特征只表现为反应的速率控制步骤的特征。一般而言,高温固相反应的速率控制步骤是扩散和成核生长;而对于低热固相反应,化学反应可能是速率的控制步骤。

2. 化学反应规律

1) 潜伏期

多组分固相反应开始于两相的接触部分,反应产物层一旦形成,为了使反应继续进行,反应物以扩散方式通过生成物进行物质传递,而这种扩散对大多数固体是较慢的。同时,产物只有聚集到一定大小时才能成核,而成核需要一定温度,若低于某一温度 T_n,则反应不能发生,只有高于 T_n 时反应才能进行。这种固体反应物间的扩散及产物成核过程便构成了固相反应特有的潜伏期。这两种过程均受温度的显著影响,温度越高,扩散越快,产物成核越快,反应的潜伏期就越短;反之,潜伏期就越长。

2) 无化学平衡

根据热力学知识,若反应发生微小变化,则引起反应系统吉布斯函数的改变。若反应是在等温等压下进行的,该反应的摩尔吉布斯函数同样会改变,它是反应进行的推动力。设参加反应的 N 种物质中有 n 种是气体,其余的是纯凝聚相(纯固体或纯液体),且气体的压力不大,可视为理想气体。很显然,当反应中有气态物质参与时,确实对反应系统吉布斯函数有影响。如果这些气体组分作为产物,随着气体的逸出,这些气体组分的分压较小,因而反应一旦开始,则反应系统吉布斯函数小于零便可一直维持到所有反应物全部消耗,亦即反应进行到底;若这些气体组分都作为反应物,只要它们有一定的分压,而且在反应开始之后仍能维持,同样反应系统吉布斯函数小于零也可一直维持到反应进行到底,使所有反应物全部转化为产物;若这些气体组分有的作为反应物,有的作为产物,则只要维持气体反应物组分有一定分压,气体产物组分及时逸出反应系统,则同样可使反应进行到底。因此,固相反应一旦发生即可进行完全,不存在化学平衡。

3) 拓扑化学控制原理

在溶液中,反应物分子处于溶剂的包围中,分子碰撞机会各向均等,因而反应主要由反应物的分子结构决定。但在固相反应中,各固体反应物的晶格是高度有序排列的,因而晶格分子的移动较困难,只有合适取向的晶面上的分子足够地靠近,才能提供合适的反应中心,使固相反应得以进行,这就是固相反应特有的拓扑化学控制原理。例如,当 MoS_4^{2-} 与 Cu^+ 反应时,在溶液中往往得到对称性高的平面型原子簇化合物,而固相反应时则往往优先生成类立方烷结构的原子簇化合物,这可能与晶格表面的 MoS_4^{2-} 总有一个 S 原子深埋于晶格下层有关。

4) 分步反应

溶液中配合物存在逐级平衡,各种配位比的化合物平衡共存,如金属离子 M 与配体 L 有下列平衡:

$$M+L \rightleftharpoons ML \xrightleftharpoons{L} ML_2 \xrightleftharpoons{L} ML_3 \xrightleftharpoons{L} ML_4 \xrightleftharpoons{L} \cdots$$

各种型体的浓度与配体浓度、溶液 pH 值等有关。由于固相反应一般不存在化学平衡,因此可以通过精确控制反应物的配比等条件,实现分步反应,得到所需的目标化合物。

5) 嵌入反应

具有层状或夹层状结构的固体(如石墨、MoS_2、TiS_2 等)都可以发生嵌入反应,生成嵌入化合物。这是因为这类物质层与层之间具有足以让其他原子或分子嵌入的距离,容易形成嵌入化合物。$Mn(OAc)_2$ 与草酸的反应就是首先发生嵌入反应,形成的中间态嵌入化合物进一步反应而生成最终产物。

3.4.3 低热固相反应的应用

1. 印刷线路板的制造

传统的制造印刷线路板的基本过程包括绝缘板在一系列水溶液中的连续处理:①在 $SnCl_2$ 水溶液中的敏化和沉积钯微粒的表面活化阶段;②化学镀铜阶段,即在甲醛的存在下沉积有钯微粒的绝缘板表面沉积铜;③电镀铜阶段。这些阶段中交替地用水洗涤,废水和废液中的重金属离子(如 Cu^{2+}、Sn^{2+}、Pd^{2+} 等)严重地污染了环境。虽然电镀铜阶段废液中的铜可以回收,但化学镀铜阶段废液中的铜是以配合物形式存在的,且浓度很低,无法回收。制作 $1\ m^2$ 的线路板,因洗涤会损失多于 $0.1\ g$ 的钯,使生产成本大幅度提高。

固相合成技术提供了一种制造印刷线路板的全新工艺,其核心步骤是次磷酸铜的热分解反应,由此反应产生的活泼铜沉积在绝缘板上,然后便可电镀铜。该工艺废除了传统工艺中 $SnCl_2$ 溶液的预处理、钯微粒的表面活化和洗涤,以及化学镀铜等步骤,且不需贵重金属钯,不仅大大减少了对环境的污染,而且更经济。

2. 工业催化剂的制备

拓扑化学控制原理是固相反应的特征之一,通过选择生成不同的先驱物而达到对最终产物进行分子设计,实现目标合成,这已在一些重要的工业催化剂的制备中得以体现。例如,利用配合物做先驱物来合成具有独特结构和性质的氧化物催化剂——无定形 V_2O_5。无定形 V_2O_5 在工业上广泛用作 SO_2 氧化为 SO_3 的催化剂。传统工艺中 V_2O_5 是通过 NH_4VO_3 的热分解制备的,而 NH_4VO_3 结构中 VO_4 四面体形成长链,因而其热分解所得产物 V_2O_5 中也保留了该长链,且呈晶态结构,因此还需采用其他方法将 V_2O_5 从晶态变成无定形。无定形 V_2O_5 中的 VO_4 四面体是互相隔开的,没有形成长链结构,通过选择符合该结构特征的配合物先驱物——$(NH_3CH_2CH_2CH_2NH_3)_2V_2O_7 \cdot 3H_2O$,进行热分解即可制得粒子平均直径为 $100\ nm$ 的高活性准无定形 V_2O_5。在配合物先驱物中,阴离子 $V_2O_7^{4-}$ 被较大的阳离子 $(NH_3CH_2CH_2CH_2NH_3)^{2+}$ 隔开,在它的热分解过程中该特征被保留在产物结构中。

3. 颜料的制备

镉黄颜料的工业生产通常有两种方法。一种方法是将均匀混合的镉和硫装入封管中在 $500\sim600\ ℃$ 下反应而得,在反应过程中产生了大量污染环境的挥发性的硫化物副产物。另一种方法是在中性的镉盐溶液中加入碱金属硫化物沉淀出硫化镉,然后经洗涤、$80\ ℃$ 下干燥及 $400\ ℃$ 下晶化获得稳定产品。在这些过程中会产生大量污染环境的废水。

采用固相合成法,将镉盐(如碳酸镉)和硫化钠的固态混合物在球磨机中球磨 $2\sim4\ h$(若加入 1% 的 $(NH_4)_2S$,则球磨反应时间可更短)即可制得产品。

4. 苯甲酸钠的生产

苯甲酸钠在制药业中是一种重要的产品。传统的制法是用 NaOH 来中和苯甲酸的水溶液,一个标准的生产过程由六个步骤构成,生产周期为 60 h,每生产500 kg苯甲酸钠需 3000 kg 水。若采用低热固相合成法,将苯甲酸和 NaOH 固体均匀混合反应,生产 500 kg 产品只需 5 ~ 8 h,消除了大量污水造成的环境污染,同时大大缩短了生产周期。

3.5　流变相反应

3.5.1　概述

17 世纪英国科学家虎克和牛顿等人研究弹性固体和流体流动时建立了材料的黏弹性理论。1929 年美国化学家 Bingharm E. C. 提出了"流变学"(rheology)的概念,指出流变学是研究物体的变形和流动性的一门学科,包括应力、形变和时间之间的关系。辨认固体或液体通常是根据它们对于低应力的响应用重力来确定的,观察的时间间隔一般为几秒钟到几分钟。若施加非常宽范围的应力,在非常宽的时间范围或频率谱内,采用流变学仪器,就能在固体中观察到类似液体的性质,在液体中观察到类似固体的性质。所以,有时要把某一种给定材料标记为一种固体或液体就很困难。因此流变相系统可视为固液共存的均匀系统。

孙聚堂等人把流变学与化学反应紧密结合起来,首先提出了"流变相反应"的概念,将流变学技术引入合成化学中。流变相反应是指在反应系统中有流变相参与的化学反应,是一种将流变学与合成化学相结合的软化学合成方法,是一种新的绿色化学合成方法。

3.5.2　流变相反应的原理

流变相反应是一种通过流变混合系统制备新化合物的过程。将反应物通过适当方法混合均匀,加入适量水或其他溶剂调制成固体粒子和液体物质分布均匀不分层的黏稠状固液混合系统——流变相系统,然后在适当条件下反应得到所需产物。处于流变态的物质一般在化学上具有复杂的组成或结构;在力学上既显示出固体的性质又显示出液体的性质,或者说似固非固,似液非液;在物理组成上是既包含固体颗粒又包含液体物质,可以流动或缓慢流动的宏观均匀的一种复杂系统。

将固体颗粒和液体物质的均一混合物作为一种流变体来进行处理有很多优点:固体颗粒的表面积能得到有效利用,与流体接触紧密、均匀、热交换良好,不会出现局部过热现象,温度易于调节。在这种状态下许多物质会表现出超浓度现象和新的反应特性。流变相反应是一种节能、高效、减污的绿色合成路线。

3.5.3　流变相反应的应用

1. 邻苯二甲酸镁的制备

称取一定量的氧化镁和邻苯二甲酸,将两者混合均匀,加适量蒸馏水调成流变态后移入反应器中,置于 100 ℃ 的烘箱中反应 14 h。将反应产物用无水乙醇洗涤 3 次,于 120 ℃ 干燥,即得到邻苯二甲酸镁。用元素分析仪测定碳、氢元素的含量;用 EDTA 滴定法测定镁的含量;用 KBr 压片法于 $400 \sim 4000 \ cm^{-1}$ 范围记录邻苯二甲酸镁样品的红外光谱;在氮气(流速为 50 mL/min)中,以 20 ℃/min 的升温速率在热分析仪上分别测定邻苯二甲酸镁的差热分析

(DTA)和热重分析(TG)曲线。邻苯二甲酸镁在氮气中分解可得到蒽醌、二苯甲酮等有机化合物。

2. 稀土类尖晶石 SnY_2O_4 的合成

按质量比1∶1∶4.1的比例准确称取适量的氧化钇、氧化亚锡、草酸,置于研钵中研细,然后将其移入反应器中,加少量蒸馏水调至流变态,在100℃下反应10 h。将样品取出,用蒸馏水洗去过量的草酸,烘干,研细,置于干燥器中干燥。在 Shimadzu DT40 热分析装置(氮气的流速为 50 mL/min)上,以 20 ℃/min 的升温速率测定先驱物的 TG 曲线。由 TG 曲线可得到先驱物分解生成氧化物及中间产物生成的温度。将先驱物放于瓷反应舟中,置于管式炉中分别加热升温至 550 ℃和 700 ℃,恒温 10 h,得粉末状产物,存于干燥器中备用。最终固体产物中锡的价态由 X 射线电子能谱(XPS)确定。

3. 锡铝磷复合氧化物纳米材料的制备

向 1 mol SnO(黑色)、0.4 mol Al(OH)$_3$、0.6 mol NH$_4$H$_2$PO$_4$ 中加适量水,将其调成流变态,在 80 ℃下反应 2 h,然后在 120 ℃下烘干,在 350 ℃下分解,得非晶态锡铝磷复合氧化物纳米材料。锡铝磷复合氧化物纳米材料可用作锂电池的负极材料。

3.6 先 驱 物 法

3.6.1 概述

先驱物法是首先通过准确的分子设计合成出具有预期组分、结构和化学性质的先驱物,再在温和条件下对先驱物进行处理,进而得到预期材料的方法。其关键在于先驱物的分子设计与制备。

在这种方法中,通常选择一些无机化合物(如硝酸盐、碳酸盐、草酸盐、氢氧化物、含氰配合物),以及有机化合物(如柠檬酸等)与所需的金属阳离子制成先驱物。在先驱物中,反应物以所需要的化学计量关系存在着,这种方法克服了制陶法中反应物间均匀混合的问题,达到了原子或分子尺度的混合。制陶法一般是直接用固体原料在高温下反应,而先驱物法则是用原料通过化学反应制成先驱物,然后焙烧得到产物。

复合金属配合物是一类重要的先驱物,通常在溶液中合成,其组分和结构能得到很好的控制。这些化合物一般可在 400 ℃下分解,形成相应的氧化物。这就为制备高质量的复合氧化物材料提供了一个途径。另一类先驱物是金属碳酸盐,可用于制备化学组分高度均匀的氧化物固溶体。很多金属碳酸盐是同构的,如钙、镁、锰、铁、铂、锌、镉等均具有方解石结构,故可利用重结晶法先制备出一定组分的金属碳酸盐,再经过较低温度的热处理,最后得到组分均匀的金属氧化物固溶体。锂电池的正极材料 $LiCoO_2$、$LiCo_{1-x}Ni_xO_2$ 等都是用碳酸盐先驱物制备的。另外,一些金属氢氧化物或硝酸盐的固溶体也可用作先驱物,如可利用金属硝酸盐先驱物制备高纯度的 $YBa_2Cu_3O_7$ 超导体。

先驱物法的特点是混合的均一化程度高、阳离子的物质的量比准确、反应温度较低。原则上,先驱物法可应用于多种固态反应中,但由于每种合成法均对其本身的条件和先驱物有要求,为此不可能设计出一套通用的条件以适应所有合成反应。对有些反应来说,难以找到适宜的先驱物,因而此法受到一定的限制。该法不适用于以下情况:①两种反应物在水中溶解度相差很大;②反应物不是以相同的速率形成结晶;③形成过饱和溶液。

3.6.2　先驱物法的应用

1. 尖晶石 $ZnFe_2O_4$ 的合成

利用锌和铁的硝酸盐配成 $n_{Fe}:n_{Zn}=2:1$ 的混合溶液,与草酸溶液作用,得铁和锌的草酸盐共沉淀。生成的共沉淀是固溶体,它所包含的阳离子已在原子尺度上混合在一起。将得到的草酸盐先驱物加热焙烧即得 $ZnFe_2O_4$。由于混合物的均一化程度高,反应所需温度可降低很多,如生成 $ZnFe_2O_4$ 的反应温度约为1000 ℃。其反应式如下:

$$Zn^{2+}+2Fe^{3+}+4C_2O_4^{2-} \Longrightarrow ZnFe_2(C_2O_4)_4 \downarrow$$

$$ZnFe_2(C_2O_4)_4 \Longrightarrow ZnFe_2O_4+4CO\uparrow+4CO_2\uparrow$$

镍和铁的碱式双乙酸吡啶化合物的化学整比组成为 $Ni_3Fe_6(CH_3COO)_{17}O_3OH \cdot 12C_5H_5N$,其中 Ni 与 Fe 的精确比例为1:2,通过在吡啶中重结晶可进一步提纯。为了制备 $NiFe_2O_4$,可将该化合物缓慢加热到 200～300 ℃,以除去有机物质,然后于空气中在 1000 ℃下加热 2～3 天。

2. 亚铬酸盐的合成

亚铬酸盐尖晶石 MCr_2O_4 的合成也可采用类似的方法,此处 M 可为 Mg、Zn、Mn、Fe、Co、Ni。亚铬酸锰 $MnCr_2O_4$ 是将已沉淀的 $MnCr_2O_7 \cdot 4C_5H_5N$ 逐渐加热到 1100 ℃制备的。加热期间,重铬酸盐中的六价铬被还原为三价,最后混合物在富氢气氛中于 1100 ℃下焙烧,以保证所有的锰处于二价状态。常用来合成其他亚铬酸盐的先驱物如表 3-1 所示。通过控制实验条件可制备出确定化学比的物相。这种合成方法是很重要的,因为许多亚铬酸盐和铁氧体都是有重大应用价值的磁性材料,它们的性质对其纯度及化学计量关系很敏感。

表 3-1　化学整比亚铬酸盐的先驱物

亚 铬 酸 盐	先 驱 物	焙烧温度/℃
$MgCr_2O_4$	$(NH_4)_2Mg(CrO_4)_2 \cdot 6H_2O$	1100～1200
$NiCr_2O_4$	$(NH_4)_2Ni(CrO_4)_2 \cdot 6H_2O$	1100
$MnCr_2O_4$	$MnCr_2O_7 \cdot 4C_5H_5N$	1100
$CoCr_2O_4$	$CoCr_2O_7 \cdot 4C_5H_5N$	1200
$CuCr_2O_4$	$(NH_4)_2Cu(CrO_4)_2 \cdot 2NH_3$	700～800
$ZnCr_2O_4$	$(NH_4)_2Zn(CrO_4)_2 \cdot 2NH_3$	1400
$FeCr_2O_4$	$NH_4Fe(CrO_4)_2$	1150

3.7　助 熔 剂 法

助熔剂法是指在较高的温度(200～600 ℃)下,在熔融系统中进行材料合成的方法。例如,制备具有低维结构的金属硫族化合物。硫族元素(硫、硒、碲)通常具有多种结构,如原子簇、原子链或层状化合物,这些结构与金属离子结合可以构造出多种具有奇异光电特性的纤维材料。由于这些材料易分解,无法用固相反应法或气相沉积法制备。另外,简单的溶液反应也只能获得尺寸较小的粉末固体。近年来,利用助熔剂法合成了这类材料。例如,利用多硫化钾熔盐与铜反应,可制得若干低维硫化物系统,其中在 350 ℃以上形成 CuS,在 250～350 ℃形成 KCu_4S_3,而在 210 ℃和 250 ℃则分别形成 α-$KCuS_4$ 和 β-$KCuS_4$。

助熔剂法还被用于制备具有特殊结构或优异性能的超导陶瓷材料。利用碱金属代替超导体中的多价态阳离子，将对 CuO_2 的空穴掺杂起作用，也对一些半导体相（如 La_2CuO_4）实现 P 型掺杂变为超导相（如 $La_{2-x}M_xCuO_4$，$M＝Na、K$）起作用。最近用助熔剂法，通过在 KOH 熔盐中的反应，制备出新型 $La_{1.78}K_{0.22}CuO_4$ 单晶体，它具有超导体的结构特征和较好的结构有序性。

3.8　化学气相沉积法

3.8.1　概述

化学气相沉积法（CVD）是将含有组成材料的一种或几种化合物气体导入反应室，通过化学反应形成所需要的材料的方法。化学气相沉积法进行材料合成具有以下特点：①在远低于材料熔点的温度下进行材料合成；②对由两种以上元素构成的材料，可以调整这些材料的组成；③可控制材料的晶体结构；④可控制材料的形态（粉末状、纤维状、树枝状、管状、块状等）；⑤不需要烧结助剂，可以合成高纯度的高密度材料；⑥结构控制一般能够从微米级到亚微米级，在某些条件下能够达到纳米级水平；⑦能够制成复杂形状的制品；⑧能够对复杂形态的底材进行涂覆；⑨能够制备梯度复合材料、梯度涂层和多层涂层；⑩能够进行亚稳态物质及新材料的合成。平常所说的化学气相沉积技术是一种热化学气相沉积技术，沉积温度为 900～2000℃。沉积温度主要取决于薄膜材料的特性，一般在 800℃以上。这种技术已广泛应用于复合材料合成、机械制造、冶金等领域。

3.8.2　化学气相沉积法的原理

CVD 的化学反应主要有两种：一种是通过各种初始气体之间的反应来产生沉积；另一种是通过气相的一个组分与基体表面之间的反应来沉积。CVD 沉积物的形成涉及各种化学平衡及动力学过程，这些化学过程受反应器设计、CVD 工艺参数（温度、压力、气体混合比、气体流速、气体浓度）、气体性能、基体性能等诸多因素的影响。考虑用所有的因素来描述完整的 CVD 工艺模型几乎是不可能的，因而必须进行某些简化和假设。其中，最典型的是浓度边界层模型（见图 3-3），它比较简单地说明了 CVD 工艺中的主要现象——成核和生长的过程。

热化学气相沉积是以热作为气相沉积过程的动力。图 3-4 表示热化学气相沉积的基本原理。图中 A 表示固体原料，B 表示基体材料，C 表示运载气体；T_1 为 A 和 C 发生反应的温度，T_2 为 A 和 C 的分解温度。温度稳定在 T_2 时 A 就在 B 上生成。

由于热化学气相沉积过程的温度很高，对基体材料有特殊的要求，限制了化学气相沉积技术的应用，因此，化学气相沉积技术已向中、低温和高真空方向发展，并与等离子技术及激光技术相结合，出现了多种技术相融合的化学气相沉积技术。

3.8.3　化学气相沉积法的应用

1. 新型有机非线性光学材料 L-苹果酸脲（ULMA）薄膜的制备

将尿素（$CO(NH_2)_2$）和 L-苹果酸（$C_4H_6O_5$）以 1∶1 物质的量之比配制成乙醇溶液，温度维持在 56℃，在一定转速下搅拌反应 2.5 h，趁热过滤，迅速将吸滤瓶中滤液倒入锥形瓶中，静置，自然冷却至室温，在溶液中析出无色透明的针状、颗粒状 ULMA 晶体。

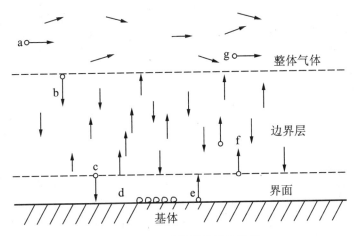

图 3-3　浓度边界层模型示意图

a. 反应气体被强制导入系统；b. 反应气体由扩散和整体流动穿过边界层；c. 气体在基体表面的吸附；d. 吸附物之间或者吸附物与气态物质之间发生化学反应；e. 吸附物从基体解吸；f. 生成气体从边界层到气流主体的扩散和流动；g. 气体从系统中强制排出

2. 碳纳米尖端的生产

灯丝是直径为 1 mm 的螺旋钨丝，可加热到 1600 ℃ 左右。灯丝与衬底之间的距离为 10 mm。衬底为硅片，并依靠灯丝进行加热，温度为 800 ℃ 左右。在负偏压电路中，偏压电源为直流恒流源，相对于灯丝的负偏压通过衬底支架加到衬底上，用来产生辉光放电。反应气体为 CH_4、H_2 和 NH_3 的混合气体，它们的流量由气体质量流量计进行控

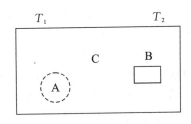

图 3-4　热化学气相沉积的基本原理示意图

制。工作气压为 4×10^3 Pa。生长碳纳米尖端之前，先用标准状况下流量为 5 mL/min 的 CH_4 和 95 mL/min 的 H_2 在硅片上沉积一层碳膜，沉积时间为 1 h。然后，引入其他反应气体，调节反应气体的流量使得 CH_4、H_2 和 NH_3 的流量在标准状况下分别为 20 mL/min、40 mL/min 和 40 mL/min，并启动偏压电源产生等离子体开始生长碳纳米尖端，生长时间为 20 min。

3. 微米/纳米复合自支撑金刚石膜的沉积

在 30 kW 级直流电弧等离子体喷射化学气相沉积设备上，采用 Ar、H_2、CH_4 混合气体，在钼衬底上沉积微米/纳米自支撑金刚石膜。Ar 的流量为 6 L/min，H_2 的流量为 3 L/min，甲烷浓度控制在 2%～25%；衬底温度控制在 850～950 ℃，工作气压控制在 8～10 kPa。首先以 3% 的甲烷浓度开始成核 15 min，然后将甲烷浓度降到 2%，沉积微米/纳米金刚石膜，沉积时间为 180 min，之后将甲烷浓度增加到 25%，沉积时间为 60 min。

4. 玻璃基片上制备 TiO_2 薄膜

以四异丙醇钛为先驱物，N_2 为载气，经分子筛除水后，将汽化室内加热蒸发的气态反应物载入喷嘴，反应物向加热的基片上沉积，分解生长成薄膜，使用 5 mm×5 mm 的玻璃片作为薄膜生长的基片。沉积过程中保持载气的流速为 1 L/min，基片台和喷嘴的距离为 25 mm。在基片温度为 350 ℃、N_2 流速为 1 L/min 的条件下，反应物汽化温度的改变对 TiO_2 薄膜的物相没有影响，均为锐钛矿相。随着反应物汽化温度的升高，TiO_2 薄膜的结晶程度逐渐变好。当汽化温度为 200 ℃ 时，沉积物晶粒变小，堆积成致密的膜。在汽化室温度为 140 ℃、N_2 流速为

1 L/min 的条件下,沉积温度对 TiO₂ 薄膜的物相和微结构均有影响。当沉积温度不高于 300 ℃时,薄膜呈非晶态;沉积温度在 300~400 ℃时薄膜是锐钛矿结构;当沉积温度不低于 450 ℃时,薄膜中有少量的金红石结构出现。

3.9 聚合物模板法

3.9.1 概述

聚合物模板法是选用一种价廉易得、形状容易控制、具有纳米孔道的基质材料中的空隙作为模板,导入目标材料或先驱物并使其在该模板材料的孔隙中发生反应,利用模板材料的限域作用,达到对制备过程中的物理和化学反应进行调控的目的,最终得到微观和宏观结构可控的新颖材料的方法。

用于合成的常见模板有多孔玻璃、分子筛、大孔离子交换树脂、高分子化合物及表面活性剂等。根据所用模板中微孔的类型,可以合成出诸如粒状、管状、线状和层状结构的材料。高分子模板具有类型可调及模板易去除的特点,通过改变溶液类型、浓度或配比,可以实现多种纳米材料(如纳米颗粒、纳米线及纳米介孔材料)的合成。

聚合物模板法的主要特点如下:①多数模板可方便地合成,且其性质可在广泛范围内精确调控;②合成过程相对简单,很多方法适合批量生产;③同时解决纳米材料的尺寸与形状控制及分散稳定性问题;④特别适合一维纳米材料,如纳米线、纳米管和纳米带的合成。目前采用聚合物模板法合成一维磁性纳米材料已引起人们广泛的兴趣,聚合物模板法也因而发展成为最重要的纳米材料合成方法。用作模板剂的聚合物包括天然高分子和合成高分子树脂。

3.9.2 聚合物模板法的原理

用核裂变碎片轰击 6~10 μm 厚的聚碳酸酯、聚酯或聚乙烯醇等高分子膜,使膜出现损伤,然后用化学法使损伤痕迹腐蚀扩展成所需尺寸的孔道,即得痕迹刻蚀聚合物模板(track etched polymeric membrane)。聚合物模板的纳米孔呈圆柱形,孔径一般为 10~200 nm,孔密度为 10⁹ 孔/cm²,有交错现象,孔轴与膜表面夹角有时可达 30°且无序分布,导致所制纳米点阵的各向异性降低。图 3-5 为用聚合物模板制备 Co-Cu 多层纳米线的示意图,图 3-6 为聚合物模板法合成多孔炭材料过程的示意图。

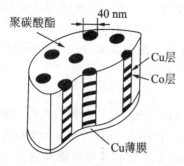

图 3-5 用聚合物模板制备 Co-Cu 多层纳米线

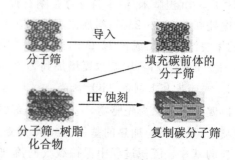

图 3-6 聚合物模板法合成多孔炭材料的过程

3.9.3 聚合物模板法应用实例

1. 羟基磷灰石(HAP)的合成

HAP具有良好的生物相容性、较强的吸附和交换作用能力,随温度和湿度变化表现出温敏和湿敏效应。柱状、晶须状、片状HAP可应用于生物医学功能材料和聚合物基复合材料领域;多孔状HAP可应用于催化剂、催化载体、蛋白质或酶的分离、绿色环保材料领域;粒状、柱状、片状HAP可应用于智能敏感材料领域。

HAP的制备过程为:用预先配制且准确计量的磷酸氢二铵和硝酸钙的混合溶胶与尿素混合,在室温下分别加入可溶性有机模板剂(山梨醇、胶原蛋白、阳离子表面活性剂、硬脂酸盐),该混合液装入高压釜后置于加热炉中,缓慢升温到110 ℃,在此温度下保温8 h。将反应后的溶液过滤,滤渣在100 ℃烘干,得到白色、蓬松的HAP粉末。

2. 氧化锌纳米结构材料的合成

将环己烷、乙酸丁酯及反应物水溶液分别用0.45 nm的超滤膜过滤,得纯化后的试剂;所有反应器皿用超滤水清洗、烘干后使用。将聚乙二醇、环己烷、乙酸丁酯按一定体积比混合后,加入一定量的乙酸锌溶液,超声波分散得到微乳液A;将一定量的缓冲溶液加入同样配比的聚乙二醇、环己烷、乙酸丁酯混合溶液中,超声分散得到微乳液B。超声振荡下将A、B混合,在指定温度下反应2 h,粗产物经3000 r/min离心分离除去可能存在的沉淀物即得产物。

3. 明胶多孔微球的制备

将4 mL 8%的明胶水溶液倒入一定量的聚苯乙烯(PS)微粒中,于60 ℃左右在超声波清洗器中使PS微粒在明胶溶液中分散均匀,再倒入用水浴恒温60 ℃的液状石蜡中,机械搅拌,成球后,移去水浴,冰水冷却固化,然后置于39%的戊二醛水溶液中交联17.5 h。依次用大量水、95%乙醇、无水乙醇洗涤,再经甲苯抽提24 h、乙醇抽提2 h后,将所形成的明胶多孔微球取出,放入恒温箱中于40 ℃下干燥。

4. 以天然高分子为模板剂合成纳米材料

由于多羟基的高分子物质可以在分子间通过氢键形成超分子,所以可以用作模板来引导纳米晶体的生长。淀粉是一种天然的生物高分子多羟基物质,具有很好的生物降解性和生物相容性。更重要的是,通过一些简单的处理,淀粉就可以溶解在水中,这可避免使用有机挥发性溶剂,从而实现纳米粒子的无污染、无毒性的绿色合成。例如,采用一定浓度的$AgNO_3$溶液和可溶性淀粉溶液混合,然后加入一定量的葡萄糖,混合均匀后在Ar保护下于40 ℃反应20 h,得到直径为4 nm左右的银粒子,表明淀粉溶液起到了控制纳米金属粒径的模板作用。

复习思考题

1. 简要说明水热合成法的主要特点及应用领域。
2. 阐述溶胶-凝胶过程所包含的主要步骤及其作用。
3. 局部化学反应包括哪些反应?这些反应的特点是什么?
4. 说明低热固相反应的规律。
5. 简述无定形V_2O_5催化剂的制备原理与过程。
6. 说明制备邻苯二甲酸铜的流变相反应原理。
7. 说明$YBa_2Cu_3O_7$超导体的制备过程。
8. 阐述热化学气相沉积法的主要特点及应用。
9. 什么是聚合物模板法?适合用作模板的物质有哪些?

10. 说明以淀粉为模板合成纳米银材料的原理及制备过程。

参 考 文 献

[1] 马治国,孟朝辉,李立平. 水热法制备二氧化钛纳米晶体[J]. 精细与专用化学品,2006,14(14):20-25.

[2] 曾庆冰,李效东,陆逸. 溶胶-凝胶法基本原理及其在陶瓷材料中的应用[J]. 高分子材料工程,1998,14(2):138-143.

[3] Gabriela Z,Emmanuelle S,Jan K. Characterization of CrAPO-5 materials in test reactions of conversion of 2-methyl-3-butynol and isopropanol[J]. Journal of Catalysis,2002,208(2):270-275.

[4] 张伟龙,牛玮,袁礼福,等. 喷雾热分解法 Y_2O_3-ZrO_2 超细粉末的制备[J]. 兵器材料科学与工程,1998,21(1):3-7.

[5] 傅铁祥. CuO基多金属氧化物复合陶瓷的制备及电性质[J]. 长沙电力学院学报(自然科学版),1996,11(4):381-427.

[6] 毛少瑜,蔡宇,刘尧,等.草酸二酰肼在铝酸镧燃烧法合成中的应用[J]. 功能材料,1998,29(1):110-111.

[7] 日本化学会. 无机固相反应[M]. 董万堂,董绍俊,译. 北京:科学出版社,1985.

[8] Zhou Y M,Xin X Q. Synthetic chemistry for solid state reaction at low-heating temperatures [J]. Chinese Journal of Inorganic Chemistry,1999,15(3):273-292.

[9] Hou H W,Xin X Q,Song L Q. Synthesis and third-order nonlinear optical absorptive properties of two novel cluster compounds[J]. Acta Chimica Sinica,2000,58(3):283-286.

[10] Long D L,Liang B,Xin X Q. Solid state reaction at low-heating and room temperatures:application in synthetic chemistry[J]. Chinese Journal of Applied Chemistry,1996,13(6):1-6.

[11] Yang Y,Jia D Z,Xin X Q. Synthesis of inorganic nano-materials by solid state reaction at low-heating temperatures[J]. Chinese Journal of Inorganic Chemistry,2004,20(8):881-888.

[12] 赖芝,忻新泉,周衡南. 固相配位化学反应研究 LXXIV——固相化学反应中的晶态-非晶态-晶态的变化[J].无机化学学报,1997,13(3):330-335.

[13] 周益明,叶向荣,忻新泉. XRD谱研究扩散控制的固-固相反应[J].高等学校化学学报,1999,20(3):361-363.

[14] 景苏,忻新泉. 固相配位化学反应研究 LIX——反应截面移动法研究氢氧化铜与 α-alaH 的固相反应[J]. 化学学报,1995,(1):26-30.

[15] 缪强,胡澄.固相配位化学反应研究 LXV——成核过程的 Monte Carlo 研究[J]. 化学物理学报,1994,7(2):118-123.

[16] 林建军,郑丽敏,忻新泉. 固相配位化学反应研究 LXX——二水醋酸镉与邻氨基苯甲酸的分步固相反应[J]. 无机化学学报,1995,11(1):106-108.

[17] Sudarsan T S. 表面改性技术工程师指南[M]. 范玉殿,译. 北京:清华大学出版社,1992.

[18] 李丽娜,谷景华,张跃,等.金属有机化合物化学气相沉积(MOCVD)法在玻璃基片上制备 TiO_2 薄膜[J]. 人工晶体学报,2005,34 (5):902-906.

[19] Lin C H,Chien S H,Chao J C,et al. The synthesis of sulfated titanium oxide nanotubes[J]. Catalysis Letters,2002,80:153-159.

[20] Zhang X Y,Wen G H,Chan Y F,et al. Fabrication and magnetic properties of ultrathin Fe nanowire arrays[J]. Applied Physics Letters,2003,83:3341-3343.

[21] Stacy A J,Elaine S B,Patricia J O,et al. Effect of micropore topology on the structure and properties of zeolite polymer replicas[J]. Chemistry of Materials,1997,9:2448-2458.

[22] Darmstadt H C,Ryoo R. Surface and pore structures of CMK-5 ordered mesoporous carbons by adsorption and surface spectroscopy[J]. Chemistry of Materials,2003,15:3300-3307.

[23] 赵家昌,赖春艳,戴扬,等.模板法制备超级电容器中孔炭电极材料[J].中国有色金属学报,2005,15(9):1421-1425.

[24] 黄志良,张联盟,刘羽,等. 有机模板诱导/均相沉淀法对羟基磷灰石(HAP)晶体形貌的控制生长[J]. 人工晶体学报,2006,35 (2):261-264.

[25] 刘雪宁,杨治中,唐康泰,等.高分子模板法合成特殊形态的氧化锌纳米结构材料[J].化学通报,2000,(11):46-48.

[26] 黄俐研,张艳,刘正平,等.模板法制备明胶多孔微球[J].北京师范大学学报,2006,42 (2):177-179.

[27] Raveendran P,Fu J,Wallen S L. Completely "green" synthesis and stabilization of metal nanoparticles[J]. Journal of the American Chemical Society,2004,125:13940-13941.

[28] 季学来,陶杰,邓杰,等.纳米金属及无机材料的绿色合成[J].电子元件与材料,2005,11(24):66-69.

第4章　绿色有机合成

有机合成反应是制备具有特定功用的新有机物的关键,这些具有特定功用的物质可用作医药、染料、各种精细化学品及有机化工原料等。由于有机反应的转化率一般不太高,因此由有机反应过程带来的污染相对较多。研究有机合成反应的绿色化技术对于实现合成过程的效率最大化和过程污染的最小化具有重要的指导意义。本章重点阐述目前常用的各种有机反应的绿色化技术的基本内容、原理及应用。

4.1　高效化学催化的有机合成

有机反应一般速率较慢,收率较低,因此大多数(85%)有机合成反应过程需要借助催化剂来提高反应过程的效率,因此选择性能优良的催化剂对于有机合成过程具有关键的促进作用。

4.1.1　固体酸催化的有机合成

1. 固体超强酸催化剂

1) 概述

固体超强酸是指比100%硫酸的酸强度还高的固体酸。酸强度常用 Hammet 指示剂的酸度函数 H_0 表示,$H_0 = pK_a$(所用指示剂的 pK_a 值)。已测得100%硫酸的 $H_0 = -11.93$。因此,可将 $H_0 < -11.93$ 的固体酸看成固体超强酸。H_0 值越小,酸强度越大。固体超强酸可分为三种类型。

(1) 金属氧化物负载硫酸根型的固体超强酸 SO_4^{2-}/M_xO_y,如 SO_4^{2-}/TiO_2 和 SO_4^{2-}/Al_2O_3 等,还包括采用复合氧化物载体的类型,如 $SO_4^{2-}/TiO_2\text{-}Al_2O_3$。此类催化剂具有催化活性高、不腐蚀设备、耐高温及可重复使用的特点,适用于所有需强酸催化的反应。

(2) 强 Lewis 酸负载型固体超强酸,主要是指将 BF_3、$AlCl_3$ 及 SbF_5 等组分负载于多孔氧化物、石墨及高分子载体上所形成的固体酸,如 $AlCl_3$/离子交换树脂、BF_3/石墨等。这类催化剂中 Lewis 酸与载体之间主要通过物理和化学吸附作用进行结合。此类催化剂存在活性组分溶脱和其中的卤离子对设备有较强的腐蚀作用等问题,并且不适合于在较高温度条件下使用。

(3) 其他类型固体超强酸,如杂多酸型、分子筛型及高分子树脂型等。

SO_4^{2-}/M_xO_y 型固体超强酸酸性中心的形成主要源于 SO_4^{2-} 在固体氧化物表面上的配体吸附,使 M—O 键上的电子云强烈偏移,产生强 Lewis 酸中心,该中心吸附水分子后,对水分子中的电子产生强吸引作用,从而使其发生解离而产生质子酸中心。

固体超强酸按照碳正离子机理进行催化反应。一般来说,影响催化剂活性(用转化率或选择性来表示)的因素包括反应温度、压力、反应物配比、空速、催化剂粒度和反应器形式等。另外,催化剂自身的物理化学性质(比表面积、孔容积、孔径及活性组分分布等)也是决定催化剂活性的先决条件。

影响 SO_4^{2-}/M_xO_y 型催化剂活性的主要因素为金属化合物种类、沉淀剂、金属氢氧化物的晶型、溶剂、SO_4^{2-} 引入方式及其浓度。

2) SO_4^{2-}/M_xO_y 的常用制备方法

（1）沉淀浸渍法。沉淀浸渍法是目前使用最广泛的制备 SO_4^{2-}/M_xO_y 的方法,该法具有工艺简单、操作容易及原料价格低等优点。它包括直接沉淀法、均匀沉淀法和共沉淀法。沉淀浸渍法是将合适的金属盐溶液与碱进行复分解反应生成氢氧化物沉淀,然后经过滤、洗涤、干燥和焙烧得到金属氧化物,再经 H_2SO_4 溶液浸渍、过滤和焙烧获得固体超强酸。所采用的沉淀剂为碱或羟胺,pH 值为 9～11。例如,SO_4^{2-}/TiO_2 催化剂的制备是将 $TiCl_4$ 与稀氨水反应生成白色的 $Ti(OH)_4$ 沉淀,经抽滤、洗涤、干燥及粉碎得到 TiO_2,再用 0.5 mol/L 的 H_2SO_4 溶液浸渍12 h,在 500 ℃下活化 3 h,得到 SO_4^{2-}/TiO_2 固体超强酸催化剂。

（2）溶胶-凝胶法。溶胶-凝胶法是将有机金属盐（或无机盐）分散在溶液中,经水解后生成活性单体,活性单体经聚合成为溶胶,溶胶经陈化后生成具有一定结构的凝胶,最后经干燥、焙烧制得金属氧化物,再经 H_2SO_4 溶液浸渍、焙烧制得固体超强酸。该法的特点是制得的催化剂的比表面积大,催化剂颗粒均匀。但该法的制备周期较长,一般需要几天或几十天才能完成一次操作过程,且催化剂的制备成本高。例如,SO_4^{2-}/ZrO_2 催化剂的制备是以锆酸四丙酯（$Zr(OCH_2CH_2CH_3)_4$）为原料,少量硝酸为催化剂,向锆酸四丙酯的丙醇溶液中滴加异丙醇的水溶液,使有机锆水解得到 $Zr(OH)_4$ 溶胶,此溶胶在 150 ℃下缓慢干燥一定时间得到凝胶,凝胶经在 420 ℃下干燥、粉碎、H_2SO_4 溶液浸渍及 550 ℃焙烧后制得 SO_4^{2-}/ZrO_2 固体超强酸。其比表面积为 188 m^2/g,比沉淀浸渍法制备样品的比表面积大 50%。

在溶胶-凝胶法中,若结合超临界流体干燥技术,所获得的催化剂将具有更好的性能。

（3）固相合成法。固相合成法是将金属盐和金属氢氧化物按一定比例混合,然后进行焙烧得到相应的金属氧化物的固体超强酸。该法具有设备和工艺简单、反应条件容易控制、产率高、成本低等优点,但产品粒度不均一且易团聚,从而影响催化剂的酸度分布与活性。Hino 利用固相合成法制备了含 Pt 的 SO_4^{2-}/ZrO_2 固体超强酸。其制备过程如下:把干的 $Zr(OH)_4$ 粉末浸于 H_2PtCl_6 溶液中,在 200 ℃下干燥,再与 $(NH_4)_2SO_4$ 粉末混合研磨,在 600 ℃下焙烧 3 h 后得到含 Pt 的 SO_4^{2-}/ZrO_2。活性评价实验表明负载 Pt 后可使催化剂的活性稳定性有很大的提高。

3) 固体超强酸催化剂的应用

（1）烷基化反应。烷基化是制备表面活性剂原料烷基苯、抗氧剂、叠合汽油及其他芳香烃类物质的重要反应过程,这些反应均属于强酸催化过程,传统上主要使用 H_2SO_4、HF 和 $AlCl_3$ 为催化剂,目前固体超强酸已用于烷基化反应过程。如以 SO_4^{2-}/ZrO_2 为催化剂,由异丁烷和丁烯烷基化制备叠合汽油的反应中,丁烯的转化率可达 100%,产物中 C_8 的含量达到 80% 以上。

（2）酯化反应。固体超强酸已成功地用于酯化反应过程来合成各种酯、增塑剂、表面活性剂、防腐剂及香料等。例如,在 PEGMS 非离子表面活性剂合成过程中,以 SO_4^{2-}/ZrO_2 为催化剂,当硬脂酸与聚乙二醇（PEG400）的物质的量比为 1∶2,催化剂用量为每摩尔酸 15 g,反应温度为 125 ℃,反应时间为 6 h 时,所得酯化粗产物中单酯为 44.8%,双酯为 1%。提纯后单酯含量达 97%,硬脂酸的转化率在 90% 以上。此法反应条件温和,产物单酯含量高。

（3）酰基化反应。酰基化反应是制备许多精细化工中间体及产品的重要反应过程,也属于强酸催化反应过程。在甲苯与苯甲酰氯的酰基化反应过程中,以 SO_4^{2-}/ZrO_2-Al_2O_3 为催化剂,反应温度为 110 ℃,反应时间为 12 h,转化率达 100%。

（4）低聚反应。低聚反应主要是指几个到几十个含双键单体的聚合过程,用于由低碳数的烯烃制备高碳数的烯烃。该类反应主要由 Brönsted 酸催化。由于固体超强酸具有 Brönsted 酸,因此固体超强酸也被用于低聚反应过程。例如,SO_4^{2-}/TiO_2 已用作乙烯、丙烯、1-丁烯等低聚反应的催化剂,SO_4^{2-}/ZrO_2 用于萘低聚反应。

(5) 缩醛和缩酮反应。缩醛(酮)反应是合成精细化工中间体、香料、表面活性剂等的重要反应,固体超强酸催化剂对此类反应表现出较高的活性。例如,以 SO_4^{2-}/TiO_2-WO_3 为催化剂,当催化剂用量为反应物总质量的 0.25%,酮与醇的物质的量比为 1:2,环己烷为带水剂,反应 1 h 后,产物的收率达 84.2%。另外,以 SO_4^{2-}/ZrO_2 为催化剂合成绿色表面活性剂烷基葡萄糖苷(APG),当催化剂质量为葡萄糖质量的 10.5%,无机酸与有机酸的质量比为 5:1,反应时间为 5 h 时,葡萄糖的转化率接近 100%。

(6) 异构化反应。异构化反应是典型的超强酸催化反应,主要用于由直链烷烃制备异构烷烃,再经脱氢制备异构烯烃及从轻石油制取高辛烷值汽油等。利用 SO_4^{2-}/ZrO_2 为催化剂,在 20~50 ℃下进行正丁烷的异构化反应,主要产物为异丁烷,选择性达 97.9%。而含有 Pt 的 SO_4^{2-}/ZrO_2 催化剂在此异构化反应过程中则表现出非常好的催化活性稳定性,使用 1000 h 后仍无失活现象。

该类催化剂还被用于醚化、F-T 合成、水合(或脱水)及环化等反应过程。

2. 分子筛催化剂

1) 概述

分子筛是指能在分子水平上筛分物质的多孔的无机硅铝酸盐的聚合物,它包括天然沸石和人工合成分子筛两类。天然沸石共有 50 多种,代表物为丝光沸石和天然层柱状硅铝酸盐(蒙脱土)。人工合成分子筛目前已有 170 种以上,工业上应用的有 MCM-2、ZSM-5、SAPO、镁碱沸石、RH、SAPO-34 等,正在开发的有磷锡沸石分子筛、钒铝沸石分子筛、纳米分子筛、介孔及大孔分子筛等。这些分子筛绝大部分可用作固体催化剂,用于石油炼制、精细化工、气体净化及吸附分离、特种功能材料制备等过程。人工合成分子筛已成为现代化工中应用最为广泛的催化剂。

2) 沸石分子筛的分类和结构特征

近年来国际上的分类方法是将沸石分子筛分成十个族:方沸石族、钠沸石族、片沸石族、钙十字沸石族、丝光沸石族、菱沸石族、八面沸石族、浊沸石族、Pentasil 族(ZSM-5 和 ZSM-11)和笼形物族(ZSM-39)。我国学者根据沸石分子筛骨架的特征及所属的晶系将分子筛分为五族:第一族为含有四元环和六元环,具有立方构型的沸石骨架;第二族具有六重轴或三重反轴对称性的沸石骨架,属六方或三方晶系;第三族是由五元环构成的骨架,一般为正交或单斜晶系的晶体;第四族是由四元环或八元环组成的骨架;第五族是不具备上述四类特征的沸石,目前只有浊沸石一种。

构成沸石分子筛骨架的最基本结构单元为由中心原子 T(T 为 Si、Al、Ti、Fe、V、B、Ga、Be、Ge 等)所组成的四面体。常见的中心原子为 Si、Al、Ti,中心原子与周围的 4 个氧原子以 sp^3 杂化轨道成键。结构单元四面体的立方结构和平面结构如图 4-1 所示。

沸石分子筛是由多个 TO_4 四面体连接而成的,连接物为四面体的顶点氧原子(也称氧桥),其连接方式如图 4-2 所示。

在连接的过程中两个铝氧四面体不能相邻,通过氧桥相互连接的四面体形成了具有不同环结构的二级结构单元。一种或多种二级结构单元构成了复杂分子筛的骨架结构。二级结构单元通过氧桥进一步连接形成笼结构。笼结构是构成各种沸石分子筛的主要结构单元,二级

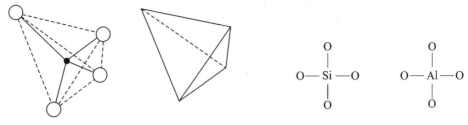

(a) 基本结构单元的立体结构　　　　　　　　(b) 基本结构单元的平面结构

图 4-1　沸石分子筛骨架的基本结构

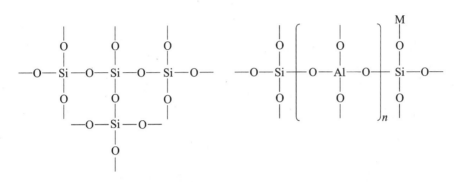

图 4-2　沸石分子筛中四面体间的连接方式

结构单元在组合过程中围成新的更大的孔笼,孔笼又通过多元环窗口与其他孔笼相通,这样在沸石晶体内部孔笼之间形成了许多通道,称为孔道。沸石的孔径是指沸石主孔笼的最大多元环窗口尺寸。不同沸石分子筛的孔道结构数据见表 4-1。不同的沸石的孔口几何形状是不相同的。按孔径大小,可将沸石分为小孔、中孔、大孔和超大孔四种。

表 4-1　多元环的最大直径

环	四元环	五元环	六元环	八元环	十元环	十二元环
最大直径/nm	1.15	1.6	2.8	4.5	6.3	8.0

除了孔道形状和大小的差异,不同沸石分子筛的孔道分布(维数)也是不同的,在 n 个坐标轴上孔道相通,就称为 n 维,有三维(A 型、八面沸石、ZSM-5)、二维(丝光沸石、镁碱沸石)和一维(ZSM-48)。

3)沸石分子筛催化剂的特点

(1)沸石分子筛的特征孔尺寸使得它对反应物能够选择性地吸附。一般而言,动力学直径比沸石孔径大 0.1 nm 以内或小于孔径的分子可进入沸石分子筛的孔内。因而沸石分子筛作为催化剂具有优异的反应选择性。

(2)沸石分子筛的特定的孔道结构直接影响着反应系统物质的扩散行为,小孔和大孔沸石分子筛由于对产物扩散的限制而易于失活,中孔沸石分子筛则不容易结焦失活。

(3)沸石分子筛具有酸性。研究表明,沸石分子筛具有 Lewis 酸或 Brönsted 酸中心,可用于酸催化的反应。

(4)沸石分子筛具有高的热稳定性和水热稳定性。

(5)催化剂无毒,对环境无害,对设备无腐蚀。因此,沸石分子筛是一种符合绿色化学要求的固体酸催化剂。

4）沸石分子筛酸中心的产生途径及催化作用原理

沸石分子筛酸中心的产生有以下三种途径：①沸石分子筛脱阳离子形成酸中心；②沸石分子筛与多价阳离子交换形成酸中心；③沸石分子筛中的质子、阳离子及骨架氧均可移动，沸石表面上的氧离子和阳离子的表面扩散导致 O—H 解离，使沸石分子筛的酸性增强。

沸石分子筛经阳离子交换后产生的 Brönsted 酸中心，或是再经脱水产生的 Lewis 酸中心均可作用于反应物形成碳正离子，并按碳正离子机理进行催化转化。

5）沸石分子筛催化剂的制备方法

（1）溶胶-凝胶法。这是最原始的合成方法，将可溶性铝盐、可溶性硅盐在强碱作用下形成活性凝胶，凝胶在加热的条件下陈化可得到沸石结构。进一步的改进是使用季铵盐类模板剂来调控沸石的孔结构。其反应原理为

$$NaAlO_2 + Na_2SiO_3 + NaOH + R_4N^+OH^- \longrightarrow 硅胶 \xrightarrow{100\ ℃,6\ h} 沸石$$

（2）水热合成法。水热合成法是使用最广泛的合成沸石分子筛的方法。水热法合成沸石分子筛包括两个基本过程：硅铝酸盐水合凝胶的生成和水合凝胶的晶化。晶化过程一般包括以下四个步骤：①聚硅酸盐和铝酸盐的再聚合；②沸石的成核；③核的生长；④沸石晶体的生长及引起的二次成核。

影响沸石分子筛合成过程的因素较多，目前主要是研究反应条件对合成过程的影响，如反应物的组成、反应物的类型与性质、陈化条件、晶化温度和时间、pH 值。

合成沸石分子筛的主要原料为含铝化合物、含硅化合物、碱、水和模板剂，其组成通常表示为 $xM_2O \cdot Al_2O_3 \cdot ySiO_2 \cdot zH_2O$。合成沸石分子筛常用的原料见表 4-2。

表 4-2　合成沸石分子筛常用的原料

原料种类	具体物质名称
含铝化合物	活性氧化铝、氢氧化铝、偏铝酸钠及其他铝的无机盐
含硅化合物	硅胶、硅溶胶、硅酸钠、硅酸酯、粉状 SiO_2 和石英玻璃
碱	氢氧化钠、氢氧化钾、氟化物
模板剂	季铵盐、胺、二胺、醇胺、醇、二醇、季镂碱
水	去离子水

水热法合成沸石分子筛的一般过程为

$$反应物 \xrightarrow[混合]{} 凝胶 \xrightarrow[晶化]{100\sim450\ ℃} 沸石晶体 \xrightarrow[干燥]{过滤、洗涤} 沸石晶体粉末$$

向内衬塑料或不锈钢反应釜中加入事先按照一定比例配好的反应物，在100～450 ℃下进行晶化反应一段时间，待晶化完成后，沉淀物经过滤、洗涤及干燥等处理工序可获得尺寸为1～10 μm 的沸石粉末。合成高硅沸石时晶化温度应为 150 ℃以上，合成一般沸石时晶化温度为 100 ℃；洗涤 pH 值为 9～10；干燥温度为 110 ℃。用无机碱可获得低硅铝比的沸石分子筛，用有机碱可获得高硅铝比的沸石分子筛。

（3）气相转移法。首先将合成的原料制成凝胶，再将凝胶置于反应器的中部，同时在釜底加入一定量的有机胺和水作为液相部分，反应过程中凝胶在有机胺和水蒸气的作用下转化为沸石分子筛。

（4）干胶法（DG 法）。干胶法是在气相转移法基础上衍生出来的制备分子筛的方法。首先将分子筛的合成原料与有机模板剂一起配制成干胶，然后使干胶在水蒸气的作用下形成沸

石分子筛。该法可用于常规分子筛的合成,还可用于制备分子筛膜及分子筛成型体。目前应用干胶法已合成磷酸铝($AlPO_4$)系列、SAPO 系列及纳米分子筛等。

6) 沸石分子筛的制备工艺和条件

(1) A 型分子筛。A 型分子筛的化学组成通式为 $Na_2O \cdot Al_2O_3 \cdot 2SiO_2 \cdot 5H_2O$。它的合成原料是水玻璃、铝酸钠、NaOH 和水。其合成过程如下。首先按照 Na_2O、Al_2O_3、SiO_2、H_2O 的物质的量之比为 3∶1∶2∶185 制成混合物的溶液,相应的各组分的浓度分别为 Na_2O 0.9 mol/L、Al_2O_3 0.3 mol/L 和 SiO_2 0.6 mol/L。将各溶液分别送入各计量罐中进行计量,然后将铝酸钠溶液、NaOH 溶液及水加入混胶釜中,在搅拌下将釜内溶液预热到 30 ℃左右,再将水玻璃快速地投入釜内,继续搅拌 30 min 左右,形成均匀的凝胶。在搅拌下加热,在 20～40 min 内升温到 (100 ± 2)℃后停止搅拌,并维持此温度进行静态晶化 5 h。产品晶化完全后沉于反应釜的下部,此时可从采样口取样并用显微镜观察晶形,当完全为清晰的正方形晶体时,可结束合成过程。将釜中上部的母液引入母液储槽中,下部的分子筛产品放入储料罐,经沉淀后进一步回收母液。向储料罐中加入搅拌器,然后通过板框过滤机进行过滤,并将产品用水洗到滤液的 pH 值为 9～10 时为止,将产品从板框过滤机上卸出,在 110 ℃下干燥可得到 A 型分子筛的晶体粉末。母液为稀 NaOH 溶液,可循环利用。合成工艺流程如图 4-3 所示。

(2) β 型分子筛。β 型分子筛是一种热稳定性好、酸性强的重要分子筛品种,广泛用于石油化工和化学工业领域。

其合成过程如下。用四乙基氢氧化铵

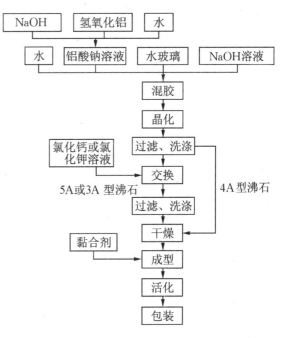

图 4-3　A 型分子筛合成的流程示意图

(TEAOH)、NaCl、KCl、SiO_2、NaOH、铝酸钠等为原料,Na_2O、K_2O、TEAOH、Al_2O_3、SiO_2、H_2O、HCl 的物质的量之比为 1.97∶1∶12.5∶1∶50∶750∶2.9,向衬有聚四氟乙烯的不锈钢釜中加入 89.6 g TEAOH、0.53 g NaCl、1.44 g KCl 和 59.4 g 水,搅拌使之全部溶解后,加入 29.54 g SiO_2,再加入由 0.33 g NaOH、1.79 g 铝酸钠和 20.0 g 水组成的水溶液,搅拌 10 min 后成稠状物。然后在 (135 ± 1)℃下晶化 15～20 h。用冷水将反应釜降至室温,所得的产物用高速分离机进行分离,同时将产物用水洗至 pH 值为 9,在 70～80 ℃下干燥过夜,得到目标产物,粒径为 0.1～0.3 μm,其组成为 $Na_{0.90}K_{0.62}(TEA)_{7.6}[Al_{4.53}Si_{59.47}O_{128}]$。

(3) ZSM-5 分子筛。ZSM-5 是高硅分子筛的代表,它具有高的热稳定性、强酸性、水热稳定性和憎水亲油的性质。它的孔尺寸(0.5～0.6 nm)适当,使得这种分子筛催化剂具有良好的择形选择性,是目前石油加工、煤化工及精细化工等领域最重要的催化剂。

其合成过程如下。用 NaOH、20%的四丙基氢氧化铵(TPAOH)溶液、硅酸、铝酸钠为原料,按 Na_2O、Al_2O_3、SiO_2、H_2O 的物质的量之比为 3.25∶1∶30∶958 配制混合物溶液。先将按比例定量的水、NaOH 与 TPAOH 混合搅拌溶解,再按比例加入硅酸,在室温下充分振荡 1 h 后,在 100 ℃下陈化 16 h,得到胶态晶种。然后将铝酸钠、NaOH 和水按比例混合溶解,充分搅拌下加入定量的硅酸并在室温下强烈振荡 1 h,最后加入一定量的胶态晶种,振荡 1 h 后将物料置于不锈钢反应釜中,在 180 ℃下晶化 40 h 后过滤,充分洗涤、干燥,得到均匀的产物。产物的粒径约 6 μm,硅与铝的物质的量之比为(12～13.5)∶1。

(4) 磷铝分子筛。磷铝分子筛属杂原子分子筛,它利用性质类似硅的元素磷部分取代沸石骨架中的硅,构成沸石骨架所形成的微孔分子筛。它是由铝氧四面体和磷氧四面体构成的,一般表示为$(AlPO_4)_n$;组成表示为 $xRAl_2O_3 \cdot (1.0\pm0.2)P_2O_5 \cdot yH_2O$(R 代表模板剂),孔径 0.5～1.0 nm。目前已合成出 60 多种磷铝分子筛。

磷铝分子筛采用水热晶化法合成。先将等物质的量的活性水合 Al_2O_3 和磷酸在水中混合生成磷酸铝凝胶,然后加入有机胺或季铵盐类模板剂,搅拌均匀放入衬有聚四氟乙烯的高压釜中,在 125～200 ℃下静置晶化得到分子筛晶体,该晶体在 400～600 ℃下焙烧得到磷铝分子筛。

另外还有硅磷酸铝分子筛和磷钛铝分子筛(TAPO),它们均可由水热晶化法制得。

(5) 钒铝沸石分子筛。它是指用钒取代沸石骨架中的硅所形成的分子筛。钒铝沸石分子筛的合成也是采用水热合成法,以正硅酸乙酯(TEOS)为硅源、NH_4VO_3 为钒源、TBAOH 为模板剂合成 VS-2 分子筛,原料混合物的配比为 $n_{TEOS} \colon n_{TBAOH} \colon n_{NH_4VO_3} \colon n_{H_2O} = 1 \colon (0.3～0.45) \colon (0.01～0.03) \colon 30$。在18.0 gTEOS 溶液中加入 22.0 g10% 的 TBAOH 溶液及 8 mL 异丙醇,搅拌 30 min 后,滴加含有 8 mL 异丙醇和 22.0 gTBAOH 的 NH_4VO_3 溶液。搅拌 10 min 后,升温到 60～80 ℃,加入剩余的 TBAOH,搅拌老化 5～20 h,把所得到的透明、均一溶液转入衬有聚四氟乙烯的不锈钢高压釜中,在 170 ℃下晶化 2～4 天,然后用水将反应系统快速冷却到室温,分离出结晶产物,用水洗涤后,在 120 ℃下干燥 6 h,500 ℃下焙烧 10 h 得到产品。

(6) 介孔分子筛。根据 IUPAC 定义,将具有有序介孔孔道结构、孔径在 2～50 nm 范围内的多孔材料称为介孔分子筛。介孔分子筛具有较大的孔径,且孔径可调,比表面积(可达 1000 m^2/g)大,孔隙率高,表面富含不饱和基团,并且具有较高的热稳定性和水热稳定性,已成为一种新的重要的催化材料。

介孔分子筛按结构分为六类:六方相的 MCM-41、立方相的 MCM-48、层状的 MCM-50、六方相的 SBA-1、六维立方结构的 SBA-2 和无序排列的六方结构 MSU-n。

介孔硅基分子筛的合成也采用水热合成法,还可使用溶剂热合成法。首先将表面活性剂、酸或碱加入水中形成混合溶液,然后向其中加入硅源或其他物质源,所得的反应产物经水热处理或室温陈化后,进行洗涤、过滤等,最后经焙烧或化学处理除去有机物得到介孔分子筛。

(7) 纳米分子筛。纳米分子筛是指粒度小于 100 nm 的分子筛。纳米分子筛具有更大的比表面积,更多暴露的晶胞使表面活性位及反应物接触面积增大;短而规整的孔道更利于扩散和催化反应;具有更多易接近的活性位;骨架结构更加规整,活性位的分布更均匀;易于通过离子交换、骨架调度、表面改性及负载其他组分等方法进行结构调节,使其催化性能更佳。

合成纳米分子筛的关键是实现分子筛的超细化,主要通过调节晶化条件和向系统中加入晶种或晶化导向剂两个途径。由此衍生出了下面两种纳米分子筛的合成方法。

①自发成核法。按照设定的配比将硅源、铝源、NaOH 和去离子水在 25 ℃下搅拌混合均匀,然后在相同温度下陈化 8～60 h,向陈化后的溶胶中加入 H_2SO_4 溶液来调节最终的硅铝比,然后在 108 ℃下水热合成 20～35 h,可得纳米分子筛晶粒(NaY 纳米分子筛)。

②非自发成核法。向初期制备的无定形硅铝酸中加入一定的晶种或向已经陈化一定时间

的硅铝溶胶中加入晶化导向剂,再进行水热合成。

7) 分子筛催化剂的应用

(1) 石油加工中酸催化反应。酸催化反应是分子筛催化剂最主要的应用领域,已广泛应用于烃类的裂解、异构化、烷基化、歧化、水合、脱水、加氢及脱氢等反应中。

(2) 氧化反应。氧化反应是制备多种精细化学品的重要反应,目前主要使用氧或双氧水为氧化剂。当以双氧水为氧化剂时,采用 TS-1 分子筛或 β 沸石为催化剂可生产一系列的精细化学品,其中以 TS-1 分子筛为催化剂,苯酚直接羟化制取对苯二酚和邻苯二酚在意大利已实现了工业化,反应的选择性以苯酚计算为 90%。

(3) 烷基化反应。目前许多烷基化反应均使用 AlCl$_3$ 或其他 Lewis 酸为催化剂,这些过程均存在催化剂对设备及环境污染较严重的问题,而用分子筛催化剂来代替 Lewis 酸催化剂可以较好地解决这些问题。如在乙苯的生产中,原来使用 AlCl$_3$ 的配合物为催化剂,现在使用分子筛为催化剂的苯与乙烯的气相烷基化工艺已实现了工业化。

(4) 羟烷基化、酰基化反应。环氧烷烃与芳香烃的羟烷基化反应是制备医药中间体和芳香烃衍生物的重要反应。目前 Mobil 公司已成功地利用 β 沸石为催化剂由环氧丙烷与异丁苯制备 2-(4-异丁基苯)丙醇。

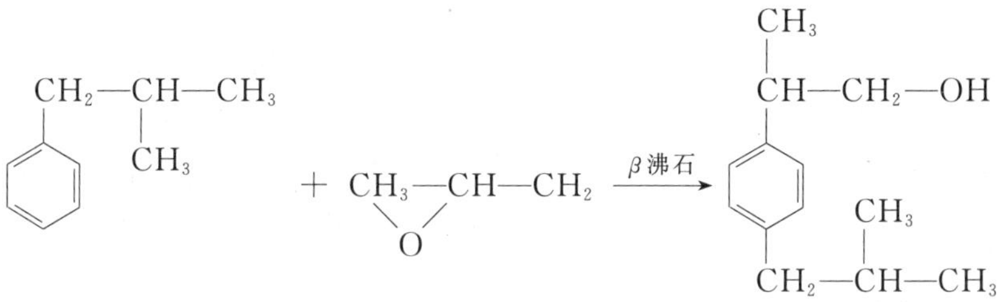

酰基化反应通常以酰氯为原料,但在反应中生成副产物 HCl,若以分子筛为催化剂,可以乙酸酐为原料,不会产生有害的副产物 HCl。目前以氢型沸石或氢型 β 沸石为催化剂,苯甲醚与乙酸酐酰化制取对甲氧基乙酰苯的气-固反应过程已实现了工业化。

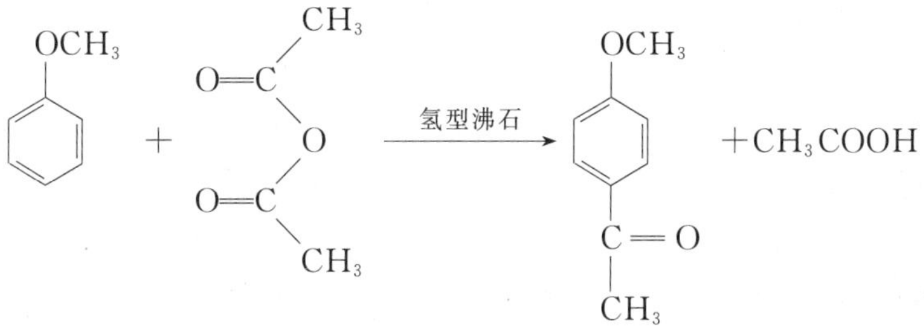

(5) N-烷基化和 O-烷基化反应。通过 N-烷基化和 O-烷基化可制备许多重要的精细化工产品。目前主要采用硫酸二甲酯或卤代烃为烷基化剂,这两类烷基化剂在使用过程中均会产生较严重的环境问题。以分子筛为催化剂、甲醇或碳酸二甲酯为烷基化剂可产生一系列物质的环境友好生产工艺过程。以氢型沸石为催化剂、甲醇为烷基化剂,由甲基咪唑制备药物中间体二甲基咪唑的绿色合成工艺如下:

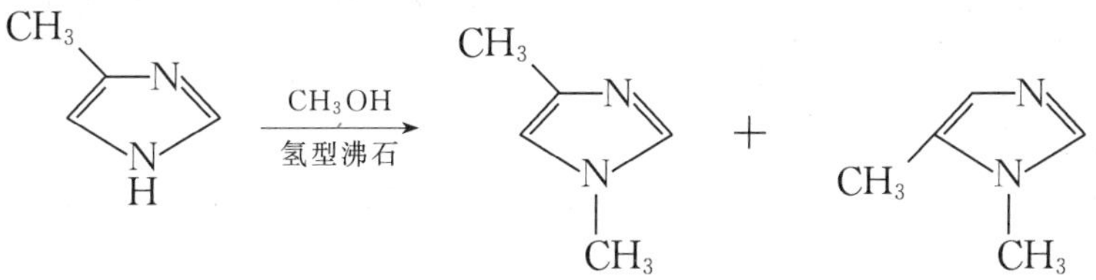

Rhone-Poulenc 公司开发的以邻苯二酚为原料制备香兰醛的新工艺中采用了丝光沸石为催化剂,新工艺的反应过程如下:

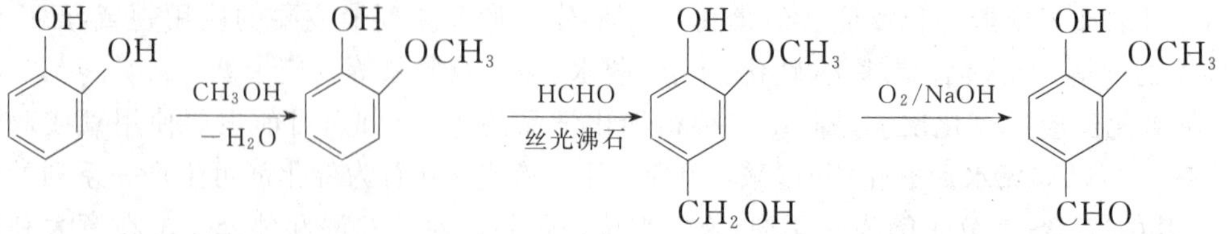

(6) 芳香烃硝化反应。传统的硝化反应使用 HNO_3 和 H_2SO_4 混酸为硝化剂,这种过程对环境的污染大,属于淘汰的工艺。目前已开发出利用脱铝丝光沸石由苯和 65% 硝酸进行气相催化硝化的新工艺。这种工艺不仅实现了生产工艺的环境友好化,而且硝化产物结构可控。

(7) 氨化反应。传统的苯胺生产方法为硝基苯催化加氢,最近开发出了苯酚直接催化氨化制苯胺的新工艺,以及由间苯二酚在分子筛催化下直接氨化制药物中间体氨基苯酚的环境友好生产工艺。

(8) 氮杂环化反应。随着医药及相关行业的快速发展,对吡啶及其烷基取代衍生物的需求不断增加,人们成功开发了由醛类经分子筛催化氨化制取吡啶类化合物的新方法。如以乙醛(或甲醛)为原料,以 HZSM-5 为催化剂来合成吡啶和 3-甲基吡啶。其反应式为

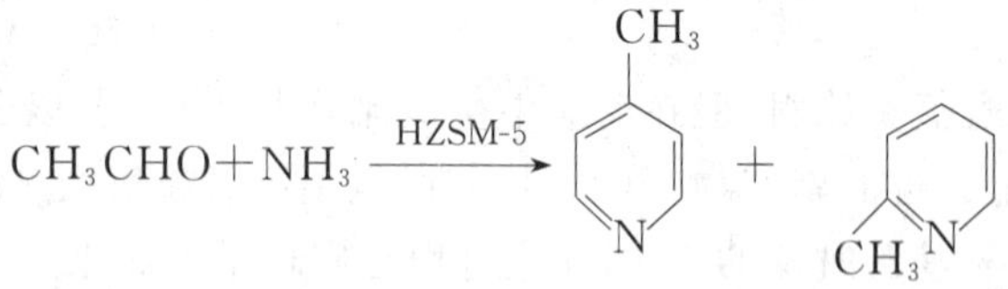

3. 杂多化合物催化剂

1) 概述

杂多化合物(HPC)是杂多酸及其盐类的统称。杂多酸是指由两种或两种以上无机含氧酸缩合而成的复杂多元酸。在杂多化合物中,其杂原子(P、Si、Fe、Co 等)与配位原子(Mo、W、V、Nb、Ta 等)按一定的结构通过氧原子配位桥链组成一类含氧多元酸。杂多酸盐是指杂多酸中的氢部分或全部被金属离子或有机胺类化合物取代所生成的物质。固态的杂多化合物是由杂多阴离子、阳离子和结晶水等组成的三维结构(也称二级结构),其中杂多阴离子是由中心原子和配位原子通过氧桥连接的多核配位结构(也称一级结构)。

目前杂多化合物大致可分为五类:①Keggin 结构,如 $H_3PW_{12}O_{40}$;②Anderson 结构,如 $[TeMo_6O_{24}]^{6-}$;③Silverton 结构,如 $[CeMo_{12}O_{42}]^{8-}$;④Wangh 结构,如 $(NH_4)_6MnMo_9O_{32}$;⑤Dawson结构,如 $K_6P_2W_{18}O_{62}$。用作催化剂的杂多化合物主要是指具有 Keggin 结构的物质。Keggin 结构是指由 12 个 MO_6(M=Mo、W)八面体围绕一个 PO_4 四面体连接形成的笼状大分子,具有类似于沸石的笼状结构。

2) 杂多化合物催化剂的种类及主要性质

杂多化合物催化剂主要包括杂多酸、杂多酸盐及它们的负载型。杂多化合物一般具有高的相对分子质量,杂多酸及金属离子小的盐在水及其他极性溶剂中易溶解,含有大阳离子

$(Cs^+、Ag^+、NH_4^+)$的盐不溶或微溶。杂多化合物在低 pH 值的水溶液和有机介质中稳定,但在高 pH 值的溶液中易于解离,其游离酸是酸性很强的酸。杂多化合物一般在 350 ℃ 以下具有良好的热稳定性。由于存在着变价金属元素,杂多化合物具有氧化还原性,因此杂多化合物是可作为酸性催化剂和氧化还原催化剂的双功能催化材料。

杂多化合物作为催化剂的主要性质如下。

(1) 杂多化合物具有强的 Brönsted 酸性。其酸性强于与其组成元素相同氧化态的简单酸(如 $H_3PW_{12}O_{40}$,$H_0=-13.2$),但腐蚀性远小于常用的无机酸。

(2) 杂多化合物极易溶于水和一般的有机溶剂,这使得杂多酸易于与反应混合物形成均相系统,因而利于反应的进行。

(3) 杂多化合物的酸性可通过改变阴离子组成元素、成盐及负载化等方式进行设计和调控,因此可根据反应自身的特点、要求设计所需的催化剂。

(4) 杂多化合物具有良好的化学和热稳定性。在一般的酸、碱介质中,杂多化合物都能保持其结构,其耐热温度可达 350 ℃,因此可适用于大多数的反应环境。

(5) 杂多化合物适用于均相或非均相反应系统。对于非极性分子仅在表面反应,而对于极性分子则还可扩散进入晶格间的体相中进行反应(称为"假液相"行为),这种行为使得反应既发生在固体的表面,又发生在固相内部,表现出极高的催化活性。

为解决固体杂多化合物的比表面积小、成本高与产物分离难等问题,同时提高催化剂活性组分的利用率,人们提出了制备负载杂多化合物用作催化剂的设想。所谓负载杂多化合物,是指将杂多化合物负载到适宜的惰性孔结构的载体(如 SiO_2、活性炭、离子交换树脂及分子筛等)上所形成的负载物,通过负载可大大减少反应过程中催化剂的用量,有利于催化剂与反应系统中液相的分离,可使杂多化合物适用于气-固催化系统。但杂多化合物被负载后在酸度方面会发生变化,仍存在着催化剂活性组分溶脱等问题。

3) 杂多化合物催化剂的制备方法

(1) 杂多酸催化剂。

早在 1826 年,Berzelius J. J. 采用酸化钼酸盐和磷酸盐的混合液,制得了磷钼多酸。随着对制备方法的改进,已经形成了一些较成熟的制备杂多酸的方法。

①酸化法。将杂原子含氧酸与多原子含氧酸或多原子氧化物按一定的比例混合均匀,加热回流 1～12 h 后,将混合液酸化,再用乙醚萃取或结晶析出可制得杂多酸。$H_4PMO_{11}VO_{40}$的合成过程如下:将 3.58 g $Na_2HPO_4 \cdot 12H_2O$ 溶于 50 mL 蒸馏水中,同时将 26.65 g $Na_2MO_4 \cdot 12H_2O$ 溶于 60 mL 蒸馏水中,将此两种溶液混合,加热至沸腾,反应 30 min;然后将 0.91 g V_2O_5 溶于 10 mL Na_2CO_3 溶液中,并将该溶液在搅拌下加入上述混合液中,在 90 ℃下反应 30 min,停止加热;边搅拌边加入一定量 1∶1 H_2SO_4,静置后溶液分为三层,中层鲜红色油状物为杂多酸的醚合物,取此醚合物除去乙醚,加少量蒸馏水置于真空干燥器中,直到晶体完全析出,经重结晶、干燥即得产品。

②离子交换法。以杂多酸盐为原料,将杂多酸盐的水溶液通过强酸性阳离子交换树脂,使盐中的金属离子与氢离子发生交换,所流出的溶液就是杂多酸溶液,再经乙醚萃取或蒸发结晶制得结晶或粉末状的纯杂多酸。

③降解法。通过控制杂多酸溶液的 pH 值,使杂多阴离子发生部分降解,从而获得含有较少多原子的杂多酸。

④电渗透法。电渗透法是新发展的杂多酸的制备方法之一,在由阳离子交换树脂膜隔开

的阳极箱和阴极箱构成的电渗透器中,将原料 H_3PO_4 和 Na_2WO_4 溶液循环通过阳极箱,碱液循环通过阴极箱。当电流通过时,阳离子透过半渗透膜进入阴极电解液,而阳极电解液则被酸化,电渗透器中发生如下反应:

$$Na_2WO_4 + H_3PO_4 \xrightarrow{-Na^+} H_3PW_{12}O_{40}$$

在脱除阳离子后,蒸发阳离子电解液,使杂多酸结晶。此工艺中杂多酸的产率可达 99% 以上,电流效率为 15%～30%。

(2) 杂多酸盐催化剂。

杂多酸盐的制备方法主要有以下两种。

①杂多酸部分中和法。向杂多酸的饱和溶液中滴加碱金属或碱土金属离子的饱和溶液,可直接得到杂多酸盐。

②研磨固相反应法。目前杂多化合物的合成绝大多数还采用液相法。利用固相反应不使用溶剂的优点可进行纳米杂多酸盐的合成,这里以磷钼酸铵的合成为例予以说明。该反应过程的方程式如下:

$$MO_3 \cdot H_2O + H_3PO_4 \longrightarrow H_3PM_{12}O_{40} \cdot xH_2O$$
$$H_3PM_{12}O_{40} \cdot xH_2O + (NH_4)_2C_2O_4 \cdot H_2O$$
$$\longrightarrow (NH_4)_3PM_{12}O_{40} \cdot yH_2O + H_2C_2O_4 \cdot 2H_2O$$

具体的制备过程如下:分别称取钼酸 48.6 g(0.3 mol)、磷酸 7.0 g(0.06 mol),置于玛瑙研钵中充分研磨,再加入草酸铵 5.1 g(0.036 mol)继续充分研磨,开始为黏稠状,随后逐渐变干,研磨 40 min 后,将所得的混合物粉末用无水乙醇洗涤并离心分离,如此重复 4～5 次,然后在 50～60 ℃下真空干燥 24 h,得磷钼酸铵粉末约 48.0 g。

(3) 负载型杂多化合物催化剂。

负载型杂多化合物催化剂的制备方法主要有浸渍法、溶胶-凝胶法和水热分散法,常用的方法是浸渍法。负载过程采用的载体主要有活性炭、SiO_2、MCM-41、离子交换树脂及炭化树脂等。

①浸渍法。将定量的载体浸入已知浓度的杂多酸溶液,加热回流一定时间后,经过滤、水洗和烘干,再于一定温度下活化即可制得负载型催化剂。通过改变杂多酸溶液的浓度和回流时间,可获得不同负载量的催化剂。

②溶胶-凝胶法。正硅酸乙酯在酸性条件下和杂多酸存在下水解形成 SiO_2 溶胶,SiO_2 溶胶经凝胶化和干燥形成负载型杂多酸催化剂。具体的制备过程如下:将正硅酸乙酯、正丁醇、12-钨磷酸、去离子水按一定的质量比混合,搅拌均匀后加热回流 2 h,使正硅酸乙酯水解形成透明溶胶;将溶胶转入塑料模具中,于 80 ℃恒温水浴中放置 2 h 形成透明凝胶,再在 100 ℃下干燥,经研磨可获得相应的催化剂。由此种方法制得的催化剂中杂多酸的负载比较牢固,但其酸度低于由浸渍法获得的催化剂。

③水热分散法。水热分散法指将载体与已知浓度的杂多酸溶液按一定比例混合,加入不锈钢热压釜中,于 90～110 ℃下处理一定时间(24 h),将所得的湿润固体物质迅速除去水分,研磨均匀后在 110～120 ℃下干燥,再在给定温度下焙烧 4 h,得到催化剂。

4) 杂多化合物催化剂的应用

(1) 烷基化反应。杂多化合物催化剂在烷基化反应中代替传统的无机强酸已取得了令人满意的结果。直链十二烷基苯是生产阴离子洗涤剂的重要原料,目前已将中孔分子筛负载硅钨酸、MCM-41、SiO_2 和活性炭负载硅酸等催化剂应用于十二烷基苯的合成。在异丁烷与丁烯烷基化制清洁汽油的反应中，采用 $Cs_{2.5}H_{0.5}PW_{12}O_{40}$ 做催化剂，产物收率和选择性分别达到 79.4% 和 73.3%；当采用 40%HPW/SiO_2 做催化剂时，丁烯的转化率为 98.8%，C_8 烷烃占液体产物的 59.5%，反应过程中未发现活性组分流失。

（2）酯化反应。酯类产品在香料、溶剂、增塑剂、化妆品、食品添加剂、医药、染料等工业中具有重要的应用价值。杂多酸作为环境友好的低温高活性酯化催化剂已获得了广泛的应用。

（3）缩合反应。研究表明，杂多化合物对缩合反应具有良好的催化活性。二甲苯-甲醛树脂是生产油漆和新型聚酯等的重要原料，传统的制备过程中采用硫酸做催化剂，反应过程需要进行有机相与水相分离、蒸馏等工艺，存在着过程复杂、对环境产生污染及产品质量不稳定等问题。当以不饱和硅钼钨混合型杂多化合物为催化剂，催化剂用量为原料总量的 0.8%～10.0%，反应温度为 160 ℃时，产率达到 95%。另外催化剂可重复使用，整个过程基本上对环境无污染，工艺过程得到极大简化。

（4）硝化反应。杂多酸及其盐在苯的气相硝化中显示出良好的催化活性，在 270 ℃时，$H_3PW_{12}O_{40}/SiO_2-Al_2O_3$ 可催化苯与 NO_2 的气相硝化反应，产物中没有二硝基苯生成，且反应速率随 $H_3PW_{12}O_{40}$ 负载量的增加而增大，当磷钨酸含量达 30%时，硝基苯的产率达 56%。

（5）水合反应。杂多化合物是水合反应的高效催化剂，硅钨酸、磷钨酸、硼钨酸、磷钼酸和硅钼酸均可用作乙烯、丙烯和丁烯均相水合制醇的催化剂，在反应温度为 170～350 ℃，压力为 10～50 MPa，催化剂浓度为 10^{-5}～10^{-3} mol/L 的条件下，选择性可达 95%～99%。

（6）聚合反应。由四氢呋喃经阳离子开环聚合制得的四氢呋喃均聚醚（PTMEG）是生产聚氨酯及弹性体的重要原料。研究表明，磷钨杂多酸和钼钨杂多酸是此聚合过程的高效催化剂，并已成功地应用在万吨级工业装置上。

4. 高分子酸性催化剂

1）概述

高分子酸性催化剂是指在交联结构高分子上带有磺酸基的离子交换树脂，可简单地表述为 RSO_3H（R 为高分子基体），如强酸性阳离子交换树脂和全氟磺酸树脂。与传统的酸性催化剂相比，该类树脂作为催化剂具有以下特点：①通过简单的过滤分离就可实现催化剂和反应物的完全分离，使工艺和设备大大简化；②酸性树脂催化剂的选择性高；③所催化的化学反应易于实现连续化生产；④腐蚀性小，对设备材质的要求不高；⑤反应过程中生成的"三废"少。

2）高分子酸性催化剂的主要性质

（1）交换量。强酸性阳离子交换树脂的交换量是表征树脂酸性强弱的重要指标，它是指单位质量或体积的阳离子交换树脂中全部磺酸基团的数量，以 mmol/g 或 mmol/mL 表示，测定方法如下。

当氢型阳离子交换树脂浸泡在氯化钙溶液中时，只有强酸基团（磺酸基）才能发生反应，通过滴定置换出来的氢离子（H^+），计算阳离子交换树脂强酸基团的交换容量。其反应式为

$$2RSO_3H+CaCl_2 \longrightarrow (RSO_3)_2Ca+2HCl$$

阳离子交换树脂湿基强酸基团交换容量按下式计算：

$$Q'_s=\frac{4(V-V_0)c_{NaOH}}{m}$$

式中：Q'_s 为阳离子交换树脂湿基强酸基团交换容量，单位为 mmol/g；c_{NaOH} 为 NaOH 标准溶液的浓度，单位为 mol/L；V 为滴定浸泡液消耗的 NaOH 标准溶液的体积，单位为 mL；V_0 为

空白溶液消耗 NaOH 标准溶液的体积，单位为 mL；m 为树脂样品的质量，单位为 g。

（2）粒度。离子交换树脂一般为球状颗粒，粒径为 $0.30 \sim 1.20$ mm。树脂的粒度常以标准筛目数表示，美国标准筛目数和毫米数可用以下经验式换算：

$$粒径（mm）= 16/筛目数$$

（3）孔结构。离子交换树脂的孔分两类：一是凝胶孔，它是指树脂中大分子链间的距离，而不是真正的孔，同时还随外界条件的变化而变化，所以用一般物理方法难以测定；二是大孔，这是真正的毛细孔，可用低温氮气吸附的方法测定。

（4）稳定性。离子交换树脂的稳定性是指其在外力、热和化学作用下变化的情况，主要包括机械强度、耐热性和化学稳定性，直接与树脂使用寿命有关。机械强度是指树脂抵抗各种机械力作用发生变形的能力。耐热性是指树脂在使用过程中不发生热分解的温度范围。研究表明，离子交换树脂的耐热性与结构有密切的关系，普通凝胶型强酸性树脂的最高使用温度为100 ℃，大孔型树脂可达 130 ℃。化学稳定性是指其能耐受化学药品和氧化剂作用的能力。

当用离子交换树脂做催化剂时，树脂的组成、孔结构、交联程度、交换基团的性质和反离子的性质对反应都有影响。

3）高分子酸性催化剂的制备方法

（1）强酸性阳离子交换树脂的制备方法。强酸性阳离子交换树脂的制备主要包括悬浮聚合反应过程和磺化反应过程。

①悬浮聚合法合成苯乙烯-二乙烯苯共聚物微球。用苯乙烯为单体，二乙烯苯作为交联剂，在引发剂存在下，在含有分散剂和致孔剂的水介质中，经搅拌、加热进行悬浮共聚合后即得聚合物。常用的引发剂是单体质量 $0.5\% \sim 1.0\%$ 的过氧化苯甲酰或（和）偶氮二异丁腈，分散剂一般是 $0.1\% \sim 0.5\%$ 的水解度约为 88% 的聚乙烯醇溶液或（和）$0.5\% \sim 1.0\%$ 的照相明胶的氯化钠水溶液。水相与单体的质量比为 $(2 \sim 4)：1$。磷酸镁、碳酸镁、磷酸钙等用作分散剂。聚合反应式如下：

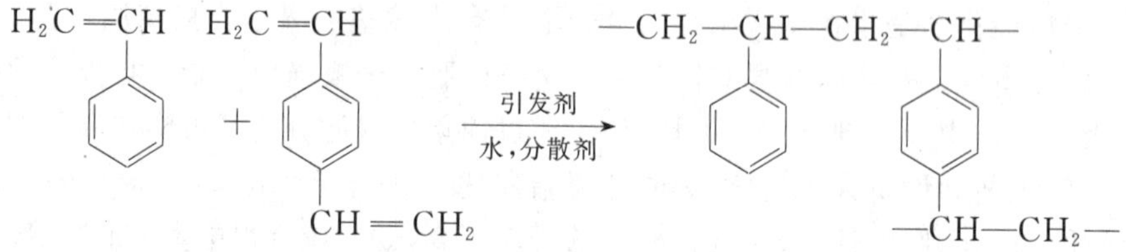

②共聚物微球的磺化反应。上述通过二乙烯苯交联的聚苯乙烯高聚物结构稳定，可以利用其所带苯环上的氢原子的反应活性进行磺化反应，制备出强酸性阳离子树脂。磺化反应式如下：

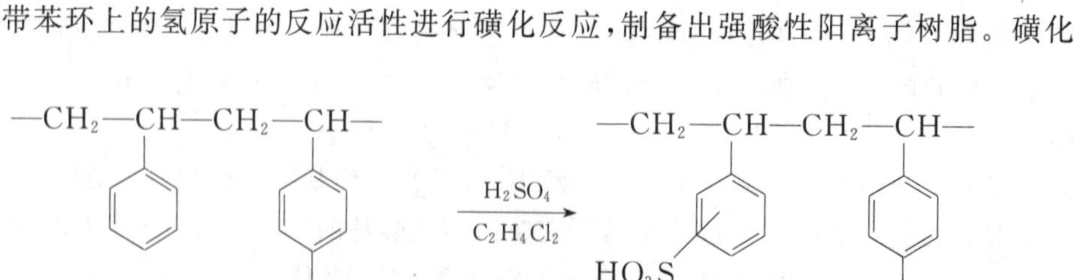

（2）全氟磺酸树脂（Nafion-H）的制备方法。Nafion-H 是现在已知的最强的固体酸，它的化学结构及主要制备方法如下：

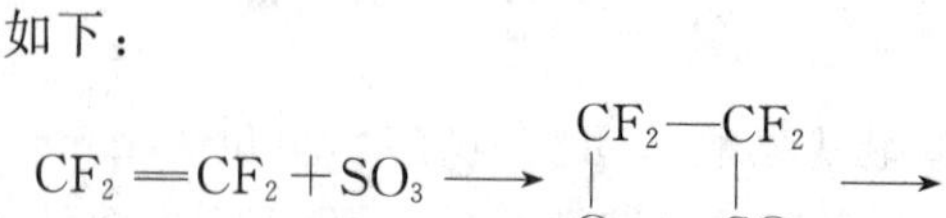

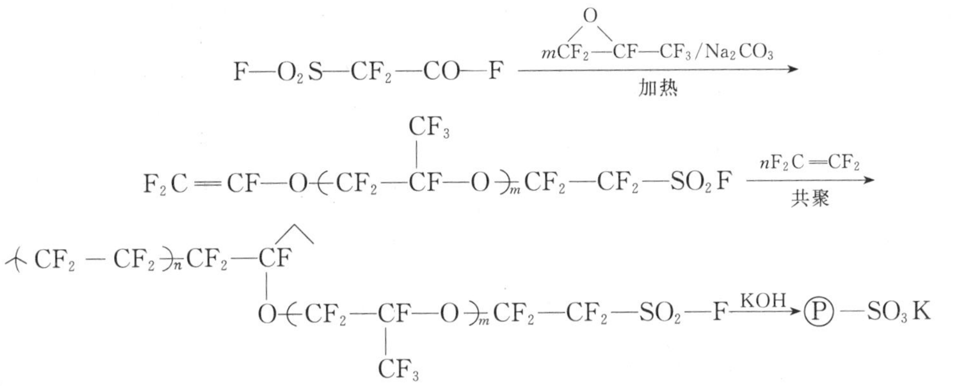

$$F\!-\!O_2S\!-\!CF_2\!-\!CO\!-\!F \xrightarrow[\text{加热}]{mCF_2\!-\!CF\!-\!CF_3/Na_2CO_3}$$

$$F_2C\!=\!CF\!-\!O\!\underset{m}{+\!CF_2\!-\!\overset{\overset{\displaystyle CF_3}{|}}{CF}\!-\!O\!+\!}CF_2\!-\!CF_2\!-\!SO_2F \xrightarrow[\text{共聚}]{nF_2C\!=\!CF_2}$$

$$\underset{m}{+\!CF_2\!-\!CF_2\!\underset{n}{+\!CF_2\!-\!CF}}$$

由于 Nafion-H 的制备工艺比较复杂,实验室中一般直接由市售的 Nafion-K 树脂经离子交换制得。例如,将 50 g Nafion-K 树脂先用 150 mL 去离子水煮沸 2 h,过滤,然后加入 200 mL20%～25% HNO₃ 溶液,室温下搅拌 4～5 h,过滤,再用 20%～25% HNO₃ 溶液处理,如此重复 3～4 次。最后用水洗至中性,过滤,在 105 ℃下真空干燥 24 h 以上。

4) 高分子酸性催化剂的主要应用

(1) 烷基化反应。Nafion 可催化烷基化反应,该反应可在气相、液相中进行。利用苯与丙烯的烷基化反应来比较与其他离子交换树脂的相对催化活性:在 100 ℃下反应,Amberlyst 15、Nafion-H 及 Nafion-H/SiO₂ 的反应速率(转化率)分别为 0.6(10.7%)、2.0(2.2%)和 87.5(16.2%)。

(2) 酰基化反应。酰基化一般要求反应温度较高,催化剂的酸强度也较高。大孔聚苯乙烯型磺酸树脂只能催化活性高的芳环的酰基化。各种离子交换树脂催化剂对苯甲醚与乙酸酐的反应均有较好的活性,产物的选择性为 100%,其中 Amberlyst 36 的催化效果最好。

(3) 缩合反应。甲基异丁基酮是一种重要溶剂,用强酸性阳离子交换树脂 Amberlyst IR-120 为催化剂,丙酮经缩合、脱水、加氢生成甲基异丁基酮,该工艺已实现工业化。

(4) 环化和开环反应。用 Nafion 和 Amberlyst 15 可有效催化三甲基对苯二酚与异叶绿醇反应合成维生素 E,产率超过 90%,此反应中先发生烷基化,随后分子间脱水成环得到产物。

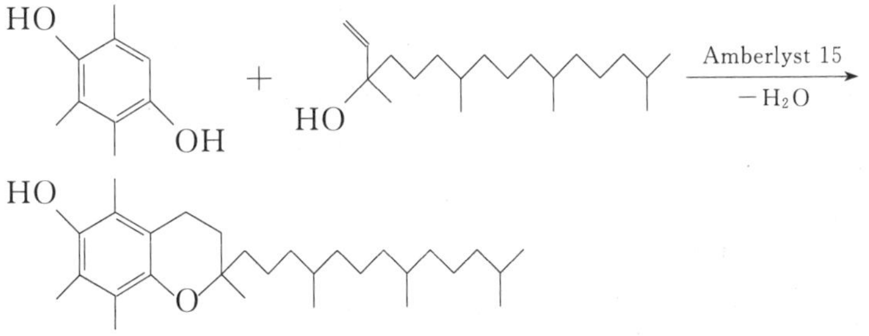

4.1.2　固体碱催化的有机合成

1. 概述

固体碱(非均相碱)催化剂越来越受到重视,在氧化、氨化、氢化、还原、加成等典型的有机反应中得到了广泛应用。随着绿色化学的发展,人们也越来越重视环境友好的新催化工艺过程。固体碱由于具有活性高、选择性高、反应条件温和、产物易于分离、可循环使用等诸多优点,在精细化学品合成方面发挥着越来越重要的作用,可望成为新一代环境友好的催化材料。

固体碱是指能使酸性指示剂改变颜色或者能化学吸附酸性物质的固体。按照 Brönsted 和 Lewis 的定义,固体碱是指具有接受质子或给出电子对能力的固体物质。

目前固体碱主要包括有机固体碱、有机/无机复合固体碱和无机固体碱三大类。有机固体碱主要是指端基为叔胺或叔膦基团的碱性树脂类物质,如端基为三苯基膦的苯乙烯和对苯乙烯共聚物。有机/无机复合固体碱主要是指负载有机胺或季铵碱的分子筛。负载有机胺分子筛的碱活性位主要是能提供孤对电子的氮原子,而负载季铵碱分子筛的碱活性位主要是氢氧根离子。由于这类固体碱的活性位是以化学键和分子筛连接的有机碱,所以反应过程中活性组分不流失,且碱强度均匀,但不适用于高温反应。无机固体碱具有制备简单、碱强度分布范围宽、热稳定性好等优点,已成为固体碱催化剂的主要品种。

无机固体碱包括金属氧化物、金属氢氧化物、水滑石类、碱性离子交换树脂和负载型固体碱等。

1) 金属氧化物型无机固体碱

金属氧化物型无机固体碱主要指碱金属和碱土金属氧化物。这一类金属氧化物的碱活性位主要来源于表面吸附水后产生的羟基和带负电的晶格氧。如 MgO,低温处理时其表面的碱活性位主要为弱碱性的羟基;而高温处理时其表面产生面、线、点等缺陷,使得原来六配位的 Mg 变成五配位、四配位或三配位,增加了氧原子的电荷密度,从而使 MgO 表面带上不同程度的强碱活性位。一般而言,碱金属和碱土金属氧化物催化剂的碱性强度随碱金属和碱土金属的原子序数的增加而增加,其顺序为 $Cs_2O > Rb_2O > K_2O > Na_2O$,$BaO > SrO > CaO > MgO$。另外,煅烧温度和先驱物的种类也显著影响碱金属及碱土金属氧化物的碱强度,通常煅烧温度高有利于强的碱活性位的形成,不同先驱物煅烧所得碱土金属氧化物的碱强度顺序为碳酸盐 > 氢氧化物 > 乙酸盐。总之,通过改变制备条件或选择不同的先驱物,可以制备出具有强碱活性位甚至超强碱活性位的碱金属及碱土金属氧化物,但是这些固体碱均为粉状,机械强度低,不易从产物中分离,而且其比表面积(除 MgO 外均小于 70 m^2/g)小,其比表面积随碱活性位增强而显著降低。

2) 水滑石类无机固体碱

水滑石类材料是层状双氢氧化物,其结构式为 $[M_1^{2+} M_2^{3+} (OH)_{2(x+1)}](A_{1/m}^{m-}) \cdot nH_2O$,其中 M_1 为 Mg、Zn 或 Ni,M_2 为 Al、Cr 或 Fe,A^{m-} 可以是 Cl^-、CO_3^{2-} 等。通常以 M_1^{2+} 和 M_2^{3+} 为中心的 $M(OH)_6$ 八面体单元通过共边形成带有正电荷的层板,而 A^{m-} 和 H_2O 分别是位于层板间的各种阴离子和水分子,A^{m-} 起平衡层板正电荷的作用。当 M_1 为 Mg、M_2 为 Al 时,这种水滑石类催化剂表面同时具有酸、碱活性位,适当地改变镁铝比及起中和作用的阴离子可以改变层板氧原子的电荷密度,从而调节这类催化剂表面酸、碱活性位的比例。

3) 负载型无机固体碱

目前制备负载型无机固体碱常用的载体主要有三氧化二铝和分子筛两种,也可用活性炭、氧化镁、氧化钙、二氧化锆、二氧化钛等。负载的先驱物主要为碱金属、碱金属氢氧化物、碳酸盐、氟化物、硝酸盐、乙酸盐、氨化物或叠氮化物。由于碱土金属的氢氧化物和碳酸盐均为难溶物,而其硝酸盐分解温度普遍较高,所以也有少量报道用碱土金属乙酸盐作为先驱物的。负载型无机固体碱的活性位主要是碱金属或碱土金属氧化物、氢氧化物和碳酸盐,以及碱金属,也有先驱物经高温煅烧后与载体反应生成的活性位。

2. 固体碱的主要制备方法

固体碱催化剂的制备有以下几种方法:浸渍法、共沉淀法、水热处理法、离子交换法等。下面以水滑石类和负载型无机固体碱催化剂的制备为例,来说明典型固体碱的制备过程。

1) 水滑石类无机固体碱

水滑石类物质(layered double hydroxides,LDHs),又称为层状双羟基结构的阴离子黏土,是近年来发展极为迅速的一类新型无机功能材料。为了制备纯的水滑石类化合物,首先要正确选取阳离子和阴离子的配比,要求引入 LDHs 中的阴离子必须在溶剂中以较高浓度存在,且与 LDHs 层板有较强的亲和力,同时还要注意避免金属盐的阴离子进入层间而污染样品。在制备非碳酸根阴离子的 LDHs 时,大气中的二氧化碳很容易进入反应系统,所以常采用离子交换法或者在氮气保护下来制备。文献报道的用于制备 LDHs 的方法有共沉淀法、水热处理法、离子交换法、焙烧复原法和成核/晶化隔离法。

LDHs 通常采用共沉淀法合成,这种方法的优点如下:①几乎所有的 M_1^{2+} 和 M_2^{3+} 都可形成相应的 LDHs,应用范围广;②调整 M_1^{2+} 和 M_2^{2+} 的原料配比,可制得一系列不同 M^{2+}/M^{3+} 的 LDHs,产品品种较多;③可使不同阴离子存在于层板间。具体的制备过程为:在含有金属盐类的溶液中加入沉淀剂,通过复分解反应生成难溶的金属水合氢氧化物或凝胶,并在沉淀条件下进行晶化,然后过滤、洗涤、干燥,即得到 LDHs。

2) 负载型无机固体碱

负载型无机固体碱的制备方法主要包括共沉淀法和混合法。共沉淀法是将催化剂中的两种或多种组分的先驱物在溶液中生成共沉淀,然后经过一定的处理制得催化剂载体。它的特点是几个组分间可达到分子级的均匀混合,热处理(焙烧)时可加速组分间的固相反应。混合法是将两种氧化物机械混合,再经过热处理制得载体的方法,它受氧化物的颗粒度和研磨时间影响较大。它的特点是设备简单,操作方便,可用于制备高含量的多组分催化剂,尤其是混合氧化物催化剂。但此法分散度较低。下面以负载磺化酞菁钴(CoPcS)为例,具体介绍负载型无机固体碱催化剂的制备过程。

(1) 共沉淀法制备 Mg(Al)O 固体碱载体。称取一定量的固体 Na_2CO_3 和 NaOH,溶于水后倒入三口烧瓶中,然后将 $Mg(NO_3)_2$、$Al(NO_3)_3$ 的水溶液定时滴入三口烧瓶,并剧烈搅拌,反应结束后将三口烧瓶内溶液加热至(60 ± 5)℃,保持 1 h。产品冷却至室温,将沉淀物滤出,用去离子水洗涤,反复多次,再将产品在 100 ℃下烘 16 h,450 ℃焙烧 12 h,破碎,选取 12~30 目的颗粒作为 Mg(Al)O 固体碱载体。

(2) 混合法制备 MgO/Al_2O_3 固体碱载体。准确称取一定量的粉末状 MgO 和 Al_2O_3,在研钵中混合并研磨均匀,加入适量蒸馏水后挤压成条状,然后在100 ℃下烘 8 h,200 ℃焙烧 8 h,破碎,选取 12~30 目的颗粒作为 MgO/Al_2O_3 固体碱载体。

(3) 活性组分 CoPcS 的负载。采用浸渍法负载活性组分 CoPcS。将一定量的 CoPcS 溶解在无水甲醇中,浸渍 Mg-Al 复合氧化物固体碱载体 24 h 后,真空下脱去甲醇,得到 Mg(Al)O-CoPcS 或 MgO/Al_2O_3-CoPcS 固体碱催化剂。

3. 固体碱的主要应用

1) 烷基化反应

含有 MO(M 为 Zn、Cu、Ca、Ba、Mn、Co)和 FeO 的混合物是优良的催化剂,用于苯酚与甲醇的甲基化,生成邻甲苯酚和 2,6-二甲苯酚。

甲苯和甲醇在碱金属交换沸石 MX(Na^+、K^+、Rb^+、Cs^+ 交换的 X 型沸石)上可进行侧链烷基化。

$$CH_3-C_6H_5 + CH_3OH \xrightarrow[678\sim728\ K]{MX} CH_2=CH-C_6H_5 + CH_2CH_3-C_6H_5 + H_2O$$

甲苯与甲醇的侧链烷基化能在载有碱金属氧化物的活性炭上进行。

2)聚合反应

载体或纯碱金属在 420～470 K 及 7.0 MPa 下,很易催化丙烯二聚为 2-甲基戊烯混合物;载体上含有 0.1 mol 分散的碱金属,在 423 K、10 MPa 下,主要产物是 4-甲基-1-戊烯。

$$2CH_2=CHCH_3 \longrightarrow CH_2=CHCH_2CH(CH_3)_2$$

3)脱氢反应

工业上苯乙烯由乙苯脱氢制得。

$$C_6H_5-CH_2CH_3 \longrightarrow C_6H_5-CH=CH_2 + H_2$$

在水蒸气存在下,采用含 Fe 氧化物 (Fe-Cr-K、Fe-Ce-Mo、Fe-Mg-K 氧化物)的催化剂,碱的促进效果按 Cs、K、Na、Li 依次降低。K 的主要作用是与氧化铁反应生成 $K_2Fe_2O_3$ 碱性活性相。此外,K 还可降低催化剂表面炭沉积并加速产物解吸。Ce 对促进脱氢反应是有效的。Mo 的作用是适度调节活性从而抑制副产物苯和甲苯的生成。Mg 增加活性中心数,且 Mg 在 Fe_3O_4 中形成固溶体而提高热稳定性。

4)醇醛缩合反应

醇醛缩合包括醛和酮的自身缩合(二聚)或交叉缩合以生成 β-羟基醛或 β-羟基酮的反应。其反应通式如下:

$$\underset{R_2}{\overset{R_1}{C}}=O + \underset{R_5}{\overset{R_4}{CH}}-\underset{R_3}{C}=O \longrightarrow R_1-\underset{R_2}{\overset{OH}{C}}-\underset{R_5}{\overset{R_4}{C}}-\underset{R_3}{C}=O$$

最常用的碱性催化剂是 $Ba(OH)_2$,还有碱金属和碱土金属氧化物。强碱性离子交换树脂对醛和酮的自身缩合反应也有活性。水滑石 $Mg_6Al_2(OH)_{16}CO_3 \cdot 4H_2O$ 对于甲醛和丙酮的交叉缩合生成甲基乙烯酮的反应有高活性。

4.1.3 离子液体催化剂

1. 概述

离子液体(ionic liquid)是指由有机阳离子和无机阴离子构成的、在室温或近室温下呈液态的盐类化合物,也称为室温熔融盐或室温离子液体。它具有以下特点:①无色、无臭、不挥发和低蒸气压;②有较长的稳定温度范围;③有较好的化学稳定性和较宽的电势范围;④对有机物、无机物和聚合物具有良好的溶解性;⑤通过结构的调整和设计,可具有酸性或碱性。因此,离子液体既可作为清洁的反应介质,又可作为反应的催化剂。

离子液体是由阳离子和阴离子共同组成的。它的阳离子主要包括四类:①烷基季铵离子 $[NR_xH_{4-x}]^+$;②烷基季鏻离子 $[PR_xH_{4-x}]^+$;③1,3-二烷基取代的咪唑离子或 N,N'-二烷基取代的咪唑离子 $[R^1R^3im]^+$ 或 $[R_0^1R^2R^3im]^+$;④N-烷基取代的吡啶离子 $[RPy]^+$。阴离子主要为卤化盐,如 $AlCl_3$、$AlBr_3$,此类阴离子组成的离子液体的酸碱性与组成有关,对于 $[C_4mim]$ $(AlCl_3)_{1-x}$,当 $x=0.5$ 时,此离子液体呈中性;当 $x<0.5$ 时,呈酸性;当 $x>0.5$ 时,呈碱性。此类离子液体对水极敏感,易于分解,必须在无水的环境中使用。与 BF_4^-、PF_6^- 组成离子液体的阳离子主要为取代的咪唑离子 $[R^1R^3im]$,该类离子液体对水和空气介质稳定。还有 CF_3^-、SO_3^{2-}、$C_3F_7COO^-$、CF_3COO^-、SbF_6^-、AsF_6^- 等阴离子可用于合成离子液体。

2. 离子液体的制备方法

1）一步合成法

一步合成法包括酸碱中和法和季铵化法,它们具有操作经济简便、产品易纯化及无副产物等优点。酸碱中和法是指碱和酸进行中和,再经提纯处理得到产物的方法。如硝基乙胺离子液体的制备就是首先将计量的乙胺水溶液和硝酸进行中和反应,反应完成后经真空脱水除去系统中的水,将所得到的离子液体产物于乙腈或四氢呋喃中溶解,经活性炭脱色,真空除去有机溶剂后得到离子液体。季铵化反应是指卤代烃与甲基咪唑的反应。如制备 $[C_4mim]Cl$,将纯化的氯代正丁烷与甲基咪唑回流反应数十小时,得到 $[C_4mim]Cl$ 的粗品,再将粗品用乙酸乙酯洗涤数次,经真空旋转蒸发除去溶剂后得到 $[C_4mim]Cl$ 离子液体。

2）两步合成法

若不能通过一步合成法制得离子液体,就可采用两步合成法。首先通过季铵化反应制得含有目标阳离子的卤盐($[阳离子]X$),然后用目标阴离子 Y^- 置换出 X^-,或加入 Lewis 酸 MX_y 制得目标离子液体。有关的反应式如下：

$$C_2Cl+mim \longrightarrow [C_2mim]Cl$$
$$[C_2mim]Cl+AgBF_4 \longrightarrow AgCl+[C_2mim]BF_4$$

或

$$[C_2mim]Cl+NH_4BF_4 \longrightarrow NH_4Cl+[C_2mim]BF_4$$
$$[C_2mim]Cl+HBF_4(aq) \longrightarrow [C_2mim]BF_4+HCl$$

通过上述方法还可以合成具有手性特征的手性离子液体。

3. 离子液体的表征方法

离子液体作为一种重要的溶剂和催化剂,在有机合成中起到越来越重要的作用。因此,确定离子液体的组成和催化性质是离子液体应用的关键。

1）阴离子的结构鉴定

采用快速轰击质谱仪(FAB)来测定离子液体的阴离子,图 4-4 为 $AlCl_3$ 与 $[C_4mim]Cl$ 形成的离子液体的 FAB 图谱。

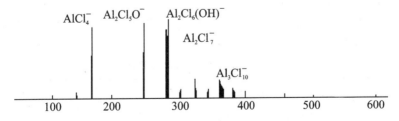

图 4-4 $AlCl_3$ 与 $[C_4mim]Cl$ 形成的离子液体的 FAB 图谱

2）阳离子的结构测定

采用核磁共振仪(^1H NMR),以 D_2O 和 DMSO-δ_6 为溶剂进行离子液体阳离子的结构测定。$[C_4mim]BF_4$ 的核磁共振数据见表 4-3。

表 4-3　$[C_4mim]BF_4$ 的核磁共振数据

咪唑阳离子的碳号 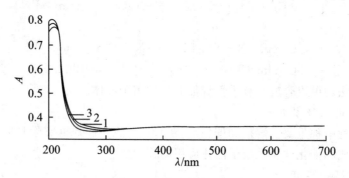	$[C_4mim]Cl$ δ	$[C_4mim]BF_4$ δ
1H,s,2 号碳的氢	8.69	8.68
1H,m,4 号碳的氢	7.46	7.46
1H,m,5 号碳的氢	7.41	7.42
2H,t,6 号碳的氢	4.18	4.19
3H,s,10 号碳的氢	3.88	3.88
2H,m,7 号碳的氢	1.84	1.84
2H,m,8 号碳的氢	1.31	1.31
3H,s,9 号碳的氢	0.91	0.92

3) 紫外光谱(UV)法测定

以甲醇为溶剂制成 $2.5×10^{-4}$ mol/L 的三种离子液体溶液,得 20 ℃ 下其紫外吸收光谱(见图 4-5)。

图 4-5　离子液体 UV 谱图

1—$[C_4mim]Cl$;2—$[C_4mim]BF_4$;3—$[C_4mim]PF_6$

4) 红外光谱法测定离子液体的结构

通过离子液体的红外光谱的特征峰判断其主要官能团。离子液体的红外光谱的主要特征吸收峰值见表 4-4 及图 4-6。

表 4-4　离子液体的红外光谱数据

ν_{max}/cm^{-1}	谱带的归属	ν_{max}/cm^{-1}	谱带的归属
3168,3120	芳香族的 C—H 伸缩	1170	芳环 C—H 面内变形振动
2966,2912,2878	脂肪族的 C—H 伸缩		
1577,1456	芳环骨架摆动	1059	BF_4^- 的 B—F 振动
1467,1385	MeC—H 变形振动	838	PF_6^- 的 P—F 振动

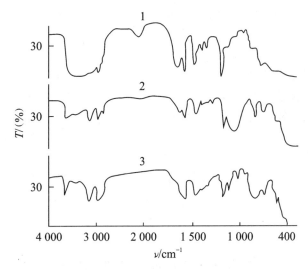

图 4-6　几种离子液体的红外谱图

1—[C$_4$mim]Cl；2—[C$_4$mim]BF$_4$；3—[C$_4$mim]PF$_6$

5）离子液体的酸性

测定离子液体的酸性的方法主要有两种：Hammett 指示剂法和红外光谱探针法。红外光谱探针法是使离子液体与碱性物质（吡啶、乙腈）反应后，将生成的产物进行红外光谱分析，通过红外谱图特征峰数据了解离子液体的酸中心的种类及强度等。当用吡啶做探针分子时，1450 cm^{-1} 和 1540 cm^{-1} 左右的峰分别代表离子液体的 Lewis 和 Brönsted 酸性。当用乙腈做探针分子时，2330 cm^{-1} 附近的峰为 Lewis 酸的特征吸收峰，随着酸性的增加，此峰向高数值方向位移。以乙腈为探针的红外光谱探针法还可测定离子液体的酸强度。

4. 离子液体在有机合成中的应用

1）Friedel-Crafts 反应

异丁烷与丁烯烷基化是合成高辛烷值环保汽油的主要方法。利用 Cu^{2+} 改性的 AlCl$_3$ 型离子液体为催化剂，进行上述反应，产物中 C$_8$ 组分达 75% 以上，已接近或达到工业硫酸法烷基化的水平，且催化剂可多次重复使用。

2）氧化反应

离子液体在氧化反应中主要用作反应介质。在六氟磷酸-1-甲基-3-烷基咪唑离子液体与水构成的两相系统中，以双氧水为氧化剂，对于甲基戊烯酮的环氧化反应，在适宜的反应条件下原料的转化率为 100%，环氧化产物的选择性为 98%，催化剂重复使用 8 次后仍保持原活性。

3）酯化反应

传统的酯化反应中产物的分离比较困难，而采用离子液体为催化剂和溶剂，由于离子液体和酯不互溶，可以自动相互分开，另外离子液体在较高的温度下经脱水后可重复使用。一些实验研究结果表明，离子液体在酯化反应中具有良好的催化效果。

4）还原反应

在还原反应中离子液体主要用作反应的溶剂，使产物易于分离；也可作为纳米催化剂粒子的稳定剂。以 Ir 纳米粒子为催化剂，[C$_4$mim]PF$_6$ 离子液体为反应介质，脂肪类烯烃和芳香烃进行加氢反应，在温和的条件下，脂肪类烯烃的转化率大于 99%。反应结束后利用产物在离子液体中溶解度低的特点,产物容易从反应系统中分离,过程的后处理与传统工艺相比得到很大的简化。

5) 羰基合成

羰基合成是指由烯烃与合成气($CO+H_2$)反应生成醛的过程,是工业上生产醛类的主要方法。$C_2 \sim C_5$ 的羰基化过程一般是在水/有机两相系统中进行;更高碳原子数的烯烃由于在水中的溶解度极低,已不能采用水/有机两相反应系统,以离子液体为反应介质则可很容易地解决上述问题。

4.2　生物催化的有机合成

4.2.1　概述

从 20 世纪 80 年代起,生物催化在有机合成化学中的应用越来越受到重视,有机合成的研究近几十年来一直处于十分兴旺的状态,对一些有特殊功能、结构复杂的天然产物合成的研究往往是很多有机化学家竞相角逐的对象。近年来,合成研究日益要求合成程序设计科学和所应用的反应具有高度选择性,不对称合成已成为有机合成的前沿,并且对于不对称合成的要求也越来越高。因此,有机合成的发展方向是选择高度区域选择性、立体专一性的反应,而生物催化正顺应了这一潮流。其中,酶催化的有机合成有以下优点。

(1) 酶是非常高效的催化剂。在酶催化的反应中酶的用量非常少,但酶催化的反应速率比非酶催化的一般要快 $10^6 \sim 10^{12}$ 倍。

(2) 酶是环境友好的。酶可以被完全降解成对环境无污染的物质。

(3) 酶作用的条件非常温和。酶能在温和的条件下进行催化,反应的 pH 值范围为 $5 \sim 8$,一般在 7 左右,反应温度为 $20 \sim 40 \, ^\circ\text{C}$。

(4) 酶可以彼此相容。不同酶所催化的反应的条件往往是相同或相似的,因此几种酶催化反应可以在同一反应器中进行。

(5) 酶催化作用的底物和环境较广。酶表现出高度的底物耐受性,可以催化底物为非天然物质的反应,而且并不要求在水环境中进行。

(6) 酶的适用范围广。酶催化的有机反应包括氧化、脱氢、还原、脱氨、羟基化、甲基化、环氧化、酯化、酰胺化、磷酸化、开环、异构化、断链、缩合、卤化等。

(7) 酶具有高度选择性。酶催化具有区域选择性、立体选择性及对映选择性,这是酶催化优于一般化学催化的重要之处。

酶催化也存在以下缺点。

(1) 酶要求的操作参数较窄,酶反应参数(如温度、pH 值、离子强度)必须精确控制,一旦变化幅度超过其允许值,将会引起酶的活性丧失。

(2) 天然的酶只能形成一种对映异构体。

(3) 酶在水中才能表现出最高的催化活性。

(4) 酶催化可能引起过敏反应。

(5) 酶的活性常会受到抑制,一般较高的底物或产物浓度对酶的活性有一定抑制,使酶的活性下降甚至失活。

(6) 一些酶受制于其天然辅因子。

现有的研究结果表明,很多酶可以在无水的有机溶剂或含少量水的有机溶剂中催化有机反应。如果遵循以下规则,在有机溶剂中的酶会显示催化的活性:①优先采用疏水溶剂;②某些酶需在有机介质中加一些水;③在最适 pH 值时制备酶;④因为酶在有机溶剂中不溶解,所以酶的颗粒应足够小,并需连续搅拌该悬浮物。与水溶液相比,酶在非水介质中的稳定性可大大提高,选择不同的溶剂可以控制酶对底物的专一性,甚至可以控制对酶的立体选择性。

4.2.2　酶催化的基本原理

1. 锁钥学说

关于酶催化作用机理的第一种解释是 Fischer E. 在 1894 年提出的"锁钥学说",也有人把此学说称为"模板学说"。锁钥学说认为,酶与底物之间在结构上有严格的互补关系,即酶与其底物分别像锁和钥匙那样机械地相互作用,如果底物分子在结构上有微小的改变,就不能嵌入分子中,因而不能被酶作用,如图 4-7 所示。虽然这种学说在当时是相当圆满的,但是它认为酶的结构完全是刚性的,这与实际不符合。

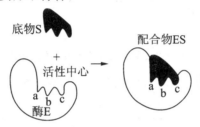

图 4-7　底物与酶作用的"锁"与"钥"的示意图

2. 诱导契合学说

1958 年 Koshland 提出了诱导契合学说,此学说保留了底物与酶之间的互补概念,但认为酶分子本身不是完全刚性的,而是具有相当精细和柔软的结构,酶分子与底物的契合是动态的契合,当酶接近专一性底物时,底物诱导酶活性部位构象发生变化,催化部位各基团正确排布,使催化基团位于底物敏感键附近正确的位置,两者互相契合,形成酶-底物复合物,如图 4-8 所示。诱导契合学说能解释锁钥学说不能够解释的实验事实,尤其是用 X 光衍射方法研究了溶菌酶、弹性蛋白酶等与底物结合的结构改变的信息,与诱导契合学说的预期相当一致。最典型的诱导契合酶是脂肪酶。

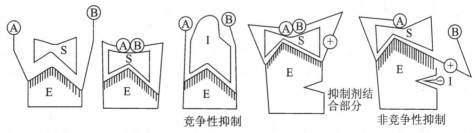

图 4-8　底物与酶作用的"诱导契合学说"的示意图

A—酸性基;B—碱性基;S—底物;E—酶;I—抑制剂

3. 酶的催化机理

酶与底物结合时,要释放出一部分结合能,因此酶催化反应的过渡态自由能将比非酶催化反应的过渡态自由能低。酶催化反应的活化能降低,使酶催化反应的速率加快,能使反应更快地达到平衡点。酶与其他催化剂一样,仅可通过降低活化能提高反应速率,不能改变反应平衡点。对于一个简单的单底物的酶催化反应,可用下式表示:

$$E+S \Longleftrightarrow ES \longrightarrow P+E$$

式中的 E、S、P 和 ES 分别表示酶、底物、产物及酶与底物形成的复合物。图 4-9 表示的是酶催化反应过程中自由能的变化,由图可知,酶存在下的反应活化能要比无催化剂时反应的活化能低。

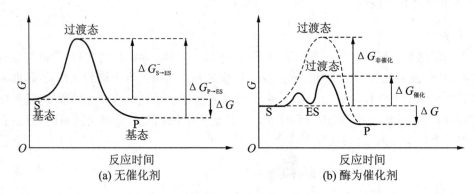

图 4-9　反应过程中的自由能变化

酶催化反应包括酶与底物的结合和催化基团对反应的加速两个过程,它是通过以下机理来降低反应的活化能的。

1) 邻近效应和定向效应

一个底物分子和酶的一个催化基团在进行反应时,必须相互靠近,彼此间保持适当的角度构成次级键(氢键、范德华力等)。反应基团的分子轨道要互相重叠,这好像是把底物固定在酶的活性部位,并以一定的构象存在,保持正确的方位才能有效地发挥作用。当底物分子间的距离和定向都达到最佳时,催化效率最高。

2) 酸碱催化

在大多数酶所催化的反应中都包含广义的酸碱作用,活性中心上的某些基团可作为质子的供体或受体对底物进行酸碱催化。酶分子中含有数个能作为广义酸碱的功能基团,如氨基、羧基、巯基、酪氨酸酚羟基和组氨酸咪唑基等。

3) 共价催化

催化剂通过与底物形成反应活性很高的共价中间产物,使反应活化能降低,从而提高反应速率的过程称为共价催化。共价催化是指酶催化过程中的亲核催化和亲电催化过程。在催化时,亲核催化剂或亲电催化剂能分别放出电子或获取电子,并作用于底物的缺电子中心或富电子中心,迅速形成不稳定的共价中间复合物,因此反应的活化能大大降低,底物可以越过较低的能垒而形成产物。

4) 底物变形

许多活性部位开始与底物并不相适合,但为了结合底物,酶的活性部位不得不变形(诱导契合)以适合底物。一旦与底物结合,酶可以使底物变形,使得敏感键易于断裂,促使新键形成。

当一个底物与一个酶结合时,可形成一些弱的相互作用,开始并未真正达到互配,但酶会引起底物扭曲变形,迫使底物朝过渡态转化。只有当底物达到过渡态时,底物和酶之间的弱相互作用才能达到所谓的"契合"。即只有在过渡态,酶才能与底物分子有最大的相互作用,如图

4-10 所示。酶与底物结合使底物变形生成产物。

图 4-10　诱导契合底物变形示意图

5）金属离子的催化

金属离子在许多酶中是必要的辅因子。它的催化作用与酸的催化作用相似,但有些金属可以带上不止一个正电荷,作用比质子强,还具有配合作用,易使底物固定在酶分子上。

6）微环境的影响

每一种酶蛋白都有特定的空间结构,而这种酶蛋白的特定的空间结构就提供了功能基团发挥作用的环境,这种环境称为微环境。两活性部位的裂隙相对来说是非极性的,这个环境的特点是介电常数低并排斥极性高的水分子。在非极性环境中,两个带电物之间的作用力比在极性环境中显著增大。催化基团在低介电环境包围下处于极化状态。当底物分子与活性部位结合时,催化基团与底物分子敏感键之间的作用力要比在极性环境中强,因此这种疏水的微环境促使反应速率加快。

7）多元催化

酶的多元催化通常是几个基元反应协同作用的结果,如胰凝乳蛋白酶中 Ser195 作为亲核基团进行亲核催化反应,而 His57 侧链基团则起碱催化作用。又如羧肽酶水解底物时,亲核基团为 Glu270,或是由 Glu270 所激活的水分子,而 Tyr248 则起广义酸的作用。

4.2.3　生物催化剂的主要种类

在生物催化的有机合成反应中,可以使用的生物催化剂主要有两种:完整细胞和离体酶。按国际生化联合会酶学委员会推荐的系统分类方法,生物催化剂分为六大类(见表 4-5)。

表 4-5　生物催化剂酶的系统分类

分　类	催化的反应类型	典型例子
①氧化还原酶类	有电子转移的氧化还原反应:C—H、C—C、C═C 键	醇脱氢酶
②转移酶类	转移功能基团:醛基、酮基、酰基、磷酰基、甲基等	己糖激酶
③水解酶类	水解反应:酯、酰胺、内酯、内酰胺、环氧化物、腈	胰蛋白酶
④裂解酶类	裂解反应:C═C、C═N、C═O 键	丙酮酸脱羧酶
⑤异构酶类	异构化反应:外消旋化、差向异构化、重排等	顺丁烯二酸异构酶
⑥合成酶类	伴随三磷酸裂解的 C—O、C—S、C—N、C—C 键	丙酮酸羧化酶

4.2.4　生物催化反应的典型工艺

1. 酶法生产 L-氨基酸

L-氨基酸是一类具有重要的生理活性的手性化合物,被广泛应用在医药、食品和饲料等行业中。

利用酶的催化作用,可以将各种底物转化为 L-氨基酸,或将氨基酸拆分而生产 L-氨基酸。有多种酶可用于 L-氨基酸的生产,其中有些已采用固定化酶进行连续生产。下面以氨基酰化酶光学拆分酰基氨基酸生产 L-氨基酸为例加以说明。

氨基酰化酶可以催化消旋的 N-酰基氨基酸进行不对称水解,其中 L-酰基氨基酸被水解生成 L-氨基酸,余下的 D-酰基氨基酸经化学消旋再生成 N-酰基氨基酸,重新进行不对称水解。如此反复进行,可将通过化学合成方法得到的 N-酰基氨基酸全都变成 L-氨基酸。氨基酰化酶的最适温度为 60 ℃,最适 pH 值为 7.5~8.5,钴离子对该酶起激活作用。

工业上已用固定化 L-氨基酰化酶连续生产 L-苯丙氨酸和 L-色氨酸等氨基酸。

$$\begin{array}{ccccc} \text{H—N—OC—R}' & & \text{NH}_2 & & \\ \text{R—CH—COOH} & +\text{H}_2\text{O} \xrightarrow{\text{酶}} & \text{R—CH—COOH} & + & \text{R}'\text{COOH} \\ \text{L-酰基氨基酸} & \text{水} & \text{L-氨基酸} & & \text{有机酸} \end{array}$$

$$\text{D-酰基氨基酸} \Longleftrightarrow \text{L-酰基氨基酸}$$

2. 生物法生产丙烯酰胺

丙烯酰胺简称 AM,结构式为 $\text{CH}_2=\text{CH—CONH}_2$,是一种用途广泛的重要有机化工原料,其生产工艺分化学催化法和微生物酶催化水合法。传统的化学催化法包括硫酸化学水解法和含还原铜金属催化剂的化学水合法,这两种方法都存在着工艺复杂、产品精制困难、污染环境、副产物多等问题。与化学催化法相比,微生物酶催化水合法在原料转化率、反应条件、产品质量、环境保护、生产安全性和设备投资等方面都具有明显的优越性。微生物酶催化水合法所使用的催化剂——腈水合酶,是某些微生物在进行肟或脲代谢过程中产生的一种蛋白质,利用其可将丙烯腈(AN)的腈基(—CN)催化水合为酰胺(—CONH$_2$),催化工艺如图 4-11 所示。

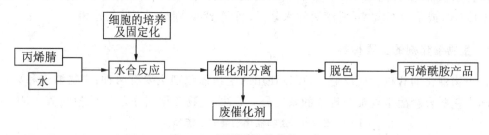

图 4-11　丙烯酰胺的催化工艺

4.3　不对称催化合成

4.3.1　概述

手性(chirality)是自然界中,特别是生命体中多种物质(如氨基酸、多糖和核酸等)的重要属性,对生命体的正常生长及健康等具有决定性的作用。

手性就是物质的分子和其镜像的不重合性,是指化合物分子或者分子中的某些基团的构型可以排列成互为镜像但是不能重叠的两种形式(如人的左、右手关系)。

手性化合物分子中的原子组成相同,但其中的原子在三维空间内的排列方式不同,从而引起构型的差别。具有这种对映关系的一对化合物称为对映体。如果这对对映体是等量地混合在一起,就称为消旋体。

手性反映到物质的物理性质上,就是其具有旋转性,它们能将平面偏振光旋转一定的角度。对映体使偏振光旋转的能力大小相等,但方向相反。其中,使偏振光朝顺时针方向旋转的称为右旋对映体(R),使偏振光沿逆时针方向旋转的称为左旋对映体(S)。而对于消旋体,由于组成对映体的旋转效应相互抵消,而不引起偏振光旋转,因而无光学活性。

对于手性化合物的性能评价,主要采用对映体的 ee 值来表征。ee 值定义如下:ee 值是指对映体混合物中一个异构体(如 R)比另一个异构体(如 S)多出来的量占总量的百分比。

它反映了手性化合物的光学纯度,ee 值越大,光学纯度越高。由于目前已有分析手段来测定某一种对映体的绝对含量,所以也可以不用 ee 值来表示化合物的光学纯度。

虽然组成手性化合物的原子种类和数目均相等,但由于原子排列的不同,对映体之间的性质完全不同,因此手性化合物在新药开发领域具有重要的地位。

手性化合物的来源主要有天然产物和人工合成,而人工合成是获得新型手性化合物的重要途径。人工合成方法主要有外消旋体拆分、底物诱导的手性合成和手性催化合成三种,其中以手性催化合成最为重要,获得了学术界和工业界的高度重视,本节重要阐述手性催化合成的相关内容。

从 19 世纪 Fischer 开创不对称合成反应研究领域以来,不对称反应技术得到了迅速的发展,具体可分为四个阶段:①手性源的不对称反应;②手性助剂的不对称反应;③手性试剂的不对称反应;④不对称催化反应。不对称催化合成的特点是反应条件温和,立体选择性好,(R)-异构体或(S)-异构体同样易于生产,且前手性底物来源广泛。

对于大批量生产手性化合物,不对称催化合成是最经济和最实用的技术。因此,开发高效率、高选择性、高产出率的手性催化剂已经成为发展手性技术的核心问题。手性科学的研究不仅为手性医药和农药的开发提供了科学基础和技术支撑,而且在包括材料科学和信息科学等在内的其他相关科学领域也显示出重要应用前景,如手性液晶显示、手性传感、手性分离等。更为重要的是,手性科学研究有助于人类进一步认识自然界中的若干基本问题,如生命过程中手性的起源、手性的传递与放大及手性分子相互作用的规律等。

4.3.2　不对称催化合成反应的原理及过程分析

1. 不对称催化合成反应的原理

传统的不对称合成是在对称的起始反应物中引入不对称因素或与不对称试剂反应,因而需要消耗化学计量的手性辅助试剂。而不对称催化合成一般是利用合理设计的手性金属配合物(催化剂量)或生物酶作为手性模板控制反应物的对映面,将大量前手性底物选择性地转化成特定构型的产物,实现手性放大和手性增殖。

大多数不对称催化反应是基于功能团位点上的平面 sp^2 杂化碳原子转化为四面体 sp^3 杂化碳原子时发生的。这些功能团包括羰基、烯胺、烯醇、亚胺和烯键,反应包括不对称加氢或其他基团的不对称加成。例如:

前手性酮还原反应

前手性酮亲核加成反应(Nuc:亲核基团)

烯烃还原反应

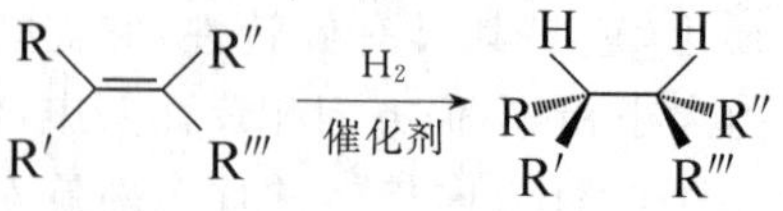

烯烃的加成反应

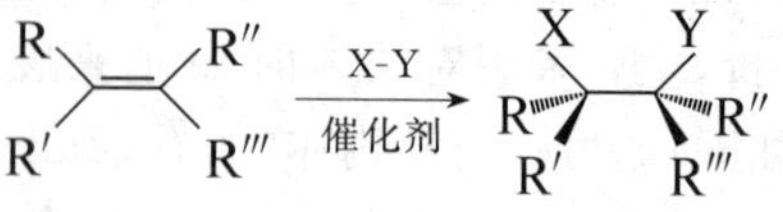

通过不对称催化可以将含有对映体基团的底物转化为对映体富集的化合物,反应破坏了起始底物的对称性。例如:

烯丙基氧化反应

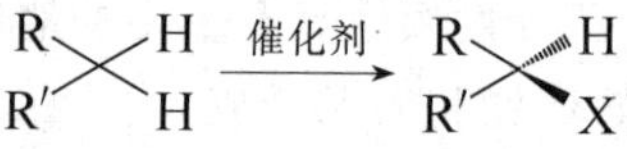

环氧化物开环生成酯

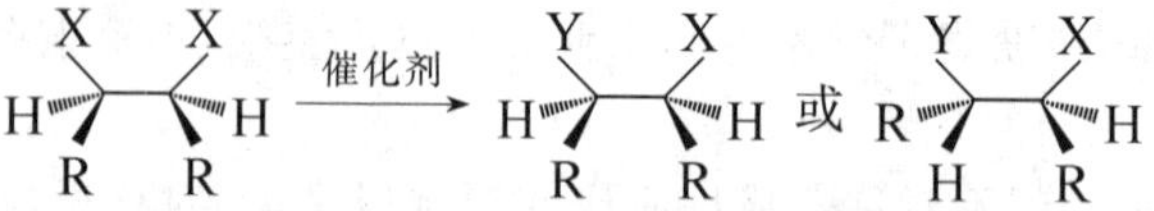

不对称催化也可以通过动力学拆分外消旋混合的底物而达到,在反应中底物的一种对映体选择性地转化为产物,而另一种则没有反应,保留了下来。在某些反应中,底物转化为产物时两种对映体都转化为同一种对映体。下面是外消旋底物动力学拆分的例子。

Sharpless 环氧化反应

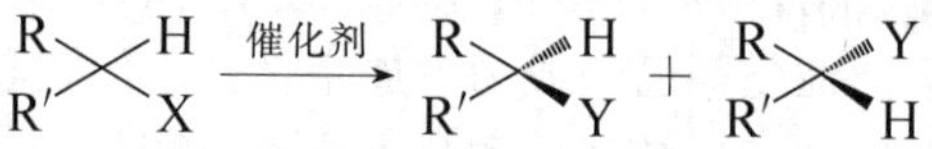

烯丙基取代反应

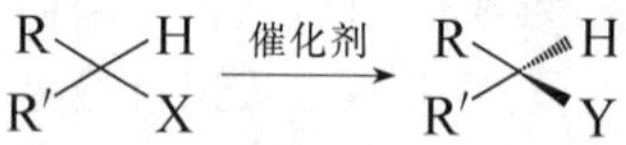

在不对称催化反应中,底物和有手性中心的催化剂结合起来形成非对映过渡态。在一个没有手性中心的环境里,分子结构互为镜像的两种对映异构体形成的可能性是相等的。在有手性中心的环境下,两个空间构型不同的过渡态的活化能的差异将导致优先选生成某一种对映异构体。过渡态活化能的差异来源于手性催化剂和底物(反应物)的相互作用。在 25℃,活化能相差 6.0 kJ/mol 和 12 kJ/mol,将分别导致对映体过量 80%(90%︰10%)和 98%(99%︰1%)。

用于不对称催化的催化剂应当具有控制不同底物的活化和控制反应产物的功能。对多相催化,催化剂和被吸附的底物以及被吸附的手性助剂(修饰剂)相互作用,来控制活化过程。实验表明,能够转化为有光学活性对映异构体的底物都具有能和催化剂手性活性中心相互作用的功能基团。

2. 不对称催化合成反应的过程分析

不对称催化合成反应过程与一般的有机催化反应过程是相似的,反应过程主要涉及反应实现方式(使用的反应器形式、产物与反应物间的分离),反应过程的工艺条件(原料比、反应时间、反应温度、催化剂用量、加料速度、溶剂及其加入量、惰性气体保护)。当反应物或产物为温度敏感性物质或易于被氧化时,需要使用惰性气体(氮气或氩气)进行保护。当反应时间较长时,可考虑采用过程强化技术,如使用微波加热等。并建议采用环保性溶剂(离子液体和超临界二氧化碳)或采用无溶剂的方式进行反应。另外,还可考虑使用电化学合成的方式,下面对有关的先进的合成工艺做扼要分析。

1) 离子液体催化的不对称反应

离子液体是许多有机反应的优良溶剂,对于催化反应,在大多数情况下可以通过提取产物实现催化剂的循环使用,这样使用离子液体可以看作无配体修饰的催化剂固载方法。如将这种催化剂固载方法,用在手性催化剂催化的对映选择反应,实现催化剂的循环使用,将能实现环境友好或"绿色"不对称催化反应。相对来说,在离子液体中进行的不对称反应研究实例较少,目前在不对称氢化、氢甲酰化、环丙烷化、钯催化烯丙基烷基化和环氧化物开环反应方面进行了研究。这一领域取得的有意义的结果必将引起广泛的研究兴趣。

中国科学院化学研究所分子识别与选择性合成实验室发展了一类新型、高效的离子液体型不对称小有机分子催化剂——Baylis-Hillman。该催化剂不仅具有很高的催化活性(与当前已报道的最优催化剂相当),而且可以利用离子液体本身的特性达到循环利用的目的,催化剂重复利用 6 次以上其活性没有明显降低。该催化剂被美国化学会 Heart&cut 网站评述为"一类非常高效且可以重复利用的 Baylis-Hillman 催化剂"。

2) 超临界介质中的不对称合成

超临界 CO_2(SCF)对环境无污染,后处理容易,对底物及 H_2 溶解度大,更重要的是通过压力的微小变化,即可改变溶剂的物理性质(密度、黏度、扩散性、流动性等),因而可以更好地适应反应的要求。

1995 年,Burk 用 Ru-Duphos 在超临界 CO_2 中对脱氢氨基酸成功地进行了催化氢化反应,获得了光学纯度不小于 96.8% 的产物。

3) 无溶剂体系的不对称催化反应

溶剂的使用是有机合成过程的一个常规手段,用于溶解反应物,或携带反应生成的小分子副产物,同时实现过程的热量交换和平衡。但在实现生产过程中,溶剂的使用也产生了相应的负效应,如回收过程中不可避免的损失、未回收的溶剂对环境的污染等。因此,无溶剂体系是目前最受欢迎的合成方式。

无溶剂体系的实现方式主要有两种:一是用反应物作为反应的溶剂;二是对有固体反应物参加的反应体系,通过研磨实现固体反应物间的混合,就是采用固相合成的方式来实施反应。下面以不对称合成的重要反应类型 Aldol 反应为例,来说明无溶剂体系下不对称反应的实施及效果。

Bolm 等在脯氨酸催化的不对称 Aldol 反应中引入球磨技术,将酮(1.1 mol)、醛(1.0 mol)和 0.1 mol(S)-脯氨酸放在球磨机内,球磨、混合物料,并加热,实现了无溶剂催化的不对称 Aldol 反应。在以亲核试剂为反应介质的反应里通常需要过量较多的酮才可以得到较高收率的产物以及令人接受的立体选择性。如表 4-6 所示,无溶剂条件下,几乎是等物质的量的醛和酮发生 Aldol 反应,球磨技术(方法 A)可以使催化反应高效地进行,所得的产物收率高(最高达 99%)、立体选择性好(ee 值最高可达 99% 以上)。

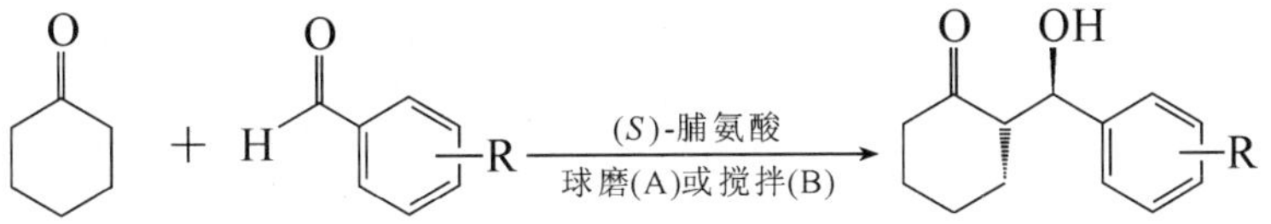

表 4-6　无溶剂条件下(S)-脯氨酸催化的不对称 Aldol 反应在球磨(A)和搅拌(B)下的比较

序号	R	方法	时间/h	产率/(%)	anti/syn	ee 值/(%)
1	4-NO$_2$	A	5.5	99	89/11	94
2	4-NO$_2$	B	24	95	89/11	94
3	3-NO$_2$	A	7	94	88/12	>99
4	3-NO$_2$	B	16	89	82/18	98
5	2-NO$_2$	A	7	97	93/7	97
6	2-NO$_2$	B	36	89	91/9	97
7	4-Cl	A	20	87	74/26	75
8	4-Cl	B	72	85	78/22	67
9	2-MeO	A	36	65	66/34	63
10	2-MeO	B	96	64	71/29	67

　　对比无溶剂条件下球磨法(方法 A)和传统磁力搅拌法(方法 B)实验结果,利用球磨能够大大缩短反应时间。同样的反应条件用于全固体反应物体系,得到的产物非对映选择性较好(anti/syn 最高可达 99/1),对映选择性较好(ee 值最高可达 98%)。

4.3.3　不对称催化反应中的催化剂体系

1. 不对称金属配合物催化剂

　　不对称金属配合物催化剂是指手性配体与过渡金属形成的配合物。不对称金属配合物催化剂有以下优点:①催化活性较高,所以只要保证高的立体选择性,就能获得理想的催化效果;②将不同的金属与配体相互组合,可得到种类繁多的配合物催化剂,适用于不同的反应类型;③催化剂用量少,如以 Rh/DEGPHOS 为催化剂生产 L-苯丙氨酸,1 t 反应物仅需 400 g 催化剂;④在不影响催化效能的前提下,金属配合物催化剂可实现固载化,可回收和重复使用。

　　不对称金属配合物催化剂可用 L(M)表示,L 代表手性配体,M 代表中心金属离子,见表 4-7。由表中可知,每种金属离子的配合物只适用作为一种或几种反应的催化剂。

表 4-7　非均相金属催化剂及均相金属催化剂作用下的不对称催化反应

反应类型		Ni	Cu	Co	Rh	Pd	Pt	Ir	Ru	Mo	Tl	Fe	V
氧化反应	C=C			×	×				×				
	C=O	○	○	×○	×			×	×				
	C=N	○	○	○	○×				×				
氢甲酰化反应					×	×	×						
氢氰化反应				×	×								
氢硅化反应	C=C				×	×							
	C=O			○	×								
	C=N				×								
氢烯化反应		×											
交叉偶联反应		×				×							
环丙烷化反应			×	×									
聚合反应		×									×	×	
环氧化反应									×	×			×
异构化反应				×						×			
胺化反应						×							

注:○代表非均相金属催化剂,×代表均相金属催化剂。

　　优良的手性配体应具备以下特点：①底物不对称中心形成时，手性配体应结合在中心离子上，而不引起溶剂效应；②催化剂活性不应因手性配体的引入而有所降低；③配体结构应便于进行化学修饰，可用于合成不同的产物。对于不同的催化反应、不同的金属离子，必须选择适当的配体。

　　目前用到的配体分为以下几类：手性膦化物、手性胺类、手性醇类、手性酰胺类及羟基氨基酸、手性二肟类、手性亚砜类和手性冠醚类。其中影响最大和应用最广的是手性膦配体，一方面因为它能和多种金属离子形成性能卓越的配合物催化剂，另一方面膦化学已分支为一门系统的学科，为各种膦配体的合成提供方便。下面为部分典型膦配体的结构。

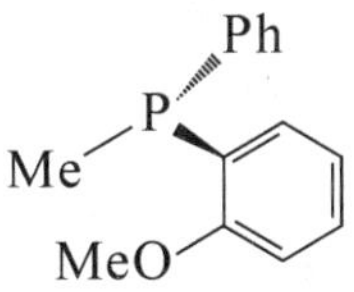

PAMP
L-1

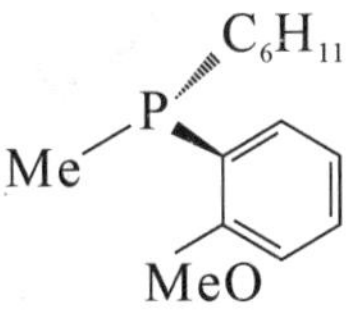

CAMP
L-2

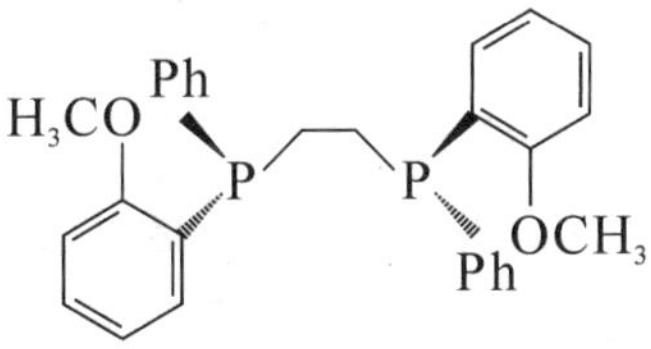

DIPAMP
L-3

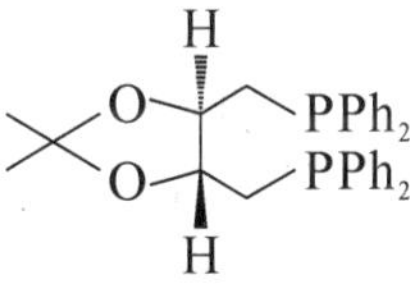

DIOP
L-4

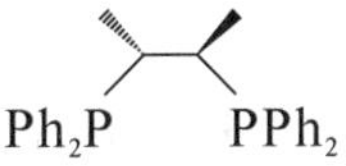

CHIRAPHOS
L-5

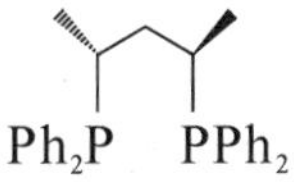

BDPP
L-6

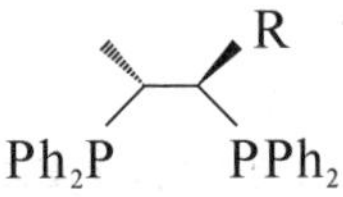

PROPHOS (R＝Me)　L-7
CYOPHOS (R＝Cy)　L-8
PHEPHOS (R＝PhCH₂)　L-9

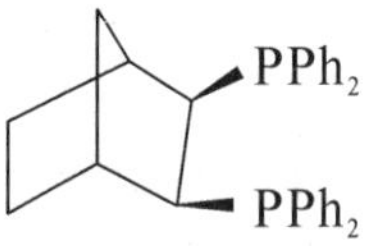

NORPHOS
L-10

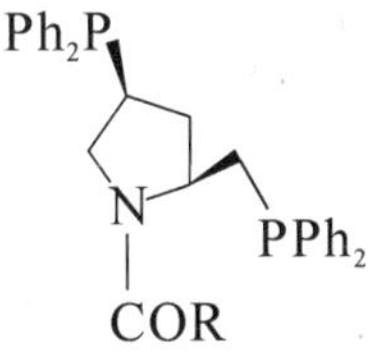

BPPM (R＝O-t-Bu)　L-11
Ph-CAPP (R＝NHPh)　L-12

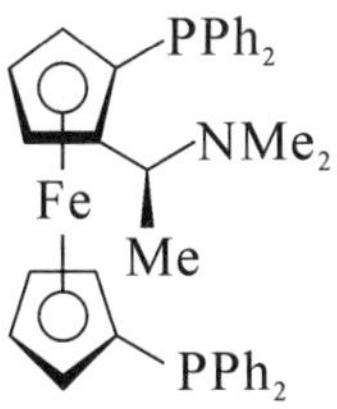

BPPFA
L-13

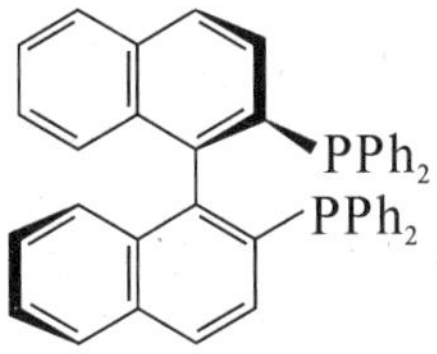

BINAP
L-14

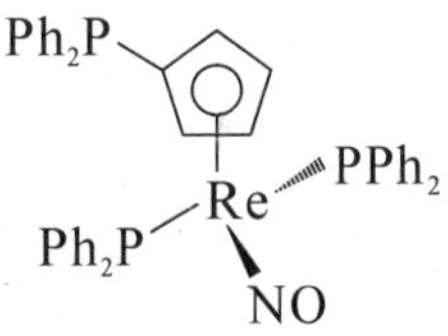

L-15

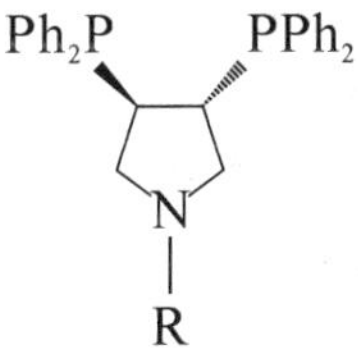

(R＝H, COPh, CH₂Ph)
L-16

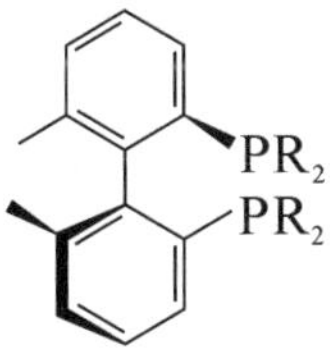

L-17

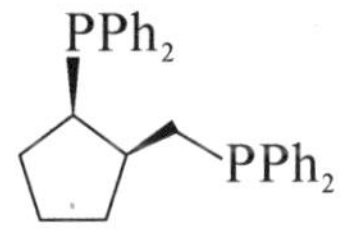

PPCP
L-18

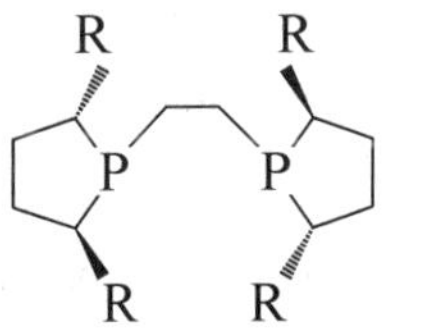

BPE (R＝Me, Et, i-Pr)
L-19

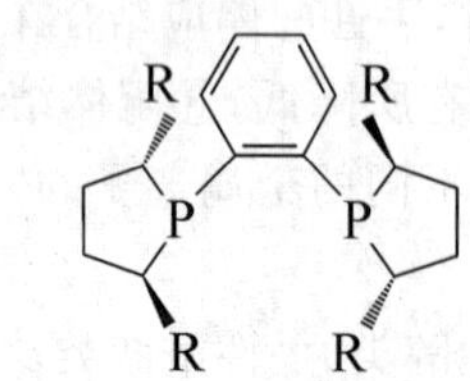

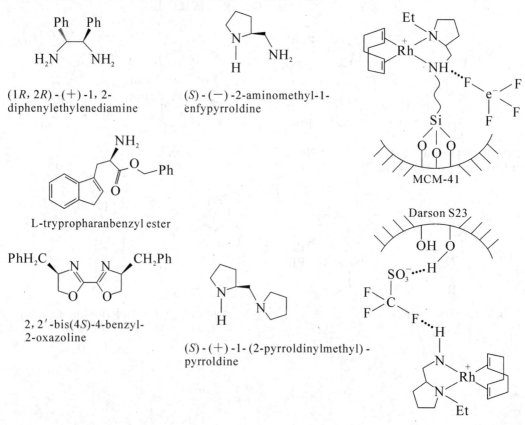

DUPHOS (R=Me, Et, i-Pr)
L-20

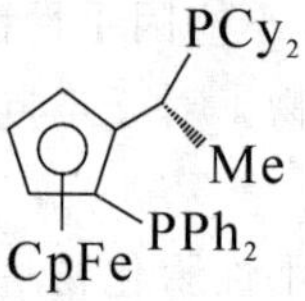

JOSLPHOS
L-21

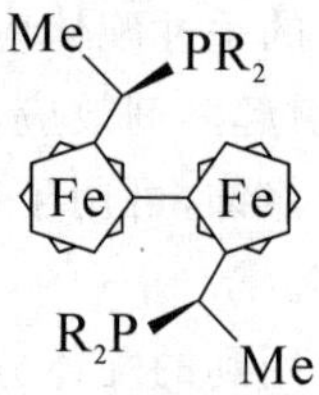

(R=Et, Bu)
L-22

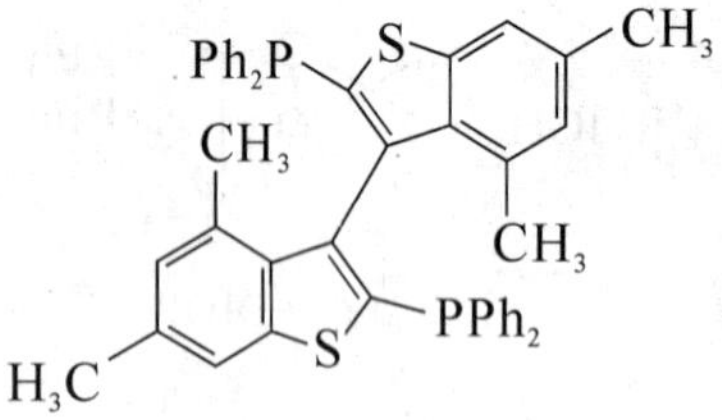

tetra-Me-BITIANP
L-23

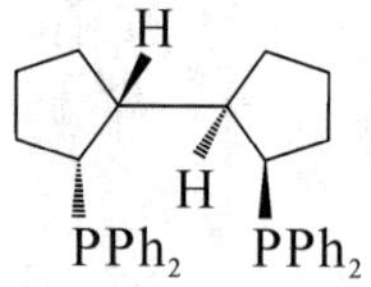

BICP
L-24

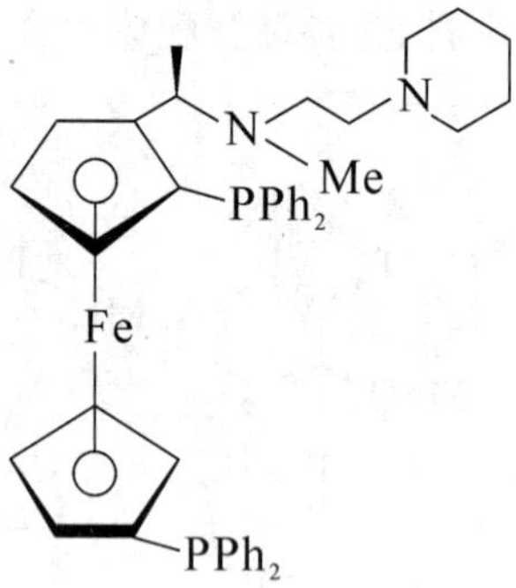

L-25

由于手性膦配体价格昂贵,因此目前正在开发含氮的手性配体,与目前广泛采用较昂贵的膦配体用于有机金属(前驱体)催化剂的手性配体不同,开发中的含氮手性配体采用了成本更低,但有效的手性二胺配体,如各种取代的二苯基乙二胺。

(1R, 2R)-(+)-1, 2-
diphenylethylenediamine

(S)-(−)-2-aminomethyl-1-
enfypyrroldine

L-trypropharanbenzyl ester

2, 2′-bis(4S)-4-benzyl-
2-oxazoline

(S)-(+)-1-(2-pyrroldinylmethyl)-
pyrroldine

MCM-41

Darson S23

2. 生物催化剂体系

生物催化剂是指用于催化的微生物和酶。以生物催化剂进行不对称合成,具有区域和立体选择性高、反应条件温和、环境友好的特点。然而由于大部分的生物催化剂价格较高,并且对底物的适应有局限性,因此目前工业上一般采用化学合成和酶合成结合的方法,对某些合成的关键性步骤,采用纯酶或微生物催化合成,而一般的合成步骤则采用化学合成法,以实现优势互补。目前常用生物催化的有机合成反应主要有水解反应、酯化反应、还原反应和氧化反应等。

1) 酶催化的不对称水解反应

在目前所使用的酶中,大部分是水解酶。这些酶用途广泛,而且不需辅酶便可以直接对反应起催化作用,并且对有机溶剂耐受力强,对手性化合物中常见的醇、羧酸、酯、酰胺和胺等均有较好的立体选择性,因此在有机合成中用来对外消旋醇、酸等底物进行动力学拆分,即利用酶或微生物催化外消旋化合物中两个对映体水解反应或酯交换反应速率的不同,达到拆分并获得两个光学活性产物的目的。目前在农药合成中应用最多的是菊酸和氰醇的拆分。1988年,Mitcuta 申请了工业化拆分菊酸及其前体的专利。50℃下,在 NaOH-Na$_2$CO$_3$ 缓冲溶液中,用球形节杆菌或它们的脂酶对(±)-cis-trans-2,2-二甲基-3(2,2-二氯乙烯基)环丙烷羧酸酯的混合物进行处理,48 h 后进行分离便可以得到光学纯度为 100% 的(+)-trans-2,2-二甲基-3(2,2-二氯乙烯基)环丙烷羧酸。地尔硫卓(ciltiazem),又名硫氮卓酮,是一种钙通道拮抗剂,临床用于各种类型的心绞痛和轻、中度高血压的治疗。地尔硫卓分子中含有 2 个手性中心,化学合成法可得 4 种异构体,其中只有顺式(+)异构体作用最强。在化学-酶法生产工艺中,采用脂肪酶拆分消旋体反式-4-甲氧苯基缩水甘油酸甲酯,得到(2R,3S)-4-甲氧苯基缩水甘油酸甲酯,以此为起始合成原料,直接合成手性顺式(+)地尔硫卓。

2) 生物催化的不对称还原反应

用于不对称还原反应的氧化还原酶,须有辅酶参与。所需辅酶绝大多数是 NDA(H)及其相应的磷酸酯 NADP(H),其价格昂贵并且回收代价高,所以一般利用全细胞(如酵母)反应,其特点如下:①微生物细胞含有可以接受广泛非天然底物的各种脱氢酶、所有必需的辅酶和再生途径,辅酶循环由细胞自动完成;②只需加入少量廉价碳源即可;③酶和辅酶均保护于细胞环境中。我国于 20 世纪 70 年代末使用 Baker 酵母进行羰基不对称还原反应,这是工业合成避孕药 D-18-甲基炔诺酮的关键一步。Trimegestone(RU27987)是一种无雄性激素活性的去甲甾类仿孕酮化合物,是治疗更年期疾病的药物。啤酒酵母可以化学、区域以及几乎立体专一性地还原其三酮,得到所需的(S)-醇,该关键合成步骤据称是首例啤酒酵母催化还原酮的工业应用。

L-肉碱(L-carnitine)又称维生素 BT,在体内的脂肪酸代谢中起着重要作用,它是国际公认的功能性食品添加剂,添加于婴儿奶粉、运动员饮料、老年营养保健品和减肥健美食品中。通常化学合成法得到外消旋体,而 D-肉碱不但没有生理活性,而且还是 L-肉碱的拮抗剂。α-氯化乙酰乙酸辛酯经面包酵母还原作为关键步骤,再经两步常规反应得 L-肉碱。

3. 手性固体催化剂体系

1) 手性分子筛催化剂

很多无机材料具有手性晶体结构,但是它们通常只形成外消旋体集合物,在同一种固体中,此集合物是由左旋体和右旋体组成的。一个经典的例子就是石英。至今对于形状选择性催化具有非常重要作用的 β 沸石被认为具有潜在的手性同质异象体,人们已付出相当大的努

绿色化学(第二版)

力来制备手性分子筛。图 4-12 所示为五种具有手性的分子筛骨架样品。尽管这些分子筛都是在手性空间基团结晶的,然而目前还未得到它们的纯手性固体。

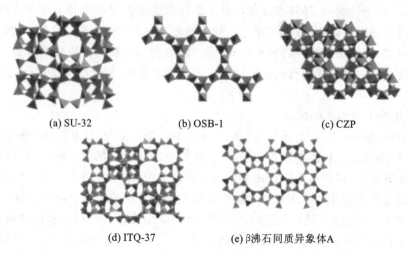

(a) SU-32   (b) OSB-1   (c) CZP

(d) ITQ-37   (e) β沸石同质异象体A

图 4-12　手性沸石的代表

制备像这样的手性微孔固体材料唯一成功的方法就是 Parnham 和 Morris 使用的离子热合成法。

Yu 和 Xu 合成了一个含有杂原子的 AIPO 的螺旋结构,被命名为 MAPO-CJ40,其中,M=Co、Zn,在手性空间基团 P212121 中结晶。图 4-13 显示了它的骨架结构。结构中的 Co^{2+}(取代 Al^{3+})在孔壁中呈现螺旋形排列。循环二色性测试表明它有很强的科顿效应,表明所合成的晶体不是外消旋的,即使在合成过程中不使用手性起始物。这种新颖的 MAPO 结构的螺旋形孔道呈现在 010 晶面方向;孔形貌为十元环形态,且孔尺寸为 0.44 nm×0.22 nm。可以认为,在有合适的手性底物存在的条件下,这种单中心的手性非均相催化剂成为研究分子筛不对称催化作用的首选催化剂。然而目前的困难是,一旦模板被从 MAPO-CJ40 上移除,就发生了结构塌陷。

Hutchings 实现了在催化转化过程中分子筛对映选择性的控制,他将手性有机"客体"引入微孔结构中,以手性优先的方式来控制反应的进行。他通过二噻烷氧化物修饰的 Y 型分子筛来实现新颖的对映体选择性,制备出用于手性催化的单中心非均相催化剂(SSHC)。这表

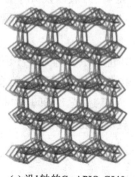      

(a) 沿b轴的Co APIO-CJ40　　(b) 带有十环窗口　　(c) 由MO₄和PO₄四面体(M=Co、Al)
　的骨架结构示意图　　　　　的螺旋通道　　　　　形成的十环通道周围的双螺旋链

图 4-13　MAPO-CJ40 的骨架结构

明：当 Y 型分子筛被富含光学活性的二噻烷 1-氧化物修饰后，尽管 2-丁醇的两种对映体在反应器入口的浓度相同，但此催化剂仅对 2-丁醇对映体之一的脱水过程具有选择性。

2）手性金属有机骨架催化剂（CMOFs）

由于 MOFs 在尺寸和形状选择性方面具有与分子筛相似的特征，所以它是合成手性 SSHCs 的极具潜力的材料。

Wu、Lin 及其他研究者利用合成 MOFs 典型的温和条件，通过引入含有正交功能团的手性组分结构单元，成功地合成了具有催化活性的纯手性 MOFs（CMOFs）。2007 年，Wu 和 Lin 合成了两种紧密相关的纯手性纳米多孔 MOFs，这两种材料是由相同的手性桥联配体和金属联结点构建的。然而，出于结构可识别的原因，仅有一种能够实现非对称催化。制备 MOFs 1（见图 4-14）和 2 这两种材料的流程如下：

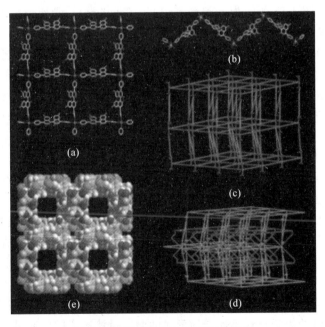

图 4-14　固体材料 1 的详细结构图

利用带有正交的仲官能团的手性二羟基基团来活化 Lewis 酸性金属中心（如 Ti(OiPr)$_4$）而得到一种非均相催化剂。众所周知，在均相体系里，Ti(Ⅳ)-联二萘酚盐配合物是 Lewis 酸催化的一系列有机转化反应过程的活性催化剂。在甲苯中用过量的 Ti(OiPr)$_4$ 与固体材料 1

反应得到用于二乙基锌与芳香醛加成制备手性仲醇的活性催化剂。特别地,这种 Ti-1 SSH 催化剂能够催化二乙基锌与 1-萘甲醛加成转化为 (R)-1-(2-萘基)-丙醇的反应,转化率为 100%,*ee* 值可达 90%。

芳香醛与二乙基锌在室温下反应 15 h,固体材料 1 或在甲苯中用过量的 $Ti(OiPr)_4$ 与固体材料 1 反应所得的产物为催化剂,转化率及产物 *ee* 值见表 4-8。

表 4-8　芳香醛与二乙基锌的加成反应

Ar	配体	转化率/(%)	*ee* 值/(%)
1-naphthyl	1	>99	90.0
4-CH$_3$Ph	1	>99	84.2
4-CH$_3$Ph	1	>99	84.9
Ph	1	>99	81.9
4-ClPh	1	>99	60.2

MOFs 为设计不对称 SSHCs 提供了很好的平台。所有的活性位有相同的环境并在空间上相距甚远,它们都处于手性环境中。Lin 和他的团队系统地设计了具有可调功能团和大开放孔道的 CMOFs。图 4-15 所示为一类含有[$LCu_2(solvent)_2$]骨架形式的 8 种介孔 CMOFs 的结构,其中 L 是从 1,1′-bi-2-萘酚衍生的手性四羧基配体。它们的结构是相同的,但孔的大小不同。使用 $Ti(OiPr)_4$ 后合成功能化,可再形成手性的 Lewis 酸催化剂。它是二乙基锌和炔基锌加成将芳基醛转换成手性二级醇的高活性非对称催化剂,转化率超过 95%,*ee* 值高于 80%。催化剂孔径的范围是 0.8~2.1 nm,孔容的变化范围是 73%~92%。这项实验室规模的研究成果到目前为止还没有实现工业化开发。将来在对称和非对称选择性转化方面,引进 MOFs 的 SSHGs 有望得到更好的发展。

3) 不对称反应用固定化催化剂

1995 年,Thomas 及其同事们意识到,介孔二氧化硅的易制备性和表征性为从催化角度设计以空间受限方式工作的活性中心提供了特有的机会。具体的思路是,存在着大量可修饰 Si—OH 基团的大比表面积的手性二氧化硅表面,用作固载手性有机金属物种的载体,以限制前手性分子(如酮酯)与加氢活性中心钯的接近,而避免了被氢化。通过纳米多孔二氧化硅直径与连接键长度的匹配,在到达活性部位前施加于前手性物种的外部限制,提高了对映体选择性(见图 4-16),其活性远优于锚接到平面或凸面二氧化硅上同样的手性中心配合物的活性。对反应物在活性位点附近空间自由度的有意限制,致使反应物与孔壁间发生额外的相互作用。这种相互作用的能量约等于导致手性产物形成的两个过渡态之间的能量差。

实践证实,前手性烯烃在二苯基膦基二茂铁((S)-1-[(R)-1,2′-bis(diphenylphosphino) ferrocenyl],dppf)钯配合物单活性中心手性催化剂催化的加氢过程中,产物的 *ee* 值高于在均相溶液中用相同的手性催化剂得到产物的 *ee* 值。不仅手性加氢反应的活性得到提高,而且在广泛的有机化学领域,使用适当固载化的手性催化剂还可增强其他转化过程的多效性,如胺化

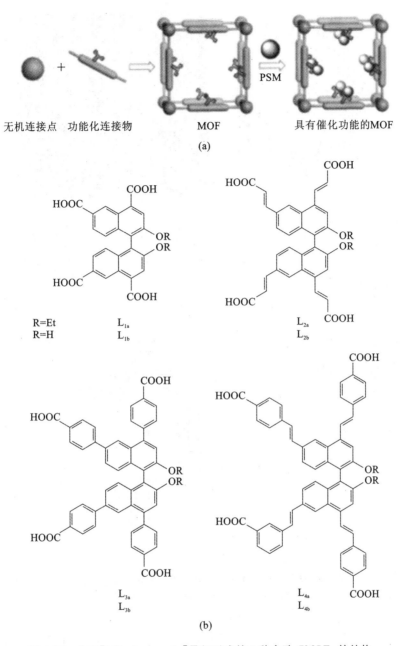

图 4-15　含有[LCu$_2$(solvent)$_2$]骨架形式的 8 种介孔 CMOFs 的结构

反应、氨基甲酸酯合成和环氧化反应。

此方法的第一个应用实验是乙酸肉桂酯通过烯丙基胺化引进 C≡N 键(Trost-Tsuji 反应)。使用三种不同的催化剂(两种非均相和一种均相),这三种催化剂都具有相同的手性活性位(见图 4-17)。需特别注意的是,锚接到介孔、非多孔二氧化硅及可溶性倍半硅氧烷(其 8 个顶点连接 7 个环己基)的活性中心都是 dppf。dppf 氯化钯与二氧化硅共价链接的手性配体是乙基-N,N'-二甲基乙二胺。实验中,所用的受限催化剂被连接到 MCM-41 中大约为 3 nm 的介孔内。非受限制催化剂为一种非多孔工业二氧化硅(Cabosil),其上锚接有相同的手性(S)-1-(R)-1,2-双(dppf)乙基-N,N'-二甲基乙二胺氯化钯活性中心。(为了确保介孔二氧化硅外

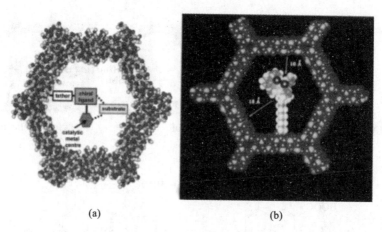

图 4-16　利用纳米多孔固体中分子受限的对映选择性和不对称合成

表面不存在活性位,利用二苯基二氯硅烷对载体进行前处理,使最初存在于外表面的 Si—OH 基全部转化成苯基硅烷。)

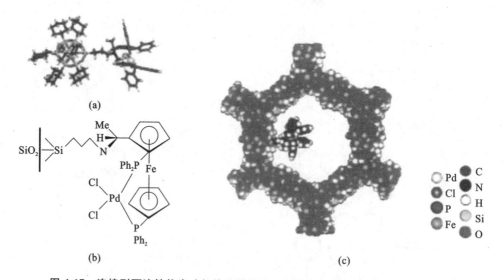

图 4-17　连接到可溶性倍半硅氧烷上的具有手性催化活性的 dppf-乙二胺氯化钯

(a)被连接到无孔硅上(Cabosil);(b)在介孔硅中(MCM-41)被空间限制;(c)利用乙基-N,N'-二甲基乙二胺将 dppf 通过共价键与倍半硅氧烷、介孔二氧化硅及 Cabosil 连接

　　用来同时验证这个过程的区域及对映体选择性的实验结果表明:非受限催化剂制备目标支链产物的产率仅为 2.0%,而受限催化剂制备目标产物的产率能达到 50%,且手性的支链产物和直链产物量基本相等。使用溶于己烷的 dppf[cis-C_5H_9Si]$_7O_{12}$ 为催化剂的均相反应,产物的 ee 值基本上为零。更有意义的是,利用受限催化剂,产物的 ee 值为 95%,远远超过了微量支链产物的 ee 值。Thomas 阐释了利用这种方法实现不对称性转化的可行性,已相继被反复验证。在 Thomas 等利用纳米孔做不对称反应催化剂的广泛探究中,手性单活性点最初通过共价作用与连接有钯或铑中心的配体锚接到二氧化硅的纳米孔中。最近 Thomas 等使用了与 Rege 等开发的固载复杂有机金属催化剂类似的更方便、廉价的静电方法,此方法部分依赖于较强的氢键作用。

　　Hutchings 等报道了对称二苯代乙烯与亚碘酰苯(作为供氧体)的不对称环氧化反应中,

空间受限所产生的类似效应。Zhang 和 Li 等详细地研究了介孔二氧化硅固载的手性 Mn (salen)催化剂对 6-氰基-2,2-二甲基色烯的不对称环氧化反应过程。此外,他们有规律地改变了手性 Mn(salen)活性点到纳米孔孔壁的轴向连接链的长度及孔直径。他们发现,随着孔径的减小和结合键长度的增加,产物的 ee 值增大。对于受限催化剂,ee 值可以达到 90%,而对均相溶液中的环氧化反应,ee 值只有 80%。

　　富含对映体的 α-羟基羧酸酯和 β-羟基羧酸酯是重要的反应试剂和有机中间体,例如,扁桃酸酯用于中枢神经系统的激动剂匹莫林的合成及人工香精和香料的制备中。目前扁桃酸甲酯的制备方法是:在硫酸的催化下,扁桃酸与醇直接进行酯化反应。利用强酸催化的直接酯化方法存在着明显的缺陷,这种缺陷不仅表现在强酸的腐蚀性造成的系列负效应,还包括反应过程中伴随的碳化反应、氧化反应及醚化副反应,这些副反应降低了整个反应的选择性和对映体的纯度,此外昂贵的后处理过程和污染治理问题使得该方法在商业上和环境上都不具有吸引力。

　　迄今为止,使用非膦配体制备铑和钯配合物活化氢气的方法还少见报道。但是,近年来有越来越多的含氮配体应用到不对称催化中。将廉价的二胺类不对称配体固载到介孔二氧化硅内壁制备出手性加氢催化。如图 4-18 所示。

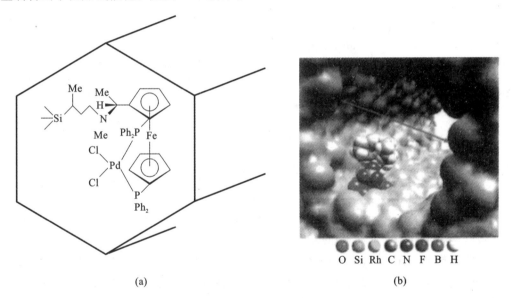

(a)　　　　　　　　　　　　　　　　　(b)

图 4-18　将廉价的二胺类不对称配体固载到介孔二氧化硅内壁制备出手性加氢催化

　　图 4-18(a)是将手性二氨基二茂铁催化剂连接到介孔二氧化硅的内壁产生对映选择性,图 4-18(b)是通过将不对称的二氨配体锚接到凹面上产生对映选择性。前者是由于金属中心周围表面环境的限制,后者是由于介孔的凹度限定了进口,是确保对映体选择性的关键因素。

　　图 4-18 中的配体不仅可以共价键的形式锚接到介孔硅的内壁,而且可以利用 BF_4^- 阴离子以氢键形式与配体氨基上的氮结合,确保阳离子有机金属催化剂的产生。催化剂本身是拟正方平面结构,金属(铑或钯)与 1,5-环辛二烯(cod)键合。顺式的 α-苯基肉桂酸与苯甲酰甲酸甲酯的氢化反应结果如表 4-9 所示。而且通过将手性铑化合物锚接到凹面二氧化硅(使用直径为 3 nm 的介孔 MCM-41)和凸面硅(无孔的胶态氧化硅)的比较,可以确证活性点连接到凹表面上所产生的空间限制提高了催化剂的对映选择性。

表 4-9　利用共价键合的 Rh 手性催化剂催化的顺式 α-苯基肉桂酸与苯甲酰甲酸甲酯的不对称氢化反应实验结果

胺与二胺	催化剂	底物	金属	时间/h	转化率	选择性	ee 值
	均相	α-苯基肉桂酸	Rh(Ⅰ)	24	74	77	93
	非均相			24	80	74	96
	均相	甲基苯甲酰甲酸盐	Rh(Ⅰ)	24	95	58	0
	非均相			1	98	94	91
	均相	α-苯基肉桂酸	Rh(Ⅰ)	24	88	76	64
	非均相			24	99	66	91
	均相	甲基苯甲酰甲酸盐	Rh(Ⅰ)	0.5	85	70	18
	非均相			2	100	98	99
	均相	α-苯基肉桂酸	Rh(Ⅱ)	24	100	87	76
	非均相			24	93	87	93
	均相	甲基苯甲酰甲酸盐	Rh(Ⅱ)	2	100	94	0
	非均相			2	97	97	87
	均相	α-苯基肉桂酸	Rh(Ⅰ)	24	57	84	81
	非均相			24	98	80	93
	均相	α-苯基肉桂酸	Rh(Ⅱ)	24	95	82	79
	非均相			24	75	100	88

　　化学生产过程的成本,主要来源于所必需的多样分离过程。单从这点来说,一步反应比那些两步或者更多步反应的过程更加高效。

　　虽然在手性分子筛和 AIPO 的制备方面已取得了令人鼓舞的进步,但是使用这样的手性固体为催化剂制备手性有机产品的过程还需要更多的改进及提高。这些微晶 SSHC 使用的难点,在于纯手性固体催化剂的获得过程。

　　由于制备纯手性的 MOF 单一活性点催化剂相对容易,利用这种催化剂已经成功地制备出手性产物(如从酮类得到醇)。但到目前为止,还仅限于实验室规模。

　　对于一些反应来说,固载到介孔二氧化硅上的手性有机金属催化剂是非常高效的对映体选择性催化剂,如选择性氢化反应和选择性氧化反应。虽然这种应用至今还主要限于实验室规模,但至少有一个使用这种催化剂通过对映选择性氢化反应生产非对称酮的过程已经工业化。

　　工业上,目前金属配合物催化的对映体选择性反应主要还是在均相体系中进行的,不可避免地存在着分离和循环利用的实际困难。

　　4)手性有机小分子催化剂

　　手性有机小分子催化剂(asymmetric organocatalysts)是继过渡金属催化剂后一类重要的不对称合成催化剂,具有反应条件温和、操作简单和无重金属污染等优势。一般而言,这些催化剂廉价、易得且无毒,对水和氧气是相对稳定的,具有类似酶的催化性以及立体选择性。因此,开发高活性、高选择性、可循环利用的小分子催化剂是当前研究的热点和前沿。目前开发的此类催化剂有以下几种。

（1）通过与底物形成共价键的过渡态来活化底物的催化剂。

该类催化剂的代表性物质为脯氨酸及其衍生物。活化机制为亲核活化。催化剂与反应底物中的给体反应,形成活性中间体,由于此中间体的亲核性比原来的给体更强,所以它更易于与受体反应得到产物。反应的催化循环机制如图 4-19 所示。

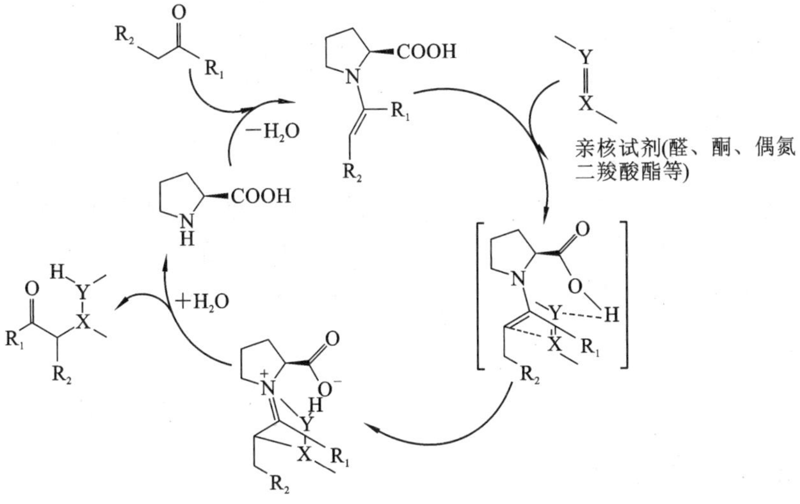

图 4-19　脯氨酸及其衍生物的催化循环机制

脯氨酸与醛或酮形成烯胺,进一步形成中间体,其反应中心的电子云密度变大,亲核性增强,因而有利于亲核反应。

该类催化剂已成功地应用于 Aldol 缩合反应、Mannich 反应、α-氨基化、α-羟胺化和 Diels-Alder 反应中。

（2）亲电性活化催化剂。

催化剂能与底物中的受体反应得到中间体,其亲电性能比原来的受体更强,更易与给体反应得到产物,这类活化机制称为亲电性催化活化。代表性催化剂为手性仲胺类化合物,它们可以与受体形成亚胺离子历程,使反应中心的电子云密度降低,有利于其接受亲核试剂的进攻。如手性仲胺可以催化环己酮与 α-硝基苯乙烯的不对称加成反应,ee 值高达 94%。

（3）形成非共价键活化底物的催化剂。

在小分子催化中,还有一类催化剂与底物并没有形成共价键,而是通过一些分子间的弱相互作用来活化底物。这类催化剂主要包括以下几种:通过氢键活化底物,通过手性模板活化底物等。代表性的催化剂为含有硫脲结构的手性物质。如 Burns 等利用硫脲氮上取代基对称和非对称型的硫脲衍生物类不对称催化剂进行[5+2]环加成反应,ee 值可高达 91%。

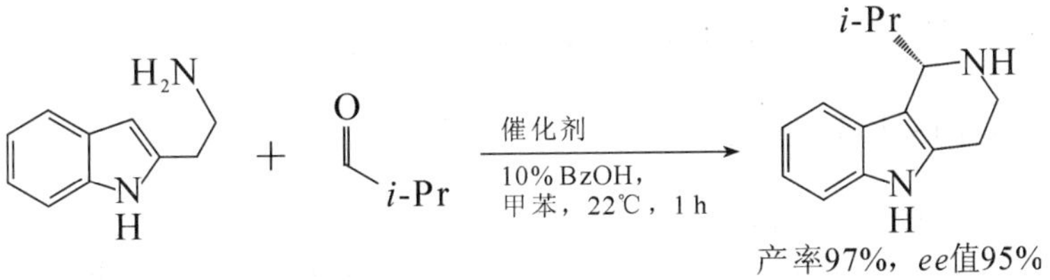

产率97%,ee值95%

催化剂：

（4）手性膦酸催化剂。

手性膦酸是具有中等强度的酸催化剂,可将一些酸催化的反应进行不对称化,以下是一些手性膦酸催化的典型的不对称反应：Friedel-Crafts 反应、杂 Michael 加成反应、环化反应、Kabachnik-Fields 反应、Biginelli 反应、环氧化反应和 Fischer 吲哚合成反应。

（5）不对称相转移催化剂。

到目前为止,不对称相转移催化在有机合成中占据了重要的地位。如金鸡纳碱衍生的手性相转移催化剂和 Maruoka 等设计合成的 C₂类手性相转移催化剂。现已利用 9-氯甲基蒽与金鸡纳碱类化合物合成了一系列经典的第 3 代手性相转移催化剂。

4.4 氟两相系统的有机合成

4.4.1 氟两相系统的反应原理

全氟溶剂（perfluorous solvent）又称氟溶剂（fluorous solvent）或全氟碳（perfluorocarbon）,是碳原子上的氢原子全部被氟原子取代的烷烃、醚和胺。全氟溶剂的密度大于普通有机溶剂的密度,且全氟溶剂无色、无毒,热稳定性好,是一种新兴的绿色溶剂。全氟溶剂是气体的极好溶剂,能溶解大量的氢气、氧气、氮气和二氧化碳等,但对于普通有机溶剂和有机化合物溶解性很差。

氟两相系统（fluorous biphase system,FBS）是一种非水液-液两相反应系统,它由普通有机溶剂和全氟溶剂两部分组成。由于全氟溶剂分子中氟原子的高电负性及其范德华半径与氢原子相近,C—F 键具有高度稳定性,为非极性介质。在较低的温度（如室温）下,全氟溶剂与大多数普通有机溶剂混溶性很低,分成两相（氟相和有机相）。但随着温度的升高,普通有机溶剂在全氟溶剂中的溶解度急剧上升,在某一较高的温度下,某些全氟溶剂能与有机溶剂很好地互溶成单一相,为有机化学反应提供了良好的均相条件。反应结束后,一旦降低温度,系统又恢复为含催化剂的氟相和含产物的有机相。氟两相系统的反应原理如图 4-20 所示。

图 4-20 氟两相系统的反应原理

4.4.2 氟两相系统的主要应用实例

1. 烯烃的氢甲酰化反应

烯烃的氢甲酰化反应是重要的工业过程,该反应通常使用易溶于有机相的 HRh(CO)

(PR$_3$)$_3$作为催化剂,但后处理中将产物醛通过蒸馏与催化剂分离时,催化剂会发生分解。利用含氟催化剂 HRh (CO){P[CH$_2$CH$_2$(CF$_2$)$_5$CF$_3$]$_3$}$_3$进行烯烃的氢甲酰化反应,由于其膦配体中存在氟链,易溶于氟相,而醛在氟相的溶解度很小,所以反应后,经简单的液-液两相分离,就可从氟相中分离出催化剂,从有机相中分离出产物。

2. 氧化反应

由于氧气在全氟溶剂中的溶解度很高,且全氟溶剂不易被氧化,所以氟两相系统非常适合于氧化反应。此外绝大多数氧化反应的产物是极性的,难溶于全氟溶剂,因而产品的分离简单方便。如在异丁醛存在下氟溶性配合物催化剂 KRu(C$_7$F$_{15}$COCH$_2$COC$_7$F$_{15}$)$_2$是许多具有两个取代基的烯烃环氧化反应的极好的催化剂。即使同时存在单取代烯烃,只有双取代烯烃被选择性地氧化为相应的环氧化合物。氟溶性催化剂可以使用多次,催化剂的损失可以忽略。

3. 烯烃的硼氢化和氢硅烷化反应

烯烃的硼氢化反应可以用过渡金属来催化,催化剂为 Rh、Pd、Ti 等金属配合物,但是反应得到的产物是可燃的,又难以提纯,催化剂也易被通常的氧化气氛所破坏。常用的 Wilkinson 催化剂 RhCl(PPh$_3$)$_3$经氟尾修饰制得氟溶性催化剂 RhCl{P[CH$_2$CH$_2$(CF$_2$)$_5$CF$_3$]$_3$}$_3$。在由全氟甲基环己烷和甲苯形成的氟两相系统中,只用 0.01%～0.25%(摩尔分数)的催化剂,烯烃和儿茶酚硼烷反应得到烷基硼烷。烷基硼烷极易与带氟尾的 Rh 催化剂分离,随后加入 H$_2$O$_2$/NaOH,烷基硼烷再被氧化为醇。

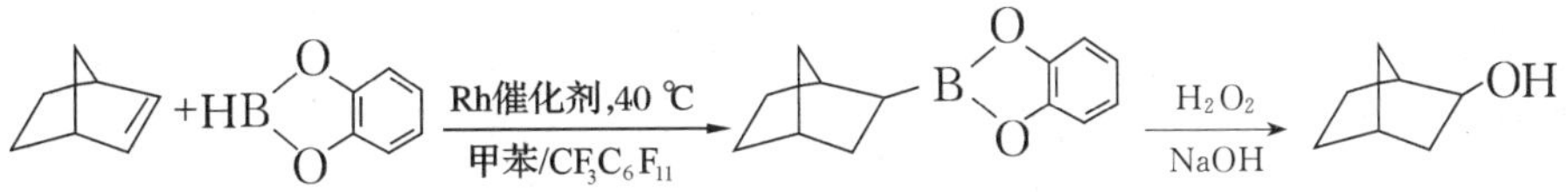

RhCl{P[CH$_2$CH$_2$(CF$_2$)$_5$CF$_3$]$_3$}$_3$也可以作为烯酮的氢硅烷化反应的催化剂。在甲苯和 CF$_3$C$_6$F$_{11}$的氟两相系统中,烯酮与 PhMe$_2$SiH 发生氢硅烷化反应,在60 ℃下反应 10 h 后,得到以 1,4-氢硅烷化产物为主的烯醇硅醚(1,4-异构体与 1,2-异构体物质的量之比为 92∶8)。冷却到室温就可以顺利分出产物和催化剂。回收的催化剂连续使用三次,回收率变化较小,分别为 90%、88%和 86%。

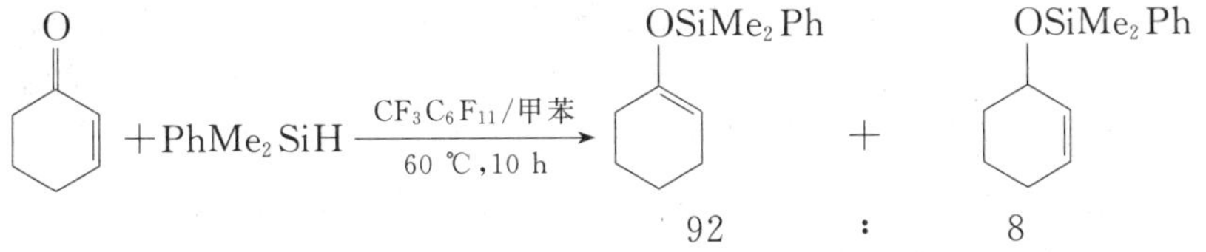

4. Friedel-Crafts 反应

Friedel-Crafts 反应是化工生产中最重要的反应之一,它一般使用有毒的二氯甲烷、CS$_2$等有机溶剂,同时使用 AlCl$_3$催化剂。改用 ZnCl$_2$为催化剂,以全氟 2-丁基四氢呋喃和全氟三乙基胺为溶剂时,在全氟溶剂中进行 Friedel-Crafts 反应,反应温度大幅下降,而反应收率相当。

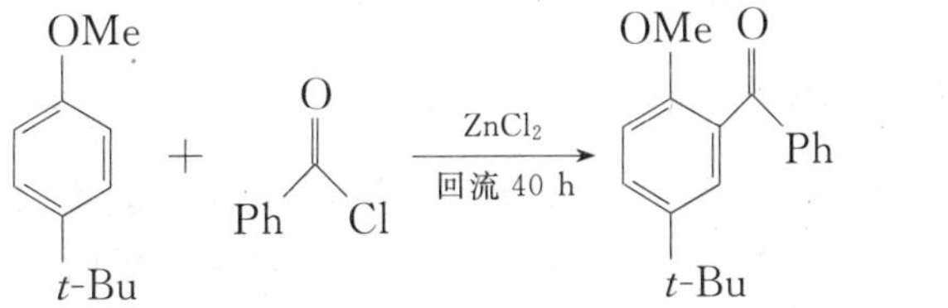

用 Ln(OSO$_2$C$_8$F$_{17}$)$_3$催化乙酸酐与苯甲醚进行酰化反应,以全氟萘烷为全氟溶剂,全氟溶剂与取代芳香烃和乙酸酐都不互溶,只能溶解 Ln(OSO$_2$C$_8$F$_{17}$)$_3$,这样能方便地将氟相从反应

混合物中分离出来,直接用于下一次反应。反应开始前,含催化剂的氟相在下层,有机反应物在上层,升温到 70 ℃后形成均相,反应结束后冷却至室温又分为两相。催化剂连续使用三次,催化活性未见下降。

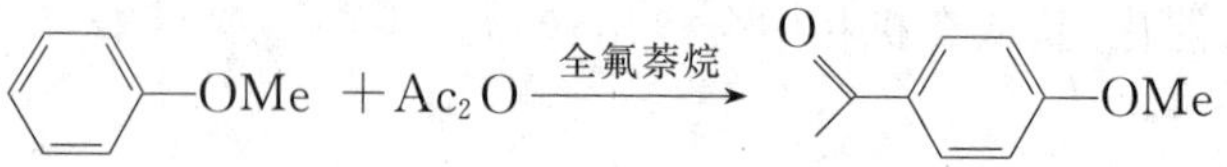

$$\text{} \boxed{\text{OMe} + Ac_2O \xrightarrow{\text{全氟萘烷}} \text{OMe}}$$

5. Diels-Alder 反应

Diels-Alder 反应是形成六元环最有效的反应之一。以 $Sc[C(SO_2C_8F_{17})_3]_3$ 和 $Sc[N(SO_2C_8F_{17})_3]_3$ 为催化剂,在全氟甲基环己烷(5 mL)与 1,2-二氯乙烷(5 mL)氟两相系统中,2,3-二甲基-1,3-丁二烯与甲基乙烯基酮在 35 ℃下反应 8 h,通过简单的相分离得到乙酰基环己烯,催化剂几乎全部回收(回收率达到 99.9%)。催化剂连续使用四次,回收率均为 94%~95%。

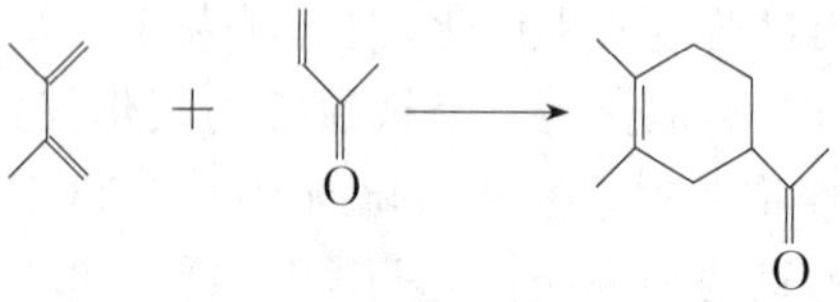

4.5　相转移催化的有机合成

4.5.1　概述

相转移催化(phase transfer catalysis)简称 PTC,是 20 世纪 60 年代末发展起来的新的化学合成方法。自 70 年代起,相转移催化的研究工作不断深入,并在工业上得到应用。80 年代以来其应用范围日益扩大,用于许多精细化学品的生产。近年来,相转移催化已经成功应用于各种类型的有机反应,包括卤化、烷基化、酰基化、羧化、酯化、硫化、氰基化、缩合、加成、还原、氧化反应和许多碱催化反应等,在工业上发挥着越来越大的作用。

相转移催化是指利用特定的催化剂来促使或加速分别处于互不相溶的两种溶剂(液-液两相系统或固-液两相系统)中的物质发生反应的过程。反应时,催化剂把一种实际参加反应的实体(如阴离子)从一相转移到另一相中,使之与底物相遇而顺利发生反应。

相转移催化有以下优点:①反应速率较快,反应时间较短;②副反应少,产物选择性高;③反应条件温和,能耗较低;④所用溶剂价格便宜、无毒和易于回收,或者可以直接以液体反应物做溶剂;⑤普通的相转移催化剂价廉,并且易于获得;⑥产生阴离子所用的碱价格便宜,工艺过程简易,设备不庞杂,而产品纯度很高。所以在精细化工中相转移催化不论是在实验室还是在工业上都很适用。

目前常用的相转移催化剂有季铵盐、冠醚、穴醚和开链聚醚等。

4.5.2　相转移催化反应原理

在中性介质中,相转移催化剂提供亲脂性阳离子,它使反应物的阴离子从水相(AP)或固相迁移至有机相(OP)。在碱性介质中,反应物之一在两相的界面失去质子而引发反应,相转移催化剂的作用是将在界面上产生的阴离子迅速迁移至有机相,使反应得以进行,直至完成。

$$R\text{—}X_{OP} + Y^-_{AP} \xrightarrow{\text{PTC 催化剂}} R\text{—}Y_{OP} + X^-_{AP}$$

季铵盐是最早发现和最常用的相转移催化剂。季铵盐的作用机理如下：

$$水相(AP) Q^+ X^- + M^+ Nu^- \xrightarrow{\text{阴离子交换}} M^+ X^- + Q^+ Nu^-$$

$$界面(S) ---\Updownarrow---------\Updownarrow--(相转移)$$

$$有机相(OP) Q^+ X^- + R—Nu \xrightarrow{\text{亲核取代}} R—X + Q^+ Nu^-$$

（产物）　　　　　　　　　　　　　（反应物）

在上述互不相溶的两相系统中，亲核试剂 $M^+ Nu^-$ 只溶于水相，而不溶于有机相。有机反应物 R—X 只溶于有机溶剂，而不溶于水相。两者不易接触而引发化学反应。若加入季铵盐 $Q^+ X^-$，它的季铵阳离子 Q^+ 具有亲脂性，因而它既能溶于水相，又能溶于有机相。当季铵盐与水相中的亲核试剂 $M^+ Nu^-$ 接触时，亲核试剂中的阴离子 Nu^- 可与季铵盐中的阴离子 X^- 进行交换，生成 $Q^+ Nu^-$ 离子对，并从水相迁移到有机相。由于 Nu^- 是裸露的，具有很高的活性，它与有机相中的 R—X 迅速发生亲核取代反应，生成目标产物 R—Nu。在反应中同时生成的 $Q^+ X^-$ 离子对又可以从有机相迁移到水相，从而完成相转移的催化循环。在循环中季铵盐阳离子 Q^+ 并不消耗，只起转移亲核试剂 Nu^- 的作用，因此只需要少量的季铵盐，就可以很好地完成上述反应。

影响相转移催化反应的因素主要有以下几点：①相转移催化剂（如季铵盐）在水相和有机相之间的分配状况，或者阴离子在两相间的分配状况；②催化剂的结构和凝聚态；③在低极性溶剂中离子对的反应能力；④反应速率；⑤阴离子在有机相中的水合程度。

4.5.3　相转移催化反应的应用

1. 医药合成

相转移催化作用使 Schiff 碱烷基化，为制备有生理活性的氨基酸开辟了一条新路。例如，由二苯甲酮和氨基酸酯先进行缩胺化反应，再在相转移条件下进行烷基化，然后水解得到亚甲基烷基化的氨基酸。用相转移催化完成缩胺的烷基化反应，条件很简单，且不需在无水条件下使用锂化剂。用 1 mol 缩胺与烷化剂 RX（1.2～4 mol）、10% NaOH 水溶液、$(C_4H_9)_4N^+ Cl^-$ 催化剂在室温下搅拌过夜，分离有机相，用饱和 NaCl 水溶液洗涤，干燥后从其中分离出烷基化反应生成物。将残余的二苯甲酮除去后与浓盐酸回流 6 h，即得到氨基酸。其反应式如下：

$$(C_6H_5)_2C{=}O + H_2NCH_2COOC_2H_5 \xrightarrow[C_6H_4(CH_3)_2]{\text{BF}_3\text{ 醚}} (C_6H_5)_2C{=}NCH_2COOC_2H_5$$

$$\xrightarrow[\text{PTC 催化剂}]{\text{RX}} (C_6H_5)_2C{=}N\underset{R}{\overset{|}{C}}HCOOC_2H_5 \xrightarrow{\text{H}_2\text{O}} H_2N\underset{R}{\overset{|}{C}}HCOOH + (C_6H_5)_2C{=}O$$

2. 农药合成

相转移催化在农药生产方面有很大贡献，除虫菊类如氰戊菊酯（fenvalerate）、氯氰菊酯（cypermethrin）等的合成都采用相转移催化，前者是通过烷基化反应，后者是通过酯化反应。

氰戊菊酯　　　　　　　　　　　　　　　氯氰菊酯

此外，相转移催化在有空间选择性的苯磷酸基硫醇盐的 S-烷基化反应、除草剂 2-氯乙胺的制备、杀虫剂 1,5-二苯基-1,4-戊二烯-3-酮的制备、农药中间原料芳香或杂环化合物中乙氰的取代反应等方面都得到了应用。

4.6 组合化学合成

4.6.1 概述

组合化学(combichem)起源于 Merrifield R. B. 于 1963 年提出的关于多肽固相合成的开创性工作,也被称为组合合成、组合库和自动合成法等。组合化学最初是为了满足生物学家发展高通量筛选技术对大量的新化合物库的需要而产生的。随后,多肽合成仪的出现使该方法成为一种常规手段。20 世纪 80 年代中叶,Geysen建立的多中心合成法、Houghton 建立的茶叶袋法中首次引入肽库的概念。1991 年,混合裂分合成法的提出标志着组合化学的研究进入一个飞速发展的阶段。1996 年,在美国加州召开了"组合化学"研讨会,同年,两种与组合化学密切相关的杂志《分子多样性》和《生物筛选》诞生。美国化学会于 2000 年还创立了组合化学杂志《Journal of Combinatorial Chemistry》。迄今,国内外众多学者已用专辑或专文介绍了组合化学原理及基本方法、技术。

组合化学是一门将化学合成、计算机辅助分子设计,以及自动合成、高通量筛选评价技术融为一体的科学。它可以在短时间内将不同结构的模块(building block)以键合方式系统地、反复地进行连接,形成大批相关的化合物(称化学库,chemical library),通过对其进行快速性能筛选,找出具有最佳目标性能(或活性)化合物的结构。组合化学的特点是用少数几步反应可以得到数以万计的化合物分子,与传统合成方法相比,它可以对成千上万具有多样性分子结构的化合物进行同时合成,从而大大加快了新化合物的合成速度,解决了新化合物研制中筛选与合成的矛盾。组合化学主要由三部分组成:化合物库的合成、库的筛选、库的分析表征。根据欲合成化合物库的结构类型和所需化学反应条件,可以采用固相组合合成法、液相组合合成法、带载体的液相组合合成法来合成化合物库。微波辅助组合合成技术是近年来发展起来的一种新的制备化合物库的组合化学技术,它不仅可以克服传统固相组合合成技术及液相组合合成技术无法提高产物收率的不足,而且还极大地提高了新化合物开发的效率。

组合化学起源于药物合成,继而发展到有机小分子合成、分子构造分析、分子识别研究、催化剂筛选、受体和抗体的研究及材料科学(包括超导材料的研制)等领域。它是一项新型化学技术,是集分子生物学、药物化学、有机化学、分析化学、组合数学和计算机辅助设计等学科交叉而形成的一门边缘前沿学科,在药学、有机合成化学、生命科学、材料科学和催化领域中扮演着愈来愈重要的角色。

4.6.2 组合化学合成原理

组合化学打破了传统合成化学的观念,不再以单个化合物为目标逐个地进行合成,而是选择一系列结构、反应性能接近的构建模块(A_1,A_2,$\cdots$,A_n)与另一构建模块(B_1,B_2,$\cdots$,B_n)进行反应,得到所有组合的混合物。这样,就可以一次性同步合成几个、几十个,甚至上万个化合物,形成化合物库(compound library)。

在传统的化学合成模式中,反应起始物通常是两两相对,每一次合成反应仅产生一个化合物,生成物经过分离、纯化后,作为中间体再进行第二步反应,如此反复,直至获得目标产物。

传统化学合成模式如下：

$$A+B \longrightarrow AB$$
$$AB+C \longrightarrow ABC$$
$$ABC+D \longrightarrow ABCD$$
$$\vdots$$

与传统化学合成每次选用两个单一化合物反应不同,组合化学合成的反应模式如下：

$$
\begin{array}{ccc}
A_1 & & B_1 \\
A_2 & & B_2 \\
A_3 & + & B_3 \longrightarrow A_i B_j \quad (i=1,2,\cdots,n; j=1,2,\cdots,n) \\
\vdots & & \vdots \\
A_n & & B_n
\end{array}
$$

这样进行一步反应,就可生成 $n \times n$ 个化合物。若将 $A_i B_j$ 与构建模块$(C_1, C_2, \cdots, C_n)$和$(D_1, D_2, \cdots, D_n)$反应,可生成更多的化合物。组合化学合成的特点是用少数的几步就可以得到数以万计的化合物(见表 4-10)。

表 4-10 构建模块数、反应步骤数、库中分子数的关系

构建模块数	反应步骤数	库中分子数
10	2	10^2
	3	10^3
	4	10^4
20	2	20^2
	3	20^3
	4	20^4
100	2	100^2
	3	100^3
	4	100^4

4.6.3 组合化学合成的应用

1. 新药研发领域

组合化学最初是应药物开发需要而产生的,它在新药研发方面取得了令人瞩目的成就,使其在短短十年发展成为一门新型的科学研究技术。

氢化尿嘧啶是用固相合成法合成的具有除草活性物质的先驱物,选择 Wang 树脂作为载体进行固相组合合成,构建氢化尿嘧啶化合物库。丙烯酸(或丙烯酰氯)与 Wang 树脂 1 作用得到丙烯酸酯 2;2 与伯胺经 Micheal 加成反应生成仲胺 3;随后与异氰酸酯加成得到脲 4;4 在酸催化下从树脂上解离的同时闭环,从而得到氢化尿嘧啶 5。5 的结构经 ^{1}H NMR、HPLC 和 MS 所证实。在此基础上,通过变化取代基,组合合成了含 9 种氢化尿嘧啶的小化合物库,它们的结构经 GC-MS 所证实。其反应式如下：

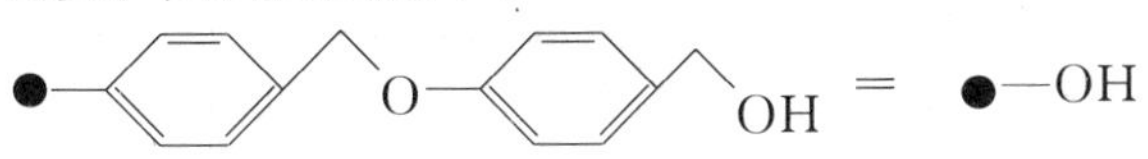

Wang 树脂

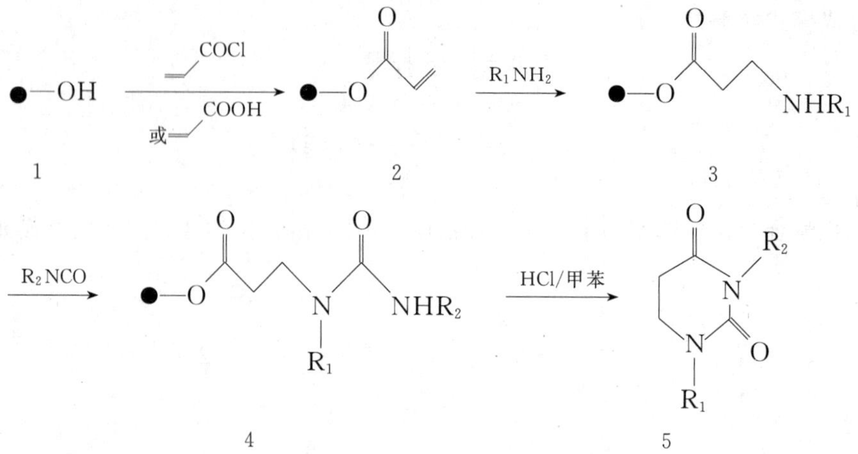

2. 无机功能材料合成领域

20 世纪 90 年代,组合化学方法被广泛运用到无机功能材料(包括超导、光电热敏感材料等)领域,很可能成为 21 世纪新型无机功能材料和其他学科寻找先驱物最有效的一种方法。

1) 磁阻材料的合成

应用磁场学中常常用到磁阻材料,磁阻越大则实用价值越大。首次发现的巨磁阻材料是一种金属锰的复合氧化物,化学式为 $Ln_{1-x}A_xMnO_{2-x}$,A 是 Ca、Sr 与 Ba 三种碱土金属元素。曾有人报道,$La_{0.6}Y_{0.7}Ca_{0.33}MnO_2$、$La_{0.67}Ca_{0.33}MnO_3$ 和 $Nd_{0.7}Sr_{0.3}MnO_2$ 这三种磁阻材料的磁阻比分别是 99.0%、99.9% 和 99.99%。目前利用组合方法、薄膜沉积技术及物理制作掩膜技术,以单晶 $LaAlO_3$ 为基体,在不同烧结温度下,合成了一个由 128 种化合物组成的化合物库,并发现金属钴的某些复合氧化物具有高的磁阻特性。

2) 超导性能材料的制备

选用一块化学惰性抛光平板材料(这种材料通常采用单晶化合物 MgO 或 $LaAlO_3$)做基体,运用空间编码技术、2 的 n 次方等份掩膜技术(该技术是制备化合物库的关键,它是将一块隔板放在基体上,把基体每次分成 2 等份)和高频喷涂技术,然后将几种金属氧化物依次透过掩膜溅射到基体上,在 840 ℃下烧结,制成一个关于铜的复合氧化物超导薄膜材料的化合物库。首先从大量的化合物中挑选出碳酸钡、三氧化二铋、氧化钙、氧化铜、氧化铅、碳酸锶和氧化钇 7 种化合物,采用 7 种掩膜,将基体分成 128(2^7)等份,然后按照不同的组分、不同的化学计量比、不同的溅射次序,将这 7 种氧化物依次通过掩膜溅射到 1 mm×2 mm 的 MgO 单晶片上,得到 128 种中间产物。再把这些中间产物和单晶片一起放在 840 ℃的氧化气氛中进行烧结,最后发现 $BiSrCaCuO_x$、$BiPbCaSrCuO_x$ 和 $YBa_2Cu_3O_x$ 这三种薄膜具有超导性,它们的临界温度在 80~90 K。

3. 多相催化领域

组合催化技术就是将组合化学方法引入催化研究领域,应用于催化剂的设计、制备、评价、筛选和表征等方面的一门综合集成技术。在采用计算机辅助分子设计、先进的仪器分析手段和高速筛选技术的基础上,设计出组合催化剂库与高效的评价系统,可以重新评价现有的催化剂系统或用于研究开发具有应用前景的新型催化系统。例如,研究者们开发了一套独特的催化剂制备与筛选系统,用一种改进的喷墨打印机把 Pt、Ru、Rh、Os、Ir 5 种金属按特定的组成打印于可导电的碳纤维纸上,然后将金属离子还原,一次性制成了由 80 种双组分、280 种三组分和 280 种四组分构成的 640 种电极材料斑点。测评这些斑点的催化活性,最终发现,由

$Pt_{62}Os_{13}Rh_{25}$ 组成的三元金属合金和由 $Pt_{44}Os_{10}Ru_{41}Ir_5$ 组成的四元合金催化剂对甲醇电氧化反应具有最佳的催化效果,可用于甲醇-空气燃料电池,在 $60\ ℃$ 和 $400\ mV$ 过电势等条件下,比商业上使用得最好的 $Pt_{50}Ru_{50}$ 催化剂高出近 40% 的电流密度。

4.7　有机电化学合成

4.7.1　概述

1834 年,Faraday 首先使用电化学法进行了有机物的合成和降解反应研究。后来,Kolbe 在 Faraday 工作的基础上,创立了有机电化学合成的基本理论。1960 年,美国 Monsanto 公司电解丙烯酸二聚体生产己二腈获得了成功,并建成年产 $1.45×10^4$ t 的己二腈生产装置,这是有机电化学合成走向大规模工业化的重要转折点。从此,有机化合物的电化学性质和有机电化学反应机理的研究得到了快速发展。

有机电化学合成最基本的研究对象是各类电化学反应在电极/溶液界面上的热力学与动力学性质。有机电化学合成的主要研究内容是电极过程动力学、电极材料、离子交换膜和电化学反应器等对有机电化学合成的影响。

有机电化学合成具有以下优点:①洁净,以电子的得失完成氧化还原反应,不需要外加氧化剂和还原剂;②条件温和,在常温常压下即可完成有机合成,对不稳定的、分子结构复杂的有机物的合成尤为有利;③副产物少;④节能,一方面体现在综合能耗上,另一方面是由于极间电压低(2~5 V),可接近热力学的要求值;⑤易控,反应速率完全可以通过调节电流来实现,为自动化连续操作奠定了基础;⑥规模效应小,对精细化学品的生产尤为有利。

由于具有以上优点,有机电化学合成基本符合原子经济性的要求,具有很强的生命力和广阔的发展前景,主要应用在以下领域:①α-氨基酸、二茂铁、乙醛酸、环氧化合物、染料中间体等一系列有机化合物的合成;②新能源,如燃料电池、生物电池、光化学电池、高能有机电池、全塑电池等方面;③合成特殊高分子材料,如高能锂离子电池用的有机电解质、导电有机高聚物;④合成农药、医药、信息产品、食品添加剂等精细化学品;⑤仿生合成;⑥处理环境污染等。

4.7.2　有机电化学合成原理

有机电化学合成通常有以下两种分类方法。

(1) 有机电化学合成按电极表面发生的有机反应的类型分为阳极氧化过程和阴极还原过程。阳极氧化过程包括电化学环氧化反应、电化学卤化反应、苯环及苯环上侧链基团的阳极氧化反应、杂环化合物的阳极氧化反应、含氮硫化物的阳极氧化反应。阴极还原过程包括阴极二聚和交联反应、有机卤化物的电还原反应、羰基化合物的电还原反应、硝基化合物的电还原反应、腈基化合物的电还原反应。

(2) 按电极反应在整个有机合成过程中的地位和作用,可将有机电化学合成分为两类:直接有机电化学合成反应和间接有机电化学合成反应。直接有机电化学合成反应是指有机合成反应直接在电极表面完成;间接有机电化学合成反应是指有机物的氧化(还原)反应采用传统化学方法进行,但氧化剂(还原剂)反应后以电化学方法再生以后循环使用。间接电化学合成法可以两种方式操作:槽内式和槽外式。槽内式间接电化学合成法是在同一装置中进行化学合成反应和电解反应,因此这一装置既是反应器,又是电解槽。槽外式间接电化学合成法是在电解槽中进行媒质的电解,电解后的媒质从电解槽转移到反应器中,在此处进行有机反应物化学合成反应。

有机电化学合成是利用电解来合成有机化合物的过程。电解时发生的合成反应通过在电极上发生的电子得失来完成,因此须具备三个基本条件:①持续稳定的直流电源;②满足"电子转移"的电极;③可完成电子移动的介质。为了满足各种工艺的需要,往往还需要增加一些辅助设备,如隔膜、断电器等。而对于有机电化学合成来讲最重要的是电极,它是实施电子转移的场所。

有机电化学合成反应的场所在电极的表面及其临近区域,统称电极界面。电极界面最简单的模型之一是"三层结构理论"。离电极最近的一层称为"电荷转移层"(一般认为只有 $0.1\sim2.0$ nm),在该层内有极大的电势梯度,电解液中的离子和分子(主要指极性分子,强电场下有时非极性分子也能参加)由于静电力的作用而被吸附取向。一般情况下,分子结构复杂的有机分子在吸附取向时常受到极性效应及立体效应的影响。第二层是指在电荷转移层外侧的"扩散双电层",在该层中,离子和被极化的"双极子"具有较弱的取向,与无机电解不尽相同。第三层即最外层,是指由于浓度梯度而造成的扩散层,在此层内反应物和生成物的扩散是控制电化学合成反应的主要因素。减小此层的厚度有利于减小回路电阻,减少能耗。

有机电化学合成反应是由电化学过程、化学过程和物理过程等组合起来的。典型的有机电化学合成过程如下:①电解液中的反应物(R)通过扩散到达电极表面(物理过程);②R 在双电层或电荷转移层通过脱溶剂、解离等化学反应而变成中间体(I)(化学过程);③I 在电极上吸附形成吸附中间体($I_{ad,1}$)(吸附活化过程);④$I_{ad,1}$ 在电极上放电发生电子转移而形成新的吸附中间体($I_{ad,2}$)(电子得失的电化学过程);⑤$I_{ad,2}$ 在电极表面发生反应而变成生成物(P_{ad}),吸附在电极表面;⑥P_{ad} 脱附后再通过物理扩散成为生成物(P)。

从以上过程可以看出,有机电化学合成不同于一般的催化反应,它不需要另外引入催化剂、氧化剂或还原剂,因此后续处理简单,基本无"三废"。

4.7.3　电化学合成的典型工艺

自从 20 世纪 60 年代电解生产己二腈大规模工业化及四乙基铅电化学合成的投产成功,近几十年来,有机电化学合成工业化的实例越来越多。目前,世界上大约有 100 家工厂采用有机电化学合成生产约 80 种产品。我国在有机电化学合成方面的研究虽然起步较晚,但发展很快。

1. L-半胱氨酸的直接电化学合成

L-半胱氨酸是我国最早实现工业化的有机电化学合成产品,它的工业生产原料是从毛发等畜类产品中提取的胱氨酸,通过电解还原在阴极直接电化学合成L-半胱氨酸。

$$S—CH_2—CH(NH_2)—COOH$$
$$|\qquad\qquad\qquad\qquad\qquad\qquad +2H^+ +2e^- \longrightarrow$$
$$S—CH_2—CH(NH_2)—COOH$$

$$2L\text{-}HS—CH_2—CH(NH_2)—COOH$$

这一有机电化学合成技术在我国的许多地方得到推广,年产能力已经超过 600 t,成为生产 L-半胱氨酸的主要方法。L-半胱氨酸也成为一种出口创汇的龙头产品。

2. 对氟苯甲醛的间接电化学合成

对氟苯甲醛是一种非常重要的化工原料,是合成许多重要化学品的中间体,用途极其广泛。目前国内仅用化学合成法,即以芳香烃为原料,经氟化后再用浓硫酸水解而制得对氟苯甲醛。氟化过程易产生异构体,影响纯度,同时产生大量的有机废液。用锰盐为媒质间接电氧化对氟甲苯制对氟苯甲醛是一种较理想的办法。

电化学合成的工艺过程主要反应分两步:

电解反应　　$Mn^{2+} \longrightarrow Mn^{3+} + e^-$

合成反应　　$p\text{-}FC_6H_4CH_3 + 4Mn^{3+} + H_2O \longrightarrow p\text{-}FC_6H_4CHO + 4Mn^{2+} + 4H^+$

反应后的母液经过净化处理后可循环使用,对环境不造成污染。采用电化学合成对氟苯甲醛,产品纯度高,基本无"三废"排放,且工艺简单,投资少。用一套设备不仅可以生产对氟苯甲醛,而且可以生产邻氟苯甲醛、间氟苯甲醛等多种氟代芳烃醛,所以用电化学法研制氟代芳烃醛有着广阔的前景。

3. 维生素 K_3 的间接电化学合成

以 β-甲基萘、铬酐为原料相转移合成 2-甲基-1,4 萘醌(维生素 K_3)的工艺过程中产生大量的铬废液($w(Cr^{6+}) = 4\% \sim 5\%$),如果作为废物排掉,无论是从经济角度还是从环保角度都是不允许的。经过大量研究发现,采用槽外式间接电化学合成维生素 K_3 工艺可使 Cr^{3+} 氧化为 Cr^{6+},从而实现铬废液的循环利用。

其工艺过程主要反应式如下:

阳极氧化反应　　$2Cr^{3+} + 7H_2O \longrightarrow Cr_2O_7^{2-} + 14H^+ + 6e^-$

合成反应　　$C_{11}H_{10} + H_2Cr_2O_7 + 3H_2SO_4 \longrightarrow C_{11}H_8O_2 + Cr_2(SO_4)_3 + 5H_2O$

该工艺已经实现工业化,并且取得了很好的经济效益。从上述工业化实例分析可以看出,采用有机电化学合成路线较为复杂的产品,或者对环境污染较大的产品具有很大的优势,尤其是附加值很高的精细化学品,还有一些特殊用途的新材料、高分子聚合物等,都具有很好的效果和经济效益。

4. 草酸电解还原制备乙醛酸

乙醛酸是兼具醛和羧酸性质的最简单醛酸,在香料、医药、造纸、食品添加剂、生物化学及有机合成等众多领域有着广泛应用。草酸电解还原法具有工艺简单、原料廉价、符合有机电化学绿色化工发展趋势等优点,被认为是最具竞争力的乙醛酸合成工艺。国内外对草酸电解还原法理论和实验研究较多,但由于极板表面的流动特性与实际应用存在差别,技术不成熟,实现工业化仍有困难。

草酸电解还原制备乙醛酸(见图 4-21)的反应式如下:

阳极

$$H_2O \longrightarrow \frac{1}{2}O_2 + 2H^+ + 2e^-$$

阴极

$$\underset{\displaystyle COOH}{COOH} + 2H^+ + 2e^- \longrightarrow \underset{\displaystyle CHO}{COOH} + H_2O$$

$$2H^+ + 2e^- \longrightarrow H_2 \uparrow$$

$$\underset{\displaystyle COOH}{COOH} + 4H^+ + 4e^- \longrightarrow \underset{\displaystyle CH_2OH}{COOH} + H_2O$$

向电解槽的阴极室加入饱和草酸溶液,阳极室加入一定浓度的 H_2SO_4 溶液,通过泵进行

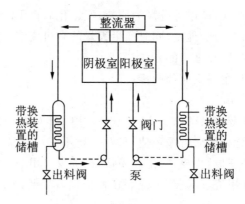

图 4-21　草酸电解合成乙醛酸的实验流程图

循环,由泵出口处的阀门控制流量,阴极液和阳极液采用相同的流量,采用 DH1716 系列直流稳压稳流器按设定的工艺条件控制恒电流电解,当反应终止时,从储槽的出料阀出料,其间定期取样分析草酸和乙醛酸的含量。

复习思考题

1. 什么是固体酸、固体碱? 它们适合用作哪些反应的催化剂?
2. 固体超强酸有哪几种? 作为催化剂使用有什么优缺点?
3. 分子筛有哪些类型? 各自的特点如何?
4. 举例说明分子筛的常用制备方法。
5. 杂多酸(盐)的主要制备方法是什么? 说明用固相合成法制备磷钼酸铵的过程。
6. 举例说明负载型酸催化剂的制备方法。
7. 简述高分子酸性催化剂的特点及代表性品种。
8. 阐述负载型固体碱催化剂的主要制备方法。
9. 什么是离子液体? 如何制备?
10. 说明酶催化的主要特点及应用领域。
11. 简述氟两相系统的反应原理。
12. 说明相转移催化的基本原理和应用。
13. 说明电化学合成的基本原理和应用。
14. 手性化合物的特征是什么?
15. 说明不对称合成的基本原理。
16. 说明不对称合成使用的主要催化剂及其特性。

参 考 文 献

[1] 于世涛,王大全. 固体酸与精细化工[M]. 北京:化学工业出版社,2006.

[2] 田部浩三,小野嘉夫. 新固体酸和碱及其催化作用[M]. 郑禄彬,译. 北京:化学工业出版社,1992.

[3] 魏彤,王谋华. 固体碱催化剂[J]. 化学通报,2002,9:594-600.

[4] 陈忠明,陶克毅. 固体碱催化剂的研究进展[J]. 化工进展,1994,3:18-25.

[5] Takamiya N,Koinuma Y,Ando K,et al. N-methylation of aniline with methanol over a magnesium oxide catalyst[J]. Nippon Kagakukaishi,1979,125:1452.

[6] 李汝雄. 绿色溶剂——离子液体的合成与应用[M]. 北京:化学工业出版社,2004.

[7] 沈玉龙. 绿色化学[M]. 北京:中国环境科学出版社,2004.

[8] 许立信,尹进华,陈学玺. 环境友好的多相催化工艺研究进展[J]. 石化技术与应用,2003,21(6):445-

447.

[9] 张玉芬,乔聪震,张金昌,等. 离子液体——环境友好的溶剂和催化剂[J]. 化学反应工程与工艺, 2003,19(2):164-170.

[10] 黄碧纯,黄仲涛. 离子液体的研究开发及其在催化反应中的应用[J]. 工业催化,2003,11(2):1-6.

[11] 贡长生. 绿色化学化工实用技术[M]. 北京:化学工业出版社,2002.

[12] 王利民,田禾. 精细有机合成新方法[M]. 北京:化学工业出版社,2004.

[13] 库尔特·法贝尔. 有机化学中的生物转化[M]. 吉爱国,译. 北京:化学工业出版社,2006.

[14] 孙志浩. 生物催化工艺学[M]. 北京:化学工业出版社,2005.

[15] 袁勤生,赵健. 酶与酶工程[M]. 上海:华东理工大学出版社,2005.

[16] 张玉彬. 生物催化的手性合成[M]. 北京:化学工业出版社,2002.

[17] 闫红,邢光建,胡娟,等. 生物催化剂在有机合成中的应用[J]. 化学研究与应用,2000,12(4):355- 359.

[18] 罗贵民. 酶工程[M]. 北京:化学工业出版社,2003.

[19] 马武生,马同森,杨生玉. 腈水合酶及其在丙烯酰胺生产中应用的研究进展[J]. 化学研究,2004,15 (1):75-79.

[20] Adrian P D,Meriel R K. Fluorous phase chemistry:a new industrial technology[J]. Journal of Fluorine Chemistry,2002,118(12):3-17.

[21] Pozzi G,Colombani J,Miglioli M,et al. Epoxidation of alkenes under liquid-liquid biphasic conditions:synthesis and catalytic activity of Mn(Ⅲ)-tetraarylporphyrins bearing perfluoroalkyl tails[J]. Tetrahedron,1997,53(17):6145-6162.

[22] Klement I,Lutjens H,Knochel P. Transition metal catalyzed oxidations in perfluorinated solvents [J]. Angewandte Chemie International Edition in English,1997,36(13):1454-1456.

[23] Juliette J J J,Rutherford D,Horváth I T,et al. Transition metal catalysis in fluorous media:practical application of a new immobilization principle to rhodium—catalyzed hydroboration of alkenes and alkynes[J]. Journal of the American Chemical Society,1999,121(12):2696-2704.

[24] 曲荣君,孙昌梅,王春华,等. 相转移催化在高分子化合物合成中的应用[J]. 催化学报,2003,9(6): 716-724.

[25] Gallop M A,Barrett R W,Dower W J,et al. Application of combinatorial technologies to drug discovery:background and peptide combinatorial libraries[J]. Journal of Medicinal Chemistry,1994,37 (9):1233-1251.

[26] Thompson L A,Ellman J A. Synthesis and applications of small molecule libraries[J]. Chemical Reviews,1996,96(1):555-600.

[27] Reddington E,Sapienza A,Gurau B,et al. Combinatorial electrochemistry:a highly parallel,optical screening method for discovery of better electrocatalysts[J]. Science,1998,280(5370):1735-1737.

[28] Fancis M B,Jacobsen E N. Discovery of novel catalysts for alkene epoxidation from metal-binding combinatorial libraries[J]. Angewandte Chemie International Edition,1999,38(7):937-941.

[29] 马淳安. 有机电化学合成导论[M]. 北京:科学出版社,2003.

[30] Beck F,Gabrial W. Heterogeneous redox catalysis on Ti/TiO$_2$ cathodes reduction of nitrobenzene [J]. Angewandte Chemie International Edition,1999,24(9):771-773.

[31] 王光信. 对氟苯甲醛电合成方法:中国,1138019A[P]. 1996-12-18.

[32] 王硕,吴素芳. 草酸电解还原制备乙醛酸的研究[J]. 化学工程师,2006,8:6-9.

[33] 王恩波,胡长文,许林. 多酸化学导论[M]. 北京:化学工业出版社,1998.

[34] 楚文玲,叶兴凯,吴越. 杂多酸在活性炭上的固载化Ⅲ. 活性炭在酸性介质中对钨硅杂多酸(Si-W (12))的吸附[J]. 应用化学,1995,12(2):716-724.

[35] Satterfield C N. 实用多相催化[M]. 庞礼,译. 北京:北京大学出版社,1990.

[36] Okuhara T,Mizuno N,Misono M. Advance in catalysis[M]. London:Academic Press,1996.

[37] 张梦军,廖春阳,兰玉坤,等. 对催化不对称合成的重大贡献——2001 年诺贝尔化学奖[J]. 化学教育,2002,1:5-13.

[38] 汪秋安,麻秋娟,汤建国.不对称催化合成技术及其最新进展[J].工业催化,2003,11(5):1-6.

[39] 戴立信,金碧辉.催化不对称合成[J].中国基础科学,2005,3:15-17.

[40] 钟邦克.精细化工过程催化作用[M].北京:中国石化出版社,2002.

[41] 钱延龙,陈新滋.金属有机化学与催化[M].北京:化学工业出版社,1997.

[42] 杜大明,陈晓,花文廷.离子液体介质中有机合成及不对称催化反应研究新进展[J].有机化学,2003,23(4):331-343.

[43] Dalko P I,Moisan L. In the golden age of organocatalysis[J]. Angewardte Chemie International Edition,2004,43(39):5138-5175.

[44] 姜丽娟,张兆国.有机小分子催化的不对称羟醛缩合反应[J].有机化学,2006,26(5):618-626.

[45] [英]John Meurig Thomas 著.单活性中心多相催化剂的设计与应用[M].张龙,胡江磊,译.北京:化学工业出版社,2014.

[46] Lin G Q,You Q D,Cheng J F. Chiral drugs chemistry and biological action[M]. New Jersey:John Wiley & Sons,Inc.,2011.

[47] Al-Momani L A. Hydroxy-L-prolines as asymmetric catalysts for Aldol,Michael addition and Mannich reactions[J]. ARKIVOC,2012,6:101-111.

[48] Coulthard G,Erb W,Aggarwal V K. Stereocontrolled organocatalytic synthesis of prostaglandin PGF2α in seven steps[J]. Nature,2012,489(7415):278-281.

[49] Srinivas N,Bhandari K. Proline-catalyzed facile access to Mannich adducts using unsubstituted azoles [J]. Tetrahedron Lett. ,2008,49(49):7070-7073.

[50] Panday S K. Advances in the chemistry of proline and its derivatives:an excellent amino acid with versatile applications in asymmetric synthesis[J]. Tetrahedron:Asymmetry,2011,22:1817-1847.

[51] Kumar B S,Venkataramasubramanian V,Sudalai A. Organocatalytic sequential α-amination/Corey-Chaykovsky reaction of aldehydes:a high yield synthesis of 4-hydroxypyrazolidine derivatives[J]. Org. Lett. ,2012,14(10):2468-2471.

[52] Rawat V,Chouthaiwale P V,Chavan V B,et al. A facile enantiose lective synthesis of(S)-N-(5-chlorothiophene-2-sulfonyl)-β,β-diethylalaninol via proline-catalyzed asymmetric α-aminooxylation and α-amination of aldehyde[J]. Tetrahedron Lett. ,2010,51(50):6565-6567.

[53] Sawant R T,Waghmode S B. Organocatalytic approach to (S)-1-arylpropan-2-ols:enantioselective synthesis of the key intermediate of antiepileptic agent(-)-talampanel[J]. Synth. Commun. ,2010,40(15):2269-2277.

[54] Hong B C,Wu M F,Tseng H C,et al. Organocatalytic asymmetric Robinson annulation of α,β-unsaturated aldehydes:applications to the total synthesis of(+)-palitantin[J]. J. Org. Chem. ,2007,72(22):8459-8471.

[55] Zajac M,Peters R. Catalytic asymmetric synthesis of β-sultams as precursors for Taurine derivatives [J]. Chem. Eur. J. ,2009,15(33):8204-8222.

[56] Kerr M S,Alaniz J R,Rovis T. A highly enantioselective catalytic intramolecular Stetter reaction[J]. J. Am. Chem. Soc. ,2002,124(35):10298-10299.

[57] DiRocco D A,Oberg K M,Dalton D M,et al. Catalytic asymmetric intermolecular Stetter reaction of heterocyclic aldehydes with nitroalkenes:backbone fluorination improves selectivity[J]. J. Am. Chem. Soc. ,2009,131(31):10872-10874.

[58] Enders D,Kallfass U. An efficient nucleophilic carbene catalyst for the asymmetric benzoin condensation[J]. Angewardte Chemie International Edition,2002,41(10):1743-1745.

[59] Takikawa H,Hachisu Y,Bode J W,et al. Catalytic enantioselective crossed aldehyde-ketone benzoin cyclization[J]. Angewardte Chemie International Edition,2006,45(21):3492-3494.

[60] Peng X,Li P,Shi Y. Synthesis of(+)-ambrisentan via chiral ketone-catalyzed asymmetric epoxidation[J]. J. Org. Chem. ,2012,77(1):701-703.

[61] Xu D Q,Wang B T,Luo S P,et al. Pyrrolidine-pyridinium based organocatalysts for highly enantioselective Michael addition of cyclohexanone to nitroalkenes [J]. Tetrahedron:Asymmetry,2007,18

(15):1788-1794.

[62] Gotoh H, Hayashi Y. Diarylprolinol silyl ether as catalyst of an exo-selective, enantioselective Diels-Alder reaction[J]. Org. Lett. ,2007,9(15):2859-2862.

[63] Chow S S, Nevalainen M, Evans C A, et al. A new organocatalyst for 1,3-dipolar cycloadditions of nitrones to α,β-unsaturated aldehydes[J]. Tetrahedron Lett. ,2007,48(2):277-280.

[64] Harmata M, Ghosh S K, Hong X, et al. Asymmetric organocatalysis of [4+3] cycloaddition reactions [J]. J. Am. Chem. Soc. ,2003,125(8):2058-2059.

[65] Burns N Z, Witten M R, Jacobsen E N. Dual catalysis in enantioselective oxidopyrylium-based [5+2] cycloadditions[J]. J. Am. Chem. Soc. ,2011,133(37):14578-14581.

[66] Lee Y, Klausen R S, Jacobsen E N. Thiourea-catalyzed enantioselective iso-Pictet-Spengler reactions [J]. Org. Lett. ,2011,13(20):5564-5567.

[67] Zuend S J, Coughlin M P, Lalonde M P, et al. Scalable catalytic asymmetric Strecker syntheses of unnatural α-amino acids[J]. Nature,2009,461(7266):968-970.

[68] Reisman S E, Doyle A G, Jacobsen E N. Enantioselective thioureacatalyzed additions to oxocarbenium ions[J]. J. Am. Chem. Soc. ,2008,130(28):7198-7199.

[69] Peterson E A, Jacobsen E N. Enantioselective, thiourea-catalyzed intermolecular addition of indoles to cyclic N-acyl iminium ions[J]. Angewardte Chemie International Edition,2009,48(34):6328-6331.

[70] Kang Q, Zhao Z A, You S L. Enantioselective synthesis of(3-indolyl)glycine derivatives via asymmetric Friedel-Crafts reaction between indoles and glyoxylate imines[J]. Tetrahedron,2009,65(8):1603-1607.

[71] He Y W, Lin M H, Li Z M, et al. Direct synthesis of chiral 1,2,3,4-tetrahydropyrrolo[1,2-a] pyrazines via a catalytic asymmetric intramolecular aza-Friedel-Crafts reaction[J]. Org. Lett,2011,13 (17):4490-4493.

[72] Cai Q, Zheng C, You S L. Enantioselective intramolecular aza-Michael additions of indoles catalyzed by chiral phosphoric acids[J]. Angewardte Chemie International Edition,2010,49(46):8666-8669.

[73] Jiang J, Qing J, Gong L Z. Asymmetric synthesis of 3-amino-δ-lactams and benzo[a] quinolizidines by catalytic cyclization reactions involving azlactones[J]. Chem. Eur. J. ,2009,15(29):7031-7034.

[74] Cheng X, Goddard R, Buth. G, et al. Direct catalytic asymmetric three-component Kabachnik-Fields reaction[J]. Angewardte Chemie International Edition,2008,47(27):5079-5081.

[75] Yu J, Shi F, Gong L Z. Brönsted-acid-catalyzed asymmetric multicomponent reactions for the facile synthesis of highly enantio-enriched structurally diverse nitrogenous heterocycles [J]. Acc. Chem. Res. ,2011,44(11):1156-1171.

[76] Lifchits O, Reisinger C M, List B. Catalytic asymmetric epoxidation of α-branched enals[J]. J. Am. Chem. Soc. ,2010,132(30):10227-10229.

[77] Muller S, Webber M J, List B. The catalytic asymmetric Fischer indolization[J]. J. Am. Chem. Soc. , 2011,133(46):18534-18537.

第5章 高分子材料的绿色合成技术

随着 20 世纪末绿色化学的形成,人们对绿色化学在各个学科的认识也在加深,高分子材料合成和应用的绿色战略逐渐形成。高分子绿色化研究内容包括高分子合成的原料无毒化、高分子合成过程无毒化、催化剂无毒化及高分子材料本身无毒化等。

在高分子材料合成与应用中绿色化战略的形成有助于指导人们在高分子材料的合成及加工领域为人类创造更美好的绿色未来。目前绿色高分子的开发在我国已经形成热潮,鉴于高分子材料特有的实用性因素,人们更需要用冷静的头脑考虑高分子材料的合成与应用的安全性能,用全面的、长远的眼光在合成高分子材料时开发完全绿色的方法与工艺。

在高分子材料的合成中应考虑"生态高分子材料"的概念,它不仅涉及生态化学(主要指原料和高分子聚合过程),而且涉及生态生产(主要指生产环境)、生态使用、生态回收、再生利用及残留在生态环境中可能产生的深远影响等。理想的生态高分子材料研究内容应包括采用无毒、无害的原料,进行无害化材料生产(即零排放),制品成型和使用周期中无环境污染,高分子材料废弃后易回收和再生利用。

高分子绿色合成主要有以下特点。

(1) 反应原料选择自然界中含量丰富的物质,而且对环境无害,避免使用自然界中的稀缺资源,以农副产品作为原料是最好的选择。例如,在合成醇酸油漆时,以农副产品蓖麻油酸、豆油脂肪酸、酸酐、多元醇为原料制备醇酸树脂。

(2) 聚合过程中使用的溶剂实现无毒化。采用水、离子液体、超临界流体做溶剂,或对使用的有毒溶剂进行循环利用,并降低其在产品中的残留率。

(3) 聚合过程使用新技术。微波引发聚合、光引发聚合、辐射交联聚合及等离子体聚合等绿色加工工艺均不会对环境构成危害。

(4) 采用高效、无毒化的催化剂(如酶催化聚合),提高催化效率,缩短聚合时间,降低反应所需的能量。

(5) 聚合过程中没有副产物生成,至少没有有毒副产物生成。

5.1 以水为分散介质的聚合技术

水是化学溶剂中唯一没有毒性的液体介质,以其为溶剂进行反应可以减少对环境的危害。实现以水为介质的工业化生产,是化学科技工作者的目标。本章就在水中实现 α-不饱和单体(本章指烯类单体)化合物聚合的反应过程进行重点介绍。

烯类单体发生聚合反应时强烈放热,聚合热一般为 $60\sim100$ kJ/mol,在聚合过程中放热不均衡,反应高峰期的放热速率是平均放热速率的 $2\sim3$ 倍。为了控制传热、传质、聚合物反应速率与聚合物相对分子质量及其分布,必须严格控制好反应温度。其中控制散热过程是聚合过程中的关键,仅靠高效搅拌和换热装置难以将产生的聚合热及时排除。该类反应自采用乳液聚合方法之后,反应过程的热交换得到了较好的解决。

α-不饱和单体在水相中实现自由基聚合反应除了解决了工程上的放热问题外,最重要的是以水为分散介质避免了有机溶剂的使用,无论是在反应过程中还是在产品的使用过程中均不会对生态环境造成危害。

5.1.1　以水为介质聚合的特点

α-不饱和单体在水相中实现的自由基聚合反应是高分子化学提到的乳液聚合。与本体聚合、溶液聚合和悬浮聚合相比,乳液聚合有以下优点。

(1) 解决了热交换工程问题。乳液聚合以水为反应介质,聚合反应系统黏度低,系统内部热交换容易控制。与本体聚合相比,由于连续相是水,聚合反应发生在水相中的乳胶粒内部,尽管乳胶粒内黏度很高,但整个反应系统黏度并不高,基本上接近于连续相(水)的黏度,并且在聚合过程中系统黏度也不会发生大幅度变化。

(2) 实现了高相对分子质量和高聚合反应速率的统一。

在乳液聚合系统中,引发剂溶于水相且在水相中不断分解成自由基,当水相中的自由基扩散到胶束或乳胶粒中时就引发聚合,故聚合反应发生在彼此孤立的乳胶粒中,自由基容易保持较长的寿命;此外乳胶粒表面带有同种电荷,乳胶粒间的静电斥力使不同乳胶粒中的自由基链之间彼此碰撞而发生链终止反应的概率降为零。乳液聚合的链终止速率低,自由基活性链有充分的时间发生链增长反应,所以能生成平均相对分子质量很高的聚合物。

乳液聚合过程中链终止反应速率的降低提高了反应系统的自由基浓度,导致聚合反应速率提高,实现了高反应速率与高相对分子质量的统一,体现出乳液聚合方法特有的特点。

(3) 代表了聚合反应过程的发展方向。大多数乳液聚合以水为介质,既避免了采用昂贵的溶剂,又避免了溶剂回收的麻烦,同时还减小了引发火灾和污染环境的可能性。另外,水作为介质具有不污染环境、生产安全、对人体无害、成本低的特点。

(4) 聚合物产品可直接应用。聚合反应完成后,既可通过后处理使聚合物乳液凝聚成块状、颗粒状或粉末状聚合物,然后加工成型制成各种产品,也可将聚合物乳液直接作为黏合剂、涂料等。

乳液聚合也存在以下缺点:①当需要从乳液中得到固体聚合物时,要经过凝聚、洗涤、脱水、干燥等一系列后处理工序,这样使生产成本提高;②反应中使用的乳化剂难以除尽,残留在聚合物中会影响最终产品的电学性能、透明度、耐水性及制件表面的光泽;③反应器的有效利用空间小,设备利用率较低。

5.1.2　水相聚合系统的组成及其作用

α-不饱和单体在水相中实现自由基聚合反应的系统主要由单体、乳化剂、引发剂、分散介质(水)四部分组成。

1. 单体

乳液聚合常用的单体有乙烯基单体(如苯乙烯、乙烯、乙酸乙烯酯、氯乙烯、偏二氯乙烯等)、共轭二烯烃单体(如丁二烯、异戊二烯、2,3-二甲基丁二烯、1,3-戊二烯、氯丁二烯)、丙烯酸及甲基丙烯酸系单体(如丙烯酸甲酯、丙烯酸羟乙酯、丙烯酸羟丙酯、甲基丙烯酸甲酯、甲基丙烯酸羟丁酯、丙烯酰胺、丙烯腈、丙烯醛)等。单体用量大多数控制在 40%～60%。

为了使获得的乳液聚合物具有所需的性能,往往采用多种单体共聚的方法,在进行乳液配方设计时根据具体性能选用所需的单体。丙烯腈、甲基丙烯酰胺、甲基丙烯酸等具有的极性基团可赋予乳液聚合物良好的耐候性、透明性、抗污染性;氯丁二烯、偏二氯乙烯和氯乙烯可赋予乳液聚合物耐水性、耐燃性和耐油性;丙烯酸、衣康酸、顺丁烯二酸等含羧基的单体可使聚合物乳液的稳定性大大提高,并为乳液在使用中进一步固化提供潜在的交联反应点;在需要乳液聚合物具有高强度、高抗张强度等力学性能的情况下,配方中应多选用玻璃化转变温度高的硬单体,如甲基丙烯酸甲酯、苯乙烯、丙烯腈、氯乙烯等;当需要乳液聚合物具有韧性或弹性时,配方中应多选用玻璃化转变温度低的软单体,如丙烯酸丁酯、丁二烯、氯丁二烯等。

为了改善乳液聚合物的硬度、抗张强度、耐磨性、耐溶剂性、耐水性,常需要对线形聚合物进行交联形成网状结构聚合物。共聚物中含有可交联基团的共聚单体,如(甲基)丙烯酸、(甲基)丙烯酸羟乙酯、(甲基)丙烯酰胺,它们与外加交联剂反应或这些单体之间相互反应都可以生成交联聚合物,从而改善聚合物性能。

2. 乳化剂

乳化剂在乳液聚合系统中起着非常重要的作用。乳化剂可以将单体分散成细小的单体珠滴并吸附在其表面,使其稳定悬浮于水中成为储存单体的"仓库";它在水中形成的含有单体的增溶胶束是形成乳胶粒的重要来源;它吸附在乳胶粒表面形成稳定的聚合物乳液,使聚合物乳液在聚合、存放、运输和应用过程中不会凝结破乳;同时乳化剂还直接影响着乳液聚合反应速率。

乳液聚合使用的乳化剂按其亲水基团的性质分为阴离子、阳离子、两性和非离子四类。常用的阴离子乳化剂有羧酸盐(如月桂酸钾)、硫酸酯盐(如十二烷基硫酸钠)、磺酸盐(丁二酸二辛酯磺酸钠)等。硫酸酯盐和磺酸盐型乳化剂在酸、碱性条件下均可使用,而有机羧酸盐则需在弱碱性介质中使用以保持羧基的离子形态。

阳离子乳化剂可用于带正电荷的聚合物乳液的制备和苯乙烯-丁二烯乳液共聚反应中。常用的阳离子乳化剂有铵盐型(如十二烷基氯化铵)和季铵盐型(如十六烷基三甲基溴化铵)。

两性乳化剂在乳液聚合中应用较少,而非离子乳化剂则应用较广,如高级脂肪醇聚氧乙烯醚、烷基酚聚氧乙烯醚、脂肪酸聚氧乙烯酯等聚氧乙烯型非离子乳化剂,以及 Span、Tween 等以失水山梨醇为基础制得的多元醇酯型非离子乳化剂。

乳化剂种类和浓度对乳胶粒的颗粒大小和数目、聚合物的相对分子质量、聚合反应速率及聚合物乳液的稳定性等均有明显影响。

3. 引发剂

根据自由基生成机理,用于乳液聚合的引发剂分为两大类,即热分解型引发剂和氧化还原型引发剂。

1) 热分解型引发剂

乳液聚合使用的热分解型引发剂大多为过硫酸钾和过硫酸铵等过氧化物,遇热时过氧键发生均裂而生成自由基。

2) 氧化还原型引发剂

该类引发剂是利用组成它的氧化剂和还原剂之间发生氧化还原反应而产生能引发聚合的自由基。目前使用的氧化还原型引发剂包括过硫酸盐-硫醇、过硫酸盐-亚硫酸氢盐、氯酸盐-亚硫酸氢盐、过氧化氢-亚铁盐及过氧化氢-聚胺等。

随着引发剂浓度的增大,水相中自由基的生成速率增大,导致成核速率增加,乳胶粒数目增大,聚合反应速率加大。而自由基生成速率的增大又使链终止速率也增大,聚合物平均相对分子质量降低。为体现乳液聚合的高相对分子质量和高反应速率的特点,引发剂的浓度应控制适当。

4. 分散介质(水)

α-不饱和单体在水相中聚合对使用的水有严格的要求。由于水中含有的金属离子(特别是钙、镁、铁、铅等离子)会严重影响聚合物溶液的稳定性,并对聚合过程起阻聚作用,所以乳液聚合应使用蒸馏水或去离子水,所用水的电导值应控制在 10 mS/cm 以下。

有些单体在水中的聚合反应要求在 −10 ℃ 甚至在 −18 ℃ 低温下进行,而水的凝固点为 0 ℃,因此水中还要加入抗冻剂。抗冻剂有两类:一类是非电解质抗冻剂,如甲醇、乙醇、乙二醇、丙酮、甘油、乙二醇单烷基醚、二氧六环等;另一类是电解质抗冻剂,如 NaCl、KCl、K_2SO_4 等。电解质抗冻剂便宜、易得,使用适当时可降低乳化剂的临界胶束浓度并提高聚合反应速率和乳液系统的稳定性。电解质抗冻剂只能在较小范围内降低水的冰点。在特殊情况下乳液聚合也使用非水溶剂做介质。

5.1.3　水相聚合反应原理

α-不饱和单体在水相中的聚合过程分为四个阶段:分散阶段(乳化阶段)、成核阶段(阶段Ⅰ)、乳胶粒长大阶段(阶段Ⅱ)和聚合反应完成阶段(阶段Ⅲ)。

1. 分散阶段

在加入引发剂之前,系统中不发生聚合反应,只是在乳化剂的稳定作用和机械搅拌作用下,把单体以珠滴的形式分散在水相中形成乳状液,因此,分散阶段又可称为乳化阶段。

乳化剂在水中形成胶束,在一定温度下,对于特定乳化剂,其临界胶束浓度(CMC)有一定值。平均一个胶束中乳化剂的分子数称为聚集数,乳化剂的聚集数一般为 50~200,胶束粒径为 5~10 nm。正常乳液聚合系统中 1 cm³ 水中约含有 10^{18} 个胶束。图 5-1 为乳液聚合分散阶段系统内的粒子平衡示意图。

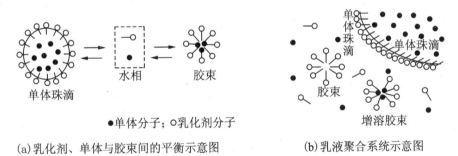

●单体分子;○乳化剂分子

(a)乳化剂、单体与胶束间的平衡示意图　　　　(b)乳液聚合系统示意图

图 5-1　分散阶段系统内的粒子平衡示意图

乳化剂以胶束吸附在单体珠滴表面或以单分子形式溶于水中等状态存在,而单体大部分集中于单体珠滴,少量单体分布在增溶胶束中或溶解在水中。乳化剂和单体在水相、单体珠滴、胶束之间建立起动态平衡关系。

2. 阶段Ⅰ

当水溶性引发剂加入系统后,在反应温度下引发剂分解产生自由基。在聚合反应开始之前,常会经过一个不发生聚合反应的诱导期,然后进入反应加速期,由于乳胶粒的生成主要发生在这一阶段,所以阶段Ⅰ又称为乳胶粒生成阶段。这时引发剂生成的自由基有三个去向:扩散到胶束中、在水相中引发自由单体聚合、扩散到单体珠滴中。由于系统中胶束的数量比单体珠滴数量多得多,故一般情况下绝大多数自由基进入胶束。自由基进入增溶胶束后就引发聚合成大分子链,结果胶束变成被单体溶胀的聚合物颗粒(乳胶粒),这个过程称为胶束的成核过程。由乳化剂构成的胶束是生成乳胶粒的主要来源,乳化剂浓度越大,系统中胶束数量越多,所生成的乳胶粒数也越多,聚合反应进行得越快。

单体在乳胶粒、水相和单体珠滴之间存在动态平衡,聚合反应主要发生在乳胶粒中,随着聚合反应的进行,乳胶粒中的单体逐渐被耗尽,使得平衡不断沿着单体珠滴→水相→乳胶粒方向移动而使乳胶粒中的单体得到补充,如图 5-2 所示。

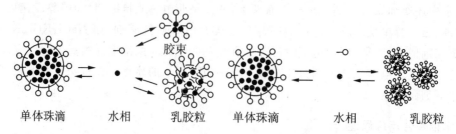

单体珠滴　　　　水相　　　乳胶粒　　　单体珠滴　　　　水相　　　　乳胶粒

图 5-2　阶段Ⅰ开始和结束时各种粒子间的动态变化示意图

虽然水相中生成的自由基也会引发水相中以真溶液状态存在的自由单体分子发生聚合,或扩散到单体珠滴中生成乳胶粒,但研究表明乳胶粒主要是在增溶胶束中形成的(即按胶束成核机理生成的),其他两种机理生成乳胶粒很少,可以忽略不计。

3. 阶段Ⅱ

加速阶段Ⅰ结束的特征为胶束消失,系统内所有的胶束粒子转变为乳胶粒,并且乳胶粒数量在阶段Ⅱ中数目不再增加而保持定值。在乳胶粒中引发聚合使乳胶粒不断长大,随着乳胶粒中单体不断被消耗,单体的平衡不断沿单体珠滴→水相→乳胶粒方向移动,致使单体珠滴中的单体逐渐减少,直至单体珠滴消失。把从胶束耗尽到单体珠滴消失,乳胶粒数目不再增加,而其体积不断增大这段时间间隔称为阶段Ⅱ或乳胶粒长大阶段。在阶段Ⅱ中,胶束消失后,乳化剂以三种状态存在并保持动态平衡关系(见图 5-3)。

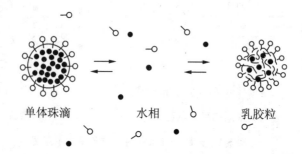

单体珠滴　　　　　水相　　　　　乳胶粒

图 5-3　阶段Ⅱ单体珠滴、乳化剂分子、自由基与乳胶粒间的动态平衡示意图

4. 阶段Ⅲ

阶段Ⅲ的特征为胶束粒子和单体珠滴均消失,系统内只存在乳胶粒和水两相,乳化剂、单体和自由基由它们在这两相间的动态平衡决定。单体在自由基作用下全部转变成聚合物,因此这个阶段又称为聚合反应完成阶段(见图 5-4)。

在这个阶段中,水相中的引发剂继续不断地分解出自由基,而自由基也不断扩散到乳胶粒中,并在乳胶粒中引发聚合。此时由于乳胶粒只能消耗自身储存的单体发生聚合反应而得不到补充,故乳胶粒中单体浓度不再保持固定,而是随时间逐渐降低。随着单体浓度逐渐减少,聚合物浓度逐渐升高,大分子链彼此缠结在一起,乳胶粒内部黏度逐渐增大,使自由基在乳胶粒中的反应速率急剧下降。随着转化率的提高,乳胶粒中单体浓度降低,反应速率本应下降,

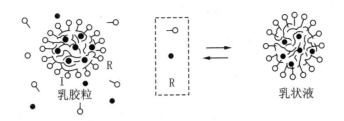

图 5-4　阶段Ⅲ系统内的粒子种类及单体、乳化剂和自由基间的动态平衡

但在阶段Ⅲ中由于链终止反应速率急剧下降,反应后期反应速率不仅不下降,反而随转化率增加而大大加速,这种现象称为 Trommsdorff 效应或凝胶效应。

另外,有些单体的聚合过程在阶段Ⅲ的后期转化率增至某一值时,转化速率会突然降至零,这种现象称为玻璃化效应。这是因为在阶段Ⅲ乳胶粒中聚合物浓度随转化率增加而增大,单体-聚合物系统的玻璃化转变温度 T_g 也随着升高(在玻璃化转变温度以下,系统处于类似固态玻璃的状态),当转化率增大至某一定值时,系统的玻璃化转变温度恰好等于反应温度,此时乳胶粒中不仅活化分子链被固结,单体也被固结,所以链增长速率急剧降为零。其聚合动力学曲线如图 5-5所示。

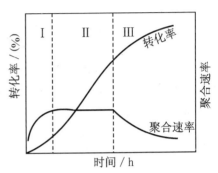

图 5-5　乳液聚合的动力学曲线

5.2　离子液体中的聚合技术

离子液体是由有机阳离子和无机阴离子构成的,通过调整阴、阳离子的组成,可改变离子液体对反应物和产物的溶解度。离子液体作为一种新型的溶剂,具有不挥发、蒸气压为零、液态范围广、溶解性能好、热稳定性好、不燃、不爆炸等优良特性。离子液体在聚合反应中的应用研究得到了空前的发展,取得了许多优异的成果。

5.2.1　自由基聚合

1. 聚合反应速率快,相对分子质量增大

在 1-丁基-3-甲基咪唑六氟磷酸盐([bmim]PF₆)离子液体中,甲基丙烯酸甲酯(MMA)能够容易地实现自由基聚合。随着离子液体浓度的增大,链增长速率常数 k_p 增大,链终止速率常数 k_t 减小。

通过比较 MMA 在离子液体[bmim]PF₆ 和苯中的自由基聚合反应发现,MMA 在离子液体中的聚合反应速率约为在苯中的 10 倍,得到的聚甲基丙烯酸甲酯(PMMA)的相对分子质量更大。由于[bmim]PF₆ 浓度的增大使溶液的极性逐渐增强,反应系统在聚合过程中一直保持均相,因而聚合反应速率大。

2. 合成嵌段共聚物

普通自由基聚合反应一般不能用来合成嵌段共聚物,自从采用离子液体做溶剂后,自由基聚合反应合成嵌段共聚物成为现实。

将苯乙烯(St)和 MMA 单体在[bmim]PF$_6$中聚合,得到重均相对分子质量为 $2 \times 10^5 \sim$ 8×10^5 的 PS-b-PMMA 嵌段共聚物。

离子液体中的自由基聚合反应有以下两个特点。

(1) 离子液体的黏度较大,随着聚合物的析出,增长链自由基通过扩散而发生碰撞的概率较小,因而寿命延长,得到的产物的相对分子质量变大,聚合速率增加。

(2) 聚苯乙烯在离子液体中的溶解度很小,而 PMMA 在离子液体中的溶解度很大。先加入 St,合成 PS,聚合到一定程度减压将未反应的 St 抽出,再加入 MMA。由于 MMA 是完全溶解在离子液体中的,所以聚合反应可以继续进行。

5.2.2 离子聚合

理论上,离子液体的高极性对离子聚合反应更有利,但离子聚合反应在离子液体中的应用报道极少。

Vijayaraghavan 等以一种新型的 Brönsted 酸——双草酸根硼酸(HBOB)为引发剂,研究了苯乙烯在二氯甲烷(DCM)和离子液体[P$_{14}$]Tf$_2$N(N-甲基-N-丁基吡咯三氟甲基磺酰胺酸盐)中的阳离子聚合,反应式如下:

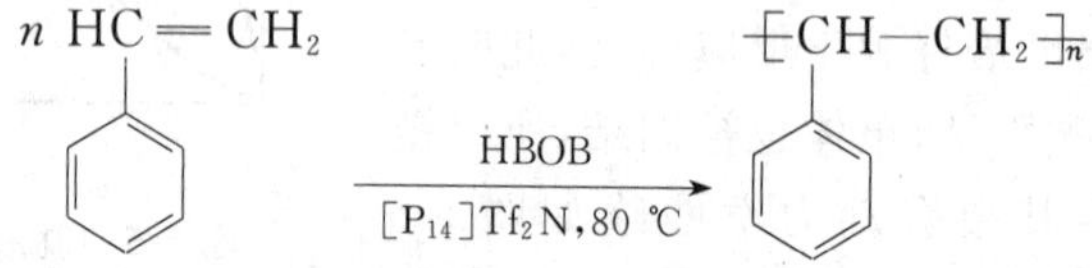

与传统的有机溶剂 DCM 相比,在[P$_{14}$]Tf$_2$N 中聚合得到的聚合物相对分子质量较小,相对分子质量分布范围较窄,离子液体和引发剂的混合物可以回收利用。

5.2.3 缩聚和加聚

到目前为止,有关离子液体中缩聚和加聚反应的报道相对较少。Vygodskii 等发现在以[R^{1}R^{3}im]为阳离子的离子液体中,无须外加催化剂,肼和四羧酸双酐加聚可以生成聚酰亚胺,肼和二酰基氯缩聚可以生成聚酰胺,得到的聚合物相对分子质量却非常高。其反应式如下:

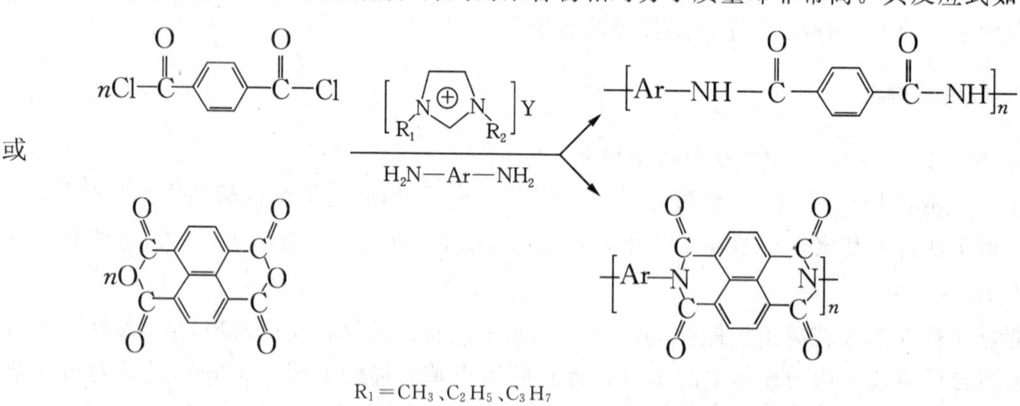

$R_1 = CH_3$、C_2H_5、C_3H_7

$R_2 = C_2H_5$、C_3H_7、C_4H_9、C_5H_{11}、C_6H_{13}、$C_{12}H_{23}$

$Y = Br$、BF_4、PF_6、$(CF_3SO_2)_2N$

5.2.4 配位聚合

配位聚合反应大多是在 Ziegler-Natta 催化剂作用及高温高压的情况下实现的。Pinheiro

等以二亚胺镍为催化剂,在[bmim]AlCl$_4$ 离子液体中,在比较温和的条件下(10^5 Pa,$-10 \sim$ 10 ℃)实现了乙烯的聚合反应。

Mastrorilli 等以 Rh(Ⅰ)为催化剂,三乙胺为助催化剂,分别研究了苯基乙炔在[bmim]BF$_4$ 和[BPy]BF$_4$(N-丁基吡啶四氟硼酸盐)中的聚合。

$$n\mathrm{C_6H_5-C{\equiv}CH} \xrightarrow[\text{[bmim]BF}_4 \text{ 或[BPy]BF}_4]{\mathrm{Rh(Ⅰ)/NEt_3}} \mathrm{PPA}$$

结果表明,在两种离子液体中的配位聚合反应产率都非常高,得到的聚合物相对分子质量达到 55000~200000,且催化剂活性未明显降低,可以回收利用。

5.2.5　电化学聚合

离子液体在电化学聚合反应中的应用研究较其他聚合方法开展得早。1978 年,Osteryoung 等通过电化学方法实现了在 bupy/AlCl$_4$ 离子液体中苯聚合为聚对苯(PPP)的反应。

Arnautov 尝试用 bupy/AlCl$_3$(OC$_2$H$_5$)离子液体代替传统的氯铝酸盐离子液体,实现了聚对苯的电化学合成。Zein 等采用对空气和水均稳定的[hmim]CF$_3$SO$_3$(1-己基-3-甲基咪唑三氟甲基磺酸盐)和[P$_{14}$]Tf$_2$N 离子液体为电解质,深入研究了 PPP 膜的合成。研究发现,与过去采用的 18 mol/L 的硫酸和液态 SO$_2$ 溶剂相比,离子液体无毒、无臭、无腐蚀性,得到的 PPP 膜电化学活性很好,且聚合速率较快。

此外,吡咯也可以在[emim]CF$_3$SO$_3$ 离子液体中发生电化学聚合反应。吡咯还可以在[bmim]PF$_6$、[emim]Tf$_2$N、[bmpy]Tf$_2$N 等离子液体中发生电化学聚合反应生成聚吡咯膜。由于离子液体具有独特的结构特点,它们不仅可以作为电解质,还可以作为聚吡咯的生长自由基,大大改善了聚吡咯膜的形态结构,提高了聚吡咯膜的电化学活性。

聚噻吩在离子液体中的电化学合成也有报道,离子液体[bmim]PF$_6$ 既可作为溶剂,又可作为支持电解质,得到的聚噻吩膜具有良好的稳定性和充放电能力。

由此看出,离子液体的出现为导电高分子的合成、材料的组装提供了一个新的研究途径。

与传统的易挥发性有机溶剂相比,离子液体在提高反应速率和选择性及催化剂的循环利用等方面均有明显的优势,但要大规模地取代传统有机溶剂乃至工业化尚有一定距离。

5.3　超临界流体中的聚合技术

在无毒、无害溶剂的研究中,最活跃的研究课题之一是开发超临界流体(SCF),如超临界二氧化碳。超临界二氧化碳是指温度和压力均在其临界点(31 ℃、7.38 MPa)以上的二氧化碳流体。超临界流体的密度、溶剂溶解度和黏度等性能均可由压力和温度的变化来调节,其最大优点是无毒、不可燃、价廉等。

DeSimone 的实验室广泛研究了在超临界流体中的聚合反应,指出采用一些不同的单体能够合成出多种聚合物,对于甲基丙烯酸的聚合,超临界流体与常规的有机卤化物溶剂相比有着显著的优越性。

5.3.1　超临界二氧化碳中的聚合反应

含氟聚合物在传统的有机溶剂中的溶解度很小,含氟聚合物的制备多以氯氟烃有机溶剂为反应介质,但氯氟烃会破坏大气臭氧层。而在超临界二氧化碳中,含氟聚合物的溶解度很大,能实现均相聚合。1992 年 DeSimone 等提出了超临界二氧化碳聚合,此后有关聚合系统的报道越来越多,内容涉及均相聚合反应、沉淀聚合反应、分散聚合反应及乳液聚合反应等。

DeSimone 等在超临界二氧化碳中研究了偏二氟乙烯(VF_2)的连续沉淀聚合。在 75 ℃、VF_2 的浓度为 2.5 mol/L 时,VF_2 的转化率为 7%~26%,反应速率高达 $27×10^{-5}$ mol/(L·s)。得到的聚合物粉末相对分子质量达 $150×10^3$,230 ℃下的熔融指数为 3.0。

Kemmere 等正在研究一种烯烃在超临界二氧化碳中催化聚合的新工艺,将主要用于乙丙橡胶(EPDM)和其他弹性体的生产。

5.3.2　超临界介质中聚合物的解聚反应

使用超临界流体处理废弃塑料是一项新技术。超临界水具有常态下有机溶剂的性能,能溶解有机物而不溶解无机物,还具有氧化性。它可以和空气、氮气、氧气和二氧化碳等气体完全互溶,所以它可以作为氧化反应的介质,又可以直接进行氧化反应。它还用于分解和降解高分子物质,回收有价值的产品,循环利用资源,满足环保需要。

1. 超临界水处理聚乙烯(PE)和聚苯乙烯(PS)

超临界水对 PS 泡沫降解初步实验结果显示,在反应进行前 30 min 内,反应的效率最高。添加剂能促进降解反应,得到相对分子质量更低的产物,而添加量在 5% 左右时,效率与成本比最高。当反应时间短或无添加剂存在时,提高反应温度对降解有显著的促进作用。

把 PE 和水混合,加热到 400 ℃,在 1~3 h 内可降解成由烷烃和烯烃组成的油,改变条件,也可以生成芳香烃。通过温度、水量和反应时间的调控可改变产品的分布。此技术的排放物是油和水,容易分离,几乎不含有害物质,对环境无害,废水可循环使用。

2. 超临界水处理聚氯乙烯(PVC)

用超临界水还能降解 PVC,得到不同的有机化合物。PVC 中的氯原子以 HCl 的形式在水中回收。研究结果显示,在超临界水解过程中,这些含氯化合物可以完全转化为环境友好产物,没有有害副产物产生,为解决白色污染提供了一条可行的途径。

3. 超临界水和超临界甲醇降解聚对苯二甲酸乙二酯(PET)

对超临界水和超临界甲醇中 PET 的降解研究表明,在超临界水中,降解时首先生成低聚物,之后生成对苯二甲酸,高纯度的对苯二甲酸(约 97%)回收率在 90% 以上;超临界甲醇中的反应速率快,条件适宜,乙二醇可 100% 回收,几乎不产生气体和副产物。在温度为 280 ℃、压力为 8 MPa 的条件下,PET 只需 30 min 就可全部解聚,解聚产物纯度高,易分离,固相产物对苯二甲酸酯(DMT)有很高的纯度,可作为生产的原料,液相是甲醇和乙二醇的混合物,通过蒸馏很容易分离,乙二醇可回收,甲醇可循环利用。反应不需催化剂,反应系统无腐蚀性,对环境无污染,易于实现工业化连续生产。

5.4　低残存 VOC 的水性聚氨酯合成技术

在高分子材料合成过程中使用一定的毒性溶剂,但能确保其循环利用并降低其在产品中的残留率,也是高分子绿色合成的研究内容。水性聚氨酯树脂的合成即是这个方面的典型例子。

水性聚氨酯树脂是将聚氨酯分散在水中形成的均匀乳液,具有不燃、气味小、不污染环境、节能、操作加工方便等优点,广泛用作黏合剂和涂料。与溶剂型聚氨酯黏合剂相比,水性聚氨酯具有以下特点。

（1）大多数水性聚氨酯树脂中不含反应性 NCO 基团，因而树脂主要靠分子内极性基团产生内聚力和黏附力进行固化。水性聚氨酯中的羧基、羟基等在适宜条件下可参与反应，使黏合剂产生交联。

（2）黏度是黏合剂使用性能的一个重要参数。水性聚氨酯树脂的黏度一般通过水溶性增稠剂及水来调整。

（3）由于水的挥发性比有机溶剂的差，故水性聚氨酯黏合剂干燥较慢，材料的耐水性较差。

（4）水性聚氨酯树脂可与多种水性树脂混合，以改进性能或降低成本。此时应注意水性树脂的电性和酸碱性，否则可能引起水性聚氨酯树脂凝聚。

（5）水性聚氨酯树脂气味小，操作方便，残胶易清理。

5.4.1　水性聚氨酯的分类

经过 40 年左右的实践，已研究出水性聚氨酯的多种制备方法和制备配方。水性聚氨酯品种繁多，可以按多种方法进行分类。

1. 按外观分类

水性聚氨酯可分为聚氨酯乳液、聚氨酯分散液及聚氨酯水溶液。实际应用最多的是聚氨酯乳液及分散液，本书中统称为水性聚氨酯或聚氨酯乳液，其外观分类见表 5-1。

表 5-1　水性聚氨酯形态分类

性　质	水　溶　液	分　散　液	乳　液
外观	透明	半透明乳白	白色混浊
粒径/μm	<0.001	0.001～0.1	>0.1
相对分子质量	1000～10000	几千到几十万	>5000

2. 按使用形式分类

水性聚氨酯树脂按使用形式可分为单组分及双组分两类。可直接使用，或不需交联剂即可得到所需使用性能的水性聚氨酯称为单组分水性聚氨酯树脂。若单独使用不能获得所需的性能，必须添加交联剂，或者一般单组分水性聚氨酯添加交联剂后能提高黏结性能，在这些情况中，水性聚氨酯主剂和交联剂两者就组成双组分水性聚氨酯树脂。

3. 按亲水性基团的性质分类

根据聚氨酯分子侧链或主链上含有的离子基团种类，水性聚氨酯可分为阴离子型、阳离子型和非离子型。含阴、阳离子的水性聚氨酯又称为离聚物型水性聚氨酯。

（1）阴离子型水性聚氨酯又可细分为磺酸型、羧酸型，大多数水性聚氨酯以含羧基扩链剂或含磺酸盐扩链剂引入羧基离子及磺酸离子。

（2）阳离子型水性聚氨酯一般是指主链或侧链上含有铵离子（一般为季铵离子）或锍离子的水性聚氨酯。主链含铵离子的水性聚氨酯的制备一般采用含叔氨基的扩链剂，叔胺及仲胺与酸或烷基化试剂作用，形成亲水的铵离子。

（3）非离子型水性聚氨酯即分子中不含有离子基团的水性聚氨酯。非离子型水性聚氨酯的制备方法有两种：普通聚氨酯预聚体或聚氨酯有机溶液在乳化剂存在下进行高剪切力强制乳化；制成分子中含有非离子型亲水性链段或亲水性基团的聚氨酯，亲水性链段一般是中低相对分子质量聚氧化乙烯，亲水性基团一般是羟甲基。

混合型聚氨酯树脂分子结构中同时含有离子型及非离子型亲水基团或链段。

5.4.2 水性聚氨酯的原料

1. 低聚物多元醇

水性聚氨酯树脂制备中常用的低聚物多元醇一般以聚醚二醇、聚酯二醇居多,有时还使用聚醚三醇、低支化度聚酯多元醇、聚碳酸酯二醇等低聚物多元醇。

聚醚型聚氨酯的柔顺性、耐水性较好,常用的聚氧化丙烯二醇(PPG)的价格比聚酯二醇的低,因此我国的水性聚氨酯研究开发大多以聚氧化丙烯二醇为主要原料。由聚四氢呋喃醚二醇制得的聚氨酯力学性能及耐水解性均较好,但其价格相对较高,限制了它的广泛应用。

聚酯型聚氨酯强度高、黏结力好,但由于聚酯本身耐水解性能比聚醚的差,故采用一般原料制得的聚酯型水性聚氨酯,其储存稳定期较短。国外的聚氨酯乳液及涂料的主流产品是聚酯型的。脂肪族非规整结构聚酯的柔顺性也较好,由规整结构的结晶性聚酯二醇制备的单组分聚氨酯乳液黏合剂,胶层经热活化黏结,初始强度较高。而芳香族聚酯多元醇制成的水性聚氨酯对金属、PET 等材料的黏结力高,内聚强度大。

聚碳酸酯型聚氨酯耐水性、耐候性、耐热性好,但易结晶,价格高,应用受到限制。

2. 二异氰酸酯

制备聚氨酯乳液常用的二异氰酸酯有 TDI、MDI 等芳香族二异氰酸酯,以及六亚甲基二异氰酸酯(HDI)、异佛尔酮二异氰酸酯(IPDI)、二环己基甲烷二异氰酸酯(H_{12}MDI)等脂肪族、脂环族二异氰酸酯。由脂肪族或脂环族二异氰酸酯制成的水性聚氨酯,耐水解性比芳香族二异氰酸酯制成的聚氨酯好,因而其储存稳定性好。国外的高品质的聚酯型水性聚氨酯一般采用脂肪族或脂环族二异氰酸酯原料制成,而我国受原料品种及价格的限制,大多数仅用 TDI 为二异氰酸酯原料。

3. 扩链剂

水性聚氨酯制备中常常使用扩链剂,可引入离子基团的亲水性扩链剂有多种。除了这类特种扩链剂外,还经常使用 1,4-丁二醇、乙二醇、一缩二乙二醇、己二醇、乙二胺、二乙烯三胺等扩链剂。

由于胺与二异氰酸酯的反应活性比水高,可将二胺扩链剂混合于水中或制成酮亚胺,在乳化分散的同时进行扩链反应。

4. 水

水是水性聚氨酯胶黏剂的主要介质,为了防止水中的钙、镁等杂质影响阴离子型水性聚氨酯的稳定性,用于制备水性聚氨酯树脂的水一般是蒸馏水或去离子水。除了用作溶剂或分散介质外,水还是重要的反应原料。合成水性聚氨酯的方法目前以预聚体法为主,在聚氨酯预聚体与水分散的同时,水也参与扩链。由于水或二胺的扩链,实际上大多数水性聚氨酯是聚氨酯-脲乳液(分散液),聚氨酯-脲比纯聚氨酯有更大的内聚力和黏结力,脲键的耐水性比氨酯键的好。

$$2R—NCO + H_2O \longrightarrow RNHCONHCONHR + CO_2$$

5.4.3 水性聚氨酯树脂的制备

水性聚氨酯树脂是水性聚氨酯黏合剂、涂料及其他应用领域的基质。水性聚氨酯树脂的制备不能采用一般水性乙烯基单体合成树脂的水相聚合方法。

水性聚氨酯树脂的制备有两个主要步骤:①由低聚物二醇与二异氰酸酯反应,形成高相对分子质量的聚氨酯或中高相对分子质量的聚氨酯预聚体;②在剪切力作用下分散于水中。

聚氨酯一般是疏水性的,要制备水性聚氨酯,一种办法是采用外乳化法,即在乳化剂存在下将聚氨酯预聚体或聚氨酯有机溶液强制性乳化于水中,由该方法制备的水性聚氨酯树脂稳定性较差。另一种方法是在制备聚氨酯过程中引入亲水性成分,不需要添加乳化剂,此法即自乳化法,该方法大大改善了水性聚氨酯树脂的稳定性。

制备水性聚氨酯最常用的方法为预聚体分散法,即制备以 NCO 为端基(NCO 含量一般在 10% 以下)、含亲水基团的聚氨酯预聚体,由于预聚体的相对分子质量不是太高,可仅加少量溶剂甚至不加溶剂,就能在剪切力作用下乳化。水可参与预聚体的反应,相当于扩链剂,使预聚体进行链增长,形成高相对分子质量水性聚氨酯。也可采用二胺(或肼)扩链剂,以较快地进行链增长反应。

$$2 \sim\!\!\sim\!\!\sim NCO + H_2O \longrightarrow \sim\!\!\sim\!\!\sim NHCONH \sim\!\!\sim\!\!\sim$$

$$2 \sim\!\!\sim\!\!\sim NCO + H_2N-R-NH_2 \longrightarrow \sim\!\!\sim\!\!\sim NHCONH-R-NHCONH \sim\!\!\sim\!\!\sim$$

对于活性大的二胺,一般需将活泼的—NH$_2$ 保护起来,即采用酮与胺反应,生成酮亚胺,在预聚体乳化时酮亚胺遇水使二胺再生,可平稳地扩链。

为了提高乳液的性能,还可对部分 NCO 基团进行封闭,制成封闭型聚氨酯乳液,当乳液成膜后加热处理,NCO 脱封,与聚氨酯本身及基材上的活性氢反应,产生交联。常用的封闭剂有酮肟、己内酰胺、亚硫酸氢钠等。

下面介绍由自乳化法制备水性聚氨酯的技术。

1. 阴离子型水性聚氨酯树脂的制备

阴离子型水性聚氨酯树脂是最常见的水性聚氨酯,下面仅以羧酸型水性聚氨酯乳液为例介绍其合成技术。

由低聚物二元醇、二异氰酸酯和含羧基的二羟基化合物合成聚氨酯预聚体,然后在水中乳化得到水性聚氨酯树脂。常用的含羧基的扩链剂是二羟甲基丙酸(DMPA)。

预聚体的合成方法有以下两种。

(1) 先由低聚物二醇与过量二异氰酸酯反应生成预聚体,再用 DMPA 扩链,生成含羧基的预聚体。

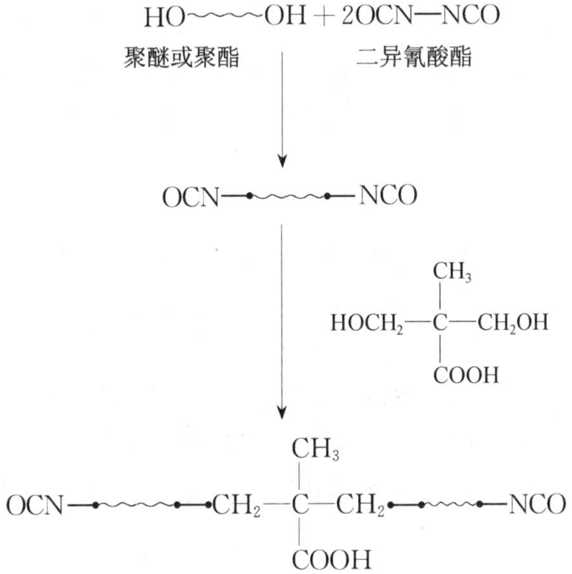

• 为氨酯基(NHCOO);—为二异氰酸酯核烃基

(2) 二异氰酸酯、低聚物多元醇和扩链剂 DMPA 一起加热反应,制备含羧基的预聚体。

$$2HO\text{\textasciitilde}OH + 4OCN-NCO + HOCH_2-\underset{\underset{COOH}{|}}{\overset{\overset{CH_3}{|}}{C}}-CH_2OH$$

聚醚或聚酯　　　　　二异氰酸酯　　　　　二羟甲基丙酸

$$\downarrow$$

$$OCN\text{\textasciitilde}CH_2-\underset{\underset{COOH}{|}}{\overset{\overset{CH_3}{|}}{C}}-CH_2\text{\textasciitilde}NCO$$

乳化的方法也有以下两种。

(1) 在预聚体中加入成盐剂,一般是三乙胺(Et_3N),使羧基被中和成羧酸铵盐,由于离子间的作用力,中和后的预聚体为黏稠液,一般需用少量溶剂稀释,以便于剪切乳化。

$$OCN\text{\textasciitilde}\underset{COOH}{NCO} \xrightarrow{Et_3N} OCN\text{\textasciitilde}\underset{COO^-{}^+NHEt_3}{NCO} \xrightarrow{H_2O} \text{\textasciitilde}\underset{COO^-{}^+NHEt_3}{}$$

$$\text{PU 乳液}$$

(2) 将成盐剂(如氢氧化钠、氨水、三乙胺)配成稀碱水溶液,将预聚体倒入该水溶液中,进行乳化,由于未离子化的预聚体的黏度较上述离子化预聚体的小,一般不用溶剂就可进行乳化。另外,也可在剧烈搅拌下把含成盐剂的水倒入预聚体中,使预聚体乳化、扩链。

$$OCN\text{\textasciitilde}\underset{COOH}{NCO} \xrightarrow[\text{(乳化)}]{NaOH/H_2O} \text{\textasciitilde}\underset{COO^-Na^+}{NHCONH}\text{\textasciitilde}\underset{COO^-Na^+}{}$$

$$\text{\textasciitilde}\text{为聚氨酯链段}$$

乳化时,预聚体胶粒中的预聚体除以水为扩链剂外,还可以二胺为扩链剂。可将二胺水溶液加入刚刚剪切分散的预聚体乳液中;或将二元伯胺与甲乙酮形成酮亚胺,混入预聚体,在水中分散的同时进行扩链。最后将乳液进行薄膜蒸发减压脱除溶剂,得到 VOC 含量极低的水性聚氨酯树脂。

2. 阳离子型水性聚氨酯树脂的制备

阳离子型水性聚氨酯所含有的阳离子基团可以是有机铵基团或锍基,而后者在制备水性聚氨酯中无实用价值,阳离子型水性聚氨酯实际上就是主链(或侧链)含季铵离子的水性聚氨酯。

制备阳离子型聚氨酯常用的扩链剂是含有叔氨基的二羟基化合物(N-甲基二乙醇胺)等,用这类扩链剂制备出含叔氨基的 NCO 端基聚氨酯预聚体,再进行季铵化(或用酸中和)、乳化,即得到阳离子型水性聚氨酯,最后经减压脱除溶剂得到 VOC 含量极低的水性聚氨酯树脂,其制备原理如下:

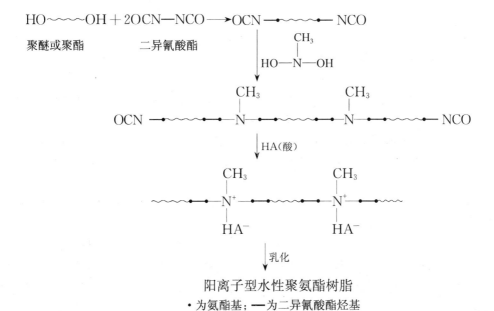

阳离子型水性聚氨酯树脂

·为氨酯基；——为二异氰酸酯烃基

5.4.4　水性聚氨酯的性能

以水为主要介质的水性聚氨酯(主要是乳液)黏合剂与溶剂型聚氨酯黏合剂相比,具有一些特别的性质(见表 5-2)。

表 5-2　乳液型和溶剂型聚氨酯黏合剂的性能比较

性	能	乳 液 型	溶 剂 型
液体性质	外观	半透明→乳白色分散液	均匀透明液体
	固含量	$20\%\sim60\%$(与 M_r 无关)	$20\%\sim100\%$(与 M_r 无关)
	溶剂类型	水(有时含少量溶剂)	有机溶剂
	黏度	低,与相对分子质量无关,可增稠	相对分子质量高则黏度大,还与溶剂、浓度有关
	黏流特性	非牛顿型(一般有触变性)	牛顿型
施工性能	润湿性能	表面张力较高,对低能表面润湿不良,可加流平剂改变	视溶剂种类对低能表面润湿良好
	干燥性	慢(水的蒸发能高)	快
	成膜性	须在 0 ℃ 以上,依赖于温度、湿度	对温度依赖性小
	共混性	相同离子性质的不同聚合物可共混	与聚合物和溶剂系统有关
膜性能	机械性能	差→良	良好
	耐水性	稍差→良好(加交联剂增强)	良好
	耐溶剂性	稍差→良好(加交联剂增强)	单组分差、双组分良好
	耐热性	热塑性的稍差,热固性的良好	热塑性的稍差,热固性的良好

5.4.5　水性聚氨酯的应用

水性聚氨酯树脂主要在涂料、黏合剂和处理剂等领域得到广泛的应用。

1. 黏合剂

和溶剂型聚氨酯黏合剂一样,水性聚氨酯黏合剂黏结性能好,胶膜物性可调节范围大,除可用作各种基材的涂层胶外,还可用于多种基材的黏结。

(1) 多种层压制品的制造,包括胶合板、食品包装复合塑料薄膜、织物层压制品、各种薄层材料的层压制品,如软质 PVC 塑料薄膜或塑料片与其他材料(如木材、织物、纸、皮革、金属)的层压制品。

(2) 植绒黏合剂、人造革黏合剂、玻璃纤维及其他纤维集束黏合剂、油墨黏合剂的制备。

(3) 普通材料的黏结,如汽车内装饰材料的黏结。

水性聚氨酯用于黏合剂时,一般必须进行调配,以适合施工条件及基材等因素。以水性聚氨酯为基础,可添加交联剂、增稠剂、填料、增塑剂、颜料、其他类型水性树脂及水。施胶之前必须将浆料搅拌均匀,还需考虑各添加剂对水性聚氨酯的短期稳定性有无影响。为了获得较高的耐水性、耐热性及黏结强度,目前许多水性聚氨酯系统已广泛使用交联剂,组成双组分系统,这和双组分溶剂型(挥发型)聚氨酯黏合剂系统有点类似。

木材加工是水性黏合剂的最大应用领域。制造胶合板、纤维板、刨花板常用的水性黏合剂为“三醛树脂”,即脲醛树脂、三聚氰胺-甲醛树脂、酚醛树脂等。采用“三醛树脂”制造复合板材,一般要求木材水分含量在 2% 以内,而未经干燥处理的木材水分含量在 10% 左右甚至更高,需要经过干燥处理才能进行层压复合加工,耗能大,否则压制的板材发生爆裂;三醛树脂在黏结过程及制品使用、放置过程中均可能产生有刺激性气味和毒性的甲醛,对环境造成污染;脲醛胶黏合的制品耐水性较差,白胶黏合的制品耐水及耐热性均不佳,热压时易透胶。而采用含异氰酸酯基团的乙烯基水性聚氨酯黏合剂及异氰酸酯乳液可避免以上缺陷,固化快,制品耐水性好。

水性聚氨酯类黏合剂用量少,可弥补价格高的不足。日本、美国、德国等国家已用水性乙烯基聚氨酯黏合剂部分取代了污染严重的“三醛树脂”黏合剂。

2. 涂层剂

(1) 皮革涂层。聚氨酯材料柔韧、耐磨,可用作天然皮革及人造革的涂层及补伤剂。阴离子聚醚型水性聚氨酯树脂代替丙烯酸树脂乳液作为皮革涂饰剂处理高档天然皮革时,克服了丙烯酸树脂的热黏冷脆的缺点,经涂饰的皮革手感柔软丰满,可用于制造鞋、服装、皮包等。水性聚氨酯树脂也可与丙烯酸树脂共混使用。

(2) 织物涂层。水性聚氨酯可用作多种织物的涂层剂,如帆布、服装面料、传送带涂层。

(3) 纤维处理剂。棉纤维、化学纤维经聚氨酯乳液稀溶液浸渍、脱水、热处理,可改善手感、耐折性和防缩性。

(4) 塑料涂层。水性聚氨酯可用作尼龙、ABS 等表面涂层。

(5) 地板涂层。水性聚氨酯可用于体育馆、室内木地板、混凝土地板的涂层,其耐磨,耐冲击,光泽度好。

(6) 其他材料的涂层,如纸张、汽车内装饰件涂层。

5.5　辐射交联技术

辐射技术作为一种高新技术加工方法,在国际上受到越来越广泛的重视。近 30 多年来,辐射加工业发展迅猛,广泛应用于工业、农业、国防、医疗卫生、食品和环境保护等许多领域。辐射法在降低能耗、控制环境污染及产品质量等方面都有其独到之处,在高分子材料加工方面已显露出优势,是高分子材料加工技术绿色化的一种发展趋势。

高分子辐射交联技术就是利用高能或电离辐射引发聚合物电离与激发,产生一些次级反应,进而引起化学反应,在大分子间实现化学交联,促使大分子间交联网络的形成,是聚合物改性制备新型材料的有效手段之一。

高分子经辐射交联后,不仅结构与性能发生变化,而且材料的应用范围也得到了拓宽。目前已有几十种辐射加工的产品投入工业化生产,打破了过去传统上认为"辐射对聚合物材料只起破坏作用"的观点,开辟了辐射改性聚合物材料性能的研究新方向。

5.5.1　辐射交联与裂解的基本原理

聚合物在电离辐射的作用下会出现大分子链间发生交联、相对分子质量增大的现象。辐射交联的结果是聚合物的相对分子质量随辐射剂量的增加而增大,最终形成三维网状结构,以至于在原来正常的熔点下不再发生熔融的现象。一般来讲,聚合物的辐射交联不需添加任何添加剂,在常温下即可达到交联的目的。

高分子辐射交联是一个复杂的过程,分子主链间既发生交联,又可能伴有主链降解的现象。

高分子辐射交联的基本原理如下:聚合物大分子在高能或放射性同位素(如 Co-60 射线)作用下发生电离和激发,生成大分子游离基,进行自由基反应;辐射还会产生一些次级反应及多种化学反应。高分子辐射交联时,通过以下反应机制发生分子间交联。

(1) 辐射产生的邻近分子间脱氢,生成的两个自由基发生耦合反应而交联。

$$-CH_2-CH_2- \longrightarrow -CH_2-\overset{\centerdot}{C}H- +H_2 \longrightarrow -CH_2-CH- +H_2$$
$$-CH_2-CH_2- \qquad\qquad -CH_2-\overset{\centerdot}{C}H- \qquad\qquad -CH_2-CH-$$

(2) 独立产生的两个可移动的自由基相结合产生交联。

$$-CH_2-\overset{\centerdot}{C}H-CH_2- \longrightarrow -CH_2-CH-CH_2-$$
$$-CH_2-\overset{\centerdot}{C}H-CH_2- \qquad -CH_2-CH-CH_2-$$

(3) 离子与分子反应直接导致交联。

$$-CH_2-\overset{+}{C}H-CH_2- \longrightarrow -CH_2-CH-CH_2-$$
$$-CH_2-CH_2-CH_2- \qquad\quad -CH_2-CH-CH_2- \quad +H^+$$

(4) 自由基与双键反应而交联。

$$-CH_2-\overset{\centerdot}{C}H-CH_2- \longrightarrow -CH_2-CH-CH_2-$$
$$-CH_2-CH=CH-CH_2 \qquad -CH_2-CH-\overset{\centerdot}{C}H-CH_2-$$

(5) 主链裂解产生的自由基复合反应实现交联。

$$—CH_2—CH_2— \longrightarrow —\overset{\cdot}{C}H_2+\overset{\cdot}{C}H_2— \longrightarrow —CH_3+CH_2—$$
$$—CH_2—CH_2— \qquad\qquad —CH_2—CH_2— \qquad\qquad —CH_2—CH—$$

（6）环化反应导致交联。

$$—CH=CH— \qquad —CH—CH—$$
$$\qquad\qquad\longrightarrow \qquad |\qquad|$$
$$—CH=CH— \qquad —CH—CH—$$

辐射裂解是指聚合物在电离辐射的作用下，主链发生断裂、相对分子质量下降的现象。辐射裂解的结果是聚合物的相对分子质量随辐射剂量的增加而下降，最终裂变为单体分子。

辐射裂解的主要特点为每次断链生成两个较短的聚合物分子，从而使平均相对分子质量下降。大多数聚合物在高能射线的作用下，交联与裂解过程往往同时进行，致使有些聚合物以交联为主，而有些则以裂解为主。即便是同一个聚合物，在不同条件下的交联、裂解行为也有所不同。在通常条件下，聚合物以交联为主，还是以裂解为主，与聚合物本身的分子结构密切相关。

根据大量的实验结果，可从聚合物结构的角度来判断聚合物受辐射时发生交联或裂解的倾向。

（1）结构单元中含有$—CH_2—C(R_1)R_2—$的聚合物，或者说主链上含有季碳原子时，该聚合物主要发生辐射裂解。其中，R 表示烃基、Cl、F 等。

（2）聚合热较低的聚合物一般以辐射裂解为主。热裂解时倾向于生成原单体的聚合物。

（3）主链以$—C—O—$为重复单元结构的聚合物（如聚甲醛等），或在支链中以$—C—O—$结构与主链相连的聚合物（如聚乙烯醇缩甲醛）等，易于辐射裂解。

5.5.2 辐射聚合的主要特点

辐射聚合由电离辐射引发反应，与一般的热化学聚合相比，具有以下特点。

（1）辐射聚合不需添加引发剂或催化剂，仅依靠电离辐射对单体作用而引发聚合，因此聚合物纯净，这对于制备生物医用材料及光学材料比较有利。

（2）用穿透性大的 γ 射线，可使反应均匀、连续进行，防止局部过热，反应易于控制。

（3）辐射作用与单体所处的物理状态无关。因此，辐射既可进行液相聚合，又可进行固相聚合或气相聚合反应。

（4）聚合反应的引发速率仅与辐射强度（剂量率）有关，因为参加引发反应的自由基或离子的生成速率只与剂量率有关。因此，可比较容易地通过调节剂量率来控制聚合反应。

（5）用一般热化学法难以甚至无法引发聚合的单体（如全氟丙烯、α-甲基苯乙烯、全氟丁二烯、丙乙基等），用辐射聚合法却能引发其聚合，甚至可使酮类、CO_2 等聚合，为制备新的聚合物建立了新的方法和手段。

（6）辐射聚合为某些工业生产提供了新颖的特殊加工方法。如形状复杂、装配困难的零件，可考虑用注入单体原位辐射聚合的方法解决。

（7）辐射对单体的作用与温度无关，辐射聚合法可使聚合反应在低温或过冷态的条件下进行，这就使某些酶或生物活性细胞的固定化变得非常简单，因为在低温下它们不易失去活性。

5.5.3　辐射交联对聚合物性能的影响

1. 相对分子质量及分子结构

辐射作用于聚合物时，聚合物大分子间会形成化学交联键，使分子的平均相对分子质量提高，溶解度下降。辐射达到一定剂量后，分子间则形成不再溶解或不再熔融的交联网状结构。

2. 聚合物力学性能

一般来讲，聚合物经过辐射交联，材料的拉伸强度、硬度或耐磨性、模量增加，而断裂伸长率下降。选择适当的共混系统和辐射条件才能得到综合性能优异的高分子材料。

3. 聚合物热学性能

辐射使高分子材料如 PE、PSt、PVC、PVDF（聚偏氟乙烯）等的交联密度提高，从而使热稳定性有所提高。如 PE 的长期工作温度由原来的 60～70 ℃提高到125～135 ℃，短期工作温度由 140 ℃提高到 150～300 ℃。PVDF 经辐射后使用温度由原来的 150 ℃提高到 175 ℃。交联还可使 PE 电缆受热后绝缘层的收缩性得到改善，防止了端部导体裸露。辐射往往对结晶共混物的热学行为产生影响，主要表现为结晶重排受到阻碍，结晶度下降，从而使结晶熔化温度降低。但也有研究表明，辐射会诱发有序相区的结晶重排，使低温熔融峰的位置随辐射时间的增加移向高温方向。

4. 聚合物阻燃性

与化学交联法相比，辐射交联是在常温常压下进行的，交联时间短，控制适当剂量可降低内部分解物浓度，提高交联密度（化学法一般为 40％ 以下，而辐射交联度可达 70％ 以上）。这种交联结构可以有效地提高高分子材料燃烧时的气体扩散速率，从而提高耐热性，降低散烟性及减少熔融物滴落。

5. 电学性能

蒸汽交联生产 PE 电缆时，在高压下蒸汽会不可避免地渗入 PE 层，造成许多微孔，且沾污物浓度高，电缆在使用中易发生游离和老化，而交联剂的引入使材料的高频特性受到损失。采用辐射交联的手段则可避免或消除这些微孔、污秽或鼓突，并消除"水树"及"电树"现象，保证绝缘层的均匀性和高纯度，从而使其具有更好的高频特性及耐用性能。

5.5.4　辐射交联技术的工业化应用

辐射交联可提高聚合物材料的使用温度和力学性能。辐射交联反应一般在室温下进行，操作方便。实际生产中往往是先成型，后交联，加工工艺简单，交联度很容易通过剂量来进行控制。

自 20 世纪 50 年代发现聚乙烯辐射产生交联现象后，在聚合物辐射交联研究和产品开发等领域形成了一个具有生命力的辐射加工产业。高分子材料方面主要有聚乙烯和聚氯乙烯交联产品。我国在 20 世纪 80 年代开发了辐射交联聚乙烯和聚氯乙烯电线电缆绝缘层及热收缩接头、护套等产品，形成了我国的辐射加工产业。

目前，辐射交联的主要产品有电线电缆、热收缩材料、橡胶及乳胶等的辐射交联产品（如轮胎和医用乳胶管等）和辐射交联的泡沫塑料等。

辐射交联产品的主要生产工艺如图 5-6 所示。

5.5.5　辐射交联技术在生物医用材料方面的应用

采用辐射交联技术制备生物医用材料的研究主要集中在水凝胶及其创面敷膜、药物缓释

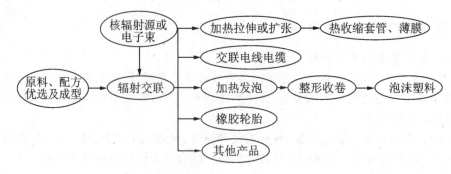

图 5-6 辐射交联产品加工工艺示意图

等方面。采用辐射交联技术对 PVA、PVP 为主体的水溶性聚合物交联,制备水溶胶膜并用于创面的覆盖治疗,主要制作过程如图 5-7 所示。

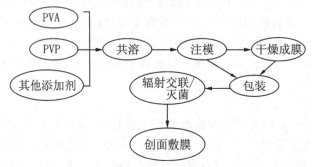

图 5-7 辐射交联水凝胶创面敷膜的制备工艺示意图

临床试用结果表明,该类水凝胶创面敷膜具有止痛、止血、减少体液损失、防止创面感染等功能,换药时敷膜不与组织粘连,可避免创面的二次损伤,缩短治疗周期。如果应用于烧伤、烫伤及植皮供皮区创面等大面积创面,疗效更为明显。

另外,采用辐射交联技术,对以正庚烷为连续相,磁流体(铁氧体)与聚乙烯吡咯烷酮水溶液的混合物为分散相的乳液系统进行辐射,得到了尺寸较为均匀的水凝胶磁微球(见图 5-8)。

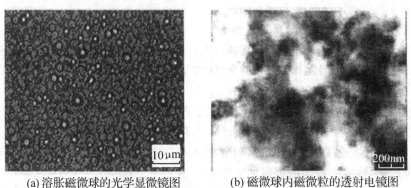

(a) 溶胀磁微球的光学显微镜图   (b) 磁微球内磁微粒的透射电镜图

图 5-8 辐射交联 PVP/铁磁体水凝胶磁微球的形貌

5.6 等离子体聚合技术

等离子体是物质固、液、气三态以外的第四种物质状态,它是带有基本等量正、负电荷带电粒子的电离气体,可分为热平衡等离子体和低温等离子体。热平衡等离子体电子温度和气体(离子)温度达到平衡,不仅电子温度高,重粒子温度也高,因此又称高温等离子体(在 5000 ℃以上电离)。一般的有机化合物和聚合物在此温度下都会裂解,难以生成聚合物,常用于生成耐高温的无机化合物。低温等离子体(在 100~300 ℃电离)的特征是电子温度和气体温度没有达到热平衡,也称为非平衡等离子体,其电子温度高达 10^4 ℃以上,而离子和原子之类的重粒子温度却可低到 27~227 ℃,一般在 1.33×10^4 Pa 以下通过直流辉光放电、射频放电或微波放电等方法产生。低温等离子体由于其电子温度和气体温度相差很大,能够生成稳定的聚合物,常用于等离子体聚合。

等离子体聚合技术是一种新颖的合成技术,它是利用气体电离产生的等离子体来激活单体,等离子体激活的电子、离子、自由基、光子和激发态分子(最外层电子处于反键分子轨道)均可成为聚合反应的活性种和增长中心,从而引发单体进行聚合反应。

等离子体几乎可使所有的有机物和有机金属化合物发生聚合,这一独特的合成技术在膜材料的制备和高分子材料的表面改性方面具有相当重要的意义。

5.6.1　等离子体的种类及特点

等离子体分为两种:一种为反应型等离子体,如激发态的 O、N 原子,它们不仅可以激发有机反应单体产生聚合活性种(如烃基自由基 R·),而且自身也参与聚合反应;另一种为非反应型等离子体,如激发态的 H、He、Ne 原子等,它们以高能量冲击材料的表面,激发材料的表层分子产生较大的自由基,结果这种较大的自由基在材料的表面发生交联聚合,形成表面致密层,而 H、He、Ne 等离子体本身并不参与这种聚合反应,只起能量输送作用。

等离子体聚合技术具有以下特点。

(1) 等离子体聚合不要求单体有不饱和单元,几乎所有的有机物和有机金属化合物都能以等离子体聚合的方式发生聚合,而不论它们是否具有可聚合的化学结构(如双键等),也不要求含有两个以上的特征官能团,在常规情况下不能进行的或难以进行的聚合反应在此系统中变得易于聚合而且聚合速率可以很快,如 CO_2 和苯乙烯的聚合反应,CO、H_2 和 N_2 的聚合反应。

(2) 生成的聚合物膜具有高密度网络结构,并且网络的大小和支化度在某种程度上可以控制,形成的等离子体聚合膜具有优异的力学性能、化学稳定性和热稳定性。

(3) 等离子体聚合的工艺过程非常简单,无论是内电极式还是外电极式,一般都是先将反应器抽至一定的真空,然后充入单体蒸气或载气和单体的混合气体,并保持设定的气压值(一般为 1.3×10^{-2} ~ 1.3×10^{-1} Pa),流量通常为 10~100 mL/min,在适当的放电功率下产生等离子体,即可在基片表面生成聚合物薄膜。

5.6.2　等离子体聚合机理

由于辉光放电等离子体的平均能量为 2~5 eV,产生自由基需能量 3~4 eV,产生离子需能量 9~13 eV,因此,辉光放电等离子体内的自由基密度是离子密度的 10^4 倍左右。在等离子体聚合物薄膜上存在大量的自由基。

一般认为,等离子体聚合机理是自由基聚合机理,它包括自由基的形成、链引发、链增长和链终止的聚合反应机理,也包括薄膜生成的沉积过程机理,还涉及交联过程机理。

薄膜生成的沉积过程机理和交联过程机理已由许多科技工作者进行了研究,目前基本上形成了较为一致的看法。一般认为,沉积过程机理主要是反应在气相和基片表面同时发生,气相中形成的聚合物沉积在基片表面。而交联过程机理是单体经放电产生等离子体后,生成的自由电子具有较高的能量,通过碰撞生成了大量的氢原子、自由基和衍生单体等。这些基团化学活性相当高,可参加各种反应,除进行直链聚合外,在链增长过程中还会不断受到荷能电子的撞击,随机地在主链的某个位置上产生自由基,以致形成支化或交联。

5.6.3　等离子体聚合的应用

等离子体聚合主要应用于膜材料的制备和材料的表面改性两方面。

1. 等离子体聚合物膜

有机物单体经等离子体照射激发后产生聚合物活性种,进而引发单体聚合生成聚合物分子沉积在基材表面,形成等离子体聚合膜。使用这种方式容易得到厚度为 50 nm～1 μm 的薄膜,这种高分子薄膜具有超薄、高度均匀、无针孔的特点,能够非常牢固地凝聚或黏附在玻璃、金属、聚合物的表面。

用等离子体聚合加工方法容易制备多层膜及具有物理化学特性的薄膜。

2. 对高分子膜进行改性

利用等离子体聚合技术,可以在已有的高分子膜表面引入官能团,进行接枝共聚,从而改善膜的吸水性、疏水性和抗静电性。

3. 进行材料的表面改性

通过等离子体聚合对材料表面改性,可以防止增塑剂和小分子添加剂在材料表面的渗出。

4. 对纤维进行改性

通过等离子体聚合对纤维表面改性,可以提高材料的染色性、吸水性,同时减小收缩率。

在制备等离子体聚合物膜时,能量对聚合物膜的结构和性能起着决定性作用。能量越大,膜越坚硬(分子结构变得越无秩序,并且出现交联)。如果能量通量低,生成的聚合体就会保留较多的单体分子结构。

对等离子体聚合物膜性质的控制通常采用以下办法。

(1) 选择单体。常用的碳氢化合物单体有甲烷、乙烷、乙炔、乙烯、苯等;含极性基团的化合物单体有吡啶、乙烯吡啶、烯丙胺等;含硅单体有环氧硅烷、硅烷等;还有一些得到特殊功能膜的单体,如含有金属原子的化合物。

(2) 根据不同的需要,选择辉光放电类型和等离子体加工参数。选择直流、交流和微波辉光放电,选择反应堆大小、激发电势频率、激发功率、单体流动速率、等离子体压力和沉积温度等参数。

(3) 控制交联密度和保持单体结构。可以采取限制输出功率和等离子体中分子存留时间、保持相当高的工作压力和避免离子轰击等手段。

(4) 控制等离子体聚合物形态。控制等离子体聚合物粉末形成的条件,保持中等压力、高功率、高流率和长的存留时间,控制具有快反应速率的单体,抑制离子对表面的轰击,控制等离子体聚合物的压缩张力等。

(5) 控制等离子体聚合物的自由基密度。等离子体聚合物可区分的化学特征之一是存在长寿命的自由基,自由基密度受所选单体的影响。

(6) 等离子体处理和嫁接。等离子体处理是聚合物(或其他衬底)与不形成膜的等离子体相互作用的结果。它研究聚合物衬底的表面交联和在等离子体处理过的表面上进行聚合物表面嫁接。例如,聚乙烯暴露在惰性气体(He、Ne、Kr、Xe)、H_2、N_2 等任何一种气体等离子体中,都会形成表面交联。O_2、He 和空气等离子体能改善聚合物的黏附力。

等离子体聚合物膜的应用习惯上分为衬底表面改性和等离子体聚合物膜性质的应用。等离子体聚合物膜表面改性影响到材料表面的黏性、润湿性、体模量、应力、张力和抗疲劳等性质。例如,聚酰胺纤维织物的表面改性可以增加它的黏附力;木质纤维和人造纤维经等离子体处理后更容易着色;汽车减震器经等离子体处理后更容易上漆;经等离子体处理后的填料纸和雨衣具有较小的吸附性;普通容器的内表面经等离子体处理后可以防漏,增强了容器的密封性。

等离子体聚合物膜可用于分离 H_2 和 CH_4;高附着力的交联无孔等离子体聚合物膜可用于保护金属和其他衬底免遭损坏和腐蚀,这包括金属防护镀层和对水敏感的光学元件的防护镀层;计算机芯片中需要使用等离子体聚合物制造折射率可变的光元件。

表 5-3 列出了经不同等离子体处理后聚合物表面与铝的黏结强度。表 5-4 给出了经空气等离子体处理的聚酯纤维的染色性。表 5-5 列出了经不同等离子体处理的羊毛织物的表面收缩率。

表 5-3　经不同等离子体处理的聚合物表面和铝的黏结强度　　　　　　（单位:MPa）

处理条件 \ 聚合物		HDPE	LDPE	PC	PP	PSt	PET	PVC	PA-6
未处理		22.1	26.0	28.7	25.9	39.6	37.1	19.5	59.2
O_2	30 s	138.9		56.0	131.0			95.9	113.7
	1 min	85.4	101.2						106.4
	30 min	177.2	102.6	65.0	215.6	218.3	85.0	89.6	244.3
He	30 s	64.7	87.5	46.2	31.5			90.3	85.4
	1 min	84.8	96.7						86.7
	30 min	218.8	92.7	58.8	14.0	281.1	116.2	84.0	276.9
N_2	60 min	245.0	98.1		44.3				

表 5-4　经空气等离子体处理的聚酯纤维的染色性(100 ℃)

处理条件		半染时间/min	扩散系数/(μm^2/min)	100 mg 聚酯纤维最大染着量/mg
功率/W	时间/s			
0	0	192	0.0572	0.111
30	60	180	0.0610	0.126
30	120	178	0.0617	0.129
30	240	162	0.0678	0.132
60	60	136	0.0807	0.135
60	120	116	0.0947	0.138
60	240	110	0.0998	0.140

表 5-5　经不同等离子体处理的羊毛织物的表面收缩率

气　体	压力/Pa	功率/W	处理时间/s	表面收缩率/(%)
未处理				48.0
空气	266.6	30	1.2	4.0
O_2	533.2	30	1.2	3.0
N_2	399.9	30	1.2	4.3
CO_2	399.9	60	0.7	8.1
H_2	399.9	30	1.2	4.2
He	399.9	30	1.5	2.0
NH_3	533.2	60	1.2	3.6

5.7　酶催化聚合技术

　　酶是存在于生物体内具有催化功能的蛋白质。与化学催化剂相比,酶催化的典型特征是催化活性高,在温和的反应条件下反应速率快,对底物和反应方式有高度选择性,没有副产物形成。大多数酶具有高度的专一性,能迅速专一地催化某一基团或某一特定位置的反应。

　　近几十年来,酶催化聚合反应(酶促聚合反应)作为高分子科学的新趋势,其重要性逐渐提高,为聚合物的合成提供了一个新的合成策略。

　　在使用非石化可再生资源做功能性聚合材料的起始底物方面,酶催化聚合反应具有重要的优势。在酶催化聚合反应中,聚合产物能够在温和的条件下获得,且不使用有毒的试剂。因此,酶催化聚合反应在聚合物材料的环境友好合成方面有很大的应用潜力,为实现绿色高分子合成提供了很好的手段。

　　目前酶催化聚合技术的研究主要集中在开环聚合和缩聚反应两个方面。开环聚合用于聚碳酸酯的合成、脂肪内酯的合成等。缩聚反应用于多糖的合成、聚苯胺及其衍生物的合成、聚苯醚及其衍生物的合成等。

5.7.1　酶催化开环聚合

1. 聚碳酸酯的合成

　　六元、七元环碳酸酯的酶催化开环聚合最早是以脂肪酶为催化剂的。1997 年 Matsumura 等首先报道了脂肪酶催化聚合环碳酸酯的反应,研究了多种酶在不同条件下的反应。结果发现,在 60～100 ℃下,环碳酸酯容易聚合,聚合物相对分子质量最高可达 169000。无酶空白样在 24 h 后,三亚甲基碳酸酯(TMC)没有变化,在 ^{1}H NMR 中 3.4 ppm 处未发现醚基($-CH_2-O-CH_2-$)特征三重峰,可见没有发生 CO_2 消除反应,从而证明聚合是由酶引起的。采用 Novozym-435 酶为催化剂,获得了数均相对分子质量达 15000 的聚三亚甲基碳酸酯(PTMC)。

温度由 55 ℃升高到 85 ℃,转化率几乎不变而聚合物相对分子质量下降;当水含量减少时,聚合速率下降但相对分子质量上升。

通过分析小分子产物,脂肪酶催化 TMC 开环聚合机理描述如下。

(1) 引发反应。

$$E—OH+TMC \rightleftharpoons E—OCH_2CH_2CH_2OCOOH(EAM)$$

$$\xrightarrow{H_2O} HOCH_2CH_2CH_2OH+CO_2+E—OH$$

(2) 二聚体的生成。

$$EAM+HOCH_2CH_2CH_2OH \longrightarrow HO(CH_2)_3OCOO(CH_2)_3OH+E—OH$$

(3) 多聚体的生成。

$$nHO(CH_2)_3OCOO(CH_2)_3OH \xrightarrow{EAM} HO(CH_2)_3O \overline{[\,COO(CH_2)_3O\,]}_{\overline{n}} H$$

2. 脂肪内酯的酶催化开环聚合

在脂肪内酯开环聚合中,对 ε-己内酯的研究较多。Uyama 等采用不同的脂肪酶对 ε-己内酯、δ-戊内酯进行催化聚合,并提出了可能的反应机制。

脂肪酶催化脂肪内酯的开环聚合反应过程中的关键步骤是内酯和脂肪酶反应,内酯开环产生酰基-酶中间体(EM)。引发步骤是酶含有的部分水对中间体的酰基碳原子上的亲核进攻,产生 ω-羟基羧酸($n=1$),这是最短的增长种。在链增长阶段,中间体受到增长高分子末端羟基的亲核进攻,聚合链延长一个单位。聚合反应动力学显示整个聚合过程的速率控制步骤是酶激活的单体的形成。

(1) 引发反应。

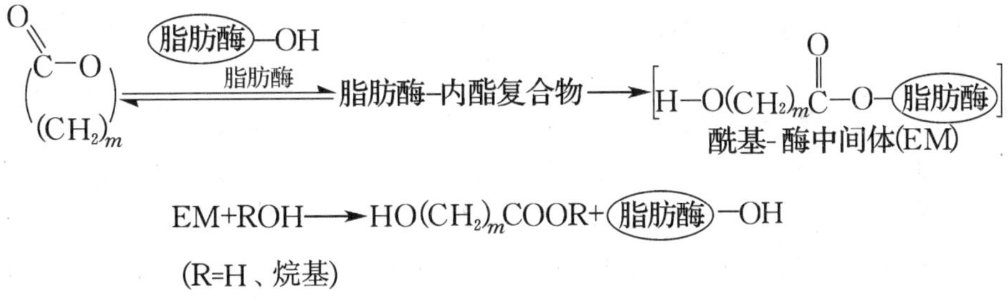

$$EM+ROH \longrightarrow HO(CH_2)_mCOOR+ \text{脂肪酶}—OH$$

$$(R=H、烷基)$$

(2) 增长反应。

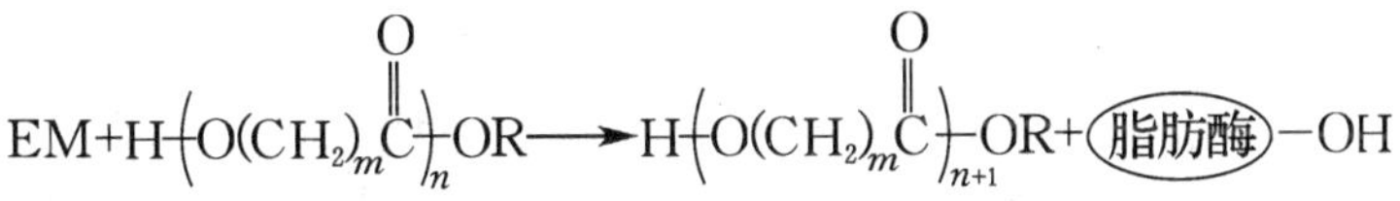

采用 ^{13}C NMR 和 ^{1}H NMR 分析聚合物,证明其端基为羧基和羟基。随着温度的升高,ε-己内酯聚合速率增大;随着转化率的增大,相对分子质量也相应升高。δ-戊内酯聚合也有相似结果,随着温度的升高,聚合物相对分子质量增大。尽管 δ-戊内酯转化率较 ε-己内酯的高,但聚合物相对分子质量小于 ε-己内酯的开环聚合物。

如果系统中的反应物为 ε-己内酯、δ-戊内酯的混合物,将会发生共聚反应得到共聚产物。共聚反应的转化率很高,随着 ε-己内酯含量的增加,共聚物相对分子质量增大。^{13}C NMR 分析表明聚合产物为无规共聚物。

此外,大环内酯如 ω-环十五烷内酯(PDL)也可开环聚合。

5.7.2　酶催化缩聚反应

1. 多糖的合成

以 β-纤维素二糖氟化物为糖基给体,利用纤维素酶的转糖苷作用合成纤维素。在乙腈-乙酸缓冲溶液中,β-纤维素二糖氟化物在纤维素酶的作用下发生缩聚反应。用 ^{13}C NMR 和 IR 光谱对产物与天然纤维素分析比较,发现产物中不溶于水的部分为纤维素,数均相对分子质量大于 6.3×10^3(聚合度 $DP > 22$)。

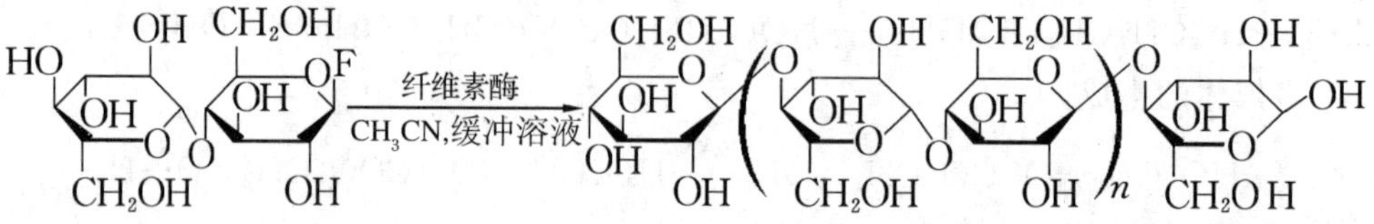

在甲醇-磷酸缓冲溶液中,以 α-淀粉酶为催化剂,α-D-麦芽糖氟化物发生缩聚反应,生成麦芽糖低聚物。聚合过程中通过区域选择和立构选择作用形成 1,4-α-配糖键。而其他底物如 D-麦芽糖、β-D-麦芽糖氟化物和 α-D-葡萄糖氟化物都未得到缩聚产物。

以 β-木二糖氟化物为底物单体,木聚糖酶为催化剂,通过转糖苷作用首次合成了人造木聚糖。底物单体平稳地聚合生成相应的缩聚产物,通过区域选择、立构选择作用氟化物单体在木二糖单元间进行缩聚,生成 1,4-β-键立构规整的人造木聚糖。

以蔗糖为底物,通过酶膜反应器也可合成多糖。采用耦合有果糖转移酶的聚(2-氨基乙基甲基异丁烯酸酯)膜将蔗糖转化为(1→2)-β-果聚糖(又名菊粉)。酶催化反应中蔗糖先断键为葡萄糖和果糖,果糖再通过 1,2-β-键耦联生成菊粉。

此外,利用酶催化反应还能够合成一些非天然的多糖。

2. 聚苯胺及其衍生物的合成

聚苯胺(PANI)及其衍生物是一类重要的导电材料。由于聚苯胺拥有极佳的热稳定性和极具开发潜力的电子特性,其合成、应用研究受到了广泛关注。普通的化学聚合方法使用甲醛等有毒物质,对环境不利,采用酶催化聚合技术克服了这一缺点。聚苯胺及其衍生物的酶催化聚合通常以辣根过氧化物酶(HRP)为催化剂。在 H_2O_2 存在下,HRP 能催化氧化一系列芳胺和酚。

其催化机理可以简述为

$$HRP + H_2O_2 \longrightarrow HRP\ I$$
$$HRP\ I + RH \longrightarrow R\cdot + HRP\ II$$
$$HRP\ II + RH \longrightarrow R\cdot + HRP$$

HRP 由 H_2O_2 氧化成二价的中间体 HRP I,HRP I 进而氧化底物 RH,得到部分氧化的中间体 HRP II,HRP II 再次氧化底物 RH。经过两步单电子反应,辣根过氧化物酶回到初始形态。反应中得到的自由基 R· 相互反应形成二聚体,继续发生氧化链增长反应,最终得到聚合物。

由于形成的聚合物在水溶液中会立即沉淀,所以酶催化聚合合成聚苯胺及其衍生物的主要缺点是得到的聚合物的相对分子质量较低。

3. 聚苯醚及其衍生物的合成

聚苯醚(PPO)是一种高性能的工程塑料,有优良的热稳定性和化学稳定性。1996 年首次发现室温下,氧化还原酶能引发 3,5-二甲氧基对羟基苯甲酸,在水溶性有机溶剂中生成 PPO,且具有较高的产率。

室温下在丙酮-乙酸缓冲溶液(pH＝5)中,以漆酶(laccase)催化聚合反应,聚合过程中有粉末状物质生成,24 h 后最终得到相对分子质量为 4200 的聚合物。

在与水可混溶的有机溶剂和缓冲溶液的混合液中,2,6-二甲氧基苯酚可发生酶催化聚合,得到相对分子质量为几千的聚合物。尽管相对分子质量不高,但所得的聚合物可溶于常见的有机溶剂,因此,应用较广,如制备 PPO 端基封闭的大分子及嵌段共聚物。研究发现,漆酶、HRP、大豆过氧化物酶(SBP)都有较好的催化作用,聚合行为取决于溶剂组成、酶的类型。

酶催化聚合是一个多学科交叉的研究领域,为高分子化学、有机化学和生物化学的沟通架起了桥梁。目前酶催化聚合的研究还处于探索阶段,对各种反应机理并未完全弄清,在反应条件控制、酶的优化筛选等方面仍有很多工作要做。然而,作为一种新兴的聚合方法,酶催化聚合为高分子的合成开辟了一条全新的、环境友好的途径,是高效合成新型功能高分子材料的有效方法,在医药、环保乃至国防等方面都有着广泛的应用前景。随着研究的深入,酶催化聚合必将实现聚合技术上的突破,成为聚合物绿色化制备合成的主要方法之一。

复习思考题

1. α-不饱和单体以水为分散介质进行聚合反应时,反应场所为什么发生在胶束内?
2. 以水为分散介质聚合时的特点是什么?
3. 简述超临界聚合反应的优点。
4. 离子液体中能够进行哪种聚合反应? 举例说明。
5. 请解释自乳化法制备水性聚氨酯的原理。
6. 水性聚氨酯的特点是什么?
7. 什么是高分子辐射交联技术?
8. 简述辐射聚合的特点。
9. 简述辐射交联对聚合物性能的影响。
10. 什么叫做等离子体聚合? 等离子体聚合的特点是什么?
11. 简述酶催化聚合己内酯的开环聚合机理。

参 考 文 献

[1] 冯新德. 21 世纪的高分子化学展望[J]. 高分子通报,1999,(3):1-9.
[2] 戈明亮. 绿色高分子研究进展[J]. 合成材料老化与应用,2002,(4):22-26.
[3] 詹茂盛. 绿色高分子材料的研究现状和发展[J]. 塑料助剂,2003,(1):12-17.
[4] 王媛媛,孙辉,戴立益. 离子液体在聚合物中的应用[J]. 高分子通报,2006,(5):20-25.
[5] Hong K L,Zhang H W,Mays J M,et al. Conventional free radical polymerization in room temperature ionic liquids:a green approach to commodity polymers with practical advantages [J]. Chemistry Communication,2002,13:1368-1369.
[6] Sekiguchi K,Atobe M,Fuchigami T. Electropolymerization of pyrrole in 1-ethylimidazolium trifluoromethanesulfonate room temperature ionic liquid[J]. Electrochemistry Communications,2004,4

(11):881-885.

[7] Charpentier P A,DeSimone J M,George W. Continuous precipitation polymerization of vinylidene fluoride in supercritical carbon dioxide:modeling the rate of polymerization[J]. Industrial and Engineering Chemistry Research,2000,39(12):4588-4596.

[8] Kemmere W,de Vries T,Vorstman M,et al. A novel process for the catalytic polymerization of olefins in supercritical carbon dioxide[J]. Chemical Engineering Science,2001,56(13):4197-4204.

[9] 曹维良,张敬畅. 超临界流体技术在 PET 解聚中的应用[J]. 北京化工大学学报,1999,26(4):73-74.

[10] 刘森林,宗敏华. 超临界流体中酶催化的研究进展[J]. 微生物学通报,2001,28(1):81-85.

[11] Burk M J,Feng S,Gross M F,et al. Asymmetric catalytic hydrogenation reactions in supercritical carbon dioxide[J]. Journal of the American Chemical Society,1995,117:8277-8278.

[12] Dieterich D. Aqueous emulsions,dispersions and solutions of polyurethanes:synthesis and properties [J]. Progress in Organic Coatings,1981,9(3):281.

[13] Tirpak R E,Markusch P H. Aqueous dispersions of crosslinked polyurethanes[J]. Journal of Coating Technology,1986,58 :738.

[14] Werner J B,Valentino J T. Properties of crosslinked polyurethane dispersions[J]. Progress in Organic Coatings,1996,(27):1.

[15] 刘之景. 等离子体聚合简介[J]. 现代物理知识,1998,10(4):9-10.

[16] 岑潭. 等离子体聚合技术及其应用[J]. 化工新型材料,1994,(7):37-38.

[17] 温贵安,章文贡,林翠英. 等离子体引发聚合的机理初探[J]. 高分子通报,1999,(6):67-70.

[18] Matsumura S,Tsukada K,Toshima K. Enzyme-catalyzed ring-opening polymerization of 1,3-dioxan-2-one to poly(trimethylene carbonate)[J]. Macromolecules,1997,30:3122-3124.

[19] Kobayashi S,Kashiwa K,Kawasaki T,et al. Novel method for polysaccharide synthesis using an enzyme:the first in vitro synthesis of cellulose via a nonbiosynthetic path utilizing cellulase as catalyst [J]. Journal of the American Chemical Society,1991,113:3079-3084.

[20] Kobayashi S,Wen X,Shoda S. Specific preparation of artificial xylan :a new approach to polysaccharides synthesis by using cellulase as catalyst [J]. Macromolecules,1996,29:2698-2700.

[21] Alva K S,Kumar J,Marx K A,et al. Enzymatic synthesis and characterization of a novel water-soluable polyaniline [J]. Macromolecules,1997,30:4024-4029.

[22] Liu W,Kumar J,Tripathy S,et al. Enzymatically synthesized conducting polyaniline[J]. Journal of the American Chemical Society,1999,121:71-78.

[23] Ikeda R, Uyama H, Kobayashi S. Novel synthetic pathway to a poly (phenylene oxide): laccase-catalyzed oxidative polymerization of syringic acid[J]. Macromolecules,1996,29:3053-3054.

[24] Ikeda R,Sugihara J,Uyama H,et al. Enzymatic oxidative polymerization of 2,6-dimethylphenol[J]. Macromolecules,1996,29:8702-8705.

[25] Fukuoka T,Tonami H,Maruichi N,et al. Peroxidase-catalyzed oxidative polymerization of 4,4'-dihydroxydiphenyl ether:formation of alpha, omega-hydroxyoligo (1,4-phenylene oxide) through an unusual reaction pathway[J]. Macromolecules,2000,33:9152-9155.

第6章 精细化工的绿色化

精细化工是生产精细化学品的工业,是现代化学工业的重要组成部分,是衡量一个国家科学技术水平和综合实力的重要标志之一。绿色精细化工就是运用绿色化学的原理和技术,选用无毒、无害的原料,开发绿色合成工艺和环境友好的化工工艺,生产对人类健康和环境无害的精细化学品。绿色精细化工的内涵主要包括精细化工原料的绿色化、精细化工生产工艺技术的绿色化和精细化工产品的绿色化。

精细化工原料的绿色化,要求尽可能选用无毒、无害化工原料进行精细化学品的合成,以减少原料的生产所带来的环境污染。精细化工生产工艺技术的绿色化,要求利用全新化工技术(如新催化技术、生物技术等)开发高效、高选择性的原子经济性反应和绿色合成工艺,从源头上减少或消除有害废物的产生;或者改进化学反应及相关工艺,减少或避免对环境有害的原料的使用,减少副产物的排放,最终实现零排放。精细化工产品的绿色化,要求根据绿色化学的新观念、新技术和新方法,研究和开发无公害的传统化学用品的替代品,设计和合成更安全的化学品,采用环境友好的生态材料,实现人类和自然环境的和谐。

6.1 制药工业的绿色化

6.1.1 概述

制药工业属于典型的精细化工,关乎国计民生,与人们的身体健康、生活质量息息相关。制药工业的特点是品种多、更新换代快、合成步骤多、原料使用复杂、总产率比较低、"三废"排放量大、容易造成环境污染。绿色制药工业就是将绿色化学的原理和技术运用到制药工业,以达到绿色工艺的要求。即采用对环境友好的工艺,对化学制药中的一些产品的传统工艺进行改革,提高反应收率;或者使反应过程中的原材料得到充分转化,减少有毒、有害物质的排放,以至达到零排放。制药工业中的绿色化,不仅具有重要的经济效益,而且具有长远的社会和环境效益。

绿色制药是绿色化学的重要研究方向,其特征主要有:把防止污染作为设计、筛选药品生产工艺的首要条件,实施清洁生产工艺;把低消耗、无污染、资源再生、废弃物循环利用、可分离降解作为绿色化的指标。根据药物的原料来源和生产方式的不同,绿色药物可分为绿色化学药物、绿色生物药物和绿色天然药物。

6.1.2 绿色化学制药

绿色化学制药就是运用绿色化学的原理和技术,提高原料的原子利用率,减少或消除有害副产物的产生,使溶剂和试剂再循环回收利用,采用环境友好的工艺,实现无害化的工艺生产。

催化技术是推动"绿色制药"不断发展的核心力量。催化过程包括多种形式的化学催化和生物催化,它是实现高原子经济性反应的重要途径。应用催化方法还可以实现常规方法不能进行的反应,从而缩短合成步骤。催化合成中,催化剂的筛选和优化是非常重要的。目前,研究较多的绿色催化剂主要有纳米分子筛、纳米晶格氧复合氧化物、杂多酸、共轭固体超强酸、负载型过渡金属氮化物、碳化物、水溶性均相有机金属配合物等。

采用不对称催化合成方法得到光学活性物质,使反应过程中的原材料得到充分转化,减少有毒、有害物质排放,这是绿色化学工艺的重要研究内容。

1. 布洛芬的合成

布洛芬(ibuprofen)是新一代重要的非甾体消炎镇痛药物,是药物布洛芬™(Motrin)、艾德维尔(Advil)和米迪兰(Medipren)中的主要成分。

布洛芬的最初合成路线是采用 Boots 公司的 Brown 合成方法,即以异丁基苯为原料,经 Friedel-Crafts 反应生成对异丁基苯乙酮,再经 Darzens 缩合反应生成 1-(4-异丁基苯基)丙醛,最后经氧化制得布洛芬。布洛芬也可通过 1-(4-异丁基苯基)丙醛的肟化反应,再经水解制得,该方法通过 6 步反应才能得到产品,反应路线如下:

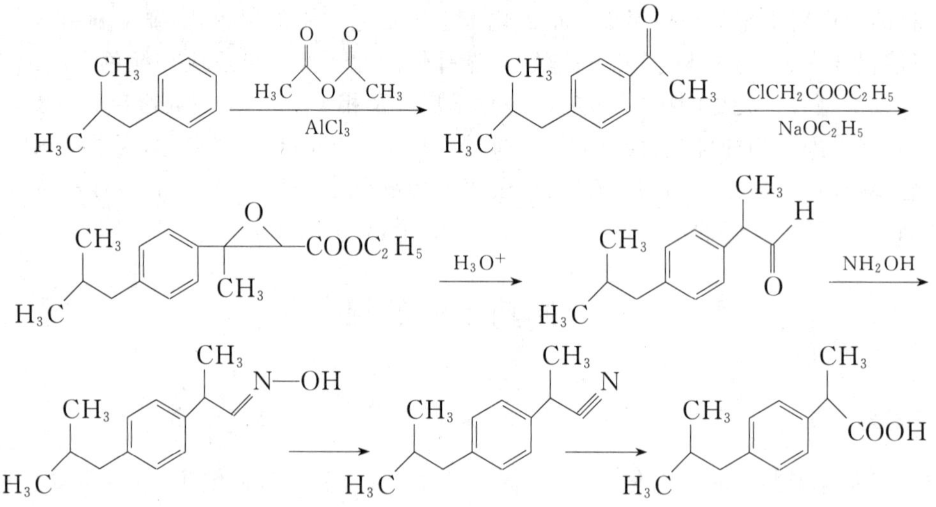

采用这条路线生产布洛芬,原料中的原子利用率只有 40% 左右。

德国 BASF 公司与 BHC 公司等采用 3 步反应即可得到产品布洛芬。合成路线如下:

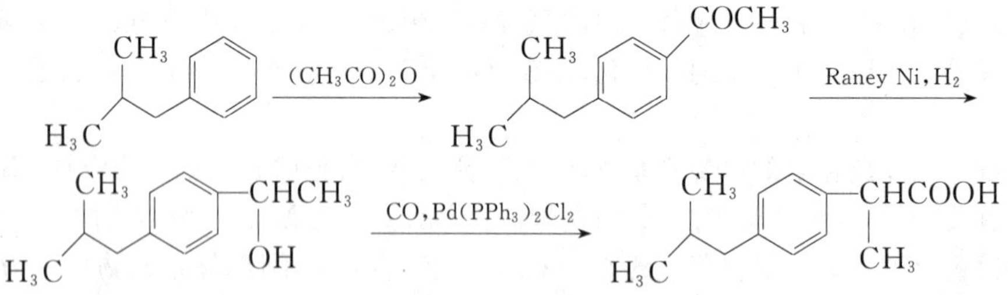

其中,羰化反应采用 $PdCl_2(PPh_3)_2$ 做催化剂,在 IBPE 与 $PdCl_2(PPh_3)_2$ 质量比为 1500,反应温度为 130℃,CO 压力为 16.5 MPa,IBPE 本身为溶剂或以甲乙酮(MEK)为溶剂的条件下,在 10%~26% HCl 溶液中反应 4 h,转化率高达 99%,布洛芬的选择性为 96%。

与经典的 Boots 工艺相比,BHC 合成布洛芬工艺是一个典型的原子经济性反应,原料利用率高(77.44%),如果考虑副产物乙酸的回收,则 BHC 合成布洛芬工艺的原子有效利用率高达 99%。BHC 公司因此获得了 1997 年度美国"总统绿色化学挑战奖"的变更合成路线奖。

2. 萘普生的合成

萘普生(naproxen)是一种优良的非甾体消炎镇痛药,主要用于治疗风湿性关节炎、强直性脊椎炎、各种类型的风湿肌腱炎和肩周炎等风湿性疾病,其化学名称为(S)-(＋)-1-(6-甲氧基-2-萘基)-丙酸。其传统的合成方法是以 β-萘酚为起始原料,经甲醚化、Friedel-Crafts 丙酰化、溴化、缩酮和水解氢化拆分制得,反应过程如下:

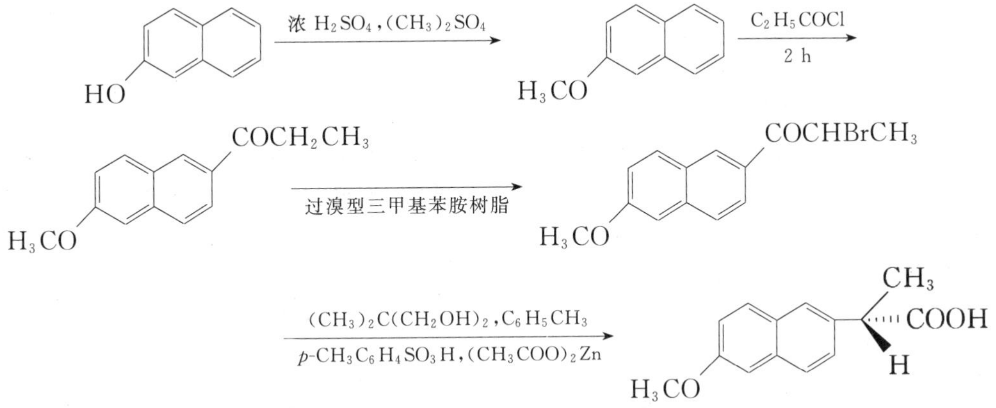

该方法的特点是路线长、成本高、污染严重,反应中大量用到浓硫酸、氢氧化钠等,产生大量的废水污染环境,不符合环境友好工艺的要求。Monsanto 公司开发了合成外消旋萘普生的新工艺,在相转移催化剂存在下,DMF 溶液中以金属铝为阳极,通入压力为 0.253 MPa 的 CO_2,6-甲氧基-2-乙酰基萘经电解羧基化、催化氢化,得到外消旋萘普生,总收率为 83%。电解产物 2-羟基-2-(6′-甲氧基-2′-萘基)丙酸经脱水得到 2-(6′-甲氧基-2′-萘基)丙烯酸。

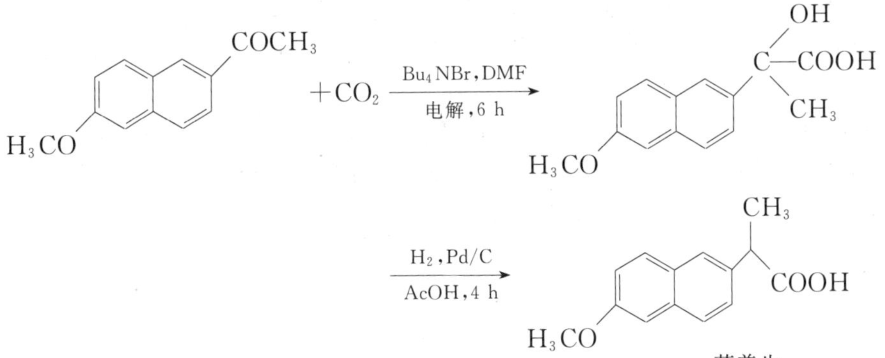

(S)-萘普生的消炎镇痛作用为(R)构型的 28 倍,以外消旋体拆分获得(S)-萘普生将产生一半的副产物,不符合原子经济性的绿色化要求。以手性膦配体-钌配合物催化不对称合成(S)-萘普生,可得到很高的收率和对映选择性。Qiu 等合成新的手性双膦配体,并制成[RuCl(p-cymene)]Cl 催化剂,在甲醇溶剂中催化氢化 2-(6-甲氧基-2-萘基)丙烯酸,产物的化学收率为 100%,对映选择性为 97%。

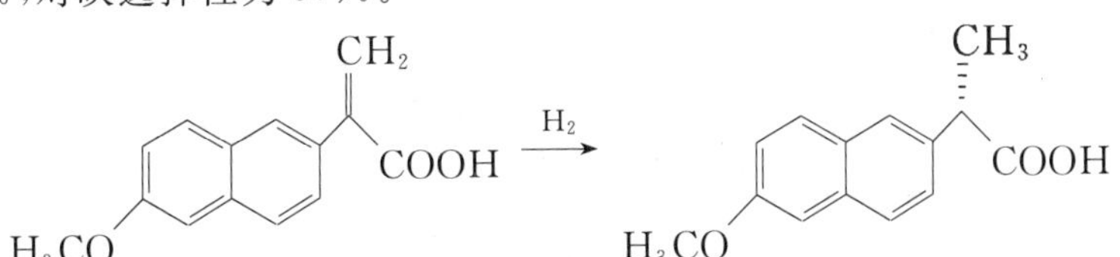

DuPont 公司研究了在天然糖类衍生的 1,2-二醇次膦酸酯配体 Ni(0)配合物的存在下,HCN 与 6-甲氧基-2-萘乙烯的 Markovnikov 加成反应,氰化物的收率为 100%,对映选择性为 85%。氰化物酸性水解一步转化为产物(S)-萘普生,最终的产率大于 90%,结晶后 ee 值为

99%,绿色化程度显著。

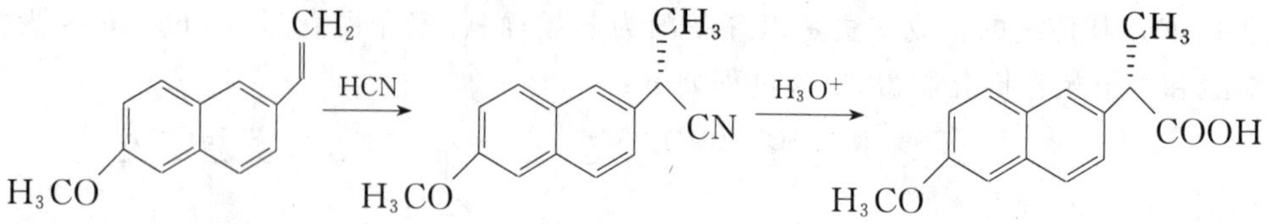

3. L-多巴的合成

L-多巴用于治疗神经系统帕金森(Parkinson)综合征,曾经以酶催化工艺生产,操作复杂。Monsanto 公司以手性化合物 Rh-DIPAMP 为催化剂,规模化生产光学收率高达 95% 的 L-多巴,是生产 L-多巴的重要方法。

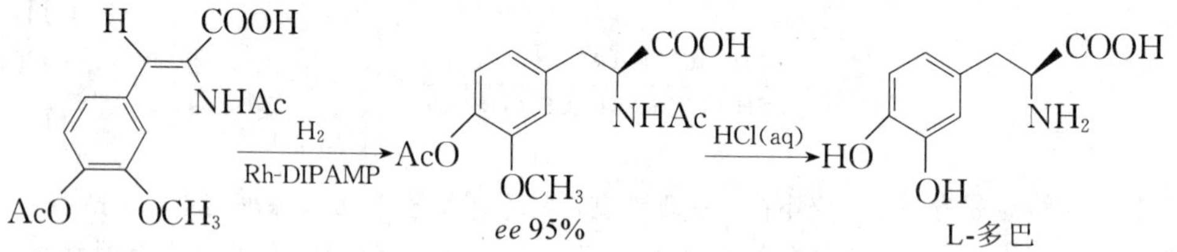

4. 西他列汀的合成

西他列汀(Sitagliptin)是一种二肽基辅酶-4(DPP-4)抑制剂,用于 2 型糖尿病的治疗,具有良好的疗效和很小的副作用。2006 年美国"总统绿色化学挑战奖"的绿色合成路线奖授予了 Merck 公司,奖励他们成功开发用 β-氨基酸制备治疗 2 型糖尿病药物 Januvia™ 的活性成分 Sitagliptin 的新颖的绿色合成路线。利用这一路线,可以大幅减少废物的产生,而总产率提高了近 50%。

Merck 公司曾使用第 1 代合成 Sitagliptin 路线制备了超过 90 kg 的临床试验用药。通过简单调整,这一合成路线放大为规模生产。然而,它仍需要 8 步反应,包括很多的复杂操作。此外还需要几个高相对分子质量的试剂,而这些试剂并不构成终端产品分子的组成部分,而最终成为副产物。

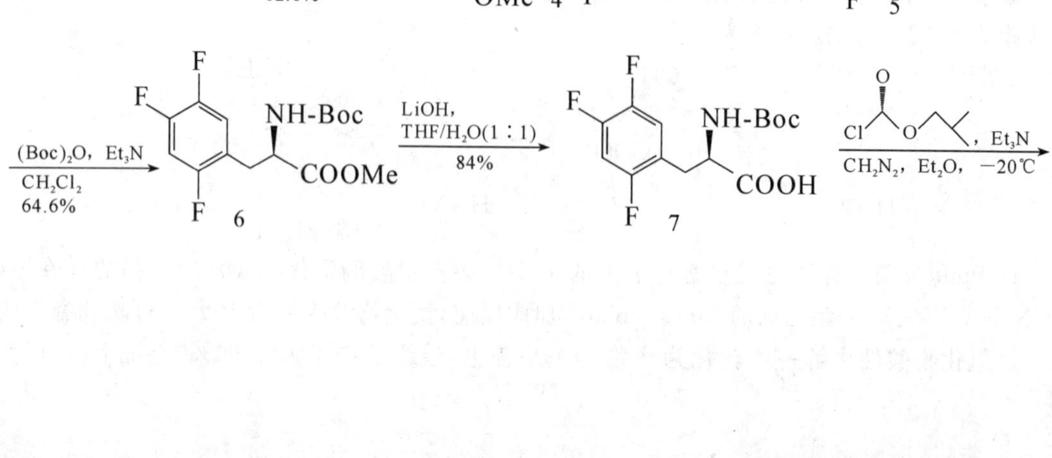

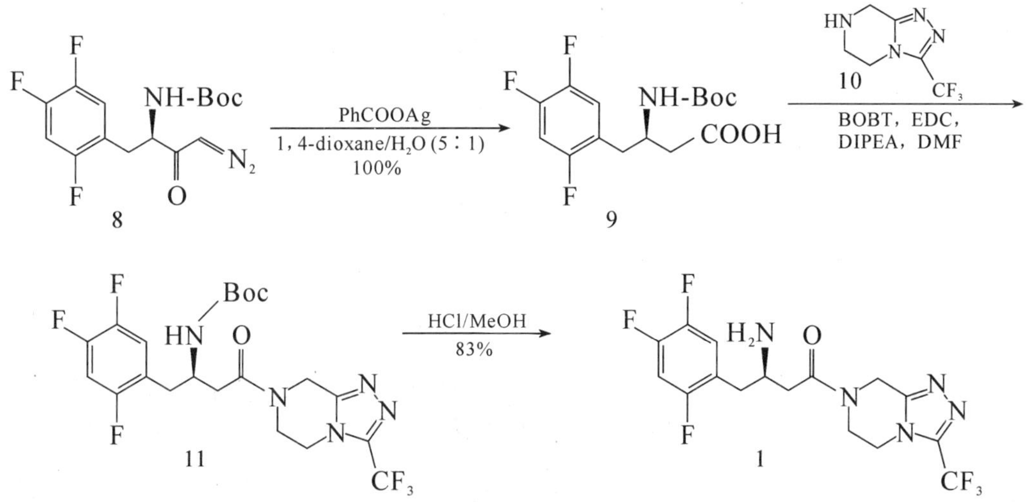

Merck 公司的研究人员与专门从事不对称反应催化剂研究的 Solvias 公司合作,发现以二茂铁基金属铑盐配合物为催化剂可以得到高光学纯度和高产率的 β-氨基酸的衍生物。这一新发现为合成具有生物活性的 β-氨基酸类化合物提供了一种通用方法。由于手性催化剂很贵,Merck 公司的科学家和工程师们只将这种催化剂应用在最后的合成步骤中,可以大幅度地提高产率。从脱氢前驱体到用于不对称加氢反应来合成 Sitagliptin,整个反应过程在一个容器中实现。加氢反应完成后,95% 的贵金属铑能够回收和利用。由于 Sitagliptin 分子中的具有反应活性的氨基到最后一步才暴露出来,因此不需保护基团的保护。新合成路线只有 3 个步骤,降低了原材料的消耗量、能耗和废物的排放量,总产率大幅提高。

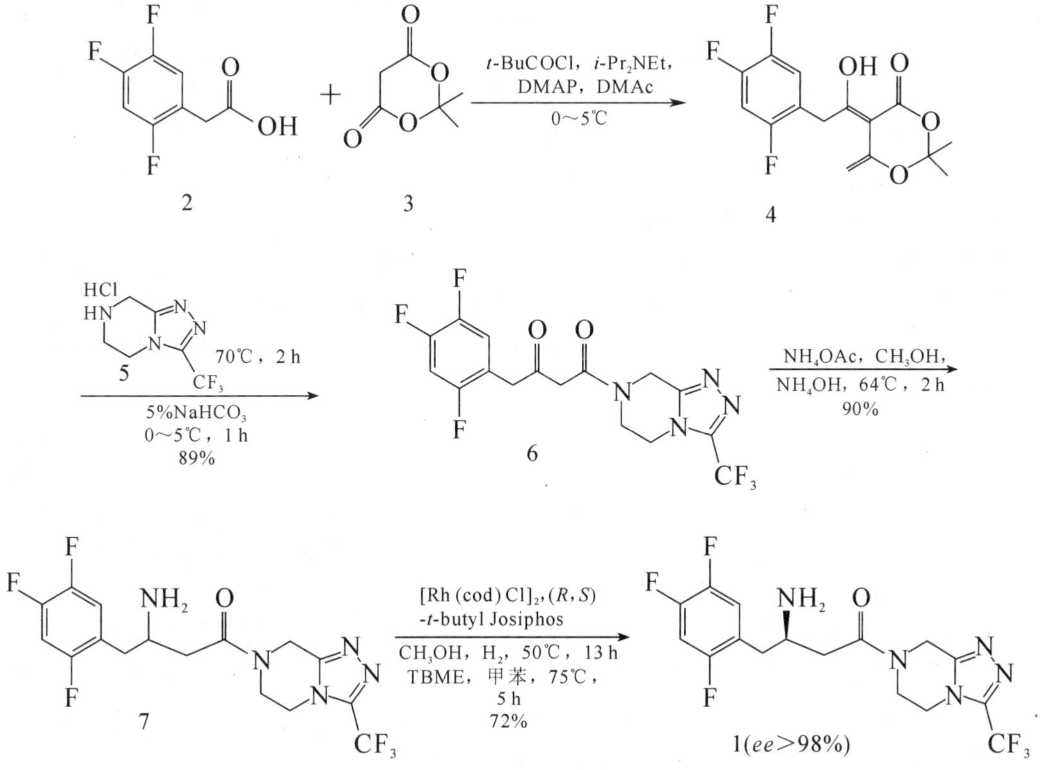

日本京都大学开发了含手性联萘膦配体（BINAP）的金属催化剂 Rh-BINAP，用于 C＝C 的不对称催化氢化，生产 L-多巴的中间体，光学收率达到 65％。

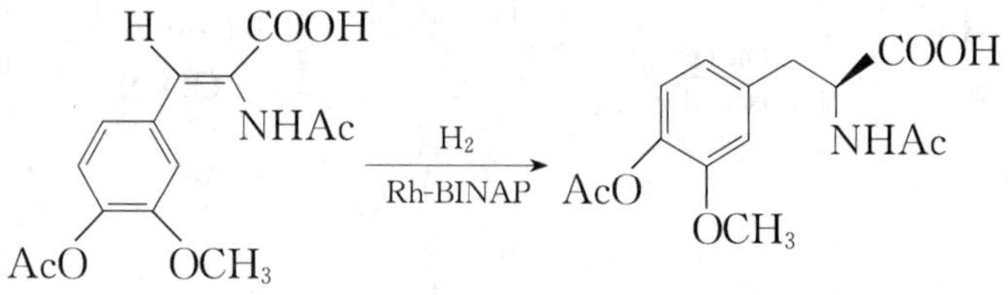

6.1.3　绿色生物制药

生物制药是生物学原理与制药工程相结合的制药技术，是现代生物技术在医学制药领域的应用，生物技术为医药研究与创新提供了新的方法、手段和途径，可用来制备大量难以获得的生物活性物质以及体内含量极低的内源性蛋白质和多肽，使之成为新药，可以用来改进预防疾病的疫苗，建立新的诊断方法，对防治严重危害人民健康的疾病起到越来越重要的作用。

现代生物技术主要包括：①重组 DNA 技术及其他转基因技术，即基因工程；②细胞和原生质融合技术以及动植物细胞大规模培养技术，即细胞工程；③酶或细胞的固定化技术，以及酶的其他化学修饰、物理修饰、酶基因克隆、酶基因诱变技术，即酶工程；④高密度发酵、连续发酵及其他新型发酵技术；⑤现代生物反应工程、生物产品的现代分离技术。

利用生物技术的方法，不仅能够优化工艺条件，降低反应条件难度，还可以节约能源和避免环境污染。因此，新的生物技术在合成与筛选新药、制药绿色化方向具有更强的生命力。

1．人促红细胞生成素的制备

人促红细胞生成素（rhEPO）是一种由肾脏产生的高度糖基化蛋白，是红细胞发育过程中最重要的调节因子，在纠正恶性肿瘤相关贫血、艾滋病引起的贫血和化疗引起的贫血等方面，具有良好的疗效。天然存在的促红细胞生成素（EPO）药源极为匮乏，需从贫血病人的尿中提取，不能满足临床的需要。人促红细胞生成素基因组 DNA 在哺乳动物的细胞中表达虽然可获得 EPO，但存在表达水平偏低、生产成本偏高等问题。因此，迫切需要提高 EPO 在细胞中的表达量。应用基因工程技术制备 rhEPO 的过程如下。

1）rhEPO 工程细胞株的大规模培养

工程细胞株经扩大培养后，接种到堆积床生物反应器中，调节 pH 值及溶解氧；先在含胎牛血清的培养基中生长，然后换为无血清的灌流培养，收集培养上清液，其中 EPO 的表达量约为 5000 IU/mL；培养上清液经离子交换层析、反相层析、分子筛层析，得到高纯度、高比活性的 EPO。

2）纯化工艺

纯化工艺为培养上清液→离子交换层析→脱盐→C₄ 反相层析→超滤浓缩→分子筛层析。发酵上清液直接加以缓冲溶液平衡的离子交换层析柱，经 NaCl 溶液洗脱后，收集的 EPO 峰合并；经葡聚糖凝胶柱脱盐，将收集液经 C₄ 柱，用无水乙醇不连续洗脱，收集 EPO 峰；经稀释和超滤浓缩后，最后经离子交换层析、反相层析及分子筛层析，收集 EPO 活性峰。

此工艺操作时间短，整个纯化的周期只需 48 h，避免了长时间处理引起细菌污染，导致产品中热原质含量过高及 EPO 分子降解的问题。经多次层析之后，样品中 EPO 纯度达 90％以上。采用该工艺纯化 EPO 生物活性总回收率达 46％，检测证明其具天然 EPO 的免疫特性。因此，该工艺适合于大规模生产高纯度、高活性的 rhEPO。

2. 新型降钙素的制备

降钙素(nCT)及其类似物已用于临床治疗骨质疏松病和高血钙症。鲑鱼降钙素的生物学活性最高,它是人降钙素活性的 50 倍,但长期使用非人源的鲑鱼降钙素会产生抗体。以人和鲑鱼的降钙素为先驱物,可获得活性高、半衰期长、抗原性低的新型降钙素 nCT/pGEX-2T/E. coli BL 21。其具体工艺过程如下。

1) 工程菌发酵

将基因工程菌 nCT/pGEX-2T/E. coli BL21 单菌体接种于 Luria-Bertani 培养基中,于 37℃恒温振荡培养约 15 h,接种到有培养基的摇瓶中,通气培养并加入诱导剂异丙基硫代-β-D-半乳糖苷(IPTG)至工程菌的终浓度为 0.1 mmol/L;继续培养 4 h,离心收集菌体,并在发酵罐中进行发酵,大量制备菌体。

2) 融合蛋白纯化

将离心收集的发酵液菌体按一定量分装到几支离心管中,然后将离心管放入干冰-乙醇制冷剂中,向每支离心管中加入一定量丁二酸-1,4-丁二醇聚酯混悬,间歇离心,收集上清液。通过层析柱、洗脱、透析、聚乙二醇浓缩,将融合蛋白浓度调整为 10 mg/mL。

3) 降钙素前体纯化

将融合蛋白磺酸化和溴化氢裂解,裂解液加入快速凝胶柱中,用 10 mmol/L HCl 溶液洗涤至 $A_{280\ nm} < 0.05$;然后用洗脱液(10 mmol/L HCl,100 mmol/L NaCl)洗脱,紫外吸收法检测,收集出峰处流出液;冷冻干燥,再经 RP-HPLC 纯化。

4) 新型降钙素制备工艺

将新型降钙素前体加入 pH=9.5 的氨溶液(浓 NH$_3$·H$_2$O 用 HCl 调节)中,加入二甲基亚砜使多肽完全溶解;然后加入 50 μmol/L 的羧肽酶 Y 溶液,在37℃反应 1 h,加入三氟乙醇(TFA)摇荡均匀(终浓度 1%),终止反应;用 2 mol/L NaOH 溶液调节至 pH 值为 8.0,加入半胱氨酸,使终浓度为 5 mmol/L,仍然在 37℃反应 1 h 以恢复二硫键,经 RP-HPLC 纯化,收集各出峰处流出液,减压蒸馏,冻干,进行氨基酸组成分析和质谱鉴定,确定新型降钙素的组分。

3. 谷胱甘肽的制备

谷胱甘肽(GSH)是一种重要的生化药物,具有独特的抗氧化、抗衰老特性。通过细胞工程构建具有高 GSH 活性的重组大肠杆菌(E.coli)是近年来 GSH 生物合成研究中的一个新方向,其关键在于将分别编码 GSH Ⅰ 和 GSH Ⅱ 的基因 gsh Ⅰ 和 gsh Ⅱ 在宿主菌中高效表达。与重组或非重组的 S.cerevisiae 相比,重组 E.coli 具有生长速率更快、产物提取更容易等优点。

流加培养方法:发酵罐中装液量 2/5,接种量 20%,发酵温度 30℃,通过调节搅拌速率和空气流速使溶氧百分数保持不低于 30%;通过流加氨水,保持 pH 值在 7.2 左右;分批培养 8 h 后,按不同要求进行流加培养。

由于 GSH 只在重组 E.coli 细胞内积累,因此,若要获得较高的生产率,就必须在提高细胞密度的同时,保证细胞内目标产物也以较高水平积累,以利于提取和纯化。在培养后期,细胞内 GSH 含量均呈现出下降趋势,这是因为 gsh Ⅰ 和 gsh Ⅱ 基因的表达量减少,造成合成 GSH 的关键酶活性下降。故应在培养过程中检测细胞内 GSH Ⅰ 和 GSH Ⅱ 的酶的活性,考察某些添加物对基因表达和酶活性的影响,在保证 GSH 合成活性不降低的前提下研究高密度培养策略。此工艺所用的重组 E.coli 工程细胞株应形态正常、无菌,它的染色体畸变率在可以接受的范围内,细胞及其产物无致瘤性;GSH 克隆的表达水平高,细胞在冷冻复苏后表达水平不下降;GSH 纯化过程简单且效果好。

4. 新型肿瘤坏死因子的制备

肿瘤坏死因子 α(TNF-α)是人巨噬细胞分泌的细胞因子,具有特异性杀伤肿瘤细胞的功能。早在 20 世纪 80 年代末就已开始使用 TNF 治疗恶性肿瘤的临床试验,但它在体内血清中含量极低,体外细胞培养产生的 TNF 毒性太大,试验未能进行下去,因此必须筛选对人体有用的重组 TNF(nrhTNF)。

近年来许多学者对 TNF 突变体进行了研究,获得了许多高效、低毒的 TNF 基因工程突变体,其中一种突变体新型重组人肿瘤坏死因子(nrhTNF-α),其杀伤肿瘤细胞的活性较天然人肿瘤坏死因子提高了近 100 倍,但毒性降低了 2/3,对多种肿瘤细胞都具有明显的杀伤活性。

nrhTNF-α 的生产工艺如下:工程菌破碎后上清液经 60 ℃热处理 30 min,除去大部分杂蛋白,活性成分回收率达 87.9%;热处理上清液,按 243 g/L 的量加入固体硫酸铵,使饱和度达到 40%,离心回收上清液,再按 132 g/L 的量加入固体硫酸铵,使饱和度达到 60%,离心收集,此步活性成分回收率为 51.8%;样品经三步柱层析纯化,获得高度纯化的 nrhTNF-α,活性成分总回收率达 27.1%,纯化倍数为 236 倍。该纯化工艺设计合理,方法简单,具有较高的回收率。

6.1.4　绿色天然药物

绿色天然药物是在继承和发扬中华医药优势和特色的基础上,充分利用现代科学技术,借鉴医药标准和规范,研究开发的"安全、高效、稳定、可控"的现代中药产品。采用现代科学技术和手段,进行天然药物生产技术的现代化、工艺工程化和产业规模化研究,是实现天然药物制药绿色化的关键。在天然药物提取中,超临界萃取、超声波提取、树脂吸附分离等技术得到了广泛的应用。

1. 银杏黄酮的提取

银杏中含有黄酮类、萜内酯类及银杏酚酸等活性成分,对中枢神经系统、血液循环系统、呼吸系统和消化系统等有较强的生理活性,它能够增加脑血管流量,改善脑血管循环功能,保护脑细胞,扩张冠状动脉,防止心绞痛及心肌梗死,防止血栓形成,提高机体免疫能力。同时有抗菌消炎、抗过敏等作用。对冠心病、心绞痛、脑动脉硬化、老年性痴呆、高血压病人均十分有益。

目前多采用溶剂提取法,以 60%的丙酮为提取溶剂,经过提取、分离和纯化,得到银杏黄酮等。该工艺存在以下缺点:提取时间长,多次洗涤、过滤和萃取,工艺路线长;消耗了大量的有机溶剂,生产成本高;收率低,产品的质量较差;产生大量的废液和废渣,对环境污染大;产品中含有重金属和残余的有机溶剂,会给人们带来毒副作用。

应用超临界流体萃取银杏有效成分是克服上述缺点的有效方法。超临界萃取工艺(见图6-1)如下。取绿色银杏叶干燥粉碎,经过预处理后,分次装到萃取器中压紧密封,打开萃取器、分离器和系统的其他加热装置,进行整个系统的预热,同时设定萃取分离所需的温度;打开二氧化碳的进气开关,启动压缩机,使压力达到所需的范围,打开阀门,通入二氧化碳流体,当温度和压力达到萃取的要求时,保持一定时间;打开分离用的进气阀,进行分离操作;当实验压力为 10 MPa 并稳定时,进行脱除银杏酚酸和叶绿素等杂质的过程;当实验压力大于 10 MPa 并稳定时,进行银杏叶有效成分的萃取分离和收集,同时进行萃取产物的测定。

超临界流体萃取法采用二氧化碳为萃取介质,安全无毒;反应条件温和,保持了银杏叶有

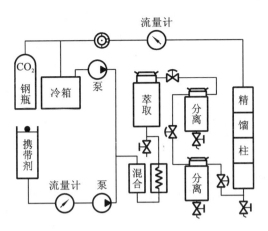

图 6-1　超临界 CO_2 提取银杏叶中黄酮类化合物工艺流程

效成分的天然品质；没有重金属和有毒溶剂残留。与溶剂法相比，超临界流体萃取法提取银杏有效成分是一条较好的绿色化提取工艺。

2. 紫杉醇的提取

紫杉醇(taxol)，又名泰素、紫素、特素。其化学名称为 $5\beta,20$-环氧-$1,2\alpha,4,7\beta,10\beta,13\alpha$-六羟基紫杉烷-11-烯-9-酮-$4,10$-二乙酸酯-2-苯甲酸酯-$13[(2'R,3'S)$-$N$-苯甲酰-3-苯基异丝氨酸酯]。紫杉醇是从红豆属植物中分离出来的一种二萜类化合物，具有良好的广谱抗癌活性。它主要存在于红豆杉科植物红豆杉的干燥根、枝叶以及树皮中。

1963 年，美国化学家瓦尼(M. C. Wani)和沃尔(Monre E. Wall)首次从生长在美国西部大森林中的太平洋杉(pacific yew)树皮和木材中分离到了紫杉醇的粗提物。在筛选实验中，他们发现紫杉醇粗提物对离体培养的鼠肿瘤细胞有很高活性，并开始分离这种活性成分。由于该活性成分在植物中含量极低，直到 1971 年，他们才同杜克(Duke)大学的化学教授姆克法尔(Andre T. McPhail)合作，通过 X 射线分析确定了该活性成分的化学结构——一种四环二萜化合物，并把它命名为紫杉醇。紫杉醇主要用于卵巢癌和乳腺癌，以及肺癌、大肠癌、黑色素瘤、头颈部癌、淋巴瘤、脑瘤的治疗。

紫杉醇在肿瘤的治疗药物中代表了一类新的、独特的抗癌药物。它的抗癌机制是促进极为稳定的微管聚合并阻止微管正常的生理性解聚，从而导致癌细胞的死亡，并抑制其组织的再生。

紫杉醇

从天然红豆属植物中提取紫杉醇的工作十分复杂，难度较大，主要原因是紫杉醇在植物体内的含量太低,最高含量不到 0.02%,而且存在 200 多种紫杉醇的类似物,这些类似物的化学结构和性质均与紫杉醇相近,致使紫杉醇的分离十分困难。

超临界 CO_2 流体萃取紫杉醇的原理如图 6-2 所示。将样品放入萃取池中,CO_2 和甲醇分别由 CO_2 泵和修饰剂泵到流体混合器混合后,流入萃取器中的集流腔,在达到 27.6 MPa、31℃后进入萃取池开始萃取,动态萃取时,超临界 CO_2 流体经限流器流入收集瓶后减压排放,流体带出的物质溶于收集液中予以收集。用甲醇做吸收液,在 30 min、60 min、90 min、120 min 各收集 1 次,收集液旋转蒸发浓缩,并于 50℃ 真空干燥 2 h 后检测其中的紫杉醇含量。

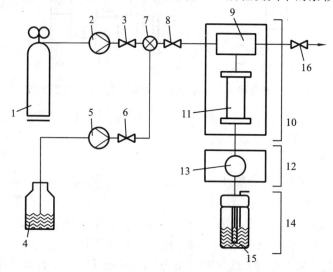

图 6-2　超临界 CO_2 流体萃取紫杉醇的工艺流程

1—CO_2 钢瓶;2—CO_2 泵;3、6、8—阀门;4—修饰剂容器;5—修饰剂泵;7—流体混合器;9—集流腔;
10—萃取单元;11—萃取池;12—限流单元;13—限流器;14—收集单元;15—收集瓶;16—排气阀

在 CO_2 中加入乙醇做改性剂,在适当的温度和压力下进行紫杉醇的提取,树皮中的紫杉醇大部分能被有效提取,对紫杉醇的选择性比传统的乙醇提取效果好。用超临界流体萃取技术提取和纯化紫杉醇,是一种绿色化的工艺。

3. 小檗碱的提取

小檗碱又称黄连素,是一种苄基四氢异喹啉类生物碱,有抑菌作用。它存在于小檗科等 4 科 10 属的许多植物中。小檗碱主要用于治疗肠道感染、细菌性痢疾、眼结膜炎和化脓性中耳炎等疾病,还具有抗心律失常、调节血脂和治疗糖尿病等功效。

小檗碱

小檗碱对溶血性链球菌,金黄色葡萄球菌,淋球菌和弗氏、志贺氏痢疾杆菌等均有抗菌作用,并能增强白细胞吞噬作用,对结核杆菌、鼠疫菌也有不同程度的抑制作用,对大鼠的阿米巴菌也有抑制效用。小檗碱在动物身上有抗箭毒作用,并具有末梢性的降压及解热作用。中医常用黄连、黄柏、三颗针等做清热解毒药物,其主要有效成分为小檗碱。

常用的小檗碱提取方法有溶剂提取法、超声波提取法等。溶剂法提取时间长、收率低且操作繁杂,超声波提取法具有提取时间短、提取率高的特点。

超声提取过程(见图 6-3)如下:称取 50 g 黄柏粉放入容器中,加入 0.3% H_2SO_4 溶液 500 mL,浸渍 20 min,装入渗漉筒中,30 min 后过滤,向滤出液中加入石灰水调节 pH 值为 7,用 20 kHz 超声波处理 30 min,过滤。向滤液中加入 NaCl,静置过夜,过滤,收集沉淀在 80 ℃下烘干。将沉淀溶于水中,再过滤,向滤液中加入 HCl 溶液调节 pH 值为 1~2,待沉淀完全后抽滤,收集沉淀烘干得盐酸小檗碱。

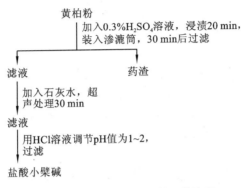

图 6-3　超声提取小檗碱的工艺流程

由于超声波的空腔化作用,细胞在溶剂中瞬时崩溃而破裂,溶剂渗透到细胞内部,小檗碱成分溶入溶剂之中,超声振动促进了小檗碱成分向溶剂中溶解,所以用超声提取川黄柏中的小檗碱成分可大大缩短提取时间,并提高小檗碱成分的提取率。比较超声波法与传统乙醇浸提的工艺,在相同条件下超声波法处理后的小檗碱的提取率为 8.35%,而传统乙醇浸提工艺的提取率为 5.87%。

6.2　农药工业的绿色化

6.2.1　绿色农药的含义及分类

绿色农药是用无公害的原材料和不生成有害副产物的工艺制备的生物效率高、药效稳定、易于使用、对环境友好的农药产品。使用绿色农药不仅可以保护作物的正常生长,保证农作物的稳产丰收,而且可以减少环境污染。与绿色农产品相适应,未来的农药产品应该具备高效、低毒、低残留、选择性好等特点。绿色农药主要包括绿色生物农药、绿色化学农药及绿色农药制剂。

6.2.2　绿色生物农药

生物农药是利用生物活体或其代谢产物对有害生物进行防治的一类制剂,它具有选择性好、无污染、不易产生抗药性、生产原料广泛等优点。生物农药可分为微生物活体、微生物代谢物、活体和代谢物的混合制剂、植物源农药、生化农药,另外具有抗病虫功能的转基因植物品种等也可归入生物农药的范畴。按防治对象的不同,生物农药又分为杀虫剂、杀菌剂、除草剂、植物生长调节剂等。

绿色生物农药包括有害生物自然天敌的活性农药、某些生物代谢的次生物质,如基因导入的抗虫或抗病作物,其中微生物农药应用最为广泛。

1. 微生物农药

微生物农药主要包括微生物杀虫剂、微生物除草剂和农用抗生素。

微生物杀虫剂是应用昆虫病原体作为杀虫的制剂,这些病原体可以不加修饰地近乎以自然状态应用,也可以通过标准的遗传操作或 DNA 重组技术将其杀虫活性予以改善。昆虫病原体主要包括病毒、细菌、真菌、原生动物等,这些病原体都对各自的寄主昆虫有致病、致死作用。

微生物除草剂是利用植食性动物、病原微生物等天敌生物,通过生态学途径,在自然状态下将杂草种群控制在经济上、生态上与美学上可以接受的水平。微生物除草剂的开发研究始于 20 世纪中叶,它直接利用微生物本身进行杂草防除。

农用抗生素是由微生物产生的次级代谢产物,在低浓度时即抑制或杀灭农作物病、虫、草害,还可调节作物的生长发育。

1) 阿维菌素

阿维菌素(avermectin)属大环内酯抗生素类化合物,是土壤微生物灰色链霉菌素的发酵代谢产物。阿维菌素是一种农用抗生素类杀虫剂、杀螨剂,能有效地防治植食性螨类和鳞翅目、同翅目、鞘翅目、半翅目等农林害虫,是一种新型、高效、低毒、无公害的生物农药。Merck、Sharp 和 Dohme Agvet 等公司将两种阿维菌素 Bla 和 Blb 混合作为杀虫剂、杀螨剂已实现了工业化生产。

阿维菌素属于昆虫神经毒剂,主要干扰害虫神经生理活动,使其麻痹中毒而死亡。阿维菌素具有触杀和胃毒作用,无内吸性,但有较强的渗透作用,并能在植物体内横向传导,杀虫(螨)活性高,比常用农药高 5～50 倍,用药量仅为常用农药的 1‰～2‰。对胚胎未发育的初产卵无毒杀作用,但对胚胎已发育的后期卵有较强的杀卵活性作用。该药剂对抗药性害虫有较好的防治效果,与有机磷、拟除虫菊酯和氨基甲酸酯类农药无交互抗性。

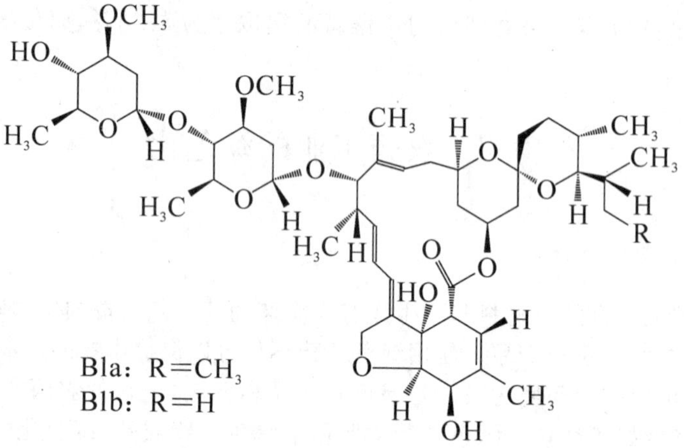

Bla：R=CH₃
Blb：R=H

阿维菌素

目前,阿维菌素的生产工艺研究主要在以下几个方面。

(1) 菌种改造:阿维菌素菌株的优劣对生产有很重要的影响。阿维菌素原始菌株发酵单位非常低,最先发现的菌株 MA-4680 的发酵单位只有 9 μg/mL,经改变发酵条件后有较大的提高,但也仅为 120 μg/mL,不适合进行大规模发酵生产。该菌株经过紫外诱变,从中选出一株突变株,发酵单位可达到 500 μg/mL,相比原始菌株有了明显的提高。冯军等通过对原始菌株进行紫外诱变,得到一株耐链霉素的突变株,发酵单位提高了 116 倍,另一突变株发酵单位提高了 215 倍;再采用亚硝基胍进行诱变,发酵效价提高 116 倍,并且发酵产物中的 Bla 与 Blb 的比值由原来的 8 提高到 20。

(2) 发酵培养基:发酵培养基是一个发酵产品工业化中非常重要的一环,其组分直接影响阿维菌素的产量和生产成本。目前用于工业发酵的培养基种类很多,由于各种培养基成分产地不同,特别是天然组分对发酵产量的影响很大,因此选择一种较好的培养基组合及培养条件是非常必要的。常用的碳源有糖类、油脂、有机酸和低碳醇等。以葡萄糖为碳源时,虽然能得到最高的发酵产量,菌丝生长量也最大,但所得干丝量小于以小麦粉为碳源时的量,因此小麦粉是较理想的碳源。

(3) 结晶:结晶是阿维菌素精制工艺的关键。Bagner Oarl 等介绍了一种直接用甲苯提取发酵液中阿维菌素的方法,即发酵液不需过滤,直接用硫酸调节 pH 值为 2.5,再用甲苯与发酵液(2∶1)的混合溶液在加热条件下提取。收集甲苯提取液,经浓缩即得阿维菌素粗品,然后进行精制。采用直接结晶法,可使总浸提率达到 97.3%,经二次结晶,纯度达到 95%,提取率达到 61.5%。

2) 双丙氨磷

双丙氨磷(glufosinate)是土壤细菌自然代谢的产物,由两个丙氨酸残基和谷氨酸组成,其结构类似于草铵膦(phosphinothricin)。

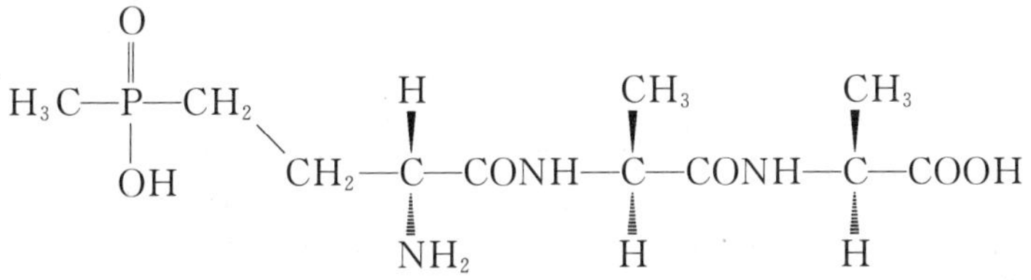

双丙氨磷

双丙氨磷的钠盐可用于防除耕作土地上的一年生杂草,也可用于防治不耕作土地上的一年生和多年生杂草。双丙氨磷是具有生物活性的酸,是谷氨酰胺合成酶有效的和不可逆的抑制剂,它可引起氨的累积,抑制光合作用过程中的光合磷酸化作用。

双丙氨磷的杀草机理是与植物体内谷氨酰胺合成酶争夺氮的同化作用,导致游离氨的积累,同时还阻碍谷酰胺和其他氨基酸的合成,氨积累过剩引起植物中毒,氨的浓度与除草活性有关。此外,还抑制光合作用中的光合磷酸化作用。由茎叶吸收,具有内吸传导和触杀作用。用于葡萄、苹果、柑橘园中去除多种一年生及多年生的单子叶和双子叶杂草,以及免耕地、非耕地灭生性除草。此品在土壤中丧失活性,易代谢和生物降解,因而使用安全。

3) 灭瘟素

灭瘟素是由土壤放线菌产生的抗生素,是一种具有防治和触杀作用的杀菌剂,对细菌和真菌细胞的生长表现出强烈的抑制作用。它的作用模式是抑制蛋白质的生物合成,通过与原核生物核糖体亚单位 50S 结合,使转肽酶失去活性,从而抑制肽链伸长,作为喷雾剂用于防治稻瘟病。灭瘟素可加工成粉剂、乳油和可湿性粉剂。

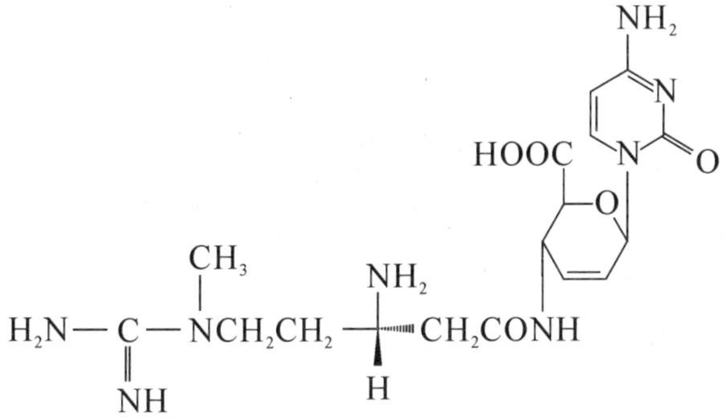

灭瘟素

4）春日霉素

春日霉素(kasugamycin)是土壤放线菌春日链霉菌(*Streptomyces kasugensis* Umezawa)产生的抗生素。

春日霉素既干扰氨酰-tRNA 与 mRNA-30S 核糖体亚单位的结合，又干扰氨酰-tRNA 与 mRNA-70S 核糖体的结合，阻止氨基酸形成肽链，抑制蛋白质生物合成。春日霉素用于防治水稻稻瘟病，甜菜、芹菜叶斑病，水稻和蔬菜细菌性疾病，以及苹果和梨的黑斑病，是具有预防和治疗双重作用的内吸性杀菌剂。

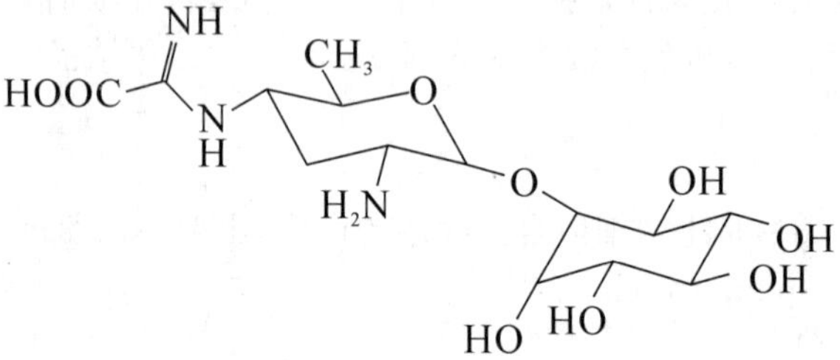

春日霉素

春日霉素是防治多种细菌和真菌性病害的理想药剂，有预防、治疗、生长调节功能。它既是防治稻瘟病的专用抗生素，还对水稻细条病，柑橘流胶病、砂皮病，猕猴桃溃疡病，辣椒细菌性疮痂病，芹菜早疫病，菜豆昏枯病，菱白胡麻斑病等有好的防治效果。春日霉素对豌豆、蚕豆、大豆、葡萄、柑橘和苹果有轻微的药害，对水稻、马铃薯、甜菜、番茄以及其他蔬菜没有药害。春日霉素对哺乳动物毒性较低，环境相容性好，对非靶标机体和环境无不利影响。

2. 植物源农药

植物源农药的有效成分是自然存在的，一般低毒、无残留，对人畜安全，易于降解。植物源农药在环境中积累毒性的可能性小，与环境的相容性好，害虫难以产生抗性，不杀伤害虫天敌，在农业中有着广阔的发展前景。

1）印楝素

印楝树(*Azadirachta indica* A. Juss)系楝科楝属乔木，广泛种植于热带、亚热带地区。印楝树的种子、树叶及树皮中均含有印楝素。印楝树的抽提物具有较强的杀虫性。印楝素对植食性昆虫有多种效应，它有极强的食物忌避作用，许多昆虫都忌食用印楝素处理过的作物。印楝素可以通过拮抗蜕皮激素干扰昆虫蜕皮，导致与喷洒作物接触过的昆虫产生形态上的缺陷，还可以通过干扰植食性昆虫的交配行为降低其繁殖能力，从而减少产卵量。蜕皮激素作用的抑制还可通过重吸收卵黄腺和输卵管影响卵子发育。印楝素是广谱、高效、低毒、易降解、无残留的杀虫剂，且没有抗药性，对几乎所有植物害虫都具有驱杀效果，而对人畜和周围环境无任何污染。

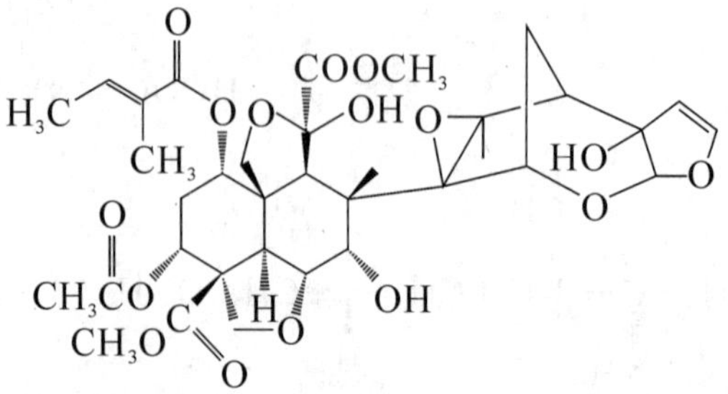

印楝素

从化学结构上看,印棟素类化合物与昆虫体内的类固醇和甾类化合物等激素类物质非常相似,因而害虫不易区分它们是体内固有的还是外界强加的,所以它们既能进入害虫体内干扰害虫的生命过程,从而杀死害虫,又不易引起害虫产生抗药性。这类化合物与脊椎动物的激素类物质的结构差异很大,所以它们对人畜几乎是无害的。

超声波辅助法提取印棟素以甲醇为最佳溶剂,料液比为 1∶2,超声波功率为 200 W,超声波提取最佳时间为 15 min,在最佳条件下提取率为 0.38%。

微波提取法中,以甲醇为溶剂,微波功率为 210 W,物料比为 1∶3,辐射时间为每次 3 min,共提取 3 次,提取率可达 0.52%。与传统的电磁搅拌法相比,该方法工艺简单,提取时间短。

2) 除虫菊

除虫菊($Chrysanthemum\ cinerarii folium$)是一种既有较高的药用价值,又有观赏价值的菊科植物。它的根、茎、叶、花等都含有毒虫素物质,可作为提取除虫菊酯的原料,用以配制各种杀虫剂,杀灭蚜虫、蚊蝇、菜青、棉铃等害虫。用除虫菊叶做的蚊香,可以杀蚊驱蝇,对臭虫、虱子及跳蚤均有特效。除虫菊也可以直接用来杀灭蚜虫、蚊蝇、菜青、棉铃等害虫,而且具有不污染环境,不破坏生态平衡,无抗药性,对人、畜、家禽无毒害作用等优点。

除虫菊酯是非内吸性触杀性杀虫剂,可以与昆虫细胞膜上的钠离子通道结合,延长其开放时间,引起昆虫休克和死亡。除虫菊酯一般与增效剂——增效醚一起使用,除虫菊酯对光不稳定,增效醚可以抑制除虫菊酯的分解。除虫菊酯一般与其他杀虫剂复配使用。

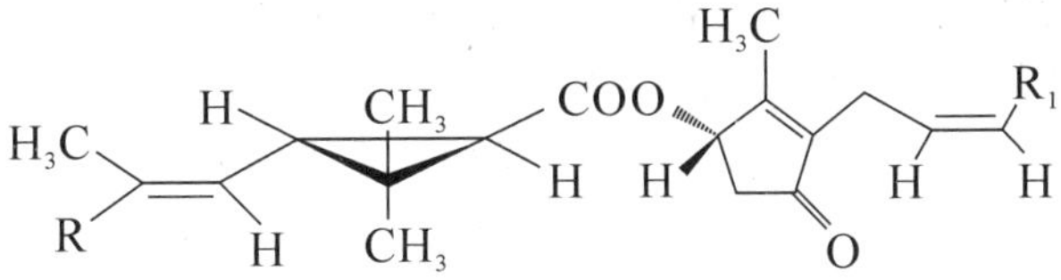

R＝COOCH₃
R₁＝CH═CH₂, CH₃, CH₂CH₃

除虫菊酯

采用微波萃取法萃取除虫菊酯具有时间短、提取率高、溶剂用量少、产物品质好、色泽浅等优点。微波萃取除虫菊酯可用连续微波辐射的方法,在微波辐射总时间相等和操作温度低于溶剂沸点的情况下,每次连续微波辐射时间越长,提取率和提取物中除虫菊酯的含量越高。

3. 基因工程农药

基因工程就是按照人们的愿望,通过体外 DNA 重组和转基因等技术,创造出符合人们需求的新的生物类型。基因工程技术将植物本身甚至动物、微生物等不同生物的遗传物质在体外人工"剪切""组合"和"拼接",使遗传物质重新组合,然后通过载体转入农林作物,并使得这些基因在合适的调控顺序下在异源植物的细胞中表达,产生出人类所需要的性状或产物。

转基因作物(genetically modified foods,GMF)是利用基因工程将原有作物的基因加入其他生物的遗传物质,并将不良基因移除,从而造成品质更好的作物。通常转基因作物可增加产量,改善品质,提高抗旱、抗寒及其他特性。

转基因作物同普通植物似乎没有任何区别,只是转基因作物多了能使它产生额外特性的基因。生物学家已经知道怎样将外来基因移植到某种植物的脱氧核糖核酸中去,以便使它具有某种新的特性,如抗除莠剂的特性,抗植物病毒的特性,抗某种害虫的特性。这个基因可以来自任何一种生命体,比如细菌、病毒、昆虫。这样,通过生物工程技术,可以给某种作物植入一种靠杂交方式根本无法获得的特性，将大大促进作物的质量和产量。

世界上第一种基因移植作物是在1983年培植出来的含有抗生素药类抗体的烟草，10年以后，第一种市场化的转基因食物才在美国出现，1996年，由这种西红柿食品制造的西红柿饼才得以允许在超市出售。转基因牛羊、转基因鱼虾、转基因粮食、转基因蔬菜和转基因水果在国内外均已培育成功并已投入食品市场。全球的转基因作物在问世后的7年中整整增加了40倍，转基因生物以植物、动物和微生物为多，其中植物是最普遍的。

1) 转基因抗虫植物

将某些细菌的杀虫基因转移到农作物上，可以使农作物具有杀虫功能。目前，在转基因抗虫植物方面，应用最多的是苏云金芽孢杆菌毒素蛋白基因（Bt基因），相继开发出具有抗虫作用的大豆、棉花和马铃薯种子，并已在美国农业上实际应用。培育出的转Bt基因棉品种不仅对某些鳞翅目害虫有较强的抗性，而且对产量、纤维品质等也无不利影响，有的甚至优于其亲本品种。

人们在Bt ICP基因的修饰和改造、表达载体的构建、植物组织的转化、抗虫植物的培育等方面进行了大量的研究，已获得了50多种不同的转基因抗虫植物，如抗马铃薯甲虫马铃薯、抗鳞翅目番茄、抗鳞翅目棉花、抗鳞翅目和鞘翅目玉米等。转基因抗虫植物的优越性十分明显，它不仅可以抵抗害虫的危害，而且因大量减少农药的使用量，减少了农药对人类的毒害及对天敌的杀伤，保护了环境。

棉花为我国主要农作物之一，转基因棉花在抗虫、抗除草剂、抗病、改善棉花纤维品质改良等方面均取得了一系列重要研究成果。1992年中国农业科学院生物技术研究所在国内首次人工合成了Bt杀虫基因，将该基因导入棉花植株中获得了国产GK系列转Bt基因抗虫棉；将豇豆胰蛋白酶抑制剂基因（CpTI）和Bt基因重组，导入棉花，育成了转双价基因（CpTI＋Bt）SGK系列抗虫棉。转Bt基因棉的毒素能在棉株内持续表达，使得棉铃虫在棉花的整个生长期都受到Bt毒蛋白的高压选择，因而减少了农药用量约60％，转基因抗虫棉花比一般棉花平均提高单产10％。

2) 转基因耐除草剂植物

转基因耐除草剂植物主要通过转基因使作物获得或增强对除草剂的抗性遗传性状，使许多优秀的灭生性除草剂得以广泛使用，同时也促进新除草剂的研制与开发。

1998年以来，已有近300种植物先后培育出抗除草剂品种。涉及的除草剂主要有草甘膦、草铵膦、磺酰脲类、咪唑啉酮类、溴苯腈、2,4-D等。已商品化的作物主要有玉米、大豆、小麦、油菜、甜菜、亚麻、烟草、水稻、棉花等。如Monsanto公司开发出耐草甘膦玉米，Cyanamid公司与Agripro公司等合作开发出耐除草剂咪唑啉酮类小麦。

玉米是世界三大谷类作物之一，对玉米品种的改良是玉米研究的主要方面。而利用转基因手段是改良玉米性状的有效途径。自1988年获得抗除草剂的玉米植株以来，出现了一大批抗除草剂转基因玉米品种，导入的抗除草剂抗性基因有草甘膦、草铵膦、草丁膦、2,4-D、稀禾定等，在抗除草剂转基因玉米方面已取得了重大进展。目前，主要有Monsanto公司的抗草甘膦玉米，Cyanamid公司的抗咪唑啉酮玉米，Agripro公司的抗草甘膦铵膦玉米，BASF公司的抗拿扑净玉米等。

（1）抗草甘膦转基因玉米。其杀草机理是抑制植物必需氨基酸合成途径中5-烯醇式丙酮酰-莽草酸-3-磷酸合成的活性，从而使杂草致死。莽草酸是磷酸烯醇式丙酮酸合成酶（EPSPS）催化过程中的重要中间产物，而EPSPS对草甘膦十分敏感，抗草甘膦转基因作物使EPSPS蛋白过量表达,从而对草甘膦产生抗性。

(2) 抗草丁膦转基因玉米。草丁膦的有效成分为膦丝菌素(PPT),是谷氨酰胺合成酶的一种强力抑制剂。谷氨酰胺合成酶是植物体内唯一能降解氨毒的酶,它能去除植物体内因硝酸还原反应、氨基降解反应和光呼吸反应过程所释放的氨。草丁膦通过抑制谷氨酰胺合成酶的活性使植物体内氮代谢紊乱,使植物因细胞内氨的含量过高而中毒,并使叶绿素解体,最终引起植物死亡。

(3) 抗膦化麦黄酮(PPT)转基因玉米。除草剂膦化麦黄酮是植株中谷酰胺合成酶(glutamine synthetase,GS)的抑制剂,而 GS 的生理功能主要是同化根中硝酸盐还原或氮固定所生成的氨或再同化植株光呼吸所释放出来的氨,PPT 的存在可使高等植物中的氨迅速积累,抑制光合作用的进行而导致细胞死亡。

3) 转基因抗细菌植物

这类基因有些来自病原菌本身的抗性基因,如抗菜豆假单胞菌的基因、抗毒素的乙酰转移酶基因导入烟草表现出很高的抗性;有些则来自昆虫的杀菌肽基因。目前,也有修饰改造后的杀菌肽基因转入植物,如对黑肿病菌和软腐病菌有抗性的马铃薯、对青枯病菌有抗性的烟草等。另外,人们还试图从广泛分布于环境中的拮抗菌中筛选抗病原微生物的蛋白质,以期得到编码这些蛋白质的基因,扩大抗病基因的资源,得到抗性高且持久的转基因植物。

4) 转基因抗病毒植物

将某些抗病毒的基因转移到农作物上,使农作物具有抗病毒作用。1986 年人们发现将烟草花叶病毒(TMV)的外壳蛋白基因(CP 基因)导入烟草,可以延迟烟草发病或减轻症状。目前有多种植物病毒的 CP 基因被导入各种植物中,育成抗病毒品种,如烟草抗条纹病毒、烟草抗普通花叶病毒、烟草抗黄瓜花叶病毒、番茄抗苜蓿花叶病毒、马铃薯抗 Y 病毒、水稻抗条纹叶枯病毒等。国内抗 CMV 番茄、甜椒、黄瓜和抗 TMV 烟草已进入商品化生产。

Beachy 研究小组首次将 TMV 的 CP 基因导入烟草,培育出抗 TMV 的烟草植株。采用这一途径,针对苜蓿花叶病毒(ALMV)、黄瓜花叶病毒(CMV)、烟草线条病毒(TSV)、烟草斑萎病毒(TSWV)、烟草脆裂病毒(TRV)、马铃薯 X 病毒(PVX)、大豆花叶病毒(SMV)、水稻条纹叶枯病毒(RSV)等病毒成功地构建出各种抗病毒工程植株。这些表达 CP 基因的植株其抗病程度一般与细胞中该基因表达水平成正比,CP 基因的表达水平越高,其抗病能力越强。

转基因作物的潜在风险和其缺陷也是存在的,人们担心转基因作物通过基因流可使野生近缘种变为杂草,也可能产生新的超级病毒或新的病害。作为人工制造的转基因作物,可能成为自然界原来不存在的外来品种,若干年后可能对环境造成破坏,对非目标生物有伤害,对生物多样性形成威胁。

美国是转基因技术采用最多的国家。自 20 世纪 90 年代初将基因改制技术实际投入农业生产领域以来,美国农产品的年产量中 55％的大豆、45％的棉花和 40％的玉米已逐步转化为通过基因改制方式生产。截至 2008 年,有 20 多种转基因农作物的种子已经获准在美国播种,包括玉米、大豆、油菜、土豆和棉花。

中国已经开展了棉花、水稻、小麦、玉米和大豆等方面的转基因研究,已经取得了很多研究成果,尤其是在转基因棉花研究方面成绩突出。然而真正规模化种植的只有抗病毒甜椒和延迟成熟西红柿、抗病毒烟草、抗虫棉等 6 个品种。有专家认为,我国同样存在着大量的转基因食品,市场调查显示,在我国市场上 70％的含有大豆成分的食物中,像豆油、磷脂、酱油、膨化食品等都有转基因成分。

转基因作物为粮食缺少的国家所推崇。但反对者表示,对转基因食物进行的安全性研究都是短期的,无法有效评估人类进食转基因食物几十年后或者更久以后的风险,而且担心转基因生物不是自然界原有的品种,对于地球生态系统来说是"外来生物",更担心这种外来品种的基因通过自我繁殖及与近亲品种杂交,传播到传统生物中,并导致传统生物的基因污染。

6.2.3　绿色化学农药

1. 绿色化学农药的研究方向

化学农药是指具有杀虫、杀菌、杀病毒、除草等功能的化学药物。按照作用靶标的不同,化学农药可分为杀虫剂、杀菌剂和除草剂。化学农药由于具有见效快、能耗低及容易大规模生产等特点,至今仍是防治病虫害的主要手段。绿色化学农药要求对靶标生物活性高,且对人畜基本上无毒,对害虫天敌和益虫无害,易在自然界中降解、无残留或低残留。因此,超高效、低毒害、无污染的农药就成为目前绿色农药的主攻方向之一。

2. 绿色高效化学农药的合成举例

1) 磺酰脲类除草剂

1982 年 DuPont 公司研制出第一种磺酰脲类除草剂(氯磺隆),此后,经过结构改造与修饰,开发出一系列品种。目前有关磺酰脲类除草剂的专利有 400 多项,已商品化的有 30 多种。这类除草剂有很高的除草效率,用量一般为 $10 \sim 100 \ g/km^2$,比传统除草剂的除草效率提高了 $100 \sim 1000$ 倍。该类除草剂对动物低毒,在非靶标生物体内几乎不积累,在土壤中可通过化学和生物过程降解,滞留时间不长,磺酰脲类除草剂的结构如下:

$X = N, CH$

$Y = Cl, F, Br, CH_3, COOCH_3, SO_2CH_3, SCH_3, SO_2N(CH_3)_2, CF_3, CH_2Cl, OCH_3, OCF_3, NO_2$

$R = $ 烷基

$R_1 = CH_3, Cl$

$R_2 = OCH_3, CH_3, Cl$

R 基团越小,特别是 R 的 β 位不带任何取代基时,除草剂活性越高。这类除草剂施于农田后能迅速被敏感品系的叶和根吸收,使敏感植物停止生长,萎黄甚至枯死。它们能在植物体内水解,水解产物很快与葡萄糖结合形成稳定的无害代谢物。如单嘧磺隆是磺酰脲类超高效除草剂,化学结构为单取代杂环的新型磺酰脲类化合物。单嘧磺隆用药量很低,除草活性高,对人畜基本无毒,对小麦、玉米等旱田作物有优良的除草作用,尤其对麦田碱茅和谷田杂草效果优异,是一个有特色的新型绿色除草剂。

磺酰脲类除草剂作用于植物体内的乙酰乳酸合成酶(ALS),通过植物的根、叶吸收,在植物体内双向传导,由于 ALS 被抑制,支链氨基酸的合成受到阻碍,细胞的分裂被抑制,从而导致杂草的正常生长受到破坏而死亡,除草活性与其抑制 ALS 高度相关。而动物体内缺乏支链氨基酸(缬氨酸、亮氨酸和异亮氨酸)的生物合成途径,对动物的安全性很高。

磺酰脲类除草剂可通过酰胺与氨基甲酸甲酯、苯酯或氨基甲酰氯反应,直接生成磺酰脲类除草剂:

$$ArSO_2NH_2 + \left[\begin{array}{c} \underset{\displaystyle\|}{\overset{\displaystyle O}{}}\\ Cl-C-NH-Het \\ CH_3OOCNH-Het \end{array} \right. \longrightarrow ArSO_2NH-\overset{\displaystyle O}{\overset{\displaystyle\|}{C}}-NH-Het$$

或者通过芳基磺酰胺与杂环异氰酸酯反应制得：

$$ArSO_2NH_2 + OCN-Het \longrightarrow ArSO_2NH-\overset{\displaystyle O}{\overset{\displaystyle\|}{C}}-NH-Het$$

还可以采用芳基磺酰胺与双（三氯甲基）碳酸酯或三氯乙酰胺进行反应获得：

$$ArSO_2NH_2 \xrightarrow{Cl_3CCOOR} ArSO_2NHCOOR \longrightarrow ArSO_2NH-\overset{\displaystyle O}{\overset{\displaystyle\|}{C}}-NH-Het$$

2）氨基酸类农药

氨基酸类农药具有毒性低、高效、无公害、易被生物全部降解利用、原料来源广泛等特点，氨基酸类农药的研究几乎涉及所有常见氨基酸，其衍生物的生物活性都被广泛研究，目前已有部分转化为商品而应用到农业中。

草甘膦（N-膦酰甲基-α-甘氨酸）是氨基酸类除草剂的代表品种，它能够有效控制自然界中危害最大的大多数杂草。其衍生物及一些基本结构与之相仿的物质也常具有除草功能。Large 等以草甘膦为原料合成 N-膦羧甲基季铵盐：

$$^-OOCCH_2NH-\overset{\displaystyle O}{\overset{\displaystyle\|}{P}}-\overset{\displaystyle }{\underset{\displaystyle OH}{}}O-\overset{+}{N}(CH_3)_3$$

N-膦羧甲基季铵盐可以完全地控制一年生牵牛花的生长，同时该类化合物对甜高粱类植物的生长也有调节作用。

草甘膦的一些酯类衍生物也具有除草的能力，一些分子中含有卤代芳环的氨基酸酯衍生物也具有除草活性。例如，含氮、磷、硫及苯环的氨基酸酯类均具有一定的除草能力和强的杀菌性能。

目前国内外在工业生产上采用的合成路线主要有两条，即亚磷酸二烷基酯路线和亚氨基二乙酸（IDA）路线，前者已被大多数生产厂家所采用。

亚磷酸二烷基酯法是目前我国生产草甘膦的传统工艺。根据所用烷基不同，又可分为二甲酯法、二乙酯法、三甲酯法。亚磷酸二甲酯法工艺过程简单，产生的废水较少且容易处理，产品的纯度高，是我国生产草甘膦的主要工艺方法，其产量占烷基酯法的 90% 以上。但该工艺反应结束后需要回收溶剂及催化剂，因此需要消耗大量的碱并且增加了后处理费用。

亚磷酸二烷基酯法是以甘氨酸为起始原料，与多聚甲醛、亚磷酸二烷基酯经加成、缩合、水解而得到草甘膦。亚磷酸二甲酯法的工艺流程如下：

$$NH_2CH_2COOH + (CH_2O)_n \longrightarrow \begin{array}{c} HOH_2C \\ \diagdown \\ NCH_2COOH \\ \diagup \\ HOH_2C \end{array}$$

$$\begin{array}{c} HOH_2C \\ \diagdown \\ NCH_2COOH \\ \diagup \\ HOH_2C \end{array} + (CH_3O)_2POH \longrightarrow \begin{array}{c} O \quad CH_2OH \\ \| \quad | \\ (CH_3O)_2PCH_2N-CH_2COOH \end{array}$$

$$(CH_3O)_2\overset{\displaystyle O}{\overset{\|}{P}}CH_2\overset{\displaystyle CH_2OH}{\underset{|}{N}}{-}CH_2COOH \ +HCl+H_2O \longrightarrow (HO)_2\overset{\displaystyle O}{\overset{\|}{P}}CH_2NH{-}CH_2COOH$$

IDA 法以亚氨基二乙酸为原料，采用不同的水解、氧化双甘膦（PMIDA）的方法来制造草甘膦。IDA 法生产工艺如下：以氢氰酸、甲醛、六亚甲基四胺为起始原料反应制得亚氨基二乙腈，再经过水解后即得到 IDA。IDA 在强酸性条件下与 CH_2O、H_3PO_3 缩合生成双甘膦。双甘膦在催化剂的作用下氧化生成草甘膦：

$$HN\begin{array}{c} CH_2COOH \\ CH_2COOH \end{array} +H_3PO_3+CH_2O \xrightarrow{[H^+]} HO{-}\overset{\displaystyle O}{\overset{\|}{\underset{\underset{\displaystyle OH}{|}}{P}}}{-}CH_2{-}N\begin{array}{c} CH_2COOH \\ CH_2COOH \end{array}$$

$$\xrightarrow{[O]} HO{-}\overset{\displaystyle O}{\overset{\|}{\underset{\underset{\displaystyle OH}{|}}{P}}}{-}CH_2{-}NH{-}CH_2COOH$$

催化氧化法合成草甘膦，利用空气或含氧气体作为氧化剂是最理想的。国外使用空气氧化法（国内为双氧水氧化法），可使氧化收率提高至 $98\%\sim99\%$（双氧水氧化法为 85%）。国外工业化生产草甘膦，以氧气作为原料，采用自制的负载贵金属活性炭作为催化剂合成草甘膦，收率可达到 94.5%。该工艺成本较低，安全无毒，避免了贵金属负载和脱落等技术问题。

3）含氟农药

由于氟原子具有模拟效应、电子效应、阻碍效应、渗透效应等特殊性质，因此，它的引入有时可使化合物的生物活性倍增。虽然含氟化合物价格昂贵，但其具有高效的性能（生物活性），且对环境影响较小，开发研究十分活跃。

超高效农药中有 70% 为含氮杂环农药，而含氮杂环农药中又有 70% 为含氟化合物。含氟农药主要是根据生物等排理论，以氟或含氟基团（如 CF_3、OCF_3、$OCHF_2$）代替原有农药品种中的 H、Cl、Br、CH_3、OCH_3 而得到的农药，如杀菌剂氟喹唑啉酮以氟代替喹唑啉酮中的 H，二苯醚类除草剂以 CF_3 代替 CH_3，除虫菊类杀虫剂以 F 或 CF_3 代替氯氰菊酯、氰戊菊酯中的 H 或 Cl 等。

含氟农药中引入氟原子后，化合物的亲脂性增加，而且氟与氢不易被受体识别，致使受体发生不可逆失活，甚至阻止生物体内的代谢，因此，其生物活性比相应的无氟化合物高。

例如，三氟氯氰菊酯（cyhalothrin）是重要的拟除虫菊酯杀虫剂，可由三氟菊酸和氰醇两个中间体缩合而成：

三氟氯氰菊酯

在三氟氯氰酸的结构中,三元环上的 2 个手性碳原子和乙烯双键的 2 个顺反异构体可产生 8 个异构体。氰醇结构中有 1 个手性碳原子,因此,由三氟氯菊酸和氰醇缩合而成的三氟氯氰菊酯共有 16 个光学异构体。研究表明,各异构体之间的生物活性差异很大。

6.2.4　绿色农药制剂

农药的原药一般不能直接使用,必须加工配制成各种类型的制剂才能使用。制剂的型态称为剂型,农药剂型具有能增强原药田间药效、改进安全性能和便于使用的特点。目前使用最多的剂型是粉剂、粒剂、乳油、悬浮剂、微乳剂、微胶囊剂等。

农药制剂通常由农药原药和助剂加工而成,农药助剂主要是载体和表面活性剂。液体农药制剂的载体主要是芳香烃类有机溶剂,固体农药制剂的载体主要是比表面大的多孔物质。农药制剂需要加入各种表面活性剂,以发挥乳化、分散、黏着、润湿、渗透等一系列作用,这些表面活性剂称为农药乳化剂。

农药新剂型的研究方向是水性化、超微化、无尘化和控制释放。由于芳香烃溶剂有毒,西方发达国家对使用甲苯、二甲苯做溶剂的农药剂型不再登记。因此,在设计绿色农药剂型时,既要考虑表面活性剂对农药的润湿、分散、增强铺展和提高药效的功能,又要考虑可持续发展的目的。因此,大量天然或植物源表面活性剂(烷基糖苷、山梨醇酯、植物油表面活性剂)正逐步取代矿物表面活性剂。环保型农药制剂包括水性化制剂、颗粒化制剂、高浓度乳油和高含量粉体制剂、植物油型悬浮剂等。

水性化农药剂型包括水剂、悬浮剂、水乳剂、悬乳剂、微乳剂、微胶囊剂等。这类制剂要求使用相对分子质量大的农药乳化剂,如木质素磺酸盐、萘及烷基萘甲醛缩合磺酸盐等。颗粒化农药剂型主要包括水分散粒(片)剂和可溶性粒(片)剂。

1. 微乳剂

微乳剂是由液体或与溶剂制得的液体农药原药,在乳化剂、分散剂等表面活性剂的作用下,以 10~100 nm 微粒分散于水中形成的透明或半透明液体。微乳剂中不含或含有少量有机溶剂,它是以水为介质,加入非离子型表面活性剂或非离子型表面活性剂和阴离子型表面活性剂形成的混合物。微乳剂在外观上呈现透明或半透明均相系统,看起来与真溶液一样,其实它们本质上仍是油在水中的分散乳液。微乳剂与其他剂型的农药相比,具有稳定性好、附着性能好、渗透力强、安全高效等优点。

微乳剂能够避免和防止对人体和环境的危害,同时可提高农药的药效,被人们称为绿色农药制剂。美国、日本等对马拉硫磷、对硫磷、二嗪磷、乙拌磷等有机磷杀虫剂进行了微乳剂的研究,解决了有效成分的热稳定性问题。国内已有的微乳剂有 0.3% 阿维菌素、8% 氰戊菊酯等。

2. 微胶囊剂

微胶囊剂是农药新剂型中技术含量最高的一种农药制剂。微胶囊剂是将农药有效成分包在高聚合物囊中,粒径为几微米到几百微米。当微胶囊剂被撒在田间植物或暴露在环境中的昆虫体表时,胶囊壁破裂、溶解、水解或经过壁孔扩散,囊中的药物缓慢地释放出来,这样可延长药物残效期,减少施药次数与药物对环境的污染,施药量比其他制剂低,能使一些较易挥发的短效农药得到更好的应用,还可降低对人、畜及鱼的毒性,使用较安全。

制造微胶囊剂的方法有物理法、相分离法和化学法三种。

1) 物理法

制备微胶囊剂的物理法有离心挤压、液化喷雾、深层喷雾干燥等。前者的缺点是难以制得小尺寸的颗粒,后两者的缺点是胶囊不具备很高的质量,经常出现作为囊壁的高分子材料中间无农药心料,或是作为心料的农药活性物质未被高分子囊壁包裹等问题。物理法已很少用于制备农药制剂。

2）相分离法

相分离法有单凝聚法和复凝聚法等。其共同特点是需将不溶于水的农药活性物质乳化,分散于水相中。单凝聚法是指水相中溶有用作囊膜的高分子物质,当条件发生变化时,溶解的高分子物质便在水相中析出,并随即优先包裹分散于其中的农药活性物质。复凝聚法是指水相中含有水溶性单体或前聚体,当添加酸化剂时,便在水相中聚合,生成不溶于水的高分子物质并析出,优先包裹分散于其中的农药活性物质。常用的单体或前聚体有甲醛和尿素或氰脲酰胺、明胶和阿拉伯胶等。

3）化学法

化学法可分为界面聚合法、原位聚合法等。界面聚合法是在以囊核物为分散相和分散介质为连续相的界面上,发生聚合反应,生成新的高分子膜,将分散的囊核微粒包裹起来的方法。原位聚合法是单体成分及催化剂全部位于囊心的内部或外部,发生聚合反应,聚合物沉积在囊心表面形成微胶囊的方法。

克拉克(Clarke)公司合成了一种改进型的多杀霉素(spinosad),针对蚊子幼虫的灭杀非常有效。多杀霉素是一种环境安全的杀虫剂,但它在水中不稳定,不能对蚊子幼虫起到灭杀作用,限制了它在水环境中的推广应用。Clarke 公司利用一种包埋的方法将多杀霉素包裹于石膏基质中,这样可以使多杀霉素缓慢释放到水里,实现对蚊子幼虫的有效控制。这种杀幼虫剂的药效时间是传统杀虫剂的 2～10 倍,毒性为有机磷制剂的 1/15;在环境中无残留,对野生动物无毒。

这种基质是不溶于水的硫酸钙和水形成的石膏,通过添加不同量的、亲水的聚乙烯醇,可以调整杀虫剂的释放时间。聚乙烯醇缓慢溶解,将杀虫剂和硫酸钙暴露于水中,硫酸钙吸收水形成石膏并释放出杀虫剂。克拉克公司因此获得了 2010 年美国"设计更安全化学品奖"。

6.3　功能材料的绿色化*

6.3.1　聚苯胺材料

聚苯胺(PAn)结构如下:

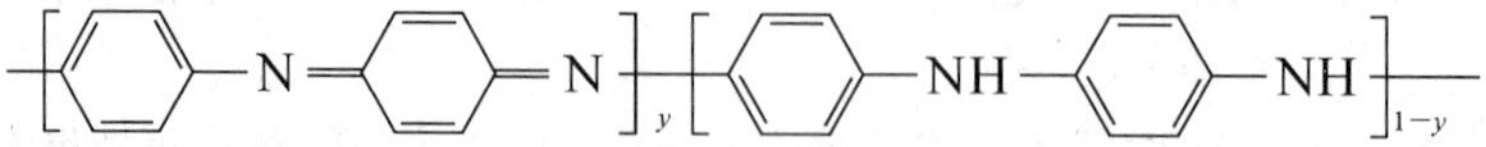

$$\left[\right]$$

聚苯胺是以苯胺为单体,用化学氧化剂氧化或电化学阳极氧化法使苯胺发生氧化聚合反应而制得的。其中使用最广泛的氧化体系为过硫酸盐体系。在强酸介质中反应,苯胺按"头—尾"连接的方式进行聚合增长反应,得到具有导电性和电化学活性的聚合产物,溶液中阴离子的种类、反应温度、苯胺的浓度、反应的环境对苯胺的聚合反应都有影响。用电化学方法制备聚苯胺时,产物的结构与性能还依赖于电极材料及表面形态、电位大小、扫描速率及电流密度等条件。

电化学阳极氧化法制备聚苯胺是在含有苯胺的电解质溶液中,选择适当的电化学条件,在带有砂芯的电解池内,使用 1 cm×1 cm 的铂片为电极,石墨棒为辅助电极,控制铂电位为 0.8 V,在苯胺的酸性水溶液中聚合。苯胺在阳极上发生氧化聚合后,沉积在电极表面,形成粉末状物,反应过程按电化学→化学→电化学的串联机理进行。目前常用的氧化体系是过硫酸盐(如过硫酸铝等),苯胺的氧化聚合按自由基的机理进行。

化学缩聚法制备聚苯胺是用苯胺为原料,使用 Na、K、Cu 等催化剂进行缩聚,也可使过量的酸性掺杂剂与过硫酸铝对苯胺进行缩聚生成聚苯胺和硫酸铝。采用缩聚的方法来制备聚苯胺,也可以对氯苯胺、对溴苯胺、对碘苯胺以及对苯二胺等为原料,以 Na、K、Cu 等为催化剂进行缩聚反应而制得聚苯胺。

聚苯胺导电材料兼顾力学、电学、光学等性能,显示出许多独特的优点,在抗静电、电磁屏蔽、电极材料和防污防腐涂料等领域显示出巨大的应用前景。聚苯胺不仅具有良好的导电性和电化学性能,而且具有良好的环境稳定性、独特的光学性能和催化性能、电致变色性能等,所以应用非常广泛,如二次锂电池、电致变色元件、挥发性有机化合物的传感器、抗静电包装材料、发光二极管、气体分离膜等。

6.3.2　石墨烯

石墨烯(graphene)是一种由碳原子紧密堆积成二维层状结构的新材料。它是一种由碳原子以 sp^2 杂化轨道组成六边形呈蜂巢晶格的平面薄膜,只有一个碳原子厚度。石墨烯以前一直被认为是假设性的结构,无法单独稳定存在,直至 2004 年,英国曼彻斯特大学物理学家 Andre Geim 和 Konstantin Novoselov 成功地在实验中从石墨中分离出石墨烯,其优异的电学、光学和机械性能引起了人们的广泛关注,两人也因"在二维石墨烯材料方面的开创性研究",共同获得 2010 年诺贝尔物理学奖。

石墨烯目前是世上最薄却最坚硬的纳米材料,其导热性能高于碳纳米管和金刚石,常温下的电阻率为所有导电材料中最小,电子迁移的速度极快,因此被期待用来发展更薄、导电速度更快的新一代电子元件或晶体管。由于石墨烯实质上是一种透明、良好的导体,也适合用来制造透明触控屏幕、光板,甚至是太阳能电池。石墨烯的出现在科学界激起了巨大的波澜,人们发现,石墨烯具有非同寻常的导电性能、超出钢铁数十倍的强度和极好的透光性,它的出现有望在现代电子科技领域引发新一轮革命。

1. 石墨烯的结构

石墨烯是由碳六元环组成的二维(2D)周期蜂窝状点阵结构,它可以翘曲成零维(0D)的富勒烯(fullerene),卷成一维(1D)的碳纳米管(carbon nano-tube,CNT)或者堆垛成三维(3D)的石墨(graphite)。因此,石墨烯是构成其他石墨材料的基本单元。石墨烯的基本结构单元为有机材料中最稳定的苯六元环,是目前最理想的二维纳米材料。理想的石墨烯结构是平面六边形点阵,可以看作一层被剥离的石墨分子,每个碳原子均为 sp^2 杂化,并贡献剩余一个 p 轨道上的电子形成大 π 键,π 电子可以自由移动,赋予石墨烯良好的导电性。二维石墨烯结构可以看作形成所有 sp^2 杂化碳质材料的基本组成单元(见图 6-4)。

2. 石墨烯的物理性质

石墨烯是迄今为止世界上强度最大的材料,比钻石还坚硬,强度比世界上最好的钢铁还要高上 100 倍。如果物理学家们能制取出厚度相当于普通食品塑料包装袋的(厚度约 10^6 nm)石墨烯,那么需要施加差不多 $2×10^4$ N 的力才能将其扯断。换句话说,如果用石墨烯制成包装袋,那么它将能承受大约 2 t 重的物品。

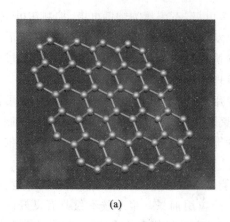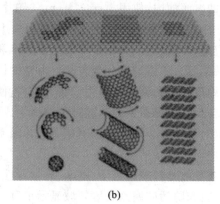

（a）　　　　　　　　　　　　　　　（b）

图 6-4　石墨烯的基本结构示意图

在发现石墨烯以前,大多数物理学家认为,热力学涨落不允许任何二维晶体在有限温度下存在。因此,它的发现立即震撼了凝聚态物理界。虽然一般认为完美的二维结构无法在非绝对零度稳定存在,但是单层石墨烯在实验中被制备出来。这些可能归结于石墨烯在纳米级别上的微观扭曲。

石墨烯是世界上导电性最好的材料。在石墨烯中,电子能够极为高效地迁移,而传统的半导体和导体,例如硅和铜远没有石墨烯表现得好。由于电子和原子的碰撞,传统的半导体和导体用热的形式释放了一些能量,石墨烯则不同,它的电子能量不会被损耗,这使它具有了非比寻常的优良特性。

石墨烯中电子的运动速度达到了光速的 1/300,远远超过了电子在一般导体中的运动速度。这使得石墨烯中的电子(或更准确地,应称为"载荷子")的性质和相对论性的中微子非常相似。

石墨烯有相当的透明度,可以吸收大约 2.3% 的可见光。而这也是石墨烯中载荷子相对论性的体现。

3. 石墨烯的应用

1) 在纳电子器件方面的应用

2005 年,Geim 与 Kim 研究小组发现,室温下石墨烯具有 10 倍于商用硅片的高载流子迁移率,并且受温度和掺杂效应的影响很小,表现出室温亚微米尺度的弹道传输特性(300 K 下可达 0.3 m),这是石墨烯作为纳电子器件最突出的优势,使电子工程领域极具吸引力的室温弹道场效应管成为可能。较大的费米速度和低接触电阻则有助于进一步减小器件开关时间,超高频率的操作响应特性是石墨烯基电子器件的另一显著优势。此外,石墨烯减小到纳米尺度甚至单个苯环同样保持很好的稳定性和电学性能,使探索单电子器件成为可能。

2) 代替硅生产超级计算机

石墨烯还是目前已知导电性能最出色的材料,适合于高频电路。一些电子设备,例如手机,由于工程师们正在设法将越来越多的信息填充在信号中,它们被要求使用越来越高的频率,然而手机的工作频率越高,发热量也越高,于是,频率的提升便受到很大的限制。由于石墨烯的出现,高频提升的发展前景似乎变得无限广阔了。这使它在微电子领域也具有巨大的应用潜力。研究人员甚至将石墨烯看作硅的替代品,能用来生产未来的超级计算机。

3）太阳能电池

将石墨烯覆盖在传统的单晶硅材料上,研究发现其具有优异的光电转换性能。这样一个简易的太阳能电池模型,经过优化提升后光电转换效率可以达到 10% 以上。石墨烯-硅模型还可以进一步拓展为石墨烯与其他半导体材料的结构。这种可以将石墨烯与传统材料结合的模型,对石墨烯的实际应用具有重要的推动作用。

4）光子传感器

石墨烯还可以光子传感器的面貌出现,这种传感器是用于检测光纤中携带的信息的,这个角色以前一直由硅担当,但硅的时代似乎就要结束。2012 年 IBM 的一个研究小组首次披露了他们研制的石墨烯光电探测器及基于石墨烯的太阳能电池和液晶显示屏。因为石墨烯是透明的,用它制造的电板比其他材料具有更优良的透光性。

5）隧穿势垒材料

量子隧穿效应是一种衰减波耦合效应,其量子行为遵守薛定谔波动方程,应用于电子冷发射、量子计算、半导体物理学、超导体物理学等领域。传统势垒材料采用氧化铝、氧化镁等材料,由于其厚度不均、容易出现孔隙和电荷陷阱,通常具有较高的能耗和发热量,可影响到器件的性能和稳定性,甚至引起灾难性失败。基于石墨烯在导电、导热和结构方面的优势,美国海军研究实验室(NRL)将其作为量子隧穿势垒材料的首选。未来石墨烯势垒材料将有可能在隧穿晶体管、非挥发性磁性记忆体和可编程逻辑电路中率先得以应用。

6）其他应用

研究发现细菌的细胞在石墨烯上无法生长,而人类细胞却不会受损。利用这一点石墨烯可以用来做绷带、食品包装甚至抗菌 T 恤;用石墨烯做的光电化学电池可以取代基于金属的有机发光二极管,石墨烯还可取代灯具的传统金属石墨电极,使之更易于回收。这种物质不仅可以用来开发制造出纸片般薄的超轻型飞机材料、超坚韧的防弹衣,甚至能让科学家制造 2.3 万英里(1 英里＝1.609 千米)长太空电梯的梦想成为现实。

4. 石墨烯的制备方法

石墨烯材料制备的主要方法有微机械剥离法、氧化还原法、晶体外延生长法、化学气相沉积法、溶剂剥离法、溶剂热法和碳纳米管剥离法等。

2004 年,Geim 等首次用微机械剥离法,成功地从高定向热裂解石墨(highly oriented pyrolytic graphite)上剥离并观测到单层石墨烯。Geim 研究小组利用这一方法成功制备了准二维石墨烯并观测到其形貌,揭示了石墨烯二维晶体结构存在的原因。微机械剥离法可以制备出高质量石墨烯,但存在产率低和成本高的缺点,不能满足工业化和规模化生产要求,只能作为实验室小规模制备方法。

化学气相沉积(chemical vapor deposition,CVD)法是指反应物质在气态条件下发生化学反应,生成固态物质沉积在加热的固态基体表面,进而制得固体材料的工艺技术。

用 CVD 法可以制备出高质量、大面积的石墨烯,但是理想的基片材料单晶镍的价格太昂贵,这可能是影响石墨烯工业化生产的重要因素。CVD 法可以满足规模化制备高质量石墨烯的要求,但成本高,工艺复杂。

溶剂剥离法是将少量的石墨分散于溶剂中,形成低浓度的分散液,利用超声波的作用破坏石墨层间的范德华力,此时溶剂可以插入石墨层间,进行层层剥离,制备出石墨烯。溶剂剥离法可以制备高质量的石墨烯,整个液相剥离的过程中没有在石墨烯的表面引入任何缺陷,缺点是产率很低,后处理复杂,制得的石墨烯会发生再团聚。

溶剂热法是指在特制的密闭反应器(高压釜)中,采用有机溶剂作为反应介质,通过将反应体系加热至临界温度(或接近临界温度),在反应体系中自身产生高压而进行材料制备的一种有效方法。溶剂热法解决了规模化制备石墨烯的问题,但存在电导率很低的问题。

氧化还原法是指将天然石墨与强酸和强氧化性物质反应生成氧化石墨(GO),经过超声分散制备成氧化石墨烯(单层氧化石墨),加入还原剂去除氧化石墨表面的含氧基团(如羧基、环氧基和羟基)得到石墨烯。采用环境友好型还原剂 V_c 或柠檬酸钠,还原氧化石墨制备高质量石墨烯,操作过程简单、反应条件温和,有效避免了污染环境的化学还原试剂的使用。且原料价廉易得,不产生任何环境污染,是理想的绿色化还原方法。

氧化还原法的缺点是大量制备时容易产生废液污染和制备的石墨烯存在一定的缺陷,例如,五元环、七元环等拓扑缺陷或存在—OH 基团的结构缺陷,这些将导致石墨烯的部分电学性能的损失,使石墨烯的应用受到限制。

6.4　电子化学品的绿色化*

电子化学品通常是指为电子工业配套的特种精细化学品。其主要产品是为集成电路配套的封装材料、光刻胶、超净高纯试剂、特种气体、硅片抛光材料,为印刷线路板配套的基板树脂、抗蚀干膜、清洗剂,为液晶显示器配套的液晶、偏振片等。电子化学品对产品质量特别是对纯度的要求很高,生产技术难度大,在化工行业中属于精细化工、化工新材料的范畴。

电子化学品质量要求严,对环境、包装、运输、储存的洁净度要求苛刻,产品更新换代快,开发资金投入大,研制难度大,产品附加值高,用量相对较小。近年来,电子信息产业是发展最为迅速的高新技术产业,电子信息产业水平已成为衡量一个国家综合发展水平的重要标志之一。

6.4.1　辐射线抗蚀剂

辐射线抗蚀剂(光刻胶)是指通过紫外光、电子束、准分子激光束(KrF 248 nm 和 ArF 193 nm)、X 射线、离子束等照射或辐射,其溶解度发生变化的耐蚀刻薄膜材料。经曝光和显影而使溶解度增加的是正型光刻胶,溶解度减小的是负型光刻胶。

国内光刻胶的主要品种有聚乙烯醇肉桂酸酯胶、聚肉桂叉丙二酸乙二醇酯聚酯胶、环化橡胶型购胶(相当于 OMR-83 胶)和重氮萘醌磺酰氯为感光剂主体的紫外正型光刻胶。其中紫外线负胶已国产化,紫外线正胶可满足 2 μm 工艺要求,深紫外正负胶(聚甲基异丙基酮、聚氯甲基苯乙烯)的分辨率为 0.3~0.5 μm,电子束正负胶(甲基丙烯酸甲酯-甲基丙烯酸缩水甘油酯-丙烯酸乙酯共聚物)的分辨率为 0.1~0.25 μm,X 射线正胶(聚丁烯砜-聚 1,2-二氯丙烯酸)的分辨率为 0.2 μm。

为了适应微电子行业亚微米图形加工技术的要求,光刻胶的开发已经从普通紫外光(UV),即 g 线(436 nm),发展到深紫外光(DUV),即 i 线(365 nm)、准分子激光束、电子束、X 射线、离子束等一系列新型辐射抗蚀材料。目前的开发重点是i 线光刻胶和电子束化学放大抗蚀剂(chemically amplified resist,CAR)。

CAR 是以聚 4-羟基苯乙烯为基体,加入适当的光产酸剂、交联剂及其他成分构成的。在辐射源曝光时,其光化学增益可达 102~108,因而 CAR 可达到很高的灵敏度(1~50 mJ/cm²),并得到高精度的图形。

近年来,光刻胶在微电子行业中出现了另一种新的用途,即采用光敏性介质材料制作多芯片组件(MCM)。MCM 技术可大幅度地缩小电子系统的体积,减轻其质量,并提高其可靠性。国外高级军事电子和宇航电子装备已广泛应用 MCM 技术。20 世纪 90 年代中出现的苯并环丁烯(BCB)是独特的热固性树脂。BCB 主要用作 MCM 加工和 GaAs-IC 互连,其介电常数已达到 2.65,而且它比聚酰亚胺介质材料具有更低的吸水率及固化温度、更优的平面性及耐湿热性等。因此,BCB 被认为是继 SiO_2、聚酰亚胺之后的新一代硅基 MCM 介质材料。

6.4.2 聚酰亚胺封装材料

聚酰亚胺(polyimide,PI)是一类在分子主链结构中含有酰亚胺官能团的高分子聚合物,其中包括脂肪族聚酰亚胺及芳香族聚酰亚胺两大类型。

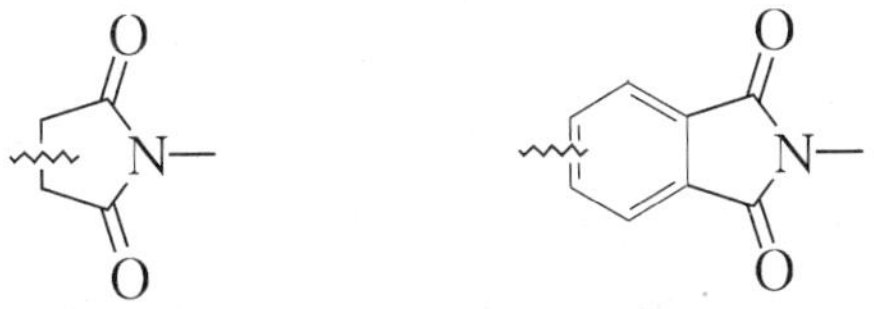

脂肪族聚酰亚胺   芳香族聚酰亚胺

聚酰亚胺通常由芳香二酸酐和芳香二胺经缩合反应而成,首先得到其前置体——聚酰胺酸,将其进行亚胺化或环化脱水反应转化成聚酰亚胺材料。其合成过程如下:

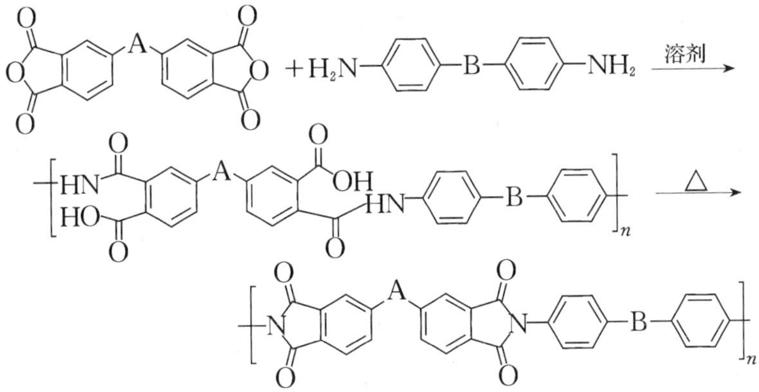

聚酰亚胺由于具有优良的电学性能和力学性能,较高的热稳定性、抗氧化性和化学稳定性,很好的耐溶剂性、尺寸稳定性和加工流动性,可用于制备高性能塑料制品,是航空航天、电子、核动力、通信及汽车等尖端技术领域中很有发展前景的工程材料。

在微电子工业中,聚酰亚胺材料主要应用在封装材料、接点涂层膜、刷电路板的基体材料和黏合材料等几个方面。随着对传统聚酰亚胺改性工作的不断深入,以及许多新兴技术和产业的不断涌现与发展,对聚酰亚胺材料的研究已成为一个热点领域。

6.4.3 环氧模塑料

环氧模塑料(EMC)又称环氧塑封料,是由环氧树脂及其固化剂酚醛树脂等组分组成的模塑粉,它在热的作用下交联固化成为热固性塑料,在注塑成型过程中将半导体芯片包埋在其中,成为塑料封装的半导体器件。用塑料封装方法生产晶体管、集成电路(IC)、大规模集成电路(LIC)、超大规模集成电路(VLIC)等在国内外已广泛使用。环氧树脂与固化剂固化反应示意图如下:

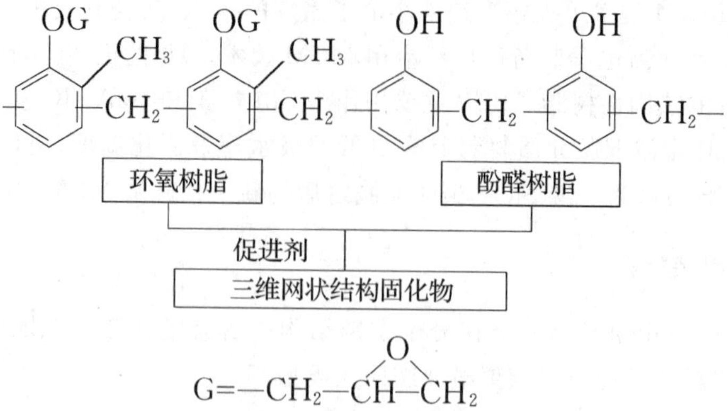

$$G = -CH_2-CH-CH_2$$

环氧模塑料由邻甲酚醛环氧树脂、线性酚醛树脂、填充料二氧化硅粉、促进剂、耦联剂、改性剂、脱模剂、阻燃剂、着色剂等组分组成。邻甲酚醛环氧树脂是作为黏合剂,它的固化剂是线性酚醛树脂,将它们与其他组分按一定质量比例称量并混合均匀,再经热混合后就制成了一个单组分组合物。在加热和固化促进剂的作用下,环氧树脂的环氧基具有很高的反应活性,环氧基开环与固化剂酚醛树脂的羟基发生化学反应,产生交联固化作用,使它成为热固性塑料。固化后的环氧模塑料具有黏结性与电绝缘性能优异、机械强度高、耐热性与耐化学腐蚀性能良好、吸水率低、成型收缩率低、成型工艺性能良好及应用范围宽等特点。

邻甲酚醛环氧树脂由邻甲酚醛树脂与环氧氯丙烷在碱性介质中进行缩合反应制得,缩合反应式如下:

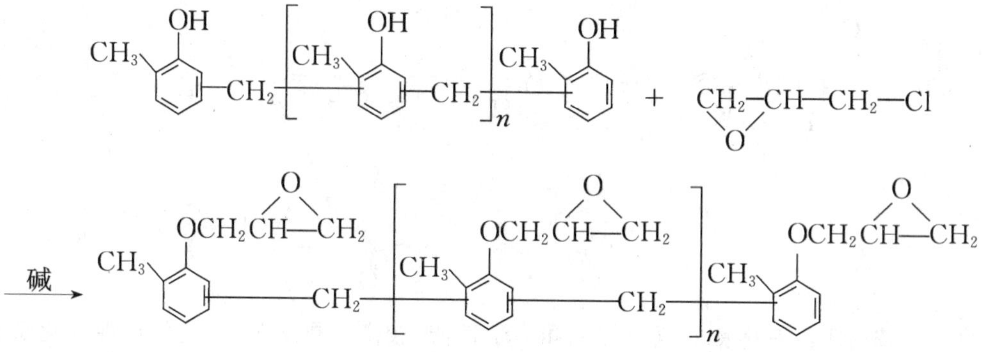

邻甲酚醛环氧树脂

除反应产物外还存在副产物、钠离子和氯离子(即无机氯),产物经水洗等方法处理后钠离子和氯离子含量可降到 0.0001% 以下。酚醛树脂具有原料来源广、价格低廉、成型加工性能好、易于储存、毒性小等优点,它作为环氧树脂固化剂应用于电子封装材料中将有利于降低材料成本。

根据封装材料的不同,电子封装可分为塑料封装、陶瓷封装和金属封装三种。其中后两种为气密性封装,主要用于航空航天及军事领域,而塑料封装则广泛用于民用领域。现在,整个半导体器件 90% 采用塑料封装,而塑料封装材料中 90% 以上是环氧树脂塑料,这说明环氧模塑料已成为半导体工业发展的重要支柱之一。因此,模塑料技术的发展将大大促进微电子工业的发展。

6.4.4　超净高纯化学试剂

超净高纯化学试剂(又称湿化学品或加工化学品),是超大规模集成电路制作过程中关键性基础化工材料之一,主要用于芯片的清洗和蚀刻,它的纯度和洁净度对集成电路的成品率、电学性能及可靠性都有着十分重要的影响。超净高纯试剂具有品种多、用量大、技术要求高、储存有效期短和腐蚀性强等特点。

随着集成电路存储容量的增大,存储器电池的氧化膜更薄,而试剂中所含的杂质、轻金属(Na、Ca 等)会溶进氧化膜之中,造成耐绝缘电压的下降;试剂中所含的重金属(Cu、Cr、Ag)若附着在硅晶表面,则会使 P-N 结电压降低。硅片在进行工艺加工过程中,常常会被不同杂质所污染,将导致 IC 的产率下降约 50%。清洗芯片是为了获得高质量、高产率的 IC 芯片。

超净高纯化学试剂的品种多,每种产品的制备工艺路线、设备及对设备材质的要求各不相同,因此必须根据不同品种的特性来确定各自的工艺路线。此处介绍国内市场需求较大的产品,如硫酸、过氧化氢、无水乙醇等的制备工艺。

1. 超净高纯硫酸

超净高纯硫酸为强酸性清洗、腐蚀剂,可与过氧化氢配套使用,主要用于超大规模集成电路的生产。超净高纯硫酸一般采用常压精馏、减压精馏或气体吸收等工艺来制备。

工业硫酸中含大量的金属离子杂质及硫黄、亚硫酸、有机物等还原性杂质。金属离子杂质在硫酸中一般以硫酸盐的形式存在,由于硫酸盐的沸点很高,可以通过精馏法将其很好地除去,硫黄、亚硫酸、有机物等还原性物质可以通过添加强氧化剂(如高锰酸钾、重铬酸钾等),将其氧化成硫酸或二氧化硫,二氧化硫可以从塔顶排出,达到纯化目的。工业硫酸经过高效精馏以后,大量的颗粒杂质已被除去,精馏以后的半成品,通过超净过滤即达到要求的标准。

2. 超净高纯过氧化氢

超净高纯过氧化氢为清洗、腐蚀剂,可与浓硫酸、硝酸、氢氟酸等配套使用,用于大规模集成电路的生产。

30%过氧化氢的提纯工艺有离子交换法、蒸馏法等。其中,微电子工业用超净高纯过氧化氢采用减压精馏工艺来制备。由于过氧化氢在未达到其沸点时,已开始大量分解,不满足常压精馏工艺所需的条件。将工业过氧化氢先进行化学处理,接着进行减压精馏,以降低其沸点,减少纯化过程中的分解量,然后超净过滤,最后进行成品分装。

3. 超净高纯无水乙醇

超净高纯无水乙醇为脱水去污剂,可配合去油剂使用,主要用于超大规模集成电路工艺技术中芯片的清洗。制备出合格的超净高纯无水乙醇,要求杂质分离大部分达到 10^{-9} 级,只有少数元素(如 K、Na)达到 10^{-8} 级,颗粒分离要达到规定的指标。

对于 Ca、Fe、Co、Ni、Zn、Cd、Mn、Pb 等一些过渡性金属杂质,可以采用配位萃取的方法进行分离,对于常见的杂质 K、Na,国际上已出现采用冠醚化合物来进行分离的报道。

6.4.5　绿色电池材料

1. 磷酸亚铁锂

磷酸亚铁锂(lithium iron phosphate)是一种用于动力锂离子电池的电极材料。1997 年,美国得克萨斯大学(University of Texas)的研究人员报道了磷酸亚铁锂($LiFePO_4$)可逆性地迁入、脱出锂的特性,引起人们广泛的兴趣。橄榄石结构状的 $LiFePO_4$ 材料受到了极大的重视,与传统的锂离子电池正极材料相比,LiFePO₄的原料来源更广泛、价格更低廉且无环境污染。磷酸亚铁锂是目前最安全的锂离子电池正极材料,不含任何对人体有害的重金属元素。磷酸亚铁锂晶格稳定,在 100%DOD 条件下,可以充放电 2000 次以上,具有良好的可逆性。磷酸亚铁锂材料具有高电容量、高放电功率、较长的循环寿命以及良好的热稳定性与高温性能等优点,已成为动力锂离子电池首选的高安全性正极材料。

1) LiFePO₄的结构特征

LiFePO₄是具有橄榄石结构的聚阴离子锂盐,图 6-5 给出了橄榄石结构的 LiFePO₄晶体中Li⁺、[PO₄]四面体和[FeO₆]八面体的空间位置。橄榄石结构的 LiFePO₄晶体中氧原子呈微扭曲的六方紧密堆积,锂原子和铁原子分别在氧八面体的 4c 位和 4a 位,[LiO₆]八面体在(100)面以共棱方式连接,[LiO₆]八面体在(010)面与周围四个[FeO₆]八面体以共棱方式连接,形成锯齿形平面。磷原子位于四面体的 4c 位,每个[PO₄]与一个[FeO₆]八面体有一个公共点,与另一个[FeO₆]有一个公共边和一个公共点。Li⁺ 在 4a 位形成共棱的直线链,平行于 c 轴,这使 Li⁺ 在充放电过程中可以自由地脱出和嵌入。LiFePO₄晶体中存在的 P—O 共价键,使其结构在充放电过程中具有很强的热力学和动力学稳定性。

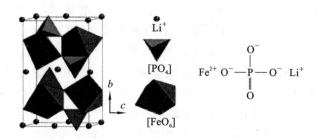

图 6-5　磷酸亚铁锂(LiFePO₄)的晶体结构示意图

2) LiFePO₄的电化学特性

作为锂离子电池正极材料,橄榄石结构的 LiFePO₄在相当宽的温度范围内不分解,也不与电解液发生化学反应,并且在充放电过程中表现出其独特的电化学性能。LiFePO₄正极材料的充放电反应如下:

充电反应　$LiFePO_4 \longrightarrow xFePO_4 + xLi^+ + xe^- + (1-x)LiFePO_4$

放电反应　$FePO_4 + xLi^+ + xe^- \longrightarrow xLiFePO_4 + (1-x)FePO_4$

LiFePO₄作为正极材料几乎可以完全可逆地脱嵌锂离子,其理论容量为 170 mA/g,实际放电容量可达 160 mA/g。其充电态和放电态产物(FePO₄与 LiFePO₄)的晶胞参数相近,这种结构稳定性表明该材料具有很好的循环性能。文献报道 LiFePO₄正极材料的循环寿命可达5000 周。

LiFePO₄稳定的电化学窗口为 3.0～4.3 V,实际工作电压为 3.5 V。其氧化态和还原态产物(FePO₄和 LiFePO₄)都不会污染环境,所以 LiFePO₄正极材料是绿色电池材料。

LiFePO₄中的锂离子不同于传统的正极材料 LiMn₂O₄和 LiCoO₂中的锂离子,其具有一维方向的可移动性,在充放电过程中可以可逆地脱出和迁入并伴随着中心金属铁的氧化与还原。而 LiMPO₄的理论电容量为 170 mA·h/g,并且拥有平稳的电压平台 3.45 V。其锂离子迁入、脱出的反应如下:

$$LiFe(II)PO_4 \longleftrightarrow Fe(III)PO_4 + Li^+ + e^-$$

在充电的过程中,锂离子和相应的电子由结构中脱出,而在结构中形成新的 FePO₄相,并形成相界面。在放电过程中,锂离子和相应的电子迁入结构中,并在 $FePO_4$ 相外面形成新的 $LiFePO_4$ 相。因此对于球形的正极材料的颗粒,不论是迁入还是脱出,锂离子都要经历一个由外到内或者是由内到外的结构相的转换过程。材料在充放电过程中存在一个决定步骤,就是产生 $Li_xFePO_4/Li_{1-x}FePO_4$ 两相界面。随着锂的不断迁入、脱出,界面面积减小,当到达临界表面积后,生成的 $FePO_4$ 电子和离子导电率均低,成为两相结构。

若不考虑电子导电性的限制,锂离子在橄榄石结构中的迁移是通过一维通道进行的,并且锂离子的扩散系数高,$LiFePO_4$ 经过多次充放电,橄榄石结构依然稳定,铁原子依然处于八面体位置,可以作为循环性能优良的正极材料。在充电过程中,铁原子位于八面体位置,均处于高自旋状态。磷酸亚铁锂晶体中的 P—O 键稳固,难以分解,即便在高温或过充时也不会像钴酸锂一样结构崩塌发热或是形成强氧化性物质,因此拥有良好的安全性。

磷酸亚铁锂电池在同样条件下使用,理论寿命将达到 $7\sim8$ 年。综合考虑,性能价格比理论上为铅酸电池的 4 倍以上。磷酸亚铁锂电池无记忆效应现象,电池无论处于什么状态,可随充随用,无须先放完再充电。

3) $LiFePO_4$ 的合成方法

锂离子电池用橄榄石结构 $LiFePO_4$ 制备方法的分类有很多种。从所采用铁化合物中铁的价态差异来分有:二价铁源法;三价铁源法。从橄榄石结构 $LiFePO_4$ 前驱体制备方法的差异来分有:将固体原料直接混合的固相法;将各种原料在溶液中发生沉淀反应生成固态混合物的化学共沉淀法;将各种原料在溶液中发生反应生成溶胶凝胶态混合物的溶胶凝胶法等。

(1) 二价铁源法。

二价铁源法是以二价铁的有机盐(如草酸亚铁、乙酸亚铁)为铁源,$NH_4H_2PO_4$ 为磷源,Li_2CO_3 为锂源,将各原料按一定方法形成固态 $LiFePO_4$ 前驱体,在惰性气体中于 $600\sim800℃$ 前驱体中各物质发生高温固相反应生成 $LiFePO_4$。二价铁源法中,按 $LiFePO_4$ 前驱体的生成方式不同,又分为高温固相法、溶胶凝胶法、化学共沉淀法。

Padhi 首先提出 $LiFePO_4$ 的高温固相制备方法。高温固相法的特点是将各原料按化学定比混合后,为提高各物质混合的均匀性,需将原料混合物在有机溶剂存在下湿态球磨,或将原料混合物在惰性气体保护下干态球磨。在 $300\sim400℃$ 下将球磨后的原料混合物于惰性气体下加热分解成 $LiFePO_4$ 前驱体,经加压成球或加压成片后,在惰性气体中于 $600\sim800℃$ 发生固相反应生成 $LiFePO_4$。

高温固相法具有原料成本高、工艺难度大、能耗高、设备腐蚀性强、需惰性保护等缺点。目前对高温固相法的改进研究主要集中在反应物料对 $LiFePO_4$ 电化学性能的影响、工艺参数的优化、产品的原位表面包覆工艺或原位掺杂结构改性工艺等。

溶胶凝胶法是将各物料首先配制成相应的水溶液,在配合剂和稳定剂存在条件下,控制各物料溶液之间的反应,使其形成稳定的溶胶体系。通过加热、加入电解质、加入配合剂,破坏溶胶的稳定性,使其转变为固态凝胶。固态凝胶经一步加热,或经两步加热,制得橄榄石结构的 $LiFePO_4$。溶胶凝胶法具有生产成本较高、周期长、大规模生产难度较大等缺点。

化学共沉淀法首先将各物料中的成分元素以多种难溶化合物的形式共同沉淀成固态混合物前驱体。与固态物料直接球磨混合方法相比,化学共沉淀法混合程度较高。但与溶胶凝胶法相比,化学共沉淀法前驱体中各成分元素的混合程度仍达不到分子级混合。

共沉淀混合物的形成过程是一个快速反应过程,该方法前驱体工段的生产周期较短,适宜于大规模工业化生产。共沉淀混合物中各成分元素的难溶化合物可以是无机化合物,也可以是有机化合物，不仅适用于二价铁化合物原料，也适用于三价铁化合物原料，不再刻意要求原料中的所有非成分元素最终必须以气态产物形式逸出反应体系，扩充了含铁、含磷、含锂化合物的选择范围，只要这些化合物中的局外离子能够以可溶态存在于溶液中与沉淀相分离，这些局外离子就不会对最终产物的纯度或结构产生影响。由于共沉淀前驱体的制备过程不需要高温加热条件，这一方面减少了能耗，另一方面也简化了生产设备。前驱体的制备过程是在溶液中进行的，且二价铁的氧化不影响最终产物的纯度，可不需要惰性气体保护性，简化了工艺复杂程度。

（2）三价铁源法。

三价铁源法就是以三价铁化合物为铁源来合成 $LiFePO_4$。常用的三价铁化合物有 Fe_2O_3、$Fe(OH)_3$ 和 $FePO_4$。三价铁源法的关键是在工艺过程中将三价铁还原成二价铁。常用的还原方法有碳热还原法、氢热还原法、碘化锂还原嵌锂法。

碳热还原法就是在合成 $LiFePO_4$ 前驱体时，或在前驱体中加入具有还原性的单质碳、碳水化合物或高分子含碳化合物。这些具有还原性的化合物，在前驱体制备过程中或在前驱体的焙烧过程中，能够将三价铁还原成二价铁。常用的还原性物质是活性炭、石墨粉、葡萄糖、蔗糖、柠檬酸、柠檬酸铵、PE、PP、维生素、可溶性淀粉、乙炔黑、环糊精等。

碳热还原法的优点如下：①所使用还原剂在缺氧条件下热分解成 CO 或单质碳，它们的还原能力有限，仅将三价铁还原成二价铁，很少生成单质铁；②还原剂热解后的残炭，有两种形式存在，其一是包覆在最终产品 $LiFePO_4$ 颗粒的表面实现原位的炭包覆，其二是夹杂于最终产品 $LiFePO_4$ 颗粒之间增加颗粒间的电子导电性；③碳热还原法不仅应用于三价铁源物料工艺，而且已经广泛应用于二价铁源物料工艺；④利于保持 $LiFePO_4$ 颗粒的分散性，避免发生团聚，有益于对 $LiFePO_4$ 颗粒粒度的控制与细化。

氢热还原法是在合成 $LiFePO_4$ 前驱体时或在前驱体的焙烧过程中，用氢气或氨分解氮氢混合气，作为还原剂将原料中的三价铁还原成二价铁。氢热还原法的优点如下：①氢气或氨分解氮氢混合气的加载量较易控制；②在前驱体制备过程中通入的氢气或氨分解氮氢混合气可以起到保护气的作用，可用于二价铁源物料。氢热还原法的缺点如下：①氢气在高温条件下的还原能力较强，若通入量较大会将二价铁还原到零价，而在最终产品 $LiFePO_4$ 中引入具有磁性的单质铁；②实验室管式炉或工业推板炉中物料无法搅拌翻滚，与还原性气体直接接触的只有粉体表面，粉体表面物料优先被还原，而粉体内部物料还原不充分，这种现象在工业回转窑加热炉中相对较轻。

4）$LiFePO_4$ 的改性

橄榄石结构 $LiFePO_4$ 的本征电子导电率只有 10^{-9} s/cm，锂离子迁移率也只有 10^{-5} m/s，理论密度高达 3.6 g/cm^3。未改性 $LiFePO_4$ 的电子导电性和离子导电性均较差，导致正极材料的大电流放电性能和低温放电性能差。现有工艺所制 $LiFePO_4$ 的振实密度只有1.2～2.2 g/cm^3，这会影响相应正极材料的填充密度和电池的体积比能量。对 $LiFePO_4$ 的改性有表面包覆和结构掺杂两种方法。

表面包覆包括表面炭包覆和表面金属包覆。$LiFePO_4$ 颗粒表面炭包覆通常与碳热还原过程同步进行。其原理是利用有机物在受热过程中发生热解，热解炭的形成过程与 $LiFePO_4$ 颗粒的形成过程同步进行，热解炭覆盖在 $LiFePO_4$ 颗粒的表面。表面金属包覆利用金属单质的低电阻率，将金属单质薄膜覆盖在 $LiFePO_4$ 颗粒的表面，以提高其电子导电性，铜和银是应用最多的两种金属。包覆的方法分为原位还原和化学镀包覆两种：原位还原法是将铜或银化合物作为物料组分与其他物料混合,在橄榄石 $LiFePO_4$ 颗粒形成以后,控制反应条件将铜或银化合物还原成铜或银单质覆盖于颗粒表面;化学镀包覆是采用通常的化学镀工艺在 $LiFePO_4$ 颗粒表面覆盖一层铜磷合金、铜硼合金或一层单质银。

结构掺杂是采用在 $LiFePO_4$ 的组成结构引入局外元素,造成晶格缺陷,来增大 $LiFePO_4$ 相的电子导电性、锂离子的迁移率和材料稳定性。可供局外元素占据的位置有 Li 位、Fe 位、O 位,甚至 P 位。其中能够掺入 Li 位的元素主要有 Mg、Al、Ti、Nb 等。能够掺入 Fe 位的元素主要有 Mn、Cr、Cu 等。能够掺入 O 位的元素有 F 等。能够掺入 P 位的元素有 S、Si 等。Li 位掺杂 Mg 后,$LiFePO_4$ 材料的电导率可提高 8 个数量级,将极大地提高材料的大电流放电性能。Fe 位掺杂 Mn、Co、La、Ce、Nd 等后,$LiFePO_4$ 的电导率提高 1~3 个数量级,且 Nd 的掺杂效果最好。阴离子 F^- 在 O 位置的掺杂能提高材料的倍率性能和循环寿命。

5) $LiFePO_4$ 动力电池的应用

磷酸亚铁锂动力电池的主要应用领域包括:大型电动车辆,如公交车、电动汽车、景点游览车及混合动力车等;轻型电动车,如电动自行车、高尔夫球车、小型平板电瓶车、铲车、清洁车、电动轮椅等;电动工具,如电钻、电锯、割草机等;遥控汽车、船、飞机等玩具;太阳能及风力发电的储能设备;UPS 及应急灯、警示灯及矿灯(安全性最好);小型医疗仪器设备及便携式仪器等。

磷酸亚铁锂作为锂电池材料是近几年才发展起来的,其安全性能与循环寿命是其他材料所无法比拟的:充放循环寿命达 2000 次,单节电池过充电压 30 V 不燃烧,穿刺不爆炸。这些也正是动力电池最重要的技术指标。用磷酸亚铁锂正极材料制出的大容量锂离子电池更易串联使用,以满足电动车频繁充放电的需要;具有无毒、无污染、安全性能好、原材料来源广泛、价格便宜,寿命长等优点。磷酸亚铁锂是新一代锂离子电池的理想正极材料。

2. 六氟磷酸锂

锂电池主要由正极材料、负极材料、电解质和隔膜四大部分组成。电解质是锂电池的“血液”,在正、负极之间传导离子和电子。六氟磷酸锂(lithium hexafluorophosphate,$LiPF_6$)是锂电池广泛使用的电解质,具有良好的导电性和电化学稳定性,主要用于动力电池、储能电池及其他日用电池。从电导率、成本、安全性和对环境的影响等多方面考虑,$LiPF_6$ 是近期不可替代的锂离子电池电解质。

$LiPF_6$ 为白色结晶或粉末,相对密度为 1.50,潮解性强,易溶于水,还溶于低浓度甲醇、乙醇、丙酮、碳酸酯类等有机溶剂。在空气中或加热时六氟磷酸锂在空气中由于水蒸气的作用而迅速分解,放出 PF_5 而产生白色烟雾。目前,制备 $LiPF_6$ 的方法主要有气-固法、氟化氢溶剂法、配合法和溶液法等。

1) 气-固法

1950 年,美国著名氟科学家 J. H. Simmons 提出了气-固反应制备 $LiPF_6$ 的方法。在镍制容器中,将气体 PF_5 与固体 LiF 直接进行气-固反应,得到固体 $LiPF_6$,其反应式如下:

$$PF_5(g) + LiF(s) \longrightarrow LiPF_6(s)$$

该反应在高温高压下进行,整个过程中未使用任何溶剂,操作简单,但反应不充分,产率较低。该反应为气-固反应,生成的固体 $LiPF_6$ 完全包裹在 LiF 的外面,阻止了反应的进一步进行,使得最终产物中含有大量的 LiF。为解决反应不充分的问题,美国专利提出,首先将 HF 气体与 LiF 固体反应生成 $LiHF_2$ 固相物,然后在 600~700℃下减压脱除 $LiHF_2$ 中的 HF,得到高活性多孔介质 LiF,再将 LiF 与 PF_5 气体在 200℃下反应生成 $LiPF_6$,反应式如下:

$$HF(g)+LiF(s) \longrightarrow LiHF_2(s)$$

$$LiHF_2(s) \longrightarrow LiF(高活性多孔固态)+HF(g)$$

$$LiF(高活性多孔固态)+HF(g) \longrightarrow LiPF_6(s)$$

通过该方法得到的产物纯度可高达 99.9%,但生产步骤多,成本高,反应过程中不易制备均一多孔的 LiF 介质,因此气-固法的应用受到一定的限制,很难进行大规模连续生产。

2) 氟化氢溶剂法

由于 PF_5、LiF 都易溶解于 HF 中,因此可以 HF 溶剂为介质进行均相反应。步骤如下:①氟化锂(LiF)溶解在无水氢氟酸(HF)中形成 LiF 溶液;②将 PF_5 气体吹入溶液中,LiF 与 PF_5 在 HF 溶剂中发生反应,生成 $LiPF_6$ 溶液;③溶液经过低温冷却重结晶、过滤、干燥等步骤得到高纯度的 $LiPF_6$ 晶体。反应式如下:

$$PF_5(g)+LiF(s) \longrightarrow LiPF_6(s)$$

由于 PF_5 价格较高,因此通常使用廉价易得的 PCl_5 作为原料,使 PCl_5 和 HF 反应制得高纯度的 PF_5,然后将其与溶解在 HF 中的 LiF 反应制得 $LiPF_6$。反应式如下:

$$PCl_5(s)+5HF(g) \longrightarrow PF_5(g)+5HCl(l)$$

$$PF_5(g)+LiF(s) \longrightarrow LiPF_6(s)$$

通过 PCl_5 与 HF 反应制备 PF_5 的一个优点是产物 PF_5 为气体,容易与原料 PCl_5 中的金属等杂质分离,得到高纯的 PF_5。由于原料 HF 和 PF_5 都具有很强的腐蚀性,因此氟化氢溶剂法对工艺设备的材质以及生产的安全措施提出了很高的要求。另外,该工艺为深冷工艺,反应需在低温下进行,能耗较大。该反应过程易于控制,反应结束后,通过结晶即可得到高纯度的 $LiPF_6$ 产品。目前工业上主要以无水氟化氢为溶剂生产 $LiPF_6$。

3) 配合法

原料 LiF 悬浮在有机溶剂中,通入 PF_5 反应后,生成的 $LiPF_6$ 立即溶解在有机溶剂中并与之形成稳定的配合物,促进反应持续进行。反应结束后,未反应的 LiF 及其他杂质不溶于有机溶剂中,因此容易去除,减少了杂质的含量。可与 $LiPF_6$ 生成配合物的有机溶剂主要有饱和的低碳链烷基醚、低碳链烷基酯和乙腈等。如以乙腈为溶剂制备 $LiPF_6$ 的方法中,首先将 LiF 加入盛有乙腈的三颈烧瓶中,然后在液封搅拌器的搅拌下通入 PF_5 发生反应并生成 $LiPF_6$。反应完全后,反应液在 60~70℃下水浴加热 2~6 h,然后趁热过滤,滤液冷冻后真空抽滤,滤饼干燥后即得白色粉末状的 $LiPF_6$。

配合法使用有机溶剂作为介质的优点是可避免对设备的腐蚀,物料便宜易得。缺点是所使用的原料 PF_5 容易与有机溶剂发生反应生成其他杂质,同时 $LiPF_6$ 与有机溶剂形成的配合物难以分解,增加了后续的纯化难度和工艺步骤,影响最终产物纯度。

4) 溶液法

在制备 $LiPF_6$ 时,如果能够将锂离子电池用电解液作为溶剂直接制备出用于锂离子电池的 $LiPF_6$ 电解液,不仅可以减少纯化步骤,提高效率,而且可避免 $LiPF_6$ 产品在储运过程中分解。通常用于锂离子电池电解液的非水有机溶剂有碳酸二甲酯、碳酸二乙酯、碳酸甲乙酯、1,2-二甲氧基乙烷等。

常见的溶液法是在 LiF 与 PF_5 反应的基础上改进而来的,即首先将 LiF 悬浮在用于锂离子电池电解液的有机溶剂中,然后通入 PF_5 发生反应,该反应虽然为气-固反应,但产物 $LiPF_6$ 能及时溶解在有机溶剂中,使界面不断更新,提高了效率,所得溶液可直接作为锂离子电池电解液使用。该法的反应温度一般控制在 -40~100℃。温度过低溶剂易发生凝固,反应不能有效进行;温度过高,溶剂易与 PF_5 发生反应,导致颜色发生变化,黏度增加。该反应产率较高,易于控制。

在有机溶剂中制备 $LiPF_6$ 溶液的方法如下:首先在非水有机溶剂中加入 PCl_3 和 LiCl,再通入 Cl_2,三种物质发生反应生成 $LiPCl_6$,再与 HF 反应得到 $LiPF_6$,然后加入一定量的 LiCl 与溶液中多余的 HF 反应,反应温度为 5～50℃,最后经过真空处理、鼓泡处理和蒸馏处理等步骤,即可得到高纯度的 $LiPF_6$ 电解液。

溶液法避免了使用具有强腐蚀性的无水 HF 作为溶剂,但使用的 PF_5 仍具有较强腐蚀性,并且易与溶剂发生反应生成其他杂质,影响产品纯度。另外,使用纯的 $LiPF_6$ 固体可按照用户的需求配制不同的电解液,而溶液法得到的电解液品种较单一,这也限制了产品的使用范围。

$LiPF_6$ 合成难度较高,生产过程涉及高低温、无水无氧操作、高纯精制、强腐蚀,对设备和操作人员要求高、工艺难度大,目前只有日本、韩国实现了规模化生产并构建了专利壁垒。

采用氟化氢生产工艺,存在毒性大和重大环保安全隐患,实现非氢氟酸工艺制备 $LiPF_6$ 是该行业多年的梦想。我国生产锂离子电池所需 $LiPF_6$ 基本依靠进口,实现具有自主知识产权的六氟磷酸锂产业化是我国新能源产业发展的关键。中国工程院和四川省共同开发"分子级制备六氟磷酸锂的非氟化氢工艺",实现了六氟磷酸锂非氢氟酸制备工艺的突破,建成国内外首条 100 t 试验生产线。

复习思考题

1. 简述绿色精细化工的内涵。
2. 简述催化技术在绿色化学制药中的应用。
3. 简述消炎镇痛药物布洛芬的绿色化合成进展。
4. 简述绿色生物制药技术及其原理。
5. 简述 L-色氨酸的酶转化法制备工艺。
6. 简述超临界流体萃取技术在天然药物提取中的特点。
7. 查阅有关文献,写出绿色抗癌药物紫杉醇的分子结构。
8. 简述农药制剂的特点及绿色化发展方向。
9. 简述绿色农药的发展方向和趋势。
10. 简述石墨烯的结构特点及绿色化合成方法。
11. 简述 $LiFePO_4$ 的结构特征及电化学性能。

参 考 文 献

[1] Delledonne D,Rivetti F,Romano U. Developments in the production and application of dimethylcarbonate[J]. Applied Catalysis A,2001,221:241-251.

[2] Ono Y. Catalysis in the production and reactions of dimethylcarbonate,an environmentally benign building block[J]. Applied Catalysis A,1997,155:133-166.

[3] 胡艾希,董先明,曹声春,等. 一锅重排法合成萘普生[J]. 药学学报,2000,35(11):818-820.

[4] 胡显文,陈惠鹏,汤仲明,等. 生物制药的现状和未来[J]. 中国生物工程杂志,2004,12:95-101.

[5] 李干祥,聂东宋,杨葆生,等. 重组人促红细胞生成素纯化工艺的优化[J]. 生命科学研究,2001,5(2):149-154.

[6] 张玉彬,吴滔,王旻,等. 新型降钙素的基因合成与克隆表达[J]. 药物生物技术,1999,6(3):129-134.

[7] 李寅,陈坚,毛英鹰,等. 重组大肠杆菌生产谷胱甘肽发酵条件的研究[J]. 微生物学报,1999,39(4):

355-361.

[8] 张英起,赵宁,李波. 应用基因工程方法制备新型重组人肿瘤坏死因子-α[J]. 细胞与分子免疫学, 2002,18(4):402-404.

[9] 张玉祥,邱蔚芬. CO_2超临界萃取银杏叶有效成分的工艺研究[J]. 中国中医药科技,2006,13(4): 255-256.

[10] 李华,李明,郑志坚,等. 超临界 CO_2 流体萃取法提取紫杉醇的研究[J]. 复旦学报(自然科学版), 2003,42(3):453-456.

[11] 黄志强,周民杰. 黄连中小檗碱的超声波提取工艺[J]. 化学工程师,2006,131(8):54-56.

[12] 刘建超,贺红武,冯新民. 化学农药的发展方向——绿色化学农药[J]. 农药,2005,44 (1):1-3.

[13] 王爱军,袁丛英. 绿色生物农药研究现状及发展[J]. 河北化工,2006,1:54-59.

[14] 施跃峰. 微生物杀虫剂研究进展[J]. 植物保护,2000,26(5):32-34.

[15] 沈寅初. 农用抗生素研究开发的新进展[J]. 国外医药,1998,19(2):155-160.

[16] 高菊芳. 生物农药的作用、应用与功效[J]. 世界农药,2001,23(1):1-6.

[17] 刘金胜,寇俊杰,刘桂龙,等. 磺酰脲类除草剂的应用研究进展[J]. 农药,2007,46(3):145-147.

[18] 梁文平,郑斐能,王仪,等. 21 世纪农药发展的趋势——绿色农药与绿色农药制剂[J]. 农药,1999, 38(9):1-2.

[19] 傅桂华,钟滨,陈建宇,等. 界面聚合法制备农药微胶囊剂的研究[J]. 农药,2005,44(2):66-68.

[20] 贡长生. 磷酸酯类表面活性剂的合成和应用[J]. 现代化工,1996,9:22-25.

[21] 朱光中,刘惠茹. 新一代绿色表面活性剂——烷基多苷(APG)[J]. 广东化工,2002,2:11.

[22] 李祖义,杨勤萍. 生物表面活性剂的合成[J]. 精细与专用化学品,2002,15:6.

[23] 涂茂兵,魏东芝,郑洪. 酶法合成生物表面活性剂油酸糖苷单酯[J]. 华东理工大学学报,2002,28 (2):176-179.

[24] 刘立华. 环保型无机阻燃剂的应用现状及发展前景[J]. 化工科技市场,2005,7:8-11.

[25] 贡长生,朱丽君. 磷系阻燃剂的合成和应用[J]. 化工技术经济,2002,2:9-15.

[26] 贡长生. 积极开发磷-氮系阻燃剂[J]. 现代化工,1996,16(2):14-17.

[27] 杨锦飞,丁海嵘. 磷系阻燃剂现状与展望[J]. 江苏化工,1999,27(6):1-6.

[28] 陈庆修. 光刻胶及其发展趋势[J]. 化学试剂,1993,15(4):219-222.

[29] 颜红侠,黄英,葛琦. 聚酰亚胺先进复合材料的研究进展[J]. 化工新型材料,2002,30 (1):6-9.

[30] 梅刚志,魏东炜,李复生. 聚碳酸酯非光气法合成工艺研究进展[J]. 化工科技,2004,12(5):58-62.

[31] Fukuoka S,Kawamura M,Komiya K,et al. A novel non-phosgene polycarbonate production process using by-product CO_2 as starting material [J]. Green Chemistry,2003,5(5):497-507.

[32] 成兴明. 环氧模塑料性能及其发展趋势[J]. 半导体技术,2004,29 (1):40-45.

[33] 张在利,刘守贵,王家贵,等. 邻甲酚醛环氧树脂研究进展[J]. 化工新型材料,2003,31 (9):1-4.

[34] 陈炅,钟发春,赵小东,等. 聚苯胺复合材料应用研究进展[J]. 化学推进剂与高分子材料,2006,4 (4):25-28.

[35] 李伟,彭俊,郝二军,等. 辛伐他汀的合成工艺改进[J]. 中国新药杂志. 2007,16(3):225-226.

[36] 万武波,赵宗彬,胡涵,等. 柠檬酸钠绿色还原制备石墨烯[J]. 新型炭材料,2011,26(1):17-20.

[37] 袁文辉,顾叶剑,李莉,等. 维他命 C 绿色还原制备石墨烯/Pt 复合材料[J]. 高校化学工程学报, 2014,28(2):258-263.

[38] 冯军,赵文杰,程晴华,等. 阿弗菌素产生菌 SIPI-AV-99081 的选育[J]. 中国医药工业杂志,2002,34 (3):118-121.

[39] 宋渊,曹贵明,陈芝,等.阿维菌素高产菌株的选育及阿维菌素 B1 的鉴定[J].生物工程学报,2000,16(1):31-35.

[40] 杨艳飞.磷酸亚铁和磷酸亚铁锂制备工艺及其性能研究[D].郑州大学硕士学位论文,2012.

[41] 费定国,林逸.磷酸亚铁锂材料的研究与发展[J].储能科学与技术,2013,2(2):103-111.

[42] 宋杨,钟本和,刘恒,等.磷酸亚铁锂制备方法的研究进展[J].材料导报,2010,24:292-296.

[43] 曹骐,王辛龙,杨海兰,等.六氟磷酸锂制备工艺研究现状及展望[J].无机盐工业,2010,42(3):1-3.

[44] 宁斌,邹金鑫.六氟磷酸锂制备方法的研究进展[J].贵州化工,2011,36(5):26-28.

第7章 重要中间体和产品的绿色合成工艺

7.1 概 述

应用化学原理和技术改变物质的组成和性质,以制造各种化学品的生产过程,称为化学工艺。绿色化学合成工艺强调在化工生产过程中自觉地运用绿色化学原理,充分考虑资源的有效利用和环境保护,从能源、原料、工艺技术和产品以及设备等方面减少废弃物的产生,强调在生产之初即考虑能源与资源的循环利用,在污染产生之前就加以控制。

绿色化学合成工艺是一种导向,是一种发展的目标。绿色化学合成工艺的特征主要体现在以下几个方面。

(1)使用清洁的原辅材料和能源,如不用或少用有毒有害原料,以生物质为原料;使用清洁溶剂,使用绿色催化剂等。

(2)采用先进而有效的技术,以产品合成过程,降低生产工艺指标的苛刻程度,最大限度地提高能量和物质利用率,如提高合成反应原子经济性、寻求物质闭合循环途径等。

(3)采用新型反应技术、反应分离工艺耦合技术、多产品生产工艺集成技术等,以达到强化设备生产能力、提高能效、减少废物排放等目的。

(4)合成产品的绿色化,当其功能用尽后,可降解为无害的物质或在环境中不能长期存在,使其生产具有可持续性。

7.2 重要中间体的绿色合成

7.2.1 碳酸二甲酯

碳酸二甲酯(DMC)可替代硫酸二甲酯、光气和碘甲烷等做甲基化和甲氧羰基化试剂,并用于汽油添加剂以代替甲基叔丁基醚来提高汽油辛烷值,用于锂电池的电解液以促进锂盐的溶解,被誉为绿色化学产品。DMC 的合成方法有光气法、酯交换法、羰基化法、醇解法和直接合成法。

1. 光气法

光气法分为光气甲醇法和醇钠法。醇钠法是早期甲醇法的改进,光气甲醇法的工艺流程如图 7-1 所示,醇钠法的生产原理如下:

$$COCl_2 + 2CH_3OH + 2NaOH \longrightarrow (CH_3O)_2CO + 2NaCl + 2H_2O$$

$$COCl_2 + 2NaOCH_3 \longrightarrow (CH_3O)_2CO + 2NaCl$$

光气法所用原料光气有剧毒,污染环境严重、生产安全性差;工艺流程较长,操作周期长。从安全、经济和环保等方面考虑,此法不宜采用,应逐步淘汰。

2. 酯交换法

酯交换法即酯基转移法,以甲醇和碳酸乙烯酯或碳酸丙烯酯或硫酸二甲酯为原料生产

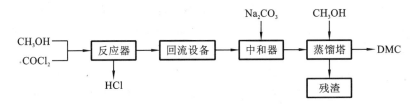

图 7-1　光气甲醇法生产 DMC 工艺流程简图

DMC。

硫酸二甲酯法是以硫酸二甲酯为原料,采用氯苯为催化剂,在碳酸钠存在下制取 DMC,并副产硫酸钠。该工艺过程产品收率低且原料有毒,不符合绿色化工理念,已被淘汰。

以碳酸乙烯酯或碳酸丙烯酯为原料生产 DMC 的工艺过程一般分为两步:①以环氧丙烷或环氧乙烷与二氧化碳合成制备碳酸乙烯酯或碳酸丙烯酯;②与甲醇进行酯交换反应生成 DMC 并联产丙二醇或乙二醇,工艺原理如下:

$$C_3H_6O \xrightarrow{+CO_2} C_4H_6O_3 \xrightarrow{+2CH_3OH} (CH_3O)_2CO + CH_3CHOHCH_2OH$$

$$C_2H_4O \xrightarrow{+CO_2} C_3H_4O_3 \xrightarrow{+2CH_3OH} (CH_3O)_2CO + CH_2OHCH_2OH$$

以碳酸乙烯酯为原料生产 DMC 的研究中,以美国 Texaco 公司为代表。以环氧乙烷为耦合剂,负载在含叔胺及季铵官能团树脂上的Ⅳ族均相硅酸盐为催化剂,不仅可避免环氧乙烷水解生成乙二醇,且可得到较高 DMC 收率;缺点是该工艺投资大,且原料的价格将直接影响 DMC 的生产成本。为了降低生产成本,Bayer 和 Texaco 的专利分别报道了铊化合物做催化剂和锆、钛与锡的可溶盐或其配合物做催化剂的进展。国内上海化工研究院也对该生产方法进行了研究,反应物通过加压、减压和精馏分离出 DMC 和乙二醇,甲醇可以回收再进行反应。

相比于投资高的环氧乙烷,一般国内采用环氧丙烷作为原料。该工艺分为两步:首先是环氧丙烷与二氧化碳在 6 MPa、170 ℃、催化剂存在条件下,生产粗碳酸丙烯酯,再经精馏塔脱除轻组分和催化剂,获得高纯度的碳酸丙烯酯;第二步是碳酸丙烯酯与甲醇在 1.0 MPa、催化剂甲醇钠的存在下进行 DMC 的生成反应,塔顶得到 DMC 和甲醇的共沸物,经再次精馏将 DMC 与甲醇分离获得高纯度 DMC 产品,反应釜出来的物料经精馏脱除甲醇后,回收得丙二醇,未反应物甲醇、碳酸丙烯酯等回收循环使用。以华东理工大学为代表开发的酯交换合成技术中采用了特征耦合技术(催化反应精馏和恒沸精馏等),大幅度地提高了反应物的转化率,达到了99％以上,然后采取加压精馏或萃取精馏将甲醇和 DMC 的共沸物分开,经精制后得到 DMC 产品,并且采用真空精馏方法得到副产品丙二醇,工艺流程如图 7-2 所示。

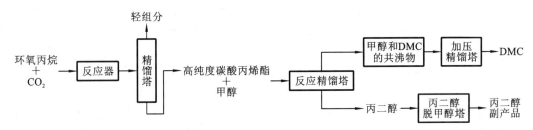

图 7-2　碳酸丙烯酯酯交换法生产 DMC 工艺流程简图

酯交换法生产 DMC 的本质是二氧化碳与甲醇合成过程与环氧丙烷或环氧乙烷水解合成丙二醇与乙二醇过程的耦合。近几年的酯交换法由于采用了催化反应精馏新技术,具有原料来源广、反应转化率高、设备投资少、工艺简单、设备投资少、生产过程基本无"三废"等优点,因此,大部分 DMC 生产企业都采用该法,但该法受到联产丙二醇或乙二醇市场销售的限制。

3. 羰基化法

羰基化法采用甲醇、CO 和氧直接合成 DMC,主要有液相法、气相法和常压非均相法三种。羰基化法具有投资少、成本低、符合环保要求的特点,是重点研究和开发的新技术路线,也是目前 DMC 合成研究开发的主要方向。

1)液相法

液相法是意大利 Ugo Romano 等在羰基化研究的基础上提出的,1983 年由 Enichem Synthesis 公司实现工业化。目前,ICI、Texaco 和 Dow 等几大化学公司也在竞相开发此技术。典型液相法生产工艺包括甲醇氧化羰基化反应和 DMC 与甲醇的分离两步,如图 7-3 所示。该工艺过程反应温度为 100~130 ℃,压力为 2.0~3.0 MPa,采用氯化亚铜催化剂,在多台串联带搅拌的淤浆床反应器中进行,甲醇既是反应物又是溶剂,反应过程为甲醇、氧气和氯化亚铜反应生成甲氧基氯化亚铜,再与一氧化碳反应生成 DMC。反应速率由加入氧气的速率来控制。气液经过闪蒸分离,回收液相中的催化剂,循环利用未反应的气相,最终反应釜分离的液相经脱水、脱醇、萃取和精馏制得 DMC 产品。具体的工艺原理如下:

$$2CuCl + 2CH_3OH + 1/2O_2 \longrightarrow 2Cu(OCH_3)Cl + H_2O$$

$$2Cu(OCH_3)Cl + CO \longrightarrow CH_3OCOOCH_3 + 2CuCl$$

$$2CH_3OH + CO + 1/2O_2 \longrightarrow (CH_3O)_2CO + H_2O$$

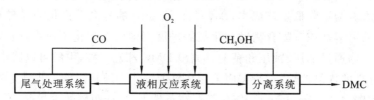

图 7-3　液相法甲醇氧化羰基化工艺流程示意图

该工艺的产品收率高,但甲醇单程转化率只有 30% 左右,物料特别是氯对设备管道腐蚀大、催化剂寿命短,间歇式生产。在此基础上,国内开发了液相工艺,操作条件和催化剂基本一样,但是反应器采用了管式反应器,可以连续化生产,催化剂寿命也大幅度延长,并且在工艺中采用了填料塔精馏设备,使产品的收率高于 98%,CO 的总转化率超过 76%。

2)气相法

气相法的工艺原理与液相法的相同,以 CO、O_2 和 CH_3OH 蒸气为原料,采用固定床反应器,温度为 100~150 ℃,压力为 2.0 MPa,催化剂采用负载于活性炭上的 $C_2H_5NCu(OCH_3)$,并加入氯化钾、氯化镁和氯化镧等助催化剂,工艺流程如图 7-4 所示。

气相法避免了液相法中催化剂对设备的腐蚀问题,催化剂易再生,工艺简单,产品容易分离,但存在产品选择性差的问题,国内尚未工业化生产。

3)常压非均相法

常压非均相法生产 DMC 的工艺,以日本宇部兴产公司为代表。该工艺以煤气化制得的 CO 和甲醇为原料,采用固定床反应器、钯系催化剂和亚硝酸甲酯为反应循环溶剂,反应温度为 110~130 ℃,反应压力为 0.2~0.5 MPa,通过气相反应制得 DMC。合成技术分为两步进行:第一步 CO 与亚硝酸甲酯反应生成 DMC 和 NO;第二步 NO 与甲醇和氧气反应生成亚硝酸甲酯,工艺原理如下:

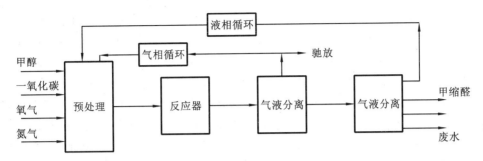

图 7-4　气相法甲醇氧化羰基化合成 DMC 工艺流程简图

氧化反应　　$4NO+4CH_3OH+O_2 \longrightarrow 4CH_3ONO+2H_2O$

还原反应　　$2CH_3ONO+CO \xrightarrow{\text{Pd系催化剂}} (CH_3O)_2CO+2NO$

工艺流程如图 7-5 所示,包括合成、分离、精制、亚硝酸甲酯制备等工序。CO 混合于含亚硝酸甲酯的循环气后进入 DMC 合成工序,在 110～130 ℃、0.2～0.5 MPa 的反应条件下,生成 DMC。从合成工序出来的气体进入 DMC 分离工序,并以液体形式回收后去精制工序,经精制得到高纯度 DMC。未反应的 CO 和生成的 NO 气体从分离工序出来,补充 NO 和 O_2 后进入亚硝酸甲酯再生工序,与甲醇按照氧化反应进行亚硝酸甲酯的再生,随后再生后的溶剂循环再次进入合成工序,完成亚硝酸甲酯的循环过程。该反应中的反应器为多管式固定床反应器,反应产物经冷凝,在分离工序脱除甲醇获得 DMC 产品,甲醇回收利用,气相一部分循环使用,一部分与补充的 NO 和氧气在亚硝酸甲酯再生器中生成亚硝酸甲酯作为原料气返回反应器。

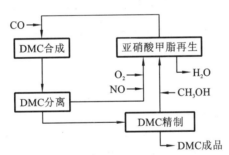

图 7-5　常压非均相法制备 DMC 工艺流程简图

此工艺中,产品纯度达 99％ 以上,CO 选择性为 96％,具有设备费用低、安全性和稳定性高、催化剂寿命长、产品含氯量低的特点,缺点是产生草酸二甲酯、甲酸甲酯、二氧化碳、乙酸甲酯等副产物,同时亚硝酸甲酯反应为快速强放热反应,反应物的三个组分易发生爆炸,且引入了有毒的氮氧化物。

4. 醇解法

醇解法是利用尿素和甲醇在催化剂的作用下进行醇解反应合成 DMC 的技术,可分为直接醇解法和间接醇解法。由于原料尿素和甲醇易得,且工艺流程较短,因此引起了国内外化工界的高度重视。

1）直接醇解法

直接醇解法是最早研究的以尿素为原料制备 DMC 的工艺。该工艺是在高压和催化剂作用下,甲醇和尿素液相一步合成 DMC,在进行主反应的同时,还有副反应发生,工艺原理如下:

$$(NH_2)_2CO \xrightarrow{+CH_3OH(-NH_3)} NH_2CO(OCH_3) \xrightarrow{+CH_3OH(-NH_3)} DMC$$

$$CH_3OCOOCH_3 + NH_2CONH_2 \longrightarrow CH_3NHCONH_2 + CH_3OH + CO_2 \quad (副反应)$$

$$CH_3OCOOCH_3 + NH_2COOCH_3 \longrightarrow CH_3NHCOOCH_3 + CH_3OH + CO_2 \quad (副反应)$$

直接醇解法是微吸热反应,热力学上是不利的,但是可以通过提高温度、增大压力来提高其转化率。该工艺路线原料便宜,反应流程短,反应产生的氨气可以回收利用,尽管尿素直接醇解合成 DMC 反应的平衡常数较小,但是通过有效地移去反应产物 DMC 和氨气,可打破反应的化学平衡限制。在合成过程中无水生成,避免了甲醇-水-DMC 共沸物的形成,使后续分离提纯过程简化,但是反应条件较为苛刻。反应温度为 185 ℃、压力为 1.2 MPa 时,尿素和甲醇在反应精馏塔中反应的转化率为 100%,DMC 的选择性大于 98%,在工艺过程中采用了反应精馏塔、萃取精馏塔、膜分离器和精馏塔等设备,工艺流程如图 7-6 所示。

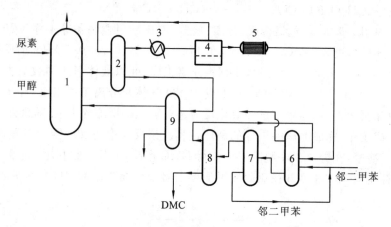

图 7-6　直接醇解法制取 DMC 工艺流程简图

1—反应精馏塔;2—共沸精馏塔;3—换热器;4—膜分离器;5—冷凝器;

6—萃取精馏塔;7—萃取剂回收塔;8—DMC 精制塔;9—甲醇精制塔

为了进一步提高 DMC 的产率,提出了包括催化精馏、去除氨气、热耦精馏在内,且采用高沸点共催化剂和循环剂的直接醇解法的改进工艺。

采用催化精馏,将非均相催化反应和精馏操作耦合在一个塔内同时进行。与传统的反应和精馏技术相比,具有流程简单、节能和转化率高等优点。该工艺在尿素醇解制备 DMC 的反应中,能够有效地移去 DMC,减少其在反应器中的聚集,减少副反应的进行,DMC 产率可达 60%～70%。

由于反应体系化学平衡的限制,在反应体系中通过一定的方法,将产物不断去除,可以推动反应平衡向产物方向移动。在直接醇解法中,通常采用去除反应副产物氨气的方法提高 DMC 产率。如在该反应中加入三氟化硼与氨气反应生成固体的三氟硼氨,推动反应平衡向 DMC 合成方向移动以提高其产率。此外,还可以利用氮气和二氧化碳驱除氨气的方法。

在反应过程中,采用高沸点共催化剂对直接醇解法有一定的促进作用。共催化剂的加入,一方面可以和主催化剂共同作用形成催化剂复合体,提高催化剂的活性;另一方面,可降低甲醇的挥发,同时增加 DMC 的挥发,并能有效抑制氨基甲酸甲酯的分解反应。未使用共催化剂时,反应完成后,在反应器顶端物料中 DMC 含量为 1.5%,反应器中 DMC 为 7.8%;采用共催化剂后,这两项的值分别为 7.2% 和 16.0%,有效地提高了 DMC 的收率。

采用热耦精馏是将加压塔顶采出的气相作为常压提浓塔的塔釜热源,既节能又节省设备投资,降低了装置的蒸汽和循环水的消耗,与常规的精馏过程相比节能在 30% 以上,同时简化了工艺流程,降低了生产成本。

采用脂肪二元醇为循环剂,在 DMC 的制备过程中,不但可以直接醇解制备 DMC,而且可以间接醇解合成 DMC。

尿素直接醇解法进行 DMC 合成工艺具有原料价廉易得的优点,特别是在此过程中无水生成,避免了甲醇-水-DMC 共沸物复杂体系的分离问题,节省投资。因尿素与甲醇反应副产物氨可回收重新利用以生产尿素,若将 DMC 生产装置与尿素制造装置联合,可进一步降低生产成本,对开发下游产品具有极大的吸引力。但是,该合成路线选择性和收率都不高,研究新型高效催化剂进一步对该工艺过程进行开发,尽早实现工业化是当务之急。

2) 间接醇解法

间接醇解法是 20 世纪 90 年代后期开始研究开发的工艺路线,原料价廉易得,整个工艺不对外排放有害物质,是符合绿色化工过程标准的零排放和经济的清洁生产工艺。反应过程如下:

$$
\underset{H_2N\quad\quad NH_2}{\overset{O}{\|}}C \;+\; \underset{CH_2-CH-CH_3}{\overset{OH\;\;\;OH}{|}} \longrightarrow \underset{CH_2-CH-CH_3}{\overset{O}{\underset{O\quad\quad O}{\|}}} \;+\; 2NH_3
$$

$$
\underset{CH_2-CH-CH_3}{\overset{O}{\underset{O\quad\quad O}{\|}}} \;+\; 2CH_3OH \longrightarrow \underset{CH_3O\quad\quad OCH_3}{\overset{O}{\|}} \;+\; \underset{CH_2-CH-CH_3}{\overset{OH\;\;\;OH}{|}}
$$

$$
\underset{H_2N\quad\quad NH_2}{\overset{O}{\|}}C \;+\; 2CH_3OH \longrightarrow \underset{CH_3O\quad\quad OCH_3}{\overset{O}{\|}} \;+\; 2NH_3
$$

该合成路线分为两步进行:第一步是尿素与脂肪二元醇反应制备碳酸乙烯酯或碳酸丙烯酯,反应条件为 100 ℃、0~0.5 MPa 或向反应体系引入 0.5~5 mL/min 的氮气;第二步是碳酸乙烯酯或碳酸丙烯酯与甲醇反应制备 DMC,反应条件为 70~160 ℃、0~2 MPa。该路线的关键是催化剂的选择和制备。两步反应可采用复合金属氧化物催化剂,催化剂是氧化镁、氧化钙、氧化锶、氧化钡、氧化铝、氧化铅、氧化铜、氧化锌、氧化钛、氧化锆、氧化钼、氧化铁、氧化钴、氧化镍和氧化镧中的两种或两种以上组分。催化剂通过共沉淀、等体积浸渍、机械混合焙烧等方法获得。如当在第一步反应中采用等体积浸渍制备的 Fe-Mg 复合氧化物催化剂时,碳酸丙烯酯收率可达 93%;在第二步反应中,采用 CaO-MgO 为催化剂,碳酸丙烯酯的转化率为47.5%,DMC 的产率可达 40.1%。为了进一步提高 DMC 的收率,很多学者都在对两步合成路线中的催化剂体系进行深入的研究,开发活性和稳定性高、价格低廉的催化剂,并在工艺过程中采用反应分离工序一体化技术,使工艺流程进一步简化。

其工艺流程为:尿素、1,2-丙二醇经计量后进入混合器,经过混料配料后的物料进入反应釜,在反应釜中尿素与丙二醇进行醇解反应,生成碳酸丙烯酯;同时产生氨气,氨气进入冰机液化制成液氨,运回合成氨装置,作为副产品。生成的碳酸丙烯酯送入产品中间储罐,然后进入精馏塔精馏。来自精馏塔的碳酸丙烯酯与催化剂混合后从反应精馏塔上部进入，甲醇从塔底进入，碳酸丙烯酯和甲醇在催化剂作用下进行酯交换反应，得到 DMC 和 1,2-丙二醇。1,2-丙二醇由塔底进入脱低沸物精馏塔，脱除其中的低沸物，然后进入 1,2-丙二醇精制塔，将少量缩丙二醇除去，塔顶纯 1,2-丙二醇作为原料循环使用。来自反应精馏塔塔顶的粗 DMC 产品进入加压精馏塔进行精馏，精馏后的物流再进入 DMC 精制塔精制后得到 DMC 产品。

与直接醇解法相比，间接醇解法具有以下特点：①虽然由两个反应组成，但是反应条件温和，在常压下就可进行反应；②无"三废"排除，原料的转化率和目标产物的产率都很高；③采用的固体催化剂易于分离和回收；④反应中乙二醇或者丙二醇可在反应过程中循环使用，副产物氨气可以回收利用；⑤采取尿素法合成碳酸丙烯酯取代环氧丙烷和二氧化碳在高温高压下反应生成碳酸丙烯酯，完全摆脱了石油化工产品价格的浮动对碳酸丙烯酯及碳酸二甲酯的影响；⑥彻底解决了甲醇与 DMC 的分离问题，使碳酸二甲酯含量达到 99.5% 以上，目前已实现工业化生产。

5. 直接合成法

通过 CO_2、环氧化物和甲醇一步法合成 DMC 具有条件相对温和、原料毒性小、对设备腐蚀性低和 DMC 选择性高等优点，是目前推崇的一条绿色工艺生产路线，其合成路线如下：

目前，甲醇和 CO_2 原料直接合成 DMC 的催化体系有两种：均相催化体系及非均相催化体系。均相体系的催化剂主要有机金属烷氧基化合物、碳酸钾、乙酸盐等。非均相体系的催化剂主要有金属氧化物、杂多酸和 Cu-Ni 催化剂。不论何种催化剂体系，在直接合成过程中遵循的催化机理可以分为直接活化 CO_2 的机理和先活化甲醇再活化二氧化碳的机理两种。

直接活化 CO_2 的机理：催化剂向 CO_2 分子的空反键轨道提供电子，使得其分子结构发生改变，伴随着 C—O 键的伸长，生成 $[CO_2]$，实现了 CO_2 的活化，进一步在催化剂的协同作用下与甲醇耦合生成 DMC。先活化甲醇再活化二氧化碳的机理：催化剂使甲醇失去质子形成 $[MeO]$，再与 CO_2 结合形成 $[MeO—COO]$，然后通过甲基转移生成 DMC。

为了进一步提高合成 DMC 的收率，可以将反应置于不同的反应体系中进行。①采用离子液体体系可提高原料在液相中的溶解性，增加液相中的二氧化碳的浓度。如利用离子液体溴代 1-乙基-3-甲基咪唑盐（[Emim]Br）对 CO_2 的溶解特性，对 K_2CO_3/CH_3I 催化 CO_2 与甲醇直接合成 DMC 的反应产生影响，但不能改变反应的最佳条件和整体规律性。②在紫外光存在下，具有半导体性质的催化剂对紫外光具有好的吸收性能，从而降低反应条件，如采用 Cu/NiO-V_2O_5/SiO_2 催化剂，在常压、空速 300 h^{-1}、温度 140 ℃ 和 125 W 紫外灯辐射的条件下，甲醇转化率达 14.2%，DMC 选择性达 90.01%。③在电能存在的条件下，可使甲醇与 CO 的电化学反应 $CO+2CH_3OH \longrightarrow (CH_3O)_2CO+H_2$ 成为可能，从而进行液相的间接电化学合成。美国 Cipris 和 Mador 采用无机非金属离子做媒介进行甲醇电化学羰基化法合成 DMC 的反应研究。④在超临界条件下，甲醇既是原料又是溶剂，不存在爆炸极限的问题，相对安全。

甲醇和 CO_2 合成 DMC 生产工艺简单，成本低，反应物产物均无毒，选择性近 100%，且零排放，但是由于收率较低，仅限于实验室的研究。

7.2.2　1,3-丙二醇

1,3-丙二醇(PDO)是重要的化工原料,主要用于增塑剂、洗涤剂、防腐剂和乳化剂的合成,也用于食品、化妆品和制药等行业,最主要的用途是作为单体与对苯二甲酸合成新型聚酯材料聚对苯二甲酸丙二醇酯(PTT)。PTT 是一种新型聚酯材料,具有优异的回弹性、染色性、抗污性等,在地毯、工程塑料、服装材料等应用领域大有作为。但 1,3-丙二醇价格昂贵,因此,PDO 的工业化生产成为 PTT 生产的关键。

目前,PDO 的工业化生产方法为化学合成法和生物合成法,国际市场主要由德国 Degussa 公司、美国壳牌公司和美国杜邦公司三家垄断。其中美国壳牌公司采用的是环氧乙烷羰基化法(EO 法)、德国 Degussa 公司采用的是丙烯醛水合加氢法(AC 法)、美国杜邦公司采用的是生物工程法(MF 法)。主要的生产方法如下。

1. 丙烯醛水合加氢法(AC 法)

德国 Degussa 公司提出的 AC 法主要步骤如下:第一步丙烯醛在酸性催化剂(如酸性离子交换树脂、酸性分子筛或负载的无机酸)上水合得到 3-羟基丙醛(HPA);第二步 3-羟基丙醛在雷尼(Raney)镍催化剂上催化加氢制得 PDO。其工艺原理如下:

$$CH_2=CHCHO + H_2O \longrightarrow HOCH_2CH_2CHO$$
$$HOCH_2CH_2CHO + H_2 \longrightarrow HOCH_2CH_2CH_2OH$$

产品的收率取决于丙烯醛的水合反应,而最终产品的质量则由 HPA 的加氢效果来决定。这两步反应的关键技术都在于催化剂的选择。

1) 催化剂体系

第一步反应中最早采用无机酸做催化剂,但其产率低、选择性低,且有副反应发生。本着水合反应催化剂体系的选择应不影响后续加氢反应催化剂的活性的原则,丙烯醛水合反应新的催化剂体系有以下几种。

(1) 螯合型离子交换树脂:反应温度控制在 50~80℃,丙烯醛转化率保持在 85%~90%,3-羟基丙醛选择性达 80%~85%。但离子交换树脂价格较贵,温度稳定性差,易失活,难再生,实现工业化受到限制。

(2) 含活性中心的无机载体:例如用 TiO_2 做载体,经 H_3PO_4 溶液浸透处理,加工后得到含 Ti-O-P 结构的活性催化剂,在反应条件不变的情况下,丙烯醛转化率为 50%~80%,HPA 的选择性可达 70%~80%。此催化剂体系易制备,载体稳定,适用温度高,可以再生以降低成本。

(3) 酸/碱缓冲体系:例如 $ROOH/NR_3$ 均相催化体系。水合反应的温度一般在 50~70 ℃,温度太低会影响丙烯醛的转化率,温度太高又会影响催化剂的寿命并且加快副反应的发生。水合反应的时间约 4 h,要综合考虑转化率与选择性互相平衡的影响。

第二步 3-羟基丙醛加氢反应的催化剂一般采用改进的活性 Ni,如 $NiAl_2O_3/SiO_2$ 或负载于 TiO_2 载体或活性炭上的 Pt 做催化剂,反应温度为 30~180 ℃,氢压为 10.1~15.2 MPa。常采用分段加热,先在 30~80 ℃下氢化,加氢转化率控制在 75%~80%,再在 110~150 ℃下氢化,以保证 3-羟基丙醛有近 100%的转化率和选择性,同时保证所得 PDO 的质量。

2) 工艺流程

以德国 Degussa 公司专利为基础的工艺流程如图 7-7 所示。丙烯醛与水混合后送入水合反应器内,反应器分两段填充掺钠离子交换树脂,床层中间设有换热器,用冷却水移去反应热

量。丙烯醛转化率达 89.1%,3-HPA 选择性为 85.1%。水合反应器出料经预热后进入丙烯
醛循环塔,塔顶得到的丙烯醛(含 2.5%水的共沸物)返回反应器;塔底出料加压至 10.0 MPa,
与相同压力的新鲜及循环氢气混合,从上至下进入由两段串联催化剂床层组成的加氢反应器
中,上段床层高度为总高度的 85%,温度保持在 50 ℃,用夹套冷却水冷却。第一段床层的流
出物料经加热后进入第二段床层,保持 125 ℃ 的反应温度。3-HPA 加氢转化率和 1,3-PDO
选择性都接近 100%。

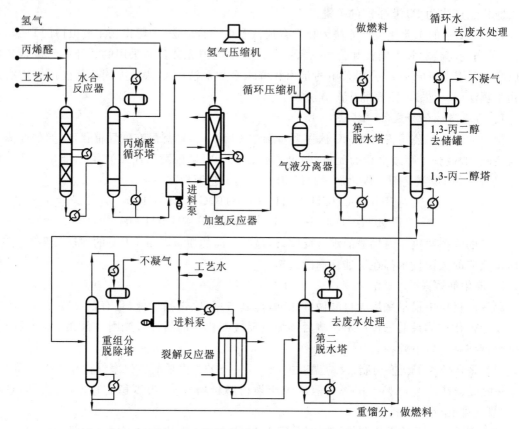

图 7-7　由丙烯醛制 1,3-PDO 的工艺流程图

　　加氢反应器的出料经气液分离器分离出过量的氢气去循环使用,液相进入第一脱水塔,塔
顶蒸出的水,除部分排放去废水处理系统外,大部分循环利用,塔顶不凝气排出作为燃料。第
一脱水塔塔底液体送至 1,3-PDO 塔,在塔顶得到 1,3-PDO 产品送到储罐,塔底得到 3,3′-氧
双丙醇-1 和丙烯醛聚合物送入重组分脱除塔。在重组分脱除塔塔顶得 3,3′-氧双丙醇-1,塔底
重组分作为燃料使用。3,3′-氧双丙醇-1 被加压到 5.0 MPa 与新鲜及循环水混合形成 20%的
溶液进入填充脱铝 Y 型沸石催化剂的裂解反应器在 250℃ 下进行液相水解,3′-氧双丙醇-1 转
化率为 73%,1,3-PDO 的选择性为 72%。裂解反应器的出料进入第二脱水塔,塔顶得到的水
部分排放去废水处理系统,其余循环使用。塔底液体组成为 1,3-PDO、未反应的 3,3′-氧双丙醇-1
和非选择性裂解产物,送到 1,3-PDO 塔进行产品回收。

　　2. 环氧乙烷羰基化法(EO 法)

　　以环氧乙烷(ethylene oxide,EO)和合成气为原料生产 PDO。该法原料比较容易得到,也
易于储运,所得产品的羟基含量较丙烯醛法的低,产品成本较低,但设备投资大,且技术难度

大,特别是其催化剂的制备与选用较为复杂。其实现工业化生产的关键是催化剂的制备与选择。EO 法生产工艺分为二步法和一步法。

1) 二步法

美国壳牌公司开发的两步法中,首先将环氧乙烷与 CO 和氢气进行羰基化反应生成 HPA,后者再在一个固定床催化剂上,在 7.5～15.0 MPa 和 100～200 ℃下加氢得 PDO。该法的关键是第一步反应。其工艺原理如下:

$$CH_2OCH_2+CO+2H_2 \longrightarrow HPA$$

$$HPA+H_2 \longrightarrow HOCH_2CH_2CH_2OH$$

在第一步羰基化反应过程中,采用 $Co_2(CO)_8$,不需加入价格昂贵的膦配体,在反应器内由金属钴盐与合成气直接反应制备,使用季铵盐为反应的促进剂,甲基叔丁基醚等做溶剂,使反应产物与催化剂更容易分离,HPA 的浓度可提高到 35%以上。另外,通过控制羰基化反应中的水含量和 HPA 的浓度,减少高沸点副产物以使 EO 转化率达 100%,HPA 的选择性大于 90%。采用水萃取 HPA 技术,使钴催化剂的循环使用率达 99.6%,有效地降低了催化剂的消耗。

由于在 EO 反应生成 HPA 的过程中,HPA 易于自缩合反应转化成不需要的副产物而降低 PDO 收率。为此,有专利提出了新的工艺路线:将氢气用甲醇替代,首先使 EO 转化成 3-羟基丙酸甲酯,再加氢转化成 PDO。目前改进的方向是提高加氢的选择性和活性。

2) 一步法

一步法工艺是将 EO 羰基化和 HPA 加氢两个反应结合在一起完成。采用钌/膦配合物为催化剂、水和多种酸为助催化剂,在给定的反应温度和压力下,PDO 和 HPA 收率可达 65%～78%。采用含铑离子的催化剂,三乙醇胺为助催化剂,在一定的反应温度和压力下,PDO 和 HPA 选择性达 73%。若使用叔膦/羰基钴复合催化剂,EO 的转化率较仅为 21%～34%,而 PDO 和 HPA 的选择性可达 85%～90%,主要副产物为乙醛。采用 Co-叔膦配体与 Ru 复合催化剂体系,同时含有酸和金属盐促进剂,环氧乙烷与 CO、H_2 反应可获得摩尔分数为 87.2%的 PDO,无 HPA 生成;而无 Ru 和促进剂时全部生成 HPA。

美国壳牌公司对一步法工艺进行了大量改进,主要是通过开发新型双金属催化剂及筛选合适的配体,以实现高收率制备 PDO。其 EO 原料一步法生产 PDO 的工艺流程如图 7-8、图 7-9 所示。

在图 7-8 中,新鲜和循环 EO 料加压到 10.3 MPa,送入第一段氢甲酰化反应器,在钴/钌/膦催化剂及甲苯/氯苯溶剂的作用下,与合成气混合物(来自第二段氢甲酰化反应器经冷却并补充了氢气,达到 H_2、CO 物质的量比为 1∶1)进行接触反应,反应热由反应器夹套和内盘管冷却水移走,反应温度保持在 90℃。

第一段反应器的液体出料经冷却进入第二段反应器,反应器上部的气体除少量排放做燃料外,大部分气体再压缩到 10.3 MPa,与新鲜合成气混合后,在第二段反应器下部,与来自第一段反应器的反应液进行鼓泡接触反应。两段反应器液体总停留时间约 3 h,EO 转化率达 58.1%,1,3-PDO 选择性为 85.7%。第二段反应器上部的液体出料,经减压后进入 EO 循环塔。塔顶 EO 循环回第一段反应器,塔底液送入轻组分分离塔,塔顶分出轻组分可用作燃料;塔底液经冷却水和冷冻水冷却后进入产品萃取塔。在产品萃取塔内,用冷却工艺水萃取,塔底得 1,3-PDO 粗液,送回收与精制工序提纯。塔顶出料组成是甲苯/氯苯溶剂和催化剂。在补充溶剂和催化剂后返回第一段反应器。

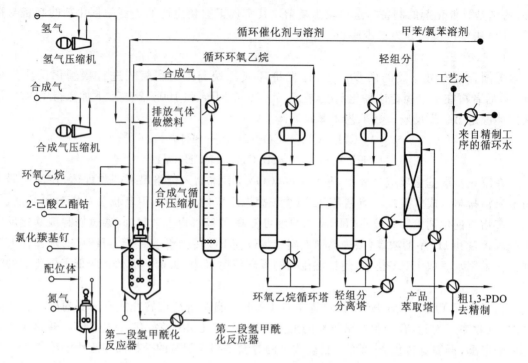

图 7-8　EO 法制 1,3-PDO 流程(反应分离工序)

在图 7-9 中,粗液 1,3-PDO 先进入乙醇共沸塔,塔顶的共沸物送脱水塔,在脱水塔塔顶得到的水和带水剂混合物进入带水剂汽提塔,脱水塔塔釜得到副产物乙醇。带水剂汽提塔顶出来的带水剂返回脱水塔;塔底是含微量乙醇的水,送入残余共沸物汽提塔,塔顶的残余乙醇和水的共沸物送回脱水塔;塔底的水除部分排放至废水处理系统外,其余送回 1,3-PDO 萃取塔做工艺用水。乙醇共沸塔的底部是 1,3-PDO、水、1,2-PDO 和重组分杂质的混合物,被送至三效蒸发器系统除水。该系统减压蒸发以降低操作温度,同时有效利用蒸汽热量。在第三效蒸发器底部得到脱水 1,3-PDO 送至精馏工序。

在精馏工序,1,3-PDO 粗液先进入残存 3-HPA 汽提塔汽提出残留的 3-HPA,循环回氢甲酰化工序,该塔底部液料送到二醇物/重组分分离塔,塔顶得到二醇物,塔底是重组分杂质,送去焚烧和回收催化剂中的金属。二醇物在 1,3-PDO 产品塔分离,塔顶是较低沸点的 1,2-PDO,塔底得到 1,3-PDO 产品。

与二步法相比较,由 EO 羰基化所生成的稳定性较差的 HPA 直接进行加氢,对于提高反应的收率有利,同时简化了工艺流程,可以有效地降低 PDO 生产成本。但由于在 EO 一步法制 PDO 中,反应液还存有含量较高的 HPA,给 PDO 精制带来困难,在生产高纯度 PDO 时,微量 HPA 或 HPA 分解产生的醛类物质将会严重影响 PDO 的质量,并导致下游 PTT 聚酯特性黏度低和色泽不合格。

3. 微生物发酵法(MF 法)

微生物发酵法是美国杜邦公司和 Genencor 公司合作开发的,具体有三种不同的方法:一是用肠道细菌将甘油歧化为 1,3-PDO;二是以葡萄糖为底物用基因工程菌生产 1,3-PDO;三是用 DNA 的办法生产一系列的微生物和酵母素,以谷物糖浆为原料生产 1,3-PDO。

(1)以甘油为原料的微生物发酵工艺。利用自然界存在的克雷伯氏肺炎杆菌和丁酸梭状芽孢杆菌在厌氧条件下使甘油转化成 PDO。在菌种的发酵过程中,甘油消耗主路径有两条:

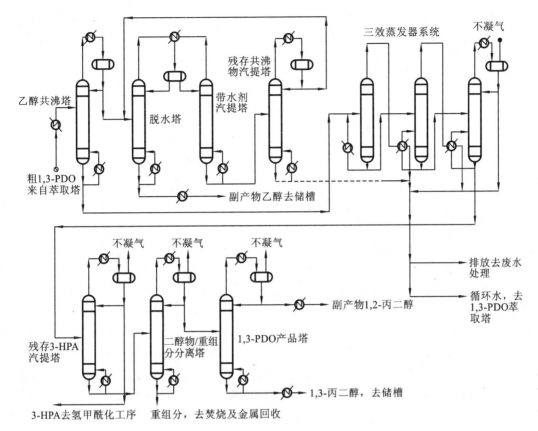

图 7-9　EO 法制 1,3-PDO 流程(回收和精制工序)

其一为甘油脱水酶催化甘油脱水,转化成目标产物 HPA,接着被还原为 PDO;其二为甘油在脱氢酶作用下生成副产物。由于菌体生长和氧化代谢支路都要消耗部分甘油,使得甘油转化为 PDO 的摩尔转化率最高只有 0.5%。虽然生物柴油的快速发展提供了大量廉价的副产物甘油,但由于发酵液中 PDO 含量最高只有 5% 左右,且为得到纯度为 99.9% 的 PDO 产品,需要采取相当复杂的精制工艺,在生产成本上还难以与化学合成方法竞争。其工艺流程如图 7-10 所示。国内大连理工大学生物科学研究所与吉林石化公司以甘油为原料,利用克雷伯氏菌进行发酵生产 1,3-PDO 产品的中试研究,采用发酵液醇沉预处理、再精馏的技术可分离到纯度大于 99% 的产品,分离收率大于 85%,产品质量达到 PPT 聚合反应的要求。

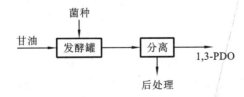

图 7-10　以甘油为原料的微生物发酵工艺流程示意图

(2) 以葡萄糖为原料的微生物发酵工艺。从自然界分离获得的菌种只能以甘油为碳源,无法直接利用葡萄糖生产 PDO 以降低微生物发酵法的成本。由葡萄糖一步法生产 PDO 的发酵技术,利用基因工程技术,在大肠杆菌中加入取自酿酒酵母的基因,将葡萄糖转化成甘油;再加入取自柠檬酸杆菌和克雷伯氏菌的基因,将甘油转化为 PDO,可有效地提高 PDO 的产率。

美国杜邦公司和英国 Tate & Lyle 公司合作，于 2000 年在一套规模为 45.4 t/a 的中试装置上对该技术进行了验证并获得成功。利用该技术生产的 PDO，其生产成本与化学合成法相比较具有明显的优势，其工艺流程如图 7-11 所示。

图 7-11　以葡萄糖为原料的微生物发酵工艺流程示意图

4. 几种 1,3-PDO 生产工艺路线比较

相比于生物合成法而言，化学合成法中的 EO 法和 AC 法已经建立了万吨级的生产装置，技术成熟可行，而 MF 法还需要进一步研发才会实现工业化生产。EO 法除了使用环氧乙烷做原料外，还可以使用廉价的合成气和乙烯为原料，降低其生产成本，但其设备投资大，技术难度高，特别是催化剂的制备较难，该路线可进行研究开发。AC 法采用丙烯为原料，通过丙烯转化为丙烯醛而后生产 PDO，因此生产成本略高，但反应条件比较缓和，技术开发相对容易，丙烯醛的生产技术非常成熟，因此具有一定的优势。在上述两种方法中，产品除 1,3-PDO 外，还有 1,2-丙二醇及其二聚体、三聚体等性质相近的副产物，产品分离纯化较困难。MF 法可利用基因重组技术构建基因工程菌生产，以生物质为原料（如玉米等），资源储量丰富，可以再生，利用时不会造成环境污染；与化学法相比，具有反应条件温和、操作简单、副产物少、绿色环保等优点。

7.2.3　己二酸

己二酸又名肥酸，是工业上具有重要应用价值的二元羧酸。其主要用途包括尼龙、非尼龙产品。目前世界上己二酸用于制造尼龙-66 约占总产能的 73%，在非尼龙产品上的用途约占总产能的 27%。除此之外己二酸还应用于生物医药、农药、染料添加剂、增塑剂、润滑剂、食品酸化剂、不饱和聚酯树脂等领域，应用十分广泛。

1. 传统工艺及传统工艺的改进制取己二酸

传统的己二酸生产工艺大多采用硝酸氧化法，或以苯为起始原料，先由苯催化加氢制成环己烷，然后用空气氧化制取 KA 油（环己醇和环己酮的混合物），或部分加氢生成环己烯，再水合生成环己醇，利用硝酸氧化得己二酸，即二步氧化法；或以苯酚为原料，加氢生成环己醇（酮或 KA 油），而后利用硝酸氧化得到己二酸。各国的研究者根据自己的实验结果对硝酸氧化 KA 油制己二酸提出了各种不同的反应机理，而且彼此之间差异很大，各种反应机理中的中间产物不完全相同，但是硝基环己酮是共同的关键中间产物。

由于反应条件不同，才形成各种不同的反应机理。在一步法硝酸氧化 KA 油工艺中，采用高浓度硝酸（56%～58%），做氧化剂进行无催化高温（75～78 ℃）氧化，经过中间产物硝基肪己酸和氧肪己酸生成己二酸，同时产生不易回收的 N_2O，硝酸的理论单耗为每千克己二酸 0.863 kg。

$$C_6H_{11}OH+2HNO_3 \longrightarrow HOOC(CH_2)_4COOH+N_2O+H_2O$$

另一类是在催化剂存在下，两步法硝酸氧化 KA 油生产己二酸，同时可以回收副产物 NO_x，硝酸的理论单耗为零。

$$C_6H_{11}OH + 2.7HNO_3 \longrightarrow HOOC(CH_2)_4COOH + 2.7NO + 2.4H_2O$$

由于在反应过程中反应条件(尤其硝酸浓度)在不断变化,所以在任何一个实际的反应中都不是完全按照上述的某一个反应方程进行,因此工业生产中硝酸的单耗不为零,并且有的工艺是一步法理论单耗的 1.5 倍左右。

传统工艺过程存在有以下缺点:①以源于不可再生的石油的苯为原料;②产生大量的 N_2O,尽管可对 N_2O 进行有效的回收和利用,但其年排放量仍达到 4.0×10^5 t;③以空气和硝酸为氧化剂,对设备有严重的腐蚀作用。因此,对传统工艺的改进主要集中在三个方面:一是中间产物生产工艺的改进;二是硝酸氧化 KA 油工艺的优化;三是氧化剂的改进。

(1) 中间产物生产工艺的改进。旭化成采用新工艺生产环己醇,即首先苯部分加氢成环己烯,然后环己烯水合生成环己醇,最后还是用硝酸氧化生产己二酸。旭化成工艺大大地改进了传统工艺,使碳资源的利用率由原来的 $70\% \sim 80\%$ 提高到 99%,氢的单耗是传统工艺的 $2/3$;传统工艺中有 $20\% \sim 30\%$ 的副产物,对环境污染较重,氧化工序的安全措施要严;而新工艺中几乎没有副产物,无环境污染,比较安全,产品纯度高达 99.5%。

(2) 硝酸氧化 KA 油工艺的优化。意大利 Montedison 公司的研究者曾经详细地研究了硝酸氧化 KA 油的反应机理、硝酸的浓度与它硝化能力和氧化能力的关系以及各种反应条件对硝酸单耗的影响。硝酸的浓度为 48% 时,它的氧化能力和硝化能力几乎相当,当浓度大于 55% 时,硝酸的单耗增加。在高温、高浓度硝酸下,由于它的氧化能力增加,硝酸的单耗增加。此外,反应物料停留时间、V^{5+} 的用量等对己二酸的选择性和硝酸的单耗都有影响。因此提出了优化的工艺操作条件:硝酸浓度为 $47.5\% \sim 54\%$,在反应体系中 Cu 与 V^{5+} 物质的量比为 3,V^{5+} 的浓度为 $0.1 \sim 0.2$ mol/L 时,停留时间为 $9 \sim 25$ h,第一步反应温度为 $30 \sim 40$ ℃,第二步反应温度为 $90 \sim 100$ ℃。优化后工艺的己二酸的选择性可达 97%。

(3) 用空气作为氧化剂。由于硝酸氧化所产生的氮氧化合物污染大气,所以人们在空气氧化方面进行了大量的研究工作。目前,应用氧气做氧化剂的工艺研究,主要集中在环己醇、环己酮、环己烷生成己二酸的反应过程,但存在反应条件苛刻、选择性差、催化剂难以重复利用等问题。

目前,采用该方法的主要生产厂家如美国的杜邦公司和 Monsanto 公司,法国的罗纳公司、国内的辽阳石化公司采用 KA 油的硝酸氧化;日本的旭化成和我国的神马集团采用环己醇的硝酸氧化。其中环己醇硝酸氧化的工艺过程采用 65% 硝酸,多釜反应器串联操作,温度控制在 $70 \sim 90$ ℃,己二酸结晶采用卧式真空绝热蒸发结晶器,氧化产生的氮氧化合物采用三塔串联吸收,母液酸由浓缩塔浓缩重复利用。但其工艺过程中结晶器的结垢情况比较严重,需要进行定期清洗。法国罗纳公司通过采用新型的常压结晶器从根本上解决了定期清洗的问题。美国杜邦公司和 Monsanto 公司的氧化反应器采用二级高、低温反应器,低温反应器为列管式反应器,高温反应器为空塔式反应器。这些工艺上的改进,都使得整个工艺过程实现了节能降耗。

2. 丁二烯羧基化法

改用廉价的 C_4 为原料,不仅可以有效降低生产成本,也解决了传统工艺存在的环境污染问题。目前通过两条路线完成这个反应过程,即加氢羧基甲氧基化或加氢羧基酯化和氧化羧基化反应。

1) 1,3-丁二烯加氢羧基甲氧基化法

早在 1960 年,苏联的研究者对 1,3-丁二烯的加氢羧基化进行了大量深入的研究,但己二酸的产率很低。后来在醇存在下，使 1,3-丁二烯进行加氢羰基甲氧基化反应就大大地提高了产物的产率，反应分两步进行。

第一步：在有吡啶或其某些衍生物存在下，用 $Co_2(CO)_8$ 做催化剂，在 100～140 ℃、60 MPa 下使 1,3-丁二烯转化成戊烯酸酯，戊烯-(3)-酸甲酯是主要产物：

$$CH_2{=}CHCH{=}CH_2 + CO + CH_3OH \longrightarrow \begin{cases} CH_3CH_2CH{=}CHCOOCH_3 \\ CH_3CH{=}CHCH_2COOCH_3 \\ CH_2{=}CHCH_2CH_2COOCH_3 \end{cases}$$

第二步：在催化剂 $HCo(CO)_4$（$Co_2(CO)_8$ 加氢产物）存在下，于 160～200 ℃、15MPa 条件下进一步加氢羰基甲氧基化生成二羧酸二酯。此种酯有四种中间异构体，分别为 α（2-丙基丙二酸二甲酯）、β（2-乙基丁二酸二甲酯）、γ（2-甲基戊二酸二甲酯）和 δ（己二酸二甲酯），它们的反应能力排序：$\delta > \gamma > \beta > \alpha$。虽然第一步反应中主要产物是戊烯-(3)-酸甲酯，但是在第二步反应中由于异构体的平衡作用有利于己二酸二甲酯的生成，在最佳条件下产率为 77.5%。而后，己二酸二甲酯催化水解生成己二酸。

该制备方法以 BASF 工艺为代表。该工艺主要由六个部分组成：①利用 CO、H_2 使水溶性乙酸钴还原成 $Co_2(CO)_8$，制备加氢羰基化催化剂；②一段羰基化制戊烯酸甲酯；③两段羰基化制己二酸二甲酯；④回收催化剂，使 $HCo(CO)_4$ 转化为水溶性盐；⑤消除乙缩醛或乙二醇助剂；⑥水解己二酸二甲酯制己二酸。己二酸的总产率为 70.1%。其中主要工序的工艺条件如表 7-1 所示。

表 7-1　BASF 工艺的主要工序工艺条件

项　目	参　数	项　目	参　数
催化剂制备		吡啶、戊烯酸甲酯物质的量比	0.2
t/℃	120	停留时间/h	1.8
p/MPa	30	戊烯酸甲酯转化率/(%)	93
CO、H_2 物质的量比	1	己二酸二甲酯选择性/(%)	78.5
一段羰基化工序		催化剂回收	
t/℃	130	停留时间/min	10
p/MPa	60	O_2、产物（混合物）质量比	0.028
甲醇、1,3-丁二烯物质的量比	2	消除乙缩醛（或乙醇）	
CO、1,3-丁二烯物质的量比	2.7	t/℃	120
吡啶、1,3-丁二烯物质的量比	1	催化剂	阳离子交换树脂
停留时间/h	2.7	停留时间/min	15
1,3-丁二烯转化率/(%)	100	水解工序	
戊烯酸甲酯选择性/(%)	91.7	t/℃	100
二段羰基化工序		催化剂	阳离子交换树脂
t/℃	170	停留时间/h	0.5
p/MPa	15	二酯转化率/(%)	～100
甲醇、戊烯酸甲酯物质的量比	2	己二酸的选择性/(%)	99.7
CO、戊烯酸甲酯物质的量比	1.7	己二酸总产率（以丁二烯计）/(%)	70.1

2) 1,3-丁二烯氧化羰基化法

1,3-丁二烯氧化羰基化制己二酸的反应过程实际也包括甲氧基化反应。主反应也分两步进行。

第一步:在 Pd^{2+}、Cu^{2+} 和脱水剂(如二甲氧基环己烷)存在下,1,3-丁二烯与 CO、O_2 反应生成己烯-(3)-二酸甲酯;反应温度为 100 ℃,压力为 12.6 MPa,Pd^{2+} 的浓度为 1500 mg/L,Cu^{2+}、Pd^{2+} 物质的量比为 2.3,己烯-(3)-二酸二甲酯的选择性为 79%。脱水剂二甲氧基环己烷在反应中起着重要作用,它脱水并提供甲氧基,环己酮与 CH_3OH 反应生成二甲氧基环己烷循环使用。反应式如下:

$$CH_2{=\!=}CHCH{=\!=}CH_2 + 2CO + 1/2O_2 + \underset{}{\bigcirc}(OCH_3)_2 \xrightarrow{\ Pd^{2+}、Cu^{2+}\ }$$

$$CH_3OOCCH_2CH{=\!=}CHCH_2COOCH_3 + \bigcirc{=}O$$

第二步:己烯-(3)-二酸二甲酯在 5% Pd/C 催化剂作用下加氢生成己二酸二甲酯,反应的选择性大于 99%。最后己二酸二甲酯酸催化水解生成己二酸。

3) 几种工艺的比较

几种工艺的比较见表 7-2。

表 7-2　BASF 工艺与其他工艺的比较

项　目		BASF 工艺	Du Pont 工艺	ARCO 工艺	壳牌工艺
催化剂					
	一段羰基化	$Co_2(CO)_8$	$Co_2(CO)_8$	Pd^{2+}/Cu^{2+}	Pd 配合物
	二段羰基化	$HCo(CO)_4$	$RhCl_2 \cdot 3H_2O\text{-}H_2$		
	加氢			5% Pd/C	Pd/C
氧化剂				空气	$O{=}\bigcirc{=}O$
脱水剂				$\bigcirc(OCH_2)_2$	
溶剂		吡啶-甲醇	吡啶-甲醇	四氢噻吩砜	H_2O-甲醇
t/℃	1#	130	130~175	100	135~155
	2#	170	100		
p/MPa	1#	60	0.12	12.6	6.0
	2#	15	1.05		
水解催化剂		阳离子交换树脂	阳离子交换树脂	H_2SO_4	酸
水解率/(%)		99.7		99.5	
己二酸总产率/(%)		70.1	53	74.9	75

Du Pont 工艺与 BASF 工艺条件差别很大。它们的一段羰基化反应温度相近,催化剂相同;第二段羰基化反应由于采用的催化剂不同,因此 Du Pont 工艺中反应温度只有 100 ℃。另外,Du Pont 工艺的操作压力远远小于 BASF 工艺,第一段仅为后者的 1/500,第二段为后者的1/15。两者的己二酸总产率也相差较大。ARCO 工艺和壳牌工艺是采用氧化羰基化反应由1,3-丁二烯制己二酸。这两种工艺的反应条件大同小异,虽然都是用 Pd 做催化剂的活性组

分,但形态不同。ARCO 用 Cu^{2+}/Pd^{2+} 催化剂时,用空气做氧化剂;壳牌工艺是用 Pd 配合物做催化剂,用醌做氧化剂。它们提供甲醇的方式也不同,ARCO 由脱水剂二甲氧基环己烷做载体提供甲氧基,而壳牌工艺直接由 CH_3OH 提供。另外,两者反应的介质也不同。相对地讲,ARCO 工艺是采用低温高压反应,而壳牌工艺则是高温低压反应;两者的己二酸最终产率很相近(75%左右),高于 BASF 工艺。

3. 环己烯氧化法

环己烯的分子结构中有两个双键,化学性质非常活泼,双键打开后即可直接生成己二酸,随着苯部分催化加氢工艺的开发,环己烯得以大量生产,因此环己烯直接氧化法生产己二酸成为备受关注的热点,该工艺的关键在于催化体系的研究与开发。目前该工艺仍处于研究阶段。

在无有机溶剂、卤化物的条件下,以 $Na_2WO_4 \cdot 2H_2O$ 为催化剂,在相转移催化剂三辛基甲基硫酸氢盐存在的条件下,用 30%(质量分数,下同)的过氧化氢直接氧化环己烯,在 n(烯烃):n(钨酸钠):n(相转移催化剂)=100:1:1、75~90℃条件下,反应 8 h 合成无色结晶己二酸,分离产率达 93%。目前所有关于 $Na_2WO_4 \cdot 2H_2O$ 为催化剂体系的文献报道中,均加入酸性配体以提供反应所需的酸性条件。

以 H_2WO_4/有机酸性添加剂为催化体系,在无有机溶剂、相转移催化剂的情况下,催化 30% 的过氧化氢氧化环己烯合成己二酸。当以间苯二酚为添加剂,n(钨酸):n(有机酸添加剂):n(环己烯):n(过氧化氢)=1:1:40:176,钨酸用量为 2.5 mmol 时,钨酸催化剂效果最佳,反应 8 h,己二酸分离产率可达 90.9%,纯度接近 100%。如果使用无机酸性添加剂作为配体替代有机酸性添加剂,在其他条件不变的情况下,同样可以得到分离产率高达 88.2% 的己二酸。

采用 TAPO-5 分子筛催化剂,可以在无溶剂存在的情况下催化过氧化氢氧化环己烯制备己二酸,TAPO-5 催化剂是一种双功能催化剂,同时具有 B 酸性能和将过氧化氢中的初态氧释放出来的能力,将环己烯、过氧化氢(25% 的水溶液)和催化剂以质量比 5.1:30:0.5 混合搅拌,在 80℃下反应 72 h 后,环己烯转化率为 100%。

在温和条件下(80℃,24 h),使用新型双功能中孔结构催化剂(Ti-AlSBA15)催化叔丁基过氧化氢(TBHP)氧化环己烯合成己二酸,产率达 80% 以上,催化剂可以直接通过钛接枝到 AlSBA15 上而获得,具有较好的氧化性和酸性位。同样 FeAlPO-5 催化剂与 MnAlPO-5 催化剂在己二酸的生成中都具有较高的活性和选择性。

双氧水氧化环己烯所得到的己二酸纯度较高,不需要进一步提纯,也不会产生污染环境的废酸液与酸雾,且反应条件温和,易于控制,是一种清洁的合成己二酸的方法。

4. 生物法

美国杜邦公司在 20 世纪 90 年代开发出了生物催化工艺,利用大肠杆菌将 D-葡萄糖转化成顺、顺-粘康酸,然后再加氢生成己二酸。在此基础上,该公司又开发出新的生物法工艺,用从好氧脱硝菌株中分离出来的一种基因簇对酶进行编码,从而得到环己醇转化成己二酸的合成酶,该合成酶在合适的生长条件下将环己醇选择性转化成己二酸。

Frost 和 Draths 等提出一种利用生物技术来生产己二酸的洁净路线。在酶的催化下先将 D-葡萄糖转变为儿茶酚,儿茶酚进一步转化为顺,顺-己二烯二酸,顺,顺-己二烯二酸再经氢化制备己二酸。

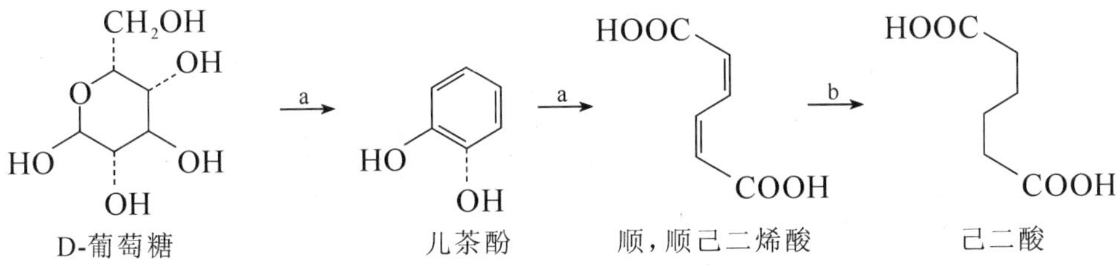

a—*E.coli* AB2834/pkD 136/pkD 136/pkD 8.243/pkD9.292，37℃；
b—Pt、C、H$_2$，0.34 MPa

　　AB2834 是一种不含莽草酸脱氢酶的大肠杆菌变种（*E. coli*），实验室条件下可以用 AB2834 为催化剂合成 3-脱氢莽草酸（DHS）；DHS 脱水产生原儿茶酸。原儿茶酸去碳酸基生成儿茶酚，儿茶酚在儿茶酚过氧化酶的催化作用下转化为顺,顺-己二烯二酸，顺,顺-己二烯二酸氢化生成己二酸。

　　原料 D-葡萄糖，可以取自植物淀粉或纤维素等生物质，而不必消耗苯或环己烷等不可再生资源。由于这一路线采用的是酶催化法，可以避免使用对环境有危害的化学品，不产生大气污染物，而且反应条件温和。

7.3　典型产品的绿色合成工艺

7.3.1　过氧化氢的绿色合成工艺

　　过氧化氢是一种多用途绿色氧化剂，传统生产主要采用蒽醌法。蒽醌法虽然技术成熟，但过程复杂，装置投资大，生产成本高，且对环境有污染。为此，研究开发了过氧化氢制备新技术。

　　1. 氢氧直接合成法制备过氧化氢

　　氢气和氧气直接合成过氧化氢是典型的原子经济性反应，过程简单、产品清洁、生产成本较低，但选用合适的催化剂是关键问题。

　　在氢氧直接合成过氧化氢的过程中，可能存在的反应有

$$H_2 + O_2 \longrightarrow H_2O_2(l)，\quad \Delta G^{\ominus}_{298K} = -120.4 \text{ kJ/mol}$$

$$H_2 + 1/2O_2 \longrightarrow H_2O(l)，\quad \Delta G^{\ominus}_{298K} = -237.2 \text{ kJ/mol}$$

$$H_2O_2(l) \longrightarrow H_2O(l) + 1/2O_2，\quad \Delta G^{\ominus}_{298K} = -116.8 \text{ kJ/mol}$$

$$H_2O_2(l) + H_2 \longrightarrow 2H_2O(l)，\quad \Delta G^{\ominus}_{298K} = -354.0 \text{ kJ/mol}$$

　　这些反应所需的催化剂各不相同，一般来说，能催化后三个反应的催化剂要比能催化第一个反应的多，一些贵金属（如钯、铂、金、钯铂合金等）表现出良好的催化性能，尽管它们对后三个反应也有催化活性，但可以通过加入助剂的方法限制后三个副反应。常用的载体有 γ-Al$_2$O$_3$、SiO$_2$、C 等。

　　另外，为了获得高浓度的过氧化氢，反应一般要在强酸性和含卤离子的介质中进行。为避免对反应器的腐蚀和催化剂在酸性介质中溶解、寿命缩短，采用固体超强酸载体，在中性或弱酸性介质中反应。氢氧直接合成过氧化氢工艺过程如图 7-12 所示。

　　氢、氧直接合成过氧化氢的反应是气、液、固三相反应（固体催化剂、液相反应介质和混合气体反应物），增加气体在液相的浓度对反应有利。在 H$_2$ 和 O$_2$ 合成 H$_2$O$_2$ 的反应中，H$_2$ 从

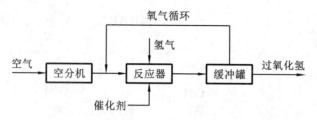

图 7-12　氢氧直接合成法制过氧化氢工艺示意图

气相向液相的传质过程是控制步骤,增加 H_2 在液相中的溶解度有利于反应,因此可选择在有机溶剂中进行反应。除使用传统的有机溶剂外,超临界二氧化碳是一个更好的选择。与有机溶剂相比,使用超临界二氧化碳具有以下优点:①氢气、氧气的溶解度高;②能够采用可溶于二氧化碳的 Pd 催化剂,解决传质问题。

　　氢气和氧气的爆炸极限很宽,且随压力增加爆炸极限变宽。因此,合理地设计反应器,提高反应过程的安全性也是一个重要的问题,目前采用的反应器以固定床管式反应器和高压反应釜为主。膜反应器由于可利用合金膜将氢气和氧气分开,避免爆炸混合气的产生,提高反应过程的安全性而受到关注。采用膜反应器可安全地使氢气的转化率高达 100%,同时大幅度提高过氧化氢的选择性。膜反应器的示意图如图 7-13 所示。

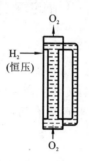

图 7-13　氢氧合成过氧化氢的膜反应器示意图

　　近年来,国内外在氢氧直接合成法合成 H_2O_2 的研究中,主要着眼于以下三个方面的改进:①催化剂的改进:包括对催化剂的组成、结构、助催化剂、载体及表面修饰方法的研究,以提高催化剂的活性和选择性。②溶剂及添加剂的改进:主要采用低碳醇等有机物与水的混合液为溶剂,加入少量无机酸及溴等卤素促进剂,以提高 H_2O_2 的生成速率及催化剂的稳定性。③反应系统的改进:控制反应体系的氢氧配比和充入惰性气体稀释,利用选择性透过 H_2 的有机或无机膜催化反应装置,防止氢氧混合气发生爆炸,提高系统操作的安全性。

　　2. 直接法合成过氧化氢与环氧丙烷生产装置一体化组合

　　TS-1 分子筛催化剂催化丙烯与过氧化氢环氧化反应制环氧丙烷(PO),按化学计量比计算,生产 1.7 t 环氧丙烷,需消耗 1 t 过氧化氢原料。若直接使用 30% 的过氧化氢水溶液,则存在着原料的净化、储运等问题,反应后为了回收溶剂甲醇,还必须将反应中生成的水从系统中分离除去,造成蒸馏所需能耗大大上升,因此,将过氧化氢生产过程与环氧丙烷的合成工艺结合在一起,可达到降低生产成本和节能降耗的目的。

　　(1) 丙烯环氧化制环氧丙烷与蒽醌法制过氧化氢的集成。

　　用甲醇/水为萃取剂,用环氧化过程分离出产物环氧丙烷之后的甲酸/水双溶剂,去萃取蒽醌工作液中的过氢化氢,然后再用于环氧化反应的集成过程,其集成过程如图 7-14 所示。

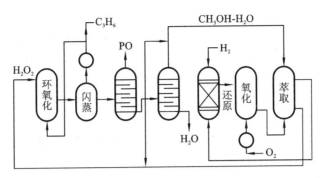

图 7-14　甲醇/水溶剂萃取蒽醌工作液中过氧化氢的集成过程

用烷基蒽醌溶于适当的溶剂中,在加氢反应器中催化加氢生成烷基氢蒽醌,然后进入氧化反应器,用空气氧化生成过氧化氢,氧化液送入萃取塔中,用甲醇/水萃取过氧化氢。将含过氧化氢的甲醇/水溶液送入环氧化反应器,在 TS-1 的催化作用下,与通入的丙烯反应生成环氧丙烷。反应后的混合物经闪蒸分离出来的丙烯,再通过蒸馏从塔顶得到产物环氧丙烷。塔底出来的甲醇/水混合物一部分送去萃取过氧化氢,另一部分中的一股返回环氧化反应器,另一股则送去蒸馏,以除去环氧化反应生成的水。

(2) 以水溶性蒽醌为工质的集成。

作为对上述集成过程的改进,水溶性蒽醌为工质的集成过程(见图 7-15)是将蒽醌磺酸烷基铵盐溶于甲醇/水中,经加氢后再生成氢蒽醌磺酸烷基铵盐。该过程中,蒽醌法生产过氧化氢采用了甲醇/水作为溶剂,与丙烯环氧化反应的最适宜溶剂相同,取消了萃取过程。由于蒽醌磺酸烷基铵盐在甲醇/水中的溶解度较大,因此,可以缩小氢化和氧化反应器的尺寸,但此过程要求加氢催化剂具有耐水性。

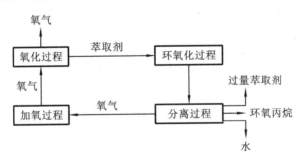

图 7-15　水溶性蒽醌为工质的集成过程

3. 锰催化法

英国赫特福德郡大学在开发一种利用二价锰离子生产过氧化氢的直接方法。此项技术以空气和羟胺为原料,其最终产品为过氧化氢、氮气和水。它的优点之一是反应发生在水溶液内,可以用来就地生产过氧化氢。这是一种几乎类似酶的过程,它模拟人体内由氧到过氧化氢的生物化学途径,使用类似的共反应物和催化剂。羟胺和氧在"生理"条件下被转化为过氧化氢、氮和水。这些条件包括温度(20 ℃)和酸碱度(pH=8)。此过程以交换二价锰离子的蒙脱土为催化剂,在不到 1 h 内生成 75%(摩尔分数)的过氧化氢水溶液。现在的研究重点是弄清反应发生后催化剂的特性。因羟胺过于昂贵,为了使这项技术实现产业化,还必须找到一种替代的原料。

4. 真空富集法

Kvaerner 公司提出了一种过氧化氢生产方法的专利申请,解决了过氧化氢直接生产法中反应混合物分离效率不高的问题。混合物的反应是在一种有机溶剂而不是在水中发生,反应进行到使过氧化氢含量刚好低于过氧化氢在该溶剂中的饱和度,然后将反应混合物置于真空中,使过氧化氢蒸发。过氧化氢凝结成纯净的过氧化氢产品,浓度高而成本低。

5. 几种工艺过程的分析

氢气和氧气直接合成过氧化氢是典型的原子经济性反应,在生产过程中不产生破坏环境的物质,但在生产过程中操作安全是应注意的问题,为此要采取一定的措施,如选择适当的反应器。直接法合成过氧化氢与环氧丙烷生产的集合工艺,在生产过程中注意了物质、能量的充分利用,且没有破坏环境的污染物产生,是绿色的化学工艺。但在实施过程中应注意催化剂的选用和回收,以保证目的产品的高收率和低成本。

7.3.2 聚天冬氨酸的绿色合成工艺

聚天冬氨酸(polyaspartic acid,PASP)是一种水溶性的氨基酸可降解聚合物,其分子链包含以下两种结构,它在工业领域中具有广泛用途,又因为它具有独特的可生物降解性,可取代目前工业生产中造成环境污染的许多化学品,是一种很有发展前景的生物高分子材料。

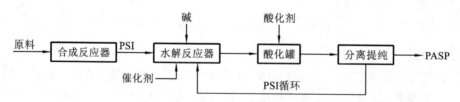

PASP 可以螯合钙、镁、铜、铁等多价金属离子,尤其能够改变钙盐晶体结构,使其形成软垢,因而具有良好阻垢性能,是一种可与环境相容的绿色水处理阻垢剂。

PASP 的制备通常是先合成中间体聚琥珀酰亚胺(polysuccinimide,PSI),或不经过中间体 PSI 的合成通过直接聚合制备 PASP。中间体 PSI 在酸或碱的催化下水解生成聚天冬氨酸或聚天冬氨酸盐,再经酸化、分离提纯后得到纯化的 PASP。在这些步骤中,后面两步都大同小异,影响产物结构、相对分子质量和性能的关键步骤是 PSI 的聚合。聚天冬氨酸的制备工艺如图 7-16 所示。

图 7-16　聚天冬氨酸的制备工艺示意图

根据合成原料不同,PSI 主要有以下三种合成路径。

(1) 以马来酸、马来酸酐或富马酸为原料。原料首先在 $50\sim140$ ℃反应生成马来酸铵盐、马来酰胺酸和天冬氨酸及其盐的混合物,该混合物再在常压或减压或通惰性气体 N_2、酸催化剂存在的条件下,于 $160\sim300$ ℃经过热聚制得 PSI,产率最高可达到 90% 以上。

聚合状态可以是固态或加入某种溶剂或介质变成溶液或分散态,有时在固相聚合时加入一些反应助剂如沸石、硫酸盐、硅酸盐等来稀释反应物,使其不至于在反应过程中变得过于黏稠。由此最终制得的 PASP 相对分子质量多分布于 $1000\sim4500$,分子链中包含约 30% 的 α-酰胺结构和 70% 的 β-酰胺结构。由无催化剂固相热聚得到的 PASP 常常带有支链和不规则末端基团,而且这种结构使 PASP 的降解性相对有酸催化的溶液聚合得到的 PASP 的降解性大大降低。该路线合成的产物主要用于植物生长促进剂、分散剂和水处理剂等方面。

(2) 以单体 D-或 L-天冬氨酸(ASP)或其混合物为原料。人工合成 PASP 是在常压下把 D-或 L-天冬氨酸(ASP)直接加热 100 h,经过分子间脱水形成酰胺,再环化脱水生成 PSI。该方法也分为固相聚合和溶液聚合,或者在分散介质中进行聚合。固相聚合与采用马来酸等原料时的反应条件相似;非固相聚合时采用的溶剂一般为非质子极性有机溶剂,包括含硫或者含氧的杂原子环状有机物;分散介质一般是高沸点的烷醇或正构烷烃。聚合时经常加入磷酸、亚磷酸、硫酸氢盐、焦硫酸盐、硼酸以及对甲基苯磺酸等酸性催化剂。该方法产率最高可达 98%,合成产物的相对分子质量分布范围较大,为 $800\sim500000$。因此其运用范围比较广泛,作为水处理剂时具有降解性高的优点,不足之处是生产成本较高,这一点使其推广应用受到限制。

(3) 以(N-羧酸酐)α-氨基酸的衍生物为原料。该方案合成路线如下,生成的 PASP 结构完全是 α 型的,往往用于医学领域。由于该路线生产成本高、产率低等因素的制约,PASP 作水处理剂应用时一般不采用该合成路线。

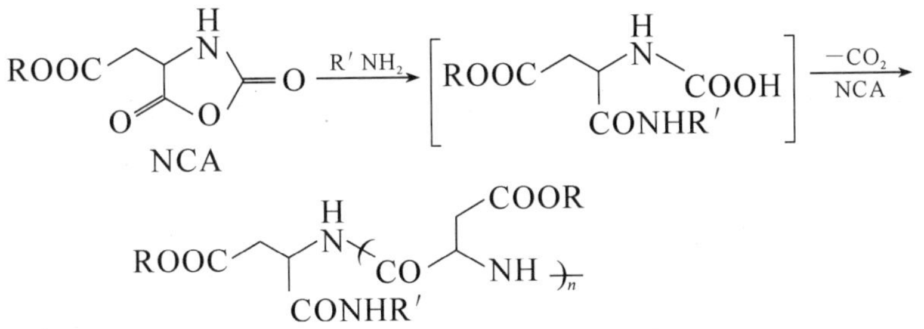

这几个工艺过程的反应条件均较温和,反应过程中不产生对环境有害的物质,所得产品为绿色环保产品。

7.3.3　聚乳酸的绿色合成工艺

以石油工业为基础的聚酯产品发展至今所带来的环境污染问题已引起人们的极大重视,聚乳酸作为一种可降解的聚酯纤维,越来越受到人们的关注。由玉米制成的聚乳酸纤维(PLA 纤维),不使用石油原料,又能生物降解,不必担心环境遭到污染。此外,PLA 纤维的燃烧值较低,几乎与纸相同,而且燃烧后不会生成氮化物等气体,对垃圾焚烧炉的损害也比较轻,也可不燃烧回收后作为土壤改良剂再利用。该纤维从初始原料到产品的循环过程如下:从淀粉开始制成乳酸,然后制成 PLA 纤维;它使用后的废物埋在土中或水中,可在微生物分解下生成 CO_2 和水;在阳光下,通过光合作用又会生成起始原料淀粉。

PLA 生产工艺主要有乳酸生产和聚乳酸生产两部分。

1. 乳酸的生产

乳酸是乳酸杆菌产生的一种碳水化合物,也是生物体中常见的天然化合物,人体内也有这种物质。目前日本钟纺公司工业生产是以玉米为原料,经过淀粉加工过程,先进行植物糖的提取,之后是将植物糖转化成乳酸。

对比用石油原料合成法而言,此方法又称发酵法,提取的植物糖为右旋葡萄糖,转化方法是利用微生物进行发酵生产乳酸的工艺。由于生产原料量多价廉,几乎所有碳水化合物富集的物质都有可能通过发酵得到乳酸,除玉米、土豆皮湿磨粉液体等食品工业副产物为极佳原料外,从农作物的根、茎,城市垃圾等再生资源中都可发酵获得乳酸。加工过程及工艺较为简单、成熟,产出率大,生产成本远远低于合成法,经济性及可行性好,产品性能价格比高。而产品本身又是生物可降解的再生资源,故应用和发展的前景广阔。生产乳酸的发酵过程中,应用不同的菌种,产出物及产率不同,乳酸的分离、提纯和浓缩是一个重要环节。糖化和发酵法是目前生产的一种有效方法,其工艺简单,解决了产物抑制,并有反应条件温和、成本低、产品质量优、转化率极高(接近 100%)等优点,易于工业化生产。

2. 聚乳酸的生产

聚乳酸可作为可生物降解聚酯的代表。目前工业上乳酸聚合的生产方法可分为三种:丙交酯二步法、一步法直接缩聚和固相聚合法。

1) 丙交酯二步法

丙交酯二步法是通过丙交酯的开环聚合制得,工艺路线是首先将乳酸分子间脱水,生成环状的丙交酯,然后再将它开环聚合生成聚乳酸大分子,其合成工艺路线如下:

$$\text{乳酸单体} \xrightarrow[\text{缩聚}]{\text{脱水}} \text{PLA 低聚体}(n \leqslant 200) \xrightarrow[\text{控制解聚}]{\text{催化剂、加热、真空}}$$

$$\text{单体丙交酯(乳酸环状二聚体)} \xrightarrow[\text{开环聚合}]{\text{催化剂}} \text{PLA 高聚体}(n \geqslant 400)$$

这种反应可以合成相对分子质量为 70 万~100 万的聚乳酸。反应过程如下:

$$n\ \text{HO—CH—COOH} \longrightarrow \frac{n}{2} \quad\quad \longrightarrow \text{HO}\ {\Large[}\text{CH—C—O}{\Large]}_n\text{H}$$

此工艺路线较为成熟,也控制了反应的可逆程度,产品的产出率和质量也较好,但生产过程长,设备配置复杂,生产成本较高,限制了聚乳酸纤维工业的发展。

2) 一步法

一步法是直接合成聚乳酸的工艺方法,它工艺路线短,生产成本低,受到人们的关注。一步法生产又分为简单溶液聚合法和熔融聚合法两种。

(1) 简单溶液聚合法:反应体系中存在着游离乳酸、水、聚乳酸和丙交酯的可逆平衡,反应的副产物难以除去,反应向正方向的进行不易控制,这种工艺生产出的聚乳酸产品的聚合度较低,较好的产品的相对分子质量可达 30 万。

(2) 熔融聚合法:以 L-乳酸为单体,先将乳酸进行脱水处理,以控制反应向正方向进行。催化剂、反应温度、反应时间和加压反应条件均直接影响和控制终产品聚乳酸的相对分子质量。

3) 固相聚合(SSP)法

本方法是在聚合温度低于预聚物的熔点而高于其玻璃化转变温度进行的一种聚合方法,此方法原用于丙交酯的聚合生产上。由于固相聚合反应温度低,可明显降低因热而引起的聚乳酸降解副反应的产生,并可促进残留单体转化率的提高和聚合物相对分子质量的提高。固相聚合反应的前一阶段实际是直接聚合,得到相对分子质量较低的聚乳酸预聚物,再进一步控制反应,进行固相聚合,得到相对分子质量更大的高聚物。

这三种生产方法中,丙交酯二步法的终产品的相对分子质量最大,但其生产流程最长,成本最高；两种直接法的产品的相对分子质量略小，但成本低。摸索更好的工艺生产条件、提高直接法生产的聚乳酸的相对分子质量是研究的主要方向。

7.4　绿 色 工 程

"绿色工程"是指应用绿色化学原理和生态工业技术达到绿色化的工程，是运用系统工程的观点研究包括生态平衡在内的多目标的最佳优化和组合的问题。绿色化工过程，其目标不仅要使原材料全部转化为符合要求的产品，而且实现转化的生产及使用的整个生命周期都应该是安全、清洁、高效、无污染的环境友好过程。

以"绿色工程"为原则的化工过程的开发应旨在使开发的化工过程全生命周期都是环境友好的过程，即由原料到产品生产过程，由产品使用到其废弃过程，还包括该生产过程装置与设备由投产到报废周期的实现，全部是环境友好的。在开发过程中，不仅仅体现绿色化学的观念，还需要大力发展包括强化化工技术的耦合、物理场协同作用、装置的微型化和系统集成化等在内的绿色化学工程技术，以及包括废弃物回收利用技术、开发可再生生物质资源利用等在内的物质循环利用及新的过程集成等。

为了满足可持续发展的要求，除上述研究内容外，还要建立生态工业园区，提倡绿色消费，追求环境效益、经济效益和社会效益多目标并重，以便实现整个社会的可持续发展。

复习思考题

1. 绿色化学工艺的核心是什么？为什么？
2. 绿色化学工艺过程的特征是什么？
3. 在绿色化学工艺的实施过程中，如何提高原子利用率？
4. 实施绿色化学工艺应注意哪些问题？
5. 生产己二酸的绿色化学工艺具有哪些特点？
6. 何谓绿色工程？试简述其与循环经济的关系。

参 考 文 献

[1] 李德华. 绿色化学化工导论[M]. 北京：科学出版社，2005.

[2] 杨菊群，王幸宜. 1,3-丙二醇的合成工艺进展[J]. 化学工业与工程技术，2002,2 (23)：15-18.

[3] 古玲，陈俊霞，吴玉龙，等. 己二酸的洁净生产[J]. 化学工业与工程，2002,19(5)：380-383.

[4] 张博，王双睿. 可生物降解聚乳酸纤维的新进展[J]. 聚酯工业，2003,16(5)：5-8.

[5] 高利军，王宗廷，卓润生，等. 绿色水处理剂聚天冬氨酸的研究进展[J]. 工业水处理，2002,22 (12)：9-12.

[6] 宋晓凤，詹益兴. 绿色化工技术与产品开发[M]. 北京：化学工业出版社，2005.

[7] Lapisardi G，Chiker F，Launay F，et al. A"one-pot"synthesis of adipic acid from cyclohexene under mild conditions with new bifunctional Ti-AlSBA mesostructured catalysts [J]. Catalysis Communications,2004,5：277-281.

[8] Raja R，Lee S O，Sanchez M，et al. Towards an environmentally acceptable heterogeneous catalytic method of producing adipic acid by the oxidation of hydrocartions in air [J]. Topics in Catalysis,2002, 20 (124)：85-88.

[9] Béziat J C，Besson M，Gallezot P. Liquid phase oxidation of cyclohexanol to adipic acid with molecular oxygen on metal catalysts[J]. Applied Catalysis A,1996,135 ：7-11.

[10] Ma Z L, Jia R L, Liu C J. Production of hydrogen peroxide from carbon monoxide, water and oxygen over alumina supported Ni catalysts[J]. Journal of Molecular Catalysis A, 2004, 210 (1):157-163.

[11] Yamanaka I, Onizawa T, Takenaka S. Direct and continuous production of hydrogen peroxide with 93% selectivity using a fuel-cell system[J]. Angewandte Chemie International Edition, 2003, 42 (31):3653-3655.

[12] Tang J S, Fu S L, Emmons D H. Biodegradable modified polyaspartic polymers for corrosion and scale control: US 6 022 401[P]. 2000-02-08.

[13] 王静康,陈建新. 可持续发展与现代化工学科[J]. 化工进展,2004, 23(1):1-8.

[14] 朱志强,曾健青,刘莉玫. 近临界水中苄叉乙酰苯的合成研究[J]. 广州化学,2002,27(4):5-7.

[15] 谢家明,徐泽辉,夏蓉晖,等. 1,3-丙二醇制备工艺的研究进展[J]. 合成纤维,2005,(2):13-16.

[16] 姚克俭,沈绍传,张颂红,等. 减少化工过程对环境的影响——绿色化学工程的目标[J]. 化工进展,2004.(11):1209-1213.

[17] 萧翠玲,王艳花,董树生. 21 世纪的绿色基础化学原料——碳酸二甲酯[J]. 化工进展,2000,19(2):40-42.

[18] Delledonne D, Rivetti F, Romano U. Development in the production and application of dimethylcarbonate[J]. Appl. Catal. A: Genreal, 2001, 221:241-251.

[19] Zhu D J, Mei F M, Chen L J. Synthesis of dimethyl carbonate by oxidative carbonylation using an efficient and recyclable catalyst coschif base/zeolite[J]. Energy Fuels, 2009, 23:59-63.

[20] Richter M, Fait M J G, Eckelt R. Oxidative gas phase carbonylation of methanol to dimethyl carbonate over chloride-free Cu impregnated zeolite Y catalysts at elevated pressure[J]. Appl. Catal. B: Environ, 2007, 73:269-281.

[21] 潘鹤林,田恒水,宋新杰. 酯交换合成碳酸二甲酯工艺过程开发研究[J]. 石油与天然气化工,2000, 30(1):5-7.

[22] 吴永果,黎桂辉. 含钨化合物催化合成己二酸研究进展[J]. 化学研究,2012,23(2):106-110.

[23] 汪家铭. 己二酸市场前景及发展建议[J]. 中国石油和化工,2010,35(7):34-35.

第8章 二氧化碳的资源化利用与减排绿色过程

8.1 全球二氧化碳的排放概况

8.1.1 二氧化碳的来源

二氧化碳是自然界存在的丰富物质,多以气体形式存在,空气中约含有 0.03%(体积分数);也有一部分二氧化碳是溶解在水中,以碳酸及其盐的形式存在;还有的是与各种物质反应生成沉淀而以固态形式存在,如山岩、海底卵石等。

大气中二氧化碳含量随季节变化,这是由植物生长的季节性所致。春、夏季,植物由于光合作用消耗二氧化碳,其含量随之减少;反之,秋、冬季,其含量上升。

二氧化碳是地球蕴藏的极为丰富的碳资源。据估计,地球上二氧化碳的含碳量是煤、石油和天然气含碳量的十倍,可达 10^{14} t;另外,二氧化碳的潜在资源碳酸盐在自然界的分布极广,含碳量更高,约 10^{16} t。

二氧化碳来源主要有:①动植物呼吸作用;②动植物尸体的降解与转化;③火山活动;④燃料燃烧,仅每年燃烧的矿物燃料就有约 2.6×10^{10} t 二氧化碳排放到大气中,这是近几百年来二氧化碳最主要的来源之一(占全球排放总量的 80% 以上),且火力发电中排放的二氧化碳占全球排放总量的 40% 左右,因此火力发电是二氧化碳排放量最大、最集中的排放源;⑤水泥生产;⑥森林采伐与燃烧,通过光合作用吸收二氧化碳气体的树木减少了;⑦还有汽车尾气等人类的生产和生活的活动所造成的二氧化碳排放。

除地球表面及大气中的二氧化碳外,火星、月球、木星等其他星体的表面也有大量的以干冰的形式存在的二氧化碳,且含量远大于地球大气中二氧化碳含量。

8.1.2 世界各国二氧化碳排放的现状与趋势

1. 世界各国二氧化碳排放的现状

在过去的一个世纪中,全球平均气温比工业革命前增加了 0.6 ℃,而工业化程度最高的欧洲的平均气温已增加了 0.9 ℃。

根据 2009 年英国风险评估公司 Maple Croft 公布的温室气体排放量数据,全球十大碳排放大国排行榜如下。①中国:中国每年向大气中排放的二氧化碳超过 6.0×10^9 t,位居世界各国之首,但人均排放量并不多。②美国:排名第二的美国每年排放的温室气体达到 5.9×10^9 t。此外,美国人均二氧化碳排放量达到每年 19.58 t,仅次于澳大利亚,位居全球第二。③俄罗斯:近些年俄罗斯每年二氧化碳排放量激增至 1.7×10^9 t。④印度:印度每年二氧化碳排放量为 1.29×10^9 t,其人均排放量仅 1.2 。⑤日本:日本每年二氧化碳排放量降至 1.247×10^9 t。⑥德国:德国年二氧化碳排放量为 8.6×10^8 t。⑦加拿大:加拿大每年温室气体排放量为 6.1 $\times 10^8$ t。⑧英国:英国温室气体年排放量为 5.86×10^8 t。英国政府于 2008 年颁布实施《气候变化法案》,成为世界上第一个为温室气体减排目标立法的国家。⑨韩国:韩国温室气体年排

放量为 5.14×10^8 t。韩国承诺在 2020 年前将温室气体年排放量在 2005 年的基础上减少 4%,相当于在 1990 年基础上减少 30%。⑩伊朗:伊朗温室气体年排放量为 4.71×10^8 t。

我国的二氧化碳排放量随着我国工业的发展而不断攀升,在全世界二氧化碳排放量的占比和净增量都迅速飙升,如表 8-1 所示。

表 8-1　中国与世界二氧化碳排放量对比表　　　　　　(单位:10^8 t)

排放地		年　份					
		1971	2002	2005	2010	2020	2030
	世界	139.56	235.79	273.50	278.17	332.26*	382.14*
	中国	8.09	33.07	38.00	43.86	57.68*	71.44*

* 为预计值。

中国二氧化碳排放的第一大户是火力发电,约占 50%。其次是煤化工行业(包括化肥、焦炭等)。对于化肥行业,我国氮肥产量居世界首位,2007 年生产合成氨 5158.87×10^4 t(其中煤制合成氨占总量的 76% 以上)、尿素 5368.57×10^4 t、碳酸氢铵 1235.15×10^4 t。以煤炭为原料的中小型氮肥企业主导产品由尿素、碳酸氢铵向化工原料甲醇、液氨转型时,将排放大量二氧化碳。以氮肥企业为例,每生产 1 t 合成氨将产生 2.345 t 二氧化碳。生产尿素时,1 t 氨理论上消耗二氧化碳 1.294 t,二氧化碳盈余 1.051 t。每生产 1 t 甲醇,理论上就有 0.35 t 二氧化碳放出。而对用低压法生产甲醇企业,每生产 1 t 甲醇排放 0.76 t 二氧化碳。据此估算,我国氮肥企业 2007 年 CO_2 排放量为 3297×10^4 t。

2. 世界各国二氧化碳排放的趋势

最近,有不少报道,二氧化碳排放量增长的速度超出人们的预料。全球二氧化碳排放信息分析三大机构(二氧化碳信息分析中心,CDIAC;能源信息管理局,EIR;国际信息机构,IEA)提供的全球碳排放量的研究数据的预测结果表明,近十年来,二氧化碳排放量增加速度在明显上升。能源信息管理局信息表明,20 世纪 80 年代期间,全球二氧化碳排放量年增长率为 1.5%,90 年代年增长率为 0.9%,而 21 世纪头 5 年年增长率为 3.2%。其中 2003 年和 2004 年二氧化碳排放量的增长尤为明显。煤炭消耗量的增加,特别是在发展中国家,是近期推动二氧化碳排放量上升的主要因素之一。

世界二氧化碳排放量呈增长趋势,同时也意味着,气候系统的变化发生的时间有可能比人们预想的来得快。二氧化碳排放量自 120 多年前工业革命起就一直在增长,特别是近些年来,已进入一个更快增长的时期。1981—2005 年,二氧化碳排放量平均年增长率约 1.8%,但成周期性增长的模式已非常明显。1981 年,全球二氧化碳排放量下降了 1.4%,而 2004 年又上升了 5.5%。可以预测的是如果全世界的经济模式和生产模式不发生重大变革的话,则未来世界二氧化碳的排放量的增长速度是有增无减,全球的环境和气候将带来不可逆转的灾害。可喜的是,各国人民和政府都已经高度重视二氧化碳的减排和控排工作。

目前,从总体看,我国的经济仍处在起飞阶段,未来对能源的需求会继续增加,温室气体的排放量也必然继续增加。尽管《京都议定书》明确指出发展中国家不承担减排义务,然而国际社会对发展中国家参与温室气体减排行动的压力日益增加,我国正面临严峻的温室气体减排的形势和快速发展经济的双重任务。我国不仅率先加入并签订《京都议定书》,而且在"十一五"规划和实行中已经明确要求单位 GDP 能耗比"十五"期末降低 20% 左右。未来的任务更加艰巨,这也正是绿色化学大显身手和大有用武之地的时候,还是绿色化学大发展的极佳时机。

8.1.3 中国的能源利用和温室气体的排放

从表 8-2 可以清楚地看出:我国是世界上为数不多的以燃煤为主的国家,而且我国的新型能源在总能源中所占比例远远低于发达国家的比例(25%～50%)。而传统能源所产生的温室气体碳排放系数是较高的(见表 8-3),这也是我国温室气体的重要来源。

表 8-2 我国 1978—2007 年的能源消费总量及其组成

年份	能源消费总量/(10^4 t 标准煤)	占能源消费总量的比重/(%)			
		煤炭	石油	天然气	水电、核电、风电
1978	57144	70.7	22.7	3.2	3.4
1980	60275	72.2	20.7	3.1	4.0
1985	76682	75.8	17.1	2.2	4.9
1990	98703	76.2	16.6	2.1	5.1
1995	131176	74.6	17.5	1.8	6.1
2000	138552.6	67.75	23.21	2.35	6.69
2005	224682	69.1	21	2.8	7.1
2006	246270	69.4	20.4	3.03	7.2
2007	265583	69.5	19.7	3.5	7.3

表 8-3 我国温室气体排放的部分碳排放系数(以 C 计)

燃料	排放系数	燃料	排放系数
煤	0.52110(t/t)	液化石油气	0.82596(t/t)
焦炭	0.72162(t/t)	天然气	0.00052(t/m³)
高炉煤气	0.02122(t/t)	电力	0.00010(t/(kW·h))
汽油	0.64327(t/t)	蒸汽	0.05227(t/t)
煤油	0.69198(t/t)	航空煤油	0.00067(t/L)
柴油	0.72119(t/t)	石油焦	0.90202(t/t)
重油	0.80164(t/t)	石脑油	0.00061(t/L)
其他石油制品	0.78144(t/t)	黑液	0.32253(t/t)

开发新型替代能源是绿色化可持续发展的必然趋势,替代能源需要较长时间的技术准备。短期而言,替代能源取代煤炭受到众多因素制约。从中期发展看,水电、生物质能、天然气、煤层甲烷等都是中国可以大量使用的替代能源。从长远考虑,包括核能、风能、太阳能等在内的替代能源的开发利用是我国的必然选择。有研究表明(见表 8-4),到 2020 年将一次能源总量

中煤的比重从现有的 67% 降低到 58%,相应地提高风能、水力、核能和其他低碳清洁能源资源的比重,将避免 2.37×10^8 t 碳当量的温室气体排放,大幅降低温室气体的排放,为我国经济的协调可持续发展提供保障。

表 8-4　2000 年和 2020 年中国能源和电力结构预测及温室气体排放

项　目			煤	石油和天然气	水力	核能	其他	总计	温室气体排放
2000 年实际值	一次能源	消费量/(10^6 t标准煤)	752	184	51	0	0	987	801
		占比/(%)	76	19	5	0	0	100	
	发电量	实际值/(10^6 t标准煤)	432	62	127	0	0	621	
		占比/(%)	70	10	20	0	0	100	
2020 年预测值	一次能源	需求量/(10^6 t标准煤)	2220	783	209	72	16	330	2398
		占比/(%)	67	24	6	2	1	100	
	发电量	预测值/(10^6 t标准煤)	2913	83	601	208	45	3850	
		占比/(%)	76	2	16	5	1	100	
2020 年替代方案值	一次能源	需求量/(10^6 t标准煤)	1915	750	250	198	187	3300	2161(相对预测值减排:237)
		占比/(%)	58	23	8	6	5	100	
	发电量	预测值/(10^6 t标准煤)	2249	106	719	568	208	3850	
		占比/(%)	58	3	19	15	5	100	

资料来源:中国统计年鉴(2000)。

8.2　二氧化碳的分离和固定

8.2.1　二氧化碳的特性

1. 物理特性

常温下二氧化碳是无色、无味的气体,二氧化碳的相对分子质量为 44.01,比相同条件下的空气重 1.5 倍。一些主要的物理性质如下:

熔点:-216.6 K(5.27 MPa)。

沸点:-194.7 K(升华)。

气态密度(273 K):1.974 kg/m³。

液态密度(255 K):1022 kg/m³。

固态密度(195 K):1565 kg/m³。

三相点:0.518 MPa、216.6 K。

液态表面张力:约 3.0 dyn/cm。

1 L 水中溶解度:0.385 g(273 K),0.097 g(313 K),0.058 g(333 K)。

二氧化碳黏度比四氯乙烯黏度低得多,所以液体二氧化碳更能穿透纤维。

液体二氧化碳和超临界二氧化碳均可作为溶剂(二氧化碳的临界压力为 7.38 MPa,临界温度为 304.2 K)。CO_2 室温下加压即可液化,液态二氧化碳再加压冷却时可凝成固体二氧化碳(俗称干冰)。干冰是由二氧化碳分子组成的分子晶体,属立方晶系。干冰在室温下会直接升华为气体,是一种低温制冷剂。二氧化碳被归为易窒息类气体,会造成局部环境缺氧,当环境中二氧化碳浓度过高时会引起头痛、困倦、眩晕、鼻咽刺痛感、亢奋、呼吸和心率加快、唾液增多、呕吐以至于失去知觉或因缺氧死亡。由于液态或固态的二氧化碳温度极低,使用时切忌与身体直接接触,以免冻伤。

2. 化学特性

二氧化碳分子结构很稳定,化学性质不活泼,不可燃,不助燃,无色无味,无毒。二氧化碳易溶于水并生成碳酸,能使紫色石蕊溶液变红或使澄清的石灰水($Ca(OH)_2$)变混浊。二氧化碳应用最多的化学性质如下:①弱酸性:它能与碱等反应,利用这一性质,氮肥厂用氨水吸收 CO_2 制取 NH_4HCO_3,实验室或工业上可用碱来吸收废气中的 CO_2,同时,CO_2 可用于生产纯碱($Na_2CO_3 \cdot 10H_2O$)、小苏打($NaHCO_3$)、铅白($Pb(OH)_2 \cdot 2PbCO_3$)等化工产品。②弱氧化性:能与强还原剂碳或活性金属(钠、镁等)反应。值得注意的是,CO_2 与活泼金属反应的产物可燃,因此,不能用二氧化碳类和含水的灭火剂扑灭燃烧的活泼金属,应该用沙粒或土。

8.2.2 二氧化碳的分离技术

二氧化碳分离也称为二氧化碳捕获(carbon capture and storage,CCS),就是将利用燃料而产生的 CO_2 与其他气体分离开,然后经过压缩、脱水和输送,最后将其安全、长久地封存在地质层中。化学吸收法是利用 CO_2 与吸收剂在吸收塔内进行化学反应而形成一种弱联结的中间体化合物,然后在还原塔内加热富 CO_2 吸收液使 CO_2 解吸出来,同时使吸收剂得以再生的方法。关于 CO_2 捕集、运输和封存概念可用图 8-1 直观表示。

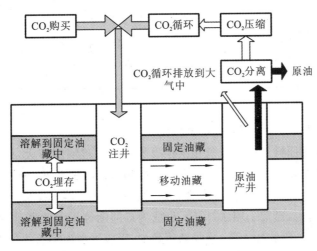

图 8-1　CO_2 捕集、运输和封存概念示意图

二氧化碳捕捉分离技术包括吸收法、吸附法、膜法、膜分离-吸收联合法和化学链燃烧技术。二氧化碳主要捕捉分离技术的特点见表 8-5。目前,我国回收二氧化碳的成本只是国外成本的 37.5%,具有相当明显的优势。

表 8-5　主要 CO_2 捕获分离技术

技术		工业应用	工作压力	大型化应用的关键问题	未来研发的方向
吸收法	化学吸收法(MEA)	脱除天然气中的 CO_2,脱除烟气中的 CO_2	分压 3.5~17.0 kPa	再生的能耗,其他酸性气体的预处理	开发具有更高 CO_2 容量和更低能耗需求的吸附剂,新的接触反应器
	物理吸收法(冷甲醇,glycols)	脱除天然气中的 CO_2,脱除烟气中的 CO_2	分压大于 525 kPa	再生的优化	开发具有更高 CO_2 容量和更低能耗需求的吸附剂,新的接触反应器
吸附法	变压吸附	产氢工艺中 CO_2 分离,脱除天然气中的 CO_2,脱除烟气中的 CO_2	高压	吸附剂容量低,选择性差,受到低温的限制,产生的 CO_2 纯度不高,压力较低	开发新的能在水蒸气存在的情况下吸附 CO_2 的吸附剂,开发能产生更高纯度 CO_2 的吸附/脱附方法
	变温吸附	产氢工艺中 CO_2 分离,脱除天然气中的 CO_2	高压	再生能耗高,工作周期长(调温速度慢)	开发新的能在水蒸气存在的情况下吸附 CO_2 的吸附剂,开发能产生更高纯度 CO_2 的吸附/脱附方法
膜分离法	无机膜(陶瓷、钯)	产氢工艺中 CO_2 分离,脱除天然气中的 CO_2	高压	比聚合体膜单位体积具有少得多的表面积	开发能够同时进行燃料重整和 H_2、CO_2 分离的膜反应器
	聚合体	产氢工艺中 CO_2 分离,脱除天然气中的 CO_2	高压	CO_2 的选择性,膜降解问题	新的合成方法

1. 吸收法

吸收法包括物理吸收法和化学吸收法两种。

物理吸收法是利用原料气中的二氧化碳在吸收剂中的溶解度较大,而其他气体在其中溶解度较小从而除去二氧化碳的方法。工业上常用的物理吸收法有 Flour 法、Rectiso 法、Selexol 法等。其关键在于吸收剂的选择,要求吸收剂对二氧化碳的溶解度大、选择性好、沸点高、无腐蚀、无毒以及性能稳定,通常采用水、甲醇、碳酸丙烯酸酯等作为吸收剂。物理吸收法的优点是能在低温高压下进行、吸收能力强、吸收剂用量少、吸收剂再生不需要加热等,通常采用降压或常温气提的方法,因而能耗低、溶剂不起泡、不腐蚀设备。但由于二氧化碳在吸收剂中的溶解服从亨利定律,因此物理吸收法仅适用于二氧化碳分压较高的情况,且二氧化碳的去除程度不高。典型物理吸收法工艺流程如图 8-2 所示。

化学吸收法是使原料气和化学溶剂在吸收塔内发生化学反应,CO_2 被吸收至溶剂中成为富液,富液进入解吸塔加热分解出 CO_2,从而达到分离回收 CO_2 的目的。该方法的关键是控制好吸收塔和解吸塔的温度与压力。选用的吸收剂应具有对溶质 CO_2 选择性好、不易挥发、腐

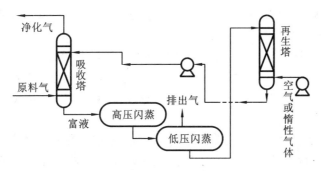

图 8-2　典型的物理吸收法工艺流程

蚀性小、黏度低、毒性小、不易燃、能避免在气体中引进新杂质等特点。常用的吸收剂有醇胺、立体位阻醇胺及碳酸盐等水溶液,吸收剂浓度通常不超过 50%(浓度过高时,会产生严重的腐蚀),使用多种醇胺可以增加吸收量,降低腐蚀性、挥发性及成本。典型化学吸收法工艺流程如图 8-3 所示。值得一提的是,离子液体已成为 CO_2 的重要吸收剂。

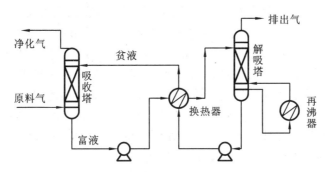

图 8-3　典型的化学吸收法工艺流程

2. 吸附法

吸附法是利用固态吸附剂(活性炭、天然沸石、分子筛、活性氧化铝和硅胶等)对原料气中二氧化碳的选择性可逆吸附作用来分离回收二氧化碳的方法。吸附剂在低温(或高压)条件下吸附二氧化碳,升温(或降压)后将二氧化碳解吸出来,通过周期性的温度(或压力)变化,实现二氧化碳与其他气体的分离。采用吸附法时一般需要多吸附塔并联使用,以保证整个过程中能连续输入原料气、连续输出二氧化碳及未吸附气体,其关键是吸附剂的载荷能力,主要决定因素是温差(或压差)。固体吸附剂吸附二氧化碳的能力视温度及压力而定,通常二氧化碳分压愈高、温度愈低,所能吸附二氧化碳的量愈多。由于排放气体中带有水蒸气及微粒,水蒸气会与二氧化碳产生竞争吸附而降低二氧化碳吸附量,微粒则会进入吸附剂而造成吸附剂失活,而且进入吸附剂后,不易通过减压或升温予以去除。基于这些因素,化学吸附较物理吸附更具竞争力。

虽有文献报道使用分子筛、活性炭及沸石可达到近 100% 的二氧化碳回收率,但均是在不存在水蒸气及微粒的条件下实现的。研制对二氧化碳具有较高吸附性能的固体吸附剂是吸附法未来发展的主要方向。

3. 膜分离法

膜分离法是利用某些聚合物(如乙酸纤维、聚酰亚胺、聚砜等)薄膜对不同气体渗透率的差别来分离气体的方法。膜分离的推动力是压差,当膜两边存在压差时,渗透率高的气体组分以很快的速率穿过薄膜,形成渗透气流,渗透率低的气体则绝大部分在薄膜进气侧,形成残留气流,两股气流分别引出,从而达到分离的目的。

使用膜分离法处理高含量 CO_2 废气时,无论使用哪类薄膜,除要对 CO_2 具高选择性外,CO_2 透过率也是愈高愈好,但是排放气中主要成分 N_2 与 CO_2 的分子大小十分接近,高选择性及高透过率不易同时实现。另外,还需考虑薄膜寿命、薄膜保养及更换成本等。

4. 膜分离-吸收联合法

膜分离-吸收联合法的膜分离装置简单,投资费用比溶剂吸收法的低,但难以达到吸收法对 CO_2 的分离程度。两者结合起来可取长补短,前者做粗分离,后者做精分离,既可达到有效分离的目的,又可节省投资费用。例如,挪威 Statoil 公司从天然气开采中回收 CO_2,原用胺系溶液吸收洗气法,吸收塔、洗气塔体积庞大,后改用氟聚合物膜做预处理的联合法,使吸收塔、洗气塔的质量减轻 70%～75%,占地面积减少 65%。

8.2.3　二氧化碳的固定技术

二氧化碳固定也称二氧化碳同化、碳素同化,是指生物吸收二氧化碳转化成为有机物质。根据机制的不同,大致可分为自养生物光合成、细菌型光合成和化学合成,以及在异养生物或自养生物中所进行的二氧化碳暗固定。自养生物光合成与细菌型光合成所需要的能量都取自光能,但不同之处是前者在光合作用过程中产生氧气。化学合成是指用无机物的氧化能来进行二氧化碳的固定。在有些异养细菌或动物的组织中,二氧化碳的附加反应使已经合成的有机碳化合物的碳素数量增加,称为二氧化碳的暗固定。在自养生物中,存在着二氧化碳固定与随后继续进行的二氧化碳受体再生的循环。在这些循环系统中,已知有还原型磷酸戊糖循环、C_4-二羧酸循环、苯基型有机酸代谢以及还原型羧酸循环。

现在微生物固碳技术得到很大的提升,被认为是最有效的二氧化碳捕集、封存方法之一。由于海底封存、废弃煤矿封存和油田封存等方式都存在成本高、难操作和可能引起其他环境灾难等问题,而生物法固定二氧化碳原本就是地球上主要有效固碳方式。与此同时,能源紧缺是全球性问题,发展低碳排放的可再生能源和生物质能源,是解决能源紧缺的重要出路。如果能用二氧化碳生产生物质油,将其化害为利,一举数得,将会是未来最热门的方法。

微生物固定二氧化碳的方式有三种:①异养固定,异养微生物以有机化合物作为碳源和能源,在自身代谢过程中固定少量的二氧化碳;②自养固定,自养微生物利用光能或无机物氧化时产生的化学能同化二氧化碳,构成细胞物质;③兼养固定,兼养固定是微生物在利用光能吸收转化二氧化碳的同时,以有机碳作为补充碳源和能源的联合固定方式。

微生物固定二氧化碳技术尚处于实验阶段,将其工业化并大规模推广还需要深入研究去解决遇到的诸多具体问题。尽管如此,由于各国政府和民众都极为重视,大量投入资金和科研人员,大规模应用生产将指日可待。

8.2.4　二氧化碳的封存技术

减少二氧化碳排放除了提高能源利用率、加强二氧化碳捕集技术外,另一个重要途径是二氧化碳的封存。从理论上讲,海洋和地层可以储藏人类在几千年间产生的二氧化碳。二氧化碳能以微观残余形式存于油或水中,或者存在于地质构造中,溶解在油和水中,与储层矿物发生化学反应生成新矿物。二氧化碳的捕获形式与封存时间关系见表 8-6。

表 8-6 二氧化碳捕获形式与封存时间

二氧化碳捕获类型	注入后稳定的时间/a	二氧化碳捕获类型	注入后稳定的时间/a
以微观残余形式存在	<10	以溶解形式存在	±100
存在于地质构造中	±10	发生地球化学反应	±1000

二氧化碳的地质封存过程包括 3 个环节:①分离提纯,在二氧化碳排放源头利用一定技术分离出纯净的二氧化碳;②运输,将分离出的二氧化碳输送到使用或埋存二氧化碳的地质埋存场所;③埋存,将输送的二氧化碳埋存到地质储集层/构造或海洋中。二氧化碳地下埋存主要的选择是枯竭的油气藏、深部的盐水储层、不能开采的煤层和深海埋存等方式(见图 8-4 和图 8-5)。

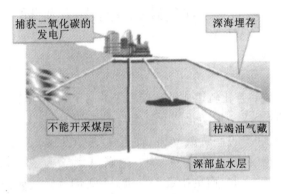

图 8-4 二氧化碳埋存场所选择

(资料来源:IEA,2001)

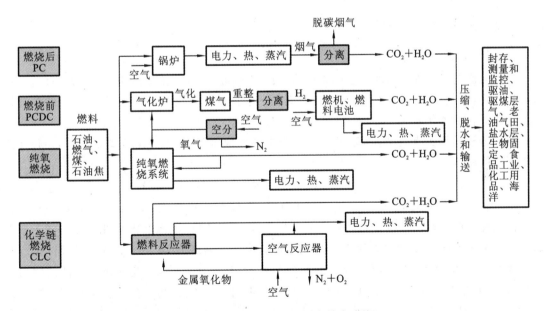

图 8-5 二氧化碳捕获与封存技术路线

中国适合注气的油储量为 35×10^8 t,能够增加可采储量 3.5×10^8 t,相当于新发现一个 11×10^8 t储量的大油田。这也可能是化害为利的重要资源。国内研究建立了适合中国地质特点的二氧化碳埋存评价体系以及二氧化碳封存基本地质理论,开展了二氧化碳提高采收率、高效廉价二氧化碳捕集、二氧化碳储运、腐蚀与结垢等相关课题研究，中国石油天然气集团公司在吉林油田开展了提高采收率与封存的先导性试验。

我国封存二氧化碳的潜力十分巨大（见表 8-7），前景广阔，这将在一段时期内引领我国的二氧化碳减排趋势。

表 8-7　我国二氧化碳封存潜力

	二氧化碳驱油	枯竭天然气田	二氧化碳驱煤层气	深部含水层	总量
CO_2 最低值/$(10^8\ t)$	48	41	121	1600	1810
CO_2 最高值/$(10^8\ t)$	101	305	484	14513	15403

8.3　二氧化碳的化学转化原理

8.3.1　二氧化碳的结构

CO_2 分子中碳原子以 sp 杂化轨道成键。碳原子的两个 sp 杂化轨道分别与两个 O 原子生成两个 σ 键。C 原子上两个未参加杂化的 p 轨道与 sp 杂化轨道成直角，并且从侧面同氧原子的 p 轨道分别"肩并肩"地发生重叠，生成两个三中心四电子的离域 π 键，CO_2 中碳氧键长为 0.116 nm，介于双键和三键之间，而更接近于三键。CO_2 的偶极矩为零，由此可推知它是直线型结构，结构经典式为 O＝C＝O。现代科学家认为 CO_2 成键情况如图 8-6 所示。

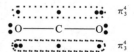

图 8-6　二氧化碳的分子结构

8.3.2　二氧化碳的活化方法

1. 化学活化

二氧化碳的自由能非常小，是非常稳定的化合物，而所需转化的大多数化合物是自由能更大的化合物，将其转化成其他含碳化合物非常困难。因此，二氧化碳转化成化工原料的关键是二氧化碳活化的催化研究。

CO_2 分子结构为直线型，其碳氧键长比酮中的相应键长（0.122 nm）要短，它是由以下 3 个正则结构所构成：

$$O＝C＝O \longleftrightarrow O^+≡C^-—O \longleftrightarrow O—C^-≡O^+$$

由 CO_2 分子结构可知，CO_2 分子有两个活性位，即 Lewis 酸位（C）和 Lewis 碱位（O），从而在活化反应中表现出亲电性和亲核性的双重性能，因此 CO_2 活化催化剂可从提供电子和提供空轨道两个方面去寻找。从能量角度看，CO_2 的第一电离能为 13.79 eV，较难给出电子，不易形成 CO_2^+。但由于 CO_2 具有较低能量的空反键轨道，容易获得 1 个电子形成弯曲的阴离子 CO_2^-，CO_2^- 在能量上仅比基态 CO_2 高 0.6 eV。因此，活化 CO_2 最可能的途径是采用适当的方式输入电子，即在 CO_2 的反键轨道中填充 1 个电子，形成弯曲的阴离子，使 CO_2 分子中的 C—O 键级由 2 降为 1.5，从而还原活化二氧化碳分子。目前 CO_2 活化所用催化剂体系主要有碱性催化剂、杂多酸催化剂、过渡金属和稀土金属类催化剂，此外还有电场、光、等离子体以及离子液体溶剂等也会影响二氧化碳的活化过程。如无机碱性化合物与 CO_2 分子的 Lewis 酸位结合，使 CO_2 分子中的一个 C—O 键断裂，形成活化 CO_2^-。以无机碱性化合物为催化剂进行的代表性反应是碳酸二甲酯的合成,所用的化合物为氧化钾、氧化镁、氧化钙、卤化钾、碳酸钾、碳酸钠、氢氧化钾和氢氧化钠等。Fang 等认为,碱性化合物在碳酸二甲酯合成中的催化作用机理为

$$Base + CH_3OH \longrightarrow CH_3O^- + H\text{—}Base$$

$$CH_3O^- + CO_2 \longrightarrow [CH_3OCOO]^-$$

$$[CH_3OCOO]^- + CH_3I \longrightarrow CH_3OCOOCH_3 + I^-$$

$$I^- + H\text{—}Base \longrightarrow HI + Base$$

$$HI + CH_3OH \longrightarrow CH_3I + H_2O$$

反应过程 CH_3I 作为催化助剂,在反应过程提供 CH_3^-,通过与反应产生的氢结合,生成碘化氢,碘化氢再与甲醇反应还原成 CH_3I,从而完成一个催化循环。钠化合物的活性远低于钾化合物。碱强度的增强可以使反应温度降低,反应速率增加,但选择性下降。中等强度的碱可使催化活性提高,而且有机碱的活性高于无机碱的,且活性顺序与碱性高低并不一致。

从以上分析得知,碱性化合物催化合成碳酸二甲酯时,并不是碱性催化剂直接作用于二氧化碳,而是碱性化合物先活化反应物甲醇,生成烷氧基化合物,CO_2 插入 $M\text{—}OCH_3$ 间,形成活性中间物 $M\text{—}O\text{—}C(O)\text{—}OCH_3$。

另外,通过过渡金属晶体表面对 CO_2 的活性吸附情况的研究,发现清洁晶体 Cu(110)、Fe(110)、Ni(110) 表面存在 CO_2 的解离吸附。其作用机理为 CO_2 与金属的相互作用中,由于电子传递到 CO_2 分子中,导致其分子结构发生弯曲,并且伴随着 C—O 键的伸长,引起 C—O 对称伸缩振动频率显著降低,生成了 $CO_2\text{—}M$。周围未变形直线型 CO_2 分子对弯曲 CO_2^- 的溶剂化作用,使 CO_2^- 得以稳定。CO_2 分子与金属吸附结合态可能有 3 种(见图 8-7),结合态 Ⅱ 和 Ⅲ 更易进行。

(a) 结合态(Ⅰ)　　　(b) 结合态(Ⅱ)　　　(c) 结合态(Ⅲ)

图 8-7　CO_2 分子与金属吸附结合态

CO_2^- 可能是 CO_2 继续分解发生反应的前体,解离反应主要发生在过渡金属表面,氧化反应主要发生在贵金属表面,但在钯表面上不容易活化。

Cu-Ni/石墨催化 CO_2 和甲醇合成碳酸二甲酯的反应机理如图 8-8 所示。Cu、Ni 及其合金在反应中起催化作用,石墨的层状结构有效分散了活性组分,且缓和了与活性组分间的作用。甲醇首先在金属表面上分解脱氢产生表面含碳物质,再与在金属表面上活化的二氧化碳解离吸附产生的表面含氧物质结合,转化成碳酸二甲酯。该催化剂在 378 K、1.2 MPa 下,DMC 收率高于 9.0%,选择性大于 88.0%。

从以上分析可知,过渡金属通过提供电子使 CO_2 转化成活性吸附态 CO_2^-,如果同时存在 Lewis 碱位,则可使 CO_2 得到有效活化。过渡金属则以其存在的 Lewis 酸位 M^{n+} 和 Lewis 碱位活化 CO_2,因此要获得 Lewis 酸位和 Lewis 碱位,通常需要过渡金属的复合氧化物协同作用,另外催化剂的晶型对催化活性也有影响。

另外,Sn 等许多其他过渡金属元素化合物也能活化 CO_2。CO_2 具有 Lewis 酸性和电子接受能力,当 M(M 代表金属或过渡金属)与具有孤对电子的原子(如 O、F、N、S 等)相连时,形

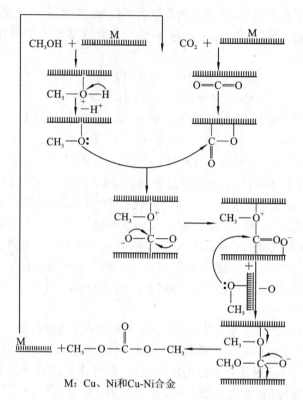

M：Cu、Ni和Cu-Ni合金

图 8-8　Cu-Ni/石墨催化 CO_2 和甲醇合成碳酸二甲酯的反应机理

成 M—L，二氧化碳中的碳原子具有空轨道，孤对电子很容易填入空轨道，从而活化 CO_2，即 CO_2 插入 M—L 中，形成 M—O—C(O)—L，与在 Lewis 酸位和 Lewis 碱位上解离的甲醇（分别为—OCH_3 和—CH_3）结合，形成 DMC。其反应机理如图 8-9 所示。

　　稀土化合物为改性镍基催化剂，原因是稀土助剂的加入提高了镍的电子密度，在一定程度上加强了 d 电子向 CO_2 空反键 2π 轨道的迁移，促进 CO_2 分子的活化，提高其消碳活性。杂多酸也有活化 CO_2 分子的作用。

　　除此之外，光、电、等离子体和离子液体均有活化 CO_2 分子的作用。加拿大科学家在地下岩水中找到两种能够利用空气中 CO_2 来制造烃类物质的微生物，用 1 m^2 海水的水域培养这些微生物，年可生产生物石油十几亿千克。

　　2. 电活化

　　已开展了电催化活化转化 CO_2 的研究。用 Pt 做电极，用二烷基咪唑、碱性化合物、甲醇做电解质在常温常压下反应。甲醇钾做碱，1-丁基-3-甲基溴代咪唑做电解质，在没有 CH_3I 和其他有机添加剂情况下，仍可合成碳酸二甲酯（DMC）。电化学活化时，CO_2 通过先前吸附在阴极上的 K^+ 作用吸附在阴极，从电极表面获得一个电子形成 CO_2^-，CO_2^- 与吸附在电极上的甲醇反应，生成 CH_3OCO^+ 阳离子和吸附的 KOH。阳离子接着与 CH_3O^- 结合形成 DMC。吸附的 KOH 进一步与大量的 CH_3OH 反应生成 CH_3OK，完成一个催化循环。含 K^+、Na^+ 的碱性化合物在活化 CO_2 过程中具有重要作用。尤其是 K^+ 的碱性化合物要比 Na^+ 的碱性化合物活性高。CH_3OK 使 CO_2 转化成 CO_2^- 的能力增强，阴极电流密度增大了 3 倍。

　　钮东方等在常温常压下通过循环伏安法探讨了 $Ni(bpy)_3Cl_2$ 催化剂对 CO_2 间接电化学活化的机理，$Ni(bpy)_3Cl_2$ 催化剂对 CO_2 的活化具有很高的催化效率，可使 CO_2 的电化学还原电

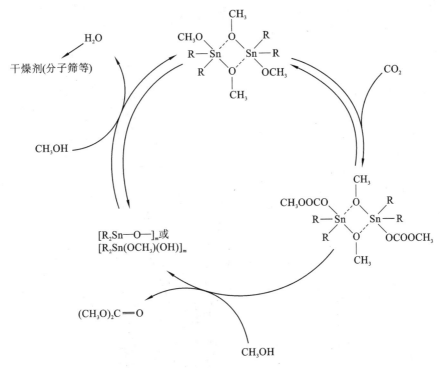

图 8-9　$R_2Sn(OCH_3)_2$ 做催化剂的反应机理

位由 $-2.3\ V$ 移到 $-1.6\ V$，从而改善了合成苯氨基甲酸乙酯反应的条件，苯氨基甲酸乙酯的选择性可达 100%。

3. 光活化

近年来，紫外和可见光在绿色化学中的应用研究表明它们是打破热力学限制或促进热力学不宜进行的反应的有效手段。采用光活化催化甲醇和 CO_2 直接合成碳酸二甲酯，能增强 CO_2 的活化作用，提高碳酸二甲酯的收率，反应更易控制，原子经济性更高，同时连续流固定床反应器能及时带走反应产生的水，形成无水反应体系，有利于碳酸二甲酯的生成。紫外光照射可使反应在常压下进行，同单纯热表面催化反应相比，碳酸二甲酯的产率提高了 57%，在 $120\sim140\ ℃$、$101.3\ kPa$、紫外光照射辅助下，碳酸二甲酯的产率大于 4.0%，选择性约为 7.0%，是一个很好的绿色化光活化催化 CO_2 利用的例子。

CO_2 的活化研究有利于实现 CO_2 的绿色化转化，合成人们所需要的化合物。

8.4　二氧化碳资源化利用及其实例

二氧化碳的利用主要包括化学利用、物理利用、生物利用等。

二氧化碳作为原料可以生产出许多无机和有机化工产品，其产品几乎涵盖了所有行业。二氧化碳的化学利用作为实现二氧化碳循环利用的重要手段，尤其是规模较大的化工生产中大量利用二氧化碳，对减排起到重要的作用。

节能减排构建新时代人与自然的和谐生态是当今的发展趋势。大力发展二氧化碳的绿色化利用技术，发展绿色高新产业链，可以促进产业结构调整转型，实现废弃物二氧化碳的资源化、绿色化利用，推进化工行业节能、减排，走向绿色化、低碳化。二氧化碳引入化学合成中是利用二氧化碳的十分有效途径。目前,以二氧化碳为原料合成了醇、烷烃、酯、胺、聚酯、聚胺等化学品(见图 8-10),合成的尿素、水杨酸钠等已投入大规模的工业生产。

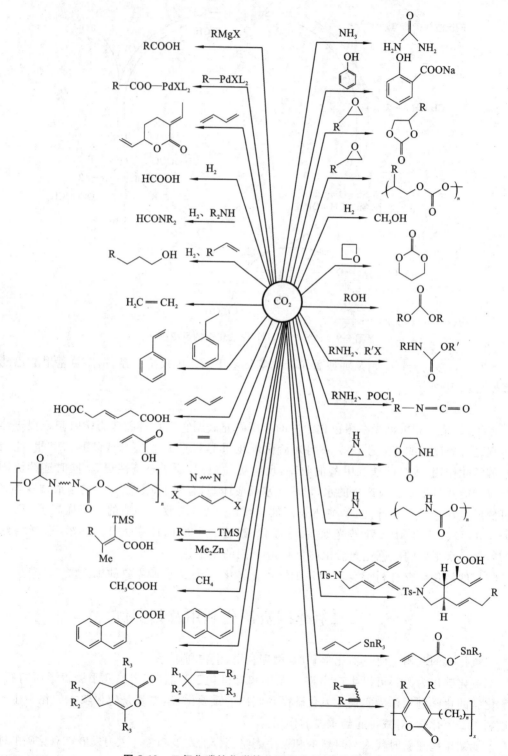

图 8-10　二氧化碳的化学转化利用途径(有机部分)

8.4.1　二氧化碳在无机合成中的应用

以二氧化碳为原料制备无机化合物的工业化应用实例很多,如碳酸锂、碳酸钠、碳酸锶等。这里仅以碳酸钠的绿色化工业制备进行简要讨论。

碳酸钠,俗名纯碱、苏打,它是玻璃、造纸、肥皂、洗涤剂、纺织、制革等工业的重要原料,还常用作硬水的软化剂,也用于制造钠的化合物。它是首个人类进行工业化合成的碱性无机化合物。早在 1791 年,法国的一位医师路布兰就花了 4 年时间首创了一种纯碱制造法,从此人类无须从草木灰和盐湖水中提取纯碱,而是直接源源不断地从工厂合成生产出来。可惜该法存在着生产过程中温度高、工人劳动强度大、煤耗高、产率不高、产品质量也不高等许多缺点。因此到 1892 年,比利时的工业化学家欧内斯特·索尔维(E. Ernest Solvay,1838—1922)提出了以食盐、石灰石、氨为主要原料的全新制碱方法,这方法称为"氨碱法"或"索尔维制碱法"。这种方法产量高、质量优、成本低、能连续生产,所以很快就替代了路布兰的方法。但该法的技术一直为专利保护和技术封锁,所以直到 1942 年我国化学工程专家侯德榜(1890—1974)发明了"联合制碱法"(也称"侯氏制碱法"),才使纯碱工业进入一个新的革命时期,并延续至今。因此,目前世界上有两种工业化制造纯碱的方法——氨碱法和联合制碱法。

1. 氨碱法(又称索尔维制碱法)

它是以食盐(氯化钠)、石灰石(经煅烧生成生石灰和二氧化碳)、氨气为原料来制取纯碱。先将氨气通入饱和食盐水中形成氨盐水,再通入二氧化碳生成溶解度较小的碳酸氢钠沉淀和氯化铵溶液。其主要过程可表述如下。

(1) 制取 CO_2。将石灰石煅烧分解制取原料气 CO_2:

$$CaCO_3 \xrightarrow{\text{煅烧}} CaO + CO_2 \qquad ①$$

(2) 制取 $NaHCO_3$。使精制 NaCl 与氨和二氧化碳反应,生成碳酸氢钠($NaHCO_3$):

$$NaCl + NH_3 + CO_2 + H_2O \Longrightarrow NaHCO_3 + NH_4Cl \qquad ②$$

(3) 煅烧 $NaHCO_3$ 制取产品纯碱。将反应②的产物过滤,得 $NaHCO_3$ 固体和 NH_4Cl 溶液。将 $NaHCO_3$ 固体煅烧分解得到最终产品纯碱:

$$2NaHCO_3 \xrightarrow{\text{煅烧}} Na_2CO_3 + H_2O + CO_2 \qquad ③$$

产物中的 CO_2 回收,供反应②使用。

(4) 制备石灰乳。将反应①得到的石灰(CaO)与水反应制成 $Ca(OH)_2$ 乳液(石灰乳),供反应⑤使用:

$$CaO + H_2O \Longrightarrow Ca(OH)_2 \qquad ④$$

(5) 分解 NH_4Cl 回收氨。将反应②产物过滤所得到的 NH_4Cl 溶液加石灰乳,使 NH_4Cl 分解:

$$2NH_4Cl + Ca(OH)_2 \Longrightarrow 2NH_3 + CaCl_2 + 2H_2O \qquad ⑤$$

将分解出来的氨回收,供反应②循环使用。其工艺流程如图 8-11 所示。

将反应式②×2,与其他 4 个反应式相加,可得氨碱法的总反应式:

$$CaCO_3 + 2NaCl \longrightarrow Na_2CO_3 + CaCl_2 \qquad ⑥$$

由这个总反应式可以看出,目标产品碳酸钠(Na_2CO_3)中的 Na^+ 来自原料 NaCl,CO_3^{2-} 来自石灰石($CaCO_3$),而原料 NaCl 中的 Cl^- 和 $CaCO_3$ 中的 Ca^{2+} 是无用的,最终作为废物($CaCl_2$)排出。由此可以计算氨碱法的原子经济性(原子利用率)和 E 因子:

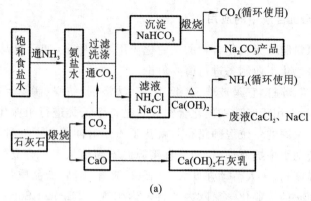

(a)

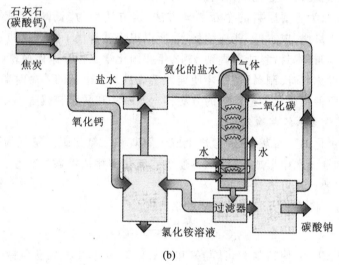

(b)

图 8-11　氨碱法工艺流程

　　原子利用率=(进入目标产物中的原子质量/所有反应物中原子的质量)×100%

　　　　　　=[碳酸钠相对分子质量/(碳酸钙的相对分子质量+2×氯化钠相对分子质量)]×100%

　　　　　　=(106/217)×100%

　　　　　　=48.8%

　　E 因子=副产物的质量/产物的质量

　　　　　=氯化钙的相对分子质量/碳酸钠的相对分子质量

　　　　　=111/106

　　　　　=1.05

　　可以看出,氨碱法的原子利用率只有 48.8%,远远小于 100%,51.2%的原料变成了废物;
E 因子大于 1,每生产 1 t 产品,就有 1.05 t 的废物排放。可见此法不符合绿色化学的原则,不
是原子经济反应。

　　氨碱法具有原料(食盐和石灰石)便宜、产品纯碱的纯度高、副产品氨和二氧化碳都可以回
收循环使用、制造步骤简单、适合于大规模生产等优点。但氨碱法也有许多缺点。首先是两种
原料的成分里都只利用了一半,食盐成分里的钠离子(Na⁺)和石灰石成分里的碳酸根离子
(CO₃²⁻)结合成了碳酸钠,可是食盐的另一成分氯离子(Cl⁻)和石灰石的另一成分钙离子

（Ca^{2+}）结合成了非目标化合物，即不可循环利用的氯化钙（$CaCl_2$），如何处理氯化钙成为一个很大的负担。氨碱法的最大缺点还在于原料食盐的利用率只有 72%～74%，其余的食盐都随着氯化钙溶液作为废液被抛弃而损失。

2. 联合制碱法（又称侯氏制碱法）

针对氨碱法存在的不足，侯德榜先生的基本出发点是为了消除氨碱法废液的排放，杜绝污染。因此，该法是将氨碱法和合成氨法两种工艺联合起来，同时生产纯碱和氯化铵两种重要化工产品的方法。原料是食盐、氨和二氧化碳——合成氨厂用水煤气制取氢气时的废气。侯氏制碱法生产过程需要同合成氨厂联合，故称联合制碱法。利用合成氨厂的 NH_3 与原盐（$NaCl$）中的 Cl^- 生产 NH_4Cl（化肥），利用合成氨厂副产物 CO_2 与原盐（$NaCl$）中的 Na^+ 来制纯碱。从化学反应来看，侯氏制碱法与氨碱法的主要区别有两点：

（1）氨碱法的原料气 CO_2 来自石灰石的煅烧分解，而侯氏制碱法的 CO_2 来自合成氨厂的副产品，因此侯氏制碱法中没有石灰石煅烧反应；

（2）氨碱法的原料氨是循环使用的（$NH_3 \rightarrow NH_4Cl \rightarrow NH_3$），侯氏制碱法的氨不循环使用，而是进入产品 NH_4Cl（化肥），故侯氏制碱法不需要分解 NH_4Cl 以回收氨，也就没有制取石灰乳的反应④和 NH_4Cl 分解的反应⑤。

侯氏制碱法的主要过程如下：

（1）使 $NaCl$ 与氨和二氧化碳反应生成产品 $NaHCO_3$ 和 NH_4Cl：

$$NaCl + NH_3 + CO_2 + H_2O \Longrightarrow NaHCO_3 + NH_4Cl \qquad ⑦$$

（2）将产物过滤，得到 $NaHCO_3$ 固体和 NH_4Cl 溶液。将 NH_4Cl 溶液吸收氨析出 NH_4Cl 固体。将 $NaHCO_3$ 固体煅烧分解得到产品纯碱：

$$2NaHCO_3 \xrightarrow{\text{煅烧}} Na_2CO_3 + H_2O + CO_2 \qquad ⑧$$

将反应式⑦×2，与反应式⑧相加，可得侯氏制碱法的总反应式：

$$2NaCl + 2NH_3 + CO_2 + H_2O \longrightarrow Na_2CO_3 + 2NH_4Cl \qquad ⑨$$

此反应式中的 Na_2CO_3 和 NH_4Cl 都是目标产品。由此可以计算侯氏制碱法的原子经济性和 E 因子：

$$原子利用率 = \frac{106 + 107}{117 + 34 + 44 + 18} \times 100\% = 100\%$$

$$E 因子 = 副产物的质量/产物的质量$$
$$= 0/213$$
$$= 0$$

可以看出，侯氏制碱法反应物中的所有原子最终全部进入产物，反应的原子经济性（原子利用率）为 100%，E 因子是 0，真正实现了零排放，是理想的原子经济反应，符合绿色化学的思想。其工艺流程如图 8-12 所示。

由于侯氏制碱法的 CO_2 来自合成氨厂的副产品，因此侯氏制碱法节省了煅烧石灰石的设备（石灰窑）和能量，这符合绿色化学"能量使用应最小"的原则。既降低了成本，又减少了二氧化碳这一温室气体的排放，起到保护环境的作用。由于不煅烧石灰石，也就没有含钙的副产品 $CaCl_2$ 生成，符合"防止废物的生成比其生成后再处理更好"的原则。由于侯氏制碱法把 NH_4Cl 作为产品，就使得原盐 $NaCl$ 中的 Cl^- 成了产品的一部分，不再作为废物 $CaCl_2$ 的成分被排弃，这符合"最大限度利用资源"和"原子经济性"原则。侯氏制碱法每生产 1 mol 纯碱，同时生产 2 mol 氯化铵，盐的利用率可达 96% 以上。

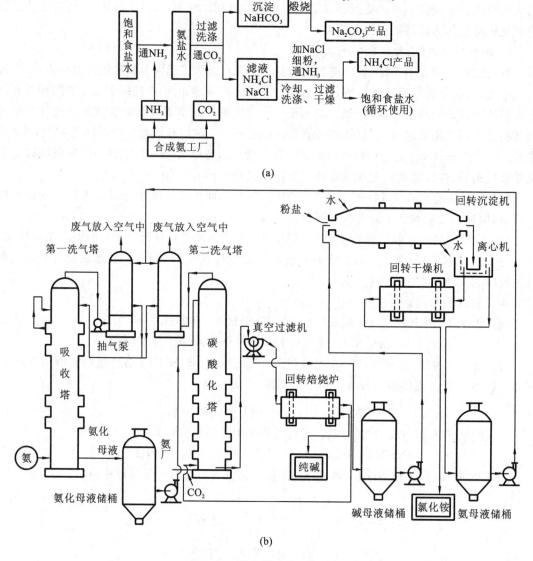

图 8-12　联合制碱法工艺流程

另外,以 CO_2 与金属或非金属氧化物为原料生产的无机化工产品主要有轻质 Na_2CO_3、$NaHCO_3$、$CaCO_3$、$MgCO_3$、K_2CO_3、$BaCO_3$、碱式碳酸铅、Li_2CO_3、MgO 等,多为基本化工原料,还可利用 CO_2 生产白炭黑和硼砂。

8.4.2　二氧化碳在有机合成中的应用

以二氧化碳为原料进行有机合成是当前化学家极为关注的事情。因此,这方面的研究和报道很多,也有许多成功的工业化应用实例。

1. 二氧化碳与环氧化合物合成环状碳酸酯

环状碳酸酯(cyclic carbonate)主要用于电解液、聚合物单体以及制药工业等方面,同时还是一种重要的医药中间体,具有较高的工业附加值。CO_2 与环氧化物合成环状碳酸酯的反应式为这被认为是目前最为成功的 CO_2 资源化利用途径之一,其反应的原子经济性为 100%,该过程已经实现了商业化生产。在绿色化道路上,为了避免使用腐蚀性、毒性较强的催化剂体系,已开发的催化体系包括:金属配合物催化剂、离子液体催化剂;酸碱双功能多相催化体系,如镧系氧氯化物、负载杂多酸催化剂、负载席夫碱催化剂、负载离子液体催化剂等。其中,均相催化体系较为成熟,环状碳酸酯的收率很高,但是均相催化剂自身的局限性限制了其大规模工业化应用。为了克服均相催化剂体系的弊病,发展高效多相催化剂体系已经成为研究的热点,这必将进一步推动环状碳酸酯的工业化生产进程。近年来该方向的研究热点主要集中在离子液体催化体系方面。该类催化剂毒性低、活性高,但是其缺点在于难以与产物分离,且无法用于固定床等连续流动反应装置。克服这些问题的途径之一是将离子液体固载化,也就是将离子液体负载在一定基体材料表面,从而使均相反应多相化以便于催化剂与产物的分离和连续使用。表 8-8 和表 8-9 分别给出了 SiO_2 基嫁接型离子液体在环氧丙烷与 CO_2 环加成合成碳酸丙烯酯过程中的反应数据和重复使用性能,可见该类催化剂反应性能较好,可以重复利用,具有一定的深入开发的潜力。

表 8-8　嫁接型离子液体的反应数据

催化剂	转化率/(%)	选择性/(%)	催化剂	转化率/(%)	选择性/(%)
硅胶	—	—	[bmim]BF_4	94.9	97.5
[bmim]Cl	98.8	98.2	[bmim]BF_4/SiO_2	93.2	99.0
[bmim]Cl/SiO_2	97.2	98.6	[bmim]OH	100	99.9
[bmim]Cl-$AlCl_3$/SiO_2	90.1	99.7	[bmim]OH/SiO_2	99.1	100
[bmim]Cl-$ZnCl_2$/SiO_2	98.0	98.6			

表 8-9　嫁接型离子液体的重复使用性

使用次数	1	2	3	4
转化率/(%)	99.1	97.3	94.6	89.0

2. 以二氧化碳为原料制备其他化学品

以二氧化碳为原料制备其他化学品的研究也是十分火热。如聚碳酸酯(PC)是一种非晶型、热塑性、高抗冲的透明塑料,能在 $135\sim145$ ℃连续使用。聚碳酸酯具有优良的电绝缘性、延伸性、尺寸稳定性及耐化学腐蚀性,还具有自熄、易增强、阻燃、无毒、卫生、能着色的性能。此外,它是唯一的具有良好透明性的工程塑料,其耐冲击性能在工程塑料中也是最好的,已在一次性包装材料、餐具、保鲜材料、一次性医用材料、地膜等方面获得成功应用,有潜力发展成为一种广泛应用的新材料;它作为可完全降解的环境友好型塑料,因具有资源利用和环境保护的双重意义而受到极大的关注,成为近年来世界化工领域令人瞩目的发展热点。日本、美国、中国等国家已相继建成大规模的工业化生产装置,聚碳酸酯需求增长迅速,产量已成为五大通用工程塑料之首。预计未来几年我国聚碳酸酯仍将保持 $15\%\sim20\%$ 的年增长率。

　　PC 的传统工业生产主要为光气法,光气为剧毒化学品,会给环境造成严重污染与危害。每吨产品消耗氯气 368 kg、烧碱 415 kg、一氧化碳 145 kg,产生 7.84 t 废水。

　　利用二氧化碳制备 DMC,DMC 与苯酚酯交换法合成碳酸二苯酯进而生产 PC,生产过程无"三废",是一条绿色清洁的工艺路线,已成为国内外首选的工艺路线。

　　利用二氧化碳制备 DMC,再用 DMC 代替光气合成氨基甲酸酯,热分解生成异氰酸酯,这是目前合成异氰酸酯的最绿色化的工艺路线。

　　利用二氧化碳与甲烷反应制备合成气,与氢气直接加成合成新型高效绿色燃料——二甲醚。二氧化碳加氢合成二甲醚的总反应为 $2CO_2 + 6H_2 \longrightarrow CH_3OCH_3 + 3H_2O$,这一突破性的研究为开辟能源革命带来了巨大生机。

　　利用二氧化碳合成甲醇,被称为是二氧化碳最有发展前途的化工利用。目前的难题是 H_2 的来源,如能获得廉价的 H_2,那么 CO_2 合成甲醇将会得到广泛的推广。

　　有机胺与二氧化碳在冠醚的催化下可直接反应生成氨基甲酸酯,且收率高,是二氧化碳综合利用的又一重要方面。

　　利用二氧化碳与烃类在光催化作用下,还可合成羧酸类产品。如丙烷与二氧化碳反应合成甲基丙烯酸,甲烷与二氧化碳反应合成甲酸等。

　　利用二氧化碳与氨或胺类化合物反应,还可合成胺类产品。如 CO_2 与 H_2 及 NH_3 在 Cu/Al_2O_3 催化体系中可合成甲胺;用 CO_2、H_2 和苯胺可合成 N-甲酰苯胺;用二氧化碳和苯胺可合成二苯基脲素。

　　以上例子中的原料转化率及产品选择性均有进一步提高的空间,需要广大绿色化学工作者进一步研究出更适用于工业化生产的催化体系等。

8.4.3　二氧化碳在高分子材料合成中的应用

　　利用 CO_2 合成高分子材料是当今高分子合成研究的十分活跃的热点方向之一。由 CO_2 作为起始原料,可与不饱和烃类(如烯烃、双烯烃、炔烃、双炔烃等)、胺类化合物、环氧化合物和其他化合物等发生二元或三元共聚反应,合成交联、接枝、嵌段等共聚体,如聚酮、聚醚、聚酯、聚酮醚酯、聚脲、聚碳酸酯以及其他高聚物等。这些共聚高分子材料不仅具有优良特性,可作为工程塑料,而且具有某些独特的生物体适应性和生物分解性,可作为医用高分子材料,是当今新型功能高分子材料的主攻方向之一。下面就几个代表性的范例加以说明。

　　CO_2 与双烯烃、双炔烃等不饱和烃合成高分子材料。近年来成功研制了镍等过渡金属配合物催化活化 CO_2,并引发其与双烯烃、双炔烃等不饱和烃的共聚反应,合成聚(2-吡喃酮内酯)(α 型)。这种新型聚酮内酯材料具有生物生理活性,可制成生物制剂和医用高分子材料。如双炔烃与 CO_2 发生交联共聚反应,在零价镍配合物催化剂(双(三环己基膦基)镍)的作用下合成聚(2-吡喃酮内酯)的共聚体,其共聚反应为

　　当 CO_2、乙烯基苯基膦酸酯和丙烯类的化合物(如丙烯腈、丙烯酸甲酯等)加热到 $130\sim150\,℃$ 时,可以发生三元共聚反应,得到组成为 1∶1∶1 的三元交联共聚体(相对分子质量约

为 2000）。其反应式为

$$CO_2 + CH_2=CH + \begin{matrix} CH_2O \\ | \\ CH_2O \end{matrix} \Big\rangle P-Ph \longrightarrow +CH_2CH_2O\overset{Ph}{\underset{O}{P}}-CH_2\overset{X}{CH}-CO+_n$$

$$(X=CN、COOMe)$$

CO$_2$ 与三元环状胺类化合物在无催化剂存在下，也可发生共聚反应，合成具有氨基甲酸酯结构的共聚体。其反应式为

$$CH_2-CHR + CO_2 \longrightarrow +CH_2\overset{R}{\underset{NR'}{C}}HN+_y +CH_2\overset{R}{\underset{}{C}}HNCOO+_x$$

近年来开发了许多新催化剂，主要有苯酚、乙酸、BF$_3$O(C$_2$H$_5$)$_2$ 和 ZnCl$_2$ 等 Lewis 酸，在该共聚反应中显示出催化活性。

此外，CO$_2$、丙烯腈和三乙撑二胺在无催化剂存在的条件下，也可发生共聚反应，反应开始时，首先由 CO$_2$ 与三乙撑二胺反应，生成氨基甲酸酯基团，然后进一步反应得到含有氨基甲酸酯结构的三元共聚体。其反应式为

$$CO_2 + CH_2=\overset{}{\underset{CN}{C}}H + N\begin{matrix} CH_2CH_2 \\ CH_2CH_2 \\ CH_2CH_2 \end{matrix} N$$

$$\longrightarrow +CH_2CH_2-\overset{}{\underset{O}{C}}-N\begin{matrix} CH_2CH_2 \\ CH_2CH_2 \end{matrix} N\overset{}{\underset{O}{C}}O-CH_2\overset{}{\underset{CN}{C}}H+_x +CH_2\overset{}{\underset{CN}{C}}H+_y$$

以冠醚为催化剂，CO$_2$、氯乙烯的碱金属盐和有机二卤代烷烃发生三元共聚反应，合成聚碳酸酯。其反应式为

$$MO-R'-OM + CO_2 + X-R-X \xrightarrow{冠醚} +O\overset{}{\underset{O}{C}}O-R'-O\overset{}{\underset{O}{C}}O-R+_n$$

式中：R—烷基；R′—氯乙烯基；M—碱金属。

把各种不同的含氯乙烯基团的化合物和有机二卤代烷烃组合起来与 CO$_2$ 发生缩聚反应，则可得到各种类型的聚碳酸酯，其相对分子质量约为 2 万，收率约 50%。CO$_2$ 与带有芳香环的环状醚类发生共聚反应，生成主链含有芳香环的聚碳酸酯。

利用 CO$_2$ 合成高分子材料是一个崭新的领域，现已成功开发出许多品种的高分子材料，性能优异，功能独特，有少数品种已实现或即将实现工业化生产，这都为高分子绿色化学开辟了新天地。

8.4.4　二氧化碳作为超临界流体技术的应用

1. 超临界二氧化碳流体的概述

CO$_2$ 临界温度和临界压力较低，分别为 31.26 ℃和 7.38 MPa（见图 8-13），是应用最广泛

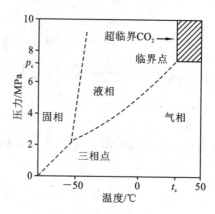

图 8-13　超临界二氧化碳相图

的超临界流体。

超临界 CO_2 具有以下特性：①流体黏度低、密度高；②分子呈对称结构，极性很小，根据相似相溶原理，能溶解水不溶的非极性或极性较低的有机物，并且它的溶解能力可以通过温度和压力进行调节；③具有惰性，不产生副反应；④对高聚物具有很强的溶胀和扩散能力；⑤价廉易得，非易燃易爆，无毒，无腐蚀性。这些优点使其成为替代常规有机溶剂的一种绿色介质，而广泛应用于化工合成、材料改性、萃取、染色、纤维的特殊整理等，并且都获得了很好的效果。

2. 在有机合成工业中的应用

超临界二氧化碳作为反应介质已用于几乎所有的基本有机合成反应。由于其自身的独特性能，超临界二氧化碳不仅仅是有机溶剂简单的替代者，很多超临界二氧化碳中的有机反应均呈现出值得人们关注的新现象、新规律。鉴于篇幅所限，本书只列出一些典型的合成反应，详细内容请参见有关专题论述或专著。

1) 加氢反应

由于超临界二氧化碳能与氢气相溶，能消除由氢气溶解性产生的传质阻力，加快反应的速率，因此超临界二氧化碳中加氢反应的研究备受关注。特别是不对称催化加氢反应可在超临界二氧化碳中进行，甚至能取得比在其他溶剂中更高的对映体选择性。

以价廉易得的单齿氨基磷酸酯 a 和 b 为铑催化剂的配体，实现衣康酸二甲酯和乙酰氨基丙烯酸甲酯在超临界二氧化碳中的不对称氢化，转化率为 100%，ee 值在 99% 以上。其反应式为为了便于催化剂的回收、循环使用及产物的连续分离，Leitner 等采用超临界 CO_2/H_2O 两相体系进行铑催化衣康酸不对称加氢反应。其中亲二氧化碳的铑催化剂 $[Rh(cod)_2]$ BARF$/(R,S)$-3-H_2F_6-BINAPHOS 溶于超临界二氧化碳固定相，而含有底物的水作为流动相。反应完成后放出含有产物的水层，而超临界二氧化碳中的催化剂则留在釜内重复使用。采用该两相催化体系，衣康酸的不对称加氢反应的总转化数高达 1600，转化频率达 340 h^{-1}，ee 值大于 99%。其反应式为

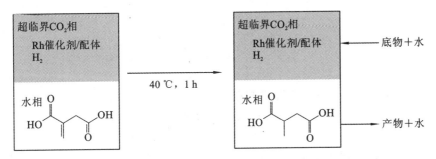

环己酮是重要的工业原料，而环己酮可以由苯酚加氢制得，所以苯酚加氢是一个非常重要的反应。

在超临界 CO_2 中利用硅胶负载的钯催化剂 Pd/Al-MCM-41 来催化苯酚加氢反应来合成环己酮，其反应式为

OH
↓ Pd/Al-MCM-41
H₂(4 MPa)
CO₂(12 MPa)
51℃,4 h
→ 环己酮(O) + 环己醇(OH)

表 8-10　苯酚的加氢反应在超临界二氧化碳中不同压力下的产物

溶剂	压力/MPa	催化剂	转化率/(%)	产物
超临界 CO_2	12	Pd/Al-MCM-41	98.4	环己酮
超临界 CO_2	<8	Pd/Al-MCM-41	98.4	环己酮和环己醇

由表 8-10 可知，苯酚的加氢反应在超临界二氧化碳介质中，控制反应条件可改变生成物的比例。

2）碳碳键形成反应

（1）傅-克烷基化反应（Friedel-Crafts reaction）。傅-克烷基化反应是指芳香族化合物在无水 $AlCl_3$ 等催化剂作用下，芳环上的氢原子被烷基亲电取代的反应。这是一种制备烷基烃的方法。如在 110 ℃、二氧化碳压力 10 MPa 条件下，分子筛负载的磷钨酸（HPW(30)/MCM-41）可有效催化对甲苯酚与叔丁醇反应，得到 2,6-二叔丁基对甲苯酚，产率最高达 58%。该催化体系同样适用于邻甲苯酚和间甲苯酚的二叔丁基化反应，且催化剂可重复使用三次。其反应式为

—◯—OH + —◯—OH →(HPW(30)/MCM-41, 超临界 CO₂)→ 二叔丁基对甲苯酚 + 二叔丁基甲苯酚

　　Wang 等在超临界二氧化碳中以磺酸功能化的离子液体[PSPy][BF₄]为催化剂,连续催化 2,3,5-三甲基氢醌(TMHQ)与异植醇(IPL)发生缩合,烷基化反应合成 D,L-α-生育酚。其反应式为

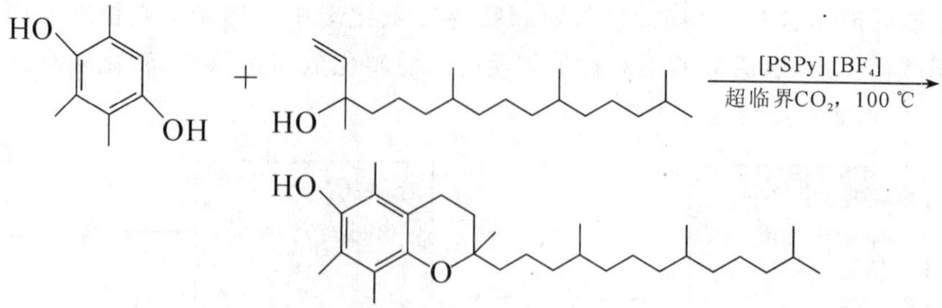

　　在反应过程中采用超临界二氧化碳萃取的方法可以实现产物与催化体系的顺利分离。在 100 ℃、二氧化碳压力 20 MPa 条件下,D,L-α-生育酚的产率高达 90.4%,较常规反应的收率大幅提高。

　　(2) Aldol 反应。Aldol 反应即羟醛缩合、醇醛缩合反应,是具有 α-H 的醛,在碱催化下生成碳负离子,然后碳负离子作为亲核试剂对醛酮进行亲核加成,生成 β-羟基醛,β-羟基醛受热脱水成 α,β-不饱和醛的反应。Baiker 等在流动反应器中,以强酸性树脂 Amberlyst-15 负载的钯(Pd/Amberlyst-15)为双功能非均相催化剂,在超临界 CO₂ 中催化巴豆醛连续加氢、缩合、加氢反应,合成工业上重要的原料 2-乙基己醛,原料转化率达 98%,对 2-乙基己醛的选择性为 67%。其反应式为

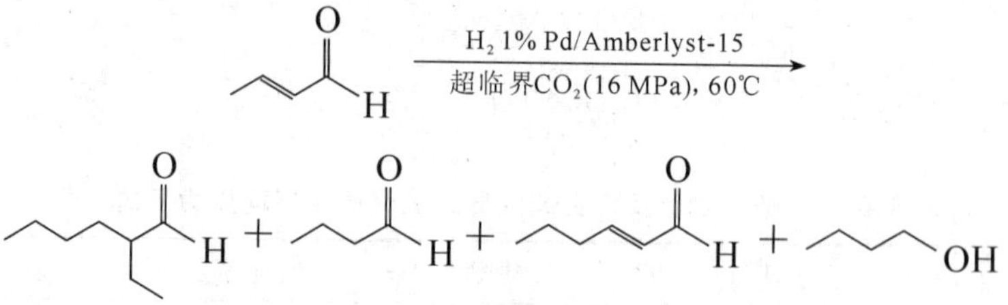

　　(3) Glaser 偶联反应。Glaser 偶联反应是有机合成化学中典型的反应之一,也是研究者不断改进和得到广泛应用的一个反应。江焕峰等系统研究了在超临界 CO₂ 中的 Glaser 偶联反应,发现超临界 CO₂ 与添加剂乙酸钠替代有毒害作用的有机溶剂与碱组分吡啶,产物 1,3-二炔收率大幅度提高。这是绿色化明显改善的例子。

　　亚胺的还原二聚是有机合成中形成 C—C 键的方法之一,也是得到频哪胺的重要手段。频哪胺或频哪醇片段存在于很多天然产物之中,是合成具有重要生理活性的化合物及药物的中间体以及不对称催化的手性配体。江焕峰等在超临界 CO₂ 中使用 Zn-H₂O-CO₂ 体系高效地还原亚胺得到了频哪胺。结果表明,超临界 CO₂ 对该反应具有明显的促进作用,如反应体系中没有二氧化碳,则得不到产物。该反应中,水作为氢供体,二氧化碳作为介质和反应物,整个过程环境友好。反应式为

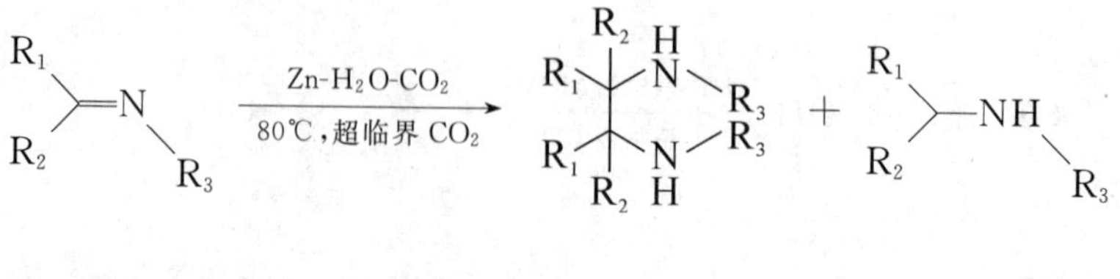

（4）氢乙烯基化反应。Rossell 等利用树状钯催化剂（a 和 b）在超临界二氧化碳中进行苯乙烯的不对称氢乙烯基化反应，虽然在超临界二氧化碳中催化剂的活性较在二氯甲烷中低，但反应对 c 的选择性及 ee 值非常高。

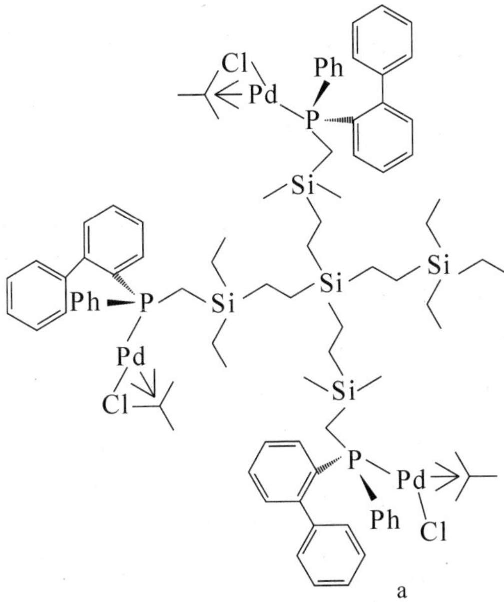

a

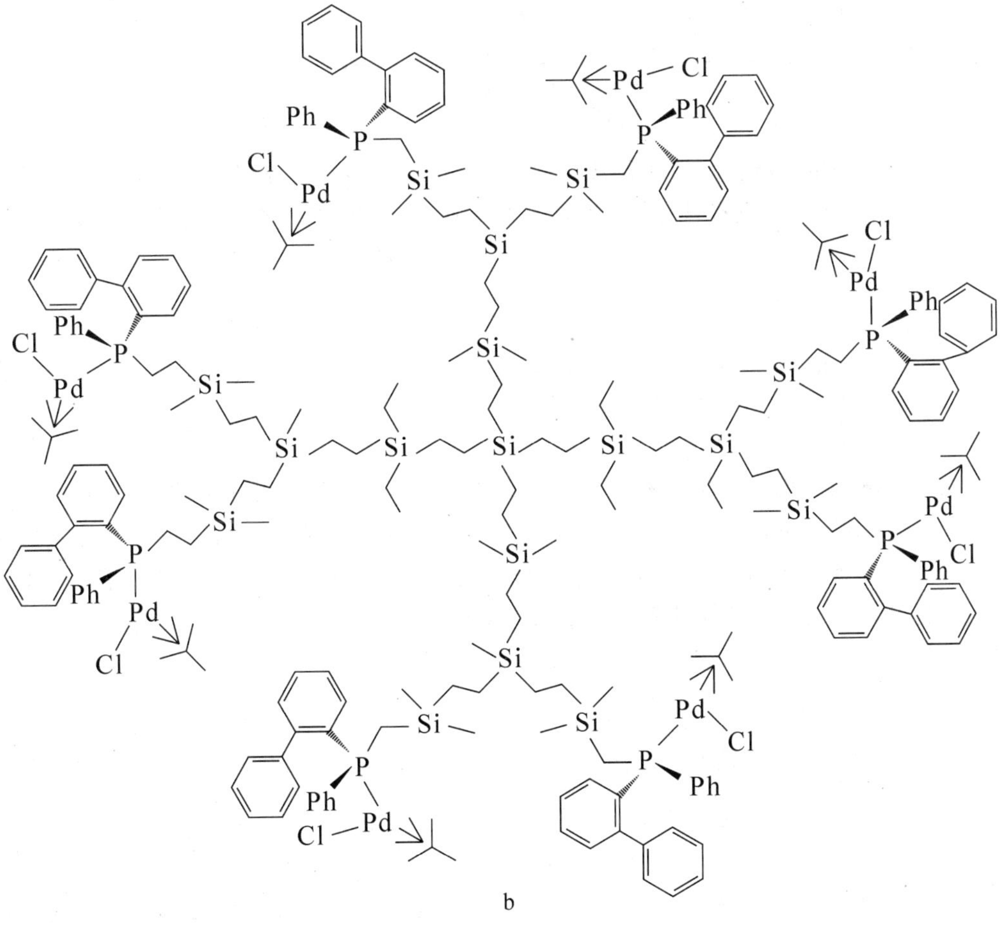

b

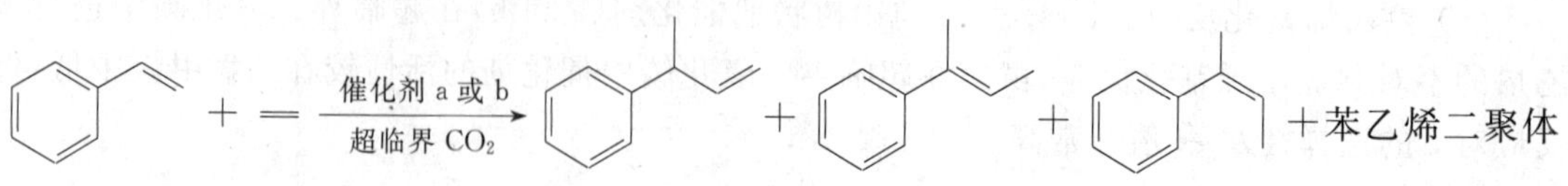

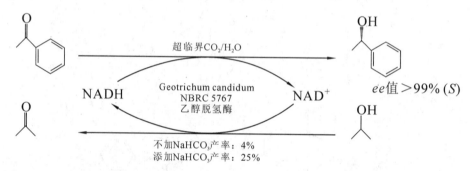

（5）酯化反应。在超临界二氧化碳中，磷钨酸和介孔材料 MCM-48 负载的磷钨酸都可以有效地催化长链脂肪酸与醇的酯化反应。如在 100 ℃、二氧化碳压力 11.0 MPa 条件下，以 MCM-48 负载的磷钨酸为催化剂，棕榈酸与十六醇反应生成酯的产率可达 96.6%，催化剂循环使用 7 次活性保持不变。

（6）酶催化反应。酶具有高效和专一的催化性能，酶催化反应在不对称合成反应中具有十分重要的意义。传统的酶催化在水溶液中进行。最近一些研究表明：酶在超临界二氧化碳介质中也具有良好的催化活性。Matsuda 等用超临界 CO_2/H_2O 两相体系实现醇脱氢酶（Geotrichum candidum NBRC 5767）催化酮不对称加氢反应。体系中需要添加碳酸氢钠来控制体系的 pH 值以防止酶失活，反应得到的产物 ee 值高达 99%。

（7）合成氨基甲酸酯。在超临界条件下（10 MPa，100 ℃），非末端炔丙胺能与二氧化碳发生环加成反应，立体专一选择性地生成(Z)-5-亚烷基-1,3-噁唑烷-2-酮，反应不需催化剂。反应过程如下：

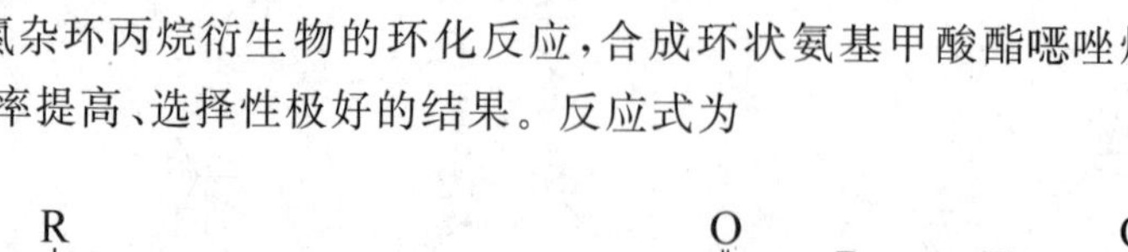

天然氨基酸能催化 CO_2 与环氧化物合成环碳酸酯。这一非金属催化的反应中，氨基酸扮演着 Lewis 酸和碱双重角色，同步活化了 CO_2 和环氧化物。江焕峰等将这一催化体系应用到超临界 CO_2 与 1-氮杂环丙烷衍生物的环化反应，合成环状氨基甲酸酯噁唑烷-2-酮，取得了反应绿色化更好、产率提高、选择性极好的结果。反应式为

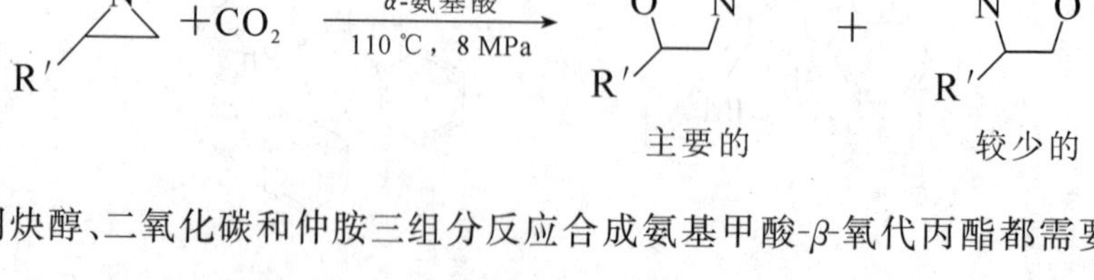

以往利用炔醇、二氧化碳和仲胺三组分反应合成氨基甲酸-β-氧代丙酯都需要用到昂贵的

金属催化剂,且产物的产率相当低。江焕峰等发现,在超临界二氧化碳中(14 MPa,130 ℃),没有过渡金属催化剂存在,也不需加入其他有机溶剂,炔醇、二氧化碳和仲胺就能顺利发生反应,高产率地生成相应的氨基甲酸-β-氧代丙酯类化合物。反应式为

$$R_2'NH+CO_2+HO\!\!-\!\!\underset{R'''}{\overset{R''}{\mid}}\!\!C\!\!\equiv\!\!\xrightarrow[130\,℃]{14\,MPa}\ R_2'N\!\!-\!\!\underset{\underset{O}{\parallel}}{\overset{\overset{O}{\parallel}}{C}}\!\!-\!\!O\!\!-\!\!\underset{R'''}{\overset{R''}{\mid}}\!\!C$$

　　超临界二氧化碳流体中的合成反应远不止上述这些,其研究正如火如荼地开展。这种绿色无害化的技术革新,有助于从根本上消除污染的发生,也将为合成化学带来革命性的变革。

　　3. 超临界二氧化碳流体的其他应用

　　1) 高分子材料工业

　　超临界CO_2流体技术在高分子材料中的应用主要包括:①作为聚合反应的介质。对于某一种聚合物来说,在一定温度下,超临界CO_2的压力越大,则其所溶解的该聚合物的相对分子质量就越大。超临界CO_2流体可以应用于均相溶液聚合物反应,特别是高含氟类聚合物的聚合反应,用来替代用于高含氟类聚合物合成、溶解及加工的有毒有害的氟氯烃类溶剂,真正实现绿色化生产与加工。②作为高分子加工助剂。超临界CO_2流体对聚合物有很强的溶胀能力,利用此特性可以很方便地在CO_2溶胀协助下,把一些小分子物质渗透进高聚物,待CO_2从聚合物中解吸逸出后,这些物质就留在了高聚物中。用这种方法可以将香料、药物等引进高聚物。若将引进的物质进一步反应,则可得到多样的共混材料和高分子复合材料。在一定条件下将超临界CO_2渗透进某些高聚物,然后减压解吸,就可以得到微孔泡沫材料。此外,还可以利用超临界CO_2流体技术制备高聚物微粒和微纤。

　　2) 医药工业

　　超临界CO_2在医药工业上的应用远超过其他工业,主要表现在生物活性物质和天然药物提取、药剂学和分析检测中的应用。

　　(1) 生物活性物质和天然药物提取。如浓缩沙丁鱼油,提取扁藻中的 EPA 和 DHA,为综合利用海藻资源开辟了新的途径;从蛋黄中提取蛋黄磷脂;从大豆中提取大豆磷脂;番茄中提取β-胡萝卜素等。

　　(2) 药剂学上的应用。超临界流体结晶技术是根据物质在超临界流体中的溶解度对温度和压力敏感的特性制备超细颗粒。其中 GAS 法常用于生物活性物质的加工。GAS 是指在高压条件下溶解的二氧化碳使有机溶剂膨胀,内聚能显著降低,溶解能力减小,使已溶解的物质形成结晶或无定型沉淀的过程。例如:提高溶解性差的分子的生物利用度;开发对人体损害较少的非肠道给药方式等。

　　(3) 分析检测上的应用。将超临界流体用于色谱技术称为超临界流体色谱,兼有高速度、高效和强选择性、高分离效能,且省时,用量少,成本低,条件易于控制,不污染样品等,适用于难挥发、易热解高分子物质的快速分析。用超临界流体色谱已成功地分析了咖啡、姜粉、胡椒粉、蛇麻草、大麻等的有效成分和血清中的游离药物等。

　　3) 食品工业

　　过去通常采用压榨法、蒸馏法、溶剂萃取法等方法,从天然物中提取香料、色素、油脂等有效成分和生物活性成分等。这些方法都存在能耗高、原料利用率低、污染大及产品纯度不高等缺点,还存在利用水蒸气蒸馏法及溶剂萃取法获得天然提取物时,天然提取物往往会受热分解

或后续操作中除去溶剂时,而损失部分低沸点的有用成分,以及溶剂残留和不能有效地对有效成分选择性萃取等问题。超临界CO_2流体技术已在食品工业中得到广泛应用,主要用于食品中有害成分的脱去以及有效成分的提取、食品原料的处理等方面。例如:从咖啡、茶叶中去除咖啡因;从奶油、鸡蛋中除去胆固醇等;啤酒花的有效萃取;从植物中萃取风味物质、脂肪酸和色素等。

　　4) 制革工业

　　我国四川大学从 1993 年开始进行超临界CO_2流体无污染制革新技术研究,取得了将超临界CO_2流体用于制革脱灰、铬鞣和染色等无污染制革新技术的核心成果,利用超临界CO_2代替水作为介质(或者代替某些制革化工材料等),并在此介质中实现制革"湿"操作反应,消除了制革的污染大、毒害重的老大难问题,另外,染色时具有节约染料、上染率高、染料分散均匀及结合牢固等优点。

　　近年来,超临界CO_2流体技术已经迅速地向萃取分离以外的领域拓展,成为涉及萃取分离、材料制造、化学反应和环境保护等多个领域的综合技术。随着科学技术的突飞猛进,超临界CO_2技术必将在经济、技术等诸多方面取得突破,成为新型绿色化工业的"奇葩"。

8.5　二氧化碳的节能减排

　　人类从来没有像 20 世纪获得如此迅猛的发展,但也从来没有像 20 世纪遭遇如此多的忧患。毋庸置疑,"天空被搞得乌烟瘴气"罪魁祸首之一就是二氧化碳排放。为扭转全球变暖的趋势,减少"温室效应",给子孙后代留下一个可供生存、可持续发展的环境和空间,已成为全球共识。1992 年通过了《联合国气候变化框架公约》(UNFCCC),已有 190 多个国家和地区参与缔约。1997 年在日本京都通过了旨在限制温室气体排放量、抑制全球变暖的《京都议定书》。

　　《京都议定书》规定,到 2010 年,所有发达国家排放的二氧化碳、甲烷、氧化亚氮、氢氟碳化物、全氟化碳以及六氟化碳等 6 种温室气体的数量,要比 1990 年减少 5%以上。

　　2008 年 12 月 1 日由 189 个国家共同参与的联合国全球气候变化大会上又提出 2050 年全球排放必须在 1990 年水平上减少 50%。要实现这一目标,各国都应该付出巨大的努力。

8.5.1　能源合理利用与环境的可持续发展

　　化工行业是一个被认为是"高能耗、高排放、高污染的夕阳产业"。如何摆脱这种偏见,实现环境友好、低排放甚至零排放和可持续发展,是迫切需要解决的问题。进行能源的合理、科学、高效利用是本行业实现节能降耗减排的有效之举。首先,在能源使用上要尽可能地采用新能源。

　　所谓新能源,是指非传统矿石能源以外的其他能源形式,具有来源上的可再生性以及使用上的低污染性。联合国开发计划署(UNDP)把新能源和可再生能源分为三大类:①大中型水电;②新可再生能源,包括小水电、太阳能、风能、现代生物质能、地热能和海洋能等;③传统生物能。在我国,新能源和可再生能源是指除常规化石能源和大中型水力发电及核裂变发电之外的生物质能、太阳能、风能、小水电、地热能和海洋能等一次能源以及氢能、燃料电池等二次能源。从 20 世纪 50 年代以来,世界各国都开始研究新能源,在风电、太阳能光伏与光热、生物质能发电、潮汐利用等方面已取得了一定的成果,具备产业化条件,并初步实现了产业化和规模化。新能源具有以下特点:①能量密度较低,并且高度分散;②资源丰富,可以再生;③清洁,使用中几乎没有损害生态环境的污染物排放;④太阳能、风能、潮汐能等资源具有间歇性和随机性;⑤开发利用的技术难度大等。因此,新能源是可持续发展的重要能源。

从经济结构上看,要转变现有的"高消耗、高排放、高污染"的经济体系,走"低消耗、低排放、低污染"的经济发展之路。从能源结构上看,要以可再生能源替代化石能源,构建新能源经济体系。研究表明,1 t 标准煤的可再生能源相当于 1.4 t 普通煤,CO_2 减排 2.56 t,烟尘减排 245 kg,SO_2 减排 33.6 kg,NO_x 减排 5.6 kg。据统计,我国 2008 年可再生能源利用量达到 2.6×10^8 t 标准煤,相当于减少 3.64×10^8 t 燃煤,CO_2 减少 6.65×10^8 t,烟尘减少 6.370×10^7 t,SO_2 减少 8.74×10^6 t,NO_x 减少 1.46×10^6 t。可见,可再生能源和新能源是实现可持续的重要途径。据中国电力企业联合会发布的数据,截至 2008 年年底,全国发电设备容量为 7.9253×10^8 kW,其中火电为 6.0132×10^8 kW,约占总容量的 75.87%,风能、太阳能、生物质等"新能源"占比大约仅为 7%。目前,我国的电源结构仍以火电为主,未来在传统化石能源节能减排大有可为。此外,我国提出发展"战略性新兴产业",这意味着,以新能源产业发展为龙头,我国众多传统产业都有望进行结构调整和发展思路的转型。

目前,化工行业应抓住当前能源供需矛盾相对缓和,为结构调整提供的难得的战略机遇,大力更新使用清洁新能源,着力提升绿色生产技术,进一步淘汰落后产能,提高行业科技水平,使行业提档升级,真正实现可持续发展。

8.5.2　实施二氧化碳减排的发展对策

1. 二氧化碳的消费概况

美国是世界上二氧化碳回收装置能力最大和消费量最大的国家。2009 年国外几个有代表性的国家或地区的二氧化碳消费构成见表 8-11。

表 8-11　2009 年国外几个国家或地区的二氧化碳消费构成

地域	产品状态	消费构成									
美国	液态	食品业		饮料碳酸化		驱油和驱气		其他		消费量/(10^4 t/a)	
		61.3%		13.7%		6.4%		8.6%		713.1	
	气态	管道输送驱油和驱气		生产尿素		生产轻质碳酸钙		生产碳酸钠和碳酸氢钠		消费量/(10^4 t/a)	
		88.1%		8.3%		3.1%		0.5%		4551.9	
西欧	液态	碳酸饮料	食品工业	橡胶和塑料	焊接	铸造	消防	医药	制混合气体和气雾剂	其他	消费量/(10^4 t/a)
		49.8%	24.9%	0.8%	3.6%	2%	1.6%	1.4%	3.2%	12.8%	301.2
	气态	生产尿素			其他						消费量/(10^4 t/a)
		98.3%			1.7						289
	固态	制冷		化学生产		金工		其他			消费量/(10^4 t/a)
		71.4%		15.3%		6.3%		6.9%			18.9
日本	液态	焊接		饮料碳酸化		制冷		钢铁生产		其他	消费量/(10^4 t/a)
		49.8%		14.7%		14.4%		4.9%		16.2%	68.9
	固态	低温制冷			其他						消费量/(10^4 t/a)
		60%~70%			30%~40%						32

全球二氧化碳的消费量有逐年上升趋势,但消费结构在不同国家和地区各异,且各国的消费结构也在不断变化。

我国二氧化碳回收和消费发展速率都堪称全球第一,总回收能力由 1990 年 2.0×10^6 t,发展到 2009 年约 7.0×10^6 t,年均增长速度为 12.5%。近几年我国二氧化碳的消费量一直以 15%~20% 的速度增长,2009 年我国二氧化碳的总消费约为 5.0×10^6 t,但我国二氧化碳市场需求发展不平衡,中西部地区需求不足,相对而言东部及沿海地区二氧化碳市场容量较大,特别是上海周边地区,二氧化碳的需求量达到了 5.0×10^5 t/a。目前国内二氧化碳消费结构中,碳酸型饮料约占 10%,碳酸二甲酯与降解塑料加工约占 20%,CO_2 保护焊约占 45%,油井注压采油约占 7%,超市食品保鲜约占 5%,烟丝膨化约占 5%,其他约占 8%。可见二氧化碳的市场广、前景好,大有可为。

2. 我国二氧化碳减排的方略

我国是最大的能源消费国,也是能源浪费最大的国家。高耗能、低效率使得 GDP 的成本居高不下。我国现在消耗的水泥占世界的 55%,钢材占世界的 26%,煤炭占世界的 30%,而创造的 GDP 只占世界的 5%。我国能源以煤炭消费为主,占 75%,石油约占 17%,水电约占 5%,天然气、核电约占 0.4%。我国能源结构中低效、高污染能源(煤炭、焦炭、秸秆)占有相当高的比重,电能、石油、天然气等高效清洁能源所占比例太小,这样的结构不仅造成大量的能源浪费,而且对环境也造成极大的污染。面对这样的局面,我国的工业要走可持续发展的道路,CO_2 必须减排,必须回收利用。

显然,CO_2 的减排代价很高,但又必须要付出。根据《京都议定书》制定的清洁发展机制(CDM),对于发达国家来说,能源结构的调整、高耗能产业的技术改造和设备的更新,以及大面积植树造林活动的推广,都需要高昂的成本,甚至付出牺牲部分 GDP 的代价。在日本境内减少 1 t CO_2 的边际成本为 234 美元,美国为 153 美元,经合组织中的欧洲国家为 198 美元。当日本要达到在 1990 年基础上减排 6% 温室气体的目标时,将损失 GDP 发展量的 0.25%。

中国是发展中国家,尽管《京都协定书》没有规定在 2012 年之前减排的量化指标,但我国政府为实施《京都议定书》做好了准备。我国政府成立了清洁发展机制审核理事会,并发布了《中国清洁发展机制项目暂行管理办法》,规定了项目申报和许可程序,已经正式批准了多个项目,还有很多项目正在进行前期准备。

我国 2007 年还公布了《中国应对气候变化国家方案》,成立了国家应对气候变化领导小组,颁布了一系列法律法规,明确提出了控制温室气体排放的任务,包括到 2010 年要实现单位国内生产总值能耗比 2005 年降低 20% 左右,可再生能源在一次能源供应结构中的比重要提高到 10%,将工业氧化亚氮排放量稳定在 2005 年水平等。

3. 二氧化碳减排的技术方向

自 1980 年以来,欧盟在基本没有增加化学燃料的前提下实现了经济的持续发展。比如从 1974 年到 2005 年,丹麦的 GDP 增长了 4 倍多,能源消费增长却几乎为零。欧盟的经验很值得我们借鉴。

高耗能工业对我国工业增加值的贡献在 10%~12%,但其耗能占到 50%~70%。因此,我国推行"低碳经济"与"二氧化碳绿色化经济"的发展方式符合世界科学发展的潮流。

我国能源结构以煤为主,从温室气体减排的角度而言,燃煤二氧化碳的减排是关键。首先,选煤技术是实现煤炭高效、洁净利用的首选方案,它主要利用物理、物理-化学等方法除去煤炭中的灰分和杂质,如煤矸石和黄铁矿等。通过选煤实现节煤,同时提高燃煤的燃烧效率,即可达到减少二氧化碳排放的目的。目前发达国家煤炭的入选率已经达到 90% 以上,但是我国煤炭的入选率不到 40%,因此选煤技术在我国有很大的发展潜力。其次,洁净燃煤技术(如循环流化床锅炉)、煤炭转化技术(如煤炭气化和液化技术)、电力行业中煤电的整体煤气化联合循环技术(IGCC)等,都是不错的提高能源利用率及转化率同时实现二氧化碳减排的方法。此外,将旧的工业锅炉改造成循环流化床锅炉,可以提高锅炉热效率,节省煤耗,实现减排。目前我国正在使用的工业锅炉约 50 万台,年耗煤量超过 4.0×10^8 t,平均热效率仅为 55%～65%,平均排放当量为每吨煤 1.136 t CO_2。其中,浙江大学将 1 台 10 t/h 的链条炉改造成循环流化床锅炉,锅炉效率由原来的 65% 提高到 85%,CO_2 排放量减少 20%。

用天然气替代固体燃料有利于减少 CO_2 的排放。在能量等值的基础上,天然气的 CO_2 排放量仅为固体燃料相应排放量的 55%。由于采用更高效的燃气涡轮发电机,天然气在发电领域替代固体燃料还可进一步将每千瓦时的 CO_2 排放量减少到煤炭或褐煤发电的 35%～40%。用天然气替代石油作为运输燃料有利于减少 CO_2 的排放量,现在的技术可使 CO_2 排放量减少15%,如果大多数市场转而利用天然气的特殊性能(高辛烷值),则 CO_2 排放量可减少 25%。

CO_2 合成低碳烃、甲醇和二甲醚等产品消耗能量高,且需氢量大,不是最好的低能耗、绿色、高效的方法。朱维群等提出一种新的 CO_2 高值有效利用方法,即利用煤气化过程产生的氢气与氮气合成氨,然后将 CO_2 与 NH_3 在一定条件下反应合成白色无味三聚氰酸等固体产品。三聚氰酸物理性质稳定,用途广泛,可生产树脂、黏合剂、消毒剂、化肥缓释剂等。这样不仅封存了 CO_2,达到 CO_2 减排的目的,还使 CO_2 得到高值利用,最终实现产品低碳节能。反应式如下:

$$3NH_3 + 3CO_2 \longrightarrow \text{(三聚氰酸)} + 3H_2O \qquad ①$$

从反应式①可以看出,此合成反应所需原料用量少(理论上 1 份质量的氨可以固定 2.5 份 CO_2,CO_2 占原料的比例达 70% 以上);在其工业生产中,原料来源简单,只需要空气、水和单质碳,反应式如下:

$$C + O_2 \longrightarrow CO_2, \quad \Delta H = -393.71 \text{ kJ/mol} \qquad ②$$

$$C + H_2O \longrightarrow CO + H_2, \quad \Delta H = +131.00 \text{ kJ/mol} \qquad ③$$

$$CO + H_2O \longrightarrow CO_2 + H_2, \quad \Delta H = -41.24 \text{ kJ/mol} \qquad ④$$

$$N_2 + 3H_2 \longrightarrow 2NH_3, \quad \Delta H = -92.40 \text{ kJ/mol} \qquad ⑤$$

$$3NH_3 + 3CO_2 \longrightarrow \text{(三聚氰酸)} + 3H_2O, \quad \Delta H = -690.4 \text{ kJ/mol} \qquad ⑥$$

总反应是一个放热反应,从碳参与反应计算,三聚氰酸的总反应热量为 -227.4 kJ/mol。在工艺耗能低于反应热的条件下,整个工艺过程可有部分能量释放,这样不仅节能,而且没有 CO_2 排放。其流程如图 8-14 所示。

与目前的煤化工产品相比,合成三聚氰酸具有明显的节能减排效果(见表 8-12),这有重要的生态和社会意义。

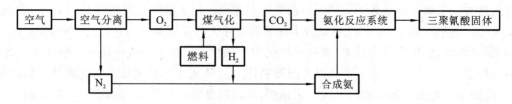

图 8-14　CO_2 氨化技术流程图

表 8-12　合成三聚氰酸与几种常规煤化工产品的比较

	综合能耗(标准煤)/(kg/t)	能源转化率/(%)	碳转化率/(%)	CO_2排放量/(t/t)
煤制烯烃	5700	35	44	10
煤制油	3000	32~38	33.3	8.7
煤制甲醇	1400	54	54	3.8~4.3
煤制天然气	1099	50	25	8.25
合成尿素	240	—	63	0.785
合成三聚氰酸	~240	100	100	0

注：本数据综合能耗来自我国节能减排"十二五"规划。

4. 二氧化碳减排的状况及走势

我国二氧化碳的减排还是取得不少成绩,主要有以下几个方面。

①1991—2005 年,我国以年均 5.6% 的能源消费增长速度支持了年均 10.2% 的经济增长速度。同期,我国累计节约能源约 8×10^8 t 标准煤,相当于减排 $CO_2 1.8 \times 10^9$ t。

②据统计,我国一次能源消费构成中煤炭的比重从 1990 年至 2005 年逐年降低,2005 年,中国可再生能源利用量占能源消费总量的 7.5%,相当于减排 $CO_2 3.8 \times 10^8$ t。

③开展植树造林,加强生态保护。1980—2005 年,我国植树造林活动累计净吸收 CO_2 约 3.06×10^9 t,森林管理累计净吸收 $CO_2 1.62 \times 10^9$ t,减少毁林排放 $CO_2 4.3 \times 10^8$ t。

④实行计划生育,减缓人口增长。从 20 世纪 70 年代以来,我国累计少生 3 亿多人,按世界人均排放水平计算,每年少排 $CO_2 1.2 \times 10^9$ t。

我国 CO_2 减排任务十分艰巨。只要单位 GDP 能耗有较大幅度的降低,CO_2 就有较大幅度的减排。绿色化学将在当中起着十分重要的作用和扮演重要的角色。

党的"十八大"进一步提出:"建设生态文明,基本形成节约能源资源和保护生态环境的产业结构、增长方式、消费模式。循环经济形成较大规模,可再生能源比重显著上升。主要污染物排放得到有效控制,生态环境质量明显改善。生态文明观念在全社会牢固树立。"这为我国的发展指明了方向,有利于我国二氧化碳事业的大发展。将二氧化碳的减排与绿色化利用有机地结合,降低单位 GDP 的能源消耗率,提高社会、经济效益,促进化学工业的安全、高效、绿色可持续发展,又很好地符合我国的能源安全战略;对于工业节能减排、调整产业结构、优化升级和发展绿色经济、低碳经济战略性新兴产业,具有非常重大的社会、经济意义,以及非常深远的历史意义和重要的战略意义。

复习思考题

1. 二氧化碳与超临界二氧化碳各具有哪些特性?

2. 试简要分析我国的二氧化碳资源状况。

3. 试述二氧化碳在绿色化学中的作用、贡献及发展趋势。

4. 简述二氧化碳与温室效应的关系。

5. 试计算由 CO_2 与 NH_3 反应合成白色无味三聚氰酸产品的原子经济性。

6. 超临界二氧化碳在绿色化学中的优越性表现有哪些?

7. 与传统方法相比,由二氧化碳制备碳酸二甲酯的绿色化具体表现有哪些?

8. 简述二氧化碳的减排途径和我国低碳路线。

9. 从绿色化学的角度出发,分析一下我们应该如何消费二氧化碳。

参 考 文 献

[1] 新榜网,全球碳排放十大国排行榜 2009-12-16,23:13:28 http://koubei.xooob.com/gj/200912/395865.html.

[2] 赵钦铭.二氧化碳变害为利回收利用造福人类[J].能源与环境,2010,(4):25-28.

[3] 郭方飞,张建孝,刘庆增,等.变压吸附法回收尾气中二氧化碳的技术分析[J].氮肥技术,2012,33(1):43-44.

[4] 周忠清,钱延龙.二氧化碳化学的进展[J].化学通报,1984,(5):4-11.

[5] 黎汉生,钟顺和.二氧化碳和甲醇合成碳酸二甲酯研究进展[J].化学进展,2002,14(5):368-373.

[6] 李富友.二氧化碳化学[J].化学教育,1995,(2):4-8.

[7] 陈栋梁,雷正兰,刘万楹,等.二氧化碳和天然气经过微波等离子体直接转化成 C_2 烃[J].合成化学,1997,5(2):131-132.

[8] 白荣献,谭猗生.复合催化剂上二氧化碳加氢合成 C_2^+ 烃类[J].化学进展,2003,15(1):47-50.

[9] 朱跃钊,廖传华,王重庆,等.二氧化碳的减排与资源化利用[M].北京:化学工业出版社,2011.

[10] 江琦,李涛,刘峰.主族金属甲氧基化合物作用下由二氧化碳和甲醇合成碳酸二甲酯[J].化学通报(网络版),1999,9(1):C99094.

[11] 钟顺和,黎汉生,王建伟,等.CO_2 和 CH_3OH 直接合成碳酸二甲酯 $Cu-Ni/V_2O_5-SiO_2$ 催化剂[J].物理化学学报,2000,16(3):226-231.

[12] 谭天伟,王芳,邓利,等.生物能源的研究现状及展望[J].现代化工,2003,23(9):8-12.

[13] 汪廷魁.浅谈利用二氧化碳灭菌杀虫概况[J].植物保护,1993,(2):30-32.

[14] 江怀友,沈平平,王乃举,等.世界二氧化碳减排政策与储层地质埋存展望[J].中外能源,2007,12(5):7-13.

[15] 靳治良,钱玲,吕功煊.二氧化碳化学——现状及展望[J].化学进展,2010,22(6):1102-1115.

[16] 田恒水,李峰,陆文龙,等.发展二氧化碳的绿色高新精细化工产业链促进产业结构优化节能减排[J].化工进展,2010,29(6):977-983.

[17] 吴颖.以二氧化碳为原料的绿色有机合成研究[D].天津:南开大学硕士学位论文,2009.

[18] 戚朝荣,江焕峰.超临界二氧化碳介质中的有机反应[J].化学进展,2010,22(7):1274-1285.

[19] 武素香,樊红雷,程燕,等.CO_2/H_2O 混合绿色介质中的有机催化反应[J].化学进展,2010,22(7):1286-1294.

[20] 郑学栋.二氧化碳的综合利用现状及发展趋势[J].上海化工,2011,36(3):29-33.

[21] 宋名秀,孙洪志,阿布都拉江·那斯尔,等.二氧化碳减排技术路线探讨[J].现代化工,2013,33(8):5-8.

[22] 周忠清.利用 CO_2 合成高分子材料的技术进展[J].天然气化工,1994,19(3):41-45.

[23] 白玉山,于鹍.侯氏制碱法中的绿色化学思想[J].化学教学,2004,(9):48-50.

[24] 黄斌,刘练波,许世森.二氧化碳的捕获和封存技术进展[J].中国电力,2007,40(3):14-17.

[25] Davison J,Freund P,Smith A. Putting carbon back into the ground [J]. IEA Greenhouse Gas R&D

Programme,2000,2:1-28.

[26] Tomishige K,Kunimori K. Catalytic and direct synthesis of dimethyl carbonate starting from carbon dioxide using CeO_2-ZrO_2 solid solution heterogeneous catalyst:effect of H_2O removal from the reaction system[J]. Appl. Catal. A,2002,237(1-2):103-109.

[27] Carnes C L,Klabunde K J. The catalytic methanol synthesis over nanoparticle metal oxide catalysis [J]. J. Mol. Catal. A:Chemical,2003,194:227-236.

[28] Shiflett M B,Yokozeki A. Solubilities and diffusivities of carbon dioxide in ionic liquids:[bmim] [PF_6] and [bmim][BF_4][J]. Ind. Eng. Chem. Res. ,2005,44(12):4453-4464.

[29] Toshiyasu Sakakura,Jun-Chul Choi,Hiroyuki Yasuda. Transformation of Carbon Dioxide[J]. Chem. Rev. ,2007,107(6):2365-2387.

[30] Roosen C,Ansorge-Schumacher M,Mang T,et al. Gaining pH-control in water/carbon dioxide biphasic systems [J]. Green Chem. ,2007,(9):455-458.

[31] Mengxiang Fang,Shuiping Yan,Zhongyang Luo,et al. CO_2 chemical absorption by using membrane vacuum regeneration technology[J]. Energy Procedia,2009,(1):815-822.

[32] Cheng H Y,Meng X C,Liu R X,et al. Cyclization of citronellal to p-menthane-3,8-diols in water and carbon dioxide[J]. Green Chem. ,2009,(11):1227-1231.

第9章 生物质利用的绿色化学化工过程*

目前,生物质资源被认为是替代化石资源的最佳选择。对生物质进行综合有效的利用是绿色化学化工技术保证人类可持续发展的有效手段之一,是可持续发展战略的重要支柱。

9.1 概　　述

9.1.1 生物质的自然状况

地球上种类繁多的植物组成巨型化工厂,它们利用太阳光的能量不断地把水和二氧化碳等无机物合成为各种有机物,为人类提供了丰富而且可以再生的生物质资源。

中国是一个农业大国,生物质资源十分丰富。中国拥有充足的可发展生物质资源,除农作物耕地外,还包括各种荒地、荒草地、盐碱地、沼泽地等。如加以有效利用,开发潜力将十分巨大。

9.1.2 生物质概念

生物质是指利用大气、水、土地等通过光合作用而产生的各种有机体,即一切有生命的可以生长的有机物质统称为生物质。它包括植物、动物和微生物。

狭义上,生物质主要是指农林业生产过程中除粮食、果实以外的秸秆、树木等木质纤维素,农产品加工业下脚料,农林废弃物及畜牧业生产过程中的畜禽粪和废弃物等物质。

9.1.3 生物质的分类

生物质的主要组成元素为 C、H 和 O,而化石资源的主要组成为 C、H。典型的生物质资源主要有纤维素、半纤维素、木质素、油脂、淀粉、甲壳素等。本书将着重介绍前四种生物质资源的化学化工过程。

1. 纤维素

纤维素是自然界中储量最大、分布最广的天然有机物。地球上每年由生物合成的纤维素有 5.0×10^{11} t,其中用于化学改性的纤维素仅 7.0×10^6 t,它是由葡萄糖结构单元通过 β-1,4-糖苷键连接而成的大分子。

2. 半纤维素

在植物细胞壁中与纤维素共生、可溶于碱溶液,遇酸后远较纤维素易于水解的那部分植物多糖即为半纤维素。半纤维素是由几种不同类型的单糖构成的异质多聚体,这些糖是五碳糖和六碳糖,包括木糖、阿拉伯糖和半乳糖等。

3. 木质素

木质素就总量而言,仅低于纤维素,全球每年可产生 1.5×10^{11} t 木质素。每年我国仅农作物秸秆中就含有木质素 7.0×10^8 t。木质素作为造纸工业的副产物,没有被充分利用,且污染环境。

　　木质素具有含活泼氢的羟基和双键,可以引入各种亲水基团制备各种化学产品,其基本结构单元如下:

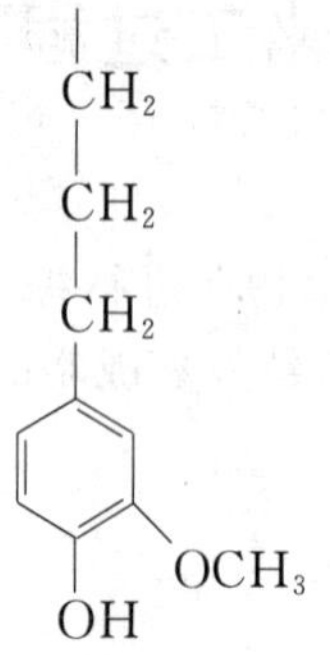

愈创木基型 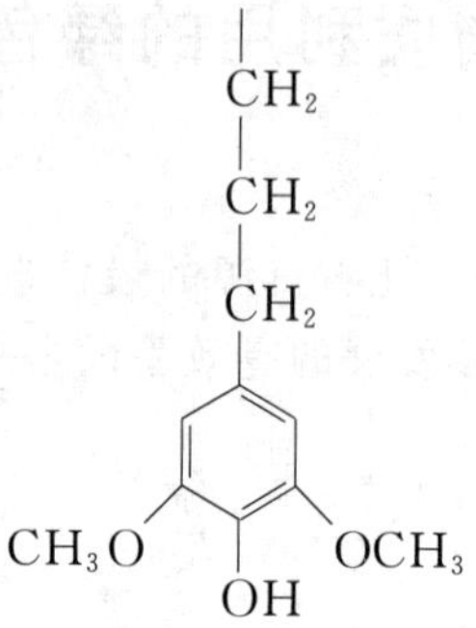　　　　　　　紫丁香基型 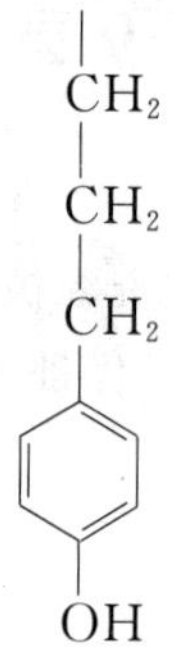　　　　　　　对羟苯基型

4. 油脂

　　油脂是油和脂的总称,是一种取自动植物的物质,主要成分是甘油三脂肪酸酯,简称甘油三酸酯。一般而言,"油"是指常温下呈液态状态的,而"脂"是指常温下呈半固体或固体状态的,习惯上"油"和"脂"不做区分。从结构上看,甘油三酸酯可以认为是由一个甘油分子与三个脂肪酸分子缩合而成的。

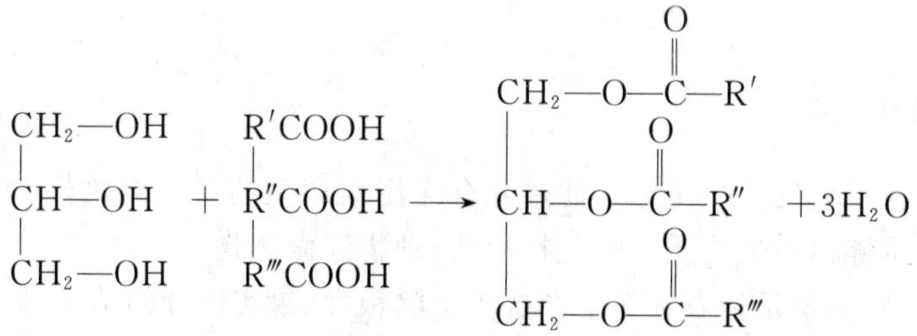

油脂的制备过程

　　若三个脂肪酸相同,生成物为同酸甘油三酸酯;否则,生成异酸甘油三酸酯。天然油脂大多数是混合酸的甘油三酸酯,另外,油脂中还含有少量磷脂、蜡、甾醇、维生素、碳氢化合物、脂肪醇、游离脂肪酸、色素,以及产生气味的挥发性的脂肪酸、醛和酮等。

9.1.4　生物质的用途

　　通过光合作用,植物每年将约 2.0×10^{11} t 的 CO_2 转化为碳水化合物,并储存了约 3.1×10^{13} J 的太阳能。其储存的能量是目前世界能源消耗总量的 $10 \sim 20$ 倍,但目前的利用率不到 3%。

　　植物资源的主要成分中,人类利用最多的是纤维素,利用最少的是半纤维素,最难利用的是木质素。除了纤维素已用于造纸和纺织外,目前正在开发植物资源的以下新用途。

1. 制备可生物降解的高分子材料

　　利用植物中多糖类的纤维素、木质素和淀粉等,可以制成有价值的降解塑料,如美国 Warner-Lambert 公司开发的 Novon 牌完全生物降解塑料就是这类材料中的典型例子。这些制品因其价格高昂还没有被广泛使用,但已显示出在解决"白色污染"问题上的潜力。

2. 把纤维素转化为葡萄糖和乙醇

　　纤维素在其结晶结构被破坏并与木质素和半纤维素分离后,就不难进一步裂解成葡萄糖,转化率可达 95% 以上。目前已有一些有效的生物转化方法,可以把纤维素直接转化为乙醇。

这样得到的糖和乙醇可以代替石油和煤做有机化工的基本原料,进一步生产各种有机化工产品,包括汽油等基本能源。

3. 木质素的利用

木质素是可再生的植物纤维资源,而且是植物纤维中蕴藏太阳能最高的,是石油的最佳代替品。在造纸工业中,它被当作废物排放,对环境造成严重污染。近年来,木质素应用的研究已有许多进展,其中包括它液化后直接用作燃料、黏合剂及制成酚、有机酸等一些低相对分子质量的化学品。

9.1.5　生物质的分布

在已知的 24 万种维管植物中,约有 25% 是可食用的,世界上的食物来源于约 100 个物种,其中约 3/4 的食物来自小麦、水稻、玉米、马铃薯、大麦、甘薯和木薯等作物。

我国幅员辽阔,生物质资源来源广泛、数量巨大,为生物质的开发利用提供了丰富的原料。

我国农业生物质资源农作物秸秆的分布格局与农作物种植的分布相一致。我国作物秸秆主要分布在东部地区,华北平原和东北平原是我国农作物秸秆的主要分布区。河北、内蒙古、辽宁、吉林、黑龙江和江苏等粮食主产区为秸秆产出的主要省区。单位国土面积秸秆资源量高的省份依次为山东、河南、江苏、安徽、河北、上海、吉林等。

农产品加工业副产品主要包括稻壳、玉米芯、甘蔗渣等,多来源于粮食加工厂、食品加工厂、制糖厂和酿酒厂等,数量巨大,产地相对集中,易于收集处理。其中,稻壳主要产于东北地区,以及湖南、四川、江苏和湖北等省;玉米芯主要产于东北地区和河北、河南、山东与四川等省;甘蔗渣主要产于广东、广西、福建、云南和四川等省区。

我国林业生物质资源的主要类型有森林中成熟或过熟林的采伐剩余物、死木清理,以及近成熟林的抚育修枝和中龄林的抚育间伐等。根据第六次全国森林资源清查结果,东北及内蒙古林区、华北和中原地区、南方林区和华南热带地区是林业生物质资源集中分布的地区。

9.1.6　生物质的综合利用

地球上的植物包含的有机物绝大多数是纤维类物质(包括稻草、麦秆、野草和所有树木等),其中有用的纤维素由于结晶及与木质素共生等原因,难以被微生物降解或被人类消化。

纤维素是纤维的骨骼物质,而半纤维素和木质素的结构较复杂,以包容物质的形式分散在纤维之中及其周围,木质素的黏结力把纤维凝聚在一起(见图 9-1)。把纤维素、半纤维素和木质素相互分离开来是生物质利用的关键。

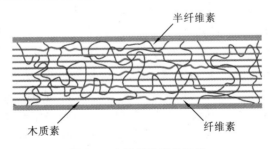

图 9-1　木质纤维素的结构

中国古代发明的造纸术就是纤维素人工分离的早期成果之一,至今利用植物资源最多的工业仍是制浆造纸业。目前在造纸工业中广泛采用碱法煮浆(制浆)脱除木质素,产生的黑液对环境造成极大的污染,这在我国的淮河流域表现得尤为突出,危害巨大。目前正在发展新的无(少)污染制浆技术和生化法制浆技术。绿色化学用一些新方法,在这个领域里取得了一些突破性进展。

1. 生物质转化

如图 9-2 所示,生物质转化包括预处理和酶水解两个主要的工艺过程,从中分别得到碳水化合物和木质素。通过对生物质原料的预处理,暴露出纤维素和半纤维素,增加后续酶水解阶段底物与酶的作用面积。用水基、酸性的、碱性的和有机溶剂制浆体系进行预处理,与传统的制浆方法相比,这些预处理方式在处理一批均匀的木片时效果最好。不同类型的木质纤维原料应采用不同的预处理方式。预处理后进行酶水解,通常使用由真菌(如木霉、青霉和曲霉等)产生的纤维素酶。这些纤维素酶可将纤维素微纤维结构有效分解成不同的碳水化合物组分。酶水解过程可以单独进行,也可以与其他生物质转化过程一起进行。独立的水解和发酵(简称SHF)在工艺上具有更大的灵活性。同时糖化和发酵(简称 SSF)已被认为是高效生产生物乙醇的方法。

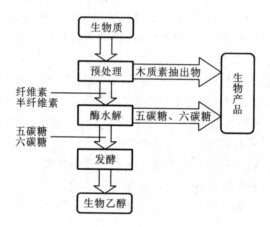

图 9-2　生物质转化工艺流程简图

研发新的分离技术,实现纤维素、半纤维素和木质素的有效分离,使得这些组分能分别进行工业加工。近年来生物质转化的基本研究专注于降低水解酶的成本。诺维信、杰能科和美国国家可再生能源实验室联合开展研究,经过 4 年多的努力,终于取得成功,实验结果表明,对模型底物进行酶水解,水解成本能降低至原来的 1/30。

2. 热化学处理

此方法使用热化学工艺,使生物质气化,生产出合成气体。

化学处理包括预处理、气化、净化、调节,可生产氢气、一氧化碳、二氧化碳和其他气体的混合物。这些中间产品经过进一步合成和加工等才能成为工业用的化学品。

如果采用热解的方法,则需要经过干燥、研磨和筛选等过程,使处理后的原料易于进入反应容器中,此技术在工业上已具有可行性。生物质气化一般分两段进行,第一段温度为 450～600 ℃,生物质中的易挥发组分被热解(在缺氧条件下燃烧),在较低温度(450～550 ℃)下,发生快速热解,产生液体热解油和少量气体。快速热解过程中产生的油占原料的 60%～75%,可用作生产附加值化学品的原料或直接作为生物质燃料。在较高温度下,主要有一氧化碳、氢气、甲烷、挥发性焦油、二氧化碳和水蒸气。高温热解生成炭的固体残渣,这一部分占原燃料的 10%～25%。处理该固体残渣需要第二个气化段。炭转化在 700～1200 ℃下发生,在该温度下与氧气反应生成一氧化碳。

3. 超临界法

用超临界流体代替有机溶剂可以避免环境污染。在加拿大,木质纤维素是生物质可用原料的主要来源。加拿大 Alcell 公司采用超临界乙醇做溶剂,萃取草类植物中的半纤维素和木质素等,把它们与纤维素分离开来。经水解得到 5 种单糖,即葡萄糖、半乳糖、甘露糖、木糖和阿拉伯糖。整个过程基本上无废物,既不污染环境,又充分利用了资源。

此外,还有一些非化学及与化学相结合的分离方法也能高效地将纤维素分离,这些方法已在某些行业得到工业化应用。

9.2　生物质主要成分的性质及分析方法

9.2.1　纤维素的物理化学性质

1. 纤维素的结构

1）化学结构

纤维素是 D-葡萄糖以 β-1,4-糖苷键组成的大分子多糖,相对分子质量为 $50000\sim 2500000$,相当于 $300\sim 15000$ 个葡萄糖基。分子式可写作$(C_6H_{10}O_5)_n$,其中 n 为聚合度。自然界中存在的纤维素 n 在 10000 左右。纤维素的结构式如下:

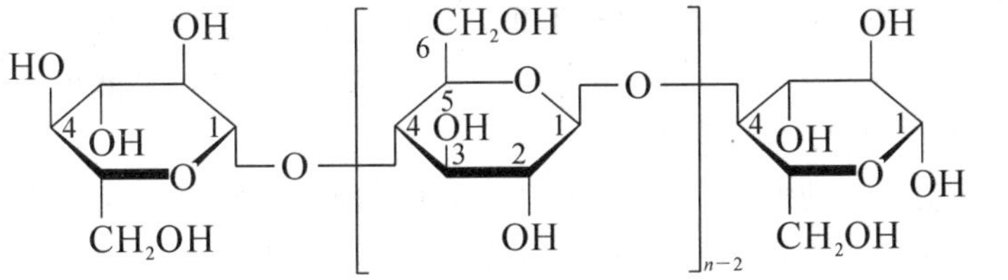

纤维素除了头、尾两个葡萄糖残基外,中间的残基只含有三个游离的羟基,即一个伯羟基、两个仲羟基,它们的反应活性是有区别的。伯羟基不参与分子内氢键的形成,但它可在形成相邻分子间氢键中起作用。

2）相对分子质量和聚合度

纤维素的分子式可以简单表示为$(C_6H_{10}O_5)_n$,纤维素的基环相对分子质量为 162。纤维素大分子的聚合度 $DP=n+2$,故纤维素的相对分子质量

$$M_r=DP\times 162+18$$

当 DP 很大时,式中"18"可以忽略不计,因此纤维素的相对分子质量 M_r 和聚合度 DP 之间的关系为

$$M_r=DP\times 162+18 \quad 或 \quad DP=M_r/162$$

3）物理结构

纤维素的物理结构是指组成纤维素高分子的不同尺度的结构单元在空间的相对排列,它包括高分子的链结构和聚集态结构。

链结构又称一级结构,它表明一个分子链中原子或基团的几何排列情况。其中又包括尺度不同的二类结构。近程结构即第一层次结构,指单个高分子内一个或几个结构单元的化学结构和立体化学结构。远程结构即第二层次结构,指单个高分子的大小和在空间所存在的各

种形状(构型)。例如,是伸直链、无规律团,还是折叠链、螺旋链等。

聚集态结构又称二级结构,指高分子整体的内部结构,包括晶体结构、非晶体结构、取向结构、液晶结构,它们是描述高分子聚集体每个分子之间是如何堆砌的,称为第三层次结构。如相互交缠的线团结构、由折叠链规整堆砌而成的晶体等。

高分子的链结构是反映高分子各种特性的最主要的结构层次,直接影响聚合物的某种特性,如熔点、密度、溶解度、黏度、黏附性等。聚集态结构则是决定高分子化合物制品使用性能的主要因素。

2. 纤维素的物理性质

1) 纤维素的吸湿与解吸

纤维素的游离羟基对极性溶剂和溶液具有很强的亲和力。干的纤维素置于大气中时,能从空气中吸收水分到一定的水分含量。纤维素自大气中吸取水或水蒸气称为吸湿。因大气中降低了水蒸气分压而自纤维素放出水或水蒸气称为解吸。纤维素吸附水蒸气这一现象影响到纤维素纤维的许多重要性质。例如,随着纤维素吸附水量的变化而引起纤维润胀或收缩,纤维的强度性质和电化学性质也会发生变化。另外在纸的干燥过程中,发生纤维素对水的解吸。

2) 纤维素的润胀和溶解

纤维素的润胀分为有限润胀和无限润胀。纤维素吸收润胀剂的量有一定限度,其润胀的程度也有限度,称为有限润胀。无限润胀是指润胀剂可以进到纤维素的无定形区和结晶区发生润胀,但并不形成新的润胀化合物,因此对于进入无定形区和结晶区的润胀剂的量并无限制。纤维素的润胀剂多是有极性的,因为纤维素上的羟基本身是有极性的。通常水或 LiOH、NaOH、KOH、RbOH、CsOH 水溶液等可以作为纤维素的润胀剂,磷酸也可以导致纤维润胀。一般来说,液体的极性越大,润胀的程度越高。

纤维素的溶解分两步进行:首先是润胀阶段,在纤维素无限润胀时即出现溶解,此时原来纤维素的 X 射线图消失,不再出现新的 X 射线图。纤维素可以溶解于某些无机的酸、碱、盐中。一般纤维素的溶解多使用氢氧化铜与氨或胺的配位化合物,如铜氨溶液或铜乙二胺溶液。纤维素还可以溶于以有机溶剂为代表的非水溶剂中。

3) 纤维素的热降解

纤维素在受热时聚合度下降,纤维素热降解时发生纤维素的水解和氧化降解,严重时还会产生纤维素的分解,甚至发生碳化或石墨化反应。$25 \sim 150$ ℃时纤维素物理吸附的水开始解吸;$150 \sim 240$ ℃时纤维素结构中某些葡萄糖基开始脱水;$240 \sim 400$ ℃时纤维素结构中糖苷键开始断裂,一些 C—O 键和 C—C 键也开始断裂,并产生一些新的产物和低相对分子质量的挥发性化合物;400 ℃以上,纤维素结构的残余部分进行芳环化,逐步形成石墨结构。

3. 纤维素的化学性质

1) 纤维素的降解反应

在各种各样的环境下,纤维素都有发生降解反应的可能。降解作用有以下几种不同类型。

(1) 酸水解降解。

纤维素能溶于 Schwitzer 试剂(氢氧化铜氨溶液)或浓硫酸。虽然不易用酸水解,但是稀酸或纤维素酶可使纤维素生成 D-葡萄糖、纤维素二糖和寡糖。纤维素在酸或碱的催化下,都容易发生水解反应,但反应的情况不同。

在酸性介质中,纤维素中 β-糖苷键发生水解:

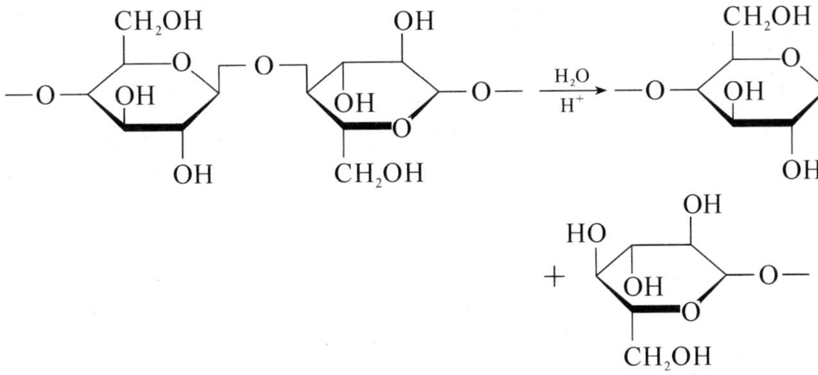

当完全水解时,最终产物为 D-葡萄糖。在温和条件下,水解后得到水解纤维素(聚合度降低的纤维素,当聚合度下降至 200 以下时,呈粉末状)。

在稀酸和高温下水解时,生成的单糖可发生进一步分解:

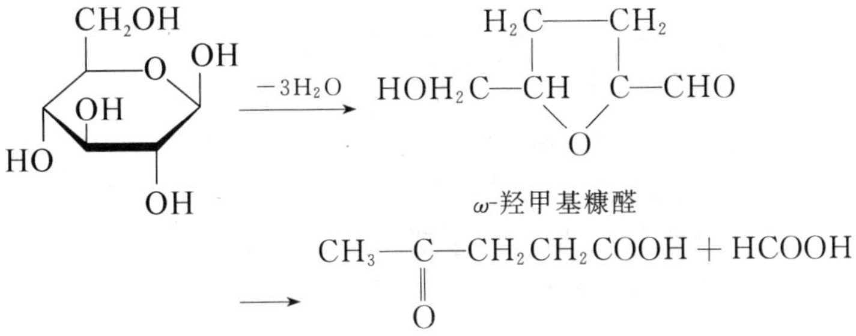

$ω$-羟甲基糠醛

$$CH_3-\underset{O}{\underset{\|}{C}}-CH_2CH_2COOH + HCOOH$$

3-乙酰丙酸

纤维素在高温下水解具有自催化特性,生成的甲酸作为催化剂。

(2) 碱性降解。

在碱性介质中,纤维素中 $β$-糖苷键较为稳定,但在高温作用下可进行碱性水解,反应十分复杂。首先是末端基开环成醛式,在碱作用下转变为酮式,引起纤维素从末端基一个接一个地脱掉葡萄糖基,并进行了一系列的异构化反应。

(3) 氧化降解。

纤维素受到空气、氧气、漂白剂之类的氧化作用,在纤维素葡萄糖基环的 C(2)、C(3)、C(6)位的游离羟基,以及还原性末端基 C(1)位置上,根据条件不同,相应生成醛基、酮基或羧基,形成氧化纤维素。氧化纤维素的结构与性质和原来的纤维素不同,随使用的氧化剂的种类和条件而定。在大多数情况下,随着羟基被氧化,纤维素的聚合度也同时下降,这种现象称为氧化降解。

(4) 微生物降解。

纤维素受微生物酶的作用后,其聚合度下降发生降解作用。在用酶水解纤维素的研究中,希望能寻找一种成本低、效率高的方法,将纤维素水解成单糖——葡萄糖。

2) 纤维素的酯化和醚化

纤维素是一种含多元醇的化合物。它与无机酸和有机酸起反应能生成酯衍生物,若干种强酸如硝酸、硫酸和磷酸能直接与纤维素起反应,生成无机酸酯,但是其他强酸如高氯酸和其他氢卤酸都不能直接酯化纤维素。有机酸、酸酐和酰氯作用于纤维素能生成有机酸酯,有机酸中只有甲酸能直接酯化纤维素并得到相当高取代程度的酯,其他有机酸的取代程度低,但是这些有机酸的酸酐能酯化纤维素,而且取代程度高。在有机酸与纤维素的酯化反应中,一般用无机酸或盐做催化剂,如高氯酸镁等。

纤维素的醇羟基能与烷基卤化物或其他醚化剂在碱性条件下起醚化反应生成相应的纤维素醚。例如在碱性条件下,纤维素与硫酸二甲酯作用,生成纤维素甲基醚,简称为甲基纤维素。甲基纤维素可继续发生甲基取代反应:

$$R_纤\text{—(OH)}_3 + \begin{matrix} CH_3O \\ \\ CH_3O \end{matrix}\Big\rangle SO_2 + NaOH \longrightarrow R_纤\text{—(OH)}_2(OCH_3) + \begin{matrix} NaO \\ \\ CH_3O \end{matrix}\Big\rangle SO_2 + H_2O$$

甲基纤维素

工业上常用的另一种纤维素醚是羧甲基纤维素(简称 CMC),它是由一氯乙酸与碱和纤维素作用而得到的,反应式如下:

$$R_纤\text{—(OH)}_3 + ClCH_2COOH + NaOH \longrightarrow R_纤\text{—(OH)}_2(OCH_2COONa) + NaCl + H_2O$$

3) 纤维素的化学改性

纤维素作为一种天然高分子化合物,在性能上存在着某些缺点,如不耐化学腐蚀、强度有限等,纤维素可以通过化学改性而获得具有特殊性能的纤维素新产物。在纤维素化学改性的方法中,应用较多的有接枝共聚和交联反应。化学改性的范围很广,如:自由基型或离子型的接枝共聚反应;在热、光、辐射线或交联剂的作用下,纤维素链间形成共价键,产生凝胶或不溶物,形成酯的交联反应。实现性能的改善,包括防火耐热、耐微生物、耐磨损、耐酸以及提高纤维素的湿强度、黏附力和对染料的吸收性等。

9.2.2　半纤维素的物理化学性质

半纤维素是一群复合聚糖的总称,原料不同,复合聚糖的组分也不相同。半纤维素的相对分子质量不大,聚合度通常在 200 左右。分子基本呈线型,但带有各种短侧链。

1. 半纤维素的化学结构

半纤维素化学组成有 D-葡萄糖、D-甘露糖、D-木糖、L-阿拉伯糖以及 D-葡萄糖醛酸、4-甲氧基-D-葡萄糖醛酸与 D-半乳糖醛酸,还有少量的 L-鼠李糖基、L-岩藻糖基以及各种带有甲氧基、乙酰基的中性糖基。这些结构单元在构成半纤维素时,一般不是由一种结构单元构成的均一聚糖,而是由 2~4 种结构单元构成的不均一聚糖。

针叶木、阔叶木与草类原料中所含半纤维素的种类和数量是不同的。针叶木的半纤维素以聚半乳糖葡萄糖甘露糖为主,还有聚阿拉伯糖 4-甲氧基葡萄糖醛酸木糖。阔叶木的半纤维素主要是聚乙酰基-4-甲氧基葡萄糖醛酸木糖,伴随着少量的聚葡萄糖甘露糖。而禾本科植物的半纤维素主要是聚阿拉伯糖 4-甲氧基葡萄糖醛酸木糖。

2. 半纤维素的物理性质

一般情况下,分离出来的半纤维素的溶解度比天然状态的半纤维素溶解度高。聚阿拉伯糖半乳糖易溶于水。针叶木的聚阿拉伯糖葡萄糖醛酸木糖易溶于水,而阔叶木的聚葡萄糖醛酸木糖在水中的溶解度较针叶木的小。当用碱分级抽提桦木纤维素时,含较多葡萄糖醛酸基的聚木糖容易被抽提。

由于半纤维素的无规结构和分支,且主链和侧基上带有许多亲水性基团,它的吸湿性较纤维素的大。半纤维素的润胀能力较大;半纤维素中含有大量游离的羟基,热压时它可以起到黏结作用。

3. 半纤维素的化学性质

半纤维素的化学性质与纤维素类似,能进行水解、酯化、醚化、接枝共聚和交联、热解与燃烧等反应,还可与磷化物反应,而且由于半纤维素的无规结构和带有侧基,它较纤维素更易进行这类反应。所以常把它看作木材中最易受外界条件影响、最易发生变化和反应的一种多糖类。

1) 酸性水解

半纤维素苷键在酸性介质中会断裂开而使半纤维素发生降解,这与纤维素酸性水解是一样的。但是由于半纤维素与纤维素在结构上有很大差别,如半纤维素的糖基种类多,有吡喃式,也有呋喃式,有 α 苷键,也有 β-苷键,构型有 D 型,也有 L 型,糖基之间的连接方式也多种多样,有 1→2、1→3、1→4 及 1→6 连接,因此其反应情况比纤维素的复杂。

用 1.5 mol/L HCl 溶液在 75 ℃ 下酸性水解时,甲基吡喃式阿拉伯糖配糖化物水解速率最快,不同结构半纤维素的水解速率由大到小的顺序是:甲基-D-吡喃式半乳糖配糖化物、甲基-D-吡喃式木糖配糖化物、甲基-D-吡喃式甘露糖配糖化物,最稳定的是甲基-D-吡喃式葡萄糖配糖化物。

在大多数情况下,各配糖化物的 β-D 型较 α-D 型更易水解。一般来说,呋喃式醛糖配糖化物的酸性水解速率比相应的吡喃式醛糖配糖化物的快得多。葡萄糖醛酸配糖化物的水解速率较相应的葡萄糖配糖化物的慢,这是因为羧基对葡萄糖苷键的连接有影响。

2) 碱性降解

半纤维素在碱件条件下可以降解,碱性降解包括碱性水解与剥皮反应。

在 5% NaOH 溶液中,170 ℃ 时半纤维素苷键水解断裂开,即发生碱性水解。各成对的配糖化物中,凡配糖化物的甲氧基与第 2 位碳原子上的羟基呈反位者比相应配糖化物的顺位者有高得多的碱性水解速率。呋喃式配糖化物的碱性水解速率比吡喃式配糖化物的高许多。甲基 α 吡喃式葡萄糖醛酸配糖化物与甲基 β-吡喃式葡萄糖醛酸配糖化物的碱性水解速率比呋喃式配糖化物的碱性水解速率高。

在较温和的碱性条件下,即可发生剥皮反应。与纤维素一样,半纤维素的剥皮反应也是从聚糖的还原性末端基开始逐个糖基进行的。但是由于半纤维素是由多种糖基构成的不均一聚糖,所以半纤维素的还原性末端基有各种糖基,而且还有支链,故其剥皮反应更复杂。下面仅以 1→4 连接的聚木糖为例来说明半纤维素的剥皮反应。

半纤维素的剥皮反应如下:

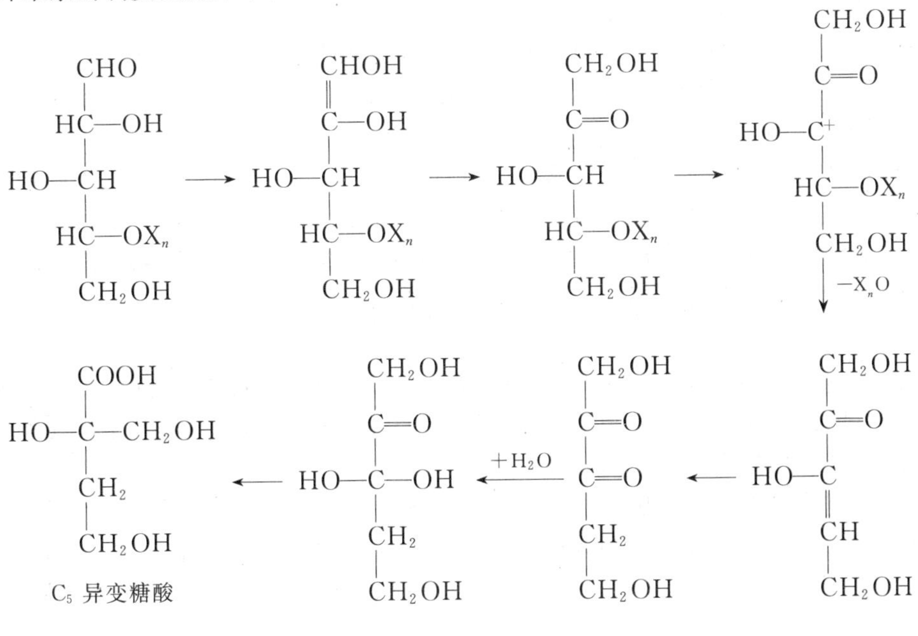

$$X_nO—烷氧基 \qquad X_nO \xrightarrow{+H^+} X_nOH \longrightarrow 继续剥皮反应$$

与纤维素一样,半纤维素的碱性剥皮反应进行到一定程度也会终止,其终止反应与纤维素一样,也是还原性末端基转化成异变糖酸基,由于末端基上不存在醛基,故不能再发生剥皮反应,降解因此而终止。

9.2.3 木质素的物理化学性质

木质素通常指木质化植物经水和苯醇抽提后,再用无机酸水解除去纤维素和半纤维素后留下来的物质。在针叶木中,木质素含量为 $25\%\sim35\%$;阔叶木中,木质素含量达 $20\%\sim25\%$;禾本科植物中,木质素含量一般为 $15\%\sim25\%$。植物原料中木质素的含量随不同植物品种和同一品种的不同形态学部位而有很大变化。

1. 木质素的结构

从木质素的化学组成来看,它有高的含碳量($60\%\sim66\%$)、低的含氢量($5\%\sim6.5\%$),显示其芳香性。木质素是以苯丙烷为结构单元,通过醚键与碳键彼此连接成具有三度空间结构的高聚物,结构单元的类型、数目和连接方式随树种变化很大。结构单元有愈创木基型、紫丁香基型、对羟苯基型三种形式。三种结构单元中都含有羟基,只是甲氧基含量不同而已。苯环侧链上的三个碳原子可以连接不同的基团,如甲氧基、羟基、羰基、双键等。

阔叶材和针叶材中木质素的基本结构单元是不同的。阔叶材木质素中含有大量愈创木基型和紫丁香基型结构单元,针叶材木质素中含有大量愈创木基型结构单元。

苯丙烷基结构单元之间的连接方式有两种:一种是醚键连接,另一种是碳碳键连接。其中醚键连接为主要方式。在木质素中有 $2/3\sim3/4$ 的苯丙烷结构单元以醚键形式相结合,只有 $1/4\sim1/3$ 的苯丙烷基结构单元以碳碳键形式相结合。连接的部位有的发生在苯环的酚羟基之间,有的发生在侧链的三个碳原子之间,有的发生在苯环和侧链之间,形成多种形式的结构。

2. 木质素的物理性质

木质素的物理性质与木质素的来源,如植物的种类、组织和部位,试样的分离和提纯方法等都有密切的关系。

1) 溶解性

考察木质素的溶解度时,主要的溶剂参数是氢键和内聚能密度。木质素是一种聚集体,结构中存在许多极性基团,尤其是较多的羟基,形成了很强的分子内和分子间的氢键,因此原木木质素是不溶于任何溶剂的。

分离的木质素因发生了缩合或降解,许多物理性质改变了,溶解性也随之有所改变,从而有可溶性木质素和不溶性木质素之分,前者是无定形结构,后者则是原料纤维的形态结构。酚羟基和羧基的存在,使木质素能在浓的强碱溶液中溶解。碱木素和木质素磺酸盐通常溶于稀碱、水、盐溶液和缓冲溶液中。酸木素则不溶于所有的溶剂。

2) 热性质

木质素是无定形的热塑性高聚物。在室温下稍显脆性,在溶液中不成膜,只有玻璃态转化性质,在玻璃化温度(T_g,链段运动的解冻温度)以下,木质素呈玻璃固态;在玻璃化温度以上,分子链发生运动,木质素软化发黏,并具有黏结力。

分离木质素的玻璃化温度随树种、分离方法、相对分子质量和含水率而异,绝干木质素的软化温度在 $127\sim129$ ℃,随着木质素试样含水量的增加,软化温度明显下降。如绝干的高碘酸盐木质素软化点为 193 ℃,当含水率为 27.1% 时,软化点降至 95 ℃。水分在木质素中起了增塑剂的作用,木质素的相对分子质量高,则软化点也高。

3. 木质素的化学性质

木质素的化学性质包括木质素的各种化学反应,如:发生在苯环上的卤化、硝化和氧化反应;发生在侧链的苯甲醇基、芳醚键和烷醚键上的反应;木质素的改性反应和显色反应等。

1) 卤化反应

木质素易与氯(可用氯气或氯水)起反应,生成氯化木素。用此法可达到纸张漂白的目的。当在室温下进行卤化反应时,仅在芳环上进行取代反应,随着温度升高,卤化反应可以发生在侧链上。

溴与氯比较,较不易与木质素起反应,但在酸性介质中反应也易进行。常用的溴化试剂为 $NaBr$、NH_4Br、$BrCl$(氯与溴的反应产物)等。早期的木材溴化处理是基于木质素的溴化反应基础之上的,可达到木材阻燃的目的。

2) 磺化反应

在亚硫酸盐制浆法中,原料中的木质素与亚硫酸盐间发生了磺化反应,形成木质素磺酸盐,该生成物溶于亚硫酸盐的废液中,使浆粕中木质素被除去。木质素的磺化反应主要发生于木质素的侧链上,由于侧链上存在活性苯甲醇结构,以及烷基醚和芳基醚所致。

3) 氧化反应

木质素较纤维素、半纤维素更易被氧化,无论中性、碱性或酸性介质中均能发生氧化反应。木材干燥过程中颜色变深,也是由于木质素氧化形成深色的醌型结构。木材及其制品在日光、空气作用下表面性质变坏的原因,除了木质素光化降解外,也伴有木质素氧化反应。

在强烈的条件下进行氧化反应,可使木质素氧化分解,形成各种低级脂肪烃类的羧酸等物质。在碱的存在下,空气中的氧可使木质素氧化成腐殖酸。

4) 与甲醛反应

木质素中的酚羟基具有一般酚的性质,可以在酚羟基的邻位、对位上引入羟甲基。由于它的空间障碍较大,因此反应比一般酚类困难。在碱的催化下,大部分甲醛进入芳环上,少部分甲醛进入侧链上的活性部位,呈游离羟甲基状态存在。在酸性条件下,甲醛被质子化,容易起羟甲基化反应,紧接着发生缩合反应,使木质素分子间形成亚甲基的交联,相对分子质量增加,并发生树脂化。

$$HCHO + H^+ \longrightarrow {}^+CH_2OH$$

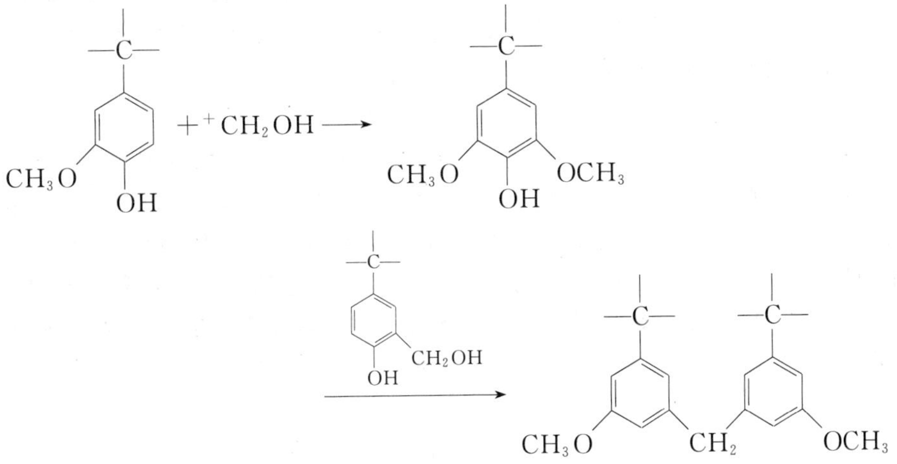

5）热解反应

三大主要组成的热稳定性顺序为：半纤维素＜纤维素＜木质素。木质素在300～350 ℃下发生剧烈的热解反应，此时半纤维素和纤维素早已分解完毕。木质素的热解直至400～450 ℃才终止，主要转变为焦炭，所以它是木材无焰燃烧的承担者。

9.2.4　生物质的溶剂体系及规律

1. 木质纤维素原料预处理溶剂

木质纤维素中纤维素、半纤维素和木质素三大组分相互缠绕形成复杂的网状结构。这种网状结构阻碍着纤维素的水解。同时纤维素链之间由于氢键作用形成较为致密的结晶区，这也是天然木质纤维素难以降解和有效利用的一个重要原因。

目前，针对木质纤维素的预处理大致包括四类：物理法、化学法、物理-化学法和生物法。物理法主要包括研磨、粉碎和辐射法；化学法是使用酸、碱以及有机溶剂等处理原料的一类方法；物理-化学法兼具物理法和化学法的特点，典型的是蒸汽爆破法；生物法是利用分解木质素的微生物或者其产生的漆酶等酶类除去木质素以解除其对纤维素的包裹作用。

其中，化学法主要是使纤维素、半纤维素和木质素吸胀，并破坏其结晶结构，使其部分组分降解以破坏其致密的结构。常用的溶剂包括酸、碱、氨、有机溶剂等。酸可以是浓酸或稀酸，目前稀酸处理工艺比较可行。例如，将纤维素原料用1.0%左右的稀酸在106～110 ℃下处理几个小时，使半纤维素水解成单糖进入水解液，而木质素含量不变，纤维素的平均聚合度下降，酶水解率大幅提高。

碱处理的作用是削弱纤维素和半纤维素之间的氢键及皂化半纤维素和木质素之间的酯键。NaOH具有较强的脱木质素作用。氨处理时将纤维素在质量分数为10%的氨溶液中浸泡24～28 h以脱除原料中大部分木质素。

部分有机溶剂可以溶出木质素，使用有机溶剂或者有机溶剂与无机酸催化剂（HCl或H_2SO_4）的混合溶液还可以破坏木质纤维素原料内部的木质素和半纤维素之间的连接键。常用的有机溶剂是甲醇、乙醇、丙酮和乙二醇；有机酸如乙二酸、乙酰水杨酸和水杨酸等均可作为催化剂。

2. 纤维素溶剂

纤维素由于具有很强的分子内和分子间氢键，以及较高的结晶度，普通溶剂难以使其溶解，也不能熔融加工。最早的纤维素溶剂为黏胶溶液和铜氨溶液，然而，传统黏胶法由于生产过程中加入大量CS_2等有害物质造成严重污染。为了解决黏胶法带来的严重污染问题，许多无毒、无污染的纤维素新溶剂体系已相继开发出来。

纤维素的溶解分为直接物理溶解（非衍生化溶剂）和部分衍生化溶解（纤维素溶解于衍生化溶剂中）。后者往往通过共价键引入新的功能基团原位形成纤维素中间体，纤维素中间体是水解不稳定的纤维素类物质，它们可以从衍生化溶剂中分离出来。如纤维素与三氟乙酸/三氟乙酸酐生成的可溶性纤维素三氟乙酸酯可以分离出，并溶解于一般有机溶剂。非衍生化溶剂包括水相和非水相体系。图9-3所示为纤维素溶剂，主要包括衍生化体系、非衍生化水相体系和非水相体系。其中，用得较多的体系是$NaOH/CS_2$（黏胶法）、铜氨溶液、NMMO、DMAC/LiCl、DMSO/PF等，还有碱-尿素和碱-硫脲体系。

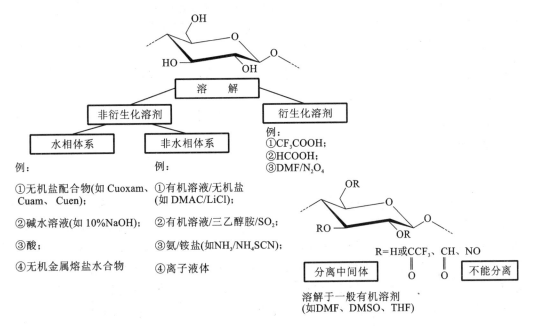

图 9-3　纤维素溶剂的分类

9.2.5　生物质结构分析方法

1. 结晶度分析方法

纤维素是一种同质多晶物质。根据 X 射线衍射分析结果,迄今为止已发现纤维素有四种结晶体形态,即纤维素Ⅰ、Ⅱ、Ⅲ和Ⅳ。它们结晶形态的粉末 X 射线衍射图谱如图 9-4 所示,纤维素结晶各个平面所对应的衍射角列于表 9-1 中。天然纤维素包括细菌纤维素、海藻和高等植物(如棉花、兰麻、木材等)纤维素均属于纤维素Ⅰ型,它的分子链在晶胞内是平行堆砌的。根据纤维素来源的不同,它们的微纤结晶度(X_c)、晶体尺寸(D_{hkl})和平行尺寸(d)都显著不同。

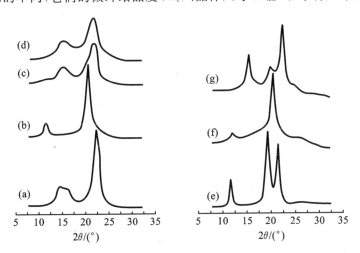

图 9-4　纤维素 X 射线衍射图谱

(a) 苎麻纤维素Ⅰ;(b) 苎麻衍生的纤维素ⅢⅠ;(c) 纤维素ⅢⅠ衍生的纤维素ⅣⅠ;
(d) 液氮制备的纤维素ⅣⅡ;(e) 纤维素Ⅱ;(f) 纤维素ⅢⅡ;(g) 纤维素ⅣⅡ

表 9-1 纤维素结晶变体各个衍射平面所对应的衍射角

晶　型	衍射角(2θ)/(°)			
	$1\bar{1}0$	110	020	012
纤维素 I	14.8	16.3	22.6	
纤维素 II	12.1	19.8	22.0	
纤维素 III$_I$	11.7	20.7	20.7	
纤维素 III$_{II}$	12.1	20.6	20.6	
纤维素 IV$_I$	15.6	15.6	22.2	
纤维素 IV$_{II}$	15.6	15.6	22.5	20.2

　　纤维素的晶体结构也可用红外光谱、拉曼光谱、电子衍射、交叉极化和魔角自旋(solid-state cross-polarization magic angle sample spinning),以及固体核磁共振(CP/MAS ^{13}C NMR)表征。图 9-5 示出了各种纤维素晶型的 CP/MAS ^{13}C NMR 谱图,不同晶型纤维素 C(1)、C(4)和 C(6)的化学位移列于表 9-2。从 ^{13}C NMR 谱图和表 9-2 可以看出,不同晶型纤维素葡萄糖残基的 C(4)和 C(6)的化学位移具有明显的差异,反映它们晶体结构的差异。这种化学位移差别是因为不同晶型纤维素的链构象转变或晶体堆砌对吡喃葡萄糖单元 C(4)和 C(6)的影响不同造成的。同属于纤维素 I 的纤维素 CP/MAS ^{13}C NMR 谱图也存在明显的差别。图 9-6 为几种不同来源的纤维素 I 的 CP/MMAS ^{13}C NMR 图谱。可以看出,棉麻类纤维素、细菌纤维素以及斛果壳(*Valonia*)类纤维素在 C(1)、C(4)和 C(6)上的精细结构是不同的,表明这两类纤维素围绕 1,4-糖苷键和 C(5)—C(6)的构象、氢键或分子堆砌有着明显不同。对不同来源的天然纤维素进行 ^{13}C NMR 分析发现,纤维素 I 存在两种不同的晶体结构,即纤维素 I$_\alpha$ 和 I$_\beta$。图 9-7 为纤维素 I$_\alpha$ 和 I$_\beta$ 的 C(1)和 C(4) ^{13}C NMR 谱。它们之间最大的差别在 C(1)的化学位移上,I$_\alpha$ 为单峰,I$_\beta$ 为双峰。细菌纤维素主要为 I$_\alpha$ 晶态,再生的纤维素 I 几乎为纯的 I$_\beta$ 结晶。经过适当处理后,纤维素 I$_\alpha$ 可转化为 I$_\beta$。

表 9-2 不同晶型纤维素 C(1)、C(4)和 C(6)的化学位移值

晶　型	^{13}C 化学位移/ppm		
	C(1)	C(4)	C(6)
I	105.3~106.0	89.1~89.8	65.5~66.2
II	105.8~106.3	88.7~88.8	63.5~64.1
III$_I$	105.3~105.6	88.1~88.3	62.5~62.7
III$_{II}$	106.7~106.8	88.0	62.1~62.8
IV$_I$	105.6	83.4~83.6	63.3~63.8
IV$_{II}$	105.5	83.5~84.6	63.7
非晶纤维素	约 105	约 84	约 63

2. 表面形态分析方法

1) 透射电镜分析法

　　透射电子显微镜(transmission electron microscope,TEM)的结构包括照明系统、成像系统、观察和记录系统。图 9-8 所示为透射电镜的光路装置。

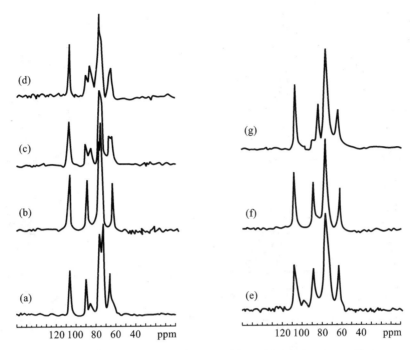

图 9-5 纤维素 I 簇和纤维素 II 簇的固体 CP/MAS ¹³C NMR 谱图

纤维素 I 簇:(a)苎麻纤维素 I;(b)由苎麻制备的纤维素 III$_I$;

(c)由纤维素 III$_I$ 制备的纤维素 IV$_I$;(d)由液氨在−33 ℃制备的纤维素 IV$_I$;

纤维素 II 簇:(e)纤维素 II;(f)纤维素 III$_{II}$;(g)纤维素 IV$_{II}$

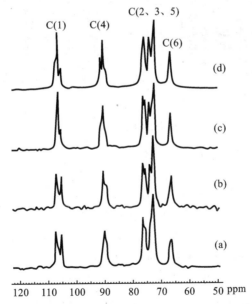

图 9-6 不同天然纤维素的 CP/MMAS¹³C NMR 图谱

(a)棉花;(b)苎麻;(c)细菌纤维素;(d)斛果壳纤维素

透射电镜可观察非晶态和晶态高聚物的形态与结构、微米级以下粒子的形态和尺寸、相对分子质量较大的高聚物分子尺寸和形状、纳米粒子尺寸及剥离和插层形状等。图 9-9(a)为碳

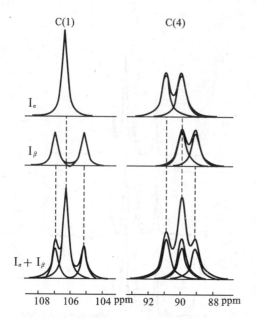

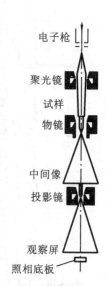

图 9-7　纤维素 I_α 和 I_β 的 C(1) 和 C(4) 的^{13}C NMR 图谱　　　　图 9-8　透射电镜的光路装置示意图

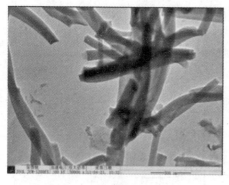

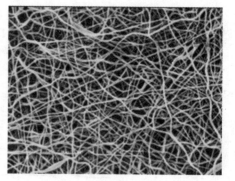

(a) TEM　　　　　　　　　　　(b) SEM

图 9-9　碳纳米纤维的 SEM 与 TEM 照片

纳米纤维素的透射电镜(TEM)照片。

　　2) 扫描电镜分析法

　　扫描电镜(scanning electron microscope,SEM)的基本装置如图 9-10 所示,主要包括电子光学系统、样品室、信号处理与显示系统和真空系统四部分。

　　扫描电镜的衬度主要有两种。①表面形貌衬度:二次电子发射量的大小取决于样品表面起伏的状况,尖棱、小粒子和坑穴边缘对二次电子产率有较大的贡献。②原子序数衬度:二次电子发射量的大小也取决于元素的原子序数,原子序数高的元素产生的二次电子多。由于天然高分子材料大多数是由低原子序数的 C、H、O、N 等元素所组成,而且绝大多数是绝缘材料,所以需要在样品表面喷镀一层导电层,一般采用金、铂或银等。SEM 样品的一般制样过程如下:干燥、粘台、喷金、观察。

　　扫描电镜可以观测天然高分子材料的表面与内部结构和形态、微球和微纤维的表面形貌和尺寸、共混高聚物的两相以及键接情况等。图 9-9(b)为碳纳米材料的 SEM 照片。

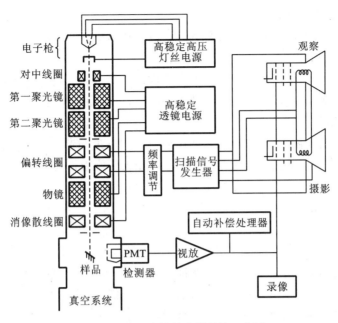

图 9-10　扫描电镜的仪器结构示意图

9.2.6　生物质组成分析方法

1. 相对分子质量和聚合度的测定方法

测定纤维素相对分子质量的方法很多。各种方法都有各自的优缺点和适用的相对分子质量范围,各种方法测得的相对分子质量的统计平均值也不相同,表 9-3 列出了各种相对分子质量的测定,大都是把待测的纤维素物料溶解于溶剂中,然后用所形成的纤维素溶液来进行测定。

表 9-3　各种相对分子质量测定方法的测量意义和范围

方法名称	平均相对分子质量类型	测定相对分子质量范围	方法类型
蒸气压下降法	M_n	$2 \times 10^4 \sim 4 \times 10^4$	相对法
沸点上升法	$\overline{M}_n$	3×10^4	相对法
冰点下降法	$\overline{M}_n$	4×10^4	相对法
渗透压法	$\overline{M}_n$	$2 \times 10^4 \sim 5 \times 10^5$	绝对法
端基测定法	$\overline{M}_n$	5×10^5	绝对法
光散射法	$\overline{M}_w$	$5 \times 10^3 \sim 5 \times 10^5$	绝对法
超速离心机沉降平衡法	$\overline{M}_w$、$\overline{M}_n$	$1 \times 10^4 \sim 1 \times 10^5$	绝对法
超速离心机沉降速度法	各种平均	$1 \times 10^4 \sim 1 \times 10^7$	绝对法
黏度法	$\overline{M}_n \approx \overline{M}_w$	$1 \times 10^3 \sim 1 \times 10^7$	相对法
凝胶渗透色谱法	各种平均	$1 \times 10^3 \sim 5 \times 10^6$	相对法

1）沸点上升法和冰点下降法

由于纤维素溶液的蒸气压低于纯溶剂的蒸气压，所以溶液的沸点高于纯溶剂的沸点，溶液的冰点低于纯溶剂的冰点。

由热力学原理可知，溶液的沸点升高值 ΔT_b 和冰点降低值 ΔT_f 正比于溶液的浓度，而与溶质的相对分子质量成反比，故测定溶液的沸点和冰点，可以确定纤维素的相对分子质量。

2）蒸气压下降法

溶剂分子是持续地做无规则运动的，其运动取决于温度和溶质分子的性质。这种运动使液相中的分子进入气相，从而产生液体的蒸气压。如果纤维素作为溶质加入，溶质分子可以阻碍溶剂分子的无规则运动，因而使蒸气压下降。故通过测定纤维素溶解后所引起的蒸气压下降，可以测定其相对分子质量。

3）渗透压法

当溶剂池和溶液池被一层只允许溶剂分子透过而不允许溶质分子透过的半透膜隔开时，纯溶剂就透过半透膜渗入溶剂池中，致使溶液池的液面升高，产生液柱高差。此时，溶液池中的溶剂也会反渗透到溶剂池中，当液柱高差达到某一定值时，单位时间内反渗透回去的溶剂分子数目刚好等于单位时间由溶剂池渗透到溶液池中的溶剂分子的数目，达到了渗透平衡。此时，溶液、溶剂池的液柱高差所产生的压力即为渗透压。因纤维素的相对分子质量大小产生不同的渗透压，可用于测定纤维素的相对分子质量。

4）光散射法

当一个光束通过介质时，在入射光方向以外的各个方向都能观察到光强的现象，称为散射。通常高分子溶液的散射光的光强远远大于纯溶剂的散射光强，而且还随着纤维素的相对分子质量和溶液浓度的增大而增加，并与溶质的粒子大小和形状有关。

5）超速离心法

悬浊液中的分子在重力场的作用下会逐渐沉降，从沉降的速度可以计算悬浮粒子的质量。但是纤维素分子所形成的溶液是高分子溶液，必须在很强的力场里才能使之沉降，所以要使用超速离心机产生很大的离心力才能使纤维素分子沉降。

6）黏度法

黏度是指液体流动时的内摩擦力。内摩擦力较大时，流动显示出较大的黏度，流动较慢。反之，黏度较小，则流动较快。黏度法就是将纤维素或其衍生物溶解制成溶液，然后测定溶液的黏度来计算纤维素相对分子质量和聚合度的方法。

2. 降解产物的分析

高聚物经完全或大部分降解后的低相对分子质量有机化合物可通过红外光谱、气相色谱、液相色谱以及核磁共振等方法鉴定。这里不做详细介绍，可参照有关仪器分析方面的专著。

9.3　生物质主要成分的化学转化原理

9.3.1　纤维素组分的化学转化

纤维素分子具有三个活泼的羟基，可以发生一系列与羟基有关的化学反应，如酯化、醚化、接枝共聚等。通过这些反应，可以由纤维素合成一系列的纤维素衍生物。

1. 乙酸纤维素

乙酸纤维素为白色固体,具有柔韧、透明、光泽好、强度高、韧性好、熔融流动性好、易成型加工、热塑性等特点,是目前工业生产的各种纤维素衍生物中产量最大、最重要的品种,广泛地应用于纤维、胶片、涂料及其他诸多领域中。

乙酸纤维素又称乙酸纤维素酯或乙酰纤维素。纤维素葡萄糖残基上的三个羟基几乎完全被酯化,得到三乙酸酯或称三乙酸纤维素,其酯化度为 3,结合乙酸含量为 $60.5\% \sim 62.5\%$。一般是由乙酸酐与纤维素反应制备,反应式如下:

$$C_6H_7O_2(OH)_3 + 3 \begin{matrix} CH_3CO \\ \diagdown \\ \quad\quad O \\ \diagup \\ CH_3CO \end{matrix} \longrightarrow C_6H_7O_2(OCOCH_3)_3 + 3CH_3COOH$$

2. 羟乙基纤维素

羟乙基纤维素是在碱性条件下,纤维素和环氧乙烷经醚化反应制备的非离子型可溶纤维素醚类。其分子式为 $[C_6H_7O_2(OH)_2OCH_2CH_2OH]_n$(其中,$n \geqslant 100$,代表纤维素的聚合度)。它是一种白色或淡黄色、无味、无毒的纤维状或粉末状固体。在碱的混合溶剂中醚化的总反应式如下:

$$n[C_6H_7O_2(OH)_3] + \begin{matrix} CH_2 \!-\! CH_2 \\ \diagdown \ \diagup \\ O \end{matrix} \xrightarrow[\text{③乙酸}]{\text{①NaOH;②溶剂}} [C_6H_7O_2(OH)_2OCH_2CH_2OH]_n$$

羟乙基纤维素的平均相对分子质量范围可从低黏度的 6.8×10^4 到高黏度的 8×10^6 以上,可作为增稠剂、黏合剂、稳定剂和成膜物质等。目前国外主要应用于涂料、油田开采、建材和聚合反应等,国内主要用于纺织、建材等方面。

3. 羧甲基纤维素

羧甲基纤维素是天然纤维素在氢氧化钠和氯乙酸的作用下生产的一种纤维素醚。其重要反应为纤维素与氢氧化钠水溶液反应生成碱纤维素,碱纤维素与氯乙酸钠进行醚化反应生成羧甲基纤维素。主要化学反应如下。

(1) 碱化。纤维素与碱水反应生成碱纤维素:

$$[C_6H_7O_2(OH)_3]_n + nNaOH \longrightarrow [C_6H_7O_2(OH)_2ONa]_n + nH_2O$$

(2) 醚化。碱纤维素与氯乙酸钠进行醚化反应:

$$[C_6H_7O_2(OH)_2ONa]_n + nClCH_2COONa \longrightarrow [C_6H_7O_2(OH)_2OCH_2COONa]_n + nNaCl$$

羧甲基纤维素钠属于阴离子表面活性剂,为白色或浅黄色粉末,无毒、无臭、无味,有吸湿性,不溶于酸和甲醇、乙醇、乙醚、丙酮、氯仿及苯等有机溶剂。它易溶于水且在水中呈胶体状态,其水溶液具有乳化、增稠、成膜、黏结、水分保持、胶体保护及悬浮等作用。取代度理论值最大为 3,其高低决定它的溶解度和稳定性,取代度在 0.8 以上时,其耐酸性和耐盐性较好。

羧甲基纤维素因其优良的性能而广泛用于洗涤剂、食品、牙膏、纺织印染、造纸、建材、采矿、医药、陶瓷、电子元件、橡胶、涂料、农药、化妆品、皮革、塑料和石油钻井等领域。

9.3.2　半纤维素组分的化学转化

植物中半纤维素的分布因植物种属、成熟程度、早晚材、细胞类型及其形态学部位的不同而有很大差异。例如:针叶材中半纤维素含量在 $15\% \sim 20\%$,主要是聚半乳糖葡萄糖甘露糖类;而阔叶材和禾本科草类中含量在 $15\% \sim 35\%$,主要是聚木糖类。因此,半纤维素的化学转化主要分为己糖和戊糖的转化过程。

1. 己糖的化学转化

己糖可以用于生产乙醇及山梨醇(己六醇)。葡萄糖、甘露糖和半乳糖这些己糖经过发酵可以生产乙醇,这是目前己糖综合利用的主要方向,这种方法不仅可以得到乙醇,还可以降低木质素磺酸盐中的含糖量。其反应式如下:

$$C_6H_{12}O_6 \xrightarrow{\text{发酵}} 2C_2H_5OH + 2CO_2\uparrow$$

反应产生的 CO_2 可以制成干冰。

己糖还可以还原成山梨醇,如葡萄糖以镍为催化剂在 $120\sim130℃$ 下用氢还原成山梨醇,其反应式如下:

$$CH_2OH(CHOH)_4CHO \xrightarrow[12.0\sim12.5\ MPa]{Ni,H_2} CH_2OH(CHOH)_4CH_2OH$$

2. 戊糖的化学转化

聚木糖用稀酸在高压下加热可以转化为糠醛,其反应式如下:

$$(C_5H_8O_4)_n + nH_2O \xrightarrow{\text{稀酸}} nC_5H_{10}O_5$$

$$C_5H_{10}O_5 \xrightarrow[\text{高温}]{\text{稀酸}} \underset{\text{糠醛}}{\begin{array}{c} CH=CH \\ \| \quad \| \\ CH \quad C-CHO \\ \diagdown \diagup \\ O \end{array}} + 3H_2O$$

工业上利用玉米芯、甘蔗渣、棉籽壳、废木料等为原料,使聚木糖经水解、脱水后生成糠醛,用于生产呋喃、四氢呋喃、呋喃树脂和尼龙等,是一种重要的有机化工原料。

此外,聚木糖经水解可制成结晶木糖或木糖浆。木糖可用于糖果工业、水果罐头及冰淇淋的制造。人体只能消化 $15\%\sim20\%$ 的木糖,而动物可以消化 90% 的木糖。对动物而言,木糖是一种高热量的饲料。农业副产品,特别是玉米芯,是生产木糖的好原料。用 $0.1\%\sim0.25\%$ 稀硫酸水解玉米芯能获得高产率的木糖。先用水在 $140℃$ 预处理玉米芯 $90\ min$,能除去一部分灰分、水溶糖分和蛋白质,这样有利于提高木糖的产率和纯度,木糖产率可达到 15%,纯度达到 94%。用木糖酶进行水解的效果比酸水解好。

木糖经氢化可还原成木糖醇,其反应式如下:

$$\begin{array}{c} H-C=O \\ | \\ H-C-OH \\ | \\ HO-C-H \\ | \\ H-C-OH \\ | \\ CH_2OH \end{array} \xrightarrow[\text{水溶液,}120\sim150\ ℃]{Ni,H_2,9\sim10\ MPa} \begin{array}{c} CH_2OH \\ | \\ H-C-OH \\ | \\ HO-C-H \\ | \\ H-C-OH \\ | \\ CH_2OH \end{array}$$

木糖醇是无臭、白色、对热稳定的结晶粉末,它的甜度和热量与蔗糖相同。木糖醇的代谢不受胰岛素控制,适于糖尿病患者食用。木糖醇不能被口腔细菌利用,故不会引起龋齿,适于口香糖类糖果中使用。

木糖用密度为 $1200\sim1400\ kg/m^3$ 的硝酸在 $60\sim90\ ℃$ 下氧化 $2\sim3\ h$ 可生成三羟基戊二酸,其反应式如下:

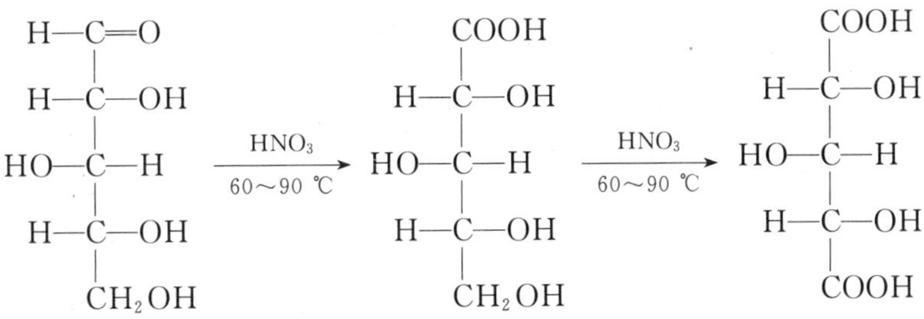

三羟基戊二酸

三羟基戊二酸在食品工业上用作酸味剂,医学上作为血浆保存稳定剂,国防上用作火药稳定剂。

9.3.3　木质素组分的化学转化

1. 木质素胺

木质素分子中的醛基、酮基、磺酸基附近的氢比较活泼,可以进行 Mannich 反应。Mannich 反应是指胺类化合物与醛类和含有活泼氢原子的化合物缩合时活泼氢原子被胺甲基取代的反应,反应式如下:

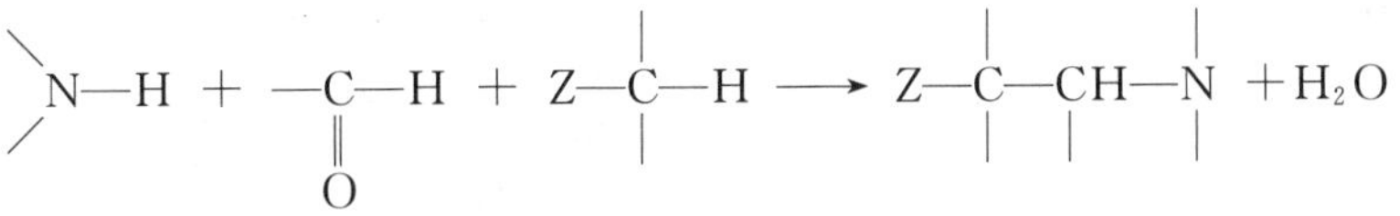

木质素进行 Mannich 反应时,其苯环上酚羟基的邻位和对位以及侧链上羰基的 α 位上的氢原子较活泼,容易与醛和胺发生反应,从而生成木质素胺。按参与反应的胺基团,木质素胺可分为伯胺型木质素胺、仲胺型木质素胺、叔胺型木质素胺、季铵型木质素胺和多胺型木质素胺。以伯胺型木质素胺为例:

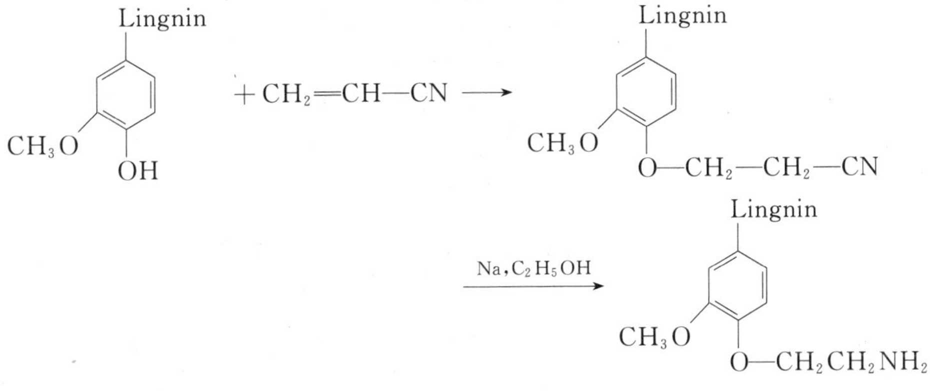

(Lingnin 表示木质素)

木质素胺的强表面活性使其可用作沥青的乳化剂、絮凝剂等。

2. 木质素醇醚

在木质素中接入环氧乙烷或环氧丙烷,可以改变其表面活性,极大拓宽其应用范围。其反应原理如下:

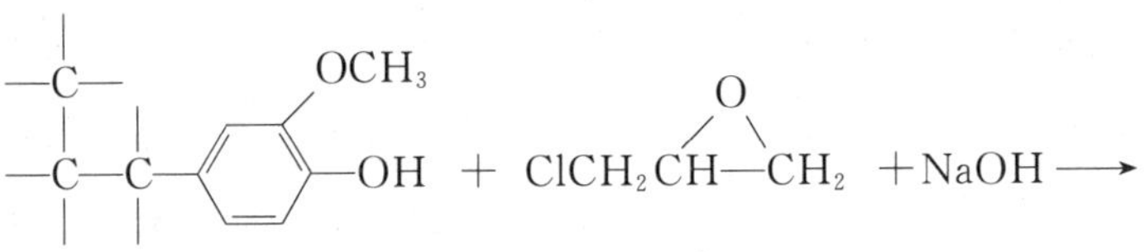

$$\begin{array}{c} | \\ -\!\!C\!\!- \\ | \\ -\!\!C\!\!-\!\!C\!\!- \\ | \end{array} \!\!\!\! \text{（苯环）} \!\!\!\! \begin{array}{c} OCH_3 \\ OCH_2CH\!-\!CH_2 \end{array} \text{（环氧）} + NaCl + H_2O$$

$$\begin{array}{c} | \\ -\!\!C\!\!- \\ | \\ -\!\!C\!\!-\!\!C\!\!- \\ | \end{array} \!\!\!\! \text{（苯环）} \!\!\!\! \begin{array}{c} OCH_3 \\ OCH_2CH\!-\!CH_2 \end{array} \text{（环氧）} + HOCH_2CH_2CH_2CH_3 \xrightarrow{\text{NaOH}}$$

$$\begin{array}{c} | \ | \\ -\!\!C\!-\!C\!-\!C\!\!- \\ | \ | \end{array} \!\!\!\! \text{（苯环）} \!\!\!\! \begin{array}{c} OCH_3 \\ OCH_2CH\!-\!CH_2OCH_2CH_2CH_2CH_3 \\ OH \end{array}$$

木质素醇醚作为非离子表面活性剂,具有较好的降低水溶液表面张力的能力,且具有较好的乳化力。

3. 木质素磺酸盐

木质素磺酸盐主要是由亚硫酸盐制浆过程中直接生产,也可由碱木素磺化得到,其结构非常复杂,部分结构如下:

$$\left[\begin{array}{c} H_3CO \\ -O\!\!-\!\!\text{（苯环）}\!\!-\!\!CH\!\!-\!\!\underset{\underset{O}{|}}{CH}\!\!-\!\!CH_2\!\!-\!\!O\!\!- \\ | \\ SO_3M \end{array} \right]_n \quad \text{（含 OCH}_3\text{苯环）}$$

木质素磺酸盐具有良好的水溶性、分散性,适合用作表面活性剂。

通过磺化改性可合成阴离子表面活性剂——木质素磺酸盐,而在木质素上引入阳离子亲水基团还可以合成阳离子表面活性剂。此外,木质素磺酸盐还可通过氧化、与甲醛缩聚以及接枝共聚等化学改性法制备新型表面活性剂,从而提高产品的性能。

9.4　生物质组分清洁分离原理及工艺

木质纤维素主要由纤维素、半纤维素和木质素组成,在纤维素、半纤维素和木质素分子间存在着不同的结合力。纤维素与半纤维素,或纤维素与木质素分子之间的结合主要是氢键;半纤维素和木质素之间除氢键外,还存在着化学键的结合。所以要充分利用木质纤维素,必须进行三大组分的高效分离。因此,分离和转化是生物质能源等转化利用两个关键的技术体系,其中分离技术是前提。也就是说,阻碍农林废弃物生物质高效利用的原因是未能进行有效组分高效分离,导致资源转化效率低。

9.4.1　组分分离的基本原理

目前木质纤维素组分分离技术存在以下弊端:①在分离提取一种组分时,其他组分分子结构受到严重破坏,不能实现全组分清洁、高效的分离;②得到的纤维素、半纤维素和木质素组分结构不完整,化学或生物反应活性低,不能有效利用;③分离过程中造成严重的环境污染。例如:酸法预处理是利用酸的溶解性和催化作用,破坏纤维素、木质素和半纤维素之间的相互连接,使半纤维素和木质素溶出,而得到纯度很高的纤维素。在半纤维素和木质素溶出的过程中,原料的结构变得疏松,纤维素的结晶结构被破坏,提高了纤维素水解、酶解的性能。

国内外研究表明,要解决由于林木生物质细胞壁结构复杂性所导致的全组分有效分离困难这一关键问题,不能只停留在工艺技术的摸索上,须将分子超微结构等深层次问题研究作为切入点,提出分离的新途径。近年来,基于对生物质原料全组分利用和过程经济化的认识,提出了生物炼制这一新概念,在提高纤维素回收效率的基础上,同时考虑对半纤维素和木质素回收利用。理论上来讲,由于木质纤维素各组分间紧密地连接,单一的化学分离方法会导致结构、性质的变化。但是可以采用低强度、一步法或两步法处理技术,尽可能在保持半纤维素和木质素结构的基础上实现各组分的高效、清洁分离。

9.4.2　基于蒸气爆破的组分分离过程

1. 蒸汽爆破法

蒸汽爆破法作为一种物理化学方法,不用或少用化学药品,对环境无污染,能耗较低,是近年来发展比较快、比较有效、低成本的木质纤维素预处理技术。这种方法是通过热物理化学过程(热蒸汽、水爆破时的剪切力以及配糖键的水解断裂)来使生物质结构断裂,在高温高压下软化木质素,然后迅速降压破裂纤维素晶体,达到木质素和纤维素的分离。爆破可以使得木质纤维素原料晶格的分子内和分子间的连接键断裂,实现半纤维素溶解,同时少量木质素也被溶解。

蒸汽爆破是 1928 由 W. H. Mason 发明的,它是采用 160~260 ℃饱和水蒸气加热湿化原料至 0.69~4.83 MPa,作用时间为几秒到几分钟,然后骤然减压至大气压的预处理生物质手段。其作用机理是蒸汽爆破过程中,高压蒸汽渗入纤维内部,以气流的方式从封闭的孔隙中释放出来,使纤维发生一定的机械断裂,同时高温高压加剧纤维素内部氢键的破坏,游离出新的羟基,使纤维素内有序结构发生变化。

对于不同的物料,需要不同的汽爆温度和保留时间,每一种物料都有自己的最佳汽爆温度和时间参数。汽爆后物料的半纤维素、木质素和纤维素被有效分离,使得随后的纤维素水解转化率都有较大提高。

蒸汽爆破法具有以下优点:①节能。相对于机械粉碎方法,要使物料达到同样的尺寸,蒸汽爆破法可以节省 70%的能耗。②无污染、酶解效率高。爆破中不需要添加任何催化剂,预处理后纤维素的酶解转化率可达 90%。③应用范围广。可以用于各种植物生物质,预处理条件易调节,汽爆过程中产生的发酵抑制物可以通过汽爆条件得到控制。④半纤维素、纤维素、木质素可分阶段分离(水溶、碱溶和碱不溶组分)。其缺点如下:处理中会破坏部分木聚糖,五碳糖降解形成的醛类对后续生物处理有不利影响;预处理材料需要用大量的水进行冲洗才能将抑制物和水溶性半纤维素去除,水的冲洗降低了总糖产率;蒸汽爆破操作涉及高压装备,投资成本较高。

2. 氨纤维爆破法

氨纤维爆破法(ammonia fiber explosion, AFEX)是将木质纤维素原料在高温和高压下用液氨处理,然后突然减压,造成纤维素晶体的爆裂。典型的 AFEX 工艺中,处理温度在 90~95 ℃,维持时间 20~30 min,pH 值小于 12。氨纤维爆破法预处理可去除部分半纤维素和木质素,降低纤维素的结晶性,提高纤维素酶和纤维素的接近程度,并且会引起纤维素的溶胀及晶体结构状态的改变,使纤维素Ⅰ转变为纤维素Ⅱ。草本作物及其农业废弃物十分适合于AFEX法,该方法对于硬木只有中等效果,而对于软木则不大适宜。

AFEX处理的特点如下:①AFEX处理并不能有效地溶解半纤维素,膨爆后的生物质材料成分和未处理的差别不大,纤维素和半纤维素在氨纤维爆破处理中保存完好,很少或没有降解;②氨膨爆处理不会产生发酵抑制物,物料经过氨纤维爆破处理后无须在酶解之前中和;③氨膨爆的设备较酸处理设备价格低,水解液可以不用处理直接发酵微生物,残留的铵盐可以作为微生物的营养,氨破坏了纤维素的结晶结构并将乙酸基团水解,增加了纤维素的水解率;④氨纤维爆裂装备与蒸汽爆裂装备基本相同,另外需要氨的压缩回收装置,因此投资成本也很高。

3. 酸性气体爆破法

酸性气体爆破是在蒸汽爆破预处理过程中添加酸性气体,意在改善、提高纯蒸汽爆破的指标,使得纤维素和半纤维素的一次糖化率和后续水解指标得到提高。在高温和酸性条件下,蒸汽膨爆后木质素的结构更加聚集。在 α 位的反应基团,例如羟基等被氧化成羧基基团或者产生苯甲氧基团,形成了 C—C 键,导致 α 位活性的消失。常用的酸性气体为 CO_2、SO_2 等。

该方法处理过程中部分酸性气体形成的酸促进了水解,能显著提高半纤维素水解程度,不产生发酵微生物的抑制物,其成本高于蒸汽爆破法,但比氨纤维爆破法低。Walsum 使用 CO_2 爆破法对玉米秸秆进行预处理,结果表明:CO_2 爆破法处理后的玉米秸秆比蒸汽爆破后的玉米秸秆水解后木糖和呋喃糖得率明显提高,处理的效果与 CO_2 的压力有关。

蒸汽爆破设备中的爆腔是由一个圆筒构成,上部由盖子密封,下部靠静态气悬式密封系统密封,该密封系统由操作气源(压缩空气)来控制开合。腔体通过阀门和蒸汽发生器相连接,蒸汽发生器和爆腔的压力分别由两块压力表显示,便于压力的控制。在对生物质进行汽爆预处理时,先打开蒸汽爆破设备的爆腔上盖,然后将生物质秸秆加入爆缸中,合上爆腔上盖后,将蒸汽通入爆腔到设定压力并维持压力,到达设定保压时间后起爆,蒸汽将物料通过打开的下盖推入收集室内,完成物料的爆破过程。

9.4.3 基于碱-过氧化物体系的组分分离过程

碱氧化法是最近几年发展起来的,它是目前研究较多的一种木质纤维素原料的预处理分离方法,具有条件温和、污染小、处理效果较好的特点。国内外有关碱氧化法的研究多以作物秸秆为原料。

采用 H_2O_2 和 NaOH 的混合液做碱氧化处理液。NaOH 能破坏半纤维素和木质素,以及木质素之间的酯键、醚键,减少纤维之间的结合力,所以能有效地去除原料中的胶质,部分地降解半纤维素和木质素,达到破坏生物质原料中的木质素结构的目的。而且纤维素在碱性条件下会发生润胀作用,分子间内聚力变弱,变得松软,体积变大。而 H_2O_2 的作用主要是通过其本身的解离,产生过氧根离子,来氧化木质素。H_2O_2 在酸性环境中稳定,不易解离,但在碱性条件下极不稳定,易解离。因而在两者所组成的混合液中,NaOH 所提供的碱性条件能促进 H_2O_2 的解离,所产生的过氧根离子虽然氧化能力弱于 H_2O_2,但其对亲电中心具有更高的反应活性,因而能更好地氧化溶解木质素,而且 H_2O_2 氧化木质素降解所产生的酚类物质,能进一步提高其对木质素的氧化效果,同时使纤维素进一步暴露在碱环境中,使润涨作用变得更明显,两者同时使用产生协同效应。

研究表明,单独使用 NaOH 时,可以除去一部分的木质素和少量的半纤维素成分,不引起纤维素成分的变化。而常温常压下单独使用 H_2O_2 时,只除去少部分的木质素成分,纤维素和半纤维素成分没有显著变化。当两者联合使用时,木质素降解程度比单独使用时高,而且除去了少部分纤维素成分,但半纤维素成分的损失最小。因为 H_2O_2 是一种弱二元酸,在水溶液中解离: $H_2O_2 \longrightarrow H^+ + HOO^-$,其中 HOO^- 是一种亲核试剂,能进一步引发 H_2O_2 形成游离基: $H_2O_2 + HOO^- \longrightarrow HOO \cdot + HO \cdot + OH^-$。若在 H_2O_2 中加入碱,OH^- 可以中和 H_2O_2 解离所产生的 H^+,这样使得 HOO^- 的浓度增加,从而提高具有氧化作用基团的浓度。但由于 H_2O_2 解离所产生的 H^+ 会中和 OH^-,使得碱对半纤维素的溶解能力下降。

9.4.4　基于超临界介质体系的组分分离过程

至今为止,关于超临界水或二氧化碳应用于木质纤维原料预处理的研究较少,超临界温度可以提高水的酸度,有助于断裂化学组分间的化学键,半纤维素得以脱除,纤维素的酶解率也会显著提高,但是会生成副产物(如糠醛、羟甲基糠醛和其他毒性物质)。超临界二氧化碳处理不会引起生物质微观形态的显著变化,并可以改善纤维素的水解效果;降低反应温度,可减少木聚糖的降解,提高得率;有机酸的加入可以强化预处理效果,但会引起腐蚀问题。超临界流体在半纤维素预处理上的详细情况还有待于进一步的研究。

9.4.5　基于能量场强化的组分分离过程

何源禄等研究了电离辐射对马尾松、玉米棒芯及其综纤维素稀酸水解效果的影响。研究结果表明,用 10 Gy 剂量辐射后的物料,采用工艺简单的稀酸水解法即可达到工艺复杂的渗滤水解法相同的还原糖得率。

在密闭容器中用频率为 2450 MHz 的微波处理红松、山毛榉、甘蔗渣、稻草和花生壳,结果发现糖化率随温度上升而增大,辐射预处理时间短,操作简单,提高糖化率效果明显,但处理费用高。

超声处理可用于木质纤维素的组分分离。超声抽提木质纤维素主要组分分为两个阶段:①木质纤维素原料中可溶成分的润胀和溶解;②溶剂成分从木质纤维素到主体溶液的扩散及渗透。超声提高溶解效率的主要途径在于强化传质、提高溶剂向木质纤维素的渗透以及强化毛细渗透作用。超声的主要效果在于超声波振动导致木质纤维素细胞壁的破坏,因而抽提效率提高。

9.5　生物质化工利用的绿色过程

随着经济和社会的发展,化学品的种类日益繁多,需求愈来愈大。与此同时,也大大加快了一次性资源(如煤炭、石油等)的消耗速度,资源问题已经成为全人类共同关注的焦点。生物质资源数量巨大,如木质纤维素等,能够不断再生,在未来的能源和资源结构中将担当起重要的角色,如此巨大的可再生资源中只要其中的一部分被用于生产平台化合物(指那些来源广泛、价格低廉、用途众多的一类化合物),所产生的经济效益及社会效益是难以估量的。迄今为止,生物质资源的利用度还相当低。数量庞大的植物纤维只有极少部分被用于造纸原料、饲料和制备化学品,其数量还不到总量的 1.0%。如果能够将可再生资源转化成用途广泛的基本化学品,对解决当前的资源和能源两大问题,实现可持续发展战略,无疑具有重大而深远的意义。

生物质化学转化法是通过化学方法将生物质降解，进而生产其他化学品的过程。生物质中木质纤维素的绿色化学转化目前研究的主要内容是以木质纤维素为原料通过绿色化学的转化过程制备环境友好型化学品。

9.5.1　生物质制乙醇

乙醇是重要的化工原料，主要用作溶剂、化工原料、燃料、防腐剂。用粮食发酵酿酒是制备乙醇的传统方法。现代化学工业一般以石油裂解制得的乙烯为原料，用水合法制乙醇。20 世纪 70 年代以来，以燃料乙醇为代表性产品的生物燃料工业飞速发展，特别是以甘蔗、玉米为原料的第一代燃料乙醇产业已形成规模，2009 年世界各国燃料乙醇的总产量约为 5.86×10^7 t，比 2008 年增加了 12.7%，其中美国占 54.1%。预计到 2030 年，生物燃料产量将达到 1.2×10^8 t，占运输燃料总用量的 5%。然而以粮食为原料生产燃料乙醇，面临着"与人争粮，与粮争地"的矛盾和原料供应不稳定等问题。2007 年中国发展和改革委员会宣布禁止使用粮食生产燃料乙醇，现有的几家以玉米为原料生产乙醇的企业被要求逐步采用替代原料。

利用木质纤维素类生物质为原料制备的燃料乙醇是第二代生物质能源，常称为生物乙醇，凭借其洁净、安全和环保等优点逐渐成为最具潜力的新能源，是近年来生物质利用研究的重点。利用木质生物质生产乙醇不仅可以缓解粮食和能源紧张，从根本上解决燃料乙醇的生产原料问题，而且可减少温室气体排放。

制备原理是将生物质转化为可发酵的糖，利用微生物通过发酵过程将糖转化为乙醇。基本工艺可以分为预处理、水解、发酵和纯化四部分。目前，开发了多种预处理方法，各具特点。水解过程是利用酸或酶水解聚合物，使之成为可溶性的单糖。酶水解以其较高的转化率（接近理论值），被认为是最具商业前景的水解方法。发酵过程是对水解产物（五碳糖和六碳糖）进行发酵，获得乙醇。纯化处理则是通过蒸馏、过滤等手段，获得纯净的乙醇。生物乙醇制备过程的发酵与传统以淀粉或糖为原料的乙醇发酵的不同之处在于：生物质水解液中常含有对发酵微生物有害的组分，水解液中五碳糖的含量也较高，发酵抑制物的去除和五碳糖的利用是生物乙醇工业化发展需要解决的关键问题。

2009 年，中国科学院生物质资源领域战略研究组制定了《中国至 2050 年生物质资源科技发展路线图》，指出了中国发展生物质资源的六个战略路径。战略路径三的目标之一就是利用生物质资源——纤维素制备生物乙醇。

预处理是生物质制备乙醇商业化的关键步骤，是整个制备过程中最昂贵的步骤之一，对其之前的原料尺寸处理和之后的酶水解与发酵过程都有很大的影响。如预处理效果好，水解过程中的酶的用量就少，并且无须使用价格较高的酶。预处理的目的是去除阻碍糖化和发酵的生物质内在结构，粉碎木质素对纤维素的保护，瓦解纤维素的晶体结构，使之与生物酶充分接触，取得良好的水解效果。评价预处理方法有效性的标准如下：①预处理工艺前无须对原料进行深入的粉碎处理；②可以保留半纤维素中的戊糖结构；③有效限制对发酵过程具有抑制作用的物质产生；④能源消耗低等。

制备生物乙醇的常用预处理方法有四类：物理法、化学法、物理化学法和生物法。物理法主要是机械粉碎法，具有能耗大、成本高、生产效率低的缺点。化学法主要指以酸、碱、有机溶剂作为预处理剂，破坏木质素与半纤维素的共价键连接，打破纤维素的晶体结构，促进纤维素溶解。物理化学法主要有蒸汽爆破法、氨纤维爆破法和酸性气体爆破法。生物法是利用降解木质素的微生物和其他细菌等,这些微生物在培养过程中可以产生分解木质素的酶类,从而可以专一性地降解木质素。但是由于目前存在微生物种类较少、木质素分解酶类的酶活性低、作用周期长等未解决的关键技术问题,发展较慢。

9.5.2　生物质制丁醇与丙酮

丙酮、丁醇发酵工业的发展,与能产生丙酮、丁醇微生物的发现,产品用途的开发及原料的选用有关。1861 年,Pasteur 观察到由乳酸或乳酸钙做丁酸发酵时,丁醇以副产物出现。1914 年 Weizmann 成功分离得到一种丙酮丁醇梭菌,可以发酵各种谷物原料。溶剂组成比例是丁醇、丙酮、乙醇质量比为 6∶3∶1。20 世纪初,汽车工业高速发展,天然橡胶供应不足,促进了合成橡胶的研究。当时英国发明用丙酮为原料,经异戊二烯再聚合可制得橡胶。以正丁醇为原料,经 1,3-丁二烯也可获得人造橡胶。特别是第一次世界大战对丙酮需求的激增,刺激了丙酮、丁醇发酵技术的发展。1914 年英国建立起第一座丙酮发酵工厂,由于当时以丙酮为主要产物,所以又称丙酮发酵。第一次世界大战结束后,杜邦公司开发丁醇制乙酸丁酯工艺,作为硝酸纤维喷漆的优良溶剂。1945 年美国改用糖蜜进行生产,并且开发了丙酮、丁醇新的用途。20 世纪 60 年代末,由于石油化工的发展以低成本的优势淘汰了丙酮丁醇发酵法,但石油危机的出现使得丙酮丁醇发酵工业又重现生机。

丙酮、丁醇是重要有机溶剂和化工原料。1945 年我国依靠自己的力量首先在上海市改造酒精厂生产丁醇,1956 年正式投产。1958 年后我国各省也纷纷建立起以玉米和山芋干为原料的总溶剂生产厂,只有少数工厂利用糖蜜和大米等其他原料。我国丙酮、丁醇质量和生产技术已达到世界先进水平,能源与原料消耗也很低。生产工艺普遍实现了连续化和自动化。

燃料丁醇是指掺混在汽油中的丁醇,制成的混合燃料称为丁醇汽油。目前世界上汽车对丁醇汽油的使用方法一般有两大类:用汽油发动机的汽车,丁醇加入量为 5%～22%;专用发动机的汽车,丁醇加入量为 85%～100%。目前丁醇已不单是一种优良燃料,它已经成为一种优良的燃油品质替代剂。利用燃料丁醇的优点如下:①可替代或部分替代汽油做发动机燃料,减少汽油用量,缓解化石燃料紧张,从而减轻对石油进口的依赖,提高国家能源安全性;②丁醇作为汽油的高辛烷值组分,可提高点燃式内燃机的抗爆震性,使发动机运行更平稳;③由于丁醇是有氧燃料,掺混到汽油中,可替代对水资源有污染的汽油增氧剂 MTBE(甲基叔丁基醚),使燃烧更充分,使颗粒物、一氧化碳、挥发性有机化合物等大气污染物排放量降低;④可以有效消除火花塞、气门、活塞顶部及排气管、消声器部位积炭的形成,延长主要部件的使用寿命。

木质纤维素先在酸催化下水解,然后将水解产物用于微生物丁醇发酵过程。由于木质纤维素的水解产物中单糖成分较为复杂,要求发酵菌种对单糖具有普适性,利用效率要高。发酵微生物利用水解产生的单糖作为发酵碳源生产丙酮、丁醇。丙酮丁醇梭菌可以利用五碳糖。这是丙酮丁醇发酵与乙醇发酵最显著的差别。这一特点决定了丙酮丁醇发酵更适合与纤维素水解技术相结合,单糖利用效率更高。

传统的丙酮丁醇发酵主要以间歇发酵和蒸馏提取的方式进行,目前产量较低而能耗很高,所以竞争力差。其主要问题在于较低的产物浓度导致后续分离提取能耗很大,成本大幅度提高。提高发酵液中丙酮、丁醇浓度,开发低能耗的提取工艺是增强丙酮丁醇发酵法竞争力的根本途径。丙酮丁醇发酵的生产工艺改进主要有萃取发酵、气提发酵、全蒸发和廉价原料发酵。

萃取发酵采用萃取和发酵相结合,利用萃取剂将丙酮、丁醇从发酵液中分离出来,控制发酵液中丁醇的浓度小于对丙酮丁醇梭菌生长的抑制浓度。萃取发酵的关键是选择分离因子大、对微生物无毒性的萃取剂。研究表明:以生物柴油为萃取剂进行丙酮丁醇萃取发酵,丁醇的生产强度有所提高。

气提法是在一定温度的稀释液中,通入一定流速的惰性气体时,溶液组分被气提到气相中,从而达到丙酮、丁醇的及时分离。

全蒸发是一种新型膜分离技术。该技术用于液体混合物的分离,其突出优点是能以低能耗实现蒸馏、萃取、吸收等传统方法难以完成的分离任务。由于渗透蒸发的高分离效率和低能耗,它在丙酮丁醇发酵中有广阔的发展前景。

9.5.3 生物质制多元醇

生物质多元醇包括山梨醇、木糖醇、甘露醇、麦芽糖醇、甘油和乙二醇等 C(2)～C(6)的多羟基化合物。传统的多元醇制备原料多源于石油和天然气等资源,但随着石油、天然气等资源的日渐短缺和人们环保意识的增强,且相当一部分可再生的生物质资源可以用来制备多元醇,使得生物质多元醇的研究越来越多地受到人们的关注。随着人们对多元醇的逐步重视和工业技术的进步,多元醇现在已广泛应用于制备聚氨酯材料、烷烃、氢气、燃油以及化工中间体等领域,成为新一代的能源平台化合物。2004 年,美国能源部在一份报告中将甘油和山梨醇等多元醇列为在未来生物质开发过程中最为重要的 12 种"building block"分子,可见从纤维素出发制备多元醇的意义非常重大。

2006 年,Fukuoka 等利用固体酸(γ-Al_2O_3 或 Al_2O_3-SiO_2 等)负载金属 Pt 或 Ru 为催化剂,在水相中 463 K 下实现了纤维素的催化转化。采用环境友好的固体酸来替代传统的液体酸,在产物分离以及催化剂的循环利用上已经取得了很大进步。

北京大学刘海超教授等发展了利用高温水原位产生的酸催化纤维素水解同时结合 Ru/C 催化剂催化氢化葡萄糖一步法生产六碳多元醇的过程,首先纤维素在高温水原位产生的酸催化下水解成葡萄糖,葡萄糖在 Ru/C 催化剂的继续作用下,直接加氢还原生成六碳多元醇。该反应过程在 518 K 下,六碳多元醇的产率达 23.2%,而且高温水原位产生的酸在低温时消失,对环境友好,成本低,无污染。Ru/C 催化剂的催化活性要超过 Pt/Al_2O_3,因为相比 Pt,Ru 是更好的 C═O 双键氢化催化剂。

中国科学院大连化学物理研究所的张涛教授研究组进一步改善了纤维素的水解体系,在518 K 下,采用添加 Ni 的活性炭作为载体担载 W_2C,高效地实现了纤维素的催化转化,产物乙二醇的选择性高达 70%以上,反应后催化剂可多次循环使用而且仍然保持着很高的活性。W_2C 是类 Pt 的催化物质,在 C—C 键断裂过程中有很好的促进作用。从纤维素出发,经 Ni-W_2C/AC 体系催化,最后转化为乙二醇的反应过程与纤维素水解生成六碳醇的过程相似,首先都是纤维素水解生成单糖(葡萄糖),接下来单糖在催化剂的作用下转化为乙二醇。此反应过程脱离了贵金属的使用,效率非常高,有望实现纤维素转化的工业化。

目前由生物质制备多元醇的技术已在长春大成集团公司实现了 10^6 t 级的生产和工业应用。

由油脂制多元醇的途径除了油脂水解得到甘油外,还可以由大豆油环氧化合成环氧大豆油,环氧大豆油发生开环反应制备植物油多元醇,它的特点是全部为仲羟基,官能度、羟值较高。目前已实现了工业化生产。

长春工业大学张龙教授开发成功了以淀粉为原料制备聚醚多元醇的专利技术,并用于替代石油基的聚醚多元醇产品。目前正在进行 10^3 t 级中试。

9.5.4　生物质制乙酰丙酸

近年来国外学者的研究表明,从纤维素水解生成葡萄糖并进一步脱水和脱甲酸后得到的另一个化合物——乙酰丙酸(levulinic acid,LA),用途十分广泛,将有可能成为一种新的平台化合物。

从乙酰丙酸的分子结构中可知,它既有一个羧基,又有一个酮基,因此具有良好的化学反应性,能够进行酯化、氧化还原、取代、聚合等各种反应,合成许多有用的化合物和新型高分子材料。同时,4 位上的羰基是一个潜手性基团,可以通过不对称还原获得手性化合物。乙酰丙酸还是一个具有生物活性的分子。此外,乙酰丙酸能与汽油以任何比例互溶,可直接加入汽油中作为 P 系列汽车燃料,以提高辛烷值,降低尾气的污染。

国外早期都采用糠醇催化水解法生产乙酰丙酸。国内近年才开始小规模生产此产品,总生产量还不足 1000 t,且多以糠醇为原料,生产成本很高,酸性废弃物污染严重,难以充当平台化合物的角色。

美国 Biofine 公司以含纤维素的生物质资源(包括锯末、废报纸等)为原料,采用高温高压反应器水解直接得到乙酰丙酸,转化率达 80%～90%,为构建新的平台化合物开辟了新的方向。

近年来,高温高压水中的无催化水解反应受到重视。研究表明,它具有反应速率较快、可以实现选择性分解、目标产物作为化工原料价值高、工艺无污染、不需进行催化剂的回收和废水处理等优点,显示出广阔的应用前景。

近临界水(near critical water,温度在 250～350 ℃的压缩液态水)具有良好的溶解性能和自身酸碱催化功能。近临界水条件下的水解反应,比用液体酸做催化剂所得产物种类少,副反应少。吕秀阳等研究表明,纤维素近临界水条件下水解产物主要有有机酸(甲酸、乙酸、乙酰丙酸等)、可溶性多聚糖、葡萄糖和果糖、丙酮醛、5-羟甲基糠醛等。其中乙酰丙酸、甲酸的含量较高,其他成分含量较低。

9.5.5　生物质制己二酸

己二酸是最重要的脂肪族二元羧酸,它具有二元羧酸的通性,因为它有两个 α-碳原子的活泼亚甲基,能与多官能团化合物进行缩合反应,具有极为广泛的应用范围。1933 年 W. H. Carothers 首先用己二酸与己二胺合成了尼龙 66(nylon66)。1935 年杜邦公司开始生产并推销尼龙 66。随着石油化工的兴起,己二酸的生产开始转向来源比较便宜的石油化工产品为原料,因此使生产能力得到较大的发展。

Frost 提出了利用生物技术来生产己二酸的洁净路线。该路线在酶的催化下先转变 D-葡萄糖为儿茶酚,儿茶酚进一步转化为顺,顺-己二烯二酸,顺,顺-己二烯二酸再经氢化制备己二酸。Du Pont 公司在 20 世纪 90 年代初开发了生物催化工艺,利用大肠杆菌将 D-葡萄糖转化为顺,顺-粘康酸(muconic acid),然后再加氢生成 AA(adipic acid,己二酸)。最近该公司又开发了新的生物法工艺,用从好氧脱硝菌株(*Acinetobacter* sp.)中分离出来的一种基因簇对酶进行编码,从而得到环己醇转化制 AA 的合成酶。该合成酶的变种主细胞在合适的生长条件下可将环己醇选择性地转化成 AA。

Niu 等报道了以埃希氏菌属中的大肠杆菌为催化剂,以苯及苯的衍生物为反应底料,生物催化合成己二酸。

由于生物法采用可再生的物质为原料,因此实现了绿色生产,但缺点是过程费用高,目前尚未实现大规模工业化生产。

9.5.6　生物质制氢气

氢气是一种极为理想的新能源,具有清洁无污染、高效、可储存和运输等特点,可广泛应用于化工、冶炼、航天、交通运输等领域。在化工领域,氢最大的用处是在合成氨工业,据统计,世界上约 60% 的氢是用在合成氨上,在我国这个比例更高。在冶炼工业,氢被大量用于脱硫、氢化和化学产品的生产过程中。在航天工业,氢已成为运载火箭航天器的重要燃料之一。在交通运输方面,氢燃料电池可以作为汽车动力,具有零排放、无污染、高效等优点。随着氢应用范围以及需求量的不断扩大,各个国家都纷纷加快氢能的开发步伐。

目前主要的制氢方法可分成两类:一类是以化石燃料(煤炭、天然气、低碳烃或石脑油)为原料进行转换制氢,这类方法占据了制氢的 95%;另一类是电解水制氢。前者是一种能源密集型过程,使用的一次能源仍然是化石能源。制氢过程中,原料中的碳都转化为 CO_2,直接排放到大气中,带来严重的环境问题。后者需要大量的电能,用高品位的电能制氢不符合用能匹配标准,且该过程净能量转换效率较低,成本较高。显然,这两类方法都不具有可持续、无污染、经济等特点。从长远来看,氢应该以经济、可持续、非化石原料并且不产生温室气体的方式制备。生物质转化制氢方法是其中较理想的方法之一。

1. 热解制氢法

热解是将生物质在隔绝空气下进行加热分解,产物主要包括焦油、焦炭、气体产物。传统的热解多采用低加热速率,在这种情况下焦炭为主要热解产物。近年来,为了获得较高的生物油产量,高加热速率被广泛采用。Demirbas 指出,当氢为目的产物时,热解应该采用高温、高加热速率和长停留时间的操作条件。对热解产物中的碳氢化合物进行蒸汽重整是获得氢气的重要途径。此外,水煤气反应也能导致产氢量的增加。

碳氢化合物重整:
$$C_nH_m + H_2O \longrightarrow CO + H_2$$

水煤气反应:
$$CO + H_2O \longrightarrow CO_2 + H_2$$

美国国家可再生能源实验室(U. S. National Renewable Energy Laboratory,NREL)开发了生物质快速热解液化制氢的方法。该法先是将生物质转化为生物衍生油,然后利用成熟的渣油制氢工艺及技术,通过裂解或水蒸气重整制氢。

另外,国内外学者对微波生物质热解制氢也开展了大量研究。

2. 气化制氢

与热解不同的是,气化是在有限氧气的环境中进行的。在气化过程中,热解物质和炭化残留物再继续与空气、蒸汽、氧气、二氧化碳或氢气发生反应。采用这种方式不仅能增加产气量,还能向气化反应器提供热量。同样,为了获得较高的产氢量,需要对产物中的碳氢化合物和一氧化碳分别进行蒸汽重整和水煤气反应。

生物质气化的介质包括空气、氧气和蒸汽。早期研究多以空气为气化介质,但是空气中的氮气会降低氢气和可燃气含量。虽然使用氧气能有效地克服氮气所带来的缺点,但是大量的氧气使用导致了成本增加。蒸汽的使用最大限度地保证蒸汽重整反应和水煤气反应向着产氢方向进行,从而最大限度地增加产氢量。目前,蒸汽气化已经成为生物质热化学转化制氢的一个发展趋势。在此基础上,发展成水蒸气部分氧化制氢。该方法是利用高温水蒸气作为气化介质,对生物质进行气化,以获得富氢燃料气的一种方法。

3. 超临界水制氢

生物质超临界水制氢是在超临界水反应气氛中生物质发生催化裂解制取富氢燃气的一种方法。超临界水是指当水处于温度为 647.2 K、压力为 22.1 MPa 以上状态时的水,它兼具液体溶解力与气体扩散力的双重特性。即使是不溶于水的油及有机物,也可溶于超临界水。由于超临界水中含有分解所需的氧,任何有机物均可分解。在超临界水中进行生物质的催化气化,生物质的气化率可达 100%,产气中 H_2 含量(体积分数)甚至可超过 50%,且反应不生成焦油、木炭等副产品。

美国圣地亚哥通用原子公司对生物质超临界水气化产氢的技术和商业化的可行性进行研究,对污水、污泥、造纸废渣、城市固体废弃物中可燃部分的超临界水气化产氢方法和其他气化系统进行了比较。研究表明,超临界水气化方法对含水量较高及含有有毒有害污染物的处理更有利。

4. 高温等离子体制氢

生物质在氮气气氛下经电弧等离子体热解后,产气中的主要组分就是 H_2 和 CO,并基本不含焦油。在等离子体气化中,可通入水蒸气,以调节 H_2 和 CO 的比例,为制取其他液体燃料做准备。目前产生等离子体的手段有很多,如聚集炉、激光束、闪光管、微波等离子体以及电弧等离子体等。其中电弧等离子体是一种典型的热等离子体,其特点是温度极高,可达到上万摄氏度,并且这种等离子体还含有大量各类的带电离子、中性离子以及电子等活性物质。

5. 生物质生物制氢技术

生物质生物制氢是在较温和的条件下,利用生物自身的代谢作用将有机质或水转化为氢气。按产氢微生物生长过程中所需的能量来源,生物制氢技术可分为光合微生物制氢和发酵法制氢两大类。

光合微生物制氢技术是利用光合微生物直接将太阳能转化为氢能的理想过程,该技术目前主要存在以下问题:①无法降解大分子有机物,在底物的选择和应用上受到限制;②固氮酶自身需要较多能量,太阳能转换利用效率低;③产氢微生物代谢稳定性差,导致氢气产率低;④光合反应器占地面积较大;⑤高光利用效率的反应器设计、运行困难,综合控制能力较弱;⑥过程运行成本较高等。以上问题导致了光合微生物制氢技术的产业化近期较难实现。

同光合微生物制氢相比较,发酵法制氢技术具有一定的优越性,主要体现在:①过程的稳定性优于光合微生物制氢,发酵法生物制氢主要利用有机底物的降解获取能量,不需光源,产氢过程不依赖于光照条件,工艺控制条件温和、易于实现;②发酵产氢微生物的产氢能力较强,发酵产氢菌的产氢能力要普遍高于光合细菌的产氢能力;③发酵法制氢微生物的生长速率更快,易于保存和运输,使得发酵法制氢技术更易于实现规模化生产;④发酵法生物制氢可利用的底物范围广,包括葡萄糖、蔗糖、木糖、淀粉、纤维素、半纤维素、木质素等,且底物产氢效率明显高于光合法制氧,因而制氢的综合成本较低;⑤制氢反应器的容积可以较大,由于不受光源限制,在不影响过程传质及传热的情况下,可以设计大规模反应器,从规模上提高单套装置产氢能力。

目前,生物质发酵制氢技术还处于实验室研究阶段,离大规模工业化还有一段距离。该技术需要进一步研究的问题主要体现在以下几方面。①高效发酵制氢菌种的研究:生物发酵制氢菌种的性能及稳定性制约了生物质发酵制氢技术的进一步发展,研究出性能优越、运行稳定、对底物适应能力强的菌种显得尤其重要。②扩大底物利用范围和效率:现有的大部分产氢微生物的底物利用范围有限,这在很大程度上限制了生物制氢的产业化。目前在采用秸秆类纤维质进行生物发酵制氢时,由于其结构复杂,利用效率还不是很高。发酵过程的稳定性和连续性,以及混合菌种降解稻秆类纤维素机理等方面还有待进行更深入的研究。③大规模制氢反应器的研制:生物发酵过程中,反应器对于过程的综合控制起到至关重要的作用。现有的生物制氢反应器大多是对现有其他行业发酵反应器的改造所得,反应器的产氢效率普遍不高、稳定性能差,规模大多处于实验阶段。因此,需要进行生物质发酵制氢反应器的放大及优化,对反应器中流体混合效果对反应器放大性能的影响、生物质发酵产氢动力学模型以及反应器放大模拟与工业化规模设计是生物发酵制氢反应器未来的研究方向。

9.5.7 基于生物质的功能材料

近年来,基于新型纤维素的先进功能材料正成为纤维素科学的研究热点,并取得了一些进展,如纤维素基纤维材料、膜材料、光电材料、杂化材料、智能材料、生物医用材料等。下面扼要加以介绍。

1. 再生纤维素纤维

纤维素纤维是性能优良的纺织原材料。黏胶法是制备再生纤维素纤维最普遍的方法;但是污染严重,急需新的加工工艺来代替。氯化锂/二甲基乙酰胺体系由于溶剂自身特点(回收困难、价格昂贵等),很难实现工业化生产。以 4-甲基吗啉-N-氧化物(NMMO)为溶剂的体系已经实现了工业化,由此生产出的再生纤维素纤维命名为 Lyocell 纤维。这种纤维具有天然纤维的手感柔软、湿强高、模量高、延伸性好、穿着舒适等特点,适合用作高档服装面料、医用织物和个人卫生用品等。但该溶剂价格高,对回收技术要求严格,回收设备投资大。

最近,人们发现一些结构的离子液体可以高效地溶解纤维素。以离子液体为溶剂、水为沉淀剂,通过干喷湿纺工艺可以方便地制备出再生纤维素纤维,所得的再生纤维素纤维的力学性能优于黏胶纤维,和 Lyocell 纤维相仿甚至更高。而且离子液体可有效回收再利用,因此,以离子液体为介质制备纤维素纤维的生产工艺,具有环境友好、生产周期短、溶剂回收方便和可重复使用等优势,是一种很有潜力的纤维素加工的绿色方法。

2. 纤维素膜材料

再生纤维素膜是一类重要的膜材料,可应用于透析、超滤、半透、药物的选择性透过、药物释放等方面。以往纤维素膜主要是通过乙酸纤维素水解或者通过化学衍生化溶解再生的方法制备的,制备过程烦琐,有机试剂消耗量大,污染较严重。最近,利用新型的纤维素非衍生化溶剂,如 NMMO、LiCl/DMAC、氢氧化锂/尿素、离子液体,将纤维素溶解,然后用流延法在玻璃板或模具(玻璃模具、聚四氟乙烯模具)中铺膜,浸泡在相应的沉淀剂中再生,得到透明、均匀、力学性能优异的再生纤维素膜,用于异丙醇脱水纯化、超滤、选择性气体分离、细胞的吸附和增殖等方面。Cao 等以农业废弃物玉米秸秆为原料,制备了再生秸秆纤维素膜,其力学性能甚至可以与浆粕纤维素再生的纤维素膜相当。此外,Nyfors 等提出了一种制备纤维素膜的新方法,以纤维素三甲基硅醚为原料,通过与少量聚苯乙烯共溶,然后旋涂制成超薄膜,再用稀 HCl 溶液进行水解,得到超薄的纤维素钠孔膜,孔径大小通过调节聚苯乙烯的含量来改变。

3. 纤维素凝胶和气凝胶材料

纤维素由于自身有很多羟基,所以凝胶的制备过程非常简单,不需交联剂,通过氢键进行物理交联即可制得。张俐娜课题组以氢氧化钠/尿素、氢氧化钠/硫脲为溶剂,低温下将纤维素溶解,然后升高温度即可实现溶胶-凝胶转变,得到纤维素凝胶。有研究者以四丁基氟化铵(TBAF)/DMSO 为溶剂,将纤维素溶解,通过调节纤维素的浓度和溶液中水的含量,制备出透明凝胶和不透明凝胶。Li 等以离子液体为溶剂,通过溶解、水中再生,得到透明的纤维素水凝胶。

纤维素气凝胶是继硅基气凝胶、合成高分子基气凝胶之后的新一代气凝胶材料,除了具有气凝胶的普遍特性之外,还具有原料天然可再生、可生物降解、生物相容性好等新的优点。纤维素气凝胶的制备方法相对简单,首先通过溶解、再生,得到纤维素凝胶,然后通过冷冻干燥或超临界流体干燥,得到纤维素气凝胶。

4. 纤维素复合材料

纤维素复合材料的种类很多,按其组成可分为纤维素/合成高分子复合材料、纤维素/天然高分子复合材料、纤维素/导电聚合物复合材料、纤维素/碳纳米管复合材料、纤维素/金属杂化材料、纤维素/硅杂化材料等,按照功能性可分为力学材料、光学材料、电学材料、生物医用材料、分离纯化材料、传感材料等。

张俐娜等以氢氧化钠/尿素水溶液为溶剂,制得了纤维素/染料复合膜,它显示出较强的光致发光性能或荧光性能,而且复合膜具有良好的透明性,透光率可达 90%。通过拉伸取向可使复合膜的力学性能显著提高,拉伸强度为 138 MPa。纤维素发光材料有望用于有机发光二极管(OLED)、有机薄膜晶体管、防伪和包装等领域。

基于纤维素的压电效应和离子迁移效应,Kim 等开发了一系列电活性纸,由最初的商品化的玻璃纸到各种溶剂法再生纤维素膜,再到纤维素/导电聚合物复合材料、纤维素/碳纳米管复合材料、纤维素/离子液体复合材料等。这些电活性纸表现出较好的电致响应性。

基于纤维素的绝缘性和优异的力学性能,Pushparaj 等利用纤维素/离子液体包埋规整排列的多壁碳纳米管(MWCNT)制得了柔性的锂电池、超级电容器等能量储存器件。

基于纤维素优异的力学性能,通过原位聚合,得到了天然纤维素纤维/聚吡咯复合材料和纤维素/聚苯胺复合材料,复合材料显示出高的力学性能和导电性,可用作离子交换材料、纸基储能器件、电极、发光二极管、传感器等。此外,通过物理共混,也可得到导电性的纤维素/导电高分子复合物。

5. 生物医用材料

基于纤维素出色的生物相容性、生物可降解性和优异的力学性能,开发了很多纤维素生物医用材料,在伤口修复、抗菌消毒、细胞培养、药物释放、组织工程等诸多领域都有广泛的应用。纤维素/聚环氧乙烷(PEO)和纤维素/PEG 复合材料具有良好的生物相容性,在生物工程、药物释放等方面应用广泛;纤维素/硅酸钠复合材料可用于药物缓释领域;纤维素/玉米蛋白、纤维素/壳聚糖、纤维素/乳糖可用于细胞培养;纤维素/蒙脱土凝胶、纤维素/磷酸钙和纤维素/壳聚糖可用作组织工程支架、骨修复材料。Park 等以离子液体为溶剂,制得了纤维素/肝磷脂/活性炭多孔微球,可以吸附药物分子,在误服药物、服药过量等药物中毒时进行解毒。

6. 含纤维素纳米纤维的复合材料

纤维素纳米纤维是天然纤维素 I 晶所组成的纤维状聚集体,力学性能优异,可用作复合材料的增强相,提高材料的力学性能。纤维素纳米纤维已被用来增强聚乙烯(PE)、聚丙烯(PP)、聚氨酯(PU)、PVA、嵌段共聚物、PLA、聚己内酯(PCL)、导电聚合物等合成高分子,也可以用来增强淀粉、壳聚糖、DNA 等天然高分子,所得复合材料力学性能均得到显著提高。通过控制溶解过程或将纤维素纳米纤维加入纤维素溶液,然后再生,得到纤维素纳米纤维增强的全纤维素复合材料。

　　由于纤维素纳米纤维直径很小,在 2~50 nm,将其与聚合物复合对聚合物的透明性影响较小,而且这类复合材料质量轻、强度高、柔性好,在柔性光电器件、精密光学仪器、太阳能电池、包装材料等方面有着广阔的应用前景。

　　为了得到纤维素纳米纤维均匀分散的纳米复合材料,Capadona 等提出了纳米纤维自组装模板法,即通过溶胶-凝胶过程得到纤维素纳米纤维凝胶,然后浸入聚合物溶液、干燥,可得到纳米纤维均匀分散的聚合物/纤维素纳米复合材料。

　　7. 基于纤维素的有机无机杂化材料

　　有机无机杂化材料近年来引起了广泛的关注,因为它不仅保持了有机材料的性质,还具有无机材料的特性,如超强的光、电、磁、催化等性能,在光电、催化、生物、医药、传感等领域有着广泛的应用。纤维素有机无机杂化材料的常规制备方法可分为四类:①在纤维素或纤维素衍生物溶液中原位合成纳米颗粒,然后再生得到纤维素/纳米颗粒复合材料;②将纤维素膜或纤维浸入纳米颗粒前驱体溶液中,然后原位合成纳米颗粒,最后将纤维素材料取出、干燥;③将纤维素膜或纤维直接浸入纳米颗粒悬浮液,然后将纤维素材料取出、干燥;④将纳米颗粒分散到纤维素或纤维素衍生物溶液中,然后再生得到纤维素/纳米颗粒复合材料。纤维素/TiO₂杂化材料具有独特的紫外线屏蔽、光催化作用、光电活性、抗菌和自清洁能力等优越性能,用于太阳能电池、光电器件、废水处理、空气净化、生物医药、杀菌等方面。

　　纤维素/Ag 纳米颗粒杂化材料具有很好的抗菌性,可作为抗菌性创伤敷料、组织工程支架、抗菌膜等来使用。纤维素/Au 纳米颗粒杂化材料是一种智能材料,可作为电子器件、固体催化剂、化学传感器来使用,还可以负载生物酶,用于生物电分析、生物电催化、生物传感等领域,如细菌纤维素/Au 纳米颗粒杂化材料负载酶可作为 H_2O_2检测器,检测极限达 1 μmol/L。纤维素/铁氧化物杂化材料具有强的铁磁性,饱和磁化强度甚至可达 70 emu/g,可作为安全纸、信息存储材料、电磁屏蔽材料、药物的靶向传递和释放材料等来使用。

　　目前这方面的研究领域包括:以天然的生物质(如木材、竹材等)、农业废弃物(如秸秆、甘蔗渣等)和高强度、高结晶度的细菌纤维素和纤维素纳米纤维为原料制备纤维素功能材料;通过高效、环境友好的新技术和新工艺方法制备纤维素功能材料;基于新型分子设计和结构设计制备纤维素功能材料;与纳米、生命科学等学科充分交叉设计和制备纤维素功能材料;纤维素功能材料的实用化。

9.6　天然油脂的绿色化学转化过程

9.6.1　简介

　　天然油脂的主要成分为三脂肪酸甘油酯,简称甘油三酯。从分子结构来看,甘油三酯是由一个甘油分子与三个脂肪酸分子酯化而成的。甘油三酯分子包括两个部分,即甘油基和脂肪酰基,其中三个酰基可以由不同的脂肪酸提供。植物油中的脂肪酸主要是饱和和不饱和的 C_{16} 和 C_{18}脂肪酸。组成油脂分子中的甘油部分是恒定不变的,其相对分子质量是41,占油脂总量的 4%~6%;脂肪酰基占整个分子质量的 95%左右(其值随油脂的种类不同而有很大的差异),它们对甘油三酯的物理和化学性质的影响起主导作用。因此,脂肪酸化学是油脂化学的重要组成部分。世界上的大宗植物油品种主要有大豆油、菜籽油、花生油和葵花籽油等。因不同地区生长条件不同,各国主产的植物油也不相同。我国是世界上的植物油生产大国,主要有大豆油、菜籽油、葵花籽油等,产油植物主要有花生、油菜、芝麻、向日葵、芥籽、棉、大豆、蓖麻等草本产油植物以及油茶、油桐、乌桕、油棕、小桐子、光皮树等木本产油植物。

植物油主要由脂肪酸甘油酯组成。典型的脂肪酸有含一个双键的油酸($C_{17}H_{33}COOH$)、含两个双键的亚油酸($C_{17}H_{31}COOH$)、含三个双键的亚麻酸($C_{17}H_{29}COOH$)和不含不饱和双键的硬脂酸($C_{17}H_{35}COOH$)。脂肪酸的结构和种类对其各种性能有决定性作用。

油脂化学品的开发与应用一直是全世界的一个研究热点。油脂与石油产品相比,油脂化学品作为一种廉价的可再生资源,显示出良好的生态性。它是化学工业可依靠的好原料,在洗涤剂、化妆品、药物中得到了广泛的应用,一些石油化工产品将逐渐被油脂化学品所替代,将会有更多的油脂化学品被开发利用。

9.6.2　天然脂肪酸(酯)的性质及化学转化原理

脂肪酸是油脂的水解产物之一。脂肪酸具有羧酸的性质,可发生羧酸的所有化学反应。羧酸的化学反应主要发生在羧基和受羧基影响变得比较活泼的 α-H 上。由于油脂特别是植物油含有较多的不饱和脂肪酸,不饱和脂肪酸性质比较活泼,因此,油脂的化学性质又主要取决于不饱和脂肪酸的化学性质,不饱和脂肪酸双键能进行加成、氧化、异构化及聚合等双键特有的反应。发生在油脂与脂肪酸长碳链双键上的化学反应在工业上已具有越来越重要的应用。

甘油三酯是甘油中电负性较强的氧原子与酰基相连的脂肪酸衍生物,属于酯类物质,具有酯的通性。甘油三酯是脂肪酸在自然界的主要存在方式,广泛来源于各种各样的动植物和微生物。存在于油脂中的脂肪伴随物是一类兼备疏水性和弱亲水性的生物有机分子,种类繁多,结构各异,难以定义,但它们特征明显,在油脂的制取、加工和储藏中会发生各种反应,不仅在理论上,而且在实际应用中也非常重要。

动植物油中的 3 个酰基通常来源于分子中碳原子数为 12~22 的脂肪酸。植物脂肪酸主要有饱和脂肪酸、单烯酸类、二烯酸类、三烯酸类、多烯酸类、单羟基脂肪酸类、单羟基共轭炔烯酸类等,多数为不饱和脂肪酸,其中油酸(十八碳一烯酸)和亚油酸(十八碳二烯酸)含量通常较大。不饱和脂肪酸的双键位置通常在 9 位、10 位碳,亚油酸和亚麻酸另外有 12 位、13 位碳双键,亚麻酸在 15 位、16 位碳上还有双键,这些双键多为非共轭,聚合活性较低。大多数植物油的结构差异仅仅在不饱和度和不饱和键的共轭程度,它们的化学性质相近,特别是常用的亚麻油、大豆油、玉米油、菜籽油等化学改性机理基本一致。

1. 水解反应

油脂与水生成脂肪酸和甘油的反应,称为油脂的水解反应。

水解反应分三步:首先是甘油三酯脱去一个酰基生成甘油二酯,第二步是甘油二酯脱去一个酰基生成甘油一酯,最后由甘油一酯再脱酰基生成甘油和脂肪酸。其反应的特点是第一步水解反应速率缓慢,第二步反应速率很快,而第三步反应速率又降低。这是由于初级水解反应时,水在油脂中溶解度较低,且在后期反应过程中生成物脂肪酸对水解过程产生抑制作用。

由于水解反应是可逆的,反应常需在高温高压及催化剂存在下进行。常用的催化剂有无机酸、碱、Twitchell 类型的磺酸盐和金属氧化物及从动植物体中提取的脂肪酶。

2. 酯化反应

脂肪酸与一元醇在酸性催化剂及加热下生成酯的过程称为酯化反应,酯化反应与水解反应互为逆过程。反应中脱去了羧基上的—OH 和醇羟基上的 H，该反应为可逆过程，速率很慢，可利用酸使反应达到平衡。加过量的脂肪酸或醇或除去生成的水，可使反应趋于完全。对于各饱和脂肪酸，该反应速率接近；不饱和脂肪酸的双键离羧基越近，反应速率越慢。

脂肪酸与甲醇的反应油脂与甲醇醇解制备脂肪酸甲酯是工业上生产甲酯的主要方法，也是制备生物柴油的方法。脂肪酸与其他多元醇，如乙二醇、丙二醇、聚氧乙烯醇、季戊四醇或山梨醇等酯化可生成用途不同的酯类。

3. 酯交换反应

酯交换包括酯与醇作用的醇解、酯与酸作用的酸解，以及酯与酯作用的交换。这里主要讨论醇解。中性脂肪或一元醇酯与另一醇反应，交换酰基生成新酯及新醇的反应称为醇解。醇解反应是可逆反应，可用酸或碱催化。例如甘油三酯在酸性或碱性催化剂的作用下，与甲醇醇解可直接甲酯化得到脂肪酸甲酯。常用的碱催化剂有甲醇钠、氢氧化钠、氢氧化钾等。其中甲醇钠的效果最好，如用 0.1%～0.5%甲醇钠，在 20～60 ℃下反应约 2 h 即醇解完全，反应迅速而且可避免低级脂肪酸在高温下挥发及不饱和脂肪酸的氧化。但油脂中含游离脂肪酸高于 2%以上进行的醇解反应，则不宜用碱性催化剂，因为脂肪酸遇碱形成稳定的羧酸离子，造成反应极慢且甲酯化不完全。

油脂与甘油进行醇解，可得到甘油一酯、甘油二酯及甘油三酯的混合物。其中甘油一酯占 40%～60%，经分子蒸馏可得到纯度 95%以上的甘油一酯。这是工业制备食品乳化剂甘油一酯的主要方法。

4. 脂肪酸羧基的反应

长链脂肪酸羧基能生成酰卤、酸酐、成盐、酰胺、过氧酸等，并可进行烷氧基化、热解等过程，这些衍生物在工业上有着不同的用途。

（1）成盐：脂肪酸可与氢氧化钠、氢氧化钾、氧化物及碳酸盐反应生成皂类，也即皂化反应。

（2）酰氯：脂肪酸与三氯化磷或五氯化磷、氯化亚砜等试剂反应生成酰氯。

（3）酰胺：酰胺是脂肪酸与氨（或胺类）在高温下先生成脂肪酸铵，再经脱水而得。长链脂肪酸酰胺是重要的表面活性剂。如乙醇胺或二乙醇胺与长链脂肪酸反应生成脂肪酸单乙醇酰胺或二乙醇酰胺，主要用作块状皂的添加剂及高泡洗涤剂。

（4）酸酐：脂肪酸受热脱水可生成脂肪酸酐，但单纯加热脱水得率不高。例如十四碳酸在 332 ℃加热 3 min，得率仅 4%，在 343 ℃加热 12 min，得率仅 30%。

（5）过氧酸：脂肪酸与过氧化氢（30%～98%）在酸催化下生成过氧酸 RCOOOH。脂肪酸过量，或过氧化氢浓度高（>70%），或产生的水经共沸法除去，可使反应趋于完全。

（6）烷氧基化：脂肪酸与环氧乙烷直接反应的速率很慢，常用碱如 KOH、Na_2CO_3、CH_3COONa 等催化进行烷氧基化反应，产物有脂肪酸聚乙二醇酯、脂肪酸聚乙二醇二酯等。

（7）羧基还原：脂肪酸的羧基在适当条件下可氢化还原成醇羟基，生成脂肪醇。脂肪醇是精细化工的重要基础原料，利用其分子结构中的羟基官能团，与多种化合物进行反应得到的脂肪醇衍生物广泛地应用于表面活性剂、润滑剂等的生产中。

5. 脂肪酸羧基上 α-H 的反应

（1）α-卤代酸：羧基 α-H 在少量磷存在下，被卤素取代生成 α-溴代酸或 α-氯代酸。

（2）α-磺化脂肪酸：饱和脂肪酸与 SO_3 反应生成混合酸酐，然后分子重排，磺酸基取代 α-H 生成 α-磺化脂肪酸（简称 α-磺酸）。

6. 脂肪酸碳链上双键的反应

脂肪酸碳链上的双键十分活泼,可与多种试剂发生加成、氧化、磺化、异构化及聚合反应。

油脂在工业中运用主要有:皂类、环氧油脂及其多元醇、聚氨酯和聚丙烯酸酯类产品;脂肪酸、酯、脂肪醇、含氮化合物及甘油。而在这些产品的基础上,还可以生产出各种衍生产品。

9.6.3　天然脂肪酸绿色转化典型产品与过程

1. 脂肪酸甲酯(生物柴油)

由天然油脂经化学转化得到脂肪酸甲酯,也称为生物柴油。生物柴油是备受人们关注的生物燃料,是优质的石油柴油代替品和清洁的可再生能源。随着石油资源的短缺,生物柴油生产技术的研究与应用已经成为世界各国政府优先考虑发展的方向。生物柴油的性质与普通柴油的十分相近,可供柴油机使用,而且在浊点、闪点、十六烷值、硫含量、氧含量及生物可降解性等方面要优于普通柴油。由于它来源于天然植物油,因此具有可再生、环保清洁、安全性好、燃烧效率高等特点,对于推进能源替代、减轻环境压力、降低大气污染等都具有重大的战略意义,是一种真正的"绿色能源"。

与脂肪酸等原料相比,以脂肪酸甲酯制备精细化学品具有反应条件更温和、产品性能更佳等优点,主要产品有脂肪酸聚氧乙烯酯、脂肪醇聚氧乙烯醚、脂肪醇聚氧乙烯醚硫酸盐、脂肪酸甲酯 α-磺酸盐、脂肪酸蔗糖酯、脂肪酸二(单)乙醇酰胺、脂肪醇等,是生产可生物降解的高附加值精细化工产品的重要原料。

近十几年我国很多大学都在该技术领域进行机理实验研究和分析,但尚无大规模的推广应用报道。"十五"期间,科技部将野生油料植物开发和生物柴油技术发展列入国家"863"计划和科技攻关计划,包括麻风树、牛耳枫、黄连木等油料植物的良种培育和大面积造林技术研究,建立了种质培育基地;开发了酶法生物柴油生产新工艺,建成中试研究装置;开发出一步法废油化学催化生物柴油新工艺;目前生产技术逐步完善成熟,已建立了数个利用食用废油的生物柴油的工业示范工程,年生产能力达 5×10^4 t 左右。"十五"期间,我国还开展了生物质热解液化技术的研究,主要实验装置类型为下降管式裂解反应器和旋转锥裂解反应器,均达到中试阶段,并进一步完善工艺,开展液体产物的处理应用的研究。此外,中国正在与德国相关部门合作开展大规模种植麻风树生产生物柴油计划,已完成生物柴油工艺技术研究,建立了原料和产品分析方法、质量控制标准。

寻找非粮资源成为脂肪酸甲酯在我国的产业化发展的主要瓶颈之一,而这些不宜食用的生物油脂也为我们提供了廉价、合适的原料。除此之外,绿色工艺也是脂肪酸甲酯产业化发展的重要问题,且绿色工艺的解决是利用非粮资源的前提。

生物柴油可由植物油、动物脂肪经化学方法制取。制取生物柴油的方法有酯交换法、直接混合稀释法、微乳液法及热裂解等方法。

酯交换法是指在催化剂的作用下,使短链醇类——甲醇与油脂中的甘油三酯发生酯交换反应,生成脂肪酸甲酯的过程。将甘油三酯断裂为三个长链脂肪酸甲酯,从而缩短链的长度,降低燃料的黏度,改善油料的流动性和汽化性能,达到作为燃料油的使用要求。酯交换法可用碱性或酸性和生物催化剂,根据反应体系的不同分为均相催化和多相催化。生产流程主要包括预处理、反应和后处理 3 个工序。预处理包括原料油沉淀除杂、水蒸气蒸煮脱臭、真空脱水等,后处理即粗生物柴油的精制。

碱性物质催化的酯交换法是不可逆反应,在低温下可获得较高产率,反应速率快、醇用量少，在工业上已经成功应用。国内外对制取生物柴油的原料、方法及其过程进行了大量的研究。例如：R. Alcantara 等用碱催化酯交换法处理大豆油、废油及牛油制取生物柴油；HakJoo Kima 等人研究了不同碱性催化剂的酯交换过程；Galen J. Suppes 等研究了沸石和金属做催化剂的酯交换过程；陈和等研究了强碱催化的酯交换反应动力学；郑利等对脂肪酶催化合成生物柴油过程进行了研究。

在采用酯交换法制备生物柴油时，关键是提高原料的转化率和产品生物柴油的纯度。

2. 脂肪族环氧化物

环氧油脂是由油脂经过环氧化反应制得，含有三元氧环结构的化合物，包括环氧大豆油、环氧妥尔油等。

环氧油脂是一种广泛使用的无毒、无味的聚氯乙烯增塑剂兼稳定剂，对光热有良好的稳定作用，且相容性好、挥发性低、迁移性小。它既能吸收聚氯乙烯树脂在分解时放出的氯化氢，又能与聚氯乙烯树脂相容，可以用于几乎所有的聚氯乙烯制品。环氧大豆油是世界上公认的无毒增塑剂，美国食品药物管理局已批准环氧大豆油作为食品、药物的包装材料，玩具及家庭装饰材料的助剂。

植物油脂的环氧化属于烯烃环氧化的范畴。目前工业上环氧大豆油的制备主要运用甲酸（或乙酸）与双氧水反应生成过氧甲（乙）酸，然后在催化剂的作用下，与大豆油进行环氧化发应。反应完毕后经碱洗、水洗和减压蒸馏，最后得到产品。此工艺过程中容易产生废酸，对环境不友好，而且产品色泽差，环氧值低。寻找符合绿色化学要求的环氧化合物合成新方法显得较为迫切。

目前在努力探索烯烃直接氧化生产环氧化物的技术。20 世纪 80 年代以来，随着有机金属化合物（杂多化合物、甲基三氧化铼）、TS-1 分子筛、类水滑石、仿生催化剂（金属卟啉配合物）等催化剂的出现或应用，以安全浓度（27%～50%）的过氧化氢溶液为氧化剂的烯烃环氧化引起人们的兴趣。

陈旻等研究了甲基三氧化铼为催化剂，过氧化氢为氧化剂的环氧化油脂的制备新工艺，环氧化选择性和转化率都在 99% 以上。与传统的甲酸法相比，新型催化方法具有以下优点：不使用过氧化羧酸，提高了过程操作的安全性和环境友好性；反应条件温和，反应速率快，催化效率高；反应副产物仅为水，环氧化反应选择性和转化率较高。

3. 脂肪酸多元醇酯

脂肪酸多元醇酯属于多元醇型非离子表面活性剂，具有两亲分子结构，分子中含有亲油的脂链和亲水的羟基。脂肪酸多元醇中对应的脂肪酸可以是碳原子数为 8～22 的饱和脂肪酸与不饱和脂肪酸，对应的多元醇有山梨醇、甘油、蔗糖等。其合成途径一般有以下几种：①油脂醇解；②脂肪酸与醇直接酯化；③甲酯的醇解。

以月桂酸单甘酯为例：

（1）脂肪酸和甘油可直接发生酯化反应，得单甘酯、二甘酯、三甘酯的混合物。

（2）用甘油和三甘酯进行酯交换反应，也称为醇解法。

（3）酶法：包括酶催化水解法、酯化法和酯交换法，一般以固定化脂肪酶为催化剂，以三甘酯或二甘酯为原料，采用脂肪酶进行定位水解，温度控制在 40℃ 左右。由于反应产物为单甘酯和羧酸，相对来说产物比较容易分离。该反应在较低温度下进行，所以所得产品的色泽较好。

（4）羟基保护法：甘油分子中有三个羟基，若直接与脂肪酸酯化，三个羟基酯化机会相同，生成单甘酯及二甘酯的混合物。为了得到高含量的单甘酯,将甘油的两个羟基保护后,剩余的羟基与脂肪酸进行酯化反应生成单甘酯,最后在一定条件下水解解除保护因子,从而直接得到高纯度的单甘酯产品。目前所采用的保护剂主要有硼酸、酮和醛,常见的物质有丙酮、硼酸、甲乙酮等。

以无机酸和碱催化酯化、酯交换法生产单甘酯的工艺技术成熟,但存在许多不足之处,废酸、废碱或废盐排放量较大。

离子液体作为一种环境友好的溶剂和催化剂可用于催化酯化反应。Atefa 等将具有 $[HSO_4^-]$ 阴离子型离子液体用于酯化反应中,结果表明,此离子液体具有较好的酸催化活性和酯化效率。鉴于离子液体具有良好的热稳定性和溶解性、可调的酸性、极性和配位能力、可循环利用等优点,因此离子液体在单甘酯合成中有着很大的开发前景。

复习思考题

1. 半纤维素的主链和支链的糖基种类有哪些? 针叶木、阔叶木以及禾本科的半纤维素聚糖组成如何?

2. 纤维素降解的方式有哪几种? 分别简述其原理。试述剥皮反应与其他降解反应的主要区别。

3. 纤维素的相对分子质量和聚合度有哪几种测定方法? 所适用的条件如何?

4. 根据木质素的官能团特点,化学修饰方式有哪些? 通过化学转化后可以获得哪些有价值的产物?

5. 生物质组分分离的方法有哪些? 试比较其优缺点。

6. 试述葡萄糖与木糖制备乙醇的原理,并计算两种底物条件下反应的理论回收率,进一步说明实际回收率小于理论回收率的原因。

7. 简述以玉米秸秆为原料制备丙酮、丁醇的过程及所涉及的反应原理。

8. 试述纤维素类生物质合成多元醇的制备方法及主要工艺。

9. 简述天然油脂的来源以及制备生物柴油的方法及原理。

10. 简述脂肪酸多元醇酯的制备方法及其应用。

参 考 文 献

[1] 王军.生物质化学品[M].北京:化学工业出版社,2008.

[2] 詹益兴.绿色化学化工 第 1 集[M].长沙:湖南大学出版社,2001.

[3] 詹益兴.绿色化学化工 第 2 集[M].长沙:湖南大学出版社,2002.

[4] 郭国霖.步入化学新天地[M].石家庄:河北科学技术出版社,2000.

[5] 陈洪章,王岚.生物质生化转化技术[M].北京:冶金工业出版社,2012.

[6] 张建安,刘德华.生物质能源利用技术[M].北京:化学工业出版社,2009.

[7] 张俐娜.天然高分子改性材料及应用[M].北京:化学工业出版社,2005.

[8] 张晓阳,杜风光,常春,等.纤维素生物质水解与应用[M].郑州:郑州大学出版社,2012.

[9] 杨淑蕙.植物纤维素化学[M].北京:中国轻工业出版社,2001.

[10] 黄小雷,吴炎亮.生物质转化法生产燃料和化学品的潜力[J].国际造纸,2011,30(2):45-48.

[11] 左志越,蒋剑春,徐俊明.纤维类生物质的溶剂液化及在聚氨酯材料中的应用[J].纤维素科学与技术,2010,18(4):55-64.

[12] 王强.基于制浆的蔗渣组分清洁分离技术的研究 [D].广州:华南理工大学博士学位论文,2012.

[13] Panwar N L,Kaushik S C,Kothari S. Role of renewable energy sources in environmental protection: A review [J]. Renewable and Sustainable Energy Reviews,2011,15(3):1513-1524.

[14] 王堃.木质生物质预处理、组分分离及酶解糖化研究[D].北京:北京林业大学博士学位论文,2011.

[15] 程合丽.玉米秆半纤维素的分离表征及硫酸酯化改性的研究[D].广州:华南理工大学博士学位论

文,2011.

[16] 王许涛.生物纤维原料汽爆预处理技术与应用研究[D].郑州:河南农业大学博士学位论文,2008.

[17] 朱圣东,吴元欣,喻子牛,等.植物纤维素生产燃料乙醇的研究进展[J].化学与生物工程,2003,(5):8-9.

[18] Lee J. Biological conversion of lignocellulosic biomass to ethanol [J]. Journal of biotechnology,1997,(56):1-24.

[19] Keikhosro Karimi,Mohammad J,Taherzadeh. Conversion of rice straw to sugars by dilute-acid hydrolysis [J]. Biomass and Bioenergy,2006,(30):247-253.

[20] 余君.不同预处理工艺对稻壳纤维素酶酶解效果的影响 [D].武汉:华中农业大学博士学位论文,2008.

[21] 陈育如,夏黎明.植物纤维素原料预处理技术的研究进展[J].化工进展,1999,(4):24-26.

[22] 王一雷.发酵法制备丙酮、丁醇的研究 [D].天津:天津大学硕士学位论文,2008.

[23] Fernando S,Adhikari S,Chandrapal C,et al. Biorefineries:current status,challenges,and future direction [J]. Energy and Fuels,2006,20:1727-1737.

[24] 张敏.生物质水解产物——乙酰丙酸、甲酸和葡萄糖的分析及分离方法研究 [D].杭州:浙江大学硕士学位论文,2005.

[25] 王晓娟.生物质制备燃料乙醇预处理新技术研究 [D].大连:大连理工大学博士学位论文,2011.

[26] Kamm B,Kamm M. Principles of biorefinery [J]. Applied Microbiology and Biotechnology,2004,64:137-145.

[27] 李涛.生物质发酵制氢过程基础研究[D].郑州:郑州大学博士学位论文,2013.

[28] Lloyd T A,Wyman C E. Combined sugar yields for dilute sulfuric acid pretreatment of corn stover followed by enzymatic hydrolysis of the remaining solids [J]. Bioresource Technology,2005,96(18):1967-1977.

[29] Kadam K L,Wooley R J,Aden A,et al. Softwood forest thinnings as a biomass source for ethanol production:A feasibility study for California [J]. Biotechnology Progress,2008,16(6):947-957.

[30] Ojumu T V,Ogunkunle O A. Production of glucose from lignocellulosic under extremely low acid and high temperature in batch process,auto-hydrolysis approach [J]. Journal of applied Sciences,2005,5(1):15-17.

[31] Sanchez O J,Cardona C A. Trends in biotechnological production of fuel ethanol from different feedstocks [J]. Bioresource Technology,2008,99(13):5270-5295.

[32] Nguyen Quang A,Tucker Melvin P. Dilute acid/metal salt hydrolysis of lignocellulosics:US,6423145 [P]. 2002.

[33] 蒋崇文,肖豪,邓慧东,等.金属离子助催化稀酸水解纤维素工艺的研究[J].纤维素科学与技术,2010,18(1):24-28.

[34] Chang V S,Holtzapple M T. Fundamental factors affecting biomass enzymatic reactivity [J]. Applied Biochemistry and Biotechnology,2000,84(1):5-37.

[35] Sun Y,Cheng J. Hydrolysis of lignocellulosic materials for ethanol production:a review [J]. Bioresource Technology,2002,83(1):1-11.

[36] 张少春.纤维素催化转化制备多元醇和5-羟甲基糠醛[D].大连:大连理工大学硕士学位论文,2010.

[37] Shimokawa T,Ishida M,Yoshida S,et al. Effects of growth stage on enzymatic saccharification and simultaneous saccharification and fermentation of bamboo shoots for bioethanol production [J]. Bioresource Technol,2009,100(24):6651-6654.

[38] Adams J M,Gallagher J A,Donnison I S. Fermentation study on saccharina latissima for bioethanol production considering variable pre-treatments [J]. J. Appl. Phycol. ,2009,21(5):569-574.

[39] 文春俊. 利用菜籽油制备的生物基多元醇工艺及在聚氨酯泡沫中的应用[D]. 南京:南京理工大学硕士学位论文,2011.

[40] Edgar K J,Buchanan C M,Debenham J S,et al. Advances in cellulose ester performance and application [J]. Prog. Polym. Sci. ,2001,26:1605-1688.

[41] Klemm D,Heublein B,Fink H P,et al. Cellulose:Fascinating biopolymer and sustainable raw material [J]. Angew. Chem. Int. Ed. ,2005,44:3358-3393.

[42] 庞斐,吕慧生,张敏华. 亚临界水/二氧化碳中纤维素降解制备 5-羟甲基糠醛的机理及动力学[J]. 化学反应工程与工艺,2007. 23(1):55-60.

[43] 李洁,张正源,张宗才. 糠醛类化合物的制备及其在鞣制中的应用[J]. 皮革与化工,2009,26:9-15.

[44] Roman-Leshkov Y,Barrett C J,Liu Z Y,et al. Production of dimethylfuran for liquid fuels from biomass-derived carbohydrates[J]. Nature,2007,7147(447):982.

[45] 彭超. 单癸月桂酸甘油酯的制备及乳化性能研究[D]. 南昌:南昌大学硕士学位论文,2010.

[46] 李俊华. 月桂酸单甘酯和蔗糖酯制备的工艺优化及性能研究[D]. 郑州:河南工业大学硕士学位论文,2011.

[47] Bicker M,Kaiser D,Ott L,et al. Dehydration of D-fructose to hydroxymethylfurfural in sub-and supercritical fluids[J]. J. Supercrit Fluids,2005,36(2):118-126.

[48] Dhepe P L,Fukuoka A. Cellulose conversion under heterogeneous catalysis[J]. Chem. Sus. Chem. ,2008,(1):969-975.

[49] 张金明,张军. 基于纤维素的先进功能材料[J]. 高分子学报,2010,(12):1376-1398.

[50] 高敬铭. 己二酸绿色催化合成的动力学研究[D]. 郑州:郑州大学硕士学位论文,2007.

[51] 陈文婷. 植物油多元醇制备聚氨酯泡沫塑料的研究[D]. 南京:南京林业大学硕士学位论文,2009.

[52] 王兴国,金青哲,韩翠萍. 油脂化学[M]. 北京:科学出版社,2012.

[53] 陈洁. 油脂化学[M]. 北京:化学工业出版社,2004.

[54] Ragauskas A J,Williams C K,Davison B H,et al. The path forward for biofuels and biomaterials [J]. Science,2006,311:484-489.

[55] 黄辉. 脂肪酸甲酯加氢制脂肪醇 Cu/Zn 催化剂的失活机理研究[D]. 上海:华东理工大学博士学位论文,2010.

[56] 陈旻. 长碳链不饱和有机化合物的绿色环氧化研究[D]. 无锡:江南大学硕士学位论文,2010.

[57] 李小磊. 羰基化合物催化植物油脂环氧化的研究[D]. 无锡:江南大学硕士学位论文,2012.

[58] 叶夏. 介孔分子筛的制备及其对不饱和油脂环氧化的研究[D]. 无锡:江南大学硕士学位论文,2011.

第10章　海洋资源开发利用的绿色化学

21世纪是一个资源短缺的世纪,与国民经济发展有密切关系的45种主要矿产有一半不能满足需要,资源问题成为21世纪整个世界面临的首要问题。美国未来学家托夫勒说过,对于一个饥饿的世界,海洋能帮助我们解决最困难的食物问题。中国航海家郑和曾说,国家欲富强,不可置海洋于不顾,财富取之于海。因此,海洋这个诸多资源最丰富的宝库,正在成为世界各国争夺资源的主战场。

但是,地球环境的恶化与海洋资源的不合理开发利用,使得海洋环境正面临巨大威胁,在开发利用海洋资源的同时,保护好海洋及地球环境,是21世纪人类可持续发展的必由之路。化学化工技术是海洋资源利用的关键技术之一,在海洋资源利用与环境保护双重需求下,绿色化学及绿色化工工艺成为海洋资源开发利用的必然选择。

10.1　海洋资源储量及其利用进展

10.1.1　海洋资源储量

海洋资源按其性质或功能,可分为物质资源和空间资源。海洋物质资源主要有海洋生物资源、海洋矿产资源、海水资源等,海洋物质资源分类及其利用如图10-1所示。

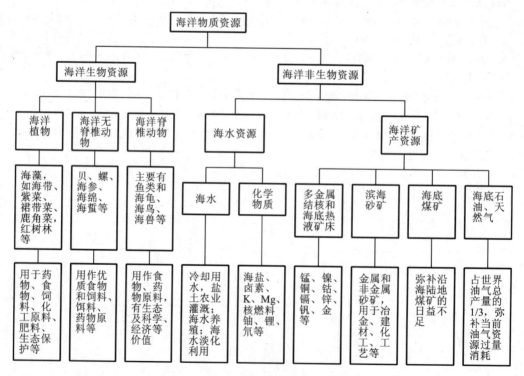

图 10-1　海洋物质资源分类及其利用途径

海洋生物资源又称海洋水产资源,是指海洋中蕴藏的有生命、能自行增殖和不断更新的海洋经济动物和植物,包括鱼类、软体动物、甲壳动物、哺乳动物、海洋植物、海洋微生物及病毒等。地球上 80％以上的生物资源在海洋里,已有记录的海洋生物达 20278 种,其中鱼类 3032种、螺贝类 1923 种、蟹类 734 种、虾类 546 种、藻类 790 种,主要经济种类达到 200 多种,生物资源储量极为丰富。据科学家估计,海洋的食物(动、植物)资源是陆地的 1000 倍,它所提供的水产品能养活 300 亿人口。

在地球上已发现的 100 余种元素中,有 80 余种在海洋中存在,其中可提取的有 60 余种,这些元素以不同形式存在于海洋中,其中,11 种元素(氯、钠、镁、钾、硫、钙、溴、碳、锶、硼和氟)占海水中溶解物质总量的 99.8％以上,地球上所拥有溴的 99％存在于海水,海水中含有的黄金可达 5.5×10^6 t,银 5.5×10^7 t,其他如钡、钠、锌、钼、锂、钙等,储量都是在数十亿吨,甚至千亿吨以上。世界洋底的锰结核矿总量达 3 万多亿吨,其中太平洋底最多,约 1.7×10^{12} t,含锰 4.0×10^{11} t、镍 1.64×10^{10} t、铜 8.8×10^9 t、钴 5.8×10^9 t;这些储量相当于目前陆地锰储量的400 多倍、镍储量的 1000 多倍、铜储量的 88 倍、钴储量的 5000 多倍,按现在世界年消耗量计,这些矿产够人类消费数千甚至数万年。更重要的是海底结核矿还在不断生长,太平洋底的锰结核矿以每年 1.0×10^7 t 左右的速度生长,一年的产量就可供全世界用上几年。

海水中还有丰富的核原料铀和重水,铀在海水中达 4.5×10^9 t 左右,相当于陆地总储量的4500 倍,按燃烧发生的热量计算,至少可供全世界使用 1 万年。重水是核聚变核燃料——重氢的主要来源,重水在海洋中的蕴藏量约为 2.0×10^{14} t,其中所含重氢所产生的总热量相当于世界上所有矿物燃料所发出热量的几千倍。海水本身也是重要的资源,通过海水淡化技术还可以为人类提供饮用及浇灌用水。

此外,海洋中还有丰富的石油和天然气。全球石油探明储量为 1.757×10^{11} t,天然气探明储量为 1.73×10^{14} m^3。全球海洋石油资源量约为 1.350×10^{11} t,探明储量约 3.80×10^{10} t;海洋天然气资源约为 1.40×10^{14} m^3,探明储量约为 4.0×10^{13} m^3,因此未来海洋能源的开发空间非常巨大。

10.1.2　海洋资源利用进展

人类在远古时代就开始了对海洋的探索与开发。早在石器时代,人类的祖先就开始利用海洋资源,在距今 18000 多年前的北京周口店山顶洞人穴居的洞内,就发现了做装饰品的海蚶壳。在公元前 4000 多年以前,沿海居民就开始"煮海为盐",在春秋战国时期我国海水制盐业就已经粗具规模。人类利用海洋生物作为药物也有着悠久的历史,在《尔雅》内就有关于蟹、鱼、藻类用作治病药物的记载,而在《本草纲目》中收载的约 1900 种药物中,来源于海洋湖沼生物的药物就有 200 多种。

从人类对海洋资源的利用来看,历史最悠久、影响最广泛的当属海洋水产,包括海洋鱼类、无脊椎动物和藻类等。1800 年世界水产品的产量约为 1.20×10^6 t,1900 年增长到 4.00×10^6 t,1938 年为 2.10×10^7 t(海洋水产品为 1.88×10^7 t),1970 年达到 7.08×10^7 t(海洋水产品为 6.07×10^7 t)。世界海洋水产品总产量,由 1938 年的 1.88×10^7 t 增加到 1980 年的6.458×10^7 t,增长 2.4 倍。1978 年世界海洋渔业总产值为 283 亿美元。目前,海洋每年向人类提供 9.0×10^7 t 以上的海洋水产品。据估算,每年仅海洋鱼类的生长量就多达 6.0×10^8 t,在不破坏资源的前提下每年可捕量为 $(2.0 \sim 3.0) \times 10^8$ t,是目前世界海洋渔获量的 2~3 倍。据估计,到 2025 年,全世界对海产品需求量将增至现在产量的 6~7 倍,约需 7.0×10^8 t/a。

　　海洋盐业是人类利用海水另一较早的行业,NaCl 是人类最早从海水中提取的矿物质之一。中国的盐产量一直居世界首位,2007 年,我国海盐产量达 $3.177×10^7$ t,2009 年,海洋盐业全年实现增加值 55 亿元。

　　1930 年前后,海洋资源化学重点研究直接从海水中提取化学物质的问题,研究并发展了海水提溴的空气吹出法和海水提镁的化学沉淀法,分别建立了海水制溴和海水制镁的工业。1935 年,进行过用二苦酰胺法从海水中提钾的实验。1952 年后,海水淡化技术已得到广泛的应用。目前从海水中提取的溴约占世界溴总产量的 70%,每年从海水中制取氧化镁的生产能力为 $2.57×10^6$ t,占世界总产量的 34%。

　　20 世纪 60 年代以来,海洋资源开发兴起,出现了海洋药物及海洋保健食品等新兴产业。1972 年前后,相继在海洋生物资源中发现了含量颇高的前列腺素 15(R)-PGA2、15(S)-PGE2 和 15(S)-PGA2 等结构特异、具有一定生理活性的甾体、杂环和萜类物质。依靠传统中医中药的经验,我国在海洋药物的研究开发在临床实际应用中,处于世界领先地位。20 世纪 80 年代以前,我国海洋中药已超过 100 味,已产生出一批海洋药物,如河豚毒素、鲎试剂、珍珠精母注射液、刺参多糖钾注射液、海星胶代血浆、褐藻淀粉硫酸酯、壳聚糖抗菌凝胶、藻酸双目酯钠(PSS)、藻酸丙二酯及甘露醇烟酸酯等。多种海洋保健产食品,如"救多善"、鱼肝油、鱼精蛋白、"活性钙"、"龙牡壮骨冲剂",大量面市,市场反应良好。

10.2　从海洋资源中提取和制备食品添加剂

　　除了可直接用作食品,海洋动植物也是许多食品添加剂的主要来源,比如海藻多糖、鱼肝油、甲壳质、蛋白粉、钙及微量元素等,这些物质在食品工业具有广阔的应用领域。下面着重阐述海藻多糖与鱼肝油这两种物质的特性及绿色提取工艺。

10.2.1　海藻多糖

　　海藻多糖是植物体中重要的组成物质,特指海藻中所含的各种碳水化合物的总称,其化学结构十分复杂,含量高,多数占海藻干重的 50% 以上,一般具有水溶性、高黏度等特点,所以常被称为海藻胶。海藻胶主要包括褐藻胶、琼胶和卡拉胶,具有黏滞性、乳化性和成膜性等良好的化学性质,作为优良的食品添加剂(如乳化剂、增稠剂、稳定剂和凝固剂等)已经大规模生产并应用于牛奶、果冻、冰淇淋、调味品、汽水等。部分海藻多糖还具有较小的表面张力,可以用作天然起泡剂等食品添加剂。海藻多糖的制备主要涉及海藻多糖的提取及纯化工艺,典型的工艺流程如图 10-2 所示。

　1. 海藻多糖的提取

　　溶剂提取法是藻类多糖提取方法中最常见的一种。溶剂提取法主要是根据相似相溶的原理。多糖是水溶性的极性高分子化合物,因此海藻多糖的提取常用热水浸提法。根据多糖结构不同,可以采用纯水、稀酸、稀碱为多糖提取溶剂。对于一些酸性糖,则采用碱液提取,才能得到更高的提取率;有些多糖则在酸溶液中能获得较高的提取率。溶剂提取法所需仪器设备简单,成本较低。但存在提取率较低、提取时间较长的缺点,且采用酸、碱提取时,需要严格控制酸碱的浓度,以防止多糖降解等影响多糖产率和产品的性能。

　　随着科技的日益发展,微波辅助提取法、超声辅助提取法、酶法、高压电脉冲法、冻融法等新的提取方法也被用于多糖提取过程,其中超声辅助提取法、微波辅助提取法及酶法研究较为

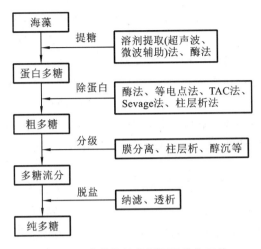

图 10-2　海藻多糖的提取及纯化工艺

广泛。

（1）超声辅助提取法：海藻多糖一般为胞内多糖，因此需要将海藻植物的细胞壁破坏，才能释放多糖。超声辅助提取中，超声波的频率在 20 kHz 以上，超声波产生的强烈振动及强烈的空化效应，可以使植物的细胞壁在瞬间破裂，从而促使有效成分的溶出、释放、扩散进入溶剂中。此外，超声波还能产生热效应，以及击碎、扩散、乳化、凝聚等一系列的次级效应，也能加速有效成分的释放，因而有利于提高提取率。Shi 等采用超声波辅助提取法提取小球藻多糖，在超声功率为 400 W，超声 800 s，100 ℃水浴 4 h 的条件下，得到 44.8 g/kg 的产率。

（2）微波辅助提取法：利用微波辐射溶剂产生的均匀热场和高温，可使藻体细胞内的温度升高，压力增大，含有多糖组成的细胞结构迅速分解，使细胞内的有效成分从细胞内释放出来；同时水汽化产生的压力破坏细胞壁和细胞膜，促使多糖扩散至溶剂中。微波还能减少细胞壁以及细胞内部的水分，使细胞表面出现裂纹、孔洞，有利于提取介质进入细胞内部，使胞内有效成分释放、溶解，从而提高提取率。Rodriguez-Jasso 等用微波辅助提取法提取褐藻里的硫酸多糖，通过考察压力、提取时间、料液比等因素，得出微波辅助提取法的最优条件是：压力为 0.828 MPa，料液比为 1∶25，提取时间为 1 min。所得结果表明，微波辅助提取法比传统提取法简便、快速，且效率更高，更环保。

（3）酶法：在提取多糖的过程中，使用酶分解植物组织，促进有效成分的释放。酶法提取是近年来研究比较广泛的提取方法，在使用酶法的提取过程中，提取条件比较温和，且提取产率比较高。杨仙凌等采用纤维素酶法提取海藻多糖，考察了纤维素酶添加量、酶解温度和酶解时间对海藻多糖提取率的影响，得到最佳提取工艺条件为纤维素酶添加量 1.2%、酶解温度 45 ℃、酶解时间 100 min，提取率比传统水提法提高了 7.4%。

2. 海藻多糖的纯化

溶剂提取所得海藻粗多糖中通常含有蛋白质、色素、小分子糖以及无机盐等组分，需要将这些杂质逐一除去，才能得到纯多糖产品。

去除蛋白质的方法主要有等电点法、酶法、有机溶剂法（Sevage 法也称氯仿-正丁醇法、三氟三氯乙烷法、三氯乙酸（TCA）法）及柱层析法。等电点法、酶法、有机溶剂法均是使样品中的蛋白质变性成不溶状态，通过离心、沉降等手段，将不溶蛋白质与含糖溶液分离。其中

Sevage 法用 4∶1 的氯仿与戊醇(或丁醇)为溶剂,蛋白质脱除效果最好,应用最广泛。但仍存在蛋白质脱除不完全、多糖收率较低,特别是有机溶剂回收及对环境污染等问题。等电点法和酶法在脱除时也容易导致多糖流失,收率降低,且蛋白质脱除不完全。有学者将有机溶剂和蛋白酶结合,这样既可减少有机溶剂的使用量,又提高了多糖提取工艺的绿色化程度。

在分离纯化多糖时,柱层析法和膜分离法是目前较新的技术。柱层析法采用色谱分离的原理,将蛋白与多糖分离开,去除蛋白。其条件温和,操作简便,且多糖回收率较高,以蒸馏水为洗脱液,对多糖的生物活性没有影响。柱层析法还可以对脱蛋白后的多糖进行分级纯化,常采用 DEAE-纤维素、葡聚糖凝胶等填料,对不同化学结构、不同相对分子质量的多糖进行分级。

多糖分离纯化的膜分离技术有超滤法、纳滤法,其主要差异在于所用膜孔隙大小的差异,造成截留组分的相对分子质量不同,但基本分离原理相同。分离膜具有不对称微孔结构,使得在分离过程中微粒和大分子物质随溶剂切向流经膜表面,而小分子物质则在压力的驱动下进入膜的另一侧,达到分离效果。超滤法主要用于对多糖进行分级纯化,而纳滤法则用于脱除无机盐。采用膜法分离纯化多糖,具有分离效率高、能耗低、可连续生产、绿色环保、不损害物质的活性等显著特点。

脱盐也可采用透析法。

除色素的方法有氧化法、离子交换树脂法、吸附法、金属配合物法等。生产中,海藻多糖除色素常用双氧水氧化法,将色素氧化为无色产物实现脱色,该法成本低、操作简单,但是色素氧化物残留在提取液中,需要后续进一步的分离纯化过程。

10.2.2　鱼肝油

鱼肝油是从深海鱼的肝脏中提取的油脂,有"液体黄金"的美称,含有维生素 A 和维生素 D、DHA、角鲨烯、烷氧基甘油。鱼肝油中的天然维生素 A 和维生素 D 对婴幼儿的成长和发育非常有益。在深海环境中栖息的巨型鲨,它的肝脏中还有一种叫角鲨烯的生化物质,用它做成的药物,对癌症、肝炎、心脏病、高血压等疾病都有显著的临床效果。肝油内的烷氧基甘油可有效延缓全身各器官和组织细胞的衰老,被誉为"抗氧化之王"。

1. 鱼肝油的提取方法

18 世纪,鱼肝油的加工从手工作坊生产进入机械化生产,提取加工工艺不断取得创新和突破。在 19 世纪中期开始了工业化大规模的生产。鱼肝油制备工艺一般包括鱼肝油的提取、精炼(主要分为脱胶、脱酸、脱色、脱臭四个步骤),提取工艺流程如图 10-3 所示。

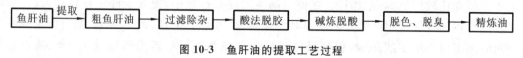

图 10-3　鱼肝油的提取工艺过程

鱼肝油的提取工艺发展历程中大致经过了四次技术升级,在最初的压榨技术基础上,逐渐发展出了蒸煮技术、溶剂提取法、稀碱水解法及酶法提油法。

(1)压榨技术:该法是早期阶段非常原始的物理方法,先利用物理压力破坏结合的脂肪与蛋白质,再离心获得粗鱼肝油。此法得到的鱼肝油大部分是鱼类下脚料加工生产的副产物,提取效率低,油质差,现在基本不用这种提取方法。

(2)蒸煮技术:在双层锅中直接加水蒸煮鱼肝脏,沉淀一段时间后,获得澄清的鱼肝油。

这种方法可分为间接蒸汽炼油法和隔水蒸煮法。这两种工艺流程基本相似,差别在于间接蒸汽炼油法的加热媒介是水蒸气。鲍丹等采用隔水蒸煮提油法从宝石鱼的内脏提取鱼肝油,在 85 ℃下提取 40 min,油提取率为 62.59%,所得鱼肝油各项理化性质均符合商品质量标准。但此法效率较低、生产周期长,鱼肝脏的大部分精华流失了。

(3) 溶剂提取法:利用相似相溶原理,采用有机溶剂(如氯仿等)将鱼类原料中的脂肪提取出来。该法不能将鱼油与蛋白质结合的脂肪分离出来,油脂提取率低,且会残留有机溶剂,影响鱼油的品质,污染环境。采用有机溶剂与中性蛋白酶相结合的方法,对该法进行改进。甄润英等先在 45 ℃下对鲶鱼内脏酶解 2 h,料液比为 1∶6,加酶量为 1400 U/g,提取得粗鱼肝油,过滤后,再加入正己烷-异丙醇,料液比为 1∶5,萃取 25 min,鱼油提取率达 25.3%。

(4) 稀碱水解法:将切碎的鱼肝脏加水和碱蒸煮,低浓度的碱液可以将鱼蛋白组织分解,破坏蛋白质与鱼油的结合,从而分离出鱼肝油,对原料的利用率有所提高。传统的稀碱水解法有化学物质的残留,加工的过程也会对环境造成一定的污染。张伟伟等采用改进的钾法从斑点叉尾鮰的内脏中提取鱼油,在 pH7.0、料液比 1∶1.5 的条件下水解 35 min,氯化钾用量为 4%,盐析 10 min,提取率高达 82.09%。

(5) 酶法提油法:利用蛋白酶对蛋白质的特定水解作用,使蛋白质与脂肪的结合破坏,降低乳状液的稳定性,从而释放出油脂。酶法的反应条件温和,且不破坏油脂中的活性成分,可提高油的品质,同时可以充分利用富含小分子肽和氨基酸的酶解液。杨萍等以淡水鱼的内脏为原料,用中性蛋白酶水解法提取鱼油,得到最佳提取工艺条件为:料液比 1∶0.5,提取温度 48 ℃,提取时间 2.5 h,加酶量 1200 U/g。得到的鱼油符合 SC/T3502—2000 粗鱼油的二级标准。

2. 鱼肝油的提纯

在制备鱼油的过程中会产生蛋白质、色素、磷脂等非甘油酯成分,这些物质会影响产品的稳定性,因此需要采用脱胶、脱酸、脱色、脱臭等工艺,精炼除去非甘油酯成分及其他杂质。在精炼油脂的阶段,需要在不同过程中测定油相的理化指标。

(1) 脱胶过程:目的是除去粗鱼肝油中的磷脂、蛋白质以及黏性物质等胶质杂质。脱胶方法有酸炼脱胶法、水化脱胶法、膜过滤脱胶法和酶法脱胶等。鱼油中的磷脂含量较低,一般采用酸法脱除。酸炼脱胶是由于酸能够中和胶体质点的电荷,使之沉淀,经离心过滤可去除胶质杂质。脱胶同时还可以有效除去鱼油中的重金属和色素,达到一定的脱色效果。脱胶工艺中使用的酸主要有磷酸、硫酸、柠檬酸。脱胶后的鱼油称为毛油。

(2) 脱酸过程:旨在脱除毛油中的游离脂肪酸,目前使用较多的是碱炼脱酸,即向毛油中加入氢氧化钠,将其中的游离脂肪酸转化为不溶于油的皂,皂还可以吸附油脂中的其他杂质,然后通过离心除去皂脚。将脱胶后的毛油泵入中和锅,加热到 30～40 ℃,60 r/min 搅拌,缓缓加入碱液,升温至 60 ℃左右,搅拌速度降低至 30 r/min,保温静置 5～8 h,放出皂脚,加入油量 30%～50% 的清水,搅拌加热到 40 ℃左右,水洗至鱼油呈中性,用离心机脱去残余皂脚和水分。

(3) 脱色过程:毛油一般呈棕褐色,这是鱼油中胡萝卜素和蛋白质分解产物与氧化物产生美拉德反应造成的。除掉色素常用的方法有吸附法,所用的吸附剂有活性白土和活性炭。为避免脱色过程中油脂被氧化,常采用真空吸附法进行脱色。将脱酸鱼油泵入真空干燥器中减压脱水,再泵入脱色罐升温至 100 ℃,加入 0.5%～1.0% 的酸性白土和活性炭混合物(8∶1),减压搅拌,达到规定的色度时过滤。

（4）脱臭过程：旨在除去鱼油制备过程中原料中的蛋白质和外界引入的污染物等物质的降解产物，以及油脂氧化变质生成的酮类、醛类、低级酸类、过氧化物等臭味成分。鱼油脱臭的方法包括减压蒸馏脱臭法、气体吹入法、聚合法以及蒸汽脱臭法等。鱼油脱臭时间短、温度低时达不到脱臭的效果，高温、时间长则会引起鱼油氧化。因此，脱臭过程中多在高真空度下喷入高温蒸汽去除油中的臭味。

10.3　从海洋资源中提取和合成药物

海洋自古以来就是人类药物的来源，中国的《黄帝内经》《神农本草》《本草纲目》中都有海洋药用生物的记载。例如，海带治疗甲状腺肿大，石药利尿，乌贼的墨囊治疗妇科疾病，鹧鸪菜驱蛔虫；海蜇能"消疾引积，止带祛风"，可治"妇人劳损，积血带下，小儿风疾丹毒"。《中药大辞典》(1977年版)载药5767种，其中海洋药物144种。1993年出版的《中国海洋药物辞典》收录海洋药物1600条，其中海洋动物药物1431条，海洋藻类药物125条，其他44条。

现代对海洋药物的开发起始于1964年日本学者对河豚毒素的研究，在过去的几十年间，全球范围内已从海洋动、植物及微生物中分离得到15000多个化合物，其中头孢霉素、芋螺毒素、阿糖胞苷和阿糖腺苷4个药物均是以海洋来源先导化合物开发成功的。芋螺毒素镇痛药物(Ziconotide)，被认为是第一个真正的海洋药物，其前体化合物是芋螺的肽类毒素(ω-conotoxin)，Ziconotide在2004年获得美国FDA证书上市，目前已经可以通过合成方法制备。

现代海洋药物的开发工作要以对海洋生物活性成分（即海洋天然产物）的研究为基础，主要成分有脂质、氨基酸、多肽、糖类、苷类、萜类、类胡萝卜素、甾类、非肽含氮类化合物等。海洋活性物质的药理活性主要包括中枢神经作用、抗肿瘤、抗菌抗病毒、心脑血管系统作用、抗炎、镇痛、抗氧化、降血糖等。海洋药物的开发一般有从海洋生物体内提取、人工全合成以及生物发酵法制备等途径。

10.3.1　甲壳素/壳聚糖的提取及降解

1. 甲壳素/壳聚糖的提取

甲壳素，又称甲壳质、几丁质，英文名Chitin，化学名称为(1,4)-2-乙酰氨基-β-D-葡聚糖，在1823年由Odier首次从甲壳动物外壳中提取，目前已证实甲壳素可从节肢动物、菌类、蝶、蚊、蝇、蚕等蛹壳中提取，其中甲壳纲动物一般含甲壳素20%～30%，高者达58%～85%，目前工业中甲壳素的获取通常以虾、蟹壳为原料，虾壳含量为20%～25%，蟹壳含量为15%～18%。壳聚糖是甲壳素的脱乙酰基产物，可溶于稀酸，低相对分子质量壳聚糖甚至可以溶于水，因此，甲壳素的研究多以壳聚糖为对象。壳聚糖已被证实具有降血压、降血糖、降低胆固醇、抗癌抑癌、提高人体免疫力、促进细胞生成、抗菌抑菌、抗氧化等功效，由壳聚糖制备的医药产品如"救多善"制品、"阿利美"牌壳聚糖痔疮抗菌凝胶、"眼舒康"等已面市。一般将能溶解于1.0% HAc的产物称为壳聚糖，在1.0% HAc中不溶解的为甲壳素，甲壳素含有约40%的2-乙酰氨基葡萄糖糖原。制备壳聚糖的典型工艺如图10-4所示。甲壳素与壳聚糖的分子结构如下：

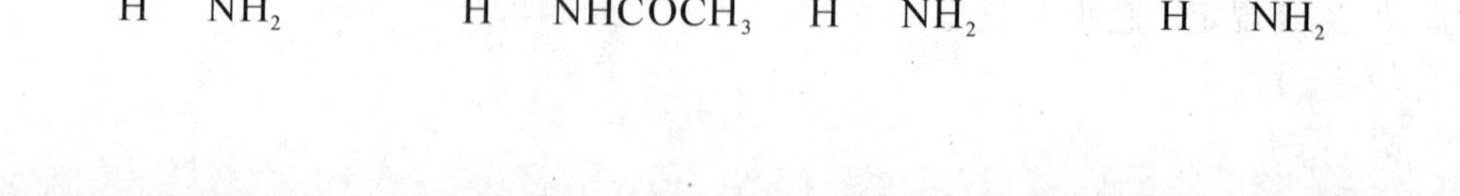

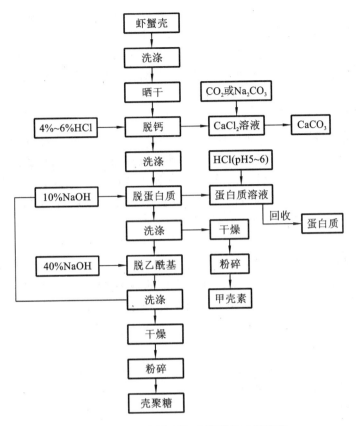

图 10-4　由虾蟹壳制备壳聚糖的工艺流程

　　壳聚糖的提取工艺根据原料不同而有所区别,工业中主要以酸碱法处理虾蟹壳制备壳聚糖,工艺过程主要包括脱钙、去蛋白质、脱色和脱乙酰基的过程(见图 10-4)。首先将虾蟹壳洗净干燥后,在 4%～6% HCl 溶液中室温下浸泡 2 h,除去原料中的碳酸钙;然后过滤、水洗至中性,再置于 10%的 NaOH 溶液中煮沸 2 h 脱蛋白质,过滤、水洗至中性,干燥即得甲壳素。将甲壳素置于 45%～50%NaOH 溶液中,在 100℃水解 4 h 或用 40%NaOH 溶液,于 84 ℃的烘箱中保温 17 h,然后过滤,水洗至中性,干燥即得壳聚糖。反应过程中,要注意控制 NaOH 浓度及反应时间,当氢氧化钠浓度低于 30%时,无论反应温度多高、反应时间多长,脱乙酰度仅能达到约 50%;甲壳素在热浓碱作用下,会发生主链的水解降解副反应,须严格控制反应时间。由于虾蟹壳中存在虾青素,通常采用高锰酸钾、亚硫酸氢钠等进行氧化脱色或采用有机溶剂如丙酮抽提法脱除色素。

　　2. 壳聚糖的降解

　　壳聚糖相对分子质量大小对壳聚糖的物理性质、化学性质及生物活性均有明显影响。相对分子质量小于 10000 的低聚壳聚糖具有许多良好的生理活性,相对分子质量为 1500 和 3000 的壳聚糖具有优良的吸湿保湿性,其吸湿保湿性强于透明质酸、乳酸钠和甘油。壳聚糖抑菌能力随着平均相对分子质量的降低而逐渐增强,相对分子质量为 1500 的壳聚糖抑菌效果最好。仅聚合度为 6～8 的壳聚糖具有较好的抗癌抑癌活性。因此,从 1950 年开始,甲壳素/壳聚糖的降解就成为世界各国研究者们关注的焦点。

　　通过半个多世纪的研究与摸索,已开发出多种壳聚糖的降解方法。目前,壳聚糖/甲壳素降解方法主要分为化学降解法（酸降解和氧化降解）、物理降解法（辐射降解、超声波和微波降解、机械研磨降解、高压均质降解）和酶降解法（专一性酶降解、非专一性酶降解、复合酶降解）等。各种方法根据降解条件不同，均可对壳聚糖进行不同程度降解，得到相对分子质量1000～100000等不同范围的壳聚糖，甚至可以得到氨基葡萄糖单糖及聚合度为2～10的寡糖。

　　1）化学降解法

　　（1）酸降解法。

　　壳聚糖糖原的连接键糖苷键在酸性环境下不稳定，会发生断裂，使得壳聚糖高分子链断裂，形成许多相对分子质量大小不等的片段，水解程度高时甚至可降解为单糖。酸降解法通常采用盐酸、硫酸、氢氟酸等强无机酸以及乙酸、亚硝酸、磷酸等弱酸，酸降解成本较低、过程简单，但酸降解法对产物相对分子质量的可控性较差，低相对分子质量壳聚糖的相对分子质量分布范围较宽，对后续性能及应用会产生一定影响。

　　（2）氧化降解法。

　　氧化降解法是使用氧化剂，使壳聚糖发生氧化断键。常用的氧化剂有 H_2O_2、过氧乙酸、臭氧、次卤酸盐、过硫酸钾等，其中研究应用最广泛的是 H_2O_2 氧化降解法。H_2O_2 降解反应无残毒，易处理，已经用于生产低相对分子质量壳聚糖，但其反应时间较长，需严格控制反应温度，其降解为无规降解，产物相对分子质量分布范围较宽，且降解后期常常伴有褐变反应，影响产品质量。

　　酸降解法和氧化降解法均需使用化学试剂，不可避免要产生"三废"污染，但由于成本低，工艺成熟，目前仍是工业上最常用的方法。

　　2）物理降解法

　　物理降解法是利用外加电场、高能电磁波、超声波或微波等的作用，使得壳聚糖分子链断键的方法，目前研究较多、较为成熟的有辐射法、超声波和微波法。

　　辐射降解是聚合物在电离作用下产生主链断裂，相对分子质量降低，它属于无规降解过程，主链断裂呈无规则分布。壳聚糖的辐射降解通常采用放射性核素 ^{60}Co 产生的 γ 射线。超声波对壳聚糖的降解作用是通过超声产生的机械力将糖苷键破坏，从而导致壳聚糖分子链断裂，发生降解反应。微波法则使用微波诱导粒子移动或者旋转，使分子间发生摩擦，产生热量，分子转变为自由基，发生高分子链断裂，生成低聚糖。

　　辐射降解过程不需其他药剂，成本低，反应易控，无污染，产品品质高，但是它的实施必须有特殊的电离辐射设备，且辐射强度较高，射线辐射还容易引起产物发生交联和歧化反应，产品结构可能产生一定变化。超声波降解和微波降解具有操作简便、反应时间短、后处理过程简单及环境污染小等优点，但收率较低，生产成本高，要实现工业化还有待于进一步的研究。

　　3）酶降解法

　　酶法降解壳聚糖是通过酶与壳聚糖作用，切断壳聚糖高分子链，使壳聚糖发生降解。降解壳聚糖的酶可以根据其选择性分为专一性酶和非专一性酶。壳聚糖酶是专一性降解壳聚糖的酶，可以专一性地降解壳聚糖而不降解呈胶态的甲壳素。此外，其他酶如甲壳素酶、溶霉菌酶、葡萄糖酶、蛋白酶、酯酶、纤维素酶、半纤维素酶和果胶酶等也可降解壳聚糖，这些酶属于非专一性酶，可以对多种底物进行降解。近年，多种不同酶形成的复合酶以及固定化酶也被用于壳聚糖降解，以提高降解效率和选择性并简化后处理过程。

　　酶降解法无副反应伴生，降解条件温和，降解过程及降解产物相对分子质量分布容易控制，制备的低聚壳聚糖生物活性高，产物不用除盐，但酶的大规模生产存在较大困难，所以酶法降解还未能实现大规模生产。

4）复合降解法

酸降解法、氧化降解法及酶降解法均存在各自的优势，但又同时存在无法避免的问题。因此，有研究将多种方法复合，取长补短，提高降解效率。程桂茹等开发成功了糖化酶/H_2O_2 二步法降解壳聚糖的技术，当酶底质量比为 0.008，酶解温度为 62 ℃，酶解时间为 33 h，H_2O_2 的添加量为 12.6% 时，可以将相对分子质量为 $2.5×10^5$ 的壳聚糖降解为相对分子质量为 470～1102 的壳聚糖，收率为 83.3%。该方法降解工艺简单，无污染，产物易分离提纯，反应条件温和，副反应少，产品降解程度高。

10.3.2　海洋药物的全合成

目前已从珊瑚、海绵、芋螺、海兔等海洋生物中提取得到许多具有良好生物活性的海洋活性物质，但由于海洋生物体中活性物质含量极微，且提取分离困难，直接分离提取海洋生物活性成分不仅无法满足实际产业化需求，甚至连后续的临床科学研究需求也无法满足，而且部分活性物质还存在活性较低或毒性较大等问题，因此，以海洋生物活性物质为先导化合物，通过人工全合成或化学结构改造，开发高效低毒的化合物成为海洋药物的研发热点。

由于天然活性物质通常结构较为复杂，全合成所需要的过程烦琐，步骤多，因此，开发绿色化学反应方法，提高原子经济性和反应效率，成为天然产物研究的重要发展方向。例如从海绵中分离得到的活性物质 Naamidine A 具有优异的生物拮抗活性，在最大耐受浓度 25 mg/kg时，对人皮肤鳞癌（A431）裸鼠移植瘤模型具有 85% 以上的抑制率，活性显著。Naamidine A由 Carmely 和 Kashman 在 1987 年首次从海绵中分离得到，后来研究者探索对 Naamidine A的全合成，2000 年 Otha 首次实现了全合成，但在 13 步反应的总收率仅 1.2%。

2006 年，Aberle 等获得了更绿色的 Naamidine A 全合成方法。Aberle 采用价格相对便宜的商业化学品 Boc-Tyr(Bzl)-OH（1）为原料，对叔丁基氧羰基（Boc-）保护的氨基酸进行甲基化反应，得到中间物 2，收率为 96%；反应中没有甲醇酯伴生，该甲基化反应对后续生成咪唑环时保证立体选择性很重要，后续生成 Weinreb amide（3），收率为 86%；以格氏试剂处理 Weinreb amide，得到保护的（R）-氨基酮（4），收率为 62%；以 4.0 mol/L HCl 在乙醚中对 4 进行脱保护基反应并与氨腈反应得到三取代的 2-氨基咪唑，再催化脱苯甲基得到 Naamine A（5），两步收率为 86%。1-甲基乙二酰脲（6）与 N,O-异三甲基硅基乙酰胺得到硅烷化甲基乙二酰脲（7），7 与 5 在甲苯中进一步反应，即得 Naamidine A。该合成方式较以前相比更加简单，且产率由 1.2% 升至 35%，全合成化学反应路线图如图 10-5 所示。

10.3.3　从微生物次生代谢产物中提取活性物

自从青霉素被发现并成功用于感染症治疗以来，微生物代谢产物逐渐成为寻找新药的一个重要来源。海洋微生物生存条件特殊，具有与陆生微生物不同的代谢途径，其次生代谢产物往往富于变化，结构新颖、活性独特，因此，从海洋来源的微生物中寻找活性产物，已成为天然药物化学研究的一个热点，尤其是海洋来源的真菌活性产物的研究备受重视。

海洋微生物次生代谢产物大部分泌出胞外，次生代谢产物的制备主要涉及生物发酵和后续发酵液的分离纯化两个过程。生物发酵过程需对微生物发酵条件（包括温度、pH 值、时间、供氧情况、摇床转速等）进行优化，以使发酵液中活性物质含量最高。发酵液的分离纯化过程则采用离心法、萃取法、沉淀法、色谱法、膜分离法等对有效成分进行分离纯化，得到纯活性组

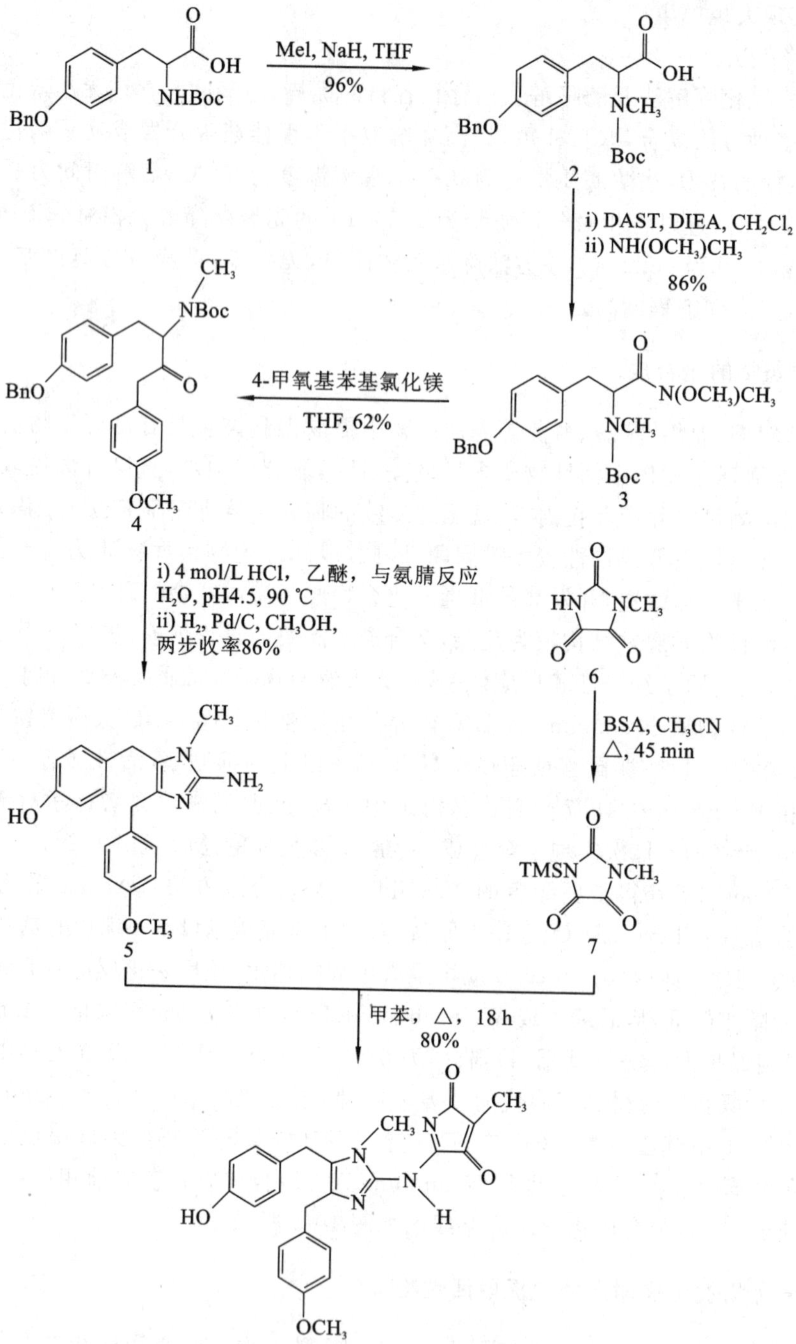

图 10-5　Naamidine A 全合成路线图

分。

　　韩小贤等对海洋真菌烟曲霉 H1-04(*Aspergillus fumigatus* H1-04)进行摇床发酵,再经提取和萃取处理,从 10 L 发酵物中得到活性氯仿萃取物 3.2 g,并通过硅胶柱色谱、HPLC 等技术,分离纯化得到 7 种具有抗癌活性的生物碱类化合物。其具体操作如下:使用陈海水配制的真菌和土豆汁琼脂(PDA)培养基,对 H1-04 真菌进行培养和分离纯化,通过 PDA 培养基上反复继代驯化、斜面培养、液体培养,获得种子培养液。将该种子培养液按体积分数为 5% 的接种量接种到 100 个内装 100 mL 液体培养基的 500 mL 三角烧瓶中,于 28 ℃、120 r/min 摇床内发酵 6 d,获得含活性产物的 H1-04 发酵液 10 L。通过后续离心、萃取、分段淋洗,得 H1-04 发酵产物的活性部位氯仿萃取物。将氯仿萃取物 3.2 g 用适量氯仿-甲醇溶解,加 15 g 硅胶 H 拌样,干法上样,经梯度洗脱得到 5 个生物碱类物质和色氨酸震颤素(tryptoquivaline)、Pseurotin A。其中的一个生物碱(−)-(1R,4R)-1,4-(2,3)-indolmethane-1-methyl-2,4-dihydro-1H-pyrazino[2,1-b]quinazoline-3,6-dione 为首次从自然界分离得到。

河豚毒素(TTX)是鲀鱼类(俗称河豚鱼)及其他生物体内含有的一种氨基全氢喹唑啉型化合物,是自然界中所发现的毒性最大的神经毒素之一,河豚毒素纯品的国际市场价可达每克 21 万美元,具有极高的商业价值。目前 TTX 都是从河豚鱼的内脏中提取的,制取 1 g TTX 纯品需要 1 t 河豚鱼内脏,使得 TTX 远远不能满足市场需要且价格极其昂贵。范延辉等从我国渤海红鳍东方豚(Fugu rubripes)的卵巢中分离到了一株海洋细菌 B3B,对其发酵产物进行了分离和精制,通过小鼠试验、高效液相色谱及质谱分析,认定其发酵产物中含有 TTX,通过优化发酵培养基,使 TTX 的产量提高了 128.7%,达到 0.271 MU/mL,为 TTX 的生产提供了一条更具潜力的途径。

10.4　从海洋资源中提取稀有元素

20 世纪 60 年代以来,海洋开发日益受到世界性的高度重视,尤其是近年陆地上许多重要的化学元素面临严重短缺,从海洋资源中寻找替代品正成为全世界关注的热点。从海洋资源中提取稀有元素主要围绕海底矿物、海水资源和海洋生物进行。海底蕴藏的多金属结核矿物储量丰富,在海洋 3500~6000 m 深的底部储藏的多金属结核约有 $3.0×10^{12}$ t,其中含有锰、铁、镍、钴、铜等几十种元素,锰的产量可供全世界用 18000 年,镍可用 25000 年。我国已在太平洋调查 200 多万平方千米的区域,其中有 30 多万平方千米为有开采价值的远景矿区。海底结核矿物的研究目前更多集中在海底作业矿物开采上。

作为海洋主体的海水,不仅孕育出千千万万个生命,覆盖着丰饶的矿产,其本身还蕴藏着无比巨大的化学资源。海水中目前已发现的 80 多种元素主要以简单离子和配合离子的形式存在,在海水浓缩结晶过程中,则以盐的形式析出,成为化学原料。另外,部分元素也可从海洋生物中提取,如从海藻中提取碘元素。目前从海水中提取利用的元素已有十几种,其在海水中的含量与存在形式列于表 10-1 中。下面简单介绍几种利用较好的元素的提取技术。

表 10-1　海水中部分已开发利用元素

元素	存在形式	总浓度/(μg/L)	元素	存在形式	总浓度/(μg/L)
H	H_2O	$1.1×10^8$	Ca	Ca^{2+}	$4.1×10^5$
O	H_2O、O_2	$8.8×10^8$	Br	Br^-	$6.7×10^4$
Cl	Cl^-	$1.9×10^7$	Sr	Sr^{2+}	$8.0×10^4$
Na	Na^+	$1.1×10^7$	I	IO_3^-、I^-	60
Mg	Mg^{2+}	$1.3×10^6$	Ba	Ba^{2+}	20
S	SO_4^{2-}、HSO_4^-	$9.1×10^8$	Au	$AuCl_2^-$	$4.0×10^{-3}$
K	K^+	$3.8×10^5$	U	$UO_2(CO_3)_2^{4-}$	3.2

10.4.1　钾元素

1940 年,挪威科学家 Jilland 提出第 1 个从海水中提钾的专利——二苦胺海水提钾法,此后全世界许多科学家都致力于海水中钾元素的提取方法研究。海水中钾浓度低,提钾技术重点在钾离子富集剂和优化工艺两个方面,新型、高效、廉价的钾离子富集材料是制约海水提钾产业化的瓶颈。目前国内外海水提钾富集方式有化学沉淀法、溶剂萃取法、膜富集法、离子交换富集法等。化学沉淀法是根据各种钾盐的溶解度差异,选择合适的沉淀剂(如二苦胺、硫酸钙、磷酸盐、氟硅酸钠、高氯酸盐等),使难溶性钾盐从海水沉淀出来,是最早的富集方法。溶剂萃取法是利用钾在萃取相和海水中的分配系数不同,达到增浓和分离的作用,另外某些萃取剂还对钾盐有选择性沉淀的特性,以使钾盐分离;一般而言,萃取剂价格较高,萃取率较低,对钾盐浓度低的海水效果欠佳。

膜富集法和离子交换富集法是目前国内外研究较为活跃的方法。膜富集法是近几年发展的一项新化工分离技术,但在钾分离富集方面至今尚不理想,尚处于探索阶段。离子交换富集法选择树脂、无机离子交换剂、离子筛、天然沸石等作为钾离子吸附剂,通过选择性吸附实现钾离子的分离。

国内对离子交换富集提钾法的研究主要集中在沸石交换法,即利用沸石的表面特性,对特定元素进行选择性吸附、富集,然后进行脱附,从而得到高浓度含钾元素的溶液。1972 年开发出以天然沸石为富集剂的离子交换法海水提钾制 KCl 工艺,1975 年在小试研究的基础上完成了 10 t 级扩试,随后,国家投资 880 万元,于 1978—1983 年建立了 1000 t 级以天然沸石为富集剂的海水提钾中试厂,工艺流程如图 10-6 所示。

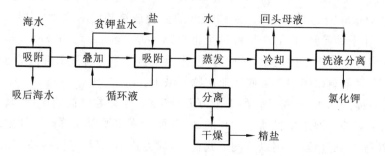

图 10-6　以天然沸石为富集剂的海水提取 KCl 工艺流程

2008 年 4 月,河北工业大学等单位联合研制成"改性沸石法海水提钾高效节能技术",将海水钾的富集率提高了 100 倍,突破了海水钾高效富集与节能分离的难题,并成功完成了 100 t 级中试和工业化试验,在国际上率先实现了海水提钾成本过经济关。河北工业大学还引进美国技术,构建了连续离子交换法海水提钾系统试验平台(工艺流程如图 10-7 所示),装置中 20 根柱子(共装入 7 kg 的改性沸石)被分为吸附区(1~10)、冷水洗涤区(11~12)、洗脱区(13~18)和热水洗涤区(19~20)四部分。原料液进入吸附区自上而下吸附得到吸后液,然后进入洗脱区自下而上洗脱得到富钾液。吸附、洗脱与洗涤能同时进行,实现了连续操作,保证进料和再生剂连续流动,产品的成分、浓度基本保持稳定。原料中 K^+ 的吸附率达到 90%,富钾液中 K^+ 平均浓度为 63.07 g/L。该工艺过程设备布置紧凑,管道系统简单,大大降低了辅助槽、罐、泵等设备数量和原料及操作成本。

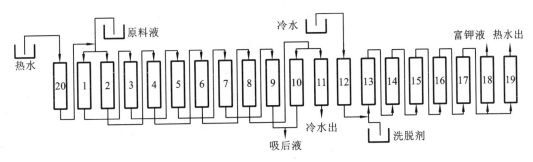

图 10-7　连续离子交换法提钾系统工艺流程

10.4.2　溴元素

地球上 99％的溴都存在于海水中,所以溴有"海洋元素"之称。海水中溴的浓度较高,海水中溴的总含量达 9.5×10^5 t。海水提溴已经有半个多世纪的历史,并取得了相当大的进展。海水提溴从最早的苯胺法,已经逐渐发展出空气吹出法、液膜法、气态膜法、鼓气膜法、吸附剂法和离子交换法等。

空气吹出尾气封闭循环酸法制溴(简称酸法制溴)代表国内制溴技术的领先水平,也是国内卤水提溴领域的主流工艺。空气吹出法是用氯气氧化海水中的 Br^-,使其变成 Br_2,然后通入空气或水蒸气将溴吹出,将吹出来的溴制成液态溴,再用 SO_2 吸收、氯气氧化得溴。空气吹出法中吹出工序吹脱率偏低,即使在最适宜的条件下,吹脱率也仅有 75％～85％,同时具有能耗高的缺点。

刘有智等采用超重力强化空气吹出技术改进卤水提溴工艺,该工艺采用旋转填料床吹脱氧化液中的游离溴(见图 10-8),空气由离心通风机送至旋转填料床底部进气口,沿轴向通过填料层。氧化液由液体进口管引入转子内腔,氧化液在高速旋转的转子内填料的作用下被分散、破碎成极大的、不断更新的表面,在高分散、高湍动、强混合以及界面急速更新的情况下与空气以极大的相对速度在弯曲的孔道中逆向接触、传质,将氧化液中游离溴吹出,传质过程得到极大强化。结果表明,在 20～25℃,气液体积比为 120,pH 值为 3.5,超重力因子为 84.67时,总溴质量浓度为 250 mg/L 的氧化液单级吹脱率可达 88％以上,三级吹脱率达 93％,而传统塔设备中的吹脱率为 75％～85％,相比提高了 10％左右。在相同操作条件下,总溴质量浓度为 2000 mg/L 的氧化液单级吹脱率可达 94.5％,吹出效果显著,能耗降低。此法具有吹脱率高、通过床层的压力降低、占地小、能耗低的优点,具有良好的发展前景。

10.4.3　锂元素

锂是自然界中最轻的一种金属,被公认为推动世界进步的能源金属,在化学电源、新合金材料、核聚变发电等高技术领域具有广阔的发展前景。由于陆地上的锂矿石资源已经很难满足人类发展的需要,近年来国内外科研工作者开始探索海水提锂的技术,并取得了一定的进展。最初的提锂方法是溶剂萃取法,但溶剂萃取法适用于锂浓度高的水溶液,海水中锂的浓度很低,仅为 0.17 mg/L,需要浓缩,费时费力,不适于大规模工业发展。因此,从低锂浓度海水中提锂,吸附法被认为是最有前途的方法。

在吸附法中,开发吸附选择性好、可循环利用和成本相对较低的吸附剂是其中的关键技术。吸附剂可分为有机系吸附剂和无机系吸附剂。有机系吸附剂一般为有机离子交换树脂。

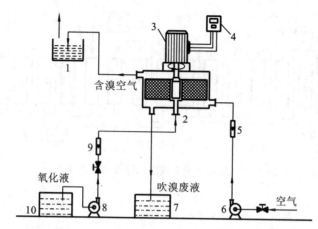

图 10-8　旋转填料床吹脱氧化液中游离溴实验流程

1—碱液吸收槽;2—旋转填料床;3—电动机;4—变频器;5、9—转子流量计;

6—离心通风机;7—废液槽;8—耐腐蚀泵;10—储罐

无机系离子交换吸附剂对锂有较高的选择性,特别是一些具有离子筛效应的特效无机系离子交换吸附剂,吸附性能更好。无机系离子交换吸附剂主要有无定形氢氧化物吸附剂、层状多价金属酸性盐吸附剂、锑酸盐吸附剂和离子筛型吸附剂等,无机系离子交换吸附剂的代表性物质及吸附原理如表 10-2 所示。

表 10-2　吸附法提取锂的吸附剂

类　　型	代　　表　　物	吸　附　原　理
无定形氢氧化物	Al 的氧化物和含水氧化物	羟基吸附阳离子
层状多价金属酸性盐	砷酸盐和磷酸盐	层间作用
锑酸盐	$LiSbO_3$	分子间作用
离子筛	尖晶石型钛氧化物、Li-Mn 氧化物	离子交换

就稳定性、选择性和经济性而言,离子筛型氧化物(如尖晶石锰氧化物 RMn_2O_4)效果较佳,是目前海水提锂的研究热点。RMn_2O_4 中具有适合 Li 离子迁移的空间结构,在尖晶石锰氧化物中,氧原子呈立方紧密堆积,锰原子(Mn)交替位于氧原子密堆积的八面体间隙位置,锰氧骨架构成一个有利于锂离子(Li^+)扩散的四面体与八面体共面的三维网络(见图 10-9),对 Li^+ 具有高度选择性。

日本行政法人财团海洋资源与环境研究所合成的锂锰氧化物 $Li_{1.33}Mn_{1.67}O_4$ 对锂最高吸附量为 25.5 mg/g(未加入 PVC 的粉末状物)和 18 mg/g(加入 PVC 后的粒状物)及 $Li_{1.6}Mn_{1.6}O_4$ 对锂的最高吸附量为 40 mg/g。我国河北工业大学王大伟在 Li、Mn 物质的量比为 0.5 的 Li_2CO_3 与 $MnCO_3$ 混合物,在 400 ℃焙烧 1 h 所得产物化学结构接近 $LiMn_2O_4$,对纯锂溶液的吸附量达 30.27 mg/g。

在海水提锂装置方面,有日本专利采用在船舶的压水舱内填装粒状吸附剂,海水从舱底装有止回阀的开口处进入吸附床水箱,透过吸附剂床层到达它的上部,再用排水泵将海水排出船体外。将船开到外海慢速航行,使吸附床水箱内的吸附剂充分与海水接触,约 20 d 后归航。靠岸后,用陆上设置的抽砂泵将吸附剂抽送到陆上的脱附槽中,浸入 15% 的 HCl 中,脱附液经浓缩分离得锂。脱附后的吸附剂再用抽砂泵送回船上,循环使用。具体的工艺流程如图 10-10 所示。

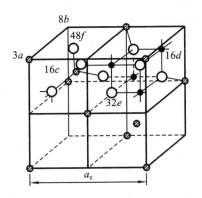

图 10-9　尖晶石锰氧化物的空间结构

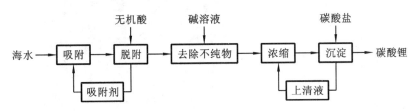

图 10-10　海水提锂工艺流程图

10.4.4　铀元素

铀是重要的核燃料,随着原子能工业的迅速发展,对铀的需求量与日俱增。然而,陆地上铀的总储量不超过 $1.0×10^6$ t,但整个海水中含 $4.5×10^9$ t 铀,如果能实现海水提铀技术的商业应用,那么海洋将可能成为一个取之不尽的铀资源库。但是,由于海水中的铀浓度极低,每升海水中只有 3.3 μg,因此研发具有成本效益的提铀方法是开发海水铀资源一个巨大的挑战。

从 20 世纪 50 年代开始,德国、意大利、日本、英国和美国相继开展了海水提铀研究,先后采用过吸附法、化学沉淀法、生物处理法、膜处理法、浮选法、超导磁分离法和综合利用法等。虽然到目前为止,还没有一个国家成功研究出具有商业可行性的海水提铀技术,但吸附法被公认为最适宜的方法之一。

吸附法中常用的吸附剂有无机类吸附剂(碱土金属元素或过渡金属元素的化合物,如铅化合物、二氧化锰、碱式碳酸锌、水合氧化钛)、有机类吸附剂(包括膦酸系列、氨基膦酸系列、偕胺肟基化合物等系列)和有机/无机杂化吸附剂(如聚丙烯酰胺/凹凸棒黏土纳米复合材料、聚丙烯/蒙脱土纳米复合材料、聚甲基丙烯酸/蒙脱土纳米复合材料、聚丙烯腈/蒙脱土纳米复合材料等)。一般而言,无机类吸附剂具有吸附速率快、回收和洗脱容易等优点,但存在对铀吸附选择性差的缺点。有机类吸附剂对铀具有较佳的选择性,但存在吸附速率慢、吸附量较低等问题。有机/无机杂化吸附剂具有高机械强度、高铀吸附量、低共存离子干扰等优点,是一种理想的海水提铀材料。

美国橡树岭国家实验室和希尔公司研发了一种高比表面积的聚乙烯纤维和高容量吸附剂的复合材料 HiCap,HiCap 在铀吸附能力、吸附速率和选择性方面性能均明显突出。在铀浓度为 6 mg/L、温度为 20 ℃的掺料溶液中,HiCap 的吸附能力为每千克吸附剂 146 g U,是当前世界其他最先进吸附材料吸附能力的 7 倍。在海水中,HiCap 的吸附能力为每千克吸附剂 3.94 gU,是当前其他最好吸附材料吸附能力的 5 倍以上。在选择性方面,达到当前其他最好吸附材料的 7 倍。2012 年 6 月,美国《研发杂志》将 HiCap 评为年度最重大的技术创新之一。

2013 年,美国北卡罗来纳大学化学教授林文斌报道了一种可用于从海水中收集含铀离子的金属有机骨架材料(MOF),MOF 的配体结构及其扫描电镜图如图 10-11 所示。实验室结果表明,这种材料在人造海水中的提铀效率至少是传统塑料吸附剂的 4 倍。海水提铀在日本的生产成本约为每千克铀 1230 美元,美国生产成本为每千克铀 661 美元,林文斌研发的材料使海水提铀的生产成本降为每千克铀 330 美元,这与近 25 年来世界铀市场上最高的现货价格(每千克铀 301.4 美元)非常接近,表明该 MOF 材料极具商业应用前景。

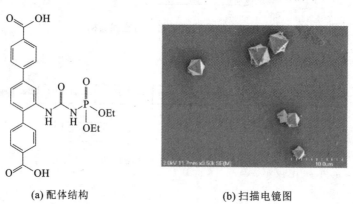

(a) 配体结构　　　　　　　　　　　**(b) 扫描电镜图**

图 10-11　金属有机骨架材料(MOF)的配体结构及扫描电镜图

(引自 Carboni M,Abney C W,Liu S,et al. Highly porous and stable metal-organic frameworks for uranium extraction[J]. Chemical Science,2013,4(6):2396-2402.)

海水提铀的吸附材料可装填在不同的吸附装置上,以确保吸附剂与海水有良好的接触,目前常用的吸收装置有吸附器式、床式、生物法、膜式。吸附器式是将吸附剂装入鱼网式袋内或编成绳状,配上浮体,之后放于海中,让自然海流冲刷吸附器网袋,达到吸附铀的目的。床式是在海边筑两道堤坝形成一个池子,把吸附剂放置在池中,利用潮水涨落差,使海水通过坝内的吸附床,冲刷吸附床而进行铀吸附。未来工业化海水提铀技术需从吸附材料与吸附方式两方面着手,提高吸附效率,降低生产成本。

10.5　海水淡化

水是一切生命的源泉,而陆地上的淡水资源非常匮乏且分布不均,世界上海洋的面积占地球总面积的 71%,海水的总体积有 $1.37 \times 10^{20}\ \mathrm{m}^3$,如果有合适的海水淡化技术将海水转化为符合人类需求的生产和生活的淡水,水资源问题将不再是困扰人类的话题。海水淡化的历史可以追溯到公元 3 世纪,当时用海绵吸收海水蒸发出的水蒸气,然后将凝结的淡水挤出以供旅途之需。海水淡化真正实现装机应用是在 18 世纪后期,最早的海水淡化处理厂于 1881 年在地中海马耳他岛上建成。截至 2005 年年底,在世界范围内共有 12300 个海水淡化工程,总生产能力为 $4700 \times 10^4\ \mathrm{m}^3/\mathrm{d}$。海水淡化技术已经在全世界 155 个国家中使用,解决了 1 亿多人口的供水问题。

海水淡化技术是利用化学的或物理的方法,除去海水中所含的盐类成分,获取低盐浓度淡水的工业技术。根据分离过程,海水淡化主要包括蒸馏法、膜法、冷冻法和溶剂萃取法等。蒸馏法是将海水加热蒸发,再使蒸汽冷凝得到淡水的过程,又可分为多级闪蒸、低温多效蒸馏和压气蒸馏。膜法是以外界能量或化学势差为推动力,利用天然或人工合成的高分子薄膜将海水溶液中盐分和水分离的方法,按推动力的来源可分为电渗析法、反渗透法等。低温多效蒸馏技术由于更加节能,近年发展迅速,装置的规模日益扩大,成本日益降低;反渗透海水淡化技术发展更快,工程造价和运行成本持续降低。目前蒸馏法和膜法技术均各有广泛的用户,主要海水淡化技术的投资及性能比较见表 10-3。

表 10-3　主要海水淡化方法的投资及性能比较

海水淡化方法	低温多效蒸馏	多级闪蒸	压气蒸馏	反渗透
主要设备投资	低	稍高	稍高	较低
取水及预处理投资	高	稍高	低	低
运行费用	较低	较低	稍高	较低
设备使用寿命	长(需换膜)	长	长	长
水质(含盐度)/(mg/L)	500	5	5	5
技术成熟度	成熟	成熟	成熟	成熟

低温多效蒸馏海水淡化技术是指盐水的最高蒸发温度约 70℃ 的海水淡化技术,其特征是将一系列的水平管降膜蒸发器依次串联,后一效的蒸发温度均低于前一效的,前一效的海水蒸发产生的二次蒸汽直接作为下一效的加热蒸汽,二次蒸汽得到重复利用,从而得到多倍于初始蒸汽量的蒸馏水。其技术关键是将最高操作温度控制在 70℃ 以下,减缓和避免了设备的腐蚀及结垢问题;另外,较低的工作温度使铝合金传热管、特种防腐涂层的碳钢壳体等低成本材料的使用成为可能,有利于降低海水淡化装备的造价。低温多效海水淡化的工艺流程如图 10-12 所示。低温多效蒸馏海水淡化技术已基本成熟,其研究的重点是新型材料和新工艺的应用、单机规模扩大等技术,旨在降低设备造价和运行成本,提高竞争力。

反渗透海水淡化(SWRO)概念首次于 1930 年提出,1953 年美国佛罗里达大学的 C. E.

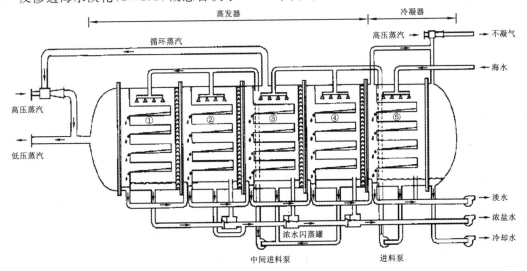

图 10-12　低温多效蒸馏海水淡化工艺流程

Reid 教授的研究结果表明利用乙酸纤维素膜反渗透可以从海水中制取淡水。近二十年来反渗透技术发展速度很快,反渗透技术是用膜将含不同盐浓度的两种水分开,在含盐的一侧外加一个压力,使之大于膜两侧的渗透压力差,迫使水从高浓度溶液中析出并透过膜进入低盐浓度溶液。

反渗透海水淡化工艺流程如图 10-13 所示,反渗透海水淡化工艺主要包括海水预热系统和反渗透脱盐系统两部分。海水预热系统在冬季低温时使用,首先用淡化系统的产品水和浓盐水对原料海水进行预热,然后使用锅炉的循环热水对原料水进一步换热,以满足反渗透系统对海水的最低温度要求。反渗透脱盐系统主要包括高压泵、增压泵、压力交换式能量回收装置及反渗透膜组等。原料海水约 40% 通过高压泵加压,约 60% 通过能量回收装置和增压泵加压,以上两股原料海水混合后进入反渗透膜组。透过反渗透膜的淡水(产品水)引至室外产品水池,通过变频送水泵送至终端用户;被浓缩的原料海水(浓盐水)被回收能量后排放至盐田供制盐使用。

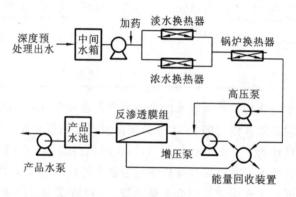

图 10-13　反渗透海水淡化工艺流程

反渗透膜组是海水淡化的核心,因此,为了适应工业应用、降低膜成本,膜材料一直在不断更新,最早使用的商业膜材料是 Reid 开发的乙酸纤维素非对称膜,目前,反渗透膜与组件的生产已相当成熟,主要为芳香族聚酰胺类膜,脱盐率高于 99.3%,透水通量大大增加,抗污染和抗氧化能力不断提高,销售价格稳中有降。

在反渗透工艺中,通过改变膜组件的数量和组合方式可以达到不同的效果。目前的工艺主要有单级、并联、截留级和产品级。单级是最简单的组合,只有一个适当容量的膜组件。并联是指多个膜组件并联以提高产量,系统的脱盐率和回收率不改变。截流级也称多级或串联,从第 1 级截留的浓缩盐水作为第 2 级的进料水,以提高系统的回收率。从第 1 级出来的淡水作为第 2 级的进料液,可以提高脱盐率,同时从第 2 级出来的截留水还可与原料海水混合进行再处理,以提高回收率。

10.6　海洋资源开发利用的战略意义和发展对策

10.6.1　海洋资源开发利用的战略意义

21 世纪是海洋的世纪,海洋对各国的发展起着越来越重要的作用。历史已证明:强于世界者必盛于海洋,衰于世界者必先败于海洋,海洋的安全和稳定直接关系到各沿海国家的根本利益。因此,围绕着海路安全、海岛主权和海洋资源,各国海洋战略竞争日渐突显。我国是一个海洋大国,拥有 18000 km 的大陆海岸线,沿海岛屿有 6500 多个,我国拥有 300 多万平方千米的管辖海域,海域辖区资源丰富,开发潜力巨大。整体而言,目前我国陆地自然资源人均量低于世界水平,因此,只有加强海洋资源利用,方可解决我国陆域资源短缺问题,缓解我国资源瓶颈,保障国民经济安全。

10.6.2　海洋资源开发利用的发展对策

尽管我国海洋经济总量、主要产业产值等都有较大发展,但与世界海洋开发总体水平相比,我国海洋资源开发还较世界滞后 10 多年。我国海洋开发的综合指标仍然不到 4%,低于 5% 的世界平均水平,更远低于海洋经济发达国家 14%～17% 的水平。另外,我国海洋资源开发技术的发展水平也很不平衡,有些资源开发技术及设施还比较落后,海洋开发效率低、集约化程度低、资源浪费严重。为了合理、高效、可持续利用海洋资源,我国必须制定相应的发展对策,以确保我国在日益激烈的海洋角逐中立于不败之地。

（1）从国家层面对海洋资源开发利用进行科学规划,对海洋产业的产业结构、发展规模、区域分布、发展计划进行系统规划,优化海洋产业结构,并把海洋资源与陆地资源、海洋产业与其他产业相互联系起来进行协同规划,促进海洋资源的合理利用与管理协调发展。

（2）科学编织国家海洋科技发展规划,加大海洋科技投入、深化科技体制改革、营造科技成果转化和产业化环境,建立科学研究的公共平台,培养和造就一批高层次的海洋科技领军人物。

（3）根据我国的国情制定系统的海洋资源开发管理法律法规,提高综合执法力度,理顺海洋管理体制,保证海洋资源有序开发、合理利用,维持海洋生态平衡,提高综合效益。

（4）通过举办海洋科普展览、文化知识讲座、重点海洋项目建设宣传、海洋环境污染防治宣传等公益活动,强化公民海洋意识,引导全社会共同爱护海洋环境,实现人与海洋和谐相处。

（5）加强国际合作,本着"平等互利、合作共赢,着眼长远、循序渐进,形式多样、成果务实"的原则,建立海洋长效合作机制,促进我国海洋资源的保护与开发利用。

复习思考题

1. 在海洋资源开发利用中为何需要绿色化学?
2. 海洋资源有哪些种类?
3. 简述人类对海洋资源的发展历程。
4. 海藻多糖的常用绿色提取方法有哪些? 各有什么优点?
5. 鱼肝油有哪些典型提取工艺? 各有什么优缺点?
6. 举例说明从海洋资源中制备药物有哪些方法。
7. 海水提钾富集有哪些方式? 其基本原理是什么?
8. 海水中提锂的主要困难是什么? 现有何种提取方法?
9. 铀吸附分离材料有哪些类型? 金属有机骨架材料吸附铀有何优点?
10. 简述海水淡化的意义及海水淡化常用方法的基本原理。
11. 开发利用海洋资源有何战略意义? 中国在该领域应采用何种发展对策?

参 考 文 献

[1] 叶王戟.海洋资源开发利用概述[J].广西水产科技,2012,(1):41-45.

[2] 金可勇,俞三传,高从阶.从海水中提取铀的发展现状[J].海洋通报.2001,20(2):78-82.

绿色化学(第二版)

[3] 江怀友,赵文智,裴怿楠,等.世界海洋油气资源现状和勘探特点及方法[J].石油地质,2008,(3):27-34.

[4] 郭跃伟.海洋天然产物和海洋药物研究的历史、现状和未来[J].自然杂志,2008,31(1):27-32.

[5] 焦炳华.海洋生命活性物质和海洋药物的研究与开发[J].第二军医大学学报.2006,27(1):5-7.

[6] 吴志军,徐祖洪,李智恩.孔石莼热水提取多糖的研究[J].实验与技术,2003,27(2):5-7.

[7] Shi Y,Sheng J,Yang F,et al. Purification and identification of polysaccharide derived from chlorella pyrenoidosa[J]. Food chemistry,2007,103(1):101-105.

[8] Rodriguez-Jasso R M,Mussatto S I,Pastrana L,et al. Microwave-assisted extraction of sulfated polysaccharides(fucoidan)from brown seaweed [J]. Carbohydrate Polymers,2011,86(3):1137-1144.

[9] 欧春艳,李林通.壳聚糖降解研究的最新进展[J].广州化工,2013,41(6):13-15.

[10] 尹学琼.壳聚糖金属配位控制降解及低壳聚糖的应用研究[D].昆明:昆明理工大学,2002.

[11] 杨仙凌,刘鑫,蒋亚奇.响应面法优化海藻多糖的酶法提取工艺[J].中华中医药学刊,2013,31(8):1794-1796.

[12] 李瑞军,李德耀,张现峰,等.大孔吸附树脂法去除淫羊藿多糖中蛋白的研究[J].高等学校化学学报,2006,27(1):67-70.

[13] 邵胜荣,郭利萍.鳕鱼肝油中维生素 A、D 含量检测方法的探讨[J].食品科技,2013,38(11):276-279.

[14] 鲍丹,陶宁萍,刘茗柯.宝石鱼油的提取,精制及其脂肪酸组成的分析[J].食品科学,2006,27(7):169-173.

[15] Bligh E G,Dyer W J. A rapid method of total lipid extraction and purification[J]. Can. Bioch. Phys. ,1959,37(8):911-917.

[16] 甄润英,李昀,李晓雁,等.鲶鱼内脏鱼油的提取工艺研究[J].天津农学院学报,2010,17(4):21-24.

[17] 张伟伟,陆剑锋,焦道龙,等.钾法提取斑点叉尾鮰内脏油的工艺研究[J].食品科学,2009,30(24):42-46.

[18] 杨萍,刘伟伟.淡水鱼内脏中粗鱼油的酶法提取工艺研究[J].哈尔滨商业大学学报(自然科学版),2008,24(6):705-707.

[19] Glaser K B,Mayer A M S. A renaissance in marine pharmacology:from preclinical curiosity to clinical reality [J]. Biochemical Pharmacology,2009,78(5):440-448.

[20] Aberle N S,Lessene G,Watson K G. A concise total synthesis of naamidine A[J]. Organic Letters,2006,8(3):419-421.

[21] 韩小贤,许晓妍,崔承彬,等.海洋真菌烟曲霉 H1-04 生产的生物碱类化合物及其抗肿瘤活性[J].中国药物化学杂志,2007,17(4):232-237.

[22] 范延辉,胡江春,王书锦.海洋细菌 B3B 产河豚毒素特性的鉴定及其发酵培养基优化[J].应用与环境生物学报,2007,13(3):361-364.

[23] Kielland J. Process for the recovery of potassium salts from solution:DE,691366[P]. 1940.

[24] 袁俊生,张林栋,刘燕兰,等.我国海水钾资源开发利用技术现状与发展趋势[J].海湖盐与化工.2001,31(2):1-6.

[25] 袁俊生,杨树娥,邓会宁.连续离子交换技术及其在海水提钾的应用[J].盐业与化工,2007,36(3):27-30.

[26] 刘有智,张琳娜,李裕,等.卤水提溴工艺中超重力空气吹出技术研究[J].现代化工,2009(8):78-81.

[27] Chitrakar R,Kanoh H,Miyai Y,et al. Recovery of lithium from seawater using manganese oxide adsorbent($H_{1.6}Mn_{1.6}O_4$)derived from $Li_{1.6}Mn_{1.6}O_4$[J]. Industrial & Engineering Chemistry Research,2001,40(9):2054-2058.

[28] 王大伟.离子筛法海水提锂新工艺研究 [D].天津:河北工业大学,2008.

［29］沈江南,林龙,陈卫军,等.吸附法海水提铀材料研究进展[J].化工进展,2012,30(12):2586-2592.

［30］Carboni M,Abney C W,Liu S,et al. Highly porous and stable metal-organic frameworks for uranium extraction[J]. Chemical Science,2013,4(6):2396-2402.

［31］尹建华,吕庆春.低温多效蒸馏海水淡化技术[J].海洋技术,2002,21(4):22-26.

第11章　能源工业的绿色化

能源是人类社会进步和经济发展的重要物质基础,与人类的社会生产和日常生活密不可分。随着现代工业的高速发展,人类对能源需求量日益增加,在环境友好的条件下,保证可靠的能源供应以达到经济增长的目标是21世纪的一项重大挑战。经济、资源与环境协调发展是21世纪可持续发展的核心内容和关键。自20世纪90年代以来,伴随着经济全球化和经济科技化的发展,能源也出现了全球性、生态性、多元性、安全性、科技密集性的发展趋势,世界能源供需面临严峻的挑战,能源研究和开发成为新世纪热点课题之一,也是绿色化学研究的重点。

11.1　化石燃料清洁利用技术

11.1.1　能源消耗对环境的影响

化石燃料(主要包括石油、天然气、煤等)是目前世界上使用的主要能源,其开采、加工、运输和燃烧耗用对环境都有较大的影响,主要表现在以下几个方面。

1. 环境污染

化石燃料燃烧产生的污染物主要包括 CO、CO_2、SO_2、H_2S、NO_x、CH_3SH 等,另外还包括放射性微粒、重金属(如 Hg、Cd、Pb、Zn)等。化石燃料燃烧(主要为煤燃烧)所产生的 SO_2 和 NO_2 则是产生酸雨的主要原因。酸雨会以不同的方式影响人类健康和破坏生态系统,危害性极大,已成为全球面临的主要环境问题之一。

2. 温室效应

大气中除了氮气和氧气,还存在着一些微量气体。其中一些微量气体(如水蒸气、CO_2 等)对太阳短波辐射是透过性的,但对长波辐射有很强的吸收能力,它们可以吸收地表发出的长波辐射,使一部分地面辐射的热量保留在大气层中,具有像温室一样的保温效果,被称为温室效应。由于 CO_2 在大气中的含量比其他温室气体的含量大,因此成为目前最主要的温室气体。

温室效应造成的气温升高将会引起并加剧传染病流行,心脏病、高血压和与热有关的疾病的发病率和死亡率也随着夏季高温天数的增加而加剧。CO_2 量的增加还将造成全球大气环流调整和气候带向极地扩展,包括我国北方在内的中纬度地区降水将减少,加上升温使蒸发量加大,因此气候将趋于干旱化。人类为了抑制全球变暖,1997年12月,在日本京都召开的《联合国气候变化框架公约》缔约方第三次会议通过了旨在限制发达国家温室气体排放量的《京都议定书》。2005年2月16日,《京都议定书》正式生效,这是人类历史上首次以法规的形式限制温室气体排放。

11.1.2　煤的洁净燃烧与高效利用技术

煤是世界上最丰富的化石燃料资源,是除石油以外的世界第二大需求能源。煤的碳含量高,氢含量少(只有5%)。此外,还含有少量的氮、硫、氧等元素,以及无机矿物质。煤燃烧后排放的粉尘、SO_2、NO_x、CO、C_xH_y、CO_2 等对大气环境造成了严重污染和破坏。

我国化石燃料的特点是贫油、少气、富煤,在未来 30～50 年内,以煤为主的能源结构不会发生根本性转变。20 世纪 80 年代中期,洁净煤技术在美国兴起,洁净煤技术是指在煤开采、加工转化、燃烧等方面减少污染和提高利用效率的新技术的总称。洁净煤燃烧技术是国际上目前最先进的燃烧技术,该技术能够较好地解决环保问题和节能问题,发展和推广这一新技术,将成为我国促进以煤为主的能源生产系统向资源节约和环境无害的可持续模式转变的关键战略措施之一,它是改变我国目前能源结构的主要措施,已受到国家的高度重视。

1. 煤的洁净燃烧技术

煤的洁净燃烧技术主要包括燃烧前的净化加工技术、燃烧中的净化燃烧技术和燃烧后的净化处理技术。

1) 煤燃烧前的净化加工技术

煤燃烧前的净化加工技术主要包括洗选、型煤加工和水煤浆技术。

(1) 煤洗选技术。煤洗选是利用煤和杂质(矸石)的物理、化学性质的差异,通过物理、化学或微生物分选的方法使煤和杂质有效分离,并加工成质量均匀、用途不同的煤产品的一种加工技术。选煤方法可分为物理选煤、物理化学选煤、化学选煤及微生物选煤等四种。

物理选煤是根据煤和杂质物理性质(如粒度、密度、硬度、磁性及电性等)的差异进行分选,主要的物理分选方法有:① 重力选煤,包括跳汰选煤、重介选煤、斜槽选煤、摇床选煤、风力选煤等;② 电磁选煤,利用煤和杂质的电磁性能差异进行分选,这种方法在选煤实际生产中没有应用。

物理化学选煤又称浮游选煤(简称浮选),是依据矿物表面物理化学性质的差别进行分选,目前使用的浮选设备很多,主要包括机械搅拌式浮选和无机械搅拌式浮选两种。

化学选煤是借助化学反应使煤中有用成分富集,除去杂质和有害成分的工艺过程。目前在实验室常用化学方法脱硫。根据常用的化学试剂种类和反应原理的不同,化学选煤技术可分为碱处理法、氧化法和溶剂萃取法等。

微生物选煤是用某些自养性和异养性微生物,直接或间接地利用其代谢产物从煤中溶浸硫,达到脱硫的目的。

物理选煤和物理化学选煤技术是实际选煤生产中常用的技术,一般可有效脱除煤中无机硫(黄铁矿硫),化学选煤和微生物选煤还可脱除煤中的有机硫。目前工业化生产中常用的选煤方法为跳汰法、重介法、浮选法等,此外干法选煤近几年发展也很快。

一般来说,选煤厂由以下主要工艺组成,其流程如图 11-1 所示。

① 原煤准备,包括原煤的接收、储存、破碎和筛分。

② 原煤的分选,目前国内的主要分选工艺包括跳汰-浮选联合流程、重介-浮选联合流程、跳汰-重介-浮选联合流程、块煤重介-末煤重介旋流器分选流程,此外还有单跳汰和单重介流程。

③ 产品脱水,包括块煤和末煤的脱水、浮选精煤脱水、煤泥脱水。

④ 产品干燥,利用热能对煤进行干燥,一般在比较严寒的地区采用。

⑤ 煤泥水的处理。

煤洗选具有以下作用。

① 提高煤质量,减少燃煤污染物排放。煤洗选可脱除煤中 50%～80% 的灰分、30%～40% 的全硫(或 60%～80% 的无机硫),燃用洗选煤可有效减少烟尘、SO_2 和 NO_x 的排放量,

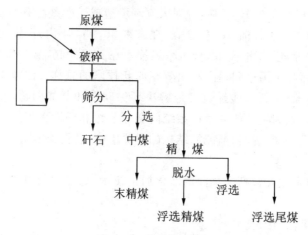

图 11-1　选煤基本流程

洗选 1×10^8 t 动力煤一般可减排 $6 \times 10^5 \sim 7 \times 10^5$ t SO_2，去除矸石 1.6×10^7 t。

② 提高煤利用效率，节约能源。煤质量提高，将显著提高煤利用率。一些研究表明，炼焦煤的灰分每降低 1%，炼铁的焦炭耗量降低 2.66%，炼铁高炉的利用系数可提高 3.99%；合成氨生产使用洗选的无烟煤可节煤 20%；发电用煤灰分每增加 1%，发热量下降 $200 \sim 360$ J/g，每度电的标准煤耗增加 $2 \sim 5$ g；工业锅炉和窑炉燃用洗选煤，热效率可提高 3%～8%。

③ 优化产品结构，提高产品竞争能力。发展煤洗选有利于煤产品由单结构、低质量向多品种、高质量转变，实现产品的优质化。我国煤消费的用户多，对煤质量和品种的要求不断提高。有些城市，要求煤硫分少于 0.5%，灰分少于 10%，若不采用煤洗选技术便无法满足市场要求。

④ 减少运力浪费。由于我国的产煤区多远离用煤多的经济发达地区，煤的运量大，运距长，平均煤运距约为 600 km。煤经过洗选，可去除大量杂质。

(2) 型煤加工。型煤是用一种或数种煤按照本身特性经科学配合掺混一定比例的黏合剂、固硫剂、膨松剂等经加工成具有一定几何形状和有一定的理化性能(冷强度、热强度、热稳定性、防水性等)的块状燃料或原料。型煤技术的节能和环境效益十分显著，型煤固硫剂多以生石灰、石灰石、白云石、电石渣等为原料，其主要固硫成分是 CaO，可有效降低煤燃烧过程中的 SO_2 排放量。脱硫剂为生石灰的总反应式为 $CaO + SO_2 + 2H_2O \Longrightarrow CaSO_3 \cdot 2H_2O$。

我国型煤主要包括工业型煤和民用型煤两大类。工业型煤包括工业锅炉用型煤、蒸汽机车用型煤、煤气发生炉用型煤(包括化肥造气)、工业窑炉用型煤、炼焦用型煤；民用型煤包括蜂窝煤(上点火蜂窝煤、普通蜂窝煤、航空型煤)和煤球(民用炊事取暖煤球、火锅煤球、烧烤煤球)。

(3) 水煤浆技术。水煤浆技术是 20 世纪 70 年代世界范围内的石油危机中产生的一种以煤代油的煤利用新方式。其主要技术特点是将煤、水、部分添加剂加入球磨机中，经磨碎后成为一种类似石油一样的可以流动的煤基流体燃料。

洗精煤经破碎成为粒径小于 6 mm 的煤粒进入球磨机，并加入水和分散剂在球磨机中一同磨碎成为浆体，经泵送至滤浆器除去未磨碎的粗颗粒和杂质后进入调浆罐，加入稳定剂并调整水煤浆的黏度后送入储浆罐储存备用。

水煤浆具有较好的流动性和稳定性，可以像石油产品一样储存、运输，并且具有不易燃、无污染的优良特性，是目前比较经济的清洁煤代油燃料。由于水煤浆是采用洗精煤制备，其灰分、硫分较低(干基灰分小于 10%、硫分小于 0.5%),在燃烧过程中,水分的存在降低了燃烧火焰的中心温度,抑制了氮氧化物的产生量。另外水煤浆自煤进入球磨机后即可以采用管道、罐车输送,不会产生煤流失造成的环境污染,具有较好的环保效果。

水煤浆作为一种代油燃料可以代替重油和原油用于锅炉和各种窑炉燃烧。其主要优点表现在以下几个方面。

① 燃烧效果好。水煤浆黏度低于重油黏度,易于调节,最低负荷可调至 40%。水煤浆代替重油在锅炉中燃烧,燃烧效率达 96%~99%,锅炉效率在 90% 左右,达到燃油同等水平,燃烧调节方便,运行稳定可靠。

② 环保效果明显。由于水煤浆燃烧温度在 1200~1300 ℃,比燃油和粉煤温度低 100~150℃,精煤水煤浆本身硫分和灰分低等,燃用水煤浆后 SO_2 和 NO_x 排放浓度较低,另外在水煤浆制备过程中可以加入脱硫剂,达到脱硫效果,脱硫率可达 40%。环境粉尘和噪音低。排渣活性好,燃烧后的灰渣可以作为水泥掺合料,没有二次污染。

③ 工艺上具有许多优越性。在制浆过程中应用湿式球磨机,磨浆温度(50~60 ℃)低,安全;精煤水煤浆含灰分低,其锅炉受热面磨损低于燃煤,维修费用低;不需炉前备煤系统和备煤场,排灰场占地仅为燃煤的 1/4。

④ 改烧水煤浆投资低于改烧粉煤。水煤浆代油可充分利用原有设备,生产流程简化,投资少。与改烧粉煤相比,改烧水煤浆的费用仅为改烧粉煤的 1/3~1/2,改造时间仅为改烧粉煤的 1/3,燃油锅炉改烧水煤浆经济效益显著。

2) 燃烧中的净化燃烧技术

燃烧中的净化燃烧技术主要是流化床燃烧技术和先进燃烧器技术。流化床又称为沸腾床,有泡床和循环床两种,由于燃烧温度低可减少氮氧化物排放量,煤中添加石灰可减少二氧化硫排放量,炉渣可以综合利用,能烧劣质煤;先进燃烧器技术是指改进锅炉、窑炉结构与燃烧技术,减少二氧化硫和氮氧化物排放量的技术。

3) 燃烧后的净化处理技术

燃烧后的净化处理技术主要是消烟除尘和脱硫脱氮技术。消烟除尘技术很多,静电除尘器效率最高,可达 99% 以上,电厂一般采用此技术。脱硫有干法和湿法两种:干法是用浆状石灰喷雾与烟气中二氧化硫反应,生成干燥颗粒硫酸钙,用集成器收集;湿法是用石灰水淋洗烟尘,生成浆状亚硫酸排放。两种方法的脱硫率均可达 90%。

烟气脱硫技术的真正发展始于 1970 年前后,首批安装烟气脱硫装置的国家是美国和日本,并于当时开始实施对 SO_2 排放的控制标准,促使烟气脱硫技术的发展出现一个高峰,这时采用的烟气脱硫技术主要以湿式洗涤法为主。目前已经在大、中容量机组上得到广泛应用并继续发展的烟气脱硫工艺有三种。

(1) 湿式石灰石/石膏工艺。湿式石灰石/石膏工艺是目前世界上应用最多且最可靠的脱硫工艺,由于开发较早,也是成熟最早的烟气脱硫工艺,它在国外电厂脱硫工艺中占主导地位。

(2) 喷雾干燥脱硫工艺。喷雾干燥脱硫工艺用于电厂脱硫始于 20 世纪 70 年代中后期。

(3) 炉内喷钙-尾部增湿活化工艺。

2. 煤的高效利用技术

煤的高效利用是根据终端需要,将经过洁净加工的煤作为燃料或原料使用,从而实现煤资源的宝贵价值。煤的高效利用包括高效燃烧和高效转化。高效燃烧是将煤作为燃料使用,可将煤的化学能转化热能直接加以利用和将煤的化学能先转化为热能再转化为电能加以利用两种方式;洁净转化是将煤作为原料使用,可将煤转化为气态、液态及固态燃料或化学品以及具有特殊用途的碳材料。煤的高效利用技术主要有以下四种。

1) 煤的气化技术

煤的气化是指煤在特定的设备内,在一定温度及压力下使煤中有机质与气化剂(如蒸汽/空气或氧气等)发生一系列化学反应,将固体煤转化为含有 CO、H_2、CH_4 等可燃气体和 CO_2、N_2 等不可燃气体的过程。煤经气化后无烟、无硫、无灰,可大大减少环境污染。煤在气化过程中将发生以下反应:

$$C_xH_yO_z \longrightarrow C+H_2+CO \qquad\qquad C+O_2 \longrightarrow CO$$
$$C+H_2O \longrightarrow CO+H_2 \qquad\qquad C+H_2O \longrightarrow CO_2+H_2$$
$$C+CO_2 \longrightarrow CO \qquad\qquad CO+H_2O \longrightarrow CO_2+H_2$$
$$CO+H_2 \longrightarrow CH_4+H_2O \qquad\qquad CO+H_2 \longrightarrow CH_4+CO_2$$
$$CO_2+H_2 \longrightarrow CH_4+H_2O \qquad\qquad C+H_2 \longrightarrow CH_4$$
$$CO+O_2 \longrightarrow CO_2 \qquad\qquad H_2+O_2 \longrightarrow H_2O$$
$$CH_4+O_2 \longrightarrow CO_2+H_2O$$

煤气化时,必须具备三个条件,即气化炉、气化剂、供给热量,三者缺一不可。气化过程发生的反应包括煤的热解、气化和燃烧反应。煤的热解是指煤从固相变为气、固、液三相产物的过程。煤的气化和燃烧反应包括两种反应类型,即非均相气-固反应和均相的气相反应。

不同的气化工艺对原料的性质要求不同,因此在选择煤气化工艺时,考虑气化用煤的特性及其影响极为重要。气化用煤的性质主要包括煤的反应性、黏结性、结渣性、热稳定性、机械强度、粒度、组成(包括水分、灰分和硫分含量)等。

煤的气化工艺可按压力、气化剂、供热方式等分类,常用的是按气化炉内煤料与气化剂的接触方式区分。

(1) 固定床气化。在气化过程中,煤由气化炉顶部加入,气化剂由气化炉底部加入,煤料与气化剂逆流接触,相对于气体的上升速率而言,煤料下降速率很慢,甚至可视为固定不动,因此称之为固定床气化。而实际上,煤料在气化过程中是以很慢的速率向下移动的,称其为移动床气化是比较准确的。

(2) 流化床气化。它是以粒度小于 10 mm 的小颗粒煤为气化原料,在气化炉内使其悬浮分散在垂直上升的气流中,煤粒在沸腾状态进行气化反应,从而使得煤料层内温度均一,易于控制,提高气化效率。

(3) 气流床气化。它是一种并流气化,用气化剂将粒度为 100 μm 以下的煤粉带入气化炉内,也可将煤粉先制成水煤浆,然后用泵打入气化炉内。煤在高于其灰熔点的温度下与气化剂发生燃烧反应和气化反应,灰渣以液态形式排出气化炉。

(4) 熔浴床气化。它是将粉煤和气化剂以切线方向高速喷入一个温度较高且高度稳定的熔池内,把一部分动能传给熔渣,使池内熔融物以螺旋状的方式旋转运动并气化。目前此气化工艺逐渐被淘汰。

2) 煤的液化技术

煤的液化技术是将固体煤转化为液体燃料、化工原料和产品的先进洁净煤技术。煤的液化技术又可分为煤的直接液化技术和煤的间接液化技术。

煤的直接液化技术是将固体煤在高温高压下与氢反应,使其降解和加氢从而转化为液体油类的工艺,又称加氢液化。煤直接液化可生产洁净优质汽油、柴油和航空燃料,工艺流程如

图 11-2 所示。

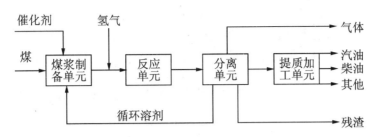

图 11-2　煤的直接液化工艺流程简图

　　该工艺是把煤先磨成粉,再和自身产生的液化重油(循环溶剂)配成煤浆,在高温(450 ℃)和高压(20～30 MPa)下直接加氢,将煤转化成汽油、柴油等石油产品。1 t 干燥无灰煤可产500～600 kg 油,加上制氢用煤,3～4 t 原煤可产 1 t 成品油。

　　煤的间接液化技术是先将煤气化成合成气(氢气和一氧化碳),然后在催化剂作用下合成燃料油、化工原料和产品。其工艺流程如图 11-3 所示。

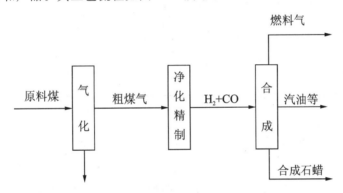

图 11-3　煤的间接液化工艺流程简图

煤的间接液化工艺具有以下特点。

(1) 适用煤种比直接液化广泛。

(2) 可以在现有化肥厂已有气化炉的基础上实现合成汽油。

(3) 反应压力为 3 MPa,低于直接液化;反应温度为 550 ℃,高于直接液化。

(4) 油收率低于直接液化,5～7 t 煤才可产出 1 t 油,所以产品油成本比直接液化高得多。

3) 煤气化联合循环发电技术

煤气化联合循环发电技术可分为整体煤气化联合循环发电技术和煤部分气化联合循环发电技术。整体煤气化联合循环发电厂的脱硫率可达 99%,NO_x 排放量仅为常规电厂的15%～30%,具有良好的环保效果。煤部分气化联合循环发电技术是煤经循环流化床锅炉直接燃烧,生产高温燃气推动燃气机联合循环等。

煤部分气化联合循环发电技术是洁净煤发电技术的一种,20 世纪 70 年代后期由英国煤炭研究所(CRE)首先提出。与整体煤气化联合循环发电技术相比,煤部分气化联合循环发电技术的发电效率略低,但系统简单,耗电少,技术难度低,投资成本小,且更容易与亚临界、超临界蒸汽轮机发电系统匹配,是一种具有竞争力的洁净煤发电技术。煤部分气化联合循环发电技术的主要应用有以下几种。

(1) Foster Wheeler 公司的第二代 PFBC 系统。系统流程如图 11-4 所示。煤、脱硫剂和空气送入焦化炉,气化产生低热值的煤气和半焦。煤气经两级除尘净化后进入前置燃烧室燃烧,产生的高温烟气进入燃气轮机做功。半焦送入增压流化床燃烧锅炉,燃烧后产生的高温烟气经除尘送入燃气轮机前置燃烧室,与煤气燃烧后的高温烟气混合,进入燃气轮机做功,燃气轮机排烟的余热用来产生高温蒸汽,送入蒸汽轮机做功。

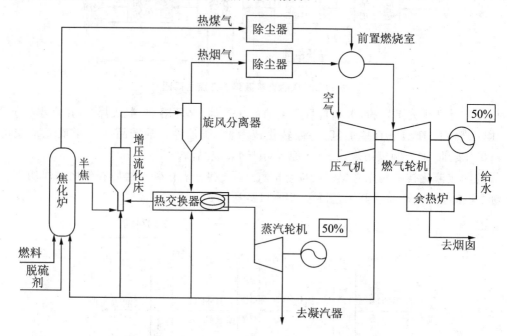

图 11-4　Foster Wheeler 公司的第二代 PFBC 系统流程图

　　(2) 英国的 APFBC 技术。与 Foster Wheeler 公司的方案相比,半焦送入常压循环流化床燃烧,燃烧释放出的热量全部用于产生蒸汽;同时燃气轮机排气也向蒸汽系统提供热量。系统流程如图 11-5 所示,效率可达 46%～48%。

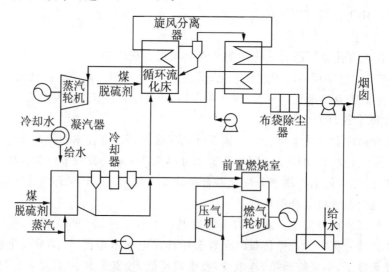

图 11-5　英国的 APFBC 技术流程图

　　(3) PGFBC-CC 发电系统方案。Lozza G. 等提出一种采用部分气化工艺和常压流化床(AFBC)燃烧半焦的联合循环方案,系统流程如图 11-6 所示。其特点在于半焦在 AFBC 内燃烧时所需的氧气是由燃气轮机排气提供的(由于需要将煤气燃烧后的高温烟气冷却到燃机入口温度的要求,在前置燃烧室中混有大量冷却空气,因此燃机排气中的含氧量很高)。AFBC的炉床温度为 870 ℃,其排烟热量在余热炉中用以给水加热产生蒸汽,其热效率为 45% ~ 47%。

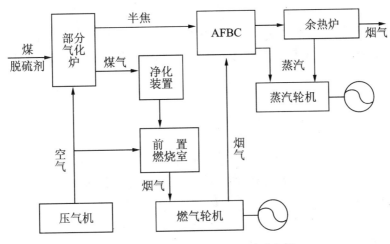

图 11-6　PGFBC-CC 发电系统流程图

4) 燃煤磁流体发电技术

燃煤磁流体发电技术也称为等离子体发电,它是磁流体发电的典型应用,当通过燃烧煤而得到的 2.6×10^6 ℃以上的高温等离子气体以高速流过强磁场时,气体中的电子受磁力作用,沿着与磁力线垂直的方向流向电极,发出直流电,直流电经逆变为交流电送入交流电网。

磁流体发电本身的效率仅 20% 左右,但由于其排烟温度很高,从磁流体排出的气体可送往一般锅炉继续燃烧产生蒸汽,驱动汽轮机发电,总的热效率可达 50% ~ 60%,是目前正在开发的高效发电技术中效率最高的。同样,它可有效地脱硫、控制 NO_x 的产生,也是一种低污染的煤气化联合循环发电技术。

在磁流体发电技术中,高温陶瓷能否在 2000~3000 K 磁流体温度下正常工作,是燃煤磁流体发电系统能否正常工作的关键。目前,高温陶瓷的耐受温度最高可达 3090 K。

燃煤开环磁流体发电目前已有示范工程,预计到 2010 年可局部商业化,它将对节能和减少 CO_2 排放从而实现电力行业的绿色生产作出重大贡献。非平衡电离式闭环磁流体发电由于工作温度较低,又适合于 100~300 MW 中型机组和配合发展以煤为燃料的燃气发电行业,具有巨大的潜力。液体金属式闭环磁流体发电的工作温度范围宽,能源种类的适应性大,电导率高,可适用于小型发电装置,发展前途广阔,但各国尚处于基础研究阶段。

11.2　生物质能的研究与开发

生物质能是绿色植物通过叶绿素将太阳能转化为化学能而储存在生物质内部的能量。生物质能包括自然界可用作能源用途的各种植物、人畜排泄物及城乡有机废物转化成的能源,如沼气、生物柴油等,是一种环境友好型、可再生的绿色能源。生物质能具有可再生、低污染、分布广泛和易燃烧、灰分低等优点,但存在分布较为分散、能量密度小、热值及热效率低等不足。

地球上植物每年通过光合作用固定的碳达 2×10^{11} t,可开发的能源约相当于全世界每年耗能量的 10 倍。生物质遍布世界各地，其蕴藏量极大，仅地球上的植物每年可开发的生物质能就相当于现阶段人类消耗矿物能的 20 倍，或相当于世界上现有人口食物能量的 160 倍。虽然不同国家单位面积生物质的产量差异很大，但地球上每个国家都有某种形式的生物质，生物质能是热能的来源，为人类提供了基本燃料。我国生物质能资源相当丰富，理论生物质能资源约相当于 50×10^8 t 标准煤，是我国目前总能耗的 4 倍左右。

开发绿色能源已成为当今世界上工业化国家开源节流和保护环境的重要手段。有些国家通过实施"绿色能源"政策，在相当大程度上缓解了本国能源不足的矛盾，而且显著改善了环境。

11.2.1　生物质能利用现状

1. 国外生物质能利用现状

生物质能已成为世界各国研究开发可再生能源的一项重要任务。有不少国家制定了相应的开发研究规划，如日本的新阳光计划、印度的绿色能源工程、美国的能源农场和巴西的乙醇能源计划等。在德国，生物质和煤混合用于发电、产气等。据报道，到 2020 年，西方工业国家 15% 的电力将来自生物质发电。生物质能使全球 CO_2 的排放量大幅度减少，有可能成为未来可持续发展能源系统中的主要能源。

目前，美国生物质发电的总装机容量达到 104 MW，单机容量达 $10 \sim 25$ MW，生物质能利用占一次能源消耗总量的 4% 左右。纽约的斯塔藤垃圾处理站投资 2 亿美元，采用湿法处理垃圾，回收的沼气用于发电，同时生产肥料。美国西肯塔基大学开发了一种新型的生物质空气气化生产高热值低焦油燃气技术，焦油含量很低，碳转化率和气化效率较高。美国国家可再生能源实验室进行了煤生物质流化床高压联合气化的研究，并对各种生物质能利用技术进行了一系列的分析和评价，获得了满意的结果。加拿大西安大略大学开发的生物质直接超短接触液化技术大规模工业化生产成本仅为每吨 50 加元，是生物质液化技术的重大突破。欧洲是生物质能开发利用非常活跃的地区，目前德国政府对沼气发电入网进行补贴，以此来鼓励农户使用沼气技术，并拨专款对沼气技术进行开发和研究。根据德国沼气协会的计算，以德国目前的技术水准，每年可使用沼气发电 6×10^{10} kW，占全部用电量的 11%。德国蒂宾根（Tübingen）大学开发了低温裂解装置处理城市垃圾，加料流量达 2 t/h。荷兰 Twente 大学开发了旋转锥式反应工艺。奥地利成功地推行建立燃烧木质能源的区域供电计划，目前已有 90 多个容量为 $1000 \sim 2000$ kW 的区域供热站，年供热 1000 MJ。瑞典和丹麦正在实行利用生物质进行热电联产的计划，使生物质能在提供高品位电能的同时满足供热的要求。巴西是世界上最大的由甘蔗秆制乙醇的生产国和消费国，生物质（特别是甘蔗渣）在巴西能源中占有举足轻重的作用，2006 年，巴西的乙醇总产量达到 1.75×10^{10} L，占全球总产量的 38%，其 44% 的交通燃料为乙醇。目前看来，物理化学转化和生物技术的交叉融合将是生物质应用技术的发展趋势。

2. 我国生物质能利用现状

生物质能在我国是仅次于煤、石油和天然气的能源资源，占全部能源消耗总量的 20%。我国对生物质能的利用极为重视，已连续在 4 个国家五年计划中将生物质能利用技术的研究与应用列为重点科技攻关项目，开展了生物质能利用新技术的研究与开发，取得了较大的进展。

近年来国内科研单位在生物质气化方面取得了明显进展。中国科学院广州能源研究所在循环流化床气化发电方面取得了一系列进展，已经建设并运行了多套气化发电系统；中国林业科学院林产化学工业研究所在生物质流态化气化技术、内循环锥形流化床富氧气化技术方面取得了成果;西安交通大学近年来一直致力于生物质超临界催化气化制氢方面的基础研究;中国科技大学进行了生物质等离子体气化、生物质气化合成等技术的研究;山东大学研究了固定床气化技术,目前气化技术已进入应用阶段,特别是生物质气化集中供气技术和中小型生物质气化发电技术,由于投资较少,比较适合农村地区分散利用,具有较好的经济和社会效益。

从 20 世纪 80 年代中期起我国开始了成型燃料的开发研究,通过引进国外先进机型,研制出各种类型的适合我国国情的生物质成型机,用以生产棒状、块状或颗粒状生物质成型燃料。河南农业大学开发了 HPB-Ⅲ 型液压驱动式双向挤压秸秆成型机,并进行了市场化的积极探索。总体来看,目前我国的生物质固化成型装备与国际先进水平还存在一定的差距。

我国生物质热解液化技术的研究尚处于起步阶段。1997 年,沈阳农业大学的董良杰采用 Kissinger 法和 Dzawai 法对动力学参数进行了验证,开展了木屑及其组分热裂解反应动力学的研究;中国科技大学研制了一种电热式快速流化床生物质热解液化设备,可以用于各种固体生物质的液化。

我国是世界上沼气利用开展得较好的国家,生物质沼气技术已进入商业化应用阶段,污水处理的大型沼气工程技术也已进入商业示范和初步推广阶段。目前已建成农村户用沼气池近 1.7×10^7 个,建成大中型沼气工程 2400 多处,形成了年产超过 $8 \times 10^9 \ m^3$ 沼气的生产能力。

11.2.2　生物质能利用技术

1. 生物质热解综合技术

该项技术是生物质在反应器中完全缺氧或只提供有限氧和不加催化剂条件下,高温分解为生物炭、生物油和可燃气的热化学反应过程。生物质热解后,其能量的 $80\% \sim 90\%$ 转化为较高品位的燃料。

农业、林业废弃生物质热解产生的固体和液体燃料燃烧时不冒黑烟,废气中含硫量低,燃烧残余物很少,减少了对环境的污染。分选后的城市垃圾和废水处理生成的污泥经热解后,体积大为缩小,臭味、化学污染和病原菌被除去,在消除公害的同时获得了能源。热解所用原料和工艺不同,所得生物炭、生物油和燃料气的比率及其热值也有差异。

按照升温速率的不同,生物质热解又分为低温慢速热解和快速热解。低温慢速热解一般在 400℃ 以下进行,主要得到焦炭(30%)。快速热解技术即在 500℃、高加热速率(1000℃/s)、短停留时间的瞬时裂解,以制取液体燃料油,是一种有开发前景的生物质应用技术。液化油得率(以干物质计)可高达 70% 以上,液化油的热值为 $1.7 \times 10^4 \ kJ/kg$。快速热解条件比较难控制,条件控制对产率影响较大。生物油是一种液体产品,氧含量高,氢碳比低,对热不稳定,需要经催化加氢、催化裂解等处理才能用作燃料。

快速热解技术自 20 世纪 80 年代提出以来得到了迅速的发展,现已发展了多种工艺,加拿大 Waterloo 大学流化床反应器、荷兰 Twente 大学旋转锥反应器、瑞士自由降落反应器等均达到了最大限度增加液体产品收率的目的。

2. 生物质气化技术

世界上生物质气化技术的发展较快,主要有热解气化技术和厌氧发酵生产沼气技术等。

1) 热解气化技术

美国、日本、加拿大、瑞典等国已能利用热解气化技术大规模生产水煤气。图 11-7 为生物质热解气化技术工艺过程。

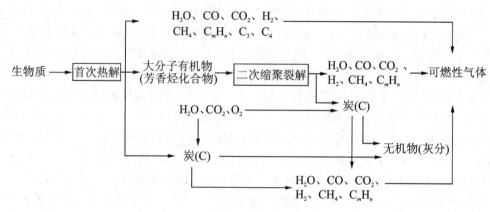

图 11-7　生物质热解气化技术工艺过程

2) 厌氧发酵生产沼气技术

厌氧发酵生产沼气技术是有机物在厌氧条件下被微生物分解发酵生成沼气(又称生物气)的技术。沼气的主要成分是甲烷,占 60% 左右。每立方米沼气的热值相当于 1 kg 煤的热量。

厌氧发酵生产沼气是比较成熟的技术,并且在生产过程中没有能源消耗。人们认为地球上存在的矿物燃料就是生物质在厌氧条件下形成的,因此认为利用厌氧发酵生产沼气是最有希望的可持续的能源生产。20 世纪 80 年代以前,发展中国家主要发展沼气池技术,以农作物秸秆和人畜粪便为原料生产沼气作为生活燃料,而发达国家则主要通过处理人畜粪便和高浓度有机废水生产沼气。20 世纪 80 年代以后,大型沼气工程相继出现,开始进入产业化和商品化阶段。

目前,日本、丹麦、荷兰、德国、法国、美国等发达国家均普遍采取厌氧法处理人畜粪便。荷兰 IC 公司已使啤酒废水处理的产气率达到 10 $m^3/(m^3 \cdot d)$ 的水平;美国、英国、意大利等发达国家将沼气技术主要用于处理垃圾;英国以垃圾为原料实现沼气发电 18 MW,今后还将建造更多的垃圾沼气发电厂。

我国南方某些省份农村户用沼气池已经相当普及,并建造了一大批较为大型的沼气工程。经过 10 多年的研究开发,厌氧发酵工艺技术有一定进展,例如,猪粪中温厌氧发酵 USR 装置产气率达到 2.2 $m^3/(m^3 \cdot d)$,并且已有相当多的设计、施工和设备生产企业,以及经营服务企业参与沼气工程建设。但是农村户用沼气池普遍存在产气率不高等问题。另外,家庭模式自然发酵是不可能使沼气成为商品的,必须进行工业化生产,提高沼气发酵速率。

3. 生物质液化技术

生物质液化是指通过化学方式将生物质转换成液体产品的过程。液化技术主要有直接液化和间接液化两类。直接液化是把生物质放在高压设备中,添加适宜的催化剂,使其在一定的工艺条件下反应,制得的液化油作为汽车用燃料或进一步分离加工成化工产品。间接液化就是把生物质气化成气体后,再进一步进行催化合成反应制成液体产品。

生物质中的氧含量高,有利于合成气($CO + H_2$)的生成,其中几乎无 CO_2、CH_4 等杂质存在,极大地降低了气体精制费用,为制取合成气提供了有利条件。我国虽然对费托合成进行了多年研究,但至今未实现工业化。催化剂及其反应器系统的研究与开发是进一步放大的关键,特别是针对生物质合成气的特点(如气体组成、焦油等),必须研究反应机理,对已有的技术及催化剂进行改造,提高产品品质及过程的经济性,才有望使之工业化。

醇类是含氧的碳氢化合物,常用的是甲醇和乙醇。甲醇可用木质纤维素经蒸馏获得,也可将生物质气化产物一氧化碳与氢气经过催化反应合成。生产甲醇的原料比较便宜,但设备投资较大。乙醇可由生物质热解产物乙炔与乙烯反应合成,但能耗太高。在一般情况下,原料的成本占乙醇生产成本的 60% 以上,因此选用廉价原料对降低乙醇成本很重要。

4. 生物化学转化技术

1) 生物质水解技术

生物质制取乙醇最主要的原料是糖液、淀粉和木质纤维素等。生物技术制备乙醇的生产过程为先将生物质碾碎,通过化学水解(一般为硫酸)或者催化酶作用将淀粉或者纤维素、半纤维素转化为多糖,再用发酵剂将糖转化为乙醇,得到的乙醇体积分数(5%～15%)较低,蒸馏除去水分和其他一些杂质可得到体积分数较高的乙醇(一步蒸馏过程可得到体积分数为 95% 的乙醇)。木质纤维素生物质(木材和草)的转化较为复杂,其预处理费用昂贵,需将纤维素经过几种酸的水解才能转化为糖,然后再经过发酵生产乙醇。这种化学水解转化技术能耗高,生产过程污染严重,成本高,缺乏经济竞争力。目前正开发用催化酶法水解制乙醇,由于酶的成本高,尚处于研究阶段。

2) 厌氧发酵技术

厌氧发酵是指在隔绝氧气的情况下,通过细菌作用进行生物质的分解。将有机废水(如制药厂废水、人畜粪便等)置于厌氧发酵罐(反应器、沼气池)内,先由厌氧发酵细菌将复杂的有机物水解并发酵为有机酸、醇、H_2 和 CO_2 等产物,然后由产氢产乙酸菌将有机酸和醇类代谢为乙酸和氢,最后由产 CH_4 菌利用已产生的乙酸和 H_2、CO_2 等形成 CH_4,可产生 CH_4(体积分数为 55%～65%)和 CO_2(体积分数为 30%～40%)气体混合物。许多专性厌氧和兼性厌氧微生物,如丁酸梭状芽孢杆菌、大肠埃希氏杆菌、产气肠杆菌、褐球固氮菌等,能利用多种底物在氮化酶或氢化酶的作用下将底物分解制取氢气。厌氧发酵制氢的过程是在厌氧条件下进行的,氧气的存在会抑制产氢微生物催化剂的合成与活性。由于转化细菌具有高度专一性,不同菌种所能分解的底物也有所不同。因此,要实现底物的彻底分解并制取大量的氢气,应考虑不同菌种的共同培养。厌氧发酵细菌生物制氢的产率较低,能量的转化率一般只有 33% 左右。为提高氢气的产率,除选育优良的耐氧菌种外,还必须开发先进的培养技术才能够使厌氧发酵有机物制氢实现大规模生产。

3) 生物质生物制氢技术

光合微生物制氢主要集中于光合细菌和藻类,它们通过光合作用将底物分解产生氢气。1949 年,Gest 等首次报道了光合细菌深红红螺菌(*Rhodospirillum rubrum*)在厌氧光照下能利用有机质作为供氢体产生分子态的氢。此后进行了一系列的相关研究。目前的研究表明,有关光合细菌产氢的微生物主要集中于红假单胞菌属、红螺菌属、梭状芽孢杆菌属、红硫细菌属、外硫红螺菌属、丁酸芽孢杆菌属、红微菌属等 7 个属的 20 余个菌株。对于光合细菌产氢机制,一般认为是光子被捕获进行光合作用,产生高能电子并形成质子梯度,从而生成腺苷三磷酸(ATP)。另外,经电荷分离后的高能电子产生还原型铁氧还原蛋白(Fdred),固氮酶利用 ATP 和 Fdred 进行氢离子还原生成氢气。

11.2.3　生物质能发电

生物质能发电技术就是利用生物质本身的能量,将其转化为可驱动发电机的能量形式,如燃气、燃油、乙醇等,再按照通用的发电技术发电,然后直接提供给用户或并入电网提供电能。截至 2005 年年底,我国发电装机总容量达到 $5×10^8$ kW,其中生物质能发电装机容量超过 $2×$

10^6 kW,仅占我国发电装机总容量的 0.4%。

1. 生物质能发电技术

1) 生物质燃烧发电

生物质燃烧发电是将生物质与过量的空气在锅炉中燃烧,产生的热烟气和锅炉的热交换部件换热,产生的高温高压蒸汽在燃气轮机中膨胀做功发电。在生物质燃烧发电过程中,一般要将原料处理后再进行燃烧以提高燃烧效率。例如,燃烧秸秆发电时,可以将秸秆打包后输送入炉,也可以将秸秆粉碎造粒(压块)后入炉或与其他的燃料混合后一起入炉。生物质燃烧发电的技术基本成熟,已进入推广应用阶段。这种技术在进行大规模发电时效率较高,单位投资也较合理,但它要求生物质集中、数量巨大。

生物质燃烧发电技术作为一种重要的能源获取手段应用的历史不长,从 20 世纪 90 年代起,丹麦、奥地利等欧洲国家开始对生物质能发电技术进行开发和研究,经过多年努力,已研制出用于木屑、秸秆、谷壳等发电的锅炉。丹麦各电力组织为此进行了规划,筛选了一批研究项目,并重点对燃烧秸秆和木屑的锅炉与大型燃煤锅炉并联运行发电供热进行了研究。在丹麦BWE 公司的技术支撑下,1988 年诞生了世界上第一座秸秆生物质燃烧发电厂。如今已有 130家秸秆发电厂遍及丹麦,秸秆等可再生资源发电占丹麦能源消费量的 24% 以上。在美国,生物质发电装机容量已达 $1.05×10^7$ kW,70% 为生物质-煤混合燃烧工艺,单机容量为 $1×10^4$~$3×10^4$ kW,发电成本为每千瓦时 3~6 美分,预计到 2015 年装机容量将达 $1.630×10^7$ kW。日本城市垃圾焚烧发电技术发展更快,垃圾焚烧处理的比例已接近 100%。

目前,我国对生物质燃料燃烧所进行的理论研究很少,对生物质成型燃料的燃烧机理及动力学特性研究才刚刚开始,关于生物质成型燃料燃烧设备的设计与研究几乎是空白。一些单位为使用生物质成型燃料,在未弄清生物质成型燃料燃烧理论的情况下,盲目地把原有的燃煤设备改为生物质成型燃料燃烧设备,致使燃烧设备的燃烧效率及热效率较低,出力及工质参数下降,排烟中污染物含量高。为了使生物质成型燃料能稳定、充分、直接地燃烧,根据生物质成型燃料燃烧理论重新进行系统设计,以及研究生物质成型燃料专用燃烧设备是非常重要的,也是非常紧迫的。

2) 生物质气化发电

生物质气化发电是生物质通过热化学转化为气体燃料,将净化后的气体燃料直接送入锅炉、内燃发电机、燃气轮机的燃烧室中燃烧来发电。生物质气化发电过程主要包括三个方面:一是生物质气化,在气化炉中将固体生物质转化为气体燃料;二是气体净化,气化出来的燃气都含有一定的杂质(包括灰分、焦炭和焦油等),需经过净化系统将杂质除去,以保证燃气发电设备的正常运行;三是燃气发电,利用燃气轮机或燃气内燃机进行发电,有的工艺为了提高发电效率,发电过程可以增加余热锅炉和蒸汽轮机。由于生物质燃气热值(约 5023.2 kJ/m³)低,加之气化炉出口气体温度较高,因此生物质气化联合发电技术的整体效率一般低于 35%。

生物质气化发电在发达国家已受到广泛重视,生物质能在总能量消耗中所占的比例迅速增加,如美国的 Battelle 生物质气化发电项目(63 MW)和夏威夷生物质气化发电项目(6 MW)、英国生物质气化发电项目(8 MW)、瑞典加压生物质气化发电项目(4 MW)、芬兰生物质气化发电项目(6 MW),以及欧盟建设的 3 个 7~12 MW 生物质气化发电示范项目等。奥地利成功地推行了建立气化木材剩余物的区域供电站的计划,使生物质能在总能耗中的比例由原来的 3% 增加到目前的 25%,已拥有装机容量为 1~2 MW 的区域供电站 90 座。瑞典和丹麦正在实施利用生物质进行热电联产的计划,使生物质能在转换为高品位电能的同时满足供热的需求,以大大提高其转换效率。随着经济的发展,一些发展中国家也逐步重视生物质气化发电的开发利用,增加生物质能的生产,扩大其应用范围,提高其利用效率。菲律宾、马来西亚,以及非洲的一些国家,都先后开展了生物质能的气化、热解等技术的研究开发,并形成了工业化生产。近年欧美开展了其他技术路线的研究,如比利时(2.5 MW)和奥地利(6 MW)开展的生物质气化与外燃式燃气轮机发电技术、美国的斯特林循环发电等,但这些技术仍不成熟,成本较高。

我国生物质气化发电技术的研究始于 20 世纪 60 年代,具有代表性的是稻壳气化发电装置,目前应用的主要是 160 kW 和 200 kW 的气化发电装置,近年我国开展了 1 MW 生物质气化发电系统的研究。我国生物质气化技术日趋完善,但与发达国家生物质气化技术相比,国内生物质气化装置基本上是以空气为气化剂的常压固定床,如河北的 ND 系列、山东的 XFL 系列、广东的 GSQ 系列和云南的 QL 系列。这些固定床气化炉应用在不同场合取得了一定的社会、环保和经济效益,但在技术上存在一些问题,如气化得到的生物质燃气热值和利用率低、燃气中焦油含量高等,制约了生物质气化技术在我国的商业化推广。

我国目前应用的生物质气化发电系统主要是中国科学院广州能源研究所开发的流化床气化炉和内燃机结合的气化发电系统。该系统采用内燃机系统,降低了对燃气杂质的要求(焦油和杂质含量低于 100 mg/m³ 即可)和系统成本,适合发展分散独立的生物质能利用系统。随着我国能源供需形势的发展,人们对生物质发电规模及系统效率提出了更高的要求,发展生物质整体气化联合循环发电技术(BIGCC),尤其是增压流化床气化联合发电系统越来越重要。

生物质气化发电相对燃烧发电是更洁净的利用方式,它几乎不排放任何有害气体,小规模的生物质气化发电已进入商业示范阶段,它比较适合于生物质的分散利用,投资较少,发电成本也低。能否利用现有技术研究开发经济上可行、效率较高的生物质气化发电系统是我国今后能否有效利用生物质的关键。我国有大量的生物质废弃物,按现有的资源计算,只要 2% 的秸秆和 10% 的谷壳用于气化发电,总装机容量将达 2000 MW。如果考虑林业废弃物和其他工业废弃物,这方面的潜力将更大。

3) 沼气发电

沼气发电是随着沼气综合利用的不断发展而出现的一项沼气利用技术,它将沼气用于发动机上,并装有综合发电装置,以产生电能和热能,是有效利用沼气的一种重要方式。沼气发电工程能提供清洁能源,它的运行不仅能解决沼气工程中的一些主要环境问题,而且能产生大量电能和热能,使沼气具有广泛的应用前景。

沼气发电在发达国家已受到广泛重视和积极推广。沼气工程发电并网在德国、丹麦、奥地利、芬兰、法国、瑞典等国家占能源总量的 10% 左右。美国在沼气发电领域有许多成熟的技术和工程,处于世界领先水平,现有 61 个填埋场使用内燃机发电,加上使用汽轮机发电的,装机总容量已达 3.4×10⁵ kW。欧洲用于沼气发电的内燃机,较大的单机容量为 400~2000 kW,填埋沼气的发电效率为 $1.68\sim2$ kW·h/m³。近几年随着德国可再生能源政策的不断加强,德国沼气发电技术发展迅速,沼气发电设备也随之加速发展。德国沼气工程以发电为主要目的,2000 个沼气工程中用于沼气发电的占 98%。德国还开发了小型沼气燃气发电技术,大大提高了沼气的应用水平,沼气发电站数量成倍增加。

目前,日本和德国等一些发达国家还开展了沼气燃料电池及发电装置的研究。沼气燃料电池把沼气经过烃裂解反应产生的以氢气为主的混合气(氢气含量达 77%)作为原料,将此混合气以电化学方式进行能量转换,实现沼气发电,与传统沼气发电相比发电效率较高,经济效益显著。

　　我国开展沼气发电领域的研究始于 20 世纪 80 年代初,在此期间,先后有一些科研机构进行了沼气发动机的改装和提高热效率方面的研究工作。我国的沼气发动机主要为两类,即双燃料式和全烧式。对"沼气-柴油"双燃料发动机的研究开发工作较多,如中国农机研究院与四川绵阳新华内燃机厂共同研制开发的 S195-1 型双燃料发动机、上海新中动力机厂研制的 20/27G 双燃料发动机等。成都科技大学等单位还对双燃料发动机的调速、供气系统等方面进行了研究。在全烧式发动机研究方面,潍坊柴油机厂研制出功率为 120 kW 的 6160A-3 型全烧式沼气发动机,贵州柴油机厂和四川农业机械研究所共同开发出 60 kW 的 6135AD(Q)型全烧式沼气发动机发电机组;此外,重庆、上海、南通等地的一些机构也进行过这方面的研究、研制工作。

　　目前我国在沼气发电方面的研究工作主要集中在内燃机发电系列上。截至 2005 年年底,全国已建成农村户用沼气池 1700 多万个,年产沼气约 65×10^8 m³,但用于发电的并无报道。

　　2. 生物质能发电必须考虑的条件

　　(1) 稳定供应。为消除生物质的季节依赖性,可采用多种燃料相互补充的措施。

　　(2) 低环境污染。从环境的角度看,应减少二氧化碳、氮氧化物、硫化物的排放。

　　(3) 高效率。发电出力与投入燃料能量之比(发电效率)越大越好。在使用锅炉、汽轮机等以蒸汽为动力的发电系统中,发电效率可以分解为锅炉效率(有效蒸汽热出力与投入燃料的热值之比)与蒸汽循环效率(发电出力与有效蒸汽热出力之比)。

　　3. 生物质能发电技术的特点

　　为了提高锅炉效率,需要提高燃烧效率,减小过剩空气率。为了提高蒸汽循环效率,要尽量提高蒸汽的温度、压力,同时使用大型发电设备。对于生物质能发电,发电机的出力应在 10 MW 以上。

　　循环流化床是一种新型高效、低污染燃烧技术,广泛用于生物质能发电。在燃烧过程中,燃料颗粒在燃烧气体的作用下发生流动,流动速率比较高,在炉膛出口设置了收集粒子的循环通路。这种燃烧方式与其他固体燃烧方式相比有以下优点。

　　(1) 适合于多种燃料。固体燃料的燃烧反应在炉膛的整个高度上进行,流动的颗粒可以经过循环通路反复燃烧,所以燃烧反应时间比较长,燃烧效率较高。由于燃料颗粒在流动过程中具有较强的干燥能力,所以含水量大的燃料无须经过干燥就能直接投入燃烧炉使用。循环流化床适合使用各种燃料,还可以采用混合燃料。

　　(2) 利于环境保护。通过向燃烧炉内添加石灰石,可以实现干法脱硫。由于燃烧炉内采用多级送风,炉温(850～950 ℃)较低,所以可以减小 NO_x 的排放浓度。

　　(3) 可以实现低空燃比的燃烧。燃料颗粒与助燃空气之间存在较大的相对速率,所以两相之间的反应充分,可以将过剩空气率控制在较低水平。

　　(4) 利于环境保护,可提高总体经济效益。与其他燃烧方式相比,该燃烧方式造成的环境污染较轻,可节省部分废气处理费用。

11.3　清洁能源的开发利用

11.3.1　太阳能

　　太阳能是指太阳所负载的能量,一般以阳光照射到地面的辐射总量(包括太阳的直接辐射和天空散射辐射)进行计量,是一种取之不尽、对环境无污染的可再生能源。太阳能发电技术主要包括三种技术:一是利用光热转换把太阳能转换为热能,利用热能发电;二是利用光电转换直接把太阳能转换为电能,即光伏发电(PV)技术;三是通过太阳能-化学能转换,将水分解成氢气和氧气,利用氢能发电。

1. 光热发电技术

聚光类太阳能热发电(以下称太阳能热发电)是利用聚光集热器将太阳辐射能转换成热能,并通过热力循环持续发电的技术。20 世纪 80 年代以来,美国、以色列、德国、意大利、俄罗斯、澳大利亚、西班牙等国相继建立起不同形式的示范装置,有力地促进了太阳能热发电技术的发展。美国 Sunlab 联合实验室的研究表明,到 2020 年前后,太阳能热发电成本约为每千瓦时 5 美分,从而可能成为实现大功率发电、代替常规能源的最经济手段之一。世界现有的太阳能热发电系统大致有塔式系统、槽式系统和碟式系统三类,其中槽式系统在 20 世纪 90 年代初期实现了商业化,其他两类系统目前处于商业化示范阶段,有巨大的应用前景。

2. 光伏发电技术

由太阳光的光量子与材料相互作用而产生电势,从而把光的能量转换成电能,此种进行能量转化的光电元件称为太阳能电池(solar cell),又称为光伏电池。1954 年 Bell 实验室研发出第一个太阳能电池,不过由于效率太低,造价太高,缺乏商业价值。随着航天技术的发展,太阳能电池的作用不可替代,太阳能电池成为太空飞行器中不可取代的重要部分。1958 年 3 月发射的美国 Vanguard 1 号首次装设了太阳能电池。1958 年 5 月苏联发射的第三颗人造卫星上也装设了太阳能电池。1969 年美国人登陆月球,这使得太阳能电池的发展达到了第一个巅峰期。此后,几乎所有发射的人造天体上都装设太阳能电池。20 世纪 70 年代初期,由于中东战争,石油禁运使得工业国家的石油供应中断,出现了"能源危机",人们开始认识到不能长期依靠传统能源。特别是近年来面临矿物燃料资源减少与环境污染的问题,于是太阳能电池的应用已被提上了各国政府的议事日程。

1) 太阳能发电的优点

(1) 太阳能取之不尽,用之不竭,照射到地球上的太阳能比人类消耗的能量大 6000 倍。太阳能发电安全可靠,不会遭受能源危机或燃料市场不稳定的冲击。

(2) 太阳能随处可得,可就近供电,不必远距离输送,避免了输电线路等损失。

(3) 太阳能不用燃料,运行成本很低。

(4) 太阳能发电没有运动部件,不易损坏,维护简单,特别适合无人值守情况下使用。

(5) 太阳能发电不产生任何废弃物,没有污染、噪声等公害,对环境无不良影响,是理想的清洁能源。

(6) 太阳能发电系统建设周期短,而且可以根据负荷的增减,任意添加或减少太阳能电池容量,避免浪费。

2) 太阳能发电的缺点

(1) 地面应用时有间歇性,发电量与气候条件有关,在晚上或阴雨天就不能发电或很少发电,与用电负荷常常不相符合,所以通常要配备储能装置,并且要根据不同使用地点进行专门的优化设计。

(2) 能量密度较低,在标准测试条件下,地面上接收到的太阳辐射强度为 1 kW/m^2。大规模使用时,需要占用较大面积。

(3) 目前价格仍较高,为常规发电的 2~10 倍。初始投资大,影响了其大量推广应用。

3. 光能转化为化学能

光电化学反应是光作用下的电化学过程,即分子、离子等因吸收光使电子处于激发态而产生的电荷传递过程。光电化学反应是在具有不同类型(电子和离子)电导的两个导电物相的界面上进行的。正如电化学反应一样,光电化学反应系统也伴随着电流的流动。半导体作为光电化学的研究对象,它与金属的重大差别在于被电子完全填充的价带(Evb)和未填充或半填充的导带(Ecb)被带隙(Eg)隔开。由于存在带隙,价带电子态和导带电子态之间的相互作用就弱。因此,受光激发后,半导体的价带电子进入导带并在价带中留下空穴,这些价带电子具有较长的寿命(直到复合),使它们有充足的时间参加在电极/电解液界面上的电化学反应,正是这种在半导体电极上由光生电子和光生空穴引发的光电化学反应成为太阳能光电转换、光化学转换与储存的理论基础。

直接利用太阳能分解水制氢是最具吸引力的制氢途径。自1972年日本科学家Fujishima和Honda在英国《自然》杂志上报道 TiO_2 电极上光解水产氢的现象以来,光电化学分解水制氢,以及随后发展起来的光催化分解水制氢已成为全世界关注的热点。目前该技术还处于研究阶段,利用可见光催化分解水制氢是科学家们要努力实现的目标。

11.3.2 风能

风能是指风所负载的能量,其大小取决于风速和空气的密度。作为太阳能的一种转化形式,风能也是一种重要的自然能源。风力发电是目前利用风能的主要形式,也是当今新能源开发利用中技术成熟、最具备开发条件、发展前景良好的项目。风力发电经历了从独立系统到并网系统的发展过程,大规模风力发电机组的建设已成为发达国家风电发展的主要形式。

风力发电的原理是利用风力带动风车叶片旋转,再通过增速机将旋转的速率提升,来驱动发电机发电。目前大型风力发电机组一般为水平轴风力发电机,它由风轮、增速齿轮箱、发电机、偏航装置、控制系统、塔架等部件组成。风轮的作用是将风能转化为机械能,低速转动的风轮通过传动系统由增速齿轮箱增速,将动力传送给发电机。上述部件安装在机舱平面上,整个机舱由高大的塔架举起,由于风向经常变化,为了有效地利用风能,必须有偏航装置(它根据风向传感器测得的风向信号,由控制器控制偏航电动机,驱动与塔架上大齿轮咬合的小齿轮转动,使机舱始终对准风)。

在过去20多年里,风电技术不断取得突破,规模经济性日益明显。根据NREL的统计,1980—2005年期间,风电的成本下降幅度超过90%,下降速率明显快于其他几种可再生能源。德国是利用可再生能源最领先的国家,根据其自然保护和核安全部门的统计,风电的成本明显低于其他可再生能源,与传统的水力发电已经非常接近。世界风能协会预计,从世界范围来看,预计到2020年,风电装机容量将达到 1.23×10^9 kW,年发电量相当于届时世界电力需求的12%。因此,在建设资源节约型社会的国度里,风力发电已不再是无足轻重的补充能源,而是最具商业化发展前景的新兴能源产业。

中国风能储量很大,分布面广。据国家气象局提供的资料显示:中国陆地上50 m高度可利用的风力资源为 5×10^8 kW,海上风力资源也超过 5×10^8 kW,远远超过可利用的水能资源(3.78×10^8 kW)。在当前可再生能源中,风力发电是最便宜、技术最成熟的,如能合理利用,有望成为仅次于火电和水电的第三大电源。目前,长三角和珠三角地区正掀起一轮风力发电热。

11.3.3　地热

地热能来源于地球深处,起源于地球的熔融岩浆和放射性物质的衰变。地热(水)资源是一种十分珍贵的可再生矿产资源,集热、矿、水为一体,具有广泛的用途。尤为重要的是,地热具有清洁能源的特点,对人体有保健功能。

1. 地热资源的分类

地热资源按赋存状态可分为水热型地热资源、干热岩型地热资源和地压型地热资源;按技术经济条件可分为浅于 2 km 的经济型地热资源和 2~5 km 的亚经济型地热资源;按成因可分为现(近)代火山型地热资源、岩浆型地热资源、断裂型地热资源、断陷盆地型地热资源和凹陷盆地型地热资源等;按温度可分为高温地热资源和中、低温地热资源,其中高于 150℃ 的高温地热资源带主要出现在地壳表层各大板块的边缘,如板块的碰撞带、板块开裂部位和现代裂谷带,低于 150℃ 的中、低温地热资源则分布于板块内部的活动断裂带、断陷谷和凹陷盆地地区。

2. 世界地热资源分布与蕴藏

就全球来说,地热资源的分布是不平衡的。明显的地温梯度大于 30℃/km 的地热异常区主要分布在板块生长、开裂的大洋扩张脊和板块碰撞、衰亡的消减带部位。全球性的地热带主要有以下四个。

(1) 环太平洋地热带。它位于太平洋板块与美洲、欧亚、印度板块的碰撞边界。世界许多著名的地热田,如美国的盖瑟尔斯、长谷、罗斯福,墨西哥的塞罗、普列托,新西兰的怀腊开,中国台湾的马槽,日本的松川、大岳等均在这一带。

(2) 地中海-喜马拉雅地热带。它位于欧亚板块与非洲板块和印度板块的碰撞边界。世界第一座地热发电站所在地——意大利的拉德瑞罗地热田就位于这个地热带,中国西藏的羊八井及云南的腾冲地热田也在这个地热带。

(3) 大西洋中脊地热带。它位于大西洋海洋板块开裂部位。冰岛的克拉弗拉、纳马菲亚尔和亚速尔群岛等一些地热田就位于这个地热带。

(4) 红海-亚丁湾-东非裂谷地热带。它包括吉布提、埃塞俄比亚、肯尼亚等国的地热田。除了在板块边界部位形成地壳高热流区而出现高温地热田外,板块内部靠近板块边界部位在一定地质条件下也可形成相对的高热流区,如中国东部的胶东半岛、辽东半岛。

地球内部蕴藏着难以想象的巨大能量。据估计,仅地壳最外层 10 km 范围内,就拥有 1.254×10^{27} J,相当于全世界现产煤总发热量的 2000 倍。地热能的总量则相当于煤总储量的 1.7 亿倍,据此估算地热资源要比水力发电的潜力大 100 倍。

3. 地热能的利用

人类利用温泉洗浴已有数千年历史,但是开始成规模地利用地热能源发电、供暖及进行工农业利用则始于 20 世纪。20 世纪 70 年代世界出现石油危机,许多国家为寻找可替代能源,掀起一个开发新能源和可再生能源的热潮。但作为新能源大家族的一员,地热能与太阳能、风能、生物能一样,除个别国家之外,目前在整个能源结构中的地位可以说是微乎其微。但同样作为正在大力探索中的新能源,若将太阳能、风能、潮汐能与地热能加以比较,则不难看出,地热目前仍是新能源中最为现实的能源。

20 世纪 90 年代,随着全球环境保护意识的增强,我国兴起了地热直接利用新高潮,尤其在高纬度寒冷的"三北"(东北、华北、西北)地区,加大了以地热供热(采暖和生活用水)为主的开发力度。这项工作的开展不仅减少了大量有害物质的排放,而且能取得明显的经济效益。

仅采暖一项,1990 年全国地热供暖面积仅 1.9×10^6 m²,到 2000 年就增至 1.1×10^7 m²。目前,北京、天津、西安等大城市及黑龙江、辽宁、宁夏、山东、河北、河南等省(自治区)正在积极采用多种供热形式(包括热泵)进行示范工程建设与推广。西部的云南、西藏、新疆、四川、陕西等省(自治区)正在着手开发地热旅游资源,为发展当地的旅游产业增添新品种、新增长点。东南沿海各省在大力发展地热旅游(保健、疗养)和特优品种的种植、养殖业的同时,着手利用地热进行制冷与烘干工程的实施。全国各地的地热直接利用,正以强劲势头向规模化、产业化方向健康地发展。

地热的基本利用可以分为直接利用和地热发电两大类。不同温度的地热流体可利用的范围如下:200~400 ℃,直接发电及综合利用;150~200 ℃,双循环发电、制冷、工业干燥、工业热加工;100~150 ℃,双循环发电、供暖、制冷、工业干燥、脱水加工、回收盐类、生产罐头食品;50~100 ℃,供暖、温室、家庭用热水、工业干燥;20~50 ℃,沐浴、水产养殖、饲养牲畜、土壤加温、脱水加工。

11.3.4 海洋能

浩瀚的海洋既是面积极其巨大的太阳能集热器,又是热容量极其巨大的热能储存库。太阳不停地给地球输送着巨大的热能,除去大气层的反射和吸收之外到达地球表面的太阳辐射能约有 8.0×10^{13} kW。面积占整个地球 71% 的海洋,接收的太阳辐射能可达 5.7×10^{13} kW 左右。除去海面的辐射、海水的蒸发等原因而消耗、散失掉的一部分能量之外,还有相当巨大的一部分太阳能以不同的转化形式被海洋吸收并储存起来,构成资源巨大的海洋能源。

1. 分类及特点

海洋能通常是指海洋中所蕴藏的可再生的自然能源,主要有潮汐能、波浪能、海水温差能、海流能(潮流能)和海水盐差能。潮汐能来源于太阳系中行星的运行,其他均源于太阳辐射。海洋能按储存形式又可分为机械能、热能和化学能。潮汐能、海流能和波浪能为机械能,海水温差能为热能,海水盐差能为化学能。海洋能具有以下特点。

(1) 各种海洋能的转换方式各不相同。潮汐发电与水力发电相似;波浪发电装置形式多样,有机械、气动、液压、水力等;温差发电利用热力循环原理;海水盐差能转换主要利用半渗透膜技术。各种技术的成熟度也不同,潮汐能利用技术已实用化,波浪能和海流能利用接近实用,海水温差能利用处于实验阶段,海水盐差能尚处于概念性实验阶段。

(2) 蕴藏量大,能量密度低。海洋能中除海水盐差能能量密度较高外,其余的都较低。如潮汐能的大潮差值为 13~15 m,潮汐能较丰富地区通常为 3~6 m;海流能的最大流速约 5 m/s,通常为 2~3 m/s;波浪能的最大波高为 8~12 m,通常为 1~3 m。海洋表层和深层的海水温差较大值为 24 ℃,通常为 20 ℃左右,海洋能的蕴藏量非常大。

(3) 能量分布随时空变化。海水温差能集中在低纬度大洋深水海域,潮汐能、海流能分布在沿岸海域,海流能主要在北半球两大洋西侧,波浪能富集于北半球两大洋东侧中纬度(30°~40°)和南极风暴带(40°~50°),海水盐差能主要在江河入海口附近沿岸。就时间而言,除海水温差能和海流能较稳定外,其他都有明显的变化,目前对潮汐和海流的变化已能作出较准确的预报。

(4) 开发环境严酷,投资大,有综合效益。开发海洋能资源存在海水腐蚀、水生物附着及能量密度低等问题,所以转换装置庞大,材料要求高,施工技术复杂,投资大。但海洋能发电不占用土地,不需迁移人口,而且具有围垦、养殖、海洋化工、旅游等综合利用效益。

2. 技术描述及资源评价

1）潮汐能

潮汐能是海岸边因海洋水位每日的升降产生的势能。潮汐涨落主要是月球（在较小程度上还有太阳）的引力作用于随地球旋转的海洋而形成的。潮汐能与潮差的平方和水库的面积成正比。平均潮差在 3 m 以上的潮汐能具有开发价值。潮汐发电是在海湾建水库，涨潮时海水注入水库，落潮时放出海水，利用高、低潮位之间的落差推动水轮机旋转，带动发电机发电。潮汐电站的发电机组要考虑变功况、低水头、大流量及海水腐蚀等因素，远比常规水电站复杂。潮汐电站按照运行方式可分成单库单向型、单库双向型和双库单向型三种。

每年全世界潮汐能的理论资源量为 3 TW，可开发资源量为 0.44 TW。我国可开发的潮汐电站坝址有 424 个，总装机容量 21.8 GW，其中浙江和福建分别占 40.9% 和 47.4%。

2）波浪能

波浪能是海洋表面波浪的动能和势能。波浪能与波高的平方、波浪的运动周期，以及迎波面的宽度成正比。波浪能是海洋中能量最不稳定的一种能源。发电是波浪能利用的主要方式。此外，波浪能还可用于抽水、供热、海水淡化及制氢等。波浪能利用装置种类繁多，基本原理有以下几种：利用物体在波浪作用下产生的振荡和摇摆运动；利用波浪压力的变化；利用波浪沿岸爬升将波浪能转换成水的势能等。目前波浪发电技术已接近实用化，主要有振荡水柱式、摆式和聚波水库式三种装置。

3）海流能

海流能是海水流动的动能，主要是海底水道和海峡中较为稳定的海流及潮汐产生的有规律的海流。海流的能量与流速的平方和流量成正比。相对波浪能而言，海流能的变化比较平稳且有规律。最大流速达 2 m/s 以上的水道，其海流能具有开发价值。海流能的利用方式主要是发电，其原理和风力发电相似。由于海水的密度约为空气的 1000 倍，而且装置必须放在水下，故海流发电存在一系列技术问题，包括安装维护、电力输送、防腐、海洋环境中载荷与安全性等。海流发电装置可以安装在海底，也可以安装在浮体的底部。

4）海水温差能

海水温差能是表层海水与深层（约 1000 m）海水之间温差形成的热能。热带或亚热带海域的这种温差在 20 ℃ 以上。海水温差能利用装置除发电外，还可以获得淡水、深层海水（用作空调等），也可与深海采矿系统中的扬矿系统相结合。借助温差能装置建立的海上独立生存空间，可以用作海水淡化厂、海洋采矿、海上城市、海洋牧场的支持系统。海水温差能转换主要有开式循环和闭式循环两种方式。

每年全世界海水温差能的理论资源量达 22 TW，可开发资源量为 1 TW。我国海水温差能的可开发资源量约 150 GW。

5）海水盐差能

海水盐差能是海水和淡水之间或两种含盐浓度不同的海水之间的化学电势差形成的能量，主要存在于河海交接处。海水盐差能是海洋能中能量密度最大的一种能源。把半渗透膜（水能通过，盐不能通过）放在不同盐度的两种海水之间，会产生压力梯度，迫使水从盐度低的一侧向盐度高的一侧渗透，直到膜两侧水的盐度相等为止。这一过程将不同盐度的海水之间的化学电势差能转换成水的势能，再利用水轮机发电。

3. 海洋能利用的前景和展望

近 20 多年来，受矿物燃料能源危机和环境变化压力的驱动，作为主要可再生能源之一的海洋能事业取得了很大发展,在相关高技术的支持下,海洋能应用技术日趋成熟,为人类充分利用海洋能展示了美好前景。各主要海洋国家普遍重视海洋能的开发利用,加大了投入力度。美国已把促进可再生能源的发展作为国家能源政策的基石,其中尤为重视海洋发电技术的研究。2020 年后,全球海洋能源的利用率将是目前的数百倍。海洋被称为未来的"能量之源"。

11.4　可再生能源与可持续发展

11.4.1　可再生能源

能源具有三个基本的特征,即利用的相互替代性、传递与转化性、品质的差异性。可再生能源具有以下几个方面的特征。

(1)丰富性。可再生能源在来源与数量方面是无穷无尽的,永远不会枯竭。

(2)清洁性。可再生能源在生产制造及使用过程中,不会像常规能源一样产生各种污染物。

(3)地方性。可再生能源是地方能源,既可就地利用,又受制于地区的自然环境特点。因此,可再生能源的开发与利用必须与地域的自然环境相结合。

(4)经济性。可再生能源的应用尽管其早期在建设、运行成本方面高于常规能源,但在环境控制、环境保护成本等方面低于常规能源。而且从中长期看,和常规能源相比,可再生能源在经济上具备竞争力。

随着世界经济、社会发展对油气资源的不断消耗,以及能源消费所带来的日益严重的环境问题,可再生能源和新能源迎来了前所未有的发展机遇。据预测,今后 10~20 年内可再生能源和新能源将在世界能源消费结构中占有重要地位。

可再生能源和新能源在西方发达国家发展很快,已经成为能源结构的重要组成部分。我国可再生能源和新能源开发利用虽然起步较晚,但近年来也以年均超过 25％的速率增长。从技术和市场潜力分析,风能、太阳能、氢能和燃料电池将是可再生能源和新能源发展的重点领域。

在能源短缺的今天,推进可再生能源产业化,是顺应我国能源发展需要、寻求可持续发展的重大举措。为加快可再生能源和新能源产业化进程,国家应加强行业监管,同时,在政策上给予支持,扶优扶强,相关部门应加大立项支持力度。企业应走产学研相结合之路,注重自主技术创新,加快从研发、示范到产业化的步伐,实现可再生能源和新能源的跨越式发展。

11.4.2　能源可持续利用战略研究

能源工业是国民经济的基础产业,也是技术密集型产业。能源系统既能有效支撑我国经济、环境、社会的可持续发展,同时又能以安全、经济、高效、清洁、低碳、公平的方式实现自身的可持续发展。"安全、高效、低碳"集中体现了现代能源技术的特点,也是抢占未来能源技术制高点的主要方向。能源可持续发展是我国可持续发展的前提和重要内容。在我国能源"十二五"规划中,已明确提出了"当前能源体系向可持续发展的现代体系过渡"的总体思路。

可持续发展的关键在于满足当代人生活需要的基础上,不对后代人的生产和生活产生危害。可持续发展直接关系到人类文明的延续,并成为直接影响国家最高决策的不可缺少的基本要素。要更好地体现可持续发展的要求,就应该做到代与代之间体现公平、合理的原则,当代人的发展不能以牺牲后代人的发展为代价;地区之间应体现均富、互补、平等的原则,缩短空间范围内同代人之间的差距。创造"自然-社会-经济"支持系统的外部适宜条件,将系统的组织机构和运行机制予以不断优化。

可持续发展的两大基本主题是人与自然、人与人。它的三个最明显的内涵是发展度、协调度、持续度。可持续发展一方面成为全球或国家的战略目标,另一方面又成为诊断区域开发及其是否健康运行的标准。

中国的可持续发展能源战略至少应考虑两方面的内容:一是如何确保经济、合理的持续的能源供应和高效使用能源,二是解决和能源过程有关的环境问题。

从中国能源供给和需求两方面考虑,中国能源发展战略的构建应根据"提高效率,保护环境,保障供给,持续发展"的原则。

1. 节能效率优先,走可持续发展之路

提高能源的开发和利用效率应摆在中国能源发展战略的首位。据统计数据显示,中国综合能源利用效率约为 33%,比发达国家低 10%;单位产值能耗是世界平均水平的两倍多。解决中国能源问题,不能单纯依靠加大能源建设力度,要从根本上解决能源问题,必须节约能源,提高能效,转变经济增长方式,走新型工业化道路,选择资源节约型、质量效益型、科技先导型的发展方式。要大力调整产业结构、产品结构、技术结构和企业组织结构,依靠技术创新、体制创新和管理创新,在全国形成有利于节约能源的生产模式和消费模式,发展节能型经济,建设节能型社会。

2. 加快天然气和新能源的发展,力求实现能源结构的转变

中国长期以来能源结构以煤为主,这是造成能源效率低下、环境污染严重的重要原因。近年来,终端能源需求结构和总量的变化,以及以中心城市为开端的环保要求,使优化能源结构成为能源发展的重要趋势。但是,石油进口的快速增长,加之国际油价的大幅上扬,使能源供应保障问题受到多方关注。天然气的开发利用,需要重新大规模建设天然气的长距离输运基础设施,对天然气成本和价格的估计引起了对未来相关能源成本的激烈讨论和担心,优化能源结构能否实现仍然有着不确定性。

当前和今后几十年内,石油和天然气仍将是世界范围的主要能源。天然气的利用不仅有很好的环境效果,建立在天然气基础上的能源技术也是当前和今后长时期内能源效率最高的技术。"十五"期间实施的西气东送工程意义重大,天然气基础管网的建成将带动天然气开发的进程,可望使天然气的实际成本明显降低。天然气的发展需要国家的支持和协调。

在各种新能源和可再生能源的开发利用中,水电、太阳能、风能、地热能、海洋能、生物质能等可再生能源在全世界的能源消费中已占 22% 左右。我国迅速成长为全球新能源产业大国,实现了可再生能源技术、市场和服务体系的突破性进展。我国还需要借鉴发达国家的技术和经验,积极探索新能源储能技术,提高经济性,为多种新能源的综合开发、提高新能源利用率奠定基础。

3. 经济与环保效益相结合,实施煤的清洁利用

优化能源结构与充分合理利用我国的煤资源并不矛盾。在能源结构优化的过程中,煤必将退出一些使用领域,但是煤在中国能源中的地位仍十分重要。目前我国煤的使用技术和方式与可持续发展的社会经济发展目标差距很大。在可持续发展能源战略中,煤的利用首先要解决相应的环境污染问题。

我国长时间以来开发利用矿物能源特别是煤,对环境造成极大的危害:酸雨污染加重,我

国 1/3 以上的土地的农作物和森林受到酸雨损害影响;生物多样性减少,生态破坏严重;水土流失量大,草原沙化、退化加剧。环境污染造成的呼吸道疾病严重威胁着人们的身体健康。发展新能源、促进可再生能源的开发利用将有效地缓解生态环境的恶化,实现能源消费与环境保护的双赢,实现能源与环境保护的可持续发展。

4. 注重环境保护,实施能源的可持续发展

当前,环境保护要求在发达国家已经成为决定能源结构、能源成本的重要因素。我国的环境保护将在今后逐步成为能源结构选择越来越重要的因素。能源结构的清洁化,对能效的提高也有很大的推动作用。为了实现可持续发展的能源战略,应该在能源发展的各个环节充分考虑环保的需要。能源基础设施庞大,使用期很长。能源系统一旦建成,改建时不但成本很高,并且周期长,所以在能源建设中要充分考虑环境保护的长期效应。

开发利用可再生能源有利于发展循环经济,实现经济、社会和环境保护的可持续发展。首先,促进可再生能源的开发利用有效保护了环境,降低了生产成本。可再生能源通过资源循环利用,减少甚至不排放污染物,提高了资源利用率,起到了保护资源和生态环境的作用。其次,促进可再生能源的开发利用有利于拓展就业领域,有利于发展新型可再生能源产业。

我国"十一五"规划中将能源、资源等关键领域的重大技术开发放在了优先位置上,拟定了能源长期发展规划,其中优化能源结构、加快发展核电和可再生能源在能源长期规划中占有重要分量,同时强调了节能优先、效率为本的原则。《国家能源科技"十二五"规划(2011—2015)》(以下简称《规划》)分析了能源科技发展形势,以加快转变能源发展方式为主线,以增强自主创新能力为着力点,规划能源新技术的研发和应用,用无限的科技力量解决有限能源和资源的约束,着力提高能源资源开发、转化和利用的效率,充分运用可再生能源技术,推动能源生产和利用方式的变革。按照能源生产与供应产业链中技术的相近和相关性,《规划》划分了 4 个重点技术领域,即勘探与开采技术、加工与转化技术、发电与输配电技术和新能源技术,并将"提效优先"的原则贯穿至各重点技术领域的规划与实施之中。我国于 2006 年 1 月 1 日起正式实施《可再生能源法》。该法中界定的"可再生能源"是指水能、风能、太阳能、地热能、海洋能、生物质能等非矿物能源。

为了使可再生能源得到有效的开发利用和相关产业持续、稳定地发展,在贯彻执行已经制定颁布的《可再生能源法》的同时,还需要建立具有实质内容和效力的促进可再生能源开发利用与环境保护的配套法律制度和规章。

(1) 建立可再生能源开发利用的经济激励制度。为了加大对可再生能源的开发利用和相关产业的政策扶持,对可再生能源的开发利用相关技术政策、产业政策、税收政策、信贷政策、人才政策及市场准入等方面给予倾斜,制定一些必要的鼓励可再生能源技术与产业发展的财政、税收、信贷等方面的经济激励规章制度。

(2) 制定可再生能源技术与产品的标准和产品质量管理制度,并确保这些标准的法律效力。

(3) 设立可再生能源科技开发基金,鼓励科技创新,推动可再生能源新产业的发展。

(4) 加强可再生能源开发利用与环境保护的法制建设,建立绿色能源标志制度。

为了对可再生能源进行绿色标志认证、便于管理而建立和完善的法律责任制度,有利于开发利用可再生能源和保护环境,从而保障我们在可持续发展的道路上一直走下去。

复习思考题

1. 什么是可再生能源? 它主要有哪些特征?

2. 叙述温室效应的形成及其危害。

3. 煤加工技术主要分为哪几种？对其推广应用具有何种意义？

4. 简述煤气化技术。

5. 阐述生物质能源的优缺点以及对其进行研究的意义。

6. 对生物质能的利用主要分为哪几种形式？

7. 举例说明几种清洁能源开发利用的形式。

8. 地热资源分为哪几类？目前对地热资源的利用有哪几种形式？

9. 从能源利用的方面考虑,应如何走好可持续发展道路？

参 考 文 献

[1] 雒廷亮,许庆利,刘国际. 生物质能的应用前景分析[J]. 能源研究与信息,2003,(4):194-197.

[2] 朱清时,阎立峰,郭庆祥. 生物质洁净能源[M]. 北京:化学工业出版社,2002.

[3] 杜祥琬,周大地.中国的科学、绿色、低碳能源战略[J].中国工程科学,2011,13(6):4-10.

[4] Demirbas A. Energy balance,energy sources,energy policy,future developments and energy investments in Turkey [J]. Energy Conversion and Management,2001,42(10):1239-1258.

[5] 郑天航. 光伏产业的能耗、投资经济性及其社会效益分析[J]. 上海电力,2006,(4):349-353.

[6] 郑敏. 全球地热资源分布与开发利用[J]. 国土资源,2007,(2):56-57.

[7] 徐晓维. 我国利用地热资源居世界首位[J]. 中国建设信息供热制冷,2007,(1):8.

[8] 袁银梅. 地热资源及其利用[J]. 中国西部科技,2006,(34):121.

[9] 张金华,魏伟,杜东,等.地热资源的开发利用及可持续发展[J].中外能源,2013,(1):7.

[10] 王亚民,贺丹.海洋资源可持续开发之路[J].WTO 经济导刊,2013,(11):58-59.

[11] 阴秀丽,吴创之. 中型生物质气化发电系统设计及运行分析[J].太阳能学报,2000,21(3):307-312.

[12] 王庆一. 中国能源现状与前景[J]. 中国煤炭,2005,(2):22-27.

[13] 林伯强.中国能源战略调整和能源政策优化研究[J].电网与清洁能源,2012,(1):1-3.

[14] 惠枫. 中国可再生能源发展论坛在京隆重召开[J]. 可再生能源,2006,(1):25.

[15] 刘志强,刘志勇. 新能源发电综述[J]. 农村电气化,2004,(9):5-6.

[16] 张国宝. 经济发展电力先行成就辉煌[R]. 北京:中华人民共和国国家发展和改革委员会,2005.

[17] 吴创之. 欧洲生物质能利用的研究现状及探讨[J]. 新能源,1999,21(3):30-35.

[18] 孙振钧. 中国生物质产业及发展趋向[J]. 农业工程学报,2004,(5):1-5.

[19] 马隆龙,吴创之,孙立. 生物质气化技术及其应用[M]. 北京:化学工业出版社,2003.

[20] 米铁,唐汝江.生物质气化技术比较及其气化发电技术研究进展[J]. 新能源及工艺,2004,(5):35-37.

[21] Gross R,Leach M,Bauen A. Progress in renewable energy [J]. Environment International,2003,29(1):105-122.

[22] Yokoyama S Y,Ogi T,Nalampoon A,et al. Biomass energy potential in Thailand[J]. Biomass and Bioenergy,2000,18(5):405-410.

[23] 李飞,张铺. 生物质整体联合循环发电系统的发展现状[J]. 可再生能源,2006,(1):46-49.

[24] 孙振钧,袁振宏,张夫道,等. 农业废弃物资源化与农村生物资源利用战略研究报告[R]. 北京:中国国家科学技术部,2004.

[25] Cook J,Beyea J. Bioenergy in the United States progress and possibilities[J]. Biomass and Bioenergy,2000,18(6):441.

[26] Steininger K W,Voraberger H. Exploiting the medium term biomass energy potentials in Austria [J]. Environmental and Resource-Economics,2003,24(4):359-377.

[27] Dai L. The development and prospective of bioenergy technology in China[J]. Biomass and Bioener-

gy,1998,15(2):181-186.

[28] U. S. Department of Energy. Biomass program[R/OL]. [2006-10-19]. http://www. eere. energy. gov/biomass.

[29] 郑戈,李景明,张岫英. 中国沼气发电技术发展现状与前景展望[R]. 北京:农业部科技发展中心,2003.

[30] 赵峥,张亮亮. 新形势下如何实现我国能源战略的转型[J]. 经济纵横,2013,(3):11.

[31] 周宏春,吴平. 低碳背景下的中国能源战略[J]. 理论参考,2013,(1):15-18.

[32] 盛海燕. 中国石油天然气能源战略研究[J]. 中国石油和化工标准与质量,2013,33(23):253-254.

[33] 罗佐县. 煤化工应成为能源战略版图的重要部分[J]. 中国石化,2013,(6):9-11.

第 12 章　循环经济与生态工业园

在自然界的生态系统中,高、低级生物之间。非生物与生物之间组成了一个由低到高、由简单到复杂的生物链。每一种非生物或生物都是这个生物链中的一个环节,能量与物质逐级传递,由低级到高级,又由高级到低级,循环往复,形成一个互相关联和互动的生物链,维持自然界各物质间的生态平衡,保证了自然界持续不断的发展。人类受自然生态系统的启发,对多工业系统进行分析比较,发现不同的工业系统之间也与自然生态系统中的各种物质一样,在一定的条件下存在相互关联作用。20 世纪 90 年代,一些经济发达的国家把自然生态学的理论应用到工业系统的建立上来,使不同的工业企业、不同类别的产业之间形成类似于自然生态链的关系,以达到充分利用资源、减少废物产生、物质循环利用、消除环境破坏、提高经济发展规模和质量的目的。

为了探索社会经济的可持续发展道路,国际社会和各国政府相继提出了一系列的发展模式和战略,而循环经济就是目前国际上最能代表这一思潮的一种战略模式。与传统经济发展模式相比,循环经济的核心是以物质闭环流动为特征,运用生态学规律把经济活动重构成一个"资源—产品—再生资源"的反馈式流程和"低开采、高利用、低排放"的循环利用模式,使得经济系统和谐地纳入自然生态系统的物质循环过程中,从而实现经济活动的生态化,达到消除环境破坏、提高经济发展规模和质量的目的。发展循环经济是保护环境和减少污染的根本手段,同时也是实现可持续发展的一个重要途径。循环经济的实践包括从企业层次废物排放最小化实践,到区域工业生态系统内企业间废弃物的相互交换,再到产品消费过程中和消费后物质和能量的循环。在这三个层次中,生态工业已经成为循环经济实践的重要形态。生态工业是按照循环经济原理组织起来的、基于生态系统承载能力的、具有高效经济过程及和谐生态功能的工业组织模式。

对于一个地区来说,如果能在生态工业理论的指导下,结合当地的资源优势、产业优势及产业结构特点,通过有目的规划,进行多个企业或产业间的链接和组合,建立起相互关联、互相促进、共同发展的生态工业系统,无疑对该区域充分发挥资源优势和产业优势,加快经济发展速度、提高经济发展质量、实现环境与经济的协调发展具有十分重要的意义。

12.1　生态工业的理论基础

12.1.1　生态工业的概念与特点

生态工业是指根据生态学和生态经济学原理,应用现代科学技术建立和发展起来的一种多层次、多结构、多功能、变工业废弃物为原料、实现循环生产、集约经营管理的综合工业生产系统。生态工业和传统工业的区别主要在于生态工业力求把工业生产过程纳入生态化的轨道中,把生态环境的优化作为衡量工业发展质量的标志。其内涵与传统工业生产相比有以下特点。

(1) 工业生产及其资源开发利用由单纯追求利润目标向追求经济与生态相统一的生态经

济目标转变,工业生产经营由外部不经济的生产经营方式向内部经济性与外部经济性相统一的生产经营方式转变。

(2)生态工业在工艺设计上十分重视废物资源化,废物产品化,废热、废气能源化,形成多层次闭路循环、无废物、无污染的工业系统。

(3)生态工业要求把生态环境保护纳入工业的生产经营决策要素之中,重视研究工业的环境对策,并严格按照生态经济规律进行现代工业的生产和管理,根据生态经济学原理规划、组织、管理工业区的生产和生活。

(4)生态工业是一种低投入、低消耗、高产出、高质量和高效益的生态经济协调发展的工业生产模式。

12.1.2　传统工业的两重性

工业本身具有两重性,一是它的社会属性,一是它的自然属性。工业的社会属性是工业生产过程具有在经济上实现价值增值的属性,即通过把原材料加工成产品,并以产品实现价值而取得经济效益;工业的自然属性则在于工业生产过程所需要的原材料、能源等均来自于自然生态环境,而工业产生的"三废"通常又回归于自然生态环境,工业生产离不开自然生态环境的依托,自然生态环境是工业存在的基础条件。过去看重的是工业的社会属性,即工业实现经济价值增值的属性,对经济效益的片面追求使人类忽视了工业赖以存在的自然属性,将自然视为取之不尽的"供奉者"和丢弃工业"三废"的"垃圾桶",一味陶醉于工业革命所带给人类的巨大物质成果。殊不知,这种不计环境成本的工业生产方式在帮助人类摄取物质财富的同时,也必然成为终止人类前进步伐并摧毁人类社会文明的利器。确切地说,工业的根本存在是由工业的自然属性决定的,失去了原料的工业生产将成为"无米之炊"。生态工业的出现促使人类辩证地对待工业的两重属性,工业的自然属性是社会属性得以体现的前提条件,两种属性的综合体现才是工业经济实现可持续发展的根本保证。

12.1.3　工业生态经济系统

类似于农业生态经济系统,工业也存在着生态经济系统,即工业生态经济系统,它是生态工业得以生存的主要环境和依托。不同于其他类别的生态经济系统,工业生态经济系统作为一个由社会经济系统和生态系统耦合而成的复合系统,有着特殊的组成部分。一般来说,工业生态经济系统可以看作由以下四个基本部分组成。

(1)生产者,包括脑力和体力劳动者,以及工业微生物。

(2)技术,包括生产设备、工具、科学技术等。

(3)原材料,包括农、林、畜、水产等方面的产品及其他材料。

(4)自然条件,包括光、热、水、气、土地等自然资源。

社会经济系统不断给工业生态经济系统输入劳动力、科学技术、需求信息等社会资源;生态系统也不断供给矿物产品、生物产品,经生产者的初次加工、二次加工、多次加工依次生产出各种产品,满足人类的消费需求。

12.1.4　生态工业的理论依据

1. 资源之间链索式相互制约原理

工业生态经济系统中同时存在着多种资源,它们之间通过类似生物食物营养关系的生态工艺关系相互依存、相互制约。例如,煤用于热电厂发电,产生的废渣和飞灰废物可以分别用作筑路和制造水泥的原料;粮食是酿酒的原料,酿酒时的废物酒糟是制取沼气的原料等。工业生态经济系统一改过去企业"原料—产品—废料"的传统生产模式为"原料—产品—废料—原料"的可持续生产模式。通过生态工艺关系,将资源的加工链尽量延伸,最大限度地开发和利用资源,使资源在"吃干榨尽"中既得到了价值增值,又保护了生态环境,实现了工业产品的生产从"摇篮到坟墓"的全过程控制和利用。

　　2. 能量多级利用与物质循环再生原理

　　工业生态经济系统存在着类似于自然生态系统中食物链那样的"加工链"(称之为"工业生态链"),它既是一条能量转换链,也是一条物质传递链,从经济价值角度分析,它还是一条价值增值链。工业生态经济系统中,不断进行着统一的能量转换的物质循环运动,物质流和能量流沿着"工业生态链"逐级逐层次流动,原料、能源、"三废"和各种环境要素之间形成立体环流结构,能源、资源在其中往复循环获得最大限度的利用,使废弃物资源实现再生增值。例如,糖厂用甘蔗作为原料生产出各种糖,同时产出蔗渣、蔗泥和蔗蜜等废料,经过对废料的多层次加工利用,蔗渣加工成纤维板、装饰板、碎料板,蔗泥加工成蔗蜡,用蔗蜜生产乙醇。物质和能量在这条加工链中得到了最大化的利用,不但提高了资源、能源的利用率,而且有效地提高了废弃物的净化率和转化率,减少了工业生产成本,实现了价值增值并取得良好的生态经济效益。

　　3. 可持续发展模式

　　工业生产是人类利用资源获取价值的一种经济活动,其目的是增加产出和经济收入,以改善人类的福利水平。自从工业革命以来,工业生产经历过以经济效益为唯一目标的经济增长至上的阶段、经济效益与生态效益的两难选择阶段,一直到今天人们强烈呼吁经济效益与生态效益必须兼顾的新时期,人们已经认识到对生态破坏无所顾忌的工业生产方式无疑是在"自我毁灭"。从当代人的需求考虑,人类需要工业经济的迅速增长来增加福利,但从后代人的长远利益出发,人类必须选择一种生态系统可以承受的工业可持续发展模式,即既能够满足当代人的需要而又不牺牲子孙后代满足自身需要的能力的发展模式。这一可持续发展模式具体应用到工业方面就是在增加工业经济产出和收益的同时,必须进行资源合理配置、工业废弃物的合理开发利用,以及工业经济结构的合理调整,通过绿色工业技术、绿色管理模式来协调工业生态与工业经济的关系,建立一种生态与经济相协调的工业经济发展模式。

12.2　循环经济

12.2.1　循环经济的产生背景

　　1. 循环经济是对传统线性经济的革命

　　循环经济(circular economy)是物质闭环流动型(closing materials cycle)经济的简称。20世纪 90 年代以来,在实施可持续发展战略的旗帜下,许多学者认识到,当代资源环境问题日益严重的原因在于工业化运动以来以高开采、低利用、高排放(所谓"两高一低")为特征的线性经济模式,为此提出未来的社会应该建立一种以物质闭环流动为特征的经济(即循环经济),从而实现可持续发展所要求的环境与经济双赢,即在资源环境不退化甚至得到改善的情况下促进经济增长的战略目标。

　　从物质流动和表现形态的角度看,传统工业社会的经济是一种由"资源—产品—污染排放"单向流动的线性经济。在这种线性经济中,人们高强度地把地球上的物质和能源提取出来,然后又把废弃物大量地扔到空气、水系、土壤、植被这类被当作地球"阴沟洞"或"垃圾箱"的地方。线性经济正是通过这种持续不断地将资源变成垃圾的运动,以反向增长的自然代价来实现经济的数量型增长的。与此不同,循环经济倡导的是一种与生态和谐的经济发展模式。它要求把经济活动组织成一个"资源—产品—再生资源"的反馈式流程,所有的物质和能源能在这个不断进行的经济循环中得到合理和持久的利用,从而将经济活动对自然环境的影响降低到尽可能小的程度。

循环经济本质上是一种生态经济,它要求运用生态学规律而不是机械论规律来指导人类社会的经济活动。循环经济与线性经济的根本区别在于,后者内部是一些相互不发生关系的线性物质流的叠加,由此造成出入系统的物质流远远大于内部相互交流的物质流,使经济活动具有"高开采、低利用、高排放"的特征;而前者则要求系统内部要以互联的方式进行物质交换,以最大限度利用进入系统的物质和能量,从而能够形成"低开采、高利用、低排放"的结果。一个理想的循环经济系统通常包括四类主要行为者:资源开采者、处理者(制造商)、消费者和废物处理者。由于存在反馈式、网络状的相互联系,系统内不同行为者之间的物质流远远大于出入系统的物质流。循环经济可以为优化人类经济系统各个组成部分之间的关系提供整体性的思路,为工业化以来的传统经济转向可持续发展的经济提供战略性的理论范式,从而从根本上消解长期以来环境保护与经济发展之间的尖锐冲突。

2. 循环经济的发展

循环经济的思想萌芽可以追溯到环境保护思潮兴起的时代。20世纪60年代美国经济学家 Boulding K. E. 提出的"宇宙飞船理论"可以作为循环经济的早期代表。在环境运动兴起的初期,他就敏锐地认识到必须进入经济过程思考环境问题产生的根源。他认为,地球就像在太空中飞行的宇宙飞船(当时正在实施"阿波罗"登月计划),这艘飞船靠不断消耗自身有限的资源而生存,如果人们像过去那样不合理地开发资源和破坏环境,超过了地球的承载能力,就会像宇宙飞船那样走向毁灭。因此,"宇宙飞船"经济要求以新的"循环式经济"代替旧的"单程式经济"。鲍尔丁的"宇宙飞船"经济理论在今天看来相当超前,它意味着人类社会的经济活动应该从效法以线性为特征的机械论规律转向服从以反馈为特征的生态学规律。

然而,在国际社会开始有组织的环境整治运动的20世纪70年代,循环经济的思想更多地还是先行者的一种超前性理念,人们并没有积极地沿着这种思路发展下去。当时,世界各国关心的问题仍然是污染物产生之后如何治理以减少其危害,即环境保护的末端治理方式。20世纪80年代,人们注意到要采用资源化的方式处理废弃物,思想上和政策上都有所升华。但对于污染物的产生是否合理这个根本性问题,是否应该从生产和消费源头上防止污染产生,大多数国家仍然缺少思想上的洞见和政策上的举措。总之,20世纪70—80年代环境保护运动主要关注的是经济活动造成的生态后果,而经济运行机制本身始终落在其研究视野之外。

只是到了20世纪90年代,特别是可持续发展战略成为世界潮流的近几年,源头预防和全过程治理才代替末端治理成为国家环境与发展政策的真正主流,零敲碎打的做法才有可能整合成为一套系统的循环经济战略。与线性经济相伴随的末端治理存在以下局限性。

(1) 末端治理是问题发生后的被动做法,不可能从根本上避免污染发生。

(2) 末端治理随着污染物减少而成本越来越高,它在相当大的程度上抵消了经济增长带来的收益。

(3) 由末端治理而形成的环保市场产生虚假的和恶性的经济效益。

（4）末端治理趋向于加强而不是减弱已有的技术系统，从而牺牲了真正的技术创新。

（5）末端治理使得企业满足于遵守环境法规而不是去投资开发污染少的生产方式。

（6）末端治理没有提供全面的看法，从而造成环境与发展，以及环境治理内部各领域间的隔阂。

（7）末端治理阻碍发展中国家直接进入更为现代化的经济方式，加大了在环境治理方面对发达国家的依赖性。

3. 循环经济的三个支撑点

正是在上述背景下，20 世纪 90 年代以来世界上出现了循环经济快速崛起的迹象，人们提出了一系列诸如"零排放工厂""产品生命周期""为环境而设计（DFE）"等体现循环经济的思想，特别是在经济活动的三个重要层次形成了物质闭环型经济的三种关键性思路。

1）生态经济效益（eco-efficiency）的理念和实践

这是 1992 年世界工商企业可持续发展理事会（WBCSD）在报告《变革中的历程》中提出的新概念。生态经济效益理念的本质是要求组织企业做到生产层次上物料和能源的循环，从而达到污染排放的最小量化。WBCSD 提出注重生态经济效益的企业应该做到以下几点。

（1）减少产品和服务的物料使用量。

（2）减少产品和服务的能源使用量。

（3）减少有毒物质的排放量。

（4）加强物质的循环使用能力。

（5）最大限度可持续地利用可再生资源。

（6）提高产品的耐用性。

（7）提高产品与服务的服务强度。

WBCSD 是一个由 120 个国际著名企业组成的联盟，其成员来自 33 个国家和 20 多个主要产业部门。在共同的生态经济效益理念下，它们有力地推动了循环经济在企业层次上的实践。

2）工业生态系统（industrial ecology）的理念和实践

工业生态系统理念的提出被认为与当时在通用汽车公司研究部任职的福罗什和加劳布劳斯有关。1989 年他们在《科学美国人》杂志发表了题为"可持续发展工业发展战略"的文章，提出了生态工业园区的新概念，要求在企业与企业之间形成废弃物的输出、输入关系，其实质是运用循环经济思想组织企业共生层次上的物质和能源的循环。1993 年生态工业园区建设逐渐在各国推开。美国的可持续发展总统委员会（PCSD）专门组建了生态工业园区特别工作组，到 1997 年已经有约 15 个生态工业园区建设规划分布在全美各地。此外，除了早期的丹麦（卡伦堡），在加拿大（哈利法克斯）、荷兰（鹿特丹）、奥地利（格拉茨）等地也出现了类似的计划。

3）生活废弃物的反复利用和再生循环得到重视

20 世纪 90 年代，发达国家生活垃圾处理的工作重点开始从无害化转向减量化和资源化，这实际上是要在更广阔的社会范围内或层次上组织物质和能源的循环。1991 年，德国首次按照循环经济思路制定了《包装条例》，要求德国生产商和零售商对于用过的包装，首先要避免其产生，其次对其回收利用，以大幅度减少包装废物填埋与焚烧的数量。1996 年德国公布更为系统的《循环经济和废物管理法》，把物质闭路循环的思想从包装问题推广到所有的生活废弃物。20 世纪 90 年代以来，德国的生活垃圾处理思想对世界其他各国产生了很大的影响。欧盟诸国、美国、日本、澳大利亚、加拿大等国家都先后按照资源闭路循环、避免废物产生的思想重新制定了各国的废物管理法规。1995 年美国世界观察所在《世界状况》上发表重要文章"建立一个可持续的物质经济"，从理论高度提出 21 世纪应该以再利用和再循环为基础，建立一个以再生资源为主导的世界经济。

12.2.2　循环经济的基本原则

循环经济是国际社会推进可持续发展战略的一种优化模式，是运用生态学和经济学规律，按照"减量化（reduce）、再利用（reuse）、再循环（recycle）"的原则（简称"3R"原则）实现经济发展过程中物质和能量循环利用的一种新型经济发展模式。它以物质、能量梯次和闭路循环使用为特征，在环境方面表现为污染低排放甚至零排放，把清洁生产、资源综合利用、生态设计和可持续消费等融为一体，是一种生态经济。

循环经济作为一种新的生产方式，是在生态环境成为经济增长制约要素、良好的生态环境成为一种公共财富阶段的一种新的技术经济范式，是建立在人类生存条件和福利平等基础上的以全体社会成员生活福利最大化为目标的一种新的经济形态。"资源消费—产品—再生资源"闭环型物质流动模式，资源消耗的减量化、再利用和资源再生化都仅仅是其技术经济范式的表征。其本质是对人类生产关系进行调整，其目标是追求可持续发展。

循环经济是适应可持续发展战略对经济活动进行重组和改造的一种思想方法，为了实现经济、环境和社会的"三赢"，它要求在经济运行中，必须遵循循环经济的"3R"原则。

循环经济是一种低投入、高利用和低排放的"物尽其用"的先进经济形态，按照联合国环境署的解释，可持续消费是指"提供服务及有关产品以满足人类的基本需求，提高生活质量，同时使自然资源和有毒材料的使用量最少，使服务或产品的生命周期中所产生的废物和污染物最少，从而不危及后代人的需要"。按照国内著名学者吴季松的观点，"循环经济就是在人、自然资源和科学技术的大系统内，在资源投入、企业生产、产品消费及废弃的全过程中，实现废物的减量化、再利用和资源化，不断提高资源利用效率，把传统的、依赖资源消耗线性增加的发展，转变为依靠生态型资源循环来发展的经济。"

从内涵上看，循环经济和可持续消费的本质是相同的：两者都以不破坏后代人的生存条件为前提，都以减少经济发展和消费对自然资源的消耗和对环境的负面影响为基本准则，都以提高人的生活质量为最终目的。

从原则来看，可持续消费是发展循环经济的内在要求。这是因为，循环经济每一项原则（减量化、再利用、再循环）的贯彻落实都必须建立在可持续消费的基础之上，发展循环经济必须以可持续消费为前提条件。

（1）减量化原则要求我们不仅要减少进入生产流程的物质流量，而且要减少进入消费过程的物质流量。在消费领域，减量化要求节约消费和适度消费。节约消费是指在消费中尽量做到节省和节减，包括节能、节水、节电、节材、节地等，不铺张浪费，不追求奢华；适度消费是指消费量不能超出消费品的生产水平，以及资源和环境容量，是适应国情国力、生产发展水平和自然资源的一种消费状态。从生产与需求的相互关系来看，消费领域的减量化对发展循环经济更为重要，这是因为，消费是生产的动力和最终目的，厂家的生产是以消费者的需求为导向的，如果不能从产品末端减少物质产品的需求，也就不可能从源头上减少物质产品的投入。

（2）再利用原则要求延长产品和服务的使用时间，减少生产和消费过程中废弃物的产生，防止资源和物品过早成为垃圾。它既是对生产行为的客观要求，也是对消费行为的客观要求。从消费方面看，再利用要求人们尽可能多次及多种方式地使用人们所买的物品，尽可能多次或多种形式利用产品和包装容器,而不是用过一次就扔掉,减少一次性产品的使用。通过再利用,可以防止物品过早成为垃圾,延长产品和服务的期限。

（3）再循环原则是指生产出来的物品在完成其使用功能后能重新变成可以利用的资源。其目的是减少废弃物最终处理量,缓解垃圾无害化处理的压力。再循环原则要求消费者改变消费行为和消费习惯,将垃圾分类回收,使其循环再生,实现资源的循环利用。

12.2.3　循环经济的典型实例

丹麦、美国、德国、日本等很早就开始规划进行生态工业实践,并取得丰富的经验。我国生态工业园在国家有关部门的大力倡导和支持下,也迅速地发展起来,据不完全统计,目前已有各种类型的十余个生态工业园区正在建设中。

1. 卡伦堡生态工业园区模式

丹麦卡伦堡工业园在世界环境保护界知名度极高,是世界上最早和目前国际上运行最为成功的生态工业园,被认为是循环经济的“圣地”。卡伦堡是丹麦一个仅有 2 万居民的工业小城市,位于北海海滨,距哥本哈根 100 km 左右,是丹麦的旅游胜地,风景秀美。

卡伦堡工业生态系统（见图 12-1）是在商业基础上逐步形成的,它是一个自发的过程,所有企业通过彼此利用“废物”而获益。经过多年的滚动发展和优化组合,目前该系统已成为一个包括发电厂、炼油厂、生物技术制品厂、塑料板厂、硫酸厂、水泥厂、种植业、养殖业和园艺业,以及卡伦堡镇的供热系统在内的复合生态系统。各个系统单元（企业）之间通过利用彼此的余热,净化后的废水、废气,以及将硫、硫化钙等副产品作为原材料等,一方面实现了整个城镇的废弃物产生最小化;另一方面,各个系统单元均从相互合作中降低了生产成本,获得了直接的经济效益。

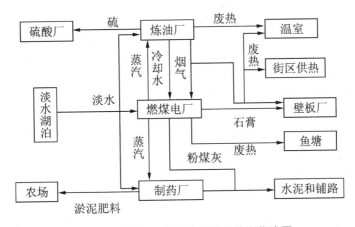

图 12-1　卡伦堡工业共生系统结构和物流图

园区共生系统的成功是建立在不同合作伙伴之间已有的信任关系和充分的信息交流基础上的。这种合作模式没有通过政府干预,工厂之间的交换或者贸易均通过民间谈判和协商解决。其中一些合作基于经济利益,而另一些则基于基础设施的共享。当然在某些情况下,环境管理制度的制约也刺激了对废弃物的再利用,最终促成了各方合作的可能性。卡伦堡工业园通过“从副产品到原料”的企业间的合作,产生了显著的环境和经济效益,形成了经济发展与资源环境的良性循环。

2. 国内氯碱行业循环经济——精细化工模式

以氯碱装置为基础,配套建设规模化的氯系产品,然后以该氯系产品为基础向下衍生生产消耗氢、烧碱的下游产品。目前,国内这种模式实施较好的有中石化南京化学工业公司、扬农化工股份有限公司等。

中石化南京化学工业公司化工厂以 5×10^4 t/a 隔膜烧碱装置为依托,建有 8×10^4 t/a 氯化苯装置和 1.2×10^5 t/a 硝基氯苯装置(这两套装置均为世界级生产装置)。利用氢气建有 4×10^4 t/a 苯胺装置,对硝基氯苯与苯胺合成对氨基二苯胺,然后以此为原料生产对苯二胺类系列橡胶防老剂;以苯胺生产环己胺,以苯胺、环己胺为原料生产系列橡胶促进剂和防老剂;利用碱、合成盐酸生产橡胶用黏合剂的主要原料间苯二酚;以硝基氯苯为原料深加工生产 3,3'-二氯联苯胺、邻苯二胺、对苯二胺、对硝基苯酚、2,4-二硝基氯苯等。中石化南京化学工业公司化工厂的产品链如图12-2所示。

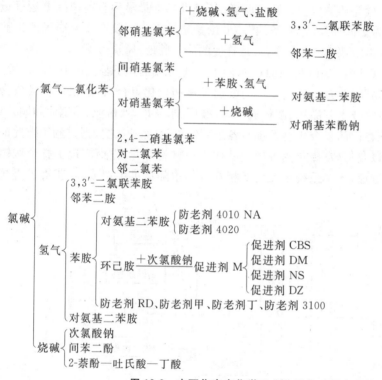

图 12-2　中石化南京化学工业公司化工厂产品链

从产品链中可以看出,氢气、氯气、烧碱及其下游产品贯穿其中,许多中间产品相互作用,生成多种精细化学品,其中以橡胶助剂为主,整个产品链几乎消耗全部的氯气、氢气和部分烧碱,而且苯胺、3,3'-二氯联苯胺、对氨基二苯胺、邻苯二胺等的生产均采用催化加氢的清洁工艺,橡胶防老剂 RD、4010NA、4020 和促进剂 CBS、NS、DZ 均为主流和环保的橡胶助剂,符合国际橡胶助剂的发展潮流。该公司正在进行硝基氯苯、硝基苯装置绝热硝化的试验及改造工作,氯化苯、硝基氯苯等生产废水的处理采用树脂吸附新技术,回收了资源,减少了污染。该公司的循环经济模式运行状态良好,经济效益十分明显。

3. 新疆天业发展模式

新疆天业股份有限公司(以下简称"新疆天业公司")是我国西部的重要氯碱企业,是国家发改委 2005 年安排的循环经济第一批试点企业之一。

　　新疆天业公司是以氯碱化工、塑料加工为核心主业的国有大型企业集团,目前拥有 20 万千瓦热电、2.5×10^5 t/a 电石、2.6×10^5 t/a 聚氯乙烯树脂、2.3×10^5 t/a 离子膜法烧碱、年生产服务面积 500 万亩(约 3.33×10^9 m^2)的塑料节水器材、8×10^4 t/a 番茄酱、1.6×10^4 t/a 柠檬酸生产能力和二级施工资质的建筑公司。该公司通过实施"煤-电-化工-塑料加工-建材"一体化的产业循环式组合和资源循环式利用,实现了环境、经济和生态效益的协调发展。图 12-3 显示了该公司的循环经济产业链。一是煤电一体化,使滴灌系统节水管材主导原料聚氯乙烯树脂的成本下降 30%,占据了市场先机。二是开发了"一次性可回收滴灌带"技术,废旧滴灌带回收利用率高达 80%,不仅彻底解决了环保问题,还大幅度降低了滴灌带原料成本,降幅高达 50%。目前,天业滴灌装置一次性投入资金仅为国外同类产品的 1/5,为国内同类产品的 1/2。

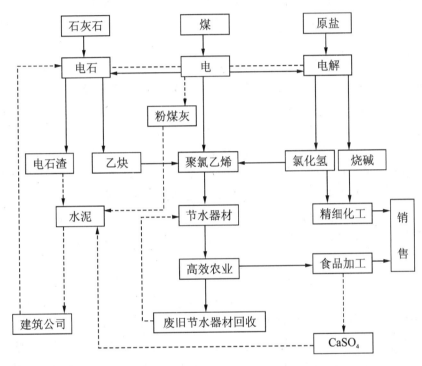

图 12-3　新疆天业公司循环经济产业链示意图

　　滴灌节水技术推动了高效农业的发展,高效农业的发展又为新疆天业公司发展食品加工产业提供了大量优质原料。滴灌系统的运行,提高了公司食品产业的市场竞争力。食品产业副产品(玉米渣与番茄皮)全部供应饲料企业,废渣硫酸钙与聚氯乙烯生产中产生的电石渣、电厂粉煤灰混合,全部用于生产水泥。各大产业的循环式组合使新疆天业公司始终处于良性、和谐的发展轨道。

　　新疆天业公司发展循环经济的重点突出在产业循环式组合、资源循环式利用和清洁生产三个方面。在提高工艺技术水平、减少排污方面,该公司 2.5×10^5 t/a 电石项目选用符合国家产业政策的内燃式电石炉,配套国内先进的干法布袋防尘技术,环保设施的投资占总投资的 30%。电石炉气余热用于烘干焦炭;冷却水循环利用,实现零排放;回收的焦炭粉被自备电厂用作燃料;回收的石灰粉循环用于水泥厂和柠檬酸厂。新疆天业公司充分利用废弃物,形成了一条以废弃物综合利用为核心的"煤电-化工-水泥-建筑"循环经济产业链,年实现经济效益 1.3

亿左右,取得了较好的环保效益和经济效益。

电石渣作为电石法生产聚氯乙烯装置的主要污染物,是非常大的环境隐患。在新疆天业公司"煤电-化工-水泥-建筑"循环经济产业链中,充分体现了"一次钙资源在聚氯乙烯和水泥生产中分别作为载体和主要原料两次使用"的特点。该公司联合新疆专业水泥生产企业,共同建设一条 3.5×10^5 t/a 电石渣制高标号水泥生产线,每年利用各类工业废渣 3.7×10^5 t。这条水泥生产线将该公司 2.6×10^5 t/a 聚氯乙烯生产所产生的电石渣、4×10^4 t/a 硫酸生产所产生的铁矿渣、柠檬酸厂产生的硫酸钙废渣,以及电石厂回收的石灰粉尘全部消耗干净,还可大量消耗自备电厂产生的粉煤灰。生产的水泥通过散装运输的方式,直接提供给新疆天业建筑公司和其他建筑企业。该公司还将进一步壮大化工和节水器材这两个核心产业,通过循环经济链的带动,建成 1×10^6 t/a 聚氯乙烯"煤电一体化"项目,节水灌溉推广 3000 万亩(约 2×10^{10} m²)以上,为我国聚氯乙烯工业和节水产业发展,以及生态环境建设作出更大的贡献。

12.2.4 循环经济的实施办法

20 世纪 60 年代,德国、美国等已经进入后工业化时代,资源和能源的高效利用居于世界领先水平,这些国家循环经济的发展源于当时的环保运动——废弃物的回收治理,后来逐渐向生产和消费领域扩展与转移,因此又被称为"垃圾经济"。

改革开放以来,中国一直保持较快的经济发展态势,在推动资源节约和综合利用、推行清洁生产等方面取得了积极成效。但由于我国人口众多,人均资源占有量只有世界人均水平的1/3,再加上长期沿用高物耗、高能耗、高污染的粗放型经济发展模式,同时,法规、政策不完善、体制、机制不健全,相关技术开发滞后,使环境恶化与资源短缺问题更显突出。

借鉴发达国家发展循环经济的成功实践,推动我国循环经济发展意义重大,关键要从以下三个方面入手。

1. 加强立法,促进循环经济发展

发展循环经济,建立和谐社会,必须有健全的立法保障。研究借鉴国外循环经济的法律法规,根据我国国情建立和健全我国有关循环经济的法律法规。

德国采取先在个别领域逐步建立一些相关法规,随后出台整体性循环经济法律的立法步骤,有关法律法规经过不断实践、修订,现已形成条款日益严密、结构不断完善的循环经济法律系统,涉及社会的各行各业,从生产领域到消费领域,从单一个体到整个社会,这些详尽的法律法规使循环经济发展有了强有力的保障。

日本是发达国家中循环经济立法最全面的国家,采用的是自上而下的立法办法,即以《推进循环型社会形成基本法》作为基本法,在其指导下建立各领域循环经济的法律法规。有关立法分三个层面:一是基本法;二是综合性法律,如《促进可循环资源利用法》;三是为各行业和产品制定的具体法规,如《促进容器与包装分类回收法》。这些法律法规集中体现了"三个要素和一个目标",即减少废弃物、旧物品再利用、资源再利用,以及最终实现建立循环型社会的目标。

我国本着"谁污染谁治理,谁破坏谁恢复,谁受益谁付费"的原则,通过一系列制度和政策安排,健全生态环境资源税费征收制度,加快完善生态环境补偿机制。我国已制定了 9 部环境保护法律,12 部自然资源管理和生态保护法律,3 部防灾减灾法律,100 余部环境、资源、灾害方面的行政法规和规章,1500 多件地方性环境规章。随着循环经济模式的推进,这一法律系统还将继续完善,这将对企业提出更加严格的法律约束。

2. 完善国家产业政策,引导循环经济发展

综合运用财政、税收、信贷等政策手段,严格控制高投入、高能耗、高排放、低效率的产业的银行信贷资金投入,加大对循环经济发展的资金支持。银行在评价企业信用等级与项目风险时将更多地考虑环境指标,如废弃物排放、能源使用密度等,以此加大对企业的压力,迫使企业改进其行为,更多地采用资源节约型和环境友好型生产模式。

企业是以营利为目标的组织,循环经济的发展必须尊重经济规律,以使发展循环经济成为企业自觉追求的目标。政府应当制定各种经济和产业政策,引导企业发展循环经济。概括起来,这些政策主要包括以下几点。

(1) 税收优惠。购买可再生资源及污染控制型设备的企业,废弃物再生处理设备在使用年度内均可适当减少销售税。

(2) 政府采购政策。政府干预各级的购买行为,促进有再生成分的产品在政府采购中占据优先地位。

(3) 收费政策。加征居民水费中的污水治理费。

(4) 征税政策。加征新鲜材料税,以促使人们少用原生材料,多用再循环产品。

3. 重视宣传,提高社会公众意识

实施循环经济不仅需要政府的倡导和企业的自律,更需要谋求公众的广泛支持,否则循环经济不可能深入社会的方方面面。

发达国家非常重视运用舆论传媒等各种手段加强对循环经济的社会宣传力度。美国从1997 年开始把每年 11 月 15 日定为"循环利用日",日本把每年 10 月定为"循环宣传月"。大体上,发达国家的宣传教育活动呈现出以下特点:一是注意基础性,将循环经济的理念纳入各级学校教育,做到以教育影响学生,以学生影响家长,以家庭影响社会;二是注意针对性,为适应不同阶层的人员,采取多种形式制作不同文字的宣传材料;三是注意趣味性,使宣传品寓教于乐、老少皆宜;四是注意持久性,宣传品的载体形式多样,利用电视、网站、广告衫、日历卡、公交车甚至垃圾箱等,使人们随处看得见也记得住。

在发达国家循环经济的发展过程中,各种社团扮演了十分活跃的角色,发挥了政府和企业难以发挥的功能,成为不可或缺的推动力量。特别是像覆盖全德国的非营利的回收系统有限责任公司(DSD)、瑞典五大包装废品回收组织、美国加州地毯回收组织等专门从事废物回收的中介组织,发挥着更大的作用。有些社团组织还协助政府立法和制定行业标准,如美国"加州反垃圾"组织曾协助州议会通过《加州瓶子法案》,规定对每个啤酒瓶和软饮料瓶征收 2.5 美分的处理费。日本 41 个工业行业协会自发制定了本行业的环保标准和目标。有些中介组织还组织调研,建立信息网络,提供有关循环经济的咨询培训和信息服务。

我国的循环经济模式仍需要经历很长的一段发展历程。循环经济发展是求真务实、推行科学发展观的有效载体,实施循环经济是解决长久以来经济增长与物质消耗之间矛盾的必由之路,是克服物质资源短缺并解决由大量、粗放消耗物质所带来的环境问题的必由之路。我国只有通过大力发展循环经济,不断提高国民经济中可循环使用物质的比例,逐步压缩不可再生物质的使用量,才能切实保障在满足全社会物质需求总量的同时,实现经济发展和人口、资源、环境相协调,实现生产发展、生活富裕、生态良好的文明发展。

总之,21 世纪工业化、城市化的快速发展,以及人口的不断增长,必然要求我国选择建立循环经济。很显然,如果继续沿用传统"三高"发展模式来带动经济高增长,则只能继续削弱我国社会经济发展的可持续性。换言之,我国现有的资源和能源供给几乎不可能继续满足传统

的"三高"发展模式下的未来 10 年经济的高速发展。正确的选择应该是利用高新技术和绿色技术改造传统经济,大力发展循环经济和新经济,使我国经济真正走上可持续发展的道路。

12.3　生态工业园

生态工业园(eco-industrial park,EIP)概念最先由 Indigo 发展研究所的 Ernest L. 教授提出,它是依据清洁生产要求、循环经济理念和工业生态学原理而设计建立的一种新型工业组织形态。在园区内,各成员单位通过共同管理环境和经济事宜来获取更大的环境效益、经济效益和社会效益。在园区内,允许企业排放废物以降低生产成本,废物可成为原料进入其他企业的生产过程实现资源的循环利用以提高资源利用率,防止污染。生态工业园是指以工业生态学及循环经济理论为指导,使生产发展、资源利用和环境保护形成良性循环的工业园区建设模式,是一个能最大限度地发挥人的积极性和创造力的高效、稳定、协调和可持续发展的人工复合生态系统。它是高新技术工业园的升级和发展,体现了新型工业化特征及实现可持续发展战略的要求。

生态工业园建设的过程本身就是城市化的过程。首先,工业园区地域上的农村人口失去农业用地,在户籍上转化为城镇人口,而随着生态工业园经济的发展,这部分人口的生活方式也迅速向城市生活方式转变。其次,生态工业园的基础设施建设遵循的是高起点的城市建设标准,划入生态工业园的土地在硬质空间上已不可逆地转变为城市化地区。再次,生态工业园经济结构以第二、第三产业为主,具有标准的城市经济特征,由于生态工业园是产业聚集区,它必然引起外部人口的聚集,使城市化在人口规模上迅速扩大。因此,生态工业园的建设无论是从量上还是质上都是不可逆的城市化过程。

12.3.1　国内外发展概况

1. 国外发展概况

许多国家都在根据各自的国情和特点进行生态工业园区的实践。最早在丹麦卡伦堡镇建立的工业综合体可以说是一个典型的高效、和谐的产业生态系统。在奥地利、瑞典、爱尔兰、荷兰、法国、芬兰、英国、意大利等国家,生态工业园区也正在迅速发展。

1) 美国

1994 年,美国环保署和可持续发展总统委员会指定了 4 个社区作为工业生态园区的示范点,其中包括马里兰州的巴尔的摩、弗吉尼亚州的查尔斯角、得克萨斯州的布郎斯维尔和田纳西州的查塔努加。到 2005 年,已有近 20 个生态工业园在建设与规划中,美国的生态工业园项目涉及生物能源开发、废物处理、清洁工业、固体和液体废物的再循环等多种行业,并且各具特色。

2) 加拿大

加拿大哈利法克斯的伯恩赛德(Burnside)生态工业园项目始于 1993 年,采取的是产学研合作的方式,达尔胡西大学资源环境学院负责园区内部的生态效率中心的维护和管理,当地政府和园区企业负责提供融资支持,在大学科研力量的帮助下开展物流和能流的优化工作,并促进企业之间的副产品交换及其他合作,目前已经基本形成了一个比较完善的工业共生体。从 1995 年以来,生态工业园项目已在加拿大安大略省多伦多的波特兰工业园区展开。这一工业区汇集了有着废物和能量交换潜力的多种制造和服务行业。据最近对其共生和能量再循环的一体化生态工业园区可能性的研究,加拿大 40 个工业园区中有 9 个被认为具备很强的生态工业园发展的可能性。其中涉及的核心工业有蒸汽生产、造纸、包装、化学工业(苯乙烯、聚氯乙烯)、生物燃料、发电、钢铁、石油提炼、水泥等。

　　3) 部分亚洲国家

　　日本是最早开展人工生态系统建设的国家之一,较为突出的是生态城镇建设活动。同时,日本也在推进生态工业园方面的实践,如山梨生态工业园和藤泽生态工业园的建设。印度尼西亚、印度及泰国等通过德国技术合作公司(GTZ)的资助,正在开展生态工业园区建设或改造活动。印度尼西亚的生态工业园区设在雅加达市郊区,目前正在研究建立物质交换网络的可能性。印度在纳罗达工业区正在兴建类似我国贵糖集团的以制糖业为基础的生态工业园。泰国的生态工业园项目更是上升到国家高度,在泰国工业园管理局的领导下,致力于把全国 29 个工业园全部改造为生态工业园。菲律宾的生态工业园项目得到了联合国开发署的资助,首先在 5 个工业园进行生态化改造,然后由 5 个生态工业园组成一个生态产业网络,合作开发区域性的副产品交换,并对围绕这一基本主题建立区域性资源回收系统和企业孵化器的可行性进行评估。

　　2. 国内发展概况

　　在我国,生态工业园的概念已经被接受,并进行了一些富有成效的实践。我国 1999 年启动生态工业示范园区建设试点工作,建立了第一个国家级生态工业示范园区——广西贵港生态工业(制糖)示范园区。据统计,截至"十一五"期末,我国通过规划论证正在建设的国家生态工业示范园区超过 40 个,其中通过验收的国家生态工业示范园区超过 10 个。此外,在联合国环境署的帮助下,大连、烟台、天津和苏州等地的开发区也已经开展了生态规划和改造的实践。生态工业园目前在我国还处于试点阶段。全国主要生态工业园项目如表 12-1 所示。

表 12-1　全国主要生态工业园

	空间分布	园区类型	核心企业	主要产业	关联产业
贵港国家生态工业园	西部(广西壮族自治区)	现有改造型	贵糖集团	制糖业	种植业、造纸业和能源乙醇业
石河子国家生态工业园	西部(新疆维吾尔自治区)	现有改造型	新疆天业集团	氯碱化工、煤化工、石油化工	建筑、食品加工、纺织、节水器材、热电、矿业、水泥等
包头国家生态工业园	西部(内蒙古自治区)	现有改造型	包铝集团	冶金、机械、建材、电力和稀土业	—
黄兴国家生态工业园	中部(湖南省)	全新规划型	远大空调	电子信息、新材料、生物、制药和环保产业	—
南海国家生态工业园	东部(广东省)	全新规划型	—	环保产业	资源再生产业
鲁北国家生态工业园	东部(山东省)	现有改造型	鲁北化工集团	化工、造纸业	—

12.3.2　生态工业园的规划原则及内容

生态工业园区是依据循环经济理念建立的一种新型工业组织形式。生态工业园规划的目的是通过建立工业生态网络,将园区内一个工厂或企业产生的副产品用作另一个工厂的投入或原材料,通过废物交换、循环利用、清洁生产及园区生态管理等手段保护环境,实现园区的可持续发展。

生态工业园示范区是我国继经济技术开发区、高新技术开发区之后的第三代工业园建设式样。它是运用工业生态理论,寻求企业间的关联度,进行产业链接,建立相关企业间的生态平衡关系,以实现环境与经济的可持续发展。它是前两类开发区建设的更高层次的升华和优化。

1. 生态工业园区规划的六大原则

1) 自然生态原则

生态工业园区应与区域自然生态系统相结合,保持尽可能多的生态功能。对于现有工业园区,按照可持续发展的要求进行产业结构的调整和传统产业的技术改造,大幅度提高资源利用效率,减少污染物产生和对环境的压力。新建园区的选址应充分考虑当地的生态环境容量,应最大限度地降低园区对局地景观和水文背景、区域生态系统及全球环境造成的影响。

2) 生态效率原则

在园区布局、基础设施、建筑物构造和工业生产过程中,应贯彻清洁生产思想。具体来说,通过园区各单元的清洁生产,尽可能降低本单元的资源消耗和废物产生;通过各单元间的副产品交换,降低园区总的物耗和能耗;通过物料替代、工艺革新,减少有毒、有害物质的使用。

3) 综合统筹原则

把握园区建设的积极、有利因素,削减各种不利的影响因素,协调企业、市场、政府和社区等各方面力量,多方参与,增加生态工业园区的生命力、竞争力。

4) 区域发展原则

尽可能将生态工业园区与社区发展和地方特色经济相结合,将生态工业园区建设与区域生态环境综合整治相结合,将生态工业园区规划纳入当地的社会经济发展规划,并与区域环境保护规划方案相协调。

5) 高科技、高效益原则

大力采用现代化生态技术、节能技术、节水技术、再循环技术和信息技术,采纳国际上先进的生产过程管理和环境管理标准。

6) 软硬件并重原则

硬件指具体工程项目(工业设施、基础设施、服务设施)的建设规划。软件包括园区环境管理系统的建立、信息支持系统的建设、优惠政策的制定等,是生态工业园区得以健康、持续发展的保障。

在考虑到这些基本原则的前提下,还应结合其他一些技术措施。如在企业间的协作定位方面,应该使尽可能多的企业进行协作,同时鼓励各企业之间进行物料循环或交换。此外,有意吸引那些能够利用废物的企业进入园区,鼓励"分解者"也将是一个可取的办法,因为一个生态系统应包括"分解者",所以应鼓励建立那些购买、销售或进行二手货贸易的企业,以及那些进行维修和维护性工作的企业。搜集各企业的信息,而且在注意保密的前提下为各企业提供必要的信息,并对反馈信息进行分析。除此之外,拥有健全和完善的支持系统是生态工业园区建设的关键所在。支持系统主要包括信息管理中心、废弃物交换中心、环境评估中心、教育计划中心及应用研究计划中心等。

2. 规划内容

生态工业园的规划涉及面广,包括选址、土地使用、景观设计、园区基础组织、单个设施和共享支持服务等。

1) 能源

有效的能源利用是削减费用和减轻环境负担的主要策略。在生态工业园中,不仅单个企业寻求各自的电能、蒸汽或热水等使用效率的最大化,而且相互间实现"能量层叠",如蒸汽在工厂与同一地区家庭用户间的连接。另外,在许多区域,生态工业园的基础设施可以使用风能和太阳能等可再生能源。

2) 物质流动

把废物作为潜在的原料或副产品,在生态工业园的成员间相互利用或推销给园外的其他单位使用。不论对成员个体或整个社区,都应当优化所有物质的使用和减少有毒物质的使用。生态工业园基础设施应当能为成员提供中间产品转移的功能,提供库存场所和普通毒物的处理设施。因此,可将生态工业园定位在多家资源再生公司的附近,在其外围形成资源循环、再利用和再加工的格局。

3) 水流动

同能量一样,对于水资源的使用应当实现"水层叠",但必须经过预处理。整个生态工业园所需用水的大部分应当在基础设施中流动和层叠,这样有利于提高水循环使用的效率。生态工业园在设计时应当考虑建立具有收集和使用雨水的设施。

4) 管理与支持服务

生态工业园要求具有较传统工业园更为复杂的管理和支持系统,管理与支持各单位之间副产物的交换,帮助其适应工业生态系统的变化(如生产者或消费者的迁出)。它应具有同区域副产物交换场所和本区域范围内的远程通信系统,还应包括培训中心、自助餐厅、日常保健中心、普通供给定购办公室或运输后勤办公室等,园区企业可以通过这些服务的共享来进一步节省开支。园区应当建设成为可维持的和易于重新组合以适应条件变化的模式。

5) 土地使用和景观设计

应从景观管理和设计的基本原则入手,对生态工业园的土地使用、建筑、基础设施、视觉效果、环境质量、绿化、土壤、水文、景观、照明、交通和周边环境等多方面加以考虑和设计。

目前,生态工业园在我国正处于方兴未艾的阶段。然而,这些项目或者是众多从事环境保护产品或绿色产品生产的企业的集合体,或者是以某个环保主题为主线的众多企业构成的企业社区,或者是以某类副产品交换为主题的诸企业结成的企业联盟,都还不是真正意义上的生态工业园。因此,在今后生态工业园的规划与开发中,必须严格遵循工业生态学、循环经济学、可持续规划和建筑等领域的原理并结合本地区生态系统特点,及时学习其他国家和地区的最新经验并吸取其教训,使生态工业园的建设真正为园区各成员(包括企业、政府、社区)带来环境、经济和社会的综合效益。

12.3.3 生态工业园的构建

生态工业园主要有两种构建方法,即当今主流产业生态学理论中的"绿派"与"棕派"两大派别。"绿派"(greenfield)学者认为应当在政府主导下引导企业在闲置土地上或拆迁传统工业园以建设全新的生态工业园，即新建。而"棕派"（brownfield）学者认为新建生态工业园的不确定性太大，可行性太低，政府应该对有潜力的、有质能循环基础的现有工业园进行渐进式产业生态化改造。也就是说，生态工业园的构建有两种实现形式：新建生态工业园与对现有工业园进行产业生态化改造。

对发展中国家来说，新建生态工业园是不现实的，这是由于政府没有足够的财力支撑新建生态工业园项目，也不可能说服企业冒着投资风险搬迁至新建的生态工业园，以及建设生态工业园的理论、经验、技术还不成熟。因此，大部分学者认为，应该把传统工业园与产业生态理论结合在一起，在现有工业园基础上建设产业共生系统，以使现有工业园向生态工业园过渡，使生产方式从线性生产（throughput）逐渐向质能循环式（roundput）转变。这种循序渐进的尝试比直接新建生态工业园来得实际、有效。因此，选择对现有的工业园进行产业生态化改造是较为可行的生态工业园构建之路。

生态工业园的构建应该是一个渐进的自发的发展过程，通过渐变改造让企业受到利益的感召，使越来越多的企业自觉加入生态工业园构建。生态工业园的构建不可能是一次性完成的，而是在初步建立产业共生系统后，逐渐添加其他企业，从而扩张产业共生系统，最终建成健全的生态工业园。

从欧洲各国生态工业园构建经验来看，生态工业园构建初期的突破点往往不是质能循环网络，而是一些投资少、见效快的经济项目，如污染整治工程。如同中国各地建筑设计普遍采用的雨水、污水排放分隔系统一样，生态工业园在处理工业废水时，可以把不同类工业、民用废水分离，同类的工业废水通过单一管道系统进入废水处理中心的不同设备。为了刺激产业共生系统进化，政府在生态工业园发展初期应该把眼光集中于那些少投资、高回报的低风险项目，为企业建立公共设施与简单的质能循环网络。这些投资少、建设期短的项目大大地减少了企业的生产、排污费用。从这些低风险、高收益的项目，企业可以尝到甜头，从而坚定进行下一步投资的信心。经验表明，生态工业园构建只能是个长期的、循序渐进的过程。当这些前期项目成功，并为广大系统内外企业接受后，政府就可以把建设方向转到一些成效长远、投资巨大的质能循环项目，最终完成生态工业园的构建。

12.3.4　生态工业园示范项目

1. 广西贵港生态工业园

贵糖集团是成立于1954年的中国最大的国有制糖企业，员工超过3800人，甘蔗种植面积147 km²。1998—1999年制糖期全国糖业亏损总额近22亿元，但贵糖集团一枝独秀。究其原因，贵糖集团走了一条循环经济的发展道路，形成了具有2条主链的生态工业雏形：甘蔗制糖，废糖蜜制乙醇，乙醇废液制复合肥；甘蔗制糖，蔗渣制浆造纸。物流中没有废物概念，只有资源概念，充分实现资源共享。

贵港生态工业系统（见图12-4）由蔗田、制糖、乙醇、造纸、热电联产和环境综合处理等六个子系统组成。各系统内分别有产品产出，各系统之间通过中间产品和废弃物的相互交换而互相衔接，从而形成一个比较完整的工业和种植业相结合的生态系统。为了进一步完善生态工业系统，贵糖集团目前正在建设总投资为36亿元的六大系统12个项目，占总投资一半以上的项目已经投产或在建之中。

2. 长沙黄兴生态工业园

湖南省长沙市黄兴生态工业园区是我国第一个多产业的生态工业示范园区。黄兴生态工

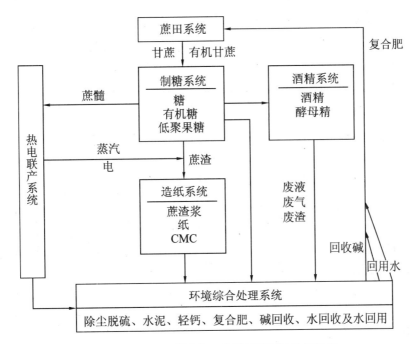

图 12-4　贵港国家生态工业(制糖)园区总体结构

业园区将主导产业定位为高新技术产业,包括电子信息产业、新材料产业、生物制药产业、环保产业等 4 类,突出电子信息产业的核心地位,重点发展新材料产业和生物制药产业,适度发展环保产业等特色产业。

园区建设规划初步确定园区内 33 家企业和园区外虚拟的 10 多家企业,构建 12 条主要的工业生态链,并逐步丰富工业生态链网。园区中的 4 类不同行业,可以各自形成相对独立的工业生态群落,通过物质流、能量流和信息流相互连接在一起,构成了多种物质能量链接的循环经济网络(见图 12-5)。

黄兴生态工业园区以远大空调及其配套产业为主导的电子工业生态链、抗菌陶瓷及配套产业为主导的新材料工业生态链、多种农产品深加工为主导的生物制品工业生态链、环保设备和环保型建材为主导的环保产业链为主,架构各生态链之间相互耦合的生态工业网络,如图12-6 所示。园区建设还可与区外的农业种植、养殖、生态旅游等产业构成更大的工业生态系统,促进区域性经济良性发展。

3. 山东鲁北生态工业园

鲁北生态工业园濒临渤海,地处黄河三角洲,靠近黄骅港。该园区以鲁北企业集团总公司、鲁北化工股份有限公司为主体,下辖 52 个成员企业,涉及化工、建材、轻工、电力等 10 个行业。

园区实施绿色文明战略,通过技术集成创新,创建了磷铵-硫酸-水泥(PSC)联产、海水"一水多用"、盐碱热电联产等 3 条绿色生态产业链,解决了工业发展与环境保护的矛盾,实现了科技创新、产业发展、资源综合利用与环境保护的有机统一,成为我国用生态科技产业技术发展循环经济的典范,如图 12-7 所示。

走新型工业化道路,发展循环经济,赋予鲁北生态工业园新的战略和广阔的发展空间。目前,园区正在以生态科技产业作为支撑,以十大工程为主体,实施大规模产业化升级。

(1)发展创新磷铵、硫酸、水泥大型联合生产装置。以此为依托,开发特色农业需求的、具

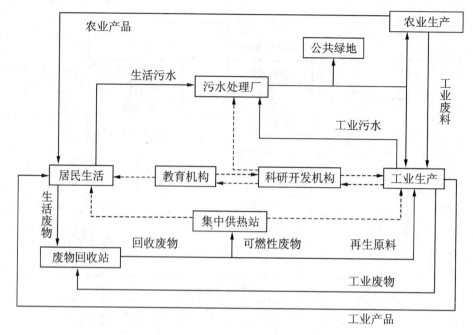

图 12-5　长沙黄兴生态工业园区共生系统

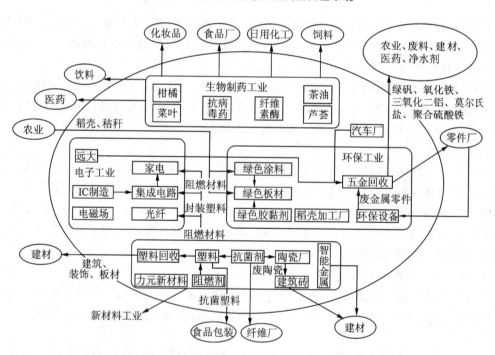

图 12-6　长沙黄兴生态工业园区总体工业生态链网规划图

有生态环保概念的化肥产品;向国内进行技术转让,向美国、俄罗斯等国家进行技术出口,以垄断技术带动大型国产装备的整体出口。

（2）建设全国最大的生态电源基地。依托当地交通、区位及生态优势,投资 200 亿元,建设 2×300 MW 发电机组和 5×600 MW 发电机组,2010 年形成 4000 MW 发电规模。

（3）建设全国最大的优质盐出口基地。与作为世界"500 强"的日本三井公司合作,将百

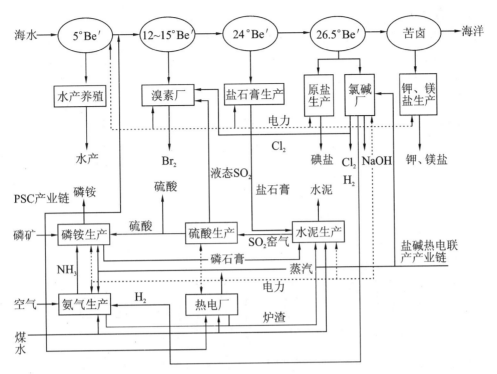

图 12-7　鲁北生态工业园产业链示意图

万吨盐场规模扩大一倍,每年出口原盐 5.0×10^5 t。

　　(4) 建设大型氯碱工业基地。扩展海水"一水多用"与氯碱-溴素-海洋化工产业链,发挥资源、技术、能源、港口优势,扩建氯碱工程,使离子膜烧碱生产能力达到 5.0×10^5 t/a。

　　(5) 实施油化工、氯碱化工、盐化工"三化合一"工程。建设重油催化热裂解制乙烯项目,延伸关联"吃"氯、"吃"溴项目的有机化工产业链,开发合成树脂及高新精细化工产品。

　　(6) 发展煤化工产业基地。依托黄骅港煤码头地域优势,扩建合成氨装置到 3.0×10^5 t/a生产能力,进行煤气化、煤焦化技术研究,开发清洁燃料。

　　(7) 建设大型钛白粉工程。在现有 1.5×10^4 t 钛白粉装置建成运行的基础上,以大型硫酸、热电工程为依托,扩建规模至 1.0×10^5 t。生产过程中产生的废硫酸用于磷铵生产,自有的热电厂可满足钛白粉的蒸汽需求,保证钛白粉质量的提高。

　　(8) 成立大桥公司。加大招商引资力度,建设通往黄骅港的铁路公路两用的鲁港大桥。

　　(9) 建设 200 万亩(约 1.33×10^9 m²)的造纸林、5.0×10^5 t 纸浆的"林纸一体化"工程。

　　(10) 依托碣石山、黄骅港进行区域生态经济战略规划。做好一山(碣石山)、一港(黄骅港)、一岛(旺子岛)、一桥(鲁港大桥)、两路(高速公路、铁路)、两海(南海、北海)、两湖(淡水湖)、三河(马颊河、德惠新河、漳卫新河)的水利、旅游、交通、文化等建设发展规划,带动区域循环经济发展。

　　至 2010 年,鲁北生态工业园建成技术先进、知识密集、管理文明、环境友好、结构和谐、系统网络化的世界知名生态工业园区,创造具有广泛国际影响的生态工业园区建设和循环经济实践的示范工程,为探索区域经济可持续发展道路,引导社会层次循环经济的实现作出了贡献。

4. 天津泰达生态工业园

天津泰达生态工业园区属于国家级工业园区(见图12-8),是国内第一家通过生态工业园建设规划的经济技术开发区,正在逐步形成一个产品代谢和废物代谢的闭合产业链条。该生态工业园区主要以电子信息业、生物制药业、汽车制造业和食品饮料业四个支柱产业为重点,通过产业链、产品链和废物链的构建与完善,资源和废物的减量化等措施,大力发展生态工业。各主导产业之间积极开展共生合作,实现了物流、能流、信息流乃至资金流的跨产业流动。

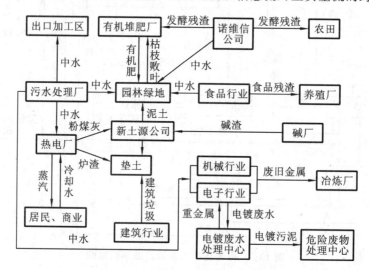

图 12-8 天津泰达生态工业园区总体框架

泰达生态工业园区以"循环经济"为基本理念,致力于在企业与企业之间建立共生关系,以一个企业的废料作为另一个企业的原料;在政府与社区之间建立合作机制,开展资源开发、清洁生产、生态设计、绿色消费、环保服务等活动,从而实现整个区域"废物零排放"的生态工业梦想。2003年3月至2004年2月间,园区共引进20家丰田体系一级供应商,汽车产业链在园区的不断扩大有助于这一共生网络的完善与成熟。除了汽车产业链外,泰达生态工业园区还逐步构建和完善跨行业物质代谢链(跨行业废物交换与再生利用),如针对食品饮料业能源消耗量大且稳定的特点,积极开展企业内部和行业间的蒸汽梯级利用;积极开展各行业之间以及污水处理厂、新土源公司、园林绿化公司、市政公司的共生合作,构建废水代谢链条。与此同时,园区还将致力于雨水的收集和再生利用,致力于垃圾分拣和再生,使泰达生态工业园形成一体化固体废物管理方案:占总量1%的危险废物全部由具有合资资质的单位进行分类回收,实现资源化;占总量9%的有机废物进行堆肥处理;剩余生活垃圾经过分类回收、循环利用后进行垃圾焚烧发电,底灰进行填埋处置。

12.4 发展循环经济,建设和谐节约型社会

和谐社会是一个人与资源和环境和谐相处的社会。人与自然和谐相处,要寻求生产发展、生活富裕、生态良好的最佳结合点,对于我国这样一个人口众多、人均资源相对贫乏和环境承载能力较弱的国家来说,势必要求我们建设一个资源节约型和环境友好型社会。循环经济是和谐社会的构建支点,是资源节约型社会和环境友好型社会的必然选择。

资源节约型社会是指在生产、流通、消费等领域,通过采取法律、经济和行政等综合性措

施,提高资源利用效率,以最少的资源消耗获得最大的经济和社会收益,保障经济社会可持续发展。建设资源节约型社会,其目的在于追求更少资源消耗、更低环境污染、更大经济和社会效益,实现可持续发展。

目前欧美发达国家循环经济已形成了以下三种比较成熟的发展模式。

(1)企业内部的循环经济模式,最著名的是美国 DuPont 公司。通过组织厂内各工艺之间的物料循环,延长生产链条,让这个车间的废物到下一个车间变成原料,废物通过梯形利用越来越少,最终形成"零排放"。

(2)工业园区模式,通过企业间的物质集成、能量集成和信息集成,形成产业间的代谢和共生耦合关系,使一家工厂的废气、废水、废渣、废热或副产品成为另一家工厂的原料和能源,建立工业生态园区。典型代表是丹麦的卡伦堡工业园区。

(3)循环型社会模式,即整个国家和社会按照循环经济的要求,制定相关法律,制定各种规则,实现清洁生产、干净消费、资源循环、环境净化。做得比较好的是日本。日本资源有限,所以特别注重资源的再利用,尤其强调建立循环型社会。日本已颁布了《推进循环型社会形成基本法》等 7 部法律。日本将放弃大量生产、大量消费和大量废弃的社会规则,逐步走向"循环型社会"。

随着新一轮经济快速增长期的到来,我国东部一些发达地区相继出现能源、原材料短缺,这为西部地区资源依托型产业的发展提供了难得的机遇。在加快发展的同时,如何保持经济与环境、资源之间的相互协调,实现人与自然和谐相处,走上生产发展、生活富裕、生态良好的发展道路,是我们必须认真对待和研究的课题。作为经济发展理论的重要突破,循环经济克服了传统经济理论割裂经济与环境系统的弊端,要求以与环境友好的方式利用自然资源和环境容量,实现经济活动的生态化转向,从经济全球化发展趋势看,关税壁垒作用日趋削弱,"绿色壁垒"在国际贸易中的作用日益突显,企业面临更加激烈的市场竞争和环境因素的影响,一些发达国家不仅要求末端产品符合环保要求,而且规定从产品的研制、开发、生产到包装、运输、使用、循环利用等各环节都要符合环保要求。因此,只有大力发展循环经济,推进清洁生产,才能使产品生产符合资源、环保等方面的国际标准,突破"绿色壁垒",扩大对外贸易;才能缓解经济发展、生态建设和环境保护之间的矛盾;才能实现经济增长方式转变,提高经济效益。

我们必须以科学发展观为指导,以建设资源节约型社会为目标,以优化资源利用方式为核心,以技术创新和制度创新为动力,统筹规划,因地制宜,突出重点,全面推进清洁生产,大力倡导绿色消费,采取切实有效措施,动员各方面力量,加快建设可持续发展的资源节约型社会。当前,应着重做好以下五个方面的工作。

1. 加快制定和积极推进循环经济与生态工业发展战略

应加强相关理论和实践模式的研究,提高各级政府和相关决策部门对发展循环经济重要性的认识,研究制定循环经济发展规划,积极做好循环经济城市试点工作,创新规划设计理念,在制订中期计划和远景发展规划中,按照"减量化、再利用、再循环"的原则,优先发展具有清洁生产技术的重大产业项目和变末端治理为源头预防的项目,规划建设若干生态产业链、生态工业园和循环经济圈。在农村,应以发展绿色食品和有机食品基地为重点,大力推进产业化布局、标准化生产和规模化经营,推广发展一批种植、养殖、能源(沼能、秸秆气化等)三位一体的农业生态产业园区。

2. 探索建立制度保障系统

应发挥国家宏观产业政策的导向作用,制定有利于促进循环经济发展的体制和政策,尽快建立健全节约资源和保护环境的地方性规章和规范性文件。应把保护环境作为经济社会发展目标，按照生态学原理制定完善工业园区入驻项目环保准入制度、清洁生产制度、废弃物循环利用制度等，把主导产业的发展和产业簇群的培育纳入生态产业链之中，对不符合园区产业发展规划的项目要坚决拒之门外，防止出现园区入驻企业的"大杂烩"。结合投资体制改革，完善资源综合利用的优惠政策，从财政、税收、金融、投资、环保、技术等方面，对清洁生产技术、循环经济试点园区给予大力支持。坚持鼓励与限制相结合，加强执法监督，强化排污收费，特别是要运用经济激励和惩罚等经济杠杆，推动企业开展清洁生产和发展循环经济。

3. 着力推进产业结构调整

应把资源的有序开发和综合利用放在首位，坚决杜绝高污染项目的引进，大力发展低能耗、低排放的第三产业和高新技术产业，如生物质能的开发，矿产品和农产品的精深加工，旅游产业，连锁经营、物流配送和信息咨询等现代服务业。通过技术引进、联合攻关、嫁接改造等措施，加快用高新技术和先进适用技术改造传统产业的步伐，淘汰落后工艺、技术和设备，严格限制高能耗、高水耗和浪费资源的产业，延长矿产、建材、化工、棉花、畜产等产品加工链条，促进企业间废弃物的资源化连接，建设一批区域性资源再生产企业，提高资源综合利用水平。

4. 择优发展一批生态产业项目

在重点行业、重点领域和工业园区广泛开展清洁生产技术和生态产业链试点工作。通过择优扶强、重点培植，发展资源循环利用模式企业，让其对集约型、生态工业系统新框架的建立起到示范作用。

5. 加强组织领导和舆论宣传

各级政府应加强对循环经济发展工作的组织领导，建立有效的协调工作机制，分阶段、有步骤地推进清洁生产和资源综合利用。应组织开展形式多样的宣传教育活动，积极倡导使用环境友好型产品，减少一次性产品的使用，提高全民资源节约意识和环境保护意识，使人与自然和谐相处的生态价值观深入人心，把节能、节水、节材、节粮、垃圾分类回收变成每个公民的自觉行为，逐步形成节约资源和保护环境的生活方式和消费模式，为发展循环经济和建设资源节约型社会营造良好的社会环境。

我国经过20多年的持续高速经济增长，基本国力和工业实力显著增强，对资源利用和环境保护的技术标准正处于逐步提高并与国际接轨，以至实行发达国家的较高标准的时期。在这样的条件下，主要依靠耗费资源技术来支持工业竞争力的道路必然越走越窄。因此，我国工业能否尽快实现竞争力来源的转移，即以节约资源技术作为工业竞争力的主要来源，是一项关系工业发展前途的重大任务。在资源利用和环境保护上实现高标准条件下的强竞争力，是我国工业21世纪的战略目标。改革开放以来，我国工业得到了长足的发展，成就令世界瞩目。工业的高速发展在很大程度上经历了粗放式增长的过程，资源的消费和环境的破坏是工业发展的代价。随着经济发展水平的不断提高，社会对于资源和环境的关注越来越强，标准越来越高，继续大量耗费资源和环境，走粗放式工业增长的道路，已经不可能支持中国工业的持续发展。因此，我国工业正进入实现从主要依靠耗费资源技术来支撑工业竞争力的阶段向主要依靠节约资源技术来支持工业竞争力的阶段转变的关键历史时期。这是一个工业竞争力的重要突变期。在这一时期，工业结构的升级、工业技术水平的提高、国家有关资源开发利用和环境保护管理制度的完善与技术标准的提高，直至接近和达到发达国家的水平，将成为我国工业竞争力提升的基本方向。在这样的大趋势下，我国的工业经济增长模式、企业竞争方式、经济管理体制等各个方面都将发生重大的变化，经济和社会发展的基本观念和价值取向也将发生显著变化。"树立科学发展观"、"走新型工业化道路"、建设"节约型社会"正是其正式的政策表达,也是我国进入 21 世纪后的正确战略选择。

复习思考题

1. 生态工业与传统工业有何不同?
2. 何谓循环经济? 阐述循环经济的基本原则。
3. 简述欧美发达国家循环经济的发展模式。
4. 我国应从哪些方面着手推动循环经济?
5. 什么叫做生态工业园? 它与循环经济的关系如何?
6. 生态工业园规划所遵循的原则包括哪些?

参 考 文 献

[1] 杨青山,徐效坡,王荣成. 工业生态学理论与城市生态工业园区设计研究——以吉林省九台市为例[J]. 经济地理,2002,22(5):585-588.

[2] 周哲,李有润,薛东峰,等. 生态工业的发展与思考[J]. 现代化工,2002,22:1-5.

[3] Frosch R A,Gallopoulos N E. Strategies for manufacturing[J]. Scientific American,1989,261(3):94-102.

[4] (瑞士)Erkman S. 工业生态学[M]. 徐兴元,译. 北京:经济日报出版社,1999.

[5] (美)Hawken P. 商业生态学[M]. 夏善晨,余继英,方堃,译. 上海:上海译文出版社,2001.

[6] 牛学杰,李常洪. 循环经济与新能源战略协调演进研究[J].中国软科学,2013,(12):146-151.

[7] 劳爱乐,耿勇. 工业生态学和生态工业园[M]. 北京:化学工业出版社,2003.

[8] 郭晓岩,王玉辉. 循环经济:可持续发展的必然选择[J].吉林师范大学学报(人文社会科学版),2012,40(2):87-90.

[9] 姜淑华. 循环经济的价值链分析[J]. 技术经济与管理研究,2007,(2):39-40.

[10] 蒋毓舒,吴永辉,张仁玲. 循环经济:构建资源节约型社会的关键[J]. 安徽农业大学学报(社会科学版),2007,16(1):11-14.

[11] 王书华. 依靠科技推进循环经济发展的几点思考[J]. 资源节约与环保,2007,23(1):28-31.

[12] 李兆前,齐建国. 循环经济理论与实践综述[J]. 数量经济技术经济研究,2004,(9):145-154.

[13] 曲向荣. 清洁生产与循环经济[M].北京:清华大学出版社,2011.

[14] 周宏春. 务实推进新形势下的循环经济发展[J].再生资源与循环经济,2011,4(11):4-7.

[15] 吴祥钧. 循环经济:经济增长方式的第二次转变[J]. 现代经济探讨,2005,(7):3-6.

[16] 吴季松. 循环经济——全面建设小康社会的必由之路[M]. 北京:北京出版社,2003.

[17] 翟峰. "循环经济"探微[J]. 国土经济,2002,(19):19-20.

[18] 金涌,冯之浚,陈定江. 循环经济:理念与创新[J].再生资源与循环经济,2010,3(7):4-9.

[19] 刘德印. 循环经济理论在本钢南芬选矿厂的应用[J]. 本钢技术,2007,(1):2-4.

[20] 冯武军,毛玉如,陈红,等. 我国化工园区发展循环经济的典型模式研究[J]. 现代化工,2007,27(3):7-11.

[21] 时学勤. 循环经济在苏州高新区的实践[J]. 污染防治技术,2006,19(2):77-80.

[22] 梁诚. 国内氯碱行业实施循环经济的模式[J]. 氯碱工业,2007,(3):1-6.

[23] 吕咏梅. 我国氯碱工业发展趋势——规模化、精细化、集成化、绿色化[J]. 中国石油和化工,2004,(12):14-16.

[24] 关纳新,吕咏梅,周克中. 硝基氯苯的生产现状与市场分析[J]. 氯碱工业,2006,(4):25-32.

[25] 蒋声汉. 循环经济在化工行业的实践与思考[J]. 化工生产与技术,2005,12(4):46-48.

[26] 单光山. 海化集团发展循环经济的探索与实践[J]. 山东化工,2005,34(5):47-48.

[27] 杨钦民,张勤业. 探访海化"循环经济"[J]. 化工管理,2004,(8):60-61.

[28] 王保国. 循环经济的探索与实践——以新疆天业化工园区发展为例[J]. 新疆农垦经济,2005,(7):25-26.

[29] 周广叶,李永红. 发展循环经济是西部氯碱企业生存和壮大的必由之路[J]. 中国氯碱,2006,(7):3-4.

[30] 石磊,张天柱. 化学工业与循环经济[J]. 现代化工,2004,(7):1-3.

[31] 陈艳艳. 国外循环经济的最新发展趋势[J]. 上海企业,2006,(12):32-33.

[32] 朱蓓,王焰新,肖军. 生态工业园的发展与规划[J]. 中国地质大学学报(社会科学版),2005,5(3):47-51.

[33] 赵瑞霞,张长元. 中外生态工业园建设比较研究[J]. 中国环境管理,2003,22(5):3-5.

[34] 李川. 生态工业园的产生与发展[J]. 污染防治技术,2003,16(4):126-128.

[35] 白轶焱,葛察忠,杨金田. 日照生态工业园规划问卷调查与分析[J]. 工业技术经济,2005,23(7):37-43.

[36] 邓伟根,陈林. 生态工业园构建的思路与对策[J]. 工业技术经济,2007,26(1):31-38.

[37] 韩良,宋涛,佟连军. 典型生态产业园区发展模式及其借鉴[J]. 地理科学,2006,26(2):237-243.

[38] 张治学. 循环经济与生态工业园区建设[J]. 中国科技论坛,2005,(5):21-25.

[39] 鲁成秀,尚金城. 生态工业园区规划建设方法初探[J]. 干旱环境监测,2004,18(2):71-74.

[40] 田金平,刘巍,李星,等. 中国生态工业园区发展模式研究[J]. 中国人口资源与环境,2012,22(7):60-66.

[41] 孙婷. 我国国家级生态工业示范园建设研究[J]. 长春理工大学学报(高教版),2009,(8):37-41.

[42] 刘洪辞. 我国生态工业园区的发展现状——基于典型生态工业示范园区的分析[J]. 当代经济,2011,(2):52-54.

[43] 肖焰恒,陈艳. 生态工业理论及其模式实现途径探讨[J]. 中国人口·资源与环境,2001,11(3):100-103.

第13章 化工过程强化技术

13.1 概　　述

13.1.1 化工过程强化的起因

化学工业是利用化学反应改变物质的结构、成分、形态等生产化学产品的部门,属于知识和资金密集型的行业。随着科学技术的发展,它由最初生产纯碱、硫酸等少数几种无机产品和主要从植物中提取茜素制成染料等少数有机产品,逐步发展为一个多行业、多品种的生产部门,出现了一大批综合利用资源和规模大型化的化工企业。化工产品包括无机酸、碱、盐、稀有元素、合成纤维、石油、塑料、合成橡胶、染料、油漆、化肥、农药等。经过近百年的快速发展,化工行业已成为拉动经济增长的中坚力量。迄今为止,人类发现和创造的1200多万种化合物各自有其性质和功能,农业、轻工业、重工业,吃穿住行,无不紧密地依赖化学品,化工使人们生活更加丰富多彩,上到载人航天,下到百姓生活,从食物到衣服、从汽车到房屋、从化肥到建材、从原料到燃料、从潜海到航空、从民生到国防,化学工业与经济社会发展及人类衣食住行息息相关。医药、塑料、橡胶、汽油等都是化学工业制造的,这些产品是国民经济的支柱,但在这些产品的化工生产过程中所存在的高能耗、高污染等问题一直以来都是实现可持续发展首要解决的问题。如今,人类正面临有史以来最严重的环境危机。由于人口的急剧增加,资源的消耗日益扩大,人均耕地、淡水和矿产资源占有量逐渐减小,人口与资源矛盾越来越尖锐,作为国民经济支柱产业之一的化学工业及相关产业,是一把"双刃剑",其利在于为人类物质文明作出重要的贡献,其弊在于在生产活动中不断排放大量有毒物质,给环境和人类的健康带来一定的危害。传统的化学工业给环境带来的污染已十分严重,目前全世界每年产生的有害废物达 $3.0 \times 10^8 \sim 4.0 \times 10^8$ t,给环境造成危害,并威胁着人类的生存。特别是20世纪30年代以来全球发生的八大公害事件,更给我们敲响了警钟。

随着现代过程工业的发展,产品不断更新,环保要求日益提高,建设生态经济和实现可持续发展的要求更为迫切。因此,人们力图应用绿色化学工程的原理和方法,致力于过程的强化。如果说绿色化学侧重从化学反应本身来消除环境污染、充分利用资源、减少能源消耗,化工过程强化(chemical process intensification)则强调在生产能力不变的情况下,在生产和加工过程中运用新技术和设备,极大地减小设备体积或者极大地提高设备的生产能力,显著地提升能量效率,大量地减少废物排放。化工过程强化目前已成为实现化工过程的高效、安全、环境友好、密集生产,推动社会和经济可持续发展的新兴技术,美、德等发达国家已将化工过程强化列为当前化学工程优先发展的三大领域之一。强化化工过程使之达到高效、节能和无污染,是解决过程工业带来的"发展-污染"的矛盾和实现可持续发展的有效手段。

13.1.2 化工过程强化的概念

化工过程强化就是通过技术创新,改进工艺流程,在实现既定生产目标的前提下,通过大幅度减小生产设备的尺寸、减少装置的数目等方法来使工厂布局更加紧凑合理,单位能耗更低,废料、副产品更少。广义上说,化工过程强化包括新装置和新工艺方法的发展:一是生产设备的强化,包括新型反应器、新型热交换器、高效填料、新型塔板等;二是生产过程的强化,如反应和分离的耦合(如反应精馏、膜反应、反应萃取等)、组合分离过程(如膜吸收、膜精馏、膜萃取、吸收精馏等)、外场作用(如离心场、超声、辐射等)以及其他新技术(如超临界流体、动态反应操作系统等)的应用等。所以化工过程强化是国内外化工界长期奋斗的目标,也是化学科学和工程研究的主要成果之一。

化工过程强化的主要特点是设备小型化和过程集成化,这正是绿色化学的要求。在 1995 年第一次化工过程强化国际会议上,Ramshaw C. 首先提出:"化工过程强化是指在生产能力不变的情况下,能显著减小化工厂体积的措施。"

13.1.3　化工过程强化的起源和发展

化工过程强化的历史最早可追溯到 20 世纪 70 年代末,当时,英国化学工业公司首先将此概念用于生产过程,以减少投资。20 世纪 90 年代中期,国际上出现以节能、降耗、环保、集约化为目标的化工过程强化技术。自 1995 年举行首次化工过程强化的国际学术会议以来,每 3 年举办一次化工过程强化的国际会议。2001 年在美国工程基金会(UEF)、美国科学基金会(NSF)和美国化学工程师学会(AIChE)联合召开的名为"化学工程新热点"(Refocusing Chemical Engineering)的研讨会上,化工过程强化被列为当前化学工程优先发展的领域之一。2002 年 9 月美国工程基金会等在英国爱丁堡(Edinburgh)举行了"过程发明和过程强化"(Process Innovation and Process Intensification)的专题研讨会。各国专家学者也组织了"过程强化技术网"(Process Intensification Network),积极开展学术交流和科技合作。可以说,人们对化工过程强化的认识达到了一个新的高度,大量的化工过程强化研究论文不断发表出来。2005 年 7 月,在英国召开的第七届世界化学工程学术会议上,过程强化是最热门的研究方向之一。自此,人们对化工过程强化的认识达到前所未有的高度,期望通过过程强化使化学工业的面貌在 21 世纪发生巨大变化。

早年的化工过程强化往往以硬件为主。以精馏、吸收和萃取等化工塔器的内件为例,近年来,高效塔板、规整填料和散装填料发明层出不穷,塔内件优化匹配的概念受到了重视。在利用新型塔内件改造原油常减压、乙烯和合成氨等生产装置方面,国内外都已取得了明显的进展,提高了效率,降低了能耗,经济效益显著。然而,化工塔内件性能的改进幅度并不很大。目前,化工过程强化更加强调硬件和软件的结合,更加强调科技创新,以追求更高目标。越来越多的研究人员认为,化工过程强化的目标不能只停留在使已有设备挤出百分之几的效率,不能满足于渐进式的变革,而应致力于在设备体积、产业化周期、能耗、物耗和环保等方面使工厂的效率取得突破性的进展。人们期望通过化工过程强化使化学工业的面貌在 21 世纪取得巨大的变化。这是极大的挑战,也推动过程强化取得了一些重大进展,如超重力分离器、高速转盘反应器、整体催化剂、撞击流反应器的成功研发。化工过程强化的另一发展趋势是化学科学和工程研究大大促进了诸如催化精馏、膜精馏、吸附精馏、反应萃取、配合吸附、反胶团、膜萃取、发酵萃取、化学吸收和电泳萃取等新型耦合分离技术的发展,并成功地应用于生产。这些新型耦合技术综合了多种技术的优点,具有独特的优势。耦合分离技术还可以解决许多传统的分离技术难以完成的任务,因而在生物工程、制药和新材料等高新技术领域有着广阔的应用前景。由于耦合技术往往比较复杂,设计放大比较困难,因此也推动了化工数学模型和设计方法的研究。

近年来化工过程强化更加受到重视。在美国等许多发达国家,化工过程强化被列为当前化学工程优先发展的三大领域之一,英国将重点放在基础研究上,法国则重视理论模型的建立,德国侧重实验技术和工程研究等,日本在生物工程和新材料的研究方面投入了很大的力量,加拿大和澳大利亚则以资源利用为研究重点等。我国化学工程研究和应用也取得了重大的进展。例如,石油工业的崛起大大推动了催化剂、反应工程和精馏技术的发展,核燃料后处理和湿法冶金的发展推动了溶剂萃取技术水平的提高等。化工过程强化技术被列为"十一五"首批启动的国家"863"计划项目之一,以实现节能减排。

本章只对一些常见的化工过程强化技术及设备进行介绍。

13.2　多功能反应技术

多功能反应技术是将传统的需要多个设备完成的功能集成在一个反应器中,以提高化学转化率和反应器的集成度。利用多功能反应技术可以很好地将各种化工过程集于一体,充分发挥各个化工过程的优点,避免单个化工过程的缺点,更好地强化化工过程的集成。

13.2.1　膜催化反应技术

1. 膜催化反应技术的概念

膜催化反应技术是近年来在催化领域中出现的一种新技术,该技术是将催化材料制成膜反应器或将催化剂置于膜反应器中操作,即集催化反应与膜分离过程于一体,反应物可选择性地穿透膜并发生反应,或产物可选择性地穿过膜而离开反应区域,从而对某一反应物(或产物)在反应器中的区域浓度产生调节,打破化学反应在热力学上的平衡,或严格地控制某一反应物参加反应时的量和状态,从而达到高的选择性。

2. 膜催化反应模式

在催化反应体系中,根据操作模式的不同,膜可以具有不同功能。有的膜本身是催化活性的,具有催化剂的功能;有的膜是催化惰性的,可以将催化活性组分浸渍负载或者埋藏于膜内,膜仅具有选择性分离壁垒的功能;也有的膜具有催化活性和分离壁垒的双重功能。膜催化有三种操作模式:一是将催化反应与膜的渗透选择性耦合在一起,借助膜实施催化反应,同时又将产物(或产物之一)通过膜选择性地从反应区移去,对于受热力学平衡控制的反应特别有利;二是膜仅起选择性渗透分离的作用,膜只能通过选择性地将目的产物从反应区分离出去,提高其选择性与收率;三是利用膜的选择性透过功能,控制活性反应物的进料速率,以促进目的产物的选择性生成,这对于选择性氧化反应是一种有效的方法。

3. 膜催化反应技术的特点

膜催化反应技术将膜技术应用于催化反应领域,使催化反应和分离过程同时进行,其突出的优点如下:

(1) 催化活性好。由于膜的比表面积比较大,单位表面积上原子(或分子)占有率高,活性中心多,所以能有效地与反应分子接触,显示出很高的催化活性。

(2) 选择性高。膜的微孔多,其孔径分布范围广,孔径、孔体积以及孔隙分布等均可采用不同方法加以有效控制,有利于分子扩散,提高催化剂的选择性,尤其是生物膜催化剂,其选择性可达到 100%。

（3）载体型的膜催化剂呈现出耐高温、耐化学稳定性，机械强度提高、催化寿命延长的特点。

4. 膜材料及分类

膜材料是膜催化反应技术的核心，膜材料的化学特性和膜的结构对膜性能起着决定性作用。一般对膜材料的要求为：具有良好的成膜性，热稳定性，化学稳定性，耐酸、碱、微生物侵蚀和耐氧化性能。具有催化功能的膜，就是把催化剂固定于分离膜的表面或膜内，赋予膜以催化反应的功能，使作为反应部分的分离膜兼具反应与分离双重功能的一种功能化膜。

1）无机膜

无机膜以其化学稳定性好、耐酸碱、耐有机溶剂、耐高温（800～1000℃）、耐高压（10 MPa）、抗生物侵蚀能力强等优点而广泛应用于各种膜反应器中。它包括金属或合金膜、多孔金属膜、多孔质陶瓷膜。选择性渗透无机多孔膜可用作其他膜的支撑体，也可用作催化剂或催化剂载体，同时可分离出产物或未转化的反应物，尤其是高温的气相多相催化反应，操作温度已超出有机高聚物膜热稳定区，应用无机膜作为耐高温的催化剂和载体材料是唯一的选择。

2）高分子膜

高分子膜的主要材质是聚酰亚胺-聚四氟乙烯、聚苯烯、聚砜、硅氯烷聚合物以及采用等离子技术处理的聚合物膜。根据其固定的催化物质不同，可分为高分子金属配合物分离功能膜和高分子催化分离膜。高分子膜具有较好的灵敏性，其存在的主要问题是膜厚度与渗透速率之间的关系：膜厚度为 20～200 μm 时，渗透速率较慢；厚度为 0.1～1 μm 时，渗透速率较快，但膜太薄不稳定，必须有载体。此外，一些高分子膜在某些溶剂中不能保持稳定。国内这方面的研究主要是聚偏氟乙烯（PVDF）微孔膜、聚芳醚酮（PEK）和聚芳醚砜（PES）膜，这些膜一般具有较好的耐热性和抗氧化性。

3）生物膜

目前，利用膜作为生物催化剂的固定化载体引起人们极大的兴趣，包括可溶性生物催化剂膜体系和不溶性生物催化剂膜体系。酶是活性极高的生物催化剂，在膜表面或膜内将酶进行"固定化"，制成的酶膜反应器，可用于生化工程，进行细胞培养、L-氨基酸的高效制备、连续生产谷氨酸及连续发酵生产乙醇等研究。

4）复合膜

复合膜包括分子筛复合膜、多孔质玻璃复合膜、金属负载型复合膜以及其他复合膜等。这些复合膜的特点是催化活性高、耐热性能好。可以透过 400～1000℃的高温气体，适用于高温反应。Suzuki 将 12.5％正庚烷和 87.5％甲基环己烷的混合物在 1.6 MPa、室温下通过分子筛膜得到了 98.5％的正庚烷。将 ZSM-5 型分子筛膜用于乙苯脱氢反应，可使乙苯转化率提高至 83.7％，比固定床高 21.5％。分子筛膜具有优良的分离选择性，但由于分子筛晶体生长的复杂性和难以控制分子筛晶体生长的方向，要制备完美的分子筛膜难度颇大。最近还出现了一种铜-钯复合膜，将具有催化脱氢功能的铜复合膜和具有高效氢分离功能的钯复合膜结合起来，该膜的外侧具有催化脱氢活性，内侧具有氢分离功能。

5. 膜催化反应器

膜催化反应器主要包括膜层、催化剂和载体。根据膜层、催化剂及载体的结合方式，膜催化反应器有四种组装方式，如图 13-1 所示。

图 13-1(a)中，膜与催化剂是两个分离的部分，将催化剂颗粒或小球黏结在膜表面，催化剂颗粒起催化作用，下层膜则起分离作用。图 13-1(b)中，膜材料本身具有催化作用，可以起到

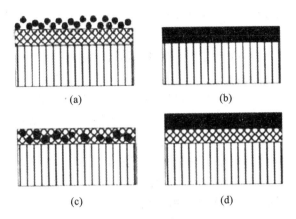

图 13-1 膜催化反应器的组装方式

分离或者催化的作用。图 13-1(c)中,将催化剂嵌入膜层内部,使原本仅有分离作用的膜层也具有催化活性。图 13-1(d)中,组装复合膜层,膜作为催化剂的载体,上层膜具有催化功能,下层膜用于分离。

膜催化反应器利用多孔膜的选择透过特性,在一个反应器内同时实现催化反应和分离操作,是一种典型的反应与分离的集成。根据膜在膜催化反应器中作用形式的不同,一般将膜催化反应器分为两类,如图 13-2 所示。

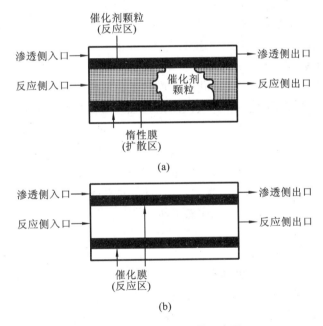

图 13-2 膜催化反应器示意图

图 13-2(a)所示为惰性膜催化反应器,即膜本身无催化活性,只起分离作用,反应所需的催化剂需另行装入,一般的膜生物反应器属于此类;图 13-2(b)所示为催化膜催化反应器,即膜具有催化和分离双重功能,用于制备催化膜的基膜材料可根据具体的反应和分离过程选用无机材料或有机高分子材料,根据所选材料种类的不同,所制成的催化膜可分为无机催化膜、高分子催化膜、生物膜和复合膜等。

膜催化反应器是精巧的反应、分离一体化装置,从原理上讲是一种结构化反应器。它利用了高选择性的渗透膜,把反应与分离过程组合起来,可以移出某种产物,以提高平衡转化率,也可以控制引入某种反应物的速率,从而提高选择性,最终达到高效、节能的目的。膜催化反应器的研究与应用已由最初用于分离过程和燃料电池等领域逐渐扩展到所有的化工领域,并用于结构化催化反应器。环己烷、乙苯、丙烷等脱氢反应属于可逆反应,受热力学条件的限制,转化率较低。在膜催化反应器中移走反应产物 H_2,可突破热力学的限制,提高反应的转化率及速率。Gryaznov 等在加氢反应实验中发现,H_2 以高活性的 H^+ 形式渗透通过钯基膜与吸附在膜表面的碳氢化合物反应,而 H_2 通过膜的扩散不是反应的控制步骤,在加氢、脱氢反应中,通过控制 H_2 的量,会提高反应的收率及选择性。把反应产物 H_2 移走,可突破化学平衡的限制,收率明显高于传统固定床反应器。烯烃和炔烃的催化加氢是精细化工和有机合成中一类重要反应,高分子催化膜与膜催化反应器的应用研究有很大一部分与这类反应有关。环戊二烯的催化选择加氢通常采用非均相催化剂在加压和较高温度下进行,而使用负载型配合催化剂在常温常压下进行气相催化加氢时反应选择性很低。目前已研究的通过高分子催化膜催化反应器进行催化加氢的烯烃和炔烃还有异丙烯、丁二烯、丙炔、丙烯和乙烯等,在适宜的反应条件下,均得到较好的转化率和选择性。在手性催化加氢反应中,常用过渡金属有机配合物作为均相催化剂,一般具有较高的反应活性和对映选择性,但这类催化剂价格昂贵,反应结束后与产物不易分离,催化剂的回收与重复套用困难,且最后产物中含有不同残余量的催化剂而导致产物纯度不够高。

膜催化反应器的主要特点如下:①对受化学平衡限制的反应,膜催化反应器能使化学平衡移动;②有可能提高复杂反应的转化率;③反应可在较低的温度和压力下进行;④有可能使化学反应、产物分离和净化等几个单元操作在一个膜催化反应器中进行。

膜催化反应器可以同时具有反应、催化和分离的功能,反应效率高,条件温和,具备其他反应器无可比拟的优点,几乎可以应用到化学反应和生物反应的各个领域,特别适合于平衡转化率低的可逆反应和产物抑制的生化反应过程,也可在一个反应器中同时进行两个反应。但在工业化过程中,膜催化反应器还处在研究、开发阶段。膜催化反应器在理论和实践等方面尚有许多需要解决的问题,如膜性能(渗透能力、机械强度、热稳定性等)、膜污染、膜催化反应器的设计、密封、成本等问题,如何经济而有效地解决这些难题将是研究人员未来的重点研究课题之一。随着材料科学和膜制备技术的发展,以及计算机技术在分子模拟和反应器设计方面的应用,这些问题将得到解决。膜催化反应器必将在化工、环保、生物和食品等工业领域应用得越来越广泛。

6. 膜催化反应技术的应用

膜催化反应技术自 20 世纪 60 年代以来已大量应用于加氢、脱氢、氧化、酯化、生化等许多领域。催化加氢主要应用于烯烃加氢、环多烯烃加氢、芳烃加氢、C_2 与 C_3 选择性加氢等。催化脱氢应用于 $C_2 \sim C_5$ 低级烷烃脱氢制烯烃、长链烷烃(如庚烷)脱氢环化制芳烃、丙烷脱氢环化二聚制芳烃等。烃类催化氧化包括甲烷氧化偶联制烯烃、甲烷直接氧化制甲醇、甲醇氧化制甲醛、乙醇氧化制乙醛、丙烯氧化制丙烯醛等。在以上应用实例中,比较有实用价值的是 $C_2 \sim C_5$ 低级烷烃脱氢制烯烃及 C_1 的氧化。在环保方面,膜技术已从低浊度的给水处理发展到高浊度的废水处理的各个领域,将膜催化反应技术应用于有机废水的生物处理,通过有机膜与微生物的组合,可实现高效、经济地处理有机废水的目的。20 世纪 60 年代膜生物反应器主要用于处理生活污水,20 世纪 90 年代以来,处理对象扩展到高浓度的有机废水和难降解的工业废水,如制药废水、化工废水、食品废水、烟草废水、造纸废水、印染废水等。随着生物技术以细胞培养和酶反应为代表的生物反应工程快速发展,膜生物反应器在发酵、酶催化、废水生物处理以及动植物细胞培养等方面得到了广泛的应用。Kwon 等使用负压抽吸的浸没式膜生物组件(SMBR),循环使用生物活性细胞连续发酵生产木糖醇,木糖醇的生产能力达到 12 g/(L·h),其生产能力和总木糖醇产量分别是间歇发酵生产的 3.4 倍和 11.0 倍。宁尚勇等将浸没式膜生物反应器应用于虫草连续培养过程中,间歇发酵 7 d 后转为连续发酵,再持续进行 6 d 后,发酵液内菌丝体干重达到 33.2 g/L,多糖质量浓度为 5.4 g/L,多糖产率为 312 mg/(L·h),是间歇发酵的 10 倍。

13.2.2　催化蒸馏技术

1. 催化蒸馏的概念

催化蒸馏(catalytic distillation)是将催化反应和蒸馏分离集成在一个蒸馏塔内来完成。一般将催化蒸馏塔分为三段,自上而下分别为精馏段、反应段和提馏段。精馏段和提馏段与一般蒸馏塔无异,可以用填料或塔板。反应段由具有催化活性的材料填充,把反应功能和分离功能集成在一起。在反应段中,反应物在催化剂上转化为产物,产物则不断地被分馏离开反应体系,这样反应的热力学平衡也被打破,因此可获得超过热力学平衡转化率的产物量。同时,由于把反应与分离集成在一起,能量的使用效率也大为提高。

2. 催化蒸馏的特点

催化蒸馏具有如下特点:①将反应放出的热量用于蒸馏分离,节约能量;②对于串联反应,当中间产物为目的产品时,生成的中间产品可很快离开反应段,避免了进一步的反应,提高了反应的选择性;③对于可逆反应,可使产品的收率提高,其反应的收率常受到平衡限制,催化蒸馏中可使反应产物很快离开反应段,使平衡右移,从而使收率得到提高;④将原来的反应器和分离塔合并为一个塔,简化了流程,节省了设备投资。

3. 催化蒸馏技术的应用

目前,催化蒸馏技术以其独特的优点已被广泛应用于醚化、醚解、醚的转化、烯烃二聚、烷基化、加氢异构化、脱水、水合等化工过程中。

(1) 醚化过程。在大孔强酸性阳离子交换树脂催化剂存在下,异丁烯和甲醇可发生选择性催化反应,生成甲基叔丁基醚(MTBE),甲基叔丁基醚是高辛烷值汽油调和剂。美国的 CDTECH 公司开发了利用催化蒸馏生产甲基叔丁基醚的工艺,如图 13-3 所示,已广泛推广应用。

(2) 醚解过程。高纯度异丁烯是生产丁基橡胶的重要原料,采用催化蒸馏技术以 MTBE 为原料,通过醚解生产高纯度异丁烯。

(3) 烯烃二聚。烯烃可在催化蒸馏塔内选择性地进行二聚,能严格控制反应段温度和反应物分布,使不需要的异构体、三聚体或共聚体生成量最少。使用混合丁烯二聚生成辛烯的工艺已取得工业化许可。

(4) 烷基化。催化蒸馏应用开发的一个重要领域是芳烃(尤其是酚)烷基化,此工艺可生产各种化学产品,用以制造药物、抗氧剂、油漆、香料和感光化学品。例如,乙烯和苯经催化蒸馏可生成高纯度乙基苯。利用催化蒸馏技术使异丁烷与正丁烯烷基化制取汽油调和料,也具有广阔前景。

(5) 加氢异构化。用催化蒸馏法使丁烯加氢异构化,已取得小试结果。1-丁烯、顺式和反式丁烯及异丁烯的平衡浓度,可通过改变操作条件和催化剂床层的相对进料位置加以调整。

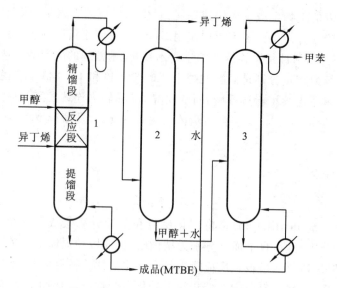

图 13-3　MTBE 催化蒸馏分离工艺流程

1—催化蒸馏塔；2—水洗塔；3—甲醇回收塔

催化蒸馏技术并不能用于所有的化工过程，它仅仅适用于反应过程和反应组分的蒸馏分离可以在同一温度条件下进行的化学反应过程。如果反应组分之间存在恒沸现象，或者反应物与产物的沸点非常接近，则催化蒸馏技术不适用。过程所用的催化剂必须是固体，它不能和反应系统各组分互溶。

13.2.3　悬浮床催化蒸馏技术

1. 悬浮床催化蒸馏的提出

催化蒸馏将多相催化反应过程和蒸馏分离过程耦合在同一塔内同时进行，使得反应和分离相互促进、相互强化，具有提高反应转化率和选择性、降低能耗和节省投资等优点，在化学工业中获得越来越广泛的应用。但已有的研究表明，在常规的催化蒸馏过程中，以"催化剂构件"（如"催化剂捆包"、结构型"催化剂构件"等）方式固定在反应塔中的催化剂利用率较低，原因是制作"催化剂构件"要求催化剂颗粒较大（一般直径应大于 1 mm），而在蒸馏的操作条件下，扩散的影响难以克服，因而催化剂的效率难以得到充分发挥。此外，常规固定床形式的催化蒸馏，还存在"催化剂构件"的制作复杂、装卸和再生不便等缺陷。

为了克服常规催化蒸馏所存在的缺陷，石油化工科学研究院对一种将悬浮床催化反应与蒸馏分离过程耦合而成的新型催化蒸馏过程进行了探索研究。这一新型的催化蒸馏与普通催化蒸馏的区别在于，催化剂不是固定在反应塔中，而是呈悬浮分散状态，因此被称为悬浮床催化蒸馏(suspension catalytic distillation，SCD)，如图 13-4 所示。SCD 的特点是直接采用粉状催化剂，不必制作"催化剂构件"，催化剂的效率高，催化剂易于取出再生，且悬浮催化剂颗粒的存在还有利于蒸馏过程中气液相间传质的加强。

2. 悬浮床催化蒸馏技术的应用

1) 悬浮床催化蒸馏用于异丙苯的合成

异丙苯是制备苯酚和丙酮的重要原料，目前工业上主要采用分子筛催化剂的固定床工艺生产。SCD 新工艺合成异丙苯的实验流程如图 13-5 所示。反应塔采用直径为 34 mm 的玻璃

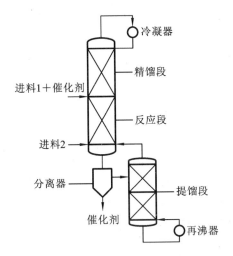

图 13-4　悬浮床催化蒸馏

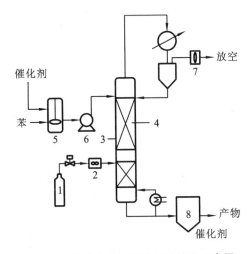

图 13-5　SCD 合成异丙苯实验流程示意图

1—丙烯罐;2—质量流量计;3—反应塔;4—蒸馏填料;5—均质器;6—计量泵

塔。塔内装有 φ4mm 狄克松填料,反应段高 1 m,提馏段高 0.5 m。由于烷基化产物异丙苯和多异丙苯均为重组分,由塔釜采出,塔顶没有产物,故反应塔不需设精馏段,塔顶采用全回流操作。催化剂与苯经均质器制成悬浮液,经计量泵打入反应段上部。丙烯经减压、稳流和计量后由反应段下部进入反应塔。在反应段中,催化剂受上升蒸气的搅动作用而在液相中保持悬浮分散状态,并在随液体沿填料表面而下的同时催化苯与丙烯进行烷基化反应。产物异丙苯、少量多异丙苯以及未反应的苯携带催化剂离开反应段后进入提馏段,并经过提馏段(其中大部分苯被提馏回反应段)进入塔釜。塔釜采出液进入分离器进行液固分离,分离得到的催化剂再与苯制成悬浮液循环使用。

　　实验结果表明,采用悬浮床催化蒸馏工艺合成异丙苯,可在常压、低温(80~100 ℃)下进行,丙烯转化率接近 100%,异丙苯的选择性大于 90%。产物经普通蒸馏就可得到纯度大于99.9%、杂质正丙苯和 C_8 芳烃含量小于 100 $\mu g/g$ 的异丙苯产品。

　　2) 悬浮床催化蒸馏用于直链烷基苯的合成

　　直链烷基苯(LAB)是一种重要的烷基苯产品,广泛应用于制造合成洗涤剂。目前工业上仍主要采用 HF 为催化剂进行生产,腐蚀和污染问题严重。UOP 公司以固体酸为催化剂的固定床工艺已工业化,但催化剂的单程寿命较短,反应 24 h 后就要用苯冲洗再生,如此频繁再生对于固定床反应器来说显然较为麻烦。为研究开发更为先进的 LAB 生产工艺,在 SCD 合成异丙苯研究的基础上,建立起了一套新的悬浮床催化蒸馏实验装置,并对 SCD 合成 LAB 的过程进行了探索研究。

　　SCD 合成 LAB 实验流程如图 13-6 所示。反应塔为不锈钢筛板塔,在反应段和提馏段之间串联一个催化剂沉降分离器,10~50 μm 的负载型磷钨酸(PW/SiO$_2$)催化剂离开反应段后进入分离器分离后循环使用,从而避免了催化剂进入塔釜而引起副反应。实验结果表明,采用悬浮床催化蒸馏工艺合成 LAB,在接近常压(0.06 MPa)、低温(100 ℃)条件下,转化率和选择性接近 100%。进一步的分析表明,SCD 工艺制备 LAB 产品,1-LAB 含量高达 35%,茚满和萘满等杂质少,可用作制备高档洗涤剂的原料。

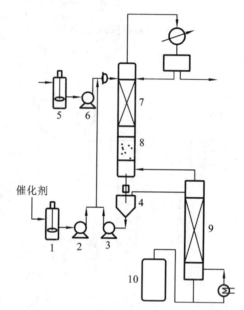

图 13-6　SCD 合成 LAB 实验流程示意图

1—苯罐;2、3—浆料泵;4—液固分离器;5—烯烃罐;

6—计量泵;7—蒸馏器;8—反应段;9—提馏段;10—产品罐

　　SCD 工业合成异丙苯和直链烷基苯研究结果表明,SCD 采用细颗粒催化剂,在悬浮状态下反应,有效地强化了传质,提高了催化剂效率,从而使反应能在更为缓和的条件下进行,有效地抑制副反应的发生,降低进料苯、烯物质的量比。

13.2.4　交替流反应技术

1. 交替流反应技术的概念

　　交替流反应技术也称逆流反应技术,它通过控制定时逆转进、出反应器的物流方向,利用反应放出的热量来加热冷的原料,充分利用反应热,降低能量消耗,减少操作费用。

　　交替流反应技术集成化学反应功能和传热功能于一身,其工作原理如图 13-7 所示。

　　交替流反应技术由一个反应器、两组阀门和一个吸热系统组成,反应器的两端填装惰性填料,用于蓄热。反应器的气体流向由两组阀门装置控制。在前半个循环(阀门 1 关闭,阀门 2

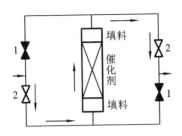

图 13-7　交替流反应技术工作原理示意图

打开)中,物料的混合气体在常温下通过下层惰性介质,并被加热,然后进入催化剂层,此时混合气体的温度足以使反应发生,并产生热量。最后气体进入上部催化剂层,将催化剂加热后排出。在前半个循环中,反应器的下层部分最初是热的,然后慢慢冷却下来,同时上层最先是冷的,然后被逐步加热。一定时间以后,通过反向阀门(阀门 1 打开,阀门 2 关闭)改变气体的流向,使新进入的气体利用上层惰性填料中的热量。在后半个循环中,原本向上流动的气体改变流动方向。在这个过程中,放热化学反应产生的热量被反应器中间部分的吸热系统吸收。

2. 交替流反应技术的特点

交替流反应技术具有以下特点:

(1) 交替流反应技术具有流程紧凑、反应热回收率高和自热操作性能好的显著优点,特别适合于利用低浓度反应物制造化学品、低品位气体燃料制热和催化燃烧脱除废气中有机毒物等一系列放热反应。

(2) 由于气、固相体积热容大约相差三个数量级,热波传播速率非常慢,因而流向变换的周期都在数十分钟以上,阀门切换的频率在工程上是可以接受的。

(3) 对于反应混合物流量和组成的频繁波动,流向变换非定态反应技术具有更好的稳定性和可操作性。

3. 交替流反应技术的应用

工业上应用交替流反应技术的场合有氧化挥发性有机化合物以净化工业废气、用氨还原工业废气中的氮氧化物和二氧化硫氧化生产硫酸。在处理气体的流量和浓度波动的情况下,采用周期逆流催化燃烧反应器,与传统的管壳式催化燃烧反应器相比,操作费用可降低 80%。目前,在世界上已有几十套这类工业装置在运行。对于使用交替流催化反应器进行氨选择性还原氮氧化物,俄罗斯建有一套处理量约 11200 m^3/h 的装置,反应器出口的氮氧化物浓度低于 70 mg/m^3。对于二氧化硫氧化生产硫酸,采用逆流催化反应器可减少 5%～20% 的操作费用,并节省 20%～80% 的设备投资。我国已在河南省建造一套使用带段间换热器的逆流催化反应器,反应器的直径达 6.5 m,处理量为 33500m^3/h,二氧化硫含量在 1%～5% 范围内波动时,二氧化硫的转化率大于 90%。

13.2.5　磁场稳定流化床反应技术

1. 磁场稳定流化床的概念

磁场流化床是在普通流化床的基础上增加了外力场——磁场,其基本结构和工作原理如图 13-8 所示。磁场流化床按流化介质,可分为液-固磁场流化床、气-固磁场流化床和气-液-固三相磁场流化床;按磁场方向,它可分为轴向磁场流化床和横向磁场流化床。磁场流化床的外加磁场中研究得最多的是空间分布均匀、不随时间变化的稳恒磁场,通常由亥姆霍兹线圈或永磁体产生。当流化介质的流速在高于最小流化速率又未达到带出速率之前,床层呈活塞状膨胀,称之为磁场稳定流化床(magnetically stabilized fluidized bed,MSFB)。对于外加磁场,要求流化床内的流化介质有磁响应性,磁性颗粒在流化床中除了受重力、浮力、曳力作用外,还受磁场力,以及在较高磁场下被磁化颗粒之间的相互作用力作用,随着磁场强度的变化表现出不同的流化现象,如图 13-9 所示。

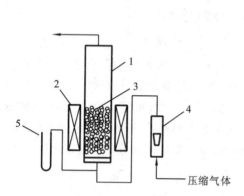

图 13-8　磁场流化床的基本结构和工作原理
1—流化床体;2—磁场发生装置;3—磁性物料;
4—转子流量计;5—U 形压力计

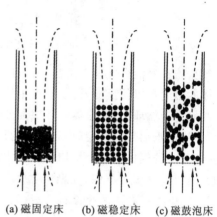

(a) 磁固定床　(b) 磁稳定床　(c) 磁鼓泡床

图 13-9　不同磁场强度下的磁场流化床状态

2. 磁场稳定流化床的特点

磁场稳定流化床是磁场流化床的特殊形式,它是在轴向、不随时间变化的均匀外加磁场下形成的只有微弱运动的稳定床层。磁场稳定流化床兼有固定床和流化床的许多优点,它可以像流化床那样使用小颗粒固体而不致于造成过高的压力降,外加磁场的作用有效地控制了相间返混,均匀的空隙度又使床层内部不易出现沟流。细小颗粒的可流动性使得装卸固体非常便利。使用磁场稳定流化床不仅可以避免流化床操作中经常出现的固体颗粒流失现象,也可以避免固定床中可能出现的局部热点。同时,磁场稳定流化床可以在较宽范围内稳定操作,还可以破碎气泡改善相间传质。总之,磁场稳定流化床是由不同领域知识(磁体流体力学与反应工程)结合形成的新思想的典范,是一种新型的、具有创造性的床层形式。

3. 磁场稳定流化床的应用

在己内酰胺生产过程中,粗己内酰胺水溶液中含有少量物性与己内酰胺相近的不饱和物质,用常规分离方法无法除去这些物质,但这些物质的存在会严重影响己内酰胺成品的质量,工业上一般采用加氢精制的方法除去这些杂质。目前工业上己内酰胺加氢精制多采用连续搅拌釜式反应器,该工艺存在着流程复杂、催化剂耗量大、效率低以及催化剂需过滤分离等缺点,因此有必要开发一种新型的加氢精制工艺。

石油化工科学研究院以己内酰胺加氢精制过程为例,对磁场稳定流化床的应用进行了探索研究。在小型实验装置上研究了各种因素对磁场稳定流化床己内酰胺加氢精制效果的影响,并考察 SRNA-4 催化剂的稳定性。结果表明,SRNA-4 催化剂连续使用 1350 h 后仍有较高的加氢活性,与现有的釜式工艺相比,加氢效果提高 3～5 倍,催化剂耗量降低一半以上。适宜的反应条件为:温度 60～90 ℃,压力 0.4～0.8 MPa,空速 30～50 h^{-1},氢、液进料体积比 1.5～3.0,磁场强度 15～25 kA/m。

对年处理量 7×10^4 t 的己内酰胺加氢精制过程而言,采用目前工业上常用的连续搅拌釜反应器,反应体积为 10 m³,若采用磁场稳定流化床反应器,反应器体积仅为 1.8 m³。由此可见,磁场稳定流化床反应器可以使设备小型化。

4. 磁场稳定流化床存在的问题与展望

磁场稳定流化床的应用目前也存在一些限制,还要在下列领域继续深入开展研究工作。①研制开发磁性催化剂。催化剂应具有良好的铁磁性,在磁场中易于磁化,去掉磁场时催化剂剩磁应较少;催化剂应具有良好的低温反应活性。②均匀稳定磁场的放大及磁场稳定流化床反应器的工程放大。③由于磁场稳定流化床的特殊性,必须找到床层状态与磁场、催化剂物性、流体流量之间的定量关系。④磁场稳定流化床的理论研究有待深入。今后还应在局部流体力学性能、传热特性和传热机理、传质机理及反应器模型等方面进行更为深入的研究。

13.3　分离耦合技术

近年来,催化精馏、膜精馏、吸附精馏、反应萃取、配合吸附、反胶团、膜萃取、发酵萃取、化学吸收和电泳萃取等新型耦合分离技术得到了长足的发展,并成功地应用于化工生产,这些操作综合了两种分离技术的优点,具有独到之处。

13.3.1　反应分离耦合技术

反应分离耦合技术是将化学反应与物理分离过程一体化,使反应与分离操作在同一设备中完成,如反应蒸馏、反应萃取、反应吸收、反应膜分离等。反应分离耦合技术可降低设备投资,简化工艺流程,具有多种优点。如催化蒸馏可显著提高化学反应的选择性,减少副反应;对于可逆反应,可显著改变化学反应的平衡,提高反应的收率;对于放热反应,可有效利用反应热,减少热能消耗。催化蒸馏操作可通过改变操作压力,控制反应温度,改变气相物料的蒸气分压,调节液相反应物浓度,从而改变反应速率和产品分布。催化蒸馏应用于酯化、烷基化、水合、醚化及脱水醚化等过程,主要产品有乙酸甲酯、乙酯和丁酯、甲基叔丁基醚、乙苯和异丙苯等,常用的催化剂有 ZSM5、HY 沸石、酸性阳离子交换树脂、酸性沸石催化剂等。图 13-10 是乙酸甲酯的传统生产工艺与反应分离耦合集成工艺的比较,集成工艺将原先分开完成反应和分离的多个任务放在一个设备内完成,既减少了设备、基建投资,又使化工厂的规模显著缩小,是化工过程强化的突出实例。

北京化工大学研究和开发了利用催化反应蒸馏技术,将苯和丙烯的烷基化、多异丙苯烷基转移反应合在同一设备中进行,降低了设备投资,简化了工艺流程。苯与丙烯烷基化生产异丙苯,以酸性沸石或酸性离子交换树脂为催化剂,采用催化反应蒸馏技术,其工艺条件为 50～300℃,0.05～2.0MPa,苯与丙烯的物质的量比为(2～10):1,丙烯的转化率可达 98%,异丙苯的选择性可达 90%。

13.3.2　膜分离耦合技术

以膜为分离介质实现混合物的分离是一种新型分离技术。膜是指两相之间的一个不连续的界面,膜可分为气相、液相、固相或它们的组合,通常指固膜(聚合物膜或无机材料膜)和液膜(乳化液膜或支撑液膜)。膜分离过程是利用不同的膜的特定选择渗透性能,在不同的推动力(压力、电场、浓度差等)作用下实现混合物分离的过程。通常将膜技术与其他分离技术集成在

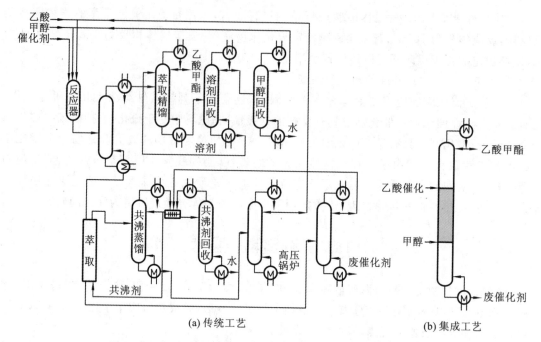

图 13-10　乙酸甲酯传统生产工艺与反应分离耦合集成工艺比较

一起,在膜吸收技术中,膜的作用是让气体通过而不让液体通过。膜蒸馏技术也是一种集成技术,该技术让液体的蒸气透过膜,在膜的另一边凝聚下来。吸附蒸馏技术既利用了吸附剂的高选择性,又保留了蒸馏操作的连续性,特别适用于难分离体系的分离。

1. 膜蒸馏技术

膜蒸馏(membrane distillation,MD)是近几十年得到迅速发展的一种新型、高效的膜分离技术。这种技术基于膜两侧水蒸气压力差的作用,热侧的水蒸气通过膜孔进入冷侧,然后在冷侧冷凝下来,这个过程同常规蒸馏中的蒸发—传递—冷凝过程一样。与其他膜分离过程相比,膜蒸馏具有可在常压和稍高于常温的条件下进行分离的独特优点,可以充分利用太阳能、工业余热和废热等低价能源,且设备简单、操作方便。它可用于海水和苦咸水淡化、超纯水制备、浓缩水溶液以及医药、环保等诸多方面。

膜蒸馏是膜技术与蒸发过程相结合的膜分离过程,其所用的膜为不被待处理的溶液润湿的疏水微孔膜。膜的一侧与热的待处理的溶液直接接触(称为热侧),另一侧直接或间接地与冷的水溶液接触(称为冷侧)。热侧溶液中易挥发的组分在膜面处汽化,通过膜进入冷侧并被冷凝成液相,其他组分则被疏水膜阻挡在热侧,从而实现混合物分离或提纯的目的。膜蒸馏是热量和质量同时传递的过程,传质的推动力为膜两侧透过组分的蒸气压差。因此,实现膜蒸馏必须有两个条件:①膜蒸馏必须是疏水微孔膜;②膜两侧要有一定的温度差存在,以提供传质所需的推动力。膜蒸馏技术的主要优点如下:①离子、大分子、胶体、细胞和其他不挥发性物质完全不能透过;②需要压差不高;③由于有大的孔结构,因而在膜上产生污垢的可能性较小;④可在较低的温度下使用。

2. 膜吸收技术

膜吸收是将膜基气体分离与传统的物理吸附、化学吸收、低温精馏、深冷结合起来的新型分离技术。与传统的吸收技术相比,膜吸收因具有气液接触面积大、传质速率快、无雾沫夹带、操作条件温和等特点而备受关注。其传质包括吸收、解吸以及在膜孔内的配合和溶解层的形成等渗透分子在两相或多相间的分配过程。作为膜分离技术的一个分支,其工艺早已为人所知,但由于缺乏适用的高效膜,因此在很长时间内得不到大规模的工业化应用。自 1960 年 Loeb 和 Sourirajan 制备出第一张高通量的乙酸纤维素非对称膜和 1979 年美国 Monsanto 公司 Permea 子公司生产出第一套用于气体分离的膜装置以来,以各种功能膜为主体的膜工业已成为一个较为完整的边缘学科和新兴的产业,并朝着反应-分离耦合、集成分离的技术方面发展。膜吸收技术作为这种集成技术的代表,在制膜工艺、膜材料、传质机理及模型等方面也受到广泛重视并逐步应用到工业领域。

13.3.3　吸附蒸馏技术

吸附是具有分离因数高、产品纯度高和能耗低等优点的分离过程。吸附过程适用于恒沸或同分异构等这些相对挥发度小、用普通蒸馏无法分离或不经济的物系的分离。但是吸附过程也有吸附剂用量大、多为间歇操作难以实现操作连续化及产品收率低的缺点。因此,如能开发由吸附和蒸馏组成的复合过程,则可将使各自的不足和不利条件互相抵消。吸附蒸馏是美国的 Rice R.G. 首先提出的,其装置由多级连续流动釜式吸附器串联而成,从中间某级进料,每一级釜内都填充吸附剂(一般低温下吸附剂的饱和吸附量大),可选择性吸附待提纯组分。Rice R.G. 提出的吸附蒸馏,实际上是多级固定床吸附与脱附,每一级都要经过加料、吸附、排液及脱附 4 个步骤,是一个非稳态间歇过程,没有体现蒸馏过程连续、处理能力大的优点。周明等开发了一种被称为吸附蒸馏的新分离过程。该过程使吸附与蒸馏操作在同一吸附蒸馏塔中进行,既提高了分离因数,又使蒸馏与脱附操作在同一蒸馏脱附塔中进行,强化了脱附作用。因此,吸附蒸馏过程具有分离因数高、操作连续、能耗低和生产能力大的优点,它适于恒沸物系和沸点相近系的分离及需要高纯产品的情况。目前学者们对吸附蒸馏在无水乙醇的制备、丙烷和丙烯的分离方面进行了研究,得出其能耗比常规蒸馏低得多的结论。

耦合分离技术还可以解决许多传统分离技术难以完成的任务,因而在生物工程、制药和新材料等高新技术领域有着广阔的应用前景。如发酵萃取和电泳萃取在生物制品分离方面得到了成功的应用;采用吸附树脂和有机配合剂的配合吸附具有分离效率高和解析再生容易的特点;电动耦合色谱可高效地分离维生素;CO_2 超临界萃取和纳米过滤耦合可提取贵重的天然产品等。

13.4　微化工技术

微化工技术是化工学科的前沿,以微反应器、微混合器、微分离器、微换热器等设备为典型代表,着重研究微时空尺度下"三传一反"特征与规律,以及采用精细化、集成化的设计思路,力求实现过程高效、低耗、安全、可控的现代化工技术,成为国内外学术界和工业界的研究热点。微化工系统是指通过精密加工制造的带有微结构(通道、筛孔及沟槽等)的反应、混合、换热、分离装置,在微结构的作用下,可形成微米尺度分散的单相或多相体系的强化反应和分离过程。与常规尺度系统相比,微化工系统具有热质传递速率快、内在安全性高、过程能耗低、集成度高、放大效应小、可控性强等优点,可实现快速强放、吸热反应的等温操作、两相间快速混合、易燃易爆化合物合成、剧毒化合物的现场生产等,具有广阔的应用前景。

13.4.1　微化工技术的研究

近年来微化工技术进入快速发展期,国内外研究者们开发了多种新型微化工设备。通过对其内部微结构构型、特征尺度及表面、界面效应的研究,为从新视角认识微化工过程共性规律和实现微尺度下"三传一反"耦合过程的理性解耦,以及建立微化学工程理论体系提供了借鉴与指导。在微尺度下几种流体作用力的竞争下,微化工设备内存在挤出、滴出、射流和层流等4种分散流型,可形成直径在 $5 \sim 1000\ \mu m$ 且分散高度均匀的液滴或气泡,比传统化工设备中的分散尺度小 $1 \sim 2$ 个数量级。由于多相体系存在环流与界面扰动等现象,可加快物流、热流的迁移速度,强化微设备内的热质传递效果,结果表明气-液、液-液、气-液-液及液-液-固体系的体积传质系数均比传统设备高 $1 \sim 2$ 个数量级,单台设备内传质效率可达 90% 以上,而体积传热系数也可提高 $1 \sim 2$ 个数量级。

13.4.2　微型反应器

微型反应器是一种建立在连续流动基础上的微管道式反应器,用以替代传统反应器,如玻璃烧瓶、漏斗,以及工业有机合成中常用的反应釜等传统间歇反应器。在微型反应器中有大量的以精密加工技术制作的微型反应通道,它可以提供极大的比表面积,传质传热效率极高。另外,微型反应器以连续流动代替间歇操作,使准确控制反应物的停留时间成为可能。这些特点使有机合成反应在微观尺度上得到精确控制,为提高反应选择性和操作安全性提供了可能。

微反应器在结构上常采用一种层次结构方式,先以亚单元形成单元,再以单元来形成更大的单元,以此类推,如图 13-11 所示。这种特点与传统化工设备有所不同,它便于微反应器以"数增放大"的方式来对生产规模进行方便的扩大和灵活的调节。

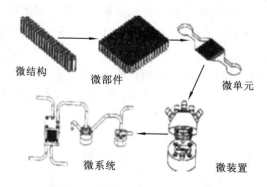

微结构　　微部件　　　　微单元

微系统　　　　微装置

图 13-11　微反应系统的层次结构

工业上常见的微型反应器如图 13-12 所示。

与传统的生产过程相比,采用微型反应器的生产过程具有以下主要特点:

(1) 对反应温度的精确控制。微型反应设备极大的比表面积决定了微型反应器有极大的换热效率,即使是反应瞬间释放出大量热量,微型反应器也可及时将其导出,维持反应温度稳定。而在常规反应器中的强放热反应,由于换热效率不够高,常常会出现局部过热现象。而局部过热往往导致副产物生成,这就导致收率和选择性下降。另外,在生产中剧烈反应产生的大量热量如果不能及时导出,会导致冲料事故甚至发生爆炸。

(2) 对反应时间的精确控制。常规的批次反应,往往采用将反应物逐渐滴加的方式来防止反应过于剧烈,这就使一部分物料的停留时间过长。而在很多反应中,反应物、产物或中间

(a) 乳化与沉淀反应器

(b) 光催化反应器

(c) 层叠式反应器

(d) 曲径式固定床催化反应器

(e) 固定床气液反应器

(f) 低温反应器

(g) Miprowa反应器

(h) 内部带混合装置的夹层反应器

图 13-12　工业上常见的微型反应器

过渡态产物在反应条件下停留时间一长就会导致副产物的产生,使反应收率降低。而微型反应器技术采取的是微管道中的连续流动反应,可以精确控制物料在反应条件下的停留时间。一旦达到最佳反应时间,就立即将物料传递到下一步反应或终止反应,这样就有效避免了因反应时间长而导致的副产物。

（3）物料以精确比例瞬间均匀混合。在那些对反应物料配比要求很严格的快速反应中,如果混合不够好,就会出现局部配比过量,导致产生副产物,这一现象在批次反应器中很难避免,而微型反应器的反应通道一般只有数十微米,物料可以按配比精确、快速、均匀混合,从而避免了副产物的形成。

（4）结构保证安全。与间歇式反应釜不同,微型反应器采用连续流动反应,因此在反应器中停留的化学品数量总是很少的,即使万一失控,危害程度也非常有限。另外,由于微型反应器换热效率极高,即使反应突然释放大量热量,也可以被迅速导出,从而保证反应温度的稳定,减少了发生安全事故和质量事故的可能性。因此,微型反应器可以轻松应对苛刻的工艺要求,实现安全、高效生产。

（5）无放大效应。精细化工生产多使用间歇式反应器,由于大生产设备与小试设备传热传质效率的不同,小试工艺放大时,一般需要一段时间的摸索。一般的流程是:小试—中试—大生产。利用微型反应器技术进行生产时,工艺放大不是通过增大微通道的特征尺寸,而是通过增加微通道的数量来实现的,所以小试最佳反应条件不需做任何改变就可直接用于生产,不存在常规批次反应器的放大难题,从而大幅缩短了产品由实验室到市场的时间。

微型反应器具有分立的三维结构,具有多个直径为几微米至几百微米的反应通道,反应体积范围为几纳升至几微升,反应通道的总长度通常为几厘米。制造微型反应器的材料包括金属、陶瓷、聚合物、玻璃、硅或者是这些材料的组合。制作微型反应器的方法可采用显微机械加工、光刻法或电化学方法,这取决于所用的材料、装置的大小及所生产的数量。首先,取一个合适材料的板块,然后用机械力、激光束或刻蚀技术来形成通道。接下来将这些通道合并成管道。合并可以通过简单黏结或焊接一个盖板,或者通过诸如化学气相沉积的化学方法来完成。在这个制作过程中,使用具有微结构的薄片作为盖板可实现诸多薄片的堆叠。同时,可商业化获取大量不同的反应器类型(从单一的混合器和换热器到具有不同停留时间单元的完整集成系统)。

微型反应器的壁高与通道宽度的比率较大,意味着表面积大,传热和传质能力强。另外,通道内部的流体通常具有雷诺数为1~1000的层流特征。这两个特征构成了微型反应器与传统化学反应器的主要差别。一般来说,传统的化学反应器具有较低的比表面积,并且流体内部处于湍流状态。

13.4.3 微化工技术的应用

一些采用传统方法不能进行的反应可以用微反应技术实现,例如用单质氟对有机化合物进行直接氟化。德国某研究所开发了一种降膜微型反应器,用于甲苯氟化反应。液体以约 $35~\mu\text{m}$ 厚的薄膜流过微通道,反应器的比表面积高达 $20000~\text{m}^2/\text{m}^3$,比传统接触设备高一个数量级,反应器的结构如图 13-13 所示。在该反应器中,单氟甲苯的收率为 20%,是鼓泡塔反应器的 4 倍,且副产物少。

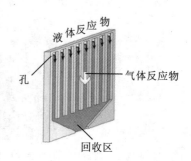

图 13-13　甲苯直接氟化降膜微型反应器结构示意图

Kim 将微型反应器应用于燃料电池中,从硼氢化钠中生产氢气,该反应器有三个光敏玻璃(表面层、反应器层和基层),镍作为催化剂载体插入反应堆中,Co-P-B 作为硼氢化钠水解反应的催化剂涂在镍的表面,在 40 ℃下氢气的生产速率达到了 5.6 mL/min,在电流为 0.5 A 的情况下电池最大输出功率为 157 mW。

清华大学开发的微分散设备内制备纳米碳酸钙技术实现了工业化应用,达到了年 10^4 t 级的生产规模,每年为企业新增销售收入千万元以上。开发出的膜分散、微槽分散和微筛孔阵列分散等工业级微萃取设备,已在原油脱酸、己内酰胺制备工艺中的酸团萃取、磷酸净化等过程中得到中试以上规模的应用,还实现了中试级甲苯法己内酰胺制备反应选择性的提高。中国科学院大连化学物理研究所开发了集混合、反应、换热于一体的年处理能力达 8×10^4 t 的微化工系统,已用于磷酸二氢铵工业生产,具有体积小(微单元设备体积均小于 6 L)、响应快、移热速率快、过程易控、无振动、无噪声、零排放、产品质量稳定等优点,迄今稳定运行一年多,有效地解决了生产过程的安全、环保与产品质量稳定性等问题;还成功开发了集甲醇氧化重整、CO选择氧化、甲醇催化燃烧、原料汽化、微换热等子系统为一体的千瓦级质子交换膜燃料电池(PEMFC)用的微型氢源系统,具有体积小、启动快、CO 含量低、比功率高等优点。

13.4.4 微化工技术的展望

随着近年来微化工技术研发与宣传推广工作的推进,很多传统化工观念正发生改变,人类对多相流体系的认识也逐渐由米、毫米尺度向微米、亚微米尺度过渡,随着微尺度下多相流动、混合、传递和反应过程的基本规律被不断揭示,新型化工设备的不断发展,过程绿色、安全和高效的目标有望实现。微化工技术的成功开发与应用将会改变现有化工设备的性能、体积、能耗和物耗,将是现有化工技术和设备制造的一项重大突破,也会对整个化学化工领域产生重大影响。作为一个新兴学科方向,有许多问题尚待深入研究。如微设备内复杂的多相流行为及调控规律,包括微分散的内在机理及物理模型的建立,多相流体的表界面性质、传递规律、混合特性;微尺度下动态界面行为,发展新型测试技术和方法(无接触测量技术);发展新型的微化工设备和工艺;微反应器中纳米催化剂的制备及反应特性与规律;微反应器的结构优化设计、并行放大规律与系统集成;微换热器的整体性能与结构优化等。

13.5　水力空化技术

水力空化技术是一种新的水处理技术。当流体流过管路收缩装置(如多孔板、文丘里管等)的截面时,由于收缩装置的限流作用,限流区流体流速增大、压力降低,当压力低于流体相应温度下的饱和蒸气压时,溶解在流体中的气体释放出来,同时流体本身也产生大量空化泡,随着流体周围压力迅速恢复,空化泡瞬间溃灭,并伴随产生多种物理和化学效应,从而产生水力空化现象。

13.5.1　水力空化作用机理

水力空化反应器是通过改变流体系统的几何尺寸(如让流体通过文丘里管、多孔板等)使液体流速突然增大,压力减小而产生的。液体在瞬间被加速,从而产生巨大的压力降,当压力降低到工作温度下液体的饱和蒸气压(或空气分离压)时,液体就开始“沸腾”,迅速“汽化”,内部产生大量气泡,破坏了液体的连续性,随着压力的降低,气泡不断膨胀,当压力恢复时气泡瞬时溃灭产生高温($1000 \sim 5000$ K)和瞬时高压(($1 \sim 5$)$\times 10^7$ Pa),即形成所谓的“热点”。这就相当于一种大的离散能量输入,能使水蒸气在高温高压下发生分裂及链式反应,反应式如下:

$$H_2O \longrightarrow \cdot OH + \cdot H \tag{1}$$

$$\cdot OH + \cdot OH \longrightarrow H_2O_2 \tag{2}$$

$$2 \cdot H \longrightarrow H_2 \tag{3}$$

空化泡溃灭产生冲击波和射流,产生具有高化学活性的自由基·OH 和强氧化剂 H_2O_2,随后与溶液中有机污染物发生氧化反应,可将水中大多数有机污染物氧化降解成为无害物质,从而达到净化水质的目的。另外,强大的水力剪切力可以使大分子主链上的碳键断裂,破坏微生物细胞壁,从而达到降解高分子和使微生物失活的作用。

13.5.2　水力空化反应器

常用的水力空化反应器有高速均质器、高压均质器、微型流化器和多孔板等。高速均质器(HSH)一般由转子和定子组成,空化通过调节转子的速度产生,此装置的能量消耗很大。高压均质器(HPH)是一个带有节流装置的定容式泵,典型的高压均质器由给水箱、两个节流阀和高压泵组成,给水箱中的流体在泵的作用下通过节流阀使流体的压力增大。HPH 主要用于乳化工艺,但是其产生的空化强度较小而且难以控制。多孔板设备具有最大的适应性和灵活性,能应用于多种场合,例如降解各种有机污染物、消毒等,而且易工业化、商业化和工程化。

13.5.3　水力空化技术的应用

1. 污水处理

随着工业的迅速发展,水中有害的人工合成化学物质和难降解的有机物逐年增多,传统的水处理方法已经不能满足新的环保要求,而水力空化技术在有毒难降解有机污染水体的处理领域的潜在应用前景促使许多研究人员致力于水力空化用于污水处理的研究。Sivakumar 和 Pandit 在循环水力系统中利用 6 个不同几何尺寸的多孔板产生不同强度的空化作用,降解 50 L 浓度为 5~6 μg/L 的罗丹明 B 染料废水,1 h 后发现不能被生物降解的芳胺得到了降解,且使溶液脱色,能量效率为超声空化的 1.5 倍。Kalumuck 和 Chahine 在空化射流循环设备中降解了对硝基苯酚,研究了温度、pH 值、环境和射流压力和流速对降解效果的影响,并且发现与超声空化相比大大提高了能量利用率。

2. 水解反应

Pandit 和 Joshi 进行了水解脂肪油实验。实验中以阀门作为节流设备产生空化,油水混合物在设备中循环流动,水力空化装置的处理量是 200 L,超声空化的处理量是 220 mL。实验表明,同样的水解程度,水力空化消耗的能量(1080 J/mL)比超声空化的(1384 J/mL)少30%。设备简单、高效和处理量大等优点使水力空化具有应用于工业的绝对优势。Senthil、Siva 和 Pandit 用水力空化设备分解 KI 水溶液。设备包括多孔板和 50 L 反应器。实验得出 KI 的分解率为超声空化的 3 倍,并且通过改变设备参数控制空化强度,例如优化缩口的几何尺寸,KI 的分解率提高 3~5 倍;水力空化的效率随着处理量的增大而增大,这就表明水力空化具有更好的工业前景。

3. 消毒

Jyoti 和 Pandit 用多种设备进行对井水消毒的比较实验。实验中,水力装置中用多孔板产生空化,分别在 0.17 MPa、0.35 MPa 和 0.52 MPa 时处理 75 L 的井水。1 h 后,发现水中微生物的量随着压力的增加而减少,在 0.52 MPa 时,总大肠杆菌和链球菌都减少 85%;而经过相同时间,H_2O_2 处理总大肠杆菌为 28%,超声空化为 75%。与其他物理处理方法(如超声空化)相比,水力空化能量消耗最少。与化学处理方法(如加氯消毒)相比,水力空化耗能比其高几个数量级,但是水力空化处理过程避免了产生有毒物质。因此,水力空化是一种有效的消毒饮用水和沐浴用水的物理处理方法。在随后的实验中,他们把水力空化与其他方法,如超声空化、臭氧氯气等结合,发现消毒效果比单个工艺的效果好,处理大肠杆菌量达到 97%。

4. 其他方面的应用

水力空化在其他很多方面也得到了应用。例如,Shirgaonkar 等研究了高压和高速设备中细胞的分裂基质,研究表明,空化泡的溃灭和压力脉动是细胞分裂的主要原因。Chaivate 和 Pandit 研究了通过水力空化作用降解聚合溶液。实验中使临界胶束浓度为 0.5% 的溶液通过多孔板产生空化。2 h 后溶液的黏度由 30 mPa·s 降为 5 mPa·s。Dandoth 利用水力空化作用漂白亚硫酸盐纸浆,实验结果表明,在 20~60 ℃,漂白速率是次氯酸盐漂白速率的 7~9 倍,并且 pH 值降至 7.0~8.0。

水力空化还可以与其他的处理方法(如臭氧技术、过氧化氢氧化和紫外(UV)辐射等)联合使用,这些联合技术既能提高氧化效果,又能保持能量效率。Buckley 把水力空化与 UV 辐射技术联合,结果表明降解率大大提高。目前一种 CAV-OX 已经在商业领域得到了应用,该技术是由水力空化、UV 辐射和过氧化氢组合的集成技术,它可以在很大程度上降解水中五氯苯酚、苯、甲苯、二甲苯、氰化物、酚、阿特拉津等难降解有机物。

在水力空化设备中只需安装缩口(如节流阀、文丘里管和多孔板),就能产生空化现象。通过调节缩口的尺寸和形式就能控制空化强度,所以水力空化具有设计操作简单、能耗低、污染少和处理量大等优点,且该技术可以单独使用,也可以联合别的技术(如 UV 辐射、H_2O_2 等)使用。虽然目前水力空化反应器的各种应用只是局限于小规模,但是它的优点表明它具有强大的生命力和广阔的开发前景,是一项很有前途的水处理技术。

13.6　超重力技术

13.6.1　超重力技术简介

所谓超重力,指的是在比地球重力加速度($9.8\ m/s^2$)大得多的环境下物质所受到的力。在地球上,实现超重力环境的简便方法是通过旋转产生离心力而模拟实现。这样的旋转设备称为超重力机(higedevice)或旋转填充床(rotating packed bed,RPB)。

超重力技术的理论根据是在超重力环境下,不同大小分子间的分子扩散和相间传质过程均比常规重力场下要快得多。在超重力环境下,不同物料在复杂流道中流动接触,强大的剪切力将液相物料撕裂成微小的膜、丝和滴,产生巨大和快速更新的相界面,使相间传质速率比在传统的塔器中提高 1~3 个数量级,分子混合和传质过程得到高度强化。同时,气体的线速度也可以大幅度提高,这使单位设备体积的生产效率提高 1~2 个数量级,设备体积可以大幅缩小。因此,超重力技术被认为是强化传递和多相反应过程的一项突破性技术。

超重力技术的特点如下:①极大地强化了传递过程(传质单元高度仅 1~3 cm);②极大地缩小了设备尺寸与质量(不仅降低了投资,而且改善了环境);③物料在设备内的停留时间极短(10~100 ms);④气体通过设备的压力降与传统设备相近;⑤易于操作,易于开、停车,由启动到进入定态运转时间极短(1 min 内);⑥运转维护与检修方便的程度可与离心机或离心风机相比;⑦可任意方向安装,不怕振动与颠簸,可安装于运动物体(如舰船、飞行器)及海上平台;⑧快速而均匀地微观混合。

13.6.2　超重力反应/分离器

超重力反应/分离器是利用旋转产生的离心力来加快反应/分离速率的。其核心部件为一个高速旋转的环状转子,转子内由塔板或填料组成,形成气液相接触的表面通道。液体从伸入转子中心的静止液体分布器引入,先经分布器预分布后喷向转子内缘,在离心力作用下向外甩出。气体由转子的外缘进入转子,依靠气体气压,由外向内与液体接触。超重力反应/分离器基本结构如图 13-14 所示。

13.6.3　超重力技术的应用

我国超重力技术的研究在世界上处于领先地位。1994 年北京化工大学陈建峰等发现了超重力环境下微观分子混合强化百倍特征现象,据此突破了国际上超重力技术囿于分离领域的局限性,原创性提出了超重力强化分子混合与反应结晶过程的新思想与新技术。随后进行了成功的工业化开发,建立了 8 条超重力法制备纳米颗粒的工业生产线,其中纳米碳酸钙(平均粒径 30 nm)生产线产能达到 $10^4\ t/a$,产品远销欧美等国家和地区。这一进展被国际评论为

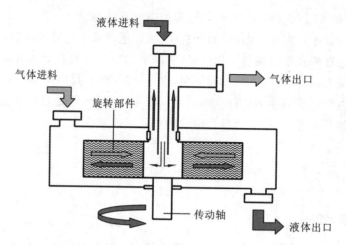

图 13-14　超重力反应/分离器基本结构示意图

"应用于固体合成发展历史上的一个重要里程碑"。1998 年北京化工大学郑冲、陈建峰、郭锴等在国际上率先将超重力水脱氧技术实现了商业化应用,将海水处理能力为 250 t/h 的超重力机成功应用于胜利油田埕岛二号海上平台;1999 年美国 Dow 化学公司在北京化工大学的技术合作下,将超重力技术应用于次氯酸的工业生产过程,使吸收、反应和分离等多个单元操作耦合在超重力机中进行,次氯酸产率提高 10% 以上,氯气循环量降低 50%,设备体积缩小 70% 以上,取得了显著的强化效果。陈建峰课题组还将超重力技术成功应用于宁波万华聚氨酯有限责任公司等的二苯甲烷二异氰酸酯(MDI)生产过程。技术改造后使其产能从 $1.6×10^5$ t/a 提高到 $3.0×10^5$ t/a,过程节能 30%,产品杂质显著下降,技术推广应用后 MDI 总产能达到 $9.0×10^5$ t/a。超重力技术还被用于纳米药物($5.0×10^3$ t/a)、纳米分散体、丁基橡胶等产品的制备或生产中以及工业尾气中 SO_2 脱除、废水中的挥发性有机物脱除、炼油厂酸性气中 H_2S 脱除、锅炉补给水的脱氧、生物发酵中的氧化、生物降解高分子等工业过程。

13.6.4　超重力技术展望

经过 30 多年的发展,已证明超重力技术是一项极富前景和竞争力的过程强化技术,具有微型化、高效节能、产品高质量和易于放大等显著特征,符合当代过程工业向资源节约型、环境友好型模式转变的发展潮流。超重力强化技术在传质和分子混合限制的过程及一些具有特殊要求的工业过程(如高黏度、热敏性或昂贵物料的处理)中具有突出优势,可广泛应用于吸收、解吸、精馏、聚合物脱挥、乳化等单元操作过程及纳米颗粒的制备、磺化、聚合等反应过程和反应结晶过程。

13.7　超临界流体技术

13.7.1　超临界流体技术简介

超临界流体是指当物质的温度和压力处于临界点以上时所处的状态,它具有许多不同于传统溶剂的独特性质。超临界流体既具有气体黏度小、扩散系数大的特性,又具有液体密度大、溶解能力好的特性,而且在临界点附近流体的性质(密度、黏度、扩散系数、介电常数、界面张力等)有突变性和可调性,可以通过调节温度和压力方便地控制体系的相平衡特性、传递特性和反应特性等,从而使分离、反应等化工过程更加可控。

超临界流体技术作为一种"绿色化"的过程强化方法,不仅可以大大降低化工过程对环境的污染,而且超临界流体的扩散系数远大于普通溶剂的扩散系数,可以显著改善传质效果,从而提高分离、反应等化工过程的效率。

13.7.2　超临界流体技术的应用

早在 1822 年 Cagniard 就发现了临界现象的存在,1869 年 Andrews 测定了 CO_2 的临界参数,1879 年 Hanny 和 Hogarth 发现超临界流体对固体具有溶解能力,为超临界流体技术应用提供了依据。虽然从发现临界现象至今已有一百多年的历史,但其迅猛发展只是近三十多年的事情。随着近年来理论和应用研究的深入开展,超临界流体已广泛应用于萃取、反应、造粒、色谱、清洗等技术过程,并在化工、医药、食品、环保、材料等领域显示出广阔的应用前景。

1. 超临界流体萃取

超临界流体萃取技术是研究最多的一种。前期研究主要侧重于理论方面,包括对超临界流体密度和黏度等的测定和关联、对超临界状态下相平衡数据的测定和热力学模型的建立、对超临界状态下萃取过程传质动力学的研究等。近年来许多研究者还从微观上研究了超临界状态下的分子相互作用,尝试从分子水平上解释选择性萃取的机理。在应用方面,超临界流体萃取技术主要用于天然产物中有效成分的提取,也可用于金属离子和农药等痕量组分的脱除。自 1978 年德国 HAG 公司建立第一家用超临界流体萃取技术脱除咖啡因的工厂以来,其工业化取得了快速发展,美国、日本、加拿大、意大利、中国等也相继建立了生产装置,并将其用于啤酒花香精、天然香料、色素和油脂等的提取。虽然对超临界流体萃取技术的研究日益成熟,但 CO_2 对极性物质的溶解能力不强仍是制约该技术发展的瓶颈。为此,有人利用在超临界 CO_2 形成微乳液或添加螯合剂的方法来提高蛋白质等生物大分子或金属离子等在超临界 CO_2 中的溶解度,这些强化方法大大拓展了超临界流体萃取的应用范围。

2. 超临界流体化学反应

超临界流体化学反应是以超临界流体作为反应介质或作为反应物的反应,超临界流体的独特性质使其在反应速率、收率和转化率、催化剂活性和寿命及产物分离等方面较传统方法均有显著改善。超临界 CO_2 中的化学反应包括氧化、加氢、烷基化、羰基化、聚合和酶催化反应等,研究者不仅从理论上对反应机理和反应动力学,反应体系相行为和分子间相互作用对反应的影响等进行了广泛的研究,而且进行了产业化探索,如杜邦公司年产 1100 t 含氟聚合物的超临界反应装置已正式投产。超临界水氧化反应可用于有毒废水、有机废弃物等的治理,是一种前沿性的环保技术,目前在国内外均已实现工业化。此外,由于当前的能源危机,超临界水中生物质的转化反应也受到了重视,但目前这方面的研究尚处于初级阶段。

3. 超临界流体的其他应用

超临界流体结晶技术可用于制备药物、聚合物、催化剂等的超细颗粒。超临界流体色谱技术特别适合于手性药物或天然产物等高附加值物质的分离。此外,超临界流体技术还可用于半导体的清洗、纺织品印染等多个领域。

13.7.3　超临界流体的问题与展望

随着超临界流体技术的快速发展,其理论和应用研究也逐渐深入。三十多年来,不仅超临界流体技术的应用领域不断拓展，而且多种超临界流体技术已经实现了产业化。但是，由于超临界流体的非理想性和高压下研究手段的匮乏，其理论研究多集中在宏观层次上的热力学和动力学研究，分子水平上的研究相对较少，对超临界状态下多元体系的研究仍然十分缺乏，因此，超临界流体技术的理论基础研究仍需加强。由于分子模拟不需进行高压下的实验即可得到热力学、传递特性和谱学性质等有用的信息，在今后的研究中将发挥越来越重要的作用。超临界流体萃取、反应等技术虽然已实现工业化，但由于超临界流体的溶解能力有限，造成设备体积大、投资高，仅适用于高附加值的物质。加入改性剂虽然可以在一定程度上提高超临界流体的溶解能力，但同时也降低了其"绿色性"，增加了后处理的难度。如果能在超临界流体新介质和高压设备的规模化、自动化研究方面取得突破，将大大提高超临界流体技术的经济性。另外，超临界流体技术与其他技术（如精馏、吸附、膜分离等）相耦合，也有助于提高化工过程的效率，降低成本，这将成为超临界流体技术研究的新趋势。

13.8　脉动燃烧干燥技术

脉动燃烧干燥技术是一种新型、高效的干燥技术，是利用脉动燃烧产生的高温、高速振荡气流对物料进行干燥的技术。利用脉动燃烧产生的尾气作为干燥热源，大大改善了干燥过程的传递特性，提高了干燥速率和能源利用率，有效地降低了污染排放，因此这是一种很有前途的新型干燥技术。

13.8.1　脉动燃烧干燥系统

脉动燃烧干燥系统的主要设备是脉动燃烧器，脉动燃烧器是脉动燃烧干燥系统的干燥介质发生器，有 Schmidt 型、Helmholtz 型和 Rijke 型三种类型。脉动燃烧是周期性进行的，同时产生很强的声波共振现象。燃烧产生的尾气流温度通常高于 800℃，脉动频率为 50～300 Hz，振荡气流速度可达 100 m/s，这样的流场特性加上具有的强声波能，极大地强化了热、质传递过程。此外，其燃料来源广泛，燃料燃烧充分，排气污染低，结构简单，基本无运动部件。因而，脉动燃烧干燥器是一种非常理想的干燥介质发生器。已应用于生产的脉动燃烧干燥器有尾管作为干燥室和尾管外连接干燥室两种类型。图 13-15 所示为美国 Sonodyne 公司开发的尾管作为干燥室的脉动燃烧干燥系统。空气由引风机 1 鼓入，液体物料由输料管 3 输入脉动燃烧器的尾管中，在尾管内脉动气流的喷射作用下，物料被雾化，水分蒸发，在第一级分离器 4 中继续干燥并分离，尾气流及部分细小颗粒在第二级分离器 7 中分离，干燥后的物料由输料器从排料口 6 排出，废气经过滤器 8 在排风机 9 作用下，由排气口 10 排出。该干燥装置的脉动燃烧器采用 U 形无阀简单结构，脉动燃烧的回流被回流引管 5 引入干燥室以提高热能利用率。整个脉动燃烧器封闭在一个室内，具有降噪作用。尾管作为干燥室的脉动燃烧干燥器，热能和声能利用充分，声波能在尾管内对物料的粉碎能力强，雾化效果好，结构简单。但物料在尾管内干扰脉动气流，影响燃烧过程，不宜大批量处理物料。图 13-16 所示为尾管外连接干燥室的 Unison 脉动燃烧干燥系统，脉动燃烧器布置在干燥室的上方，脉动燃烧产生的气流射入干燥室，物料由侧面喂入，被脉动气流雾化，在干燥室内干燥，干燥后的产品由旋风分离器分离排出，废气经袋式过滤器从排风机排出，排风机使干燥器和产品收集器在一定负压下工作，防止泄漏。脉动燃烧器排气温度为 540～1200 ℃，脉动频率为 125～150 Hz，功率为 235 kW，去水率为 300 kg/h。

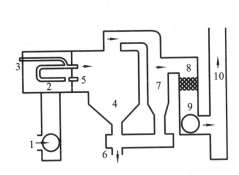
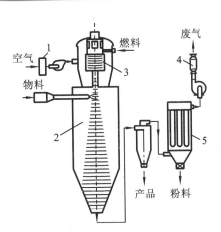

图 13-15　脉动燃烧干燥系统

1—引风机；2—脉动燃烧器；3—输料管；

4—第一级分离器；5—回流引管；6—排料口；

7—第二级分离器；8—过滤器；9—排风机；10—排气口

图 13-16　Unison 脉动燃烧干燥系统

1—过滤器；2—干燥室；3—脉动燃烧器；

4—消音器；5—袋式过滤器

13.8.2　脉动燃烧干燥技术的特点

脉动燃烧干燥与传统干燥比较，具有以下优点：

（1）适应物料范围广。脉动燃烧干燥可用于食品、农产品及工业产品等物料干燥，脉动燃烧干燥比传统干燥对物料适应性更广。

（2）蒸发能力强，能耗低。脉动燃烧干燥具有雾化作用，使物料雾化成细小的雾滴，极大地增加了蒸发表面积，大大提高了干燥速率，降低了能耗。传统干燥单位热耗一般为 $500\sim9000$ kJ/kg，而脉动燃烧干燥器的单位热耗只有 $2900\sim3500$ kJ/kg。

（3）干燥产品质量高。采用脉动燃烧干燥虽然干燥介质的温度高达 900 ℃左右，但物料被干燥的时间极短，通常不超过 1 s，所以物料升温一般不超过 50 ℃。这种干燥特性特别适合处理热敏性物料，并能保护其干燥后的品质。而传统的闪蒸干燥器物料停留时间为 $10\sim60$ min。因此，传统干燥器不宜采用高温来高效、快速干燥热敏性物料。

13.8.3　脉动燃烧干燥技术的应用

脉动燃烧干燥技术是利用脉动燃烧产生的具有强振荡特性的高温尾气流对物料进行干燥的。脉动燃烧干燥褐煤的实验研究采用 205 kW 无阀脉动燃烧器，以丙烷为燃料，排气温度为 $370\sim790$ ℃，工作频率为 15 Hz，可将褐煤含水量由 35% 降到 10% 以下，生产量为 2×10^4 kg/h，同时具有干燥和输送功能。干燥玉米的实验研究所用脉动燃烧器的功率为 88 kW，由于谷物干燥时对干燥介质的温度有一定的要求，所以在干燥系统中增加了二次进风量以降低干燥介质温度。还有以丙烷、残油和 3% 的残油与褐煤的混合物为燃料的脉动燃烧器用于褐煤干燥。脉动燃烧干燥与热风干燥果蔬的对比实验研究中，被干燥的物料为胡萝卜，气流温度为 $200\sim300$ ℃，对物料干燥 10min，采用脉动燃烧干燥物料的失重率为 63%，而采用热风干燥物料的失重率仅为 15%，达到同样失重率需 35min。1989 年，美国燃气公司开发出的脉动燃烧干燥设备主要用于干燥浆状和液状物料，物料在加热区停留时间极短，约为 0.01 s。在混合室脉冲热气流将液、浆状物料打散、雾化成细小雾滴，从而增大了物料蒸发面积，提高干燥速率。干燥机排气温度为 $93\sim104$ ℃，而产品升温仅为 $38\sim49$ ℃，特别适合干燥热敏性物料。

该干燥系统去水率为 1330 kg/h,单位热耗量仅为 2800 kJ/kg,干燥的物料有酵母、酪朊酸盐、咖啡伴侣等。1992 年,美国生产的 Unison 脉动燃烧干燥机用于动物饲料添加剂的干燥获得成功,该机不需要喷嘴和高压泵,由脉动燃烧器产生的高速气流雾化,不仅节省维修费用,而且干燥的产品质量提高。

脉动燃烧干燥技术使物料在干燥器内的停留时间短,温度低,有利于保护产品的质量。但燃烧机理复杂,对于脉动燃烧产生的高温振荡气流能加速干燥过程,产生的声波能具有粉碎、助干作用等,只有部分定性的描述,还没有定量描述的数学模型。因此,将脉动燃烧装置与传统的干燥系统配置,很难保证干燥系统的最佳工况及干燥机的工作稳定性,急需加强这方面的研究。

13.9　基于能量场的强化技术

不少非传统技术利用非热能的能量以实现过程的强化。这些能量形式有微波、超声波、辐射技术以及等离子体技术等。

13.9.1　微波技术

1. 微波场理论

微波在电磁波谱中介于红外和无线电波之间,波长在 0.001～1 m(频率为 0.3～300 GHz)的区域内,其中用于加热技术的微波波长一般固定在 0.0122 m(频率为 2.45 GHz)处。

微波发生器产生交变电场,该电场作用在处于微波场的物体上,由于物质分子偶极振动同微波振动具有相似的频率,极性分子取向随电场方向的改变而变化。在一定频率交替变化的电场中,介质中的偶极子也相应发生旋转、振动或快速摆动而形成位移电流。由于分子的热运动和相邻分子的相互作用,偶极分子随外加电场方向的改变而发生的规则摆动受到干扰和阻碍,这种摆动往往滞后于电磁场的变化,产生了类似摩擦的作用,使杂乱无章运动的分子获得能量,加剧了分子的运动,大大增加了反应物分子之间的碰撞频率,并可在极短的时间内达到活化状态,而且在数量上远比传统方式大幅度增加。因此,微波加热具有升温速率大的特点。微波对物质的加热是从物质分子出发的,物质分子吸收电磁能以每秒数亿次的高速摆动而产生热量,因此称为"快速内加热"。这种由分子间振动所产生的内加热能将微波转变为热能,可以直接激发物质间的反应。与常规的加热相比,微波具有加热速度快、均匀、无温度梯度存在、能瞬时达到高温、热量损失小等优势。此外,不同的物质具有不同的电介质性质,从而有不同的吸收微波能力,这一特征又使微波辐射具有选择性加热的特点。微波还存在非热效应,当把物质置于微波场时,其电场能使分子极化,其磁场力又能使这些带电粒子迁移和旋转,加剧了分子间的扩散运动,提高了分子的平均能量,降低了反应的活化能,可大大提高化学反应速率。

2. 微波效应对化学反应过程的作用机理

微波在加速化学反应的过程中普遍认为存在微波的热效应,而对于微波在化学反应中所产生的特殊效应,特别是非热效应逐渐成为人们争论的焦点。许多科学家认为在大多数情况下,微波场内的化学反应速率提高是由单纯的热/动力学效应引起的,即它是微波辐射极性物质后迅速达到很高的反应温度从而对反应产生促进作用的结果。微波加热是在全封闭状态下,微波以光速渗入物体内部,由电子、离子的移动或缺陷偶极子的极化而被吸收,即转变成热量,形成物料内外部"整体"加热的效果,大大降低了热损失,减少了加热时间,可达到快速加热与节能的作用。微波的热效应主要与物质本身在特定频率和温度下将电磁能转化为热能的能力有关。目前,对微波反应中的加热速率、溶剂性质、微波输出、反应物极性对微波能量吸收的影响等都已有研究报道。近年来,常用"微波特殊效应"或者"微波非热效应"来描述除微波热效应以外的其他效应,甚至很多文献中把特殊效应与非热效应等同起来。其实,特殊效应是微波所特有的效应,非热效应和特殊效应有着本质的差别,两者的区别在于特殊效应并不排除与温度的相关性,可以用温度变化解释的特殊效应仍然是热效应,而非热效应则是一种无法用温度变化来解释的效应。微波对化学反应的作用,一方面是反应物吸收微波能量后分子运动加剧,能量在分子之间通过碰撞迅速传递,致使运动杂乱无章,导致熵的增加;另一方面是微波场对离子或极性分子的 Lorentz 力作用,强迫其按照电磁波作用的方式运动,导致熵的减小,此过程强烈地依赖于电磁波的工作方式和状态参量。微波的非热效应支持者认为,微波作用于化学反应,改变了反应的动力学,改变了反应的活化能和指前因子,而且这种改变与温度有关,即微波对化学反应存在着选择性加热的影响(物质的分子结构与微波频率的匹配关系)。

　　3. 微波在化学中的应用类型及设备

　　微波在化学中的应用类型主要有两类。第一类是微波等离子体化学,微波对气态物质的化学作用主要属于这一类,它是利用微波场来诱导产生等离子体,进而在化学反应中加以应用。最早在分析化学中利用等离子体的报道出现于 1952 年,H. P. Broida 等用形成等离子体的方法,以原子发射光谱法测定了氢-氘混合气体中氚同位素的含量,后来他们又将这一技术用于氮的稳定同位素分析,开创了微波等离子体原子发射光谱分析的新领域。微波等离子体也用于合成化学,其中最为成功的事例包括金刚石、多晶硅、超细纳米材料的制备,高分子材料的表面修饰及微电子材料的刻蚀净化等,其中不少已产业化。第二类是直接微波化学,即是指微波场直接作用于化学体系,从而促进或改变各类化学反应,它的作用对象主要是凝聚态物质。1974 年 J. A. Hesek 等首先利用微波炉加热样品。次年,有人用它进行生物样品消解。在微波炉密闭容器中,微波辐射引起的内加热和吸收极化作用及所达到的较高温度和压力使消解速率大大加快,而且减少了氧化剂用量和痕量元素的损失。现微波溶样技术已作为标准方法广泛用于分析样品的预处理。微波直接用于化学合成,从 R. Gedye 等在 1986 年用微波炉进行酯化、水解、氧化以来,在有机化学的十几类合成反应中也取得了很大成功。该法的主要优点在于大大提高了收率、缩短了反应时间。如在酯化反应中,使用微波与普通加热方法相比,反应速率要增加 113~1240 倍。同样微波在无机固相合成中也取得了可喜的成功,如沸石分子筛、陶瓷材料及超细纳米粉体材料的合成。

　　用于促进化学反应的微波反应设备,概括起来可分为两部分,即微波装置和反应器。连续微波反应器的设计原理如图 13-17 所示,反应物经压力泵导入反应管 5,达到所需反应时间后流出微波腔 4,经热交换器 7 降温后流入产物储存罐 10。连续微波反应器可以大大扩大实验规模,它的出现使得微波反应技术最终应用于工业生产成为可能。有的连续反应器还可以进行高压反应。只是这种反应器目前还只能应用于低黏度体系的液相反应,对固相干反应及固液混合体系不能适用。另外,这种反应器所测量的温度不能体现反应管道温度梯度的变化情况,不能进行反应动力学的准确研究。

　　一般来讲,只要是对微波无吸收、微波可以穿透的材料(如玻璃、聚四氟乙烯、聚苯乙烯等)都可以制成反应容器。由于微波对物质的加热作用是内加热,升温十分迅速,在密闭体系进行的反应往往容易发生爆裂现象。因此,对于密闭容器,要求其能够承受特定的压力。耐压反应器较多,如美国的 Parr 公司及 CEM 公司为矿石、生物等样品的酸消化设计的酸消化系统,可

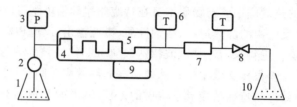

图 13-17　连续微波反应器的设计原理

1—待压入的反应物;2—计量泵;3—压力转换器;4—微波腔;5—反应管;
6—温度检测器;7—热交换器;8—压力调节器;9—微波程序控制器;10—产物储存罐

分别耐压 8.1 MPa 和 1.4~1.5 MPa,还有 CSIRO 设计的微波间歇式反应器,可以在 260 ℃、10.1 MPa 状态下进行反应。对于非封闭体系的反应,对容器的要求不是很严格,一般采用玻璃材料反应器,如烧杯、烧瓶、锥形瓶等。

4. 微波技术的应用实例

1) 微波技术在化学合成中的应用

微波技术可以加快化学反应速率,改变化学反应历程,获得新的反应产物,实现某些常规方法不能进行的反应。目前,微波辅助合成已成功应用于烷基化、酯化、皂化、烯烃加成、磺化、氧化、环合以及负碳离子缩合等诸多反应。例如,Mallakpour 等应用微波辐射制备了一系列具有光学活性的聚酰胺酰亚胺。与常规溶液聚合相比,微波场能显著加快反应速率,在 10 min 左右即得到了具有光学活性的聚酰胺酰亚胺。Zhao Z. X. 等用微波辐射法合成聚异丙基丙烯酰胺热敏水凝胶。实验表明,微波辐射法合成热敏水凝胶,大幅度提高了合成速率,使得合成时间由普通水浴法的 24 h 缩短为 20 min,而且所得的水凝胶孔隙结构十分均匀。

2) 微波技术在材料合成中的应用

微波技术在无机合成材料中的研究非常广泛,目前已经在硬质合金、高温材料、陶瓷材料、纳米材料、金属化合物、合成金刚石等方面取得较好的进展。如微波烧结合成 WC-Co 硬质合金,与普通烧结相比,烧结周期缩短 3 h,能耗降至普通烧结的几分之一,而且能提高产品性能(如孔隙度低、结构均匀性高、使用寿命长等);以高岭石为原料,采用微波烧结合成莫来石,与传统方法相比,合成温度降低 300~400 ℃,且相对密度达到 98%;利用微波技术合成氮化硅结合碳化硅砖,与传统方法相比,不仅合成时间降低 90%,而且产品性能有大幅提高;在微波场中采用溶胶-凝胶法制备钛酸锶钡纳米铁电陶瓷,不仅平均晶粒在 1 μm 以下,而且临界温度范围加宽;微波技术合成分子筛(如 A 型、Y 型等),与传统方法相比,具有速度快(如微波合成 Y 型分子筛需 10 min,而传统方法需 10~50 h)、能耗低,而且分子筛的晶粒小且均匀。

3) 微波技术在废物处理中的应用

常规处理工业污泥(油与含固体碎屑的水的乳化物)时采用加热破乳—离心分离—填埋处理工艺,填埋量大、费用高。而采用微波技术则可避免这些不利因素,且提高处理速度。如微波技术处理含油淤泥与常规方法相比,速度快 30 倍,费用只有 1/10,处理系统的体积降低 90%。微波灭菌具有温度低、时间短、无二次污染的突出优点。采用微波辐射霉菌、酵母等常见微生物约 1 min,可加热到 80 ℃左右,能达到杀菌目的;在 65~66 ℃,微波辐射 2 min 便可杀死青霉素的孢子。全球每年产生大量的医疗垃圾,造成严重的环境污染,如果采用微波技术灭菌,超过 60% 的医疗垃圾可进行填埋处理,而且与传统的焚烧法相比,不会产生毒性强的二噁英等二次污染物,并具有速度快、效果好、能耗低等特点。

13.9.2　超声波技术

通常把频率高于 2×10^4 Hz 的声波称为超声波。自从 1880 年 Cutie 发现压电效应及 1917 年 Langevin 发现反压电效应以来,超声波技术及其应用获得了极为广泛而令人注目的成就,并相应形成了诸如水声学、超声医学等各个声学分支。早在 20 世纪 20 年代,在美国普林斯顿大学化学实验中就曾发现超声波有加速化学反应的作用,但长期以来未引起化学家们的重视。直到 20 世纪 80 年代中期,由于超声设备的普及应用,超声波在化学中的应用研究才迅速发展,形成了一门新型的交叉学科——声化学。所谓声化学,主要是指利用超声波加速化学反应,提高化学产率的一门新兴的交叉学科。声化学反应不是来自声波与物质分子的直接相互作用,因为在液体中常用的声波波长为 0.00015～0.1 m(频率 15 kHz～10 MHz),远远大于分子尺度。声化学反应主要源于声空化——液体中空泡的形成、振荡、生长、收缩,直至崩溃,及其引发的物理、化学变化。

1. 空腔的形成及其影响因素

超声波由一系列疏密相间的纵波组成,并通过液体介质向四周传播。像所有的声能一样,超声能的传递也是通过在介质中压缩、膨胀来实现的。声空化是聚集声场能量并瞬间释放的一个极其复杂的物理过程,它是指液体中的微小泡核在超声波作用下被激活,表现为泡核的振荡、生长、收缩及崩溃等一系列动力学过程。空化泡崩溃时,在其周围产生瞬间局部高温(约 5000 K)、高压(约 100 MPa),温度变化率达 10^9 K/s,并伴生强烈的冲击波,该效应增大、更新了非均相反应界面,强化了传质和传热过程,提高了反应物分子的活性,增加了它们相互碰撞的概率。同时,该效应在液体中形成了无数微小的、具有极端物化环境的化学反应器,这有利于化学键的断裂、自由基的产生及相关反应。这为在一般条件下难以实现或不可能实现的化学反应,提供了一种新的非常特殊的物理环境,开启了新的化学反应通道。

声化学的主要影响因素如下:①声场的频率:声场的频率对声化学反应有较明显的影响,一般情况下,脉冲声波比连续声波的效果要好些;声源的调制方式也很重要,脉冲的占空比在 1∶(1～1.5)时声化学反应有较高的诱发率。②声场的能量:声场的能量取决于超声换能器的功率,而它则是声化学反应的决定性因素。声化学反应的引发和加速源于超声的空化作用,只有当声强(声场的能量)达到一定程度时,才能使以声场频率振动的气泡发生闭合,声强越高,闭合的速率就越快,产生的压力波也越强,热点处的温度和压力也将更高,以及其他一些空化效应也就越剧烈,从而触发一系列的声化学反应。③溶液的温度:溶液的温度也是一个重要的影响因素。早年人们认为,温度升高,溶液的黏度下降,这样一来,空化核半径和声场的频率不合,从而促使能够发生空化效应的空化核数目下降,反应速率下降。近来的研究表明,溶液的黏度下降并不是主要原因,而是溶液的温度升高以后,在溶液中溶解的气体大量逃逸出去,结果造成空化核的生成量下降,反应速率下降。

2. 声化学效应的理论解释

声化学效应的主要机制是声空化(包括气泡的形成、生长和崩裂)。其现象包括两个方面,即强超声在液体中产生气泡和气泡在强超声作用下的特殊运动。在液体内施加超声场,当超声强度足够大时,会使液体中产生成群的气泡,称为"声空化泡"。这些气泡同时受强超声波作用,在经历声的稀疏相和压缩相时,气泡生长、收缩、再生长、再收缩,经多次周期性振荡,最终以高速度崩裂。在其周期性振荡或崩裂过程中,会产生短暂的局部高温、高压,并产生强电场,从而引发许多力学、热学、化学、生物等效应。反应体系的环境条件会极大地影响空化的强度,而空化强度则直接影响到反应的速率和产率。这些环境条件包括反应温度、液体的静压力、超声波辐射频率、声功率和超声强度。另一些对空化强度有很大影响的因素,包括溶解气体的种类和数量、溶剂的选择、样品的制备以及缓冲剂的选择等。在超声波辐射系统中,声化学反应可发生在三个区域,即空化气泡的气相区、气液过渡区和本体液相区。①空化气泡的气相区由空化气体、水蒸气及易挥发溶质蒸气的混合物组成,它处于空化时的极端条件。在空化气泡崩裂的极短时间内,气泡内的水蒸气可发生热分解反应,产生·OH 和·H 自由基,并且非极性、易挥发溶质的蒸气也会进行直接热分解。②气液过渡区是围绕气相的一层很薄的超热液相层,含有挥发性的组分和表面活性剂(假如反应体系中有的话),它处于空化时的中间条件,此处存在着高浓度的·OH 自由基,且水呈超临界状态。③本体液相区基本处于环境条件,在前两个区域未被消耗的氧化剂,如·OH 自由基,会在该区域继续与溶质反应,但反应量很小。非挥发性溶质的反应主要在边界区(气液过渡区)或在本体溶液中进行。液体与固体界面处的空化与纯液体中的空化有着很大的不同。由于液体中的声场是均匀的,所以气泡在崩裂过程中会保持球形,而靠近固体表面的空化泡崩裂时为非球形,气泡崩裂时会产生高速的微射流和冲击波,射流束的冲击可以造成固体表面凹蚀,并可除去表面不活泼的氧化物覆盖层。在固体表面处,因空化泡的崩裂产生的高温、高压,能大大促进反应的进行。

3. 超声波的应用

1) 超声波在化学合成中的应用

从声学的原理出发,可认为超声波在声化反应中起关键作用的是它与物质间存在一种独特的作用形式——空化作用,流体中微小泡核在超声波作用下,不断表现为振荡、膨胀、收缩和爆裂或崩毁等一系列动力学行为。正是因超声波的这种空化作用,在液体内部形成局部的和极短时间内的高温、高压、强冲击波和微射流以及充放电、发光等局部的高能环境,它显然足以成为引发或加速反应的中心从而引起分子的热解离、离子化、产生自由基等,导致一系列化学反应的发生。李德湛等研究了用超声波促进对二溴苯的合成。实验结果表明,在没有超声波作用的情况下,只有在较高温度及较长时间时,才能合成对二溴苯,且产率较低。Mc Nulty 等的研究显示,在传统的反应中,带有给电子基的芳香醛与硝基烷烃在乙酸和乙酸铵体系中,于 100℃反应数小时收率也比较低(例如 2,3-二甲氧基苯甲醛与硝基甲烷反应仅得到 35% 的收率),并且非结晶型树脂状物质的形成经常导致母液污染。在同样体系中,利用超声波在 22℃下反应 3 h,产物的收率可达 89%～99%,污染问题也随之解决。在室温时,如果没有超声波辐射,该反应根本不能发生。实验结果表明,超声波对各种带有给电子基的芳香醛与硝基烷烃的反应有促进作用。

2) 超声波在聚合反应中的应用

Ai Z. Q. 等研究了超声波辐射条件下苯乙烯与丙烯酸丁酯的乳液聚合。他们将 PS 废料溶解在丙烯酸丁酯中,加水和引发剂,然后在超声波的辐射和搅拌作用下,制得了接枝共聚物。超声波功率越高、辐射时间越长、反应温度越高,所得接枝产物的凝结率越低;乳化剂的种类及用量、乳化剂的总浓度等因素也影响产物的凝结率。Bahattab M. A. 对超声波辐射下乙酸乙烯酯的乳液聚合进行了研究。当没有引发剂和乳化剂存在时,单靠超声波的作用在环境温度下就可以引发乙酸乙烯酯的乳液聚合。而使用了氧化还原引发剂体系且采用超声波辐射后,比没有超声波辐射的情况下聚合反应的转化率和聚合物产率都有所提高,超声波对引发反应和控制聚合物结构起到了重要的作用。

3）超声波在环境保护方面中的应用

超声波技术在环境保护方面可用于污水处理、固体废物处理、气体净化和油污清洗等方面。另外，超声波技术还可同其他处理技术联用，包括超声-臭氧联用、超声-过氧化氢联用、超声-紫外光联用以及超声-UV/TiO$_2$ 联用等。白晓慧利用超声波对污泥进行处理，对其进行了大量的实验，得出了超声波频率在 41 kHz 时分解生物固体的效果最好。采用超声分解污泥的最终目的是提高厌氧工艺的反应效率和降解程度，并对其进行了中试。结果表明，经过超声处理的污泥的消化时间可从传统的 22 d 减至 8 d，平均超声细胞分解程度为 12%，另外超声处理还加快了厌氧降解过程。Lin 等采用超声/H$_2$O$_2$ 法氧化分解水体中的 2-氯酚，Trablsi 用超声-电化学法降解水体中的酚，都取得了良好的效果。

13.9.3　辐射技术

辐射技术是一门与高分子材料学、环境科学、生物技术及医学等领域息息相关的学科。目前，在高分子材料领域，辐射技术已用于聚烯烃的辐射交联、不饱和聚酯类树脂的辐射固化、橡胶的辐射硫化、聚合物辐射降解以及辐射接枝改性等，已有不少产品实现工业化生产。

1. 辐射交联

辐射交联作为一项产业化技术，已广泛用于照明用电线电缆及汽车、家电、飞机、宇宙飞船用电子设备线路的制造。在美国，飞机用电缆全部采用辐射交联产品，阻燃电线电缆也已广泛用于海上石油平台。由于以聚乙烯、聚氯乙烯为基材的电线电缆经辐射后高分子链自由基复合发生交联反应，因此材料的耐热、绝缘、抗化学腐蚀、抗大气老化等性能及机械强度都得到很大改善。如辐射交联聚乙烯的使用温度上限可提高至 200～300℃。利用辐射交联技术生产的另一大类产品是具有特殊"记忆效应"的热收缩材料。它是利用聚乙烯等结晶型高分子材料加热后扩张，然后冷却成型，当再加热时，材料又回到扩张前状态，利用它可收缩的特性来做电线电缆接头处的绝缘材料或防腐包覆层等。美国 Raychem 及 BCS 公司生产的辐射交联热收缩材料产生了相当可观的经济效益。

2. 辐射固化

辐射固化与化学固化相比，具有固化速度快、能源消耗低、产品质量好等优点。特别是因避免使用溶剂而不会造成污染，使其受到普遍欢迎。现在它已较成熟地用于涂层的辐射固化，如金属、磁带、陶瓷、纸张等产品的表面加工处理。另外，由于电子束辐射的高穿透性，它在研制轻质、高强度、高模量、耐腐蚀、抗磨损、抗冲击和抗损伤的先进复合材料方面独具优势。这些增强复合材料可广泛用于交通运输、运动器材、基础结构、航天及军工业等方面。如今，加拿大已利用辐射固化技术进行"空中客车"飞机机身及整流罩的修复试验，并计划进一步开发电子束固化修复飞机复合材料部件。

3. 辐射硫化

橡胶工业中，天然胶乳或橡胶分子在辐射作用下可进行交联反应，它类似于橡胶硫化的过程，故称之为辐射硫化。但这类辐射硫化可不加硫化剂和促进剂等助剂，避免了传统的化学热硫化由于使用的交联剂在基材内部分布不均而造成交联不均匀，以及温度梯度的影响造成的材料性能下降。最近，北京市射线应用研究中心研发的辐射硫化橡胶，具有优良的耐臭氧、耐老化、耐磨损、耐疲劳性能等，非常适合用作载重车轮胎、密封垫以及长期户外使用的橡胶制品，如塑钢窗的密封条、汽车雨刷等。

4. 辐射接枝改性

辐射接枝技术是研制各种性能优异的新材料,或对原有材料进行辐射改性的有效手段之一。辐射接枝是由射线引发,不需要向体系添加引发剂,可得到非常纯的接枝聚合物,是合成医用高分子材料的有效方法。随着医学领域技术的不断发展,人造器官的不断出现,大量高分子材料开始应用于医学领域。为了改善聚合物的抗血凝性,减少血栓的生成,通常要对聚合物进行本体或表面改性,如接枝亲水性单体。韩国同位素辐射及应用小组等利用辐射诱导接枝改性技术,将不同官能团引入聚丙烯膜表面,提高了膜的血液相容性,可用于人工肺。对聚乙烯、聚丙烯类性能优良、价格低廉的高分子材料的辐射接枝改性,一直很受关注,并已得到了一些很有价值的新材料,如离子交换树脂、共混增容剂等。利用辐射接枝极性分子到聚乙烯表面,可改善其表面亲和性,有利于进行材料的黏接、印刷及涂层等二次加工。另外,在棉纤维或真丝绸上接枝丙烯酰胺或丙烯类单体,可改善织物的表面性能,如提高真丝绸的抗皱性等。现在,采用辐射技术对天然胶孔等进行接枝改性制备粉末橡胶的研究,也已取得阶段性进展。改性后的粉末橡胶除可制造橡胶制品外,还可作为增韧剂和增容剂,用于工程塑料的增韧等方面。

5. 辐射降解

在辐射作用下,聚合物不仅能产生交联,而且可能发生主链断裂,即辐射降解。辐射降解同样具有工业应用价值,如废塑料的处理和橡胶的再生利用。聚四氟乙烯废料及加工后的边角料经辐射处理后,可用作润滑剂及耐磨性能改进剂等。我国在 20 世纪 90 年代进行的辐射法再生丁基橡胶中试开发研究与其他橡胶再生方法相比,具有能耗低、工艺简单、不产生"三废"等优点。以辐射法再生的丁基橡胶可代替部分进口丁基橡胶制造橡胶制品,且掺入辐射再生胶后,可改善丁基橡胶的加工工艺,如半成品胶料强度大,收缩小,口形尺寸易掌握等。另外,辐射降解丁基橡胶还可用作润滑油添加剂。由于我国丁基橡胶主要依赖进口,其再生利用可减少丁基橡胶的进口,节约外汇。

6. 辐射加工技术

辐射加工技术是原子能和平利用的重要组成部分。放射性同位素 ^{60}Co 或 ^{137}Cs 放射线产生释放出来的高能 γ 射线和电子加速器产生能量为 0.2~10 MeV 的电子束,统称为电子辐射。辐射加工的原理是用这些电子辐射作用到被辐射的物质上,产生电离和激发,从而释放出轨道电子,形成自由基,从而使被辐射物质的物理性能和化学组成发生变化并能使其成为人们所需要的一种新的物质,或使生物体(微生物等)受到不可恢复的损失和破坏。这种新的加工技术称为辐射加工技术。这种技术有别于传统的机械加工和热加工技术,因而被誉为"人类加工技术的第三次革命",其特点是放射源释放的射线有很强的穿透能力,可深入物质内部进行"加工",并在常温条件下进行。由于加工者是高能射线以及由它引发的高度活性中间物,而不是分子热运动,因此,能耗低、无残留物、无环保问题,是清洁的加工技术,而且其反应易于控制,加工流程简单。

7. 辐射净化技术

辐射技术是利用射线与物质间的作用,电离和激发产生活化原子与活化分子,使之与物质发生一系列物理、化学与生物化学变化,导致物质的降解、聚合、交联并发生改性。这样一来,就为采用常规处理方法难以去除的某些污染物提供了新的净化途径。例如,用辐射法处理生活污水和工业废水,用 γ 射线辐射处理固体废物。辐射技术也可有效地处理洗涤剂、有机汞农药、增塑剂、亚硝胺类、氯酚类等有害有机物质。将辐射技术与普通废水处理技术(如凝聚法、活性炭吸附法、臭氧活性污泥法等)联用,具有协同效应,可提高处理效果。在与活性炭法联用时,在炭吸附了有机物后,借助 γ 射线辐射,可使活性炭再生,对其连续使用十分有利。我国从 20 世纪 80 年代后期开始还开展了进一步的研究工作,例如对饮用水的辐射消毒,有机染料废水、焦化厂废水的辐射处理等,都取得良好效果。

13.9.4　等离子体技术

等离子体即电离气体,是电子、离子、原子、分子或自由基等粒子组成的集合体,通常通过外加电场使气体分子电离产生。无论气体是部分电离还是完全电离,其中的正电荷总数和负电荷总数在数值上总是相等的,在宏观上呈中性,故称之为等离子体。按等离子体中带电粒子能量的相对高低,可将等离子体分为两类:一类是高温等离子体,即电子温度在数十电子伏特(1 eV 相当于 11600 K)以上的等离子体;另一类是低温等离子体,即电子温度在数十电子伏特以下的等离子体。低温等离子体已经广泛应用于材料、信息、能源、化工、冶金、机械、军工和航天等领域。

1. 等离子体技术在化学合成中的应用

等离子体富含的各种粒子几乎都为活泼的化学活性物质,处于等离子态的各种物质微粒具有较强的化学活性,在一定的条件下可获得较完全的化学反应。利用等离子体的高温或其中的活性粒子和辐射来促成某些化学反应,以获取新的物质。如用电弧等离子体制备氮化硼超细粉,用高频等离子体制备二氧化钛(钛白)粉等。

2. 等离子体技术在机械加工中的应用

利用等离子体喷枪产生的高温高速射流,可进行焊接、堆焊、喷涂、切割、加热切削等机械加工。1965 年问世的微等离子弧焊接,火炬尺寸只有 2~3 mm,可用于加工十分细小的工件。等离子弧堆焊可在部件上堆焊耐磨、耐腐蚀、耐高温的合金,用来加工各种特殊阀门、钻头、刀具、模具和机轴等。利用电弧等离子体的高温和强喷射力,还能把金属或非金属喷涂在工件表面,以提高工件的耐磨、耐腐蚀、耐高温氧化、抗震等性能。等离子体切割是用电弧等离子体将被切割的金属迅速局部加热到熔化状态,同时用高速气流将已熔金属吹掉而形成狭窄的切口。等离子体加热切削是在刀具前适当设置等离子体电弧,让金属在切削前受热,改变加工材料的机械性能,使之易于切削。这种方法比常规切削方法相比,工效提高 5~20 倍。

3. 等离子体技术在冶金中的应用

从 20 世纪 60 年代开始,人们利用热等离子体熔化和精炼金属,现在等离子体电弧熔炼炉已广泛用于熔化耐高温合金和炼制高级合金钢,还可用来促进化学反应以及从矿物中提取所需产物。

4. 等离子体技术在表面处理中的应用

用冷等离子体处理金属或非金属固体表面,效果显著。如在光学透镜表面沉积 10 μm 的有机硅单体薄膜,可改善透镜的抗划痕性能和反射指数;用冷等离子体处理聚酯织物,可改变其表面浸润性。这一技术还常用于金属固体表面的清洗和刻蚀。

此外,燃烧产生的等离子体还用于磁流体发电。20 世纪 70 年代以来,人们利用电离气体中电流和磁场的相互作用力使气体高速喷射而产生的推力,制造出磁等离子体动力推进器和脉冲等离子体推进器。它们的比冲(火箭排气速度与重力加速度之比)比化学燃料推进器高得多,已成为航天技术中较为理想的推进方法。

5. 等离子体技术的问题与展望

为解决制约等离子体强化化工过程进一步快速发展的瓶颈问题,需要加强以下等离子体相关基础研究。①研究等离子体总体物理、化学性质与等离子体各组分物理、化学性质的关系。②研究等离子体相关多尺度结构及其传递与反应特性。随着等离子体相关多尺度结构及其传递与反应特性研究的进展,传统等离子体定义和方法不一定能适应发展要求,但要在理论方面取得实质突破,在热力学和动力学两方面都还存在相当大的困难。③实现电子温度（能量）、电子密度、激发态物质能量参数、自由基及其密度等的选择可控是等离子体学科未来发展的必然要求。

预计等离子体强化化工过程未来可能取得的实用技术如下:①目前采用电石法制备乙炔,存在电石制备的高能耗、高污染问题,等离子体裂解煤或天然气高效转化制乙炔具有十分重要的意义。②等离子体制备各种催化剂。③等离子体在活化转化小分子（如甲烷、二氧化碳）具有独特优势。如何实现等离子体发生方式的创新,达到以振动激发活化转化小分子是个关键。应利用太阳能、废热、水电和核电产生的电能来发生等离子体,以充分、合理、有效利用各种能源、资源。④液相等离子体技术及其在合成、有机废水治理等方面的应用将受到越来越多的重视。⑤等离子体对吸收二氧化碳优势植物和藻类进行诱变、处理。等离子体在生物乙醇制备方面预计也将发挥重要作用。⑥等离子体在太阳能利用（包括太阳能电池和太阳能燃料）和其他能源材料相关的材料制备方面将发挥非常重要的作用。

等离子体强化化工过程作为一个交叉科学技术,为化学工作者解决目前化工生产存在的能源、资源与环境问题提供了新方法、新思路。等离子体强化化工过程存在大量理论和实际应用两方面的创新发展机会,潜在的经济效益和社会效益十分显著。

13.10　化工过程强化设备

随着化工过程集成的发展,近年来开发了许多新型的、高效的化工单元设备,由于采用新的流体混合技术、特殊催化剂、特殊结构的反应器和替代能源等,这些新设备各有特点,运用在合适的化工过程中,可以大幅度减少工厂体积、节省投资、简化操作、降低能耗和减少环境污染,增加生产能力,强化生产过程。

13.10.1　静态混合反应器

1. 静态混合反应器的结构、性能

静态混合反应器是 20 世纪 70 年代初发展起来的一种新型混合设备。它是一种没有运动部件,但具有独特性能的搅拌混合机构。它依靠设备的特殊结构和流体的运动,使互不相溶的液体各自分散,彼此混合起来达到良好的混合效果。流体通过静态混合反应器时,混合元件使物流时而左旋,时而右旋,不断改变流动的方向,不但将中心的液流推向周边,而且将周边的流体推向中心,从而获得良好的径向混合效果,管内无死区,也不发生短路现象。与此同时,在相邻元件连接处的界面上流体也会发生自旋。与传统设备相比,静态混合反应器具有流程简单、结构紧凑、投资少、能耗低、生产能力大、操作成本低及易于实现连续混合过程等优点,是解决液-液、液-固、液-气、气-气混合和乳化、吸收、萃取、反应、强化传热的理想设备。图 13-18 为 JSSK 型静态混合反应器结构示意图,流体在运动过程反复进行湍流和剪切,混合效率非常高。

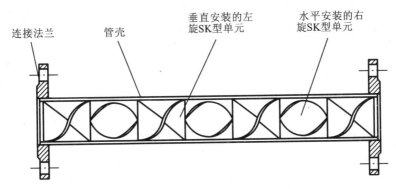

图 13-18　JSSK 型静态混合反应器结构示意图

静态混合反应器在应用时主要发挥以下性能:①直接应用静态混合反应器的分散性能,如用于混合、乳化、溶解等过程;②使所通过的流体分散良好,相界的比面积增加,并且湍流剧烈,从而强化传质和传质控制的反应过程,如用于萃取、吸收、液-液反应、液-气反应过程,以及为控制管式反应器提供反应条件;③强化传热过程,如冷却或加热塑料、油漆及黏性物料,在聚合反应中引导产生活塞流而控制反应温度等。

静态混合反应器的一个重要缺陷是容易堵塞,因而不能用于需要使用浆状催化剂的情况。Sulzer 通过采用既有很好的混合性能,又可用作催化剂载体的特殊填充物的办法克服了这一困难。Sulzer 型静态混合反应器,其混合单元由热传导管构成,可用于混合或反应需要提供大量的热能或产生大量热而需要移去的过程,比如硝化反应、中和反应等。

2. 静态混合反应器的应用

1) 有机物的硝化反应

在国防、采矿和水利建设中广泛应用的 TNT 炸药的生产,是通过对一种有机化合物进行硝化反应来生产的,有机物的硝化反应速率非常快,几乎是瞬间就可完成,同时释放大量的反应热。反应过程中如果生成的热量不能及时移出体系,就会引起爆炸。传统的硝化反应一般是在带冷却夹套的搅拌釜式反应器内进行的。这种结构的反应器由于换热面积小,传热效率非常有限,不得不通过控制反应物加料速率来避免热量积累导致的反应失控。因而不仅反应釜的体积庞大,而且反应所需时间也很长。以年产 15 t 硝基化合物来说,反应釜的体积达 13 m³,每次硝化反应的时间长达 18 h 以上。Sulzer 公司开发成功了一种利用热交换管作为静态混合微构件来强化物料混合的反应器,在实现物料高效混合反应的同时将反应热从体系中快速移走,能极大地缩小设备体积、增加生产能力,特别适用于强放热反应过程。将该静态混合反应器技术用于 TNT 的生产,反应器的体积减小至 200 mL,只有传统夹套式反应釜体积的 1/6500;硝化反应的时间只有 0.25 s,为原来的 1/259200,而年生产能力提高了 2.2 倍。同时,由于硝化反应的时间非常短,基本上消除了副产物的生成,减少了环境污染。

2) 酮还原反应

利用 Grignard 试剂进行酮还原反应是德国 Merck 公司生产某种精细化学品工艺过程的一个组成部分,可以在数秒内完成。同时,该反应也是一个强放热过程,在实际生产中为了导出反应热必须延长反应时间,一般需要数小时。若利用交叉型微混合器,不仅可以实现过程的连续化,而且可将反应时间降至几秒钟,这一发现证实微混合器是一种实现过程准确控制、强化反应过程的有效工具。1998 年 8 月,Merck 公司建成一套采用 5 个小型混合器并联操作的全自动连续生产中试装置并成功运行,中试生产的产率为 92%,明显高于实际间歇式生产中的 72%。此外,反应时间从以前的 5 h 缩短为现在的 10 s 以内。更值得一提的是,利用小型混合器可以在较高的温度下实现该反应,从而有效地减小冷却设备的技术投资,并可节约能源。

3) 气液混合

Dow Corning 公司采用填料塔进行气体和液体的反应来生产一种关键化工产品。由于气体在填料塔中分散不均匀,致使填料塔的有些地方过热,反应过程中产生一种胶状的副产物。这种副产物严重影响催化剂的性能,因此,必须 2~3 周关闭一次反应设备,进行催化剂更换。同时,当气体流量超过 272 kg/h 后,反应设备就不能稳定地操作,限制了设备的生产能力。该公司采取了技术改造的方法,通过与 BHR 有限公司合作,仅投资 2 万美元,使反应的气体和液体先经过一个静态混合器,再进入填料塔进行反应。生产能力提高了 42%,彻底地消除了胶状副产物,催化剂可连续使用 3 年而不需要进行更换,免去了经常关闭设备进行催化剂更换的费用。

4) 氯醇法环氧丙烷生产

沈阳化工学院(现名沈阳化工大学)与锦化化工(集团)有限责任公司的"单管四旋静态混合管式氯醇法环氧丙烷生产技术及装备"课题,获得了 2005 年国家科技进步二等奖。它们开发的新技术,使生产环氧丙烷的主要原料丙烯的单耗从 0.85 t/t 下降到 0.815 t/t,皂化废水中有机氯化物含量明显下降,如二氯异丙醚从 400 mg/L 下降到 40 mg/L 以下,副产物二氯丙烷由原来的 12% 左右降低到 6%~8%,达到国际领先水平。

13.10.2　整体式反应器

1. 整体式反应器的结构、特点

近年来,越来越多的人意识到设计一种新型的催化剂材料不再是合成一种新的化合物,而是在活性物质的基础上进行完美的结构设计,即活性组分在多尺度优化设计的结构化载体上达到分布的最优化,这里强调多尺度优化设计的概念和反应器总体多尺度优化设计的思想。图 13-19 所示为一个典型的整体式反应器金属载体的一些通道结构,该整体式反应器应用于在氧气存在下一氧化氮的还原反应。负载的贵金属组分只在较窄的温度范围内有活性,而排放的尾气则有很宽的温度范围。为了改善催化剂的性能,设计了具有不同活性和温度范围的多功能的结构化催化剂。

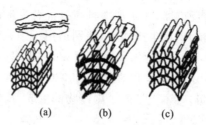

(a)　　　(b)　　　(c)

图 13-19　构件催化反应器金属载体的一些通道结构

整体式反应器(固定床)是取代传统的颗粒填充床反应器的新装置。与传统的颗粒填充床反应器相比,整体式反应器压力降很小,通常比传统方法低 1~2 个数量级,单位反应器体积的几何面积高,通常比颗粒填充床反应器高 1.5~4 倍。因为涂层很薄,故扩散途径很短,因而具有高的催化效率,实际可达 100%。它可以像静态混合器单元那样安装在管道中,具有结构紧凑、成本低、易维修和安全性好等优点。

　　由于整体式反应器的孔道相互隔离,缺乏径向分布,该体系唯一的传热途径是通过整体式反应器材料的热导性传热,故其缺点之一是热传递效果差。通过涂层或引进催化活性组分的方法改造热交换器,可克服上述缺点。

　　2. 整体式催化剂

　　整体式催化剂是指一个反应器中只有一块催化剂,其构造一般由载体、涂层和活性组分组成,其中载体起着承载涂层和活性组分的作用,并为催化反应提供合适的流体通道。早期的整体载体通常加工成直的或弯曲的平行规则通道,常是蜂窝状的烧结氧化物,因此称为蜂窝陶瓷。目前国内外研究较多的整体式催化剂有两种,即蜂窝状陶瓷载体整体式催化剂和蜂窝状金属载体整体式催化剂。对于汽车尾气净化器,常用的载体具有均一的平行孔道,1 cm² 的开孔数达 31~62。平行直通道的蜂窝状催化剂的几何特点由通道的形状、大小和间壁的厚度决定,这些因素决定催化剂的容重、孔隙率、总表面积和动力学直径等。它的直通道内存在有限的径向混合,而相邻通道之间几乎无任何传质作用,催化剂的活性组分负载在通道的壁上。整体式催化剂可以有各种孔道设计,这取决于反应的要求、加工成本、操作费用的综合权衡,如特定条件下可以用泡沫状载体和纤维编织形状的载体。

　　整体式催化剂常用的载体材料有各种陶瓷、金属及其合金。在陶瓷材料中,堇青石（$2MgO \cdot 2Al_2O_3 \cdot 5SiO_2$）是使用最多的一种,如在汽车尾气净化转化器中,大多数使用由这种材料制成的载体。这种载体基本没有孔隙,因此没有气体的径向反混和扩散,没有气流的径向传热。陶瓷孔壁的径向热传导系数较小,反应器接近绝热操作,有利于加快反应。但是不适于反应热较大的反应,同时陶瓷载体较高的体积比和生产成本限制了它的进一步应用。与陶瓷载体相比,金属载体具有更优良的导热性、易加工性、机械强度高等优点而显示出更具潜力的应用前景。金属载体常用不锈钢或含铝的铁素体合金,其中尤以耐高温的 FeCrAl 合金使用最为广泛。金属蜂窝载体的孔密度高,在相同体积时,其比蜂窝陶瓷载体的几何表面积大40%,质量轻 45%。

　　3. 整体式反应器的应用

　　整体式反应器目前主要应用于废气处理、催化燃烧、催化精馏等方面,相对于传统的颗粒填充床反应器,可改善传质和传热,提高催化材料的利用率,或者更便于操作。早在 20 世纪 70 年代,蜂窝状陶瓷载体整体式催化剂就已成功应用于汽车尾气催化转化器,三效催化剂是该催化转化器的核心部分,它是以蜂窝状堇青石或金属作为载体,在其表面再附上一层高比表面积的 Al_2O_3 薄涂层,然后负载 Pd 和 Pt 或 Rh 等贵金属活性组分。梅红等首先数值模拟研究了金属基整体式催化反应器的传递性能、甲烷催化燃烧和甲烷水蒸气重整性能;随后,对在自制的套管式金属基整体式催化反应器中实现强放热的甲烷催化燃烧与强吸热的甲烷水蒸气重整耦合过程进行了数值模拟。吸、放热耦合过程的模拟结果表明,金属基整体式催化反应器应用于吸、放热反应耦合具有很大的研发潜力;重整侧与燃烧侧入口气体流速的比值、气体入口温度以及燃烧部分和重整部分的甲烷体积流量比等操作参数都是影响反应器性能的重要因素。

13.10.3　旋转盘反应器

　　旋转盘反应器是针对极高速的放热液-液反应开发的。转盘以约 1000 r/min 的高速旋转。液体在转盘表面形成约 100 μm 厚的液膜。两相以极快的速率进行反应,传热速率也很高,对于某些硝化、磺化和聚合反应具有特殊的优势。传统的聚合反应器结构如图 13-20 所示。该反应器在传热和传质方面有很大的局限性。旋转盘反应器的结构和工作原理如图 13-21 所示。旋转盘反应器强化了混合和传递性质,适用于动力学控制的反应。

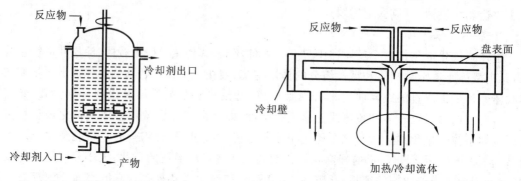

图 13-20　传统的聚合反应器结构　　　　　图 13-21　旋转盘反应器结构和工作原理

　　Irina 等研究发现,与传统环形反应器相比,旋转盘反应器进行光催化反应能更有效地吸收入射光线,且平均体积速率也要大一个数量级;当明显增大传质速率时,旋转盘反应器的最大表面反应速率是传统反应器的 2 倍。所以光催化旋转盘反应器成为一种非常有前景的过程强化技术。北京化工大学的陈建峰、邹海魁等经过二十多年的基础理论、新技术和工程化应用三个层面的系统研究,提出了旋转填充床新型反应器强化调控反应过程的新思想,在大宗化学品、碳纤维、气体分离等方面实现了大规模工业应用。其研究成果"旋转填充床反应器强化新技术"获 2012 年国家技术发明奖二等奖。其主要创新点如下:①旋转填充床反应器设计方法与新结构装备技术,研究揭示了旋转填充床反应器内流体流动、混合和传质及其与反应过程耦合的行为规律,建立了旋转填充床反应器理论模型以及基于模型和实验相结合的反应器结构设计方法,发明了应用于不同反应体系和低浓度、高黏度体系物质分离的系列新颖结构旋转填充床反应器/分离器,如用于液-液混合/反应体系的转子内缘混合式和预混式旋转填充床反应器,用于气-液(固)体系的多环、多层组合式及整体结构化式等新结构高效旋转填充床反应器等,形成了转子直径从 0.8 m 到 3.5 m 的系列化工反应器装备设计技术;②旋转填充床反应强化新技术,提出了"受微观混合或传递限制"的液相快速反应过程旋转填充床反应器强化调控的新方法,发明了缩合、磺化、聚合、氧化等反应过程旋转填充床反应器强化系列新工艺技术,成功应用于三条总计产能 1.0×10^6 t/a 聚氨酯单体 MDI、1.1×10^5 t/a 己内酰胺等产品的工业化生产中,取得了显著的节能降耗增产效果,如应用于 MDI 制造,与原反应器工艺相比,其缩合反应进程加快 100%,产能提升了 75%,产品杂质含量下降了 30%,技术经系统集成后单位产品能耗降低 30% 以上;③旋转填充床分离强化新技术,利用旋转填充床具有百倍级强化分子混合和传质速率的特性,发明了以分离为目的的系列旋转填充床过程强化新技术,包括酸性气体的反应吸收分离、高黏体系聚合物脱挥等,成功实施应用于 2.0×10^5 t/a 硫酸尾气二氧化硫深度脱除、10^3 t/a T300 碳纤维等生产中,取得了显著强化效果。如应用于碳纤维原丝聚合液脱单脱泡工段,与原工艺相比,残单含量下降 90%,碳纤维力学强度提高了 5%,离散系数下降 0.4%,生产质量稳定性显著提高等。

13.10.4　振荡流反应器

　　振荡流反应器(oscillatory flow reactor,OFR)是一种新型的过程强化设备,用于液相或以液相为主的多相流反应过程,具有良好的混合、传热和传质性能,且传递过程特性易于控制。

在连续操作状态的适合条件下具有接近平推流的理想停留时间分布,在很多情况下能提供比普通管式反应器和搅拌釜式反应器更佳的反应性能。

作为一种新型的化工生产装置,振荡流反应器由依次相连接的振荡发生机构、进口段、反应段、出口段组成,在进口段上设有进料口,在出口段上设有出料口,反应段由垂直安装的中空筒体构成,筒体内等距设有挡板,将筒体内空间分隔成多腔室结构,筒体外表面还可以设置换热夹套,通过夹套内的换热介质为反应管提供加热、冷却或保温条件。振荡机构(活塞或振荡膜或脉冲振荡器)使液体进行往复运动。液体往复运动过程中在经过反应器内部一系列挡板时产生旋涡,旋涡的生成与消失强化了反应器内部的混合效果并提高了传递速率,同时维持接近平推流的流动状态。这种周期性运动可由反应器的物理结构与操作参数所控制,比如挡板直径、挡板间距、振荡频率和振幅,因此可使其停留时间分布独立于进料流量。管式振荡流反应器的结构及工作原理图如图 13-22 所示。

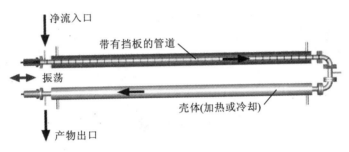

图 13-22　管式振荡流反应器基本结构示意图

整个结构分为起振部分和反应部分,起振部分的振荡设备有不同的结构,多为偏心机构,以产生可以调节的有规律的振动,并将振动传递到流动主体,从而产生振荡。变频式电动机、传动板、偏心板、顶杆及橡皮膜片等可组成一个振荡装置。其起振原理如下:由变频器启动电动机后,带动传动板和偏心板旋转,偏心板带动顶杆做上下往复运动,这样顶杆不停地将橡胶膜片推上拉下,从而引起流体振荡。Reis 等提出了一种由带有光滑周期束缚的管组成的新颖、连续式振荡筛选内消旋反应器,它可以提供很好的物料混合,以及以一系列不同沉降速率暂停催化剂,所以特别适用于那些涉及固体催化剂筛选的过程。同时这种反应器还可以直接放大应用于工业生产中。

与传统的管式反应器相比,振荡流反应器的主要特点如下:①物料在反应器内的停留时间分布很窄,十分接近理想的柱塞流;②反应器内的流动状态主要是由振荡流决定的,而基本上独立于净流速。因而,它能在较低的净流速下获得良好的混合、传热和传质性能。

研究发现,振荡流反应器的另一个显著特点是在一定的条件下,流体在振荡流反应器中的停留时间与平推流相似,具有较长的停留时间分布。故若将振荡流反应器应用到化学反应中,可使化学反应转化率很高,而且反应组分混合良好,使反应迅速达到平衡。英国的 Harvcy 等将振荡流反应器用于菜籽油酯交换制备生物柴油的连续化生产工艺,实验表明振荡流反应器能强化反应过程,在实现反应连续化的基础上,只需较短的停留时间就能达到较好的反应结果。

振荡流反应器是一种高效过程强化设备,虽然它目前在工业上的应用还不多,针对性的研究还处在实验室研究阶段,但是,由于具有广泛的适用性和操作的方便性等特性,它在众多化工单元操作中具有广阔的应用前景。

复习思考题

1. 何谓化工过程强化？可用哪些方法实现化工过程强化？

2. 什么是多功能反应技术？简述化工生产中常见的几种多功能反应技术及其主要特点、应用。

3. 简述几种常见的耦合分离技术及其主要特点、应用。

4. 何谓微化工技术？简述其主要应用。

5. 与传统的生产过程相比，采用微型反应器在化工生产过程中的主要特点有哪些？

6. 简述水力空化的作用机理及主要应用。

7. 简述超重力技术及其主要应用。

8. 超重力工程技术具有哪些特点？

9. 简述超临界流体技术及其主要应用。

10. 简述脉动燃烧干燥技术的特点及应用。

11. 简述几种常见的能量场在化工过程强化中的应用。

12. 简述静态混合器的结构、主要性能及应用。

13. 简述整体式催化剂的组成及整体式反应器的应用。

14. 简述旋转盘反应器的主要应用。

15. 简述振荡流反应器的结构及主要特点。

参 考 文 献

[1] Cybulski A, Moulijn A. Structured catalysts and reactors[M]. New York: Marcel Dekker Inc. , 1998.

[2] Stankiewicz A. Process intensification in in-line monolithic reactor[J]. Chemical Engineering Science, 2001, 56(2): 359-364.

[3] Afonso C A M, Crespo J G. Green separation processes[M]. Weinheim: WILEY-VCH Verlag GmbH & Co. KGaA, 2005.

[4] Mason T. J, Lorimer J. P. Applied sonochemistry[M]. Weinheim: WILEY-VCH Verlag GmbH & Co. KGaA, 2002.

[5] Andre L. Microwaves in organic synthesis[M]. Weinheim: WILEY-VCH Verlag GmbH & Co. KGaA, 2002.

[6] Kim T. Hydrogen generation from sodium borohydride using microreactor for micro fuel cells[J]. Int. J. Hydrogen Energy, 2011, 36(2): 1404-1440.

[7] Irina B, Stuart N, Darrell A P. The case for the photocatalytic spinning disc reactor as a process intensification technology: comparison to an annular reactor for the degradation of methylene blue[J]. Chem. Eng. J. , 2013, 225: 752-765.

[8] Reis N, Harvey A P, Mackley M R. Fluid mechanics and design aspects of a novel oscillatory flow screening mesoreactor[J]. Trans. I. Chem. E. , Part A, Chem. Eng. Res. Des. , 2005, 83(A4): 357-371.

[9] 梁朝林, 谢颖, 黎广贞. 绿色化工与绿色环保[M]. 北京: 中国石化出版社, 2002.

[10] 闵恩泽, 吴巍. 绿色化学与化工[M]. 北京: 化学工业出版社, 2000.

[11] 谷明星, 余国琮. 一种新型复合分离过程——吸附蒸馏[J]. 化工进展, 1992, (5): 2-5.

[12] 蔡丽朋. 微反应器——现代化学中的新技术[M]. 北京: 化学工业出版社, 2004.

[13] 陈建峰. 超重力技术及应用——新一代反应与分离技术[M]. 北京: 化学工业出版社, 2003.

[14] 张钟宪. 环境与绿色化学[M]. 北京: 清华大学出版社, 2005.

[15] 安德烈·斯坦科维茨, 雅各布·穆林. 化工装置的再设计——过程强化[M]. 北京: 国防工业出版社, 2012.

[16] 张永强,闵恩泽,杨克勇. 化工过程强化对未来化学工业的影响[J]. 石油炼制与化工,2001,(6):1-6.

[17] 孙宏伟,陈建峰. 我国化工过程强化技术理论与应用研究进展[J]. 化工进展,2011,(1):1-15.

[18] 李保国,曹崇文,刘相东. 脉动燃烧干燥技术研究进展[J]. 农业工程学报,1998,(4):204-207.

[19] 陈利军,吴纯德,张捷鑫. 水力空化在水处理中的应用研究进展[J]. 生态科学,2006,(5)476-479.

[20] 武君,张晓冬,刘学武. 水力空化及应用[J]. 化学工业与工程,2003,(6):387-391.

[21] 王芳,王燕. 膜催化技术及其应用[J]. 精细石油化工进展,2001,(2):29-33.

[22] 贾志谦,刘忠洲. 膜化学反应器及其应用进展[J]. 化工进展,2002,(8):548-551.

[23] 陈龙祥,由涛,张庆文. 膜反应器研究及其应用[J]. 化工进展,2009,(4):87-90.

[24] 闫云飞,张力,李丽仙. 膜催化反应器及其制氢技术的研究进展[J]. 无机材料学报,2011,(12):1233-1243.

[25] Yongchun Huang,Yu Wu,Weichun Huang,et al. Degradation of chitosan by hydrodynamic cavitation [J]. Polymer Degradation and Stability,2013,98(1):37-43.

[26] Mandar P B,Parag R G,Aniruddha B P,et al. Hydrodynamic cavitation as a novel approach for delignification of wheat straw for paper manufacturing[J], Ultrasonics Sonochemistry,2014,21(1):162-168.

第14章　绿色化学化工过程的评估

如何正确评估化学化工过程的"绿色性",开发高效的绿色技术,这是实现可持续发展的一个具有重要意义的理论课题。由于绿色化学的评估不仅涉及化学、化学工程、环境科学等学科,还与生物、医学、物理、材料、信息等学科密不可分。尽管进入 21 世纪以后,一些国家成立的专业绿色化学组织开始注重绿色化学化工过程的评估,但是迄今还没有形成一个统一的评判标准。本章根据绿色化学的基本原则,对化学化工过程"绿色化"的评估方法进行初步的介绍和论述。

14.1　绿色化学评估的基本准则

14.1.1　绿色化学的 12 条原则

绿色化学的目标就是利用化学原理和新化工技术从源头上预防污染物的产生,而不是污染物产生后的末端治理。为此,Anastas P. T. 和 Warner J. C. 提出了著名的绿色化学 12 条原则,作为开发绿色化学品和工艺过程的指导,这些原则涉及合成化学和工艺过程的各个方面,从原料、工艺到产品的绿色化,以及生产成本、能源消耗和安全技术等问题,是绿色化学评估的基本准则。

14.1.2　绿色化学的 12 条附加原则

为了补充 Anastas P. T. 和 Warner J. C. 的绿色化学原则,利物浦大学的 Winterton N. 提出了绿色化学的 12 条附加原则,以帮助、指导化学化工科技工作者进一步深入开发和完善实验室的研究成果,评估每一个工艺过程的相对"绿色性"。

14.1.3　绿色化学工程技术的 12 条原则

绿色化学的双 12 条原则对于化学反应过程的绿色化研究具有重要指导意义,但是还必须认识到化学工程技术在绿色化学中的作用。McDonough W. 和 Anastas P. T. 等进一步提出了化学过程的绿色工程技术 12 条原则,用于指导化学工程的设计工作,应用这些绿色化学工程技术原则,可以设计开发出新的对环境友好的绿色化学工艺技术。绿色化学工程技术的 12 条原则的具体内容如下。

(1) 设计者要尽可能保证所有输入和输出的能量和材料是无毒、无害的。

(2) 预防废物的产生比废物产生以后进行处理为好。

(3) 产品分离和纯化操作应尽量减少能量和材料的消耗。

(4) 设计的产品、工艺及其整个系统要使质量、能量、空间和时间效率最大化。

(5) 设计的产品、工艺及所有系统应该是输出的"牵引",而不是靠输入物质和能量的"推动"。

(6) 当设计选择再生、循环利用和其他有益的处理时,应对内在的复杂性有充分的研究和认识。

（7）设计方案的目标产物要强调耐久性，而不是永久性。

（8）设计方案应着重于满足需要，使过量最小化。

（9）减少复杂组成产品中材料的多样性，尽量保存原料的价值。

（10）设计中应综合考虑可用原料和能源的相关情况，加强当地物质流和能量流的整合。

（11）产品、工艺及其所有系统的设计应考虑它们的使用功能结束后的处理和再利用。

（12）设计中采用的材料和能源应是可再生的。

鉴于化学工程科学在实现化学工业绿色化中的实际应用，2003 年在美国佛罗里达州 Sandestin 召开的绿色化学工程技术会议上，进一步提出了绿色化学工程技术的 9 条附加原则（即 Sandestin 原则）。

（1）产品和工程设计要采用系统分析方法，应将环境影响评价工具视为工程的重要组成部分。

（2）当设计保护人类健康和社会福利时要考虑如何保护和改善生态系统。

（3）在所有的工程活动中要有"生命周期"的思想。

（4）要确保所有输入和输出的材料与能源是安全和环境友好的。

（5）尽可能减少自然资源的消耗。

（6）尽量避免产生废弃物。

（7）所开发和实施的工程解决方案应符合当地的实际情况和要求，要得到当地的地理和文化的认同。

（8）对工艺的改进革新和发明要符合"可持续发展"的原则。

（9）要使社会团体和资本占有者积极参与工程解决方案的设计和开发。

上述原则已不再局限于绿色化学化工，它已拓展到整个工程领域，更加注重人和自然的和谐，更加重视社会的安全和可持续发展。

14.2　生命周期评估

14.2.1　生命周期评估的含义

生命周期评估（life cycle assessment，LCA）是 20 世纪 70 年代发展起来的评估某一产品（或工业过程）在整个生命周期中对生态环境的影响及其减少这些影响的一种方法。生命周期是某一产品从原料的获取和处理、产品生产、产品使用直至最终废弃处理的整个过程，即"从摇篮到坟墓"的全过程。按国际标准化组织（ISO）定义，"生命周期评估是对一个产品系统的生命周期中输入、输出及其潜在的环境影响的综合评估"，需要考虑的环境影响信息包括资源利用、人体健康和生态后果。例如，化学品生产的生命周期评估的基本概况如图 14-1 所示，也可以说成是环境意识的设计。

LCA 作为预防性的环境保护手段和新的环境管理方法，得到世界各国的普遍认同。LCA 主要应用在通过确定和定量化研究物质（包括原材料、中间体、产物、废弃物等）和能量的利用，以及废弃物的环境排放来评估某一产品（或工业过程）造成的环境负载、能源材料的利用和废弃物排放的影响，以及环境改善的方法。由于 LCA 能从更广的时间尺度上对产品的全生命周期的环境影响进行全面、定量的评估，因此 LCA 是绿色化学评估的重要方法之一，也是国

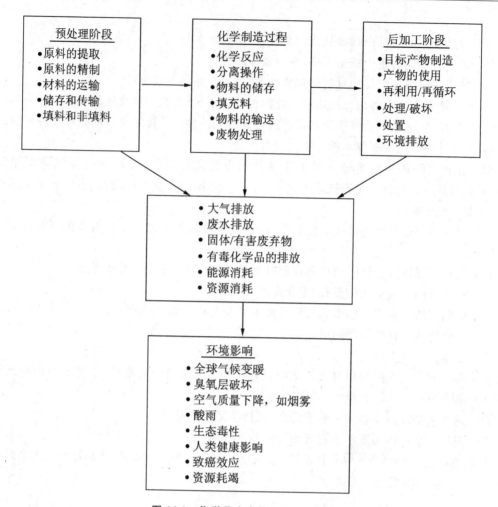

图 14-1　化学品生产的生命周期评估

外广泛使用的一种工业生态设计的工具。

14.2.2　生命周期评估的步骤

　　LCA 是一种对产品、生产工艺及活动所造成的环境影响进行客观评估的过程,是通过对物质和能量的利用,以及由此造成的环境废弃物进行辨别和量化而进行的。它具体是通过收集相关的资料和数据,应用科学计算的方法,从资源消耗、人类健康和生态环境影响等方面对产品等的环境影响作出定性和定量的评估,并寻求改善产品等环境性能的机会和途径。

　　根据 ISO14040 标准,将 LCA 的实施过程分为四个步骤:①目标和范围确定;②清单分析;③影响评估;④结果解释。它们的关系如图 14-2 所示。

　　1. 目标和范围确定

　　将生命周期评估研究的目标和范围清楚地予以确定,使其与预期的应用相一致。

　　2. 清单分析

　　编制一份与研究的产品系统相关的投入和产出清单(包含资料的收集及整理),以便量化一个产品系统内外的投入与产出关系,这些投入与产出包括资源的使用,以及对空气、水体和土壤的污染排放等。

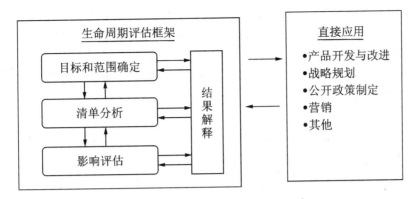

图 14-2　生命周期评估技术框架

3. 影响评估

应用清单分析的结果对产品生命周期各个阶段涉及的所有潜在的重大的环境影响进行评估。首先将清单分析的结果归入不同的环境影响类型,然后根据不同环境影响类型的特征进行量化,最后作出分析和判断。一般来说,将清单数据和具体的环境影响相联系,并认识这些影响的实质,评估时应当考虑对人体健康、生态系统及其他方面的影响。

4. 结果解释

将清单分析及影响评估所发现的与研究目的有关的结果综合考虑,形成结论性意见,并提出减少环境不良影响的改进措施。这是 LCA 的最终目标,其结果将作为 LCA 研究委托方的决策依据。

14.2.3　生命周期评估的用途

生命周期评估主要是为了找出最适宜的预防污染技术,尽可能减少环境的污染,保护生态系统;同时达到合理开发和利用资源、节约不可再生的资源和能源、最大限度地进行原料和废物的循环利用的目的,实现经济、社会的可持续发展。因此,生命周期评估主要应用在以下几个方面。

(1) 对化学产品及其"从摇篮到坟墓"的全过程所涉及的环境问题进行量化和评估,故常作为评估化学产品或工业过程"绿色化"的管理工具。

(2) 为产业界、政府机构和非政府组织的决策提供支持。例如,企业(或产业)发展规划、优先项目的设定、产品与工艺的生态工业设计等。

(3) 确立环境影响评价指标,包括产品和工程的环境评价指标、产品环境标志的评价和认定等。

(4) 确定市场经济营销战略,如环境声明、环保宣传、环境标志等。环境标志是一种产品的证明性商标,它表明该产品不仅质量合格,而且在生产、使用和处理处置过程中符合环境保护要求,与同类产品相比,具有安全低毒、节约资源等优势,有利于打破绿色贸易壁垒,促进商品的外贸出口。

14.3　绿色化学化工过程的评估量度

绿色化学是可持续发展化学,绿色化学的评估是一个多学科交叉的研究领域。要判断一个化学过程是否是绿色的,首先应从人类健康安全方面考虑,考察其是否使用和产生有毒、有害的物质;其次要从生态环境保护方面来考虑,考察其是否向周围环境排放破坏生态系统的污染物;同时还需要从经济发展的角度进行考虑,核算产品的质量密度、能量密度、原料资源利用的合理性,以及整体的经济效益等。因此,绿色化学的评估是一个非常复杂的系统工程。

14.3.1　化学反应过程的绿色化

绿色化学的核心就是要运用化学原理和方法,开发能减少或消除有害物质的使用与产生的环境友好的化学品及其技术的过程,从源头上预防污染,从根本上实现化学工业的绿色化。绿色化学过程包括原料的绿色化、化学反应和合成技术的绿色化、工程技术的绿色化,以及产品的绿色化等,如图 14-3 所示。

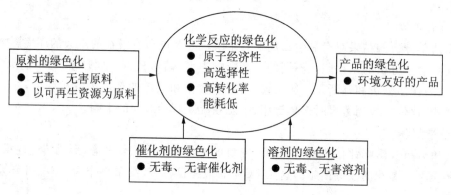

图 14-3　绿色化学过程示意图

1. 原料的绿色化

(1) 尽可能采用无毒、无害的原料。

(2) 尽可能利用可再生资源为原料。

(3) 物质循环和原子经济利用。

2. 化学反应和合成技术的绿色化

(1) 尽可能不用或少用有毒、有害的溶剂和助剂,或采用环境友好的溶剂和助剂。例如,开发固态化学反应,无溶剂的液态化学反应,以水为介质的有机合成,以及超临界流体、离子液体、近临界水为溶剂的合成反应等。

(2) 发展高选择性、高效的新型催化剂和催化技术,以简化工艺操作,提高反应的原子经济性。例如,采用安全的固体催化剂(如分子筛、杂多酸等)代替传统的有害液体催化剂、两相催化、酶催化等。

(3) 优化反应途径,发展绿色合成,加强绿色技术的耦合,以提高资源和能源的利用率。例如,不对称催化合成、仿生合成、光化学合成、声化学合成、电化学合成、微波合成等均属环境友好的绿色合成技术。加强计算机模拟仿真合成技术,对于节省资源和能源、提高合成效率、缩短开发周期,意义极为重要。如 Auburn 大学 Halwagi 开发的环境可接受的反应(EAR)、美国化学工程师学会等开发的"清洁过程咨询系统"(CPAS)都是典型的实例。

(4) 改革工艺过程和操作,实施清洁生产工艺,这是现行精细化工企业实现绿色化、提高经济效益和社会效益的一个关键举措。

3. 工程技术的绿色化

(1) 发展生物工程技术、膜技术等新型反应工程技术。

（2）开发微化工技术。例如，利用微反应器可控制反应方向，提高反应的选择性，所使用的微反应器包括环状配体化合物（环糊精、冠醚、环芳烃等）的空穴、分子聚集体（胶束、反胶束、LB 膜、囊泡等），以及多孔固体（分子筛、硅胶、氧化铝、黏土等）。微化工技术能显著提高过程效率，节省资源，降低能耗。

（3）强化化工技术的耦合。例如，反应与分离的耦合（如催化精馏、反应结晶等）、分离技术的耦合（如萃取精馏、吸附精馏、精馏结晶、熔融结晶等）将是解决资源利用流程长、效率低等非绿色过程的关键技术。

（4）强化物质流程、能量流程、信息流程等优化集成。

4. 产品的绿色化

绿色化的产品是指安全的化学品，又称绿色化学品。目前虽无公认的权威定义，但从生命周期评估来看，该产品的起始原料应尽可能为可再生资源，而产品本身必须不会引起环境或健康问题，最后当产品使用后，应能再循环或易于在环境中降解为无害物质。因此，通常认为绿色化学品是通过采用先进技术获得的，能够在整个生命周期内安全、经济、可靠地满足用户要求的使用功能和性能，同时能耗最小，资源利用最优且符合当代国际公认环保标准的产品。

绿色化学品评价系统由产品的基本属性、环境属性、资源属性、能源属性和经济属性等指标构成。

14.3.2　化学化工过程绿色化的评价指标

长期以来，习惯于用产物的选择性（S）或产率（Y）作为评价化工反应过程或某一合成工艺优劣的标准，然而这种评价指标是在单纯追求最大经济效益的基础上提出的，它不考虑对环境的影响，无法评判废物排放的数量和性质，往往有些产率很高的工艺过程对生态环境带来的破坏相当严重。显然，把产率（Y）作为唯一的评价指标已不能适应现代化学工业发展的需要。绿色化学作为可持续发展的化学，既追求化学化工过程的最大效益，又坚持从源头上预防污染，实现废物的"零排放"，从而达到环境友好。因此，确立一个化学化工过程"绿色性"的评价指标，这是进行化工研究开发和做好评估的首要问题。

1. 原子经济性

1991 年美国 Stanford 大学有机化学教授 Trost B. M. 提出了原子经济性（AE）的概念，他认为高效的有机合成反应应最大限度地利用原料分子的每一个原子，使之结合到目标分子中，达到零排放。原子经济性（有的文献表示为原子利用率，简称 AU）可表示为

$$AE = \frac{目标产物的相对分子质量}{反应物质的相对分子质量总和} \times 100\%$$

对于一般合成反应：
$$A + B \longrightarrow C$$

$$AE = \frac{M_r(C)}{M_r(A) + M_r(B)} \times 100\%$$

对于复杂的化学反应：

$$
\begin{array}{ccccc}
A+B \longrightarrow C & & F+G \longrightarrow H \\
\downarrow & & \downarrow \\
C+D \longrightarrow E & & H+I \longrightarrow J \\
& \searrow \quad \swarrow \\
& E+J \longrightarrow P
\end{array}
$$

$$AE = \frac{M_r(P)}{M_r(A) + M_r(B) + M_r(D) + M_r(F) + M_r(G) + M_r(I)} \times 100\%$$

原子经济性是衡量所有反应物转变为最终产物的量度。如果所有的反应物都被完全结合到产物中，则合成反应的原子经济性是 100%。理想的原子经济性反应是不使用保护基团，不形成副产物，因此，加成反应、分子重排反应和其他高效率的反应是绿色反应，而消除反应和取代反应等原子经济性较差。

原子经济性是绿色化学的重要原理之一，是指导化学工作的主要尺度之一，通过对化学工艺过程的计量分析，合理设计有机合成反应过程，提高反应的原子经济性，可以节省资源和能源，提高化工生产过程的效率。因此，原子经济性是一个有用的评价指标。但是，用原子经济性来考察化工反应过程过于简化，它没有考察产物收率、过量反应物、试剂的使用、溶剂的损失，以及能量的消耗等，单纯用原子经济性作为化工反应过程"绿色性"的评价指标还不够全面，应和其他评价指标结合才能作出科学的判断。

2. 环境因子和环境系数

环境因子（E）是荷兰有机化学教授 Sheldon R. A. 在 1992 年提出的一个量度标准，定义为每产出 1 kg 产物所产生的废弃物的质量，即将反应过程中的废弃物总量除以产物量。

$$E = \frac{废弃物总量(kg)}{产物量(kg)}$$

其中，废弃物是指目标产物以外的任何副产物。由上式可见，E 越大意味着废弃物越多，对环境的负面影响越大，因此 E 为零是最理想的。Sheldon R. A. 的这一理念是基于他对精细化工企业工艺选择和产品的研究，20 世纪 80 年代 DSM 公司的总体 E 约为 20。Sheldon R. A. 根据 E 的大小对化工行业进行划分（见表 14-1）。

表 14-1　不同化工行业的 E 比较

化工行业	年产量/t	E	化工行业	年产量/t	E
石油化工	$10^6 \sim 10^8$	约 0.1	精细化工	$10^2 \sim 10^4$	$5 \sim 50$
大宗化工产品	$10^4 \sim 10^6$	<5	医药工业	$10 \sim 10^3$	>25

由表 14-1 可知，从石油化工到医药工业，E 逐步增大，其主要原因是精细化工和医药工业中大量采用化学计量式反应，反应步骤多，原（辅）材料消耗较大。

由于化学反应和过程操作复杂多样，E 必须从实际生产过程中所获得的数据求出，因为 E 不仅与反应有关，也与其他单元操作有关。通常大多数化学反应并非是进行到底的不可逆反应，往往存在一个化学平衡，故实际产率总小于 100%，必然有废物排放，它对 E 的贡献为 E_1；为使某一昂贵的反应物充分利用，往往将另一反应物过量，此过量物必然被排入环境，它对 E 的贡献为 E_2；在分离产物时往往采用化学计量式的中和步骤，加入一些酸与碱，从而生成无机废料，它们对 E 的贡献为 E_3；由于反应步骤多，引入基团保护试剂或除去保护基团试剂带来的对 E 的贡献为 E_4；即使对只有一个产物的反应，由于存在不同光学异构体，必须将无用且有害的异构体分离并且抛弃，这在医药工业中是很常见的，由此引起的对 E 的贡献为 E_5；由于分离工程技术限制，常常不可能达到完全分离，以至部分产物随副产物进入环境，对 E 的贡献为 E_6；在分离单元操作中使用一些溶剂，因不能全部回收而对 E 的贡献为 E_7。因此，$E_实$ 应等于 $E_理$ 与上述各项 $E_i(i=1,2,\cdots,7)$ 的加和。

$$E_实 = E_理 + E_1 + E_2 + E_3 + E_4 + E_5 + E_6 + E_7$$

在缺乏 $E_1 \sim E_7$ 等实验数据时，可用原子经济性或质量强度计算 $E_理$ 值。

　　严格来说，E 只考虑废物的量而不是质，它还不是真正评价环境影响的合理指标。例如，1 kg 氯化钠和 1 kg 铬盐对环境的影响并不相同。因此，Sheldon R. A. 将 E 乘以一个对环境不友好因子 Q 得到一个参数，称为环境系数（environmental quotient），即

$$环境系数 = E \times Q$$

　　规定低毒无机物（如 NaCl）的 $Q=1$，而重金属盐、一些有机中间体和含氟化合物等的 Q 为 $100 \sim 1000$，具体视其毒性 LD_{50} 值而定。Sheldon R. A. 相信环境系数及相关方案将成为评价一个化工反应过程"绿色性"的重要指标。

　　3. 质量强度

　　为了较全面地评价有机合成及其反应过程的"绿色性"，有人提出了反应的质量强度（mass intensity，MI）概念，即获得单位质量产物消耗的所有原料、助剂、溶剂等物质的质量。它可表示为

$$质量强度（MI） = \frac{在反应或过程中所消耗的物质的总质量（kg）}{产物的质量（kg）}$$

　　上式中的总质量是指在反应或过程中消耗的所有原（辅）材料等物质的质量，包括反应物、试剂、溶剂、催化剂等的质量，但是水不包括在其中，因为水对环境是无害的。

　　质量强度考虑了产率、化学计量、溶剂和反应混合物中用到的试剂，也包括了反应物的过量问题。在理想情况下，质量强度应接近于 1。通常，质量强度越小越好，这样生产成本低，能耗少，对环境的影响就比较小。因此，质量强度是一个很有用的评价指标，对于合成化学家特别是企业管理者来说，这对评价一种合成工艺或化工生产过程是极为有用的。

　　由质量强度的定义，可以得出它与 E 的关系式：

$$E = MI - 1$$

　　通过质量强度也可以衍生出绿色化学的一些有用的量度。

　　1）质量产率

　　质量产率（mass productivity，MP）为质量强度倒数的百分数，即

$$质量产率（MP） = \frac{1}{MI} \times 100\% = \frac{产物的质量}{在反应或过程中所消耗的物质的总质量} \times 100\%$$

　　2）反应质量效率

　　反应质量效率（reaction mass efficiency，RME）是指反应物转变为产物的百分数，可表示为

$$反应质量效率（RME） = \frac{产物的质量}{反应物的质量} \times 100\%$$

　　例如，对于反应 $A + B \longrightarrow C$，有

$$反应质量效率（RME） = \frac{产物 C 的质量}{A 的质量 + B 的质量} \times 100\%$$

　　3）碳原子效率

　　由于有机化合物中都含有碳原子，因此也可以用碳原子的转化来表示反应的效率，称为碳原子效率（carbon efficiency，CE），即反应物中的碳原子转变为产物中碳原子的百分数，可表示为

$$碳原子效率（CE） = \frac{产物的物质的量 \times 产物分子中碳原子的数目}{反应物的物质的量 \times 反应物分子中碳原子的数目} \times 100\%$$

　　【例】　10.81 g（0.1 mol）苯甲醇（$M_r = 108.1$）和 21.9 g（0.115 mol）对甲苯磺酰氯（$M_r = $

190.65)在 500 g 甲苯和 15 g 三乙胺的混合溶剂中反应,得到23.6 g(0.09 mol)磺酸酯($M_r=$ 262.29),产率为 90%。

$$原子经济性(AE)=\frac{262.29}{108.1+190.65}\times100\%=87.8\%$$

$$碳原子效率(CE)=\frac{0.09\times14}{0.1\times7+0.115\times7}\times100\%=83.7\%$$

$$反应质量效率(RME)=\frac{23.6}{10.81+21.9}\times100\%=70.9\%$$

$$质量强度(MI)=\frac{10.81+21.9+500+15}{23.6}=23.2\ g/g=23.2\ kg/kg$$

$$质量产率(MP)=\frac{1}{MI}\times100\%=4.3\%$$

该反应的 $AE<100\%$,是由于形成了副产物 HCl;$CE<100\%$是由于反应物过量(如对甲苯磺酰氯过量 15%)和目标产物的产率为 90%;$RME=70.9\%$是由于反应物过量和产率的关系。

Constable D. J. C. 和 Curzons A. D. 等对 28 种不同类型化学反应的化学计量、产率、原子经济性、碳原子效率、反应质量效率、质量强度和质量产率等评价指标进行了大量的实验研究,其结果见表 14-2。表中的每一数字都是同一反应类型的三个以上实例的平均值。

表 14-2 不同化学反应类型的各种量度的比较

反应类型	B 分子的化学计量/(%)	产率/(%)	原子经济性/(%)	碳原子效率/(%)	反应质量效率/(%)	质量强度/(kg/kg)	质量产率/(%)
酸式盐	135	83	100	83	83	16.0	6.3
碱式盐	273	90	100	89	80	20.4	4.9
氢化	192	89	84	74	74	18.6	5.4
磺化	142	89	89	85	69	16.3	6.1
脱羧	131	85	77	74	68	19.9	5.0
酯化	247	90	91	68	67	11.4	8.8
诺文葛耳反应	179	91	89	75	66	6.1	16.4
氰化	122	88	77	83	65	13.1	7.6
溴化	214	90	84	87	63	13.9	7.2
N-酰化	257	86	86	67	62	18.8	5.3
S-烷基化	231	85	84	78	61	10.0	10.0
C-烷基化	151	79	88	68	61	14.0	7.1
N-烷基化	120	87	73	76	60	19.5	5.1
O-芳香化	223	84	85	69	58	11.5	8.7
环氧化	142	78	83	74	58	17.0	5.9
硼氢化物	211	88	75	70	58	17.8	5.6
碘化	223	96	89	96	56	6.5	15.4
环化	157	79	77	70	56	21.0	4.8

反应类型	B分子的化学计量/(%)	产率/(%)	原子经济性/(%)	碳原子效率/(%)	反应质量效率/(%)	质量强度/(kg/kg)	质量产率/(%)
胺化	430	82	87	71	54	11.2	8.9
矿化	231	79	76	76	52	21.5	4.7
碱解	878	88	81	77	52	26.3	3.8
C-酰化	375	86	81	60	51	15.1	6.6
酸解	478	92	76	76	50	10.7	9.3
氯化	314	86	74	83	46	10.5	9.5
消除	279	81	72	58	45	33.8	3.0
格氏反应	180	71	76	55	42	30.0	3.3
解析、拆分	139	36	99	32	31	40.1	2.5
N-脱烷基化	2650	92	64	43	27	10.1	9.9

由表 14-2 可得出以下几点结论。

(1) 由于化学反应的类型不同,评价指标的对象不同,质量强度、产率、原子经济性、反应质量效率等评价指标不呈现出相关性,因而不能用单一指标来评价一个化工反应过程的"绿色性"。

(2) 由于反应的特点不同,特别是 N-脱烷基化、解析、拆分等反应过程的评价指标与其他反应的相差较大。

(3) 由于大多数反应过程是在非化学计量(即某些反应物往往过量)的条件下进行的,用原子经济性进行量度和评价缺乏可比性。

(4) 对于有机合成反应来说,碳原子效率作为一个参考性的评价指标,与反应质量效率显示出基本相同的趋势。

(5) 反应的产率是合成化学家评价化学反应过程经济性最常用的量度,但评价一个化学化工过程的"绿色性",必须结合其他评价指标进行综合考虑。反应质量效率很低的反应没有实际意义,因为反应质量效率低,资源和能源消耗大。

(6) 反应质量效率考虑了原子经济性、产率和反应物的化学计量等评价指标,用于判断化工反应过程的"绿色性"是有帮助的。

(7) 质量产率对企业来说是一个很有用的评价指标,它注重资源的利用率。表 14-3 列举了对 38 种药物合成过程(一种制药过程平均有 7 步反应)原子经济性和质量产率的比较。尽管整个合成过程的原子经济性还可以,但质量产率仅为1.5%,这意味着在制药过程中所用占质量 98.5%的原辅材料都成为废弃物。

表 14-3　38 种制药过程的原子经济性和质量产率的比较

	全过程平均值/(%)	范围/(%)
原子经济性	4.3	21~86
质量产率	1.5	0.1~7.7

(8) 质量强度对于评价化工过程"绿色性"是一个很有意义的指标,但是不可用单一数据就进行评判,它有一个概率分布范围。由图 14-4 可以看出,对于某些制药过程的研究表明,质

量强度在 AE 为 $70\%\sim100\%$ 时,出现的概率分布最大的区域为 $10\sim20$ kg/kg。这与环境因子呈现出一定的相关性。

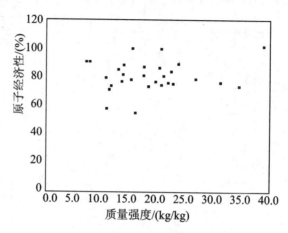

图 14-4　原子经济性与质量强度的关系

14.3.3　绿色化学化工过程的评估实施

1. 绿色化学化工过程的评估系统

根据可持续发展的要求,Anastas P. T. 和 Warner J. C. 等所倡导的绿色化学和工程技术的基本原则,已成为化学化工过程"绿色性"评估的指导性意见和基本准则。由前面讨论可以清楚地看出,对于绿色化学化工过程"绿色性"的评估,不能是单一的评价指标(见表 14-4),它不仅涉及绿色化学工艺和绿色化学工程技术,还包括成本经济关系和环境安全等因素,它是一个完整的评估系统。

表 14-4　部分"绿色化"指标量度

类　　别	单　　位
质量	
总质量(kg)/产品质量(kg)(质量强度)	kg/kg
溶剂总质量(毛重)(kg)/产品质量(kg)	kg/kg
单一产品的质量(kg)×100%/所有反应物的总质量(kg)(反应质量效率)	%
产品摩尔质量(g/mol)×100%/所有反应物的摩尔质量(原子经济性)	%
产物中碳的质量(kg)×100%/关键反应物中碳的总质量(kg)(碳原子效率)	%
能量	
所有能量(MJ)/产品质量(kg)	MJ/kg
溶剂回收所用能量(MJ)/产品质量(kg)	MJ/kg
污染物、有毒物的排放	
长期存在和生物积累的质量(kg)/产品质量(kg)	kg/kg
毒性	
长期存在和生物积累的质量(kg)/(原料 EC_{50}/DDT 控制 EC_{50})	kg

类　　　别	单　　位
人类健康 　所有原料总量(kg)/允许暴露极限(ACGIH)(μg/g)	kg/(μg/g)
POCP(臭氧光化学反应的可能性) 　总量(溶剂质量(kg)×POCP 值×蒸气压(mmHg))/(产品质量(kg)×蒸气压 (甲苯)×POCP(甲苯))	kg/kg (按甲苯计算)
温室气体排放 　总量(能源使用排放的温室气体总质量(kgCO_2 当量))/产品质量(kg) 　温室气体(溶剂回收所需能量(kgCO_2 当量))/产品质量(kg)	(按 CO_2 计算) kg/kg kg/kg
安全性 　热危害 　试剂危害 　压力(高/低) 　生成有毒副产物	显著的 显著的 显著的 显著的
溶剂 　不同的溶剂数 　整体回收效率估算 　溶剂回收所需能量 　溶剂回收的净质量强度	数量 % MJ/kg kg/kg

注：EC_{50} 为半数致死浓度；ACGIH 为美国政府工业卫生协会。

(1) 质量评价指标。质量评价指标包括反应的原子经济性、质量强度、附加的溶剂强度(溶剂质量/产物质量)、废水强度(废水质量/产物质量)、反应质量效率、产物纯度。

(2) 能量评价指标。能量评价指标包括加热消耗能量(MJ/kg(产物))、冷却消耗能量(MJ/kg(产物))、过程所需电能(MJ/kg(产物))、制冷循环耗能(MJ/kg(产物))。

(3) 污染物评价指标。例如,持久性毒物和生物累积性毒物(kg/kg(产物))、温室性气体(MJ/kg(产物))。

(4) 安全因素。例如,热污染、危险化学品、压力(高压/低压)危害、有害副产物等。

2. 成本关系讨论

在讨论化学化工反应过程的评价指标时,只考虑按照质量关系显示的问题来讨论评估标准肯定是不全面的,必须考虑所用原材料的成本影响。以原子经济性评价指标为例,若反应过程的原子经济性较低,必然反映出反应物的分子没有全部结合到目标产物中,使原材料和能源没有得到有效的利用;合成技术复杂,工艺步骤多,流程长;纯化和分离需要除去副产物、未反应物、试剂、溶剂等。这必然增加原材料的管理、废弃物的处理和环境安全等方面的工作和成本。Constable D. J. C. 和 Curzons A. D. 等通过对 4 种药物的合成研究,探讨了原子经济性和生产成本间的关系,提出了七种成本最小化的模式。

(1) 成本最小化模式一:最小的过程化学计量法、标准产率、反应物化学计量和溶剂回收利用。即所有反应物和试剂均按化学计量式进行反应,不得过量,其他成本按实际应用和得到的数据计算。

（2）成本最小化模式二：反应的原子经济性为100％、标准产率、溶剂回收利用和过程为化学计量。即反应物全部结合到目标产物中，原子经济性为100％，其他成本按工厂实际应用和得到的数据计算。

（3）成本最小化模式三：产率为100％、溶剂回收利用和过程为化学计量。即成本是基于所用的反应物，过程添加的化学品和溶剂均为标准数量，但产率为100％。

（4）成本最小化模式四：溶剂100％回收利用、标准产率、过程为化学计量。即反应过程中各种溶剂100％回收利用，其他成本均按工厂实际应用和得到的数据计算。

（5）成本最小化模式五：反应的原子经济性为100％、过程为化学计量和溶剂回收利用。即反应物全部结合到目标产物中，反应的原子经济性为100％，过程中添加的化学品均为化学计量，不得过量；各种溶剂100％回收利用。

（6）成本最小化模式六：产率为100％、溶剂回收利用和过程为化学计量，即成本基于产率为100％，各种溶剂均回收利用，其他成本均按工厂实际应用和得到的数据计算。

（7）成本最小化模式七：产率为100％、溶剂回收利用、反应物和过程均为化学计量。即理论上的成本最小化模式，各种反应物和过程均为化学计量，所有溶剂100％回收利用，过程中各步产率均为100％。

上述七种模式的总成本结果见表14-5，表中总成本为药物合成过程中实际应用的各种材料的成本。

表 14-5　四种合成药物的成本模式比较

模　　式	占总成本的比例/（％）			
	药物 1	药物 2	药物 3	药物 4
成本最小化模式一	86	99	92	97
成本最小化模式二	87	40	84	69
成本最小化模式三	71	32	56	57
成本最小化模式四	63	84	64	55
成本最小化模式五	36	22	40	21
成本最小化模式六	34	16	20	11
成本最小化模式七	20	15	12	8

由表14-5可知，产率和化学计量是最重要的成本驱动力，在有些化学过程中其对成本的影响要比原子经济性的影响大得多。理论上的最低成本是在假设没有化学计量过量、溶剂和催化剂全部回收、总产率100％的情况下得到的。对于合成药物来说，采用高产率的合成反应，减少反应物的过量使用，搞好溶剂的循环和回收利用，是降低生产成本、提高经济效益的有效途径。

实验表明，由于药物合成步骤多，原辅材料用量大，原材料（包括试剂、溶剂等）的成本占药物合成材料总成本的比例很大，如表14-6和表14-7所示。其中表14-6列举了合成药物3各种材料成本的比较，其中还原剂、拆解试剂、材料3和溶剂约占总成本的78.5％。因此，改变药物的合成路线、利用手性合成代替手性拆分、采用清洁合成工艺将是提高合成反应原子经济性和降低生产成本更为有效的途径。

表 14-6　药物 3 合成材料成本的比较

反应物	应用的摩尔当量	结合在药物中的比例/(%)	各种材料成本占药物总成本的比例/(%)	未进入产物中的反应物成本占总成本的比例/(%)
中间体 1	2	43	12.8	12
还原剂	4.6	5	30.4	49
拆解试剂	2.2	0	16.0	26
中间体 2	2	27	4.5	6
中间体 3	1	0	0.6	1
中间体 4	1	0	0.7	1
材料 1	3	0	1.2	2
材料 2	1	0	0.1	
材料 3	1	100	10.4	
材料 4	6	0	0.5	1
材料 5	1.2	0	0.5	1
材料 6	1	100	0.0	
材料 7	10	14.5	0.3	
材料 8	2	0	0.3	
溶剂			21.7	
其他材料			0.1	

表 14-7　四种药物合成中溶剂成本和未进入产物中的反应物成本的比较

药物	溶剂成本占总成本的比例/(%)	未进入产物中的反应物成本占总成本的比例/(%)
药物 1	45	32
药物 2	36	21
药物 3	22	61
药物 4	14	10

3. 技术因素

一个理想的绿色化学过程,应该是全生命周期都是环境友好的。为此,需要加强绿色化学工艺和绿色反应工程技术的联合开发。例如,产品的绿色设计,计算机过程模拟,系统分析,合成优化与控制,设备高效、多功能和微型化,实现高选择性、高效率、高新技术的系统集成。

通常,合成化学家往往注重于合成化学反应的发生条件、反应机理和试剂的应用等问题,而疏忽了围绕着反应进行的相关反应工程技术。一旦合成反应不能正常进行,他们更多关注的是改变反应的条件,而没有很好地研究完成反应的不同设备。对于化学反应过程中的物质和能量的传递、混合、相转移、反应器的设计等问题,化学工程师考虑较多,合成化学家往往关注得不够。事实上,如果没有合成化学家和化学工程师的通力合作,很多研究开发往往是无效的。只有加强绿色化学工艺和绿色反应工程技术的联合开发,才能真正实现化学化工工程的绿色化。

4. 实例分析

基于上述研究和讨论,Curzons A. D. 和 Constable J. C. 等人提出"绿色技术指南"(green technology guide)模式,作为一个专家评价系统,用于绿色化学化工过程的评估,特别是对精细化工的研究开发,具有一定的指导意义。

在精细化学品合成中,羰基化合物和有机金属试剂的反应是经常遇到的反应类型。例如,

$$\begin{matrix} R_1 \\ R_2 \end{matrix}{>}=O + M \diagdown\!\!\diagup_n \longrightarrow \begin{matrix} R_1 \\ R_2 \end{matrix}{<}^{OM} \diagdown\!\!\diagup_n$$

这个反应系统在液相中进行,是放热反应,标准反应热约为 $-300\ kJ/mol$。主反应和副反应都进行得很快,反应停留时间小于 10 s。一些平行的和后续的反应也能发生,所有的化合物均对温度敏感。

1) 质量强度评价

反应过程所用的反应器分别为微型反应器、小型反应器、实验室用间歇式反应器(0.5 L 烧瓶)和工业生产用的间歇式反应器(6000 L 带搅拌装置的反应釜)。小型反应器是指功能设计与微型反应器相同,但具有较宽的通道,尺寸既能保持微型反应器所要求的特征,又能避免物料团聚堵塞。这四类反应器的特征见表 14-8。质量强度的实验结果见表 14-9。

表 14-8　选用的四类反应器的特征

反应器类型	$t/℃$	停留时间	产率/(%)	比表面积/(m²/g)	反应器的大小
微型反应器	−10	<10 s	95	10000	2×16 个通道,40 μm×220 μm
小型反应器	−10	<10 s	92	4000	具有 $3×10^{-5}$ m³/s(30 mL/s)的能力
烧瓶	−40	0.5 h	88	80	0.5 L
带搅拌装置的反应釜	−20	5 h	72	4	6000 L

表 14-9　质量强度结果的比较

质 量 量 度	微型反应器	小型反应器	烧瓶 (0.5 L)	反应釜 (6000 L)	理论值
质量强度(不包括溶剂) (反应物总物质的量/产物物质的量)	2.10	2.17	2.27	2.78	2.00
附加的水强度	0	0	0	0	0
残余物强度(不包括溶剂) (残余物物质的量/产物物质的量)	0.10	0.17	0.27	0.78	0
产率/(%)	95	92	88	72	100

表 14-9 中的质量量度是以物质的量表示,根据质量关系进行换算,假定反应物按等物质的量比加入反应系统进行反应。在微型和小型反应器中,浓度和温度梯度非常高,加快了质量和热量的传递速率,使得反应条件更加均一,副反应少,副产物也少。因此,采用微型反应器技

术,使化学转化的速率、选择性和产率都得到很大的提高。

2) 能量消耗评估

由于该反应是放热反应,反应过程中需要冷却。制冷所需的电能是该反应系统所用能量的主要部分。在该实验中,虽然不需要加热,但对于吸热反应而言,微型反应系统的有关特征是相似的。制冷的主要贡献是满足反应系统冷却用途的能量消耗,可将标准反应热看作所消耗的总能量的近似。因此由表 14-10 可以看出用于冷却的能耗对于四种反应系统基本是相同的,所不同的是包括制冷所需要的电能,微型反应器所需要的电能相对较少。

表 14-10　四种反应系统能耗比较 　(单位:MJ/mol(产物))

能量量度	微型反应器	小型反应器	烧瓶(0.5 L)	反应釜(6000 L)
冷却(带冷却水)	0.42	0.42	0.42	0.42
电能(包括制冷)	0.080	0.080	0.167	0.107

3) 污染物评估

表 14-11 列出了在整个生命周期内相关的污染物的排放,表中的数据是 Jimtnez-Gonzalez. C. 和 Overcash M. R. 根据生命周期评估推算出来的。

表 14-11　可造成环境负担的污染物 　(单位:g/mol(产物))

污染物	微型反应器	小型反应器	烧瓶(0.5 L)	反应釜(6000 L)
CO_2	1.34×10	1.34×10	2.78×10	1.79×10
CO	3.66×10^{-3}	3.66×10^{-3}	7.58×10^{-3}	4.88×10^{-3}
碳氢化合物	4.72×10^{-2}	4.72×10^{-2}	9.76×10^{-2}	6.28×10^{-2}
VOC	3.09×10^{-3}	3.09×10^{-3}	6.40×10^{-3}	4.12×10^{-3}
NO_x	2.85×10^{-2}	2.85×10^{-2}	5.89×10^{-2}	3.79×10^{-2}
SO_x	3.99×10^{-2}	3.99×10^{-2}	5.25×10^{-2}	5.31×10^{-2}
COD	4.07×10^{-2}	4.07×10^{-2}	0.00	0.00
BOD_5	1.63×10^{-3}	1.63×10^{-3}	0.00	0.00
TDS	5.43×10^{-2}	5.43×10^{-2}	8.42×10^{-2}	5.42×10^{-2}
固体废弃物	6.01×10^{-1}	6.01×10^{-1}	3.37×10^{-3}	2.17×10^{-3}

由表 14-11 可见,对于挥发性有机化合物(VOC)、碳氢化合物、氮氧化物(NO_x)、硫氧化物(SO_x)、CO 等主要污染物,采用微型反应器技术时的排放量明显低于采用间歇反应器技术时的排放量,也就是说,采用微型反应器技术能更有效地利用资源,从源头上减少和消除污染物的产生,有利于保护生态环境。

4) 安全评估

实践表明,本身体积相对较小的反应系统,通过微型反应器中反应热的有效监控,可以极大地提高反应过程的安全性。在应用过程中,有害物质也可能产生,但通过下游条件的合理设计和控制,可以使有害物质减量化和风险最小化。

5) 微化工技术

随着精细工程技术的开发,能实现高体积产能的微化工技术正受到普遍关注。采用微型反应器技术,有利于工艺过程的监控,改善反应物的停留时间和反应系统的温度分布,提高反应的选择性、产率和产品质量,同时能缩短研究开发的周期,加快新产品和新工艺的开发。

综上所述,应用"绿色技术指南"专家系统进行全面综合评价,其结果见表14-12,其中"绿色""黄色"和"红色"分别代表优、中和劣,也就是说"绿色"符合可持续发展要求,是环境友好的过程和技术。

表 14-12　设定方案的绿色技术比较

技术选择	环　境	安　全	效　率	能　源
微型反应器	绿色	绿色	黄色	绿色
小型反应器	绿色	绿色	绿色	绿色
6000 L 反应釜	黄色	黄色	红色	黄色

"绿色技术指南"作为一种评价系统,能较好地说明和评估化工反应过程和技术的"绿色性",简单明了,容易为使用者所掌握。但是"绿色技术指南"作为一种专家系统,理论模型过于简化,对于化学化工过程"绿色性"的评估多限于定性概念,缺少可持续性分析的量化研究,有待进一步的发展和完善。

此外,基于热力学分析,有人提出以㶲(exergy)作为量化可持续性的基础,对产品和过程进行可持续性的量化分析。

14.4　打造绿色化工,推进绿色发展

14.4.1　绿色化工产业的崛起

21 世纪是绿色技术革命和绿色产业经济快速发展的世纪。我们应顺应时代发展的潮流,抢抓机遇,迎接挑战,着力打造绿色化工产业,全面推进绿色发展。

(1) 世界绿色产业革命和绿色经济发展的严峻挑战。20 世纪 90 年代,国际上绿色化学化工技术的创新与发展,推动了绿色产业的革命和绿色经济的快速崛起,对于世界化学工业发展的格局产生着深刻的影响。例如,1995 年 3 月 16 日美国前总统克林顿宣布设立"总统绿色化学挑战奖",以政府的名义奖励那些在化学产品的设计、制造和使用过程中体现绿色化学的基本原则,在源头上消除化学污染物,从根本上保护生态环境方面进行创新和卓有成就的化学家、公司和企业。从 1996 年 7 月在华盛顿国家科学院颁发第一届"总统绿色化学挑战奖"以来,截至 2013 年,已颁奖 18 次。又如,2011 年 9 月联合国召开有关绿色产业技术和绿色经济发展的高峰论坛,极大地推动了全球绿色产业和绿色经济的发展。

(2) 我国国情特点的必然要求。我国人口众多,自然资源相对紧缺,生态环境相当脆弱,发展方式比较粗放,资源环境对发展的约束越来越明显,支撑发展的战略性资源如淡水、耕地、煤炭、石油和天然气等人均占有量分别为世界平均水平的 28%、43%、67%、7%、7%,明显偏低。因此,发展我国的化学工业必须坚持"精细化、专用化、高端化和绿色化"的发展方向,转变传统的粗放型发展方式,大力发展绿色低碳技术,积极推进绿色发展。

(3) 化学工业可持续发展的需要。化学工业是国民经济的基础工业,关系国计民生。化学工业在为人类社会的发展创造巨大财富的同时,也排出一定的"三废",造成生态环境的破坏和污染。例如,磷石膏是湿法(硫酸法)生产磷酸时不可避免的副产物,每生产 1 t H_3PO_4(以 P_2O_5 计)就会产生 $4.5 \sim 5.0$ t 磷石膏。目前全世界每年产生的磷石膏达 2.8×10^8 t 以上。我国湿法磷酸的年生产能力超过 1.5×10^7 t,每年产生的磷石膏排放量达 6.0×10^7 t 以上,而利

用率只有 20％左右；大部分企业采用堆存的办法处理，对生态环境会造成污染。因此，打造绿色化工产业，实施清洁生产，从源头上消除化学污染物，搞好资源的综合利用，这是化学工业可持续发展的必然要求。

14.4.2　绿色化工产业的内涵

我国化学工业经过 60 多年的建设和发展，特别是"十五""十一五"和"十二五"时期的快速发展，已经成为国民经济的支柱产业之一，一些重要品种的产能和产量位居世界的前列。为了进一步做优做强我国的化工产业，唯一的出路就是创新，着力推进化学工业的绿色发展。因为 21 世纪是绿色技术和产业经济快速发展的世纪，许多国家都把发展绿色产业作为推动经济结构调整的重要举措，绿色发展已经成为当今世界的一个重要趋势。党的"十八大"进一步提出加强生态文明建设，将它纳入建设有中国特色社会主义事业的"五位一体"总体布局，坚持科学发展观，走绿色循环低碳之路，促进经济社会发展与生态环境相协调。

所谓绿色化工，就是根据绿色化学的基本原则和生态工业的发展模式，用循环经济的发展理念和绿色化学技术发展化学工业。努力转变"高投入、高消耗、高排放、低效益、低产出、少循环"的传统发展方式，优化产业结构，加快产业的转型升级。坚持"精细化、专用化、高端化和绿色化"的发展方向，加强技术创新，实施清洁生产，从源头上防止污染，达到"低消耗、低排放、高循环、高产出"，着力构建资源节约型、技术创新型和环境友好型的现代化学工业。

14.4.3　绿色化工产业的构建和发展

（1）以循环经济理念发展绿色化工。循环经济是一种以资源的高效利用和循环利用为核心，以"减量化、再利用、再循环"为原则，以低消耗、低排放、高效率为特征，以可持续发展为目标的新型经济发展模式。循环经济以"资源—产品—再生资源"的持续循环模式替代传统经济的线性增长模式，做到生产和消费"污染排放最小化、废物再资源化和环境无害化"，最大限度地有效利用资源和保护环境，以最小的成本获得最大的经济效益、社会效益和生态效益。因此，循环经济能够从根本上解决我国化学工业在发展过程中遇到的快速增长与资源环境之间的矛盾，促进社会经济与资源环境的协调发展。

（2）用绿色化学技术发展化工产业。绿色化学技术是对人体健康无害、对社会安全、对环境友好的技术，属于可持续发展技术，正成为当今世界产业技术发展的主流。例如，新型催化技术是现代化学工业发展的核心技术，是实现高原子经济性反应的重要途径，不仅可以极大地提高化学反应的选择性和目标产物的产率，而且能从根本上抑制副反应的发生，减少或消除废弃物的生成，最大限度地利用各种资源。

例如，草甘膦是优良的有机磷除草剂。目前草甘膦的市场销售额约为 150 亿美元，占世界农药市场销售额的 50％。美国 Monsanto 公司是全球最大的草甘膦除草剂生产企业，其草甘膦的销售量占全世界总销售量的 70％。在草甘膦的生产中，亚氨二乙酸二钠（简称 DSIDA）是关键的中间体，传统合成工艺过程需要甲醛、氢氰酸和氨等有毒原料，而且每生产 7 kg 产物将产生 1 kg 有害废物。Monsanto 公司成功开发了一条新的 DSIDA 合成路线，用二乙醇胺（DEA）为原料，经铜催化剂催化脱氢制备 DSIDA（见图 14-5）。和原工艺路线相比，新工艺不用甲醛和氢氰酸做原料，一步合成，使反应的原子经济性从约 84％提高到 96％，简化了生产过程，产品纯度高，废物排放量少，生产操作安全。为此，Monsanto 公司获得了 1996 年度美国"总统绿色化学挑战奖"的变更合成路线奖。

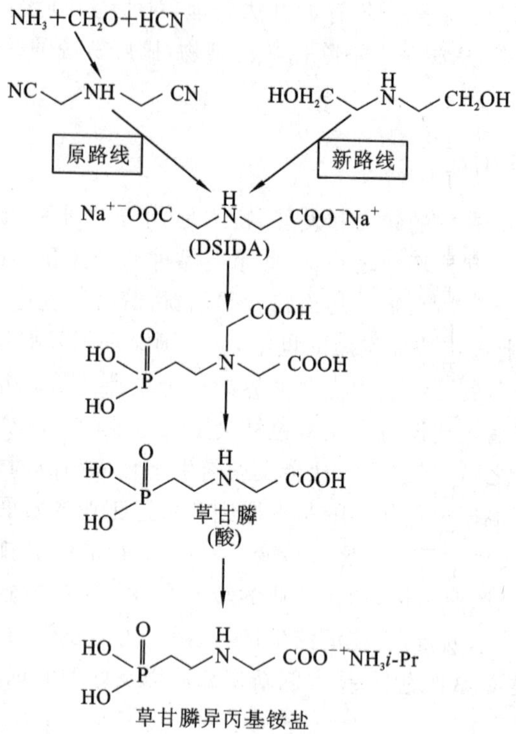

图 14-5　Monsanto 公司生产草甘膦的新工艺与原工艺路线的比较

此外,电化学合成技术、光化学合成技术、声化学技术、微波化学合成技术和膜技术等在绿色化工的研究开发、生产过程以及废水处理中均具有广泛的应用。

(3) 认真实施清洁生产工艺。对现有企业的生产工艺用绿色化学原理和技术进行评估,借鉴当今先进的科学技术,加强技术创新,改进生产工艺,实施清洁生产,搞好节能减排和降耗,这是大力推进我国化工产业绿色化的重要一环。例如,由氢气和氧气直接催化合成过氧化氢的新技术,利用过氧化氢作为氧化剂制备环氧丙烷的新工艺,采用生物酶催化合成治疗糖尿病类药物——西他列汀等,都是美国"总统绿色化学挑战奖"的获奖项目,这些新技术、新工艺具有广阔的应用和发展前景。

(4) 加强化工产业与相关产业的耦合共生。国内外大型优势企业的成功经验表明,加强化工企业和相关产业的耦合共生,达到产业之间资源的优化配置,有利于资源的综合利用,有利于搞好深加工和精细化,也有利于促进产业集约化和产品集群化的发展。例如,石油化工和化肥产业的耦合,上下游加工一体化,可以简化工艺流程,实现资源和能量的梯级利用。

(5) 生态工业园。生态工业园是发展绿色化工、构建生态工业的重要实践。生态工业园是近年来国际化工发展的主流,也是我国化学工业发展的新型模式,是继传统工业园区和高新技术园区的第三代工业园区。它是依据循环经济发展理念、工业生态学基本原理和清洁生产的要求而设计构建的一种区域新型工业发展模式,使生产发展、资源利用和环境保护形成良性循环的工业园区建设模式。例如,山东鲁北国家生态示范园区就是发展绿色磷化工产业的重要实践。生态工业园内模拟生态系统,通过物流或能流传递等方式把不同企业或工厂连接起来,形成共享资源和互换副产品的产业相互组合,搞好横向多品种的耦合共生和纵向产业链的拓展延伸,有利于构建化工发展的绿色工程。

复习思考题

1. 简述绿色化学评估的重要意义。
2. 绿色化学评估的基本原则是什么？
3. 绿色化学评估的主要方法有哪些？
4. 什么是生命周期评估方法？有何重要应用？
5. 为什么说绿色化学的评估是一个复杂的系统工程？
6. 化学反应过程的绿色化包括哪些内容？
7. 什么是质量强度？它有何重要应用？
8. 全面评估一个化学化工过程的绿色化应考虑哪些原则和内容？

参 考 文 献

[1] Anastas P T,Bartlett L B,Kirchoff M M,et al. The role of catalysis in the design,development and implementation of green chemistry[J]. Catalysis Today,2000,55:11-22.

[2] Winterton N. Twelve more green chemistry principles[J]. Green Chemistry,2001,(3):G73-G75.

[3] Anastas P T,Zimmerman J B. Design through the 12 principles of green engineering[J]. Environment Science and Technology,2003,37(5):94-101.

[4] Anastas P T, Heine L,Williamson T C. Green engineering[M]. Washington:American Chemical Society,2000.

[5] Ritter S K. A green agenda for engineering[J]. Chemical and Engineering News,2003,81(29):30-32.

[6] Sue H. The greening of engineering[J]. Green Chemistry,1999,(1):31-33.

[7] Bashkin J, Rains R,Stern M. Taking green chemistry from laboratory to chemical plant[J]. Green Chemistry,1999,(1):41-43.

[8] Graedel T. Green chemistry in an industrial ecology context[J]. Green Chemistry,1999,(1):126-128.

[9] Tsoka C, Johns W R,Linke P,et al. Towards sustainable and green chemical engineering:tools and technology requirements[J]. Green Chemistry,2004,(6):401-406.

[10] 贡长生. 绿色化学化工过程的评估[J]. 现代化工,2005,25(2):67-69.

[11] Trost B M. The atom economy—a search for synthetic efficiency[J]. Science,1991,254:1471-1477.

[12] Rouhi A M. Atom economical reactions help chemists eliminate waste[J]. Chemical and Engineering News,1995,19:32-35.

[13] Sheldon R A. Organic synthesis—past,present and future[J]. Chemistry and Industry,1992,(7):903-906.

[14] Sheldon R A. Catalysis:the key to waste minimization[J]. Journal of Chemical Technology and Biotechnology,1997,68:381-388.

[15] Curzons A D,Constable D J C,Mortimer D N,et al. So you think process is green,how do you know? —Using principles of sustainability to determine what is green—a corporate perspective[J]. Green Chemistry,2001,(3):1-6.

[16] Constable D J C,Curzons A D,Freitas L M,et al. Green chemistry measures for process research and development[J]. Green Chemistry,2001,(3):7-9.

[17] Constable D J C,Curzons A D,Cunningham V L. Metrics to "green"chemistry—which are the best? [J]. Green Chemistry,2002,(4):521-527.

[18] Lang J P. Sustainable development:efficiency and recycling in chemicals manufacturing[J]. Green Chemistry,2002,(4):546-550.

[19] Jimenez G C,Curzons A D,Constable D J C,et al. How do you select the "greenest" technology? Development of guidance for the pharmaceutical industry[J]. Clean Products and Processes,2001,(3):35-41.

[20] Chen H,Wen Y,Waters M D,et al. Design guidance for chemical processes using environmental and economic assessments[J]. Industrial and Engineering Chemistry Research,2002,41:4503-4513.

[21] Lankey R L, Anastas P T. Life-cycle approaches for assessing green chemistry technologies[J]. Industrial and Engineering Chemistry Research,2002,41:4498-4502.

[22] Herrchen M, Klein W. Use of the life-cycle assessment (LCA)toolbox for an environmental evaluation of production processes[J]. Pure and Applied Chemistry,2000,72(7):1247-1252.

[23] Domenech X, Ayllon J A,Peral J,et al. How green is a chemical reaction? Application of LCA to green chemistry[J]. Environment Science and Technology,2002,36:5517-5520.

[24] Greadel T E. Green chemistry as systems science[J]. Pure and Applied Chemistry,2001,73(8):1243-1246.

[25] Clark J H. Green chemistry:challenges and opportunities[J]. Green Chemistry,1999,(1):1-11.

[26] Dewulf J,Van Langenhove H,Mulder J,et al. Illustrations towards quantifying the sustainability of technology[J]. Green Chemistry,2000,(2):108-114.

[27] 仲崇文. 绿色化学导论[M]. 北京:化学工业出版社,2000.

[28] 单永奎. 绿色化学的评估准则[M]. 北京:中国石化出版社,2006.

[29] 贡长生,单自兴. 绿色精细化工导论[M]. 北京:化学工业出版社,2005.

[30] Grimaldi S,Couturier J L. A new green tool for selective fine chemical oxidation reactions[J]. Speciality Chemicals Magazine,2006,26(10):32-33.

[31] Gani R,Concepcion J G,Kate A T,et al. A modern approach to solvent selection[J]. Journal of Chemical Engineering,2006,113(3):30-43.

[32] Doble M. Biological treatment of VOCs[J]. Journal of Chemical Engineering,2006,113(6):35-41.

[33] Leckner P. Designing for a safe process[J]. Journal of Chemical Engineering,2006,113(13):30-33.

[34] Haswell S J,Watts P. Green chemistry:synthesis in microreactors[J]. Green Chemistry,2003,(5):240-249.

[35] Thayer A M. Harnessing microreactions[J]. Chemical and Engineering News,2005,83(22):43-52.

[36] 贡长生. 绿色化学——我国化学工业可持续发展的必由之路[J]. 现代化工,2002,22(1):8-14.

[37] 金涌,冯之浚,陈定江. 循环经济:理念与创新[J]. 再生资源与循环经济,2010,3(7):4-9,44.

[38] 高德生. 发展低碳经济是挑战更是机遇[J]. 再生资源与循环经济,2010,3(3):4-7.

[39] Harvath I T,Anastas P T. Innovations and Green Chemistry[J]. Chem. Rev. ,2007,107(6):2169-2173.

[40] 贡长生. 技术创新和循环经济——我国磷化工可持续发展的必由之路[J]. 现代化工,2008,28(3):6-12.

[41] 贡长生. 着力搞好我国磷化工的节能减排[J]. 现代化工,2010,30(5):1-6.

[42] Allen D T. Green engineering—and the design of chemical processes and products[J]. Chemical Engineering,2007,114(13):36-40.

[43] Contreras C D,Bravo F. Practice green chemical engineering[J]. Chemical Engineering,2011,118(8):41-44.

[44] 王静康,鲍颖.绿色化学科学与工程及生态工业园区建设进展[J]. 现代化工,2007,27(1):2-6.